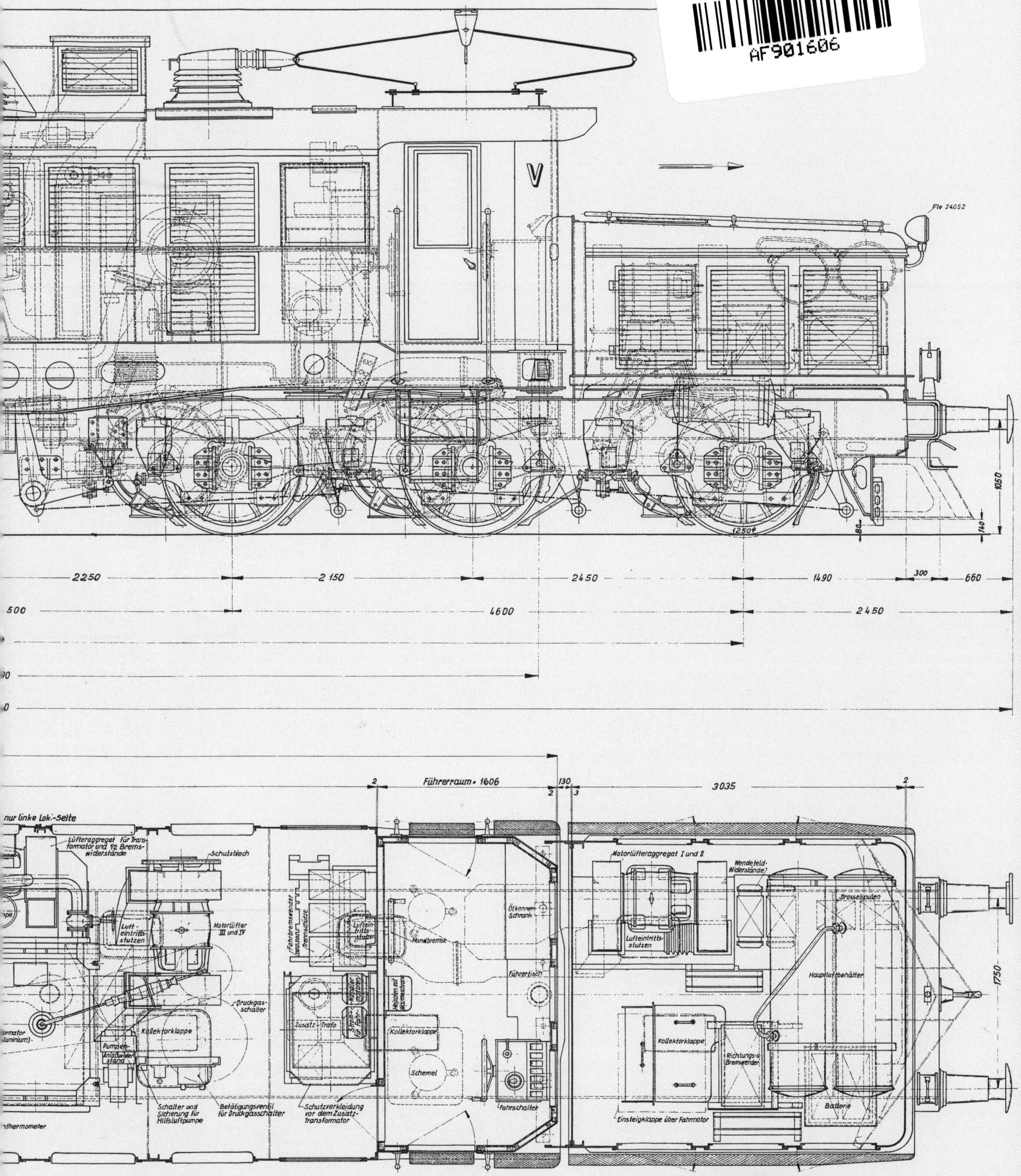

Lok. kann befahren:

1.) Weiche 1:8

2.) Ablaufberg (mit Ablaufgefälle von 40‰, Gegensteigung 20‰, Kopfabrundung R = 200 m)

3.) Ausnahmsweise Krümmungen vor Werkstätten bis herab auf 140 m

Brian Rampp
Dieter Bäzold
Frank Lüdecke

Die Baureihe E 94

Schwere Güterzuglokomotiven in Deutschland und Österreich

Band 1: Entstehung, Technik, Bestandsentwicklung, Einsatz in Süddeutschland (DRB, DB)

EISENBAHN KURIER
VORBILD UND MODELL

EK-Verlag

Impressum

Titelbild

E 94 006 portraitierte Herrmann Maey am 3. Juni 1942 im Bahnhof Völs im Inntal. Die Lokomotive blieb erhalten und ist heute als 1020.23 Museumslokomotive der Eisenbahnfreunde Lienz.

AUFNAHME: HERMANN MAEY, SAMMLUNG HANS-JÜRGEN WENZEL

Rückseite

Oben:
194 026 durchfährt das Felsentor bei Etterzhausen am 16. Juli 1982.

AUFNAHME: GEORG WAGNER

Unten:
194 178 der Rail4U ist am 13. Mai 2011 in Rüdesheim am Rhein mit DGS 75715 von Langenfeld nach Wassertrüdingen unterwegs. Ein beachtlicher Langlauf für die gut 55 Jahre alte E 94. Bei der Lokomotive handelt es sich um die frühere 194 580.

AUFNAHME: ZENO PILLMANN

Vor- und Nachsatz

Vorsatz:
E 94 Maßrissskizze Bauart AEG.

ABBILDUNG: SAMMLUNG GERHARD RIEGER

Nachsatz:
Zeichnung der E 94 157 der DB. Horst-Dieter Hettler begann seine Karriere Anfang der fünfziger Jahre als Lehrling bei der Maschinenfabrik Esslingen. Seine Zeichnungen stellen eine gute Basis für den Modellbau dar.

ABBILDUNG: ZEICHNUNG HORST-DIETER HETTLER/BAHNWERK-VERLAG PETER LINDEMANN E. K.

ISBN 978-3-8446-6072-2

www.eisenbahn-kurier.de

Bearbeitung/Gestaltung: Silvia Teutul

Bildbearbeitung: Rico Schreiber, Sabine Ressel, Sandra Schnellbach, Stephanie Weber

Unser Gesamtverzeichnis erhalten Sie kostenlos unter Tel. 0761-70 310 0 oder unter service@eisenbahn-kurier.de

EK-Verlag – EK Medien GmbH – Munzinger Straße 5a – 79111 Freiburg

Inhaltsverzeichnis

Band 1

△ **Bild 1 • 194 178II** auf der Mainbrücke in Kostheim am 24. April 2013. Aufnahme: Joachim Seyferth

Zum Geleit

Die Deutsche Reichsbahn hatte der in Entwicklung begriffenen Baureihe E 94 in den dreißiger Jahren die Aufgabe zugedacht, auf Rampenstrecken im elektrifizierten Netz Deutschlands für eine reibungslose Abwicklung des gestiegenen Güterverkehrs zu sorgen. Ab 1940 kamen auch die alpinen Bergstrecken im angeschlossenen Österreich dazu. Diese Aufgabe erfüllte die E 94 sofort. Mehrere Jahrzehnte blieb die E 94 das Rückgrat der Zugförderung im Güterverkehr auf elektrifizierten Strecken in Süddeutschland, Mitteldeutschland und Österreich.

Wegen der langen Vorbauten und der dunkelgrünen Farbgebung wird die E 94 von deutschen Eisenbahnfreunden gerne als „Deutsches Krokodil" bezeichnet. Bereits im ersten Buch von 1990 wiesen die Autoren im Vorwort darauf hin, dass unter Schweizer und österreichischen Fachleuten unstrittig ist, dass der Begriff „Krokodil" ausschließlich den Schweizer Gotthardlokomotiven Be 6/8 und Ce 6/8 sowie der österreichischen Reihe 1100 (spätere Reihen 1089 und 1189) mit ihren langen und schlanken Vorbauten vorbehalten sein muss. An dieser Einschätzung halten die Autoren auch im Jahr 2026 fest. Der Untertitel der Neuauflage – Schwere Güterzuglokomotiven in Deutschland und Österreich – war seitens der Autoren bereits 1990 vorgesehen.

In der ehemaligen DDR gaben Leipziger Lokführer – hier sei stellvertretend Dieter Wünschmann genannt – der E 94 hingegen den Kosenamen „Eisenschwein". Beim Bw Zwickau hießen die E 94 schlicht „Oma". In Österreich war die E 94 seit der Umzeichnung stets die „Zehnzwanzig".

36 Jahre nach dem Erscheinen der ersten Auflage liegt nun eine ergänzte und überarbeitete Auflage vor. Aufgrund der Materialfülle bot es sich an, zwei Bände herauszugeben. Dafür sei dem EK-Verlag, Herrn Jörg Sauter, vielmals gedankt.

Der vorliegende Band 1 behandelt vorwiegend die Entstehung, Technik, Beschaffung, Bestandsentwicklung sowie den Betriebsmaschinendienst und Einsatz in Süddeutschland von 1940 bis 1988.

Band 2 wird vor allem den Einsatz der E 94 in Mitteldeutschland, Schlesien und Österreich, den Leiheinsatz von DB-E 94 in der Schweiz sowie den Einsatz von E 94 bei privaten Eisenbahn Verkehrsunternehmen und die Museumslokomotiven vorstellen. Außerdem kommt eine Abhandlung zu jenen E 94, die sich von 1946 bis 1952 in der Sowjetunion befanden.

Die Texte der beiden neuen Bände basieren – wie schon beim ersten Buch von 1990 – weitestgehend auf Primärquellen wie zum Beispiel Betriebsbücher (DB, DR, ÖBB), statistische Nachweise St 10a, Werkkarten, Umlaufpläne, sowie Schriftwechsel der Direktionen und Zentralämter. Nach der deutschen Wiedervereinigung öffneten sich die Archive in der ehemaligen DDR, was einiges an bislang unbekannten Sachverhalten zum Vorschein brachte. Dies ermöglichte in beiden neuen Bänden deutlich erweiterte und dem aktuellen Wissensstand angepasste Texte.

Die Daten- und Faktensammlung wäre ohne die Unterstützung von Forschern und Fachleuten nicht möglich gewesen. Bereits in der Erstausgabe von 1990 hoben die Autoren zahlreiche Damen und Herren hervor. Genannt waren:

Helmut Bittner, Bertold Brandt, Frau Brütting (Bibliothek der BD München), Herbert Fritz, Peter Heinrich, Klaus Hopf, Joachim Hund, Wolfgang Illenseer und Herr Flierl (Verkehrsarchiv beim Verkehrsmuseum Nürnberg), Herren Kaiser, Polifka und Dr. Stempina (AW München-Freimann), Norbert Kempf, Andreas Knipping, Hansjörg Kurz, Bernhard Lochmiller, Franz Müller (Streckenskizzen), Herren Oberhofer und Schobesberger (Zfl. Innsbruck), Herr Pircher (Zfl. Bludenz), Herr Schallmoser (Bw Ingolstadt), Hans-Wolfgang Scharf, Heinz Skrzypnik, Klaus Stadler (BD München), Hans-Jürgen Wenzel sowie die Hersteller ABB, AEG, Krauss-Maffei und Krupp, die Zfl. Villach, Zfst. Wörgl und die ÖBB-Generaldirektion Wien.

Unser Dank für die Unterstützung der beiden Folgebände mit weiterem Archivmaterial, Informationen oder Zugang zu Museums-, Unternehmens- und DB/DR-Bildarchiven gilt:

Toms Altbergs, Stephan Beständig, Joachim Bilke, Andreas Brauer, Rüdiger Bäzold, Marion Becker, Thomas Borbe, Ulrich Budde, Joachim Bügel, Robert Doll, Stefan Donnerhack, Franz Gemeinböck, Andreas Giller, Peter Glanert, Alfred B. Gottwaldt, Christoph Grimm, Helmut Gröber, Uwe Haas, Peter Hartung, Rainer Heinrich, Edda Helms, Klaus Hopf, Ingo Hütter, Helge Hufschläger, Joachim Hund, Markus Inderst, Klaus Killermann, Christoph Kirchner, Andreas Kistner, Katrin Koch, Horst Kraft, Volkmar Kubitzki, Hans-Joachim Lange, Hans-D. Lichtenhof, Helmut Linke, Alexander Loidl, Detlev Megow, Gerfried Moll, Wolfgang Müller, Barbara-Birgit Pirch, Wolfgang-D. Richter, Gerhard Rieger, Joachim Seyferth, Heinz Skrzypnik, Horst Staimer, Andreas Stange, Stiftung Eisenbahnmuseum Bochum, Ernst Andreas Weigert, Hans-Jürgen Wenzel, Bernd Zöllner, Adalbert Zronek sowie dem Deutschen Technik Museum Berlin (DTM), dem Landesarchiv Sachsen-Anhalt in Merseburg und den früheren DB Bildstellen.

Wichtige Quellen sind auch die Internetseite von Dietmar Lauterbach dlauterbach.de (e94info) sowie die Internetseite eisenbahn-museumsfahrzeuge.de. Das Literaturverzeichnis für beide Bände findet sich im Band 2.

Die beiden Folgebände der E 94 sind gegenüber der Erstausgabe von 1990 überwiegend neu bebildert. Konnten damals von Eisenbahnfreunden eingesandte 2.500 Fotos und Abbildungen gesichtet werden, standen für die beiden Folgebände jetzt rund 10.000 Fotos, Dias, Scans, Zeichnungen und andere Abbildungen zur Verfügung. Damit konnte der Versuch unternommen werden, eine möglichst ausgewogene Bebilderung nach Jahrzehnten, Betriebssituationen und Einsatzstrecken zu erreichen. Auch wenn nur ein Bruchteil der eingesandten Bildvorschläge veröffentlicht werden kann, war jedes Bild für die Auswertung etwa technischer Details wichtig. Allen Einsendern sei herzlich gedankt.

Erinnern möchten wir an unseren damaligen Co-Autor Dieter Bäzold, der im Jahr 1995 im Alter von nur 62 Jahren verstarb. Er ist zusammen mit Günter Fiebig als Verfasser des „Ellok Archivs" der Pionier der Geschichtsschreibung über elektrische Lokomotiven in Deutschland. Wolfgang Müller übernahm die Aufgabe, für Band 2 das Kapitel Mitteldeutschland ab 1956 zu überarbeiten.

Nun, liebe Leser: Viel Freude mit der in technischen wie auch betriebsgeschichtlichen Belangen sehr facettenreichen Baureihe E 94.

Starnberg und Korb/München im Juli 2026

Brian Rampp und Frank Lüdecke

Die Entwicklung der E 94

Entstehungsgeschichte

Vorgängerbauarten mit sechs angetriebenen Radsätzen

Der Einsatz elektrischer Güterzuglokomotiven mit sechs angetriebenen Radsätzen begann in Deutschland bei der Königlich Preußischen Eisenbahn-Verwaltung (KPEV) im Güterverkehr auf den Gebirgsstrecken in Schlesien.

Um Erfahrungen mit verschiedenen Technologien zu sammeln, gab sie in den Jahren 1912 und 1913 drei Bauarten mit Stangenantrieb über Vorgelege-Blindwelle mit Hall'schen Kurbeln sowie Einzelachsantrieb in Auftrag. Die Industrie lieferte folgende Lokomotiven, bedingt durch den Ersten Weltkrieg mit jahrelanger Verzögerung:

- Zwölf Elloks mit der Achsfolge B+B+B als EG 538 abc – EG 549 abc, spätere Baureihe E 91[3], in den Jahren 1915, 1918 und 1920–1922 (dreiteilige Bauart, Stangenantrieb);
- Zehn Elloks mit der Achsfolge C+C als EG 551/552 – EG 569/570, spätere Baureihe E 90[5], in den Jahren 1919–1922 (Doppellokomotiven, Stangenantrieb);
- Elf Elloks mit der Achsfolge Co+Co als EG 571 ab – EG 579 ab, spätere Baureihe E 92[7], in den Jahren 1923–1925 (Doppellokomotiven, Tatzlagerantrieb).

Technik, Leistung und Zugkraft dieser Lokomotiven aus der Pionierzeit der Hauptbahn-Elektrifizierung in Deutschland genügten schon sehr bald nicht mehr dem gestiegenen Verkehrsaufkommen, das im Güterverkehr höhere Tonnagen und Geschwindigkeiten verlangte.

Nach der Gründung der Deutschen Reichseisenbahnen am 1. April 1920, die ab 1921 als Deutsche Reichsbahn firmierten, erfolgte eine Zentralisierung der Beschaffung elektrischer Lokomotiven beim neu geschaffenen Reichsbahn-Zentralamt (RZA) Berlin. Hintergrund war die geplante Ausweitung des elektrischen Zugbetriebes in Bayern sowie auf den bereits elektrisch betriebenen Strecken in Mitteldeutschland und Schlesien.

Zuständiger Dezernent für elektrische Lokomotiven im RZA Berlin war Wilhelm Wechmann. Er setzte in den Jahren 1922/23 ein Beschaffungsprogramm für elektrische Schnellzug-, Personenzug- und Güterzuglokomotiven auf. Der später nach ihm benannte ‚Wechmann-Plan' umfasste sieben Baureihen mit 201 elektrischen Lokomotiven mit rund 140 vereinheitlichten Bauteilen, die in den Jahren 1924 bis 1928 in Betrieb gingen.

Das Programm von 1922/23 umfasste zwei Bauarten für den Güterverkehr:

- 56 Elloks mit der Achsfolge (1'B)(B1') (d.h. nur vier angetriebenen Radsätzen und Vorlaufachse) als bay. EG 3 22001 ff und preuß. EG 701 – 725, spätere Baureihe E 77 (dreiteilige Bauart, Schrägstan-

▽ **Bild 2** • Die fertiggestellte **E 94 001** im März 1940 auf dem Hof der AEG in Hennigsdorf bei Berlin. Sie wird in Kürze zur Anlieferung und Abnahme nach München überführt.
AUFNAHME: WERKFOTO AEG, SAMMLUNG HELGE HUFSCHLÄGER

Bild 3 ▷
Urahn der sechsachsigen elektrischen Staatsbahn-Güterzuglokomotiven in Deutschland: Kurz nach der Fertigstellung steht die dreiteilige EG 538, die spätere **E 91 38**, im Dezember 1915 bei Linke-Hofmann in Breslau. Der Antrieb erfolgt über Vorgelege-Blindwellen und Hall'sche Kurbeln.

Aufnahme: Werkfoto Siemens-Schuckert-Werke (SSW), Sammlung Andreas Giller

Bild 4 ▷
Parallel zur dreiteiligen Ausführung mit EG 538ff beschaffte die KPEV eine Baureihe als Doppellokomotive. Jeweils drei Radsätze waren gekuppelt, der Antrieb erfolgte über je einen Doppelmotor über Vorgelege-Blindwellen und Hall'sche Kurbeln. EG 565/566, die spätere **E 90 58**, steht im Jahr 1924 im Bw Hirschberg in Schlesien.

Aufnahme: Sammlung Andreas Giller

Bild 5 ▷
Die nächste im Jahr 1913 von der KPEV bestellte Ellok-Generation für den Güterzugdienst besaß erstmals einzeln angetriebene Radsätze sowie Tatzlagerantrieb, der später in weiterentwickelter Form die E 94 prägen sollte. Die Doppellokomotive EG 571 ab, die spätere **E 92 71**, im November 1923 auf dem Werkhof von Linke-Hofmann in Breslau. Die drei preußischen Ellok-Bauarten hatten Gepäckräume in der Mitte.

Aufnahme: Werkfoto LHW/ Henschel-Museum und Sammlung e. V.

◁ **Bild 6**
Nach dem ersten Weltkrieg nahm die Deutsche Reichsbahn-Gesellschaft die Elektrifizierung der Hauptstrecken in Süddeutschland in Angriff. Im Rahmen des sog. Wechmann-Plans beschaffte die DRG u. a. eine schwere Güterzuglokomotiv-Bauart mit dem Schrägstangenantrieb Bauart Winterthur, der insgesamt sechs Radsätze antrieb. Im Jahr 1928 steht EG 5 22510, die spätere **E 91 10**, in München-Laim Rbf.

Aufnahme: SSW, Sammlung Brian Rampp

Die technischen Daten im Vergleich

	$E\,90^5$	$E\,91^3$	$E\,92^7$
Dauerleistung	910 kW bei 45 km/h	1.135 kW bei 30 km/h	770 kW bei 45 km/h
Länge über Puffer	17.450 mm	17.200 mm	17.282 mm
Dienstgewicht	101,6/98,2 t	101,7 t	114,0 t
Fahrmotoren Anzahl	2 + 2	3	6
V_{max}	50 km/h	50 km/h	60 km/h

genantrieb Bauart Winterthur), geliefert 1924–1926 für den mittelschweren Reise- und Güterzugdienst.

- 34 Elloks mit der Achsfolge C'C' als bay. EG 5 22501 – 22031 und preuß. EG 581 – 594, spätere Baureihe $E\,91^0$/$E\,91^8$ (dreiteilige Bauart, Schrägstangenantrieb Bauart Winterthur), geliefert 1925–1928 für den schweren Güterzugdienst.

Folgende Güterzug-Baureihen kamen zusätzlich:

- Aufgrund schlechter Laufeigenschaften ab 55 km/h und hoher Störanfälligkeit der E 77 beschaffte die Reichsbahn von 1926 bis 1931 insgesamt 31 Elloks der Achsfolge 1' B B 1' in Einrahmenbauweise als Baureihe E 75. Antrieb und elektrische Ausrüstung entsprachen der E 77.
- Im Jahr 1927 bestellte das RZA Berlin zwölf als $E\,91^9$ bezeichnete Lokomotiven mit elektrischer Widerstandsbremse nach. Sie gingen 1929 in Betrieb.

Nicht dem Wechmann-Plan zugerechnet werden die 1' Co + Co 1'-Doppellokomotiven der Baureihe E 95. Für den schweren Kohleverkehr auf der zur Elektrifizierung geplanten Strecke Breslau – Liegnitz – Arnsdorf – Görlitz bestellte das RZA Berlin im Jahr 1926 sechs Lokomotiven. Nach längeren Abwägungen, welche Antriebstechnik umgesetzt werden soll (die Diskussionen dauerten von 1924 bis 1926), kam der Radsatzantrieb in Tatzlagerausführung zur Anwendung. Dieser hatte

▽ **Bild 7** • Der nächste Evolutionsschritt: Die für die schlesischen Gebirgsstrecken beschafften E 95 hatten bereits den AEG-Tatzlagerantrieb, kamen wegen ihrer hohen Dienstmasse jedoch nicht ohne Laufradsätze aus. **E 95 01** steht im Dezember 1927 auf dem Werkhof der AEG Hennigsdorf. Aufnahme: Werkfoto AEG, Sammlung Michael Freitag

sich in der Baureihe E 927 bei niedrigen Geschwindigkeiten bewährt.

Die E 95 verfügten über je sechs angetriebene Radsätze und zwei Laufradsätze. Es waren die bislang schwersten und teuersten Elloks der DRG. Sie sollten 2.200 t schwere Güterzüge mit 45 km/h befördern können. Die Lokomotiven nahmen 1928 den Planbetrieb auf. Die E 95 markierte technisch den Übergang vom Stangenantrieb zum Einzelachsantrieb. Im Hause AEG entwickelt und überwiegend gebaut, floss ihre Technik in die nachfolgenden Baureihen E 93 und E 94 ein.

Der Stangenantrieb war Ende der zwanziger Jahre im internationalen Vergleich bereits veraltet.

Die Güterzuglokomotiven des Wechmann-Plans und die E 95 wiesen gegenüber den Vorgängerbauarten eine deutliche Leistungssteigerung auf.

Aufgrund der 1929 ausgelösten Weltwirtschaftskrise sah sich die DRG in der Vorausschau gezwungen, künftig deutlich preisgünstigere Lokomotiven zu beschaffen und das den Herstellern auch abzuverlangen. Dies führte zu neuem technischen Denken: Weg von zwei- oder dreiteiligen, wartungsintensiven Lokomotiven hin zu Elloks mit Drehgestellen und Einzelachsantrieb – und zu geringerem Gewicht. Pionier war hier die Baureihe E 44.

Technische Daten der 1924–1929 beschafften elektrischen Güterzugloks im Vergleich

	E 77	E 91^0/E 91^8	E 91^9	E 95
Dauerleistung	1.600 kW	1.660 kW	1.660 kW	2.418 kW
	bei 46 km/h	bei 48 km/h	bei 48 km/h	bei 50 km/h
Länge über Puffer	16.250 mm	16.700 mm	17.300 mm	20.900 mm
Dienstgewicht	113,0 t	123,7 t	116,4 t	138,5 t
Fahrmotoren Anzahl	2	2 Doppelmotoren	2 Doppelmotoren	6
V_{max}	65 km/h	55 km/h	55 km/h	70 km/h

E 93 als technisch-konzeptioneller Wegbereiter der E 94

Ausgehend von der E 95 ging die AEG von der aus zwei Teilen bestehenden, mit je einem Transformator und einer Schützensteuerung ausgerüsteten Doppellokomotive zu einer Triebdrehgestell-Lokomotive mit nur einem Transformator und sechsfach unterteilter Motorleistung über, um Gewicht und Kosten zu sparen. Auf den beiden Drehgestellen mit je drei über Tatzlager angetriebenen Radsätzen befand sich je ein langgezogener Vorbau, der verschiedene Hilfsaggregate beherbergte. Die beiden Drehgestelle trugen den Hauptrahmen, der als „Brücke" und die darauf aufsitzenden Kastenaufbau u. a. den Transformator, die Steuerung und die beiden Führerräume aufnahm. Diese Formgebung war eine völlig neue Erscheinung auf den elektrifizierten Strecken der Reichsbahn.

Die von 1933 bis 1939 in Dienst gestellten 18 Lokomotiven der Baureihe E 93 konnten 1.600 t auf 10 ‰ mit 50 km/h befördern. Ihre Höchstgeschwindigkeit betrug 65 bzw. 70 km/h (ab E 93 05). Die E 93 lief außergewöhnlich ruhig und entgleisungssicher in beide Fahrtrichtungen, obwohl sie keine Laufradsätze besaß – Drehgestelle hatten sich als bestes Führungs- und Krümmungsbeweglichkeitsmittel erwiesen. Es konnte eine beachtliche Gewichtsersparnis realisiert werden: 117,2 t im Vergleich zu 138,5 t bei der E 95. Das Dienstgewicht der E 93 war zwar im Vergleich zur E 91^9 geringfügig um 800 kg höher. Jedoch betrug ihre Dauerleistung bei 62 km/h 2.214 kW und lag damit deutlich über den 1.660 kW bei 48 km/h der E 91^9. Der Beschaffungspreis der E 93 konnte auf 392.336 Reichsmark gesenkt werden und lag damit um knapp 150.000 Reichsmark unter der E 95 und knapp 54.000 Reichsmark unter der E 91^9.

▽ **Bild 8** • Die Baureihe E 93 ist der direkte Vorläufer der E 94. Erstmals beschaffte die DRG eine Co'Co'- gekuppelte Güterzuglokomotive mit Brücke und zwei langen Vorbauten. Die fabrikneue **E 93 02** befindet sich im August 1933 auf dem Hof des AEG-Werkes in Hennigsdorf. AUFNAHME: WERKFOTO AEG, SAMMLUNG MICHAEL FREITAG

Die E 94 entsteht

In der zweiten Hälfte der dreißiger Jahre war bei der Deutschen Reichsbahn aufgrund der wirtschaftlichen Erholung und Aufrüstung Deutschlands ein starkes Anwachsen des Güterverkehrs eingetreten. Zur Beförderung schwererer und schnellerer Güterzüge sowie zur Erhöhung der Durchlassfähigkeit der Rampenstrecken im Streckennetz der Deutschen Reichsbahn (Geislinger Steige, Frankenwaldbahn und schlesische Gebirgsbahn) war die Beschaffung neuer elektrischer Güterzuglokomotiven notwendig.

Die seit 1933 beschaffte Co'-Co'-Lokomotive der Baureihe E 93 entsprach von ihrer installierten Leistung (Anfahrzugkraft: 36.000 kg) und ihrer Höchstgeschwindigkeit (70 km/h) her betrachtet nicht mehr den gestiegenen Anforderungen. Ihre Grundkonzeption hatte sich jedoch bewährt und die Betriebserfahrungen befriedigten vollauf. Die E 93 lief außergewöhnlich ruhig, obwohl sie keine Laufradsätze besaß, es konnte eine beachtliche Gewichtsersparnis realisiert werden und ihre Unterhaltungskosten waren mit 153 Reichsmark pro 1.000 Lokkilometer vergleichsweise niedrig. Von vornherein war daher bei der neuen Co'Co'-Lokomotive an eine Weiterentwicklung der E 93 gedacht, die aufbauend auf ihrer gelungenen Konstruktion eine höher installierte Leistung erhalten sollte. Damit die Höchstgeschwindigkeit auf 90 km/h bei mindestens gleichen Zugkräften wie der E 93 in den einzelnen Geschwindigkeitsbereichen erfüllt werden konnte, war u. a. eine rund 30 % höhere Fahrmotorleistung nötig.

Das RZA München erteilte im November 1937, noch während des Baus der letzten E 93, der Firma AEG den Entwicklungs- und Lieferauftrag für die als E 94 zu bezeichnende Lokomotive. Für das Betriebsprogramm wurden folgende Anhängemassen gefordert:

- 2.000 t mit 85 km/h in der Ebene;
- 1.600 t mit 40 km/h auf 10 ‰ Steigung;
- 1.000 t mit 50 km/h auf 16 ‰ Steigung;
- 600 t mit 50 km/h auf 25 ‰ Steigung.

Ihre Höchstgeschwindigkeit von 90 km/h erlaubte Einsätze im Eilgüter- und Personenzugdienst im Flachland. Die vielseitige Verwendung der Lokomotive sollte die Erstellung gedrängter Umlaufpläne und eine intensive Ausnutzung möglich machen. Nach der Annexion Österreichs (1. März 1938) erfolgten Übernahme der alpinen Bergstrecken durch die DRB sah man sich bald mit der Notwendigkeit konfrontiert, die Leistungsfähigkeit auch dieser Strecken durch den Einsatz neuer Lokomotiven zu steigern, was durch den Einsatz der E 94 erreicht werden sollte.

Die steilen Rampen des Arlbergs, Brenners und der Tauern wiesen Dauersteigungen bis zu 31 ‰ auf. Um den Bremsklotzverschleiß und die Radreifenerwärmung der Loks bei langen Talfahrten herabzusetzen, wurde auf ausdrücklichen Wunsch der österreichischen Dienststellen nachträglich der Einbau einer elektrischen Widerstandsbremse vorgesehen.

Bei der konstruktiven Durchbildung der E 94 konnten die Ingenieure der AEG teilweise auf bewährte Verfahren und Bauteile zurückgreifen. Ähnlich wie die Baureihen E 44 und E 93 erhielt die E 94 u. a. einen vollständig geschweißten Rahmen und Drehgestelle. Als Antrieb wählte die AEG Tatzlager-Motoren des Typs EKB 725, die sich gemeinsam mit dem Getriebe (Übersetzung 20 : 79) in E 44 108 und E 44 109 von der AEG aus dem Jahr 1934 sowohl bis 90 km/h als auch im Steilstreckenbetrieb bewährt hatten. Sie konnten mit wenigen technischen Modifikationen unverändert übernommen werden. Zu ändern waren die Motoraufhängung von Schraubenfedern in Federtöpfe und die Ergänzung des Bürstenrings mit einer Drehvorrichtung, um die Wartung zu erleichtern. Die neue Bezeichnung der Fahrmotoren lautete daher EKB 725a.

Die Verwandtschaft der E 94 mit diesen Lokomotiven zeigte sich an dem AEG-typischen Brückenrahmen mit seinen charakteristischen Aussparungen. Diese dienten der Gewichtseinsparung und boten die Möglichkeit, dahinter laufende Kabel und Luftschläuche zu kontrollieren. Der Transformator ELT 13 musste wegen der im Vergleich zur E 93 um 800 kW höheren Motorleistung neu entwickelt werden, baute aber auf dem in der E 18 bewährten Transformator BLT 104 auf. AEG legte ihn für eine höhere Dauer- und Stundenleistung aus, ebenso konnte das 18-stufige Nockenschaltwerk auf bewährten Vorgängern aufsetzen.

Der Aufbau entsprach grundsätzlich der Reihe E 93, allerdings erforderte die

Technische Parameter der E 94 im Vergleich zu ihren Vorgängern

	E 91[9]	E 95	E 93	E 94
Dauerleistung	1.660 kW	2.418 kW	2.214 kW	3.000 kW
	bei 48 km/h	bei 50 km/h	bei 62 km/h	bei 68 km/h
Länge über Puffer	17.300 mm	20.900 mm	17.700 mm	18.600 mm
Dienstgewicht	116,4 t	138,5 t	117,2/117,6 t	118,5 t
Fahrmotoren Anzahl	2 Doppelmotoren	6	6	6
V_{max}	55 km/h	70 km/h	65/70 km/h	90 km/h

◁ **Bild 9**
Die verstärkte Serie der Baureihe E 44[1] mit den Lokomotiven E 44 106 bis E 44 109 (spätere E 44 506 bis E 44 509) lieferte einige bewährte Bauteile für die E 94, wie z. B. den mit Aussparungen versehenen Rahmen und die Fahrmotoren des Typs EKB 725. Hier steht die fabrikneue **E 44 106** im Mai 1934 bei AEG in Hennigsdorf.

Aufnahme: Werkfoto AEG, Sammlung Michael Freitag

höhere Leistung größer bemessene Aggregate. Aufgrund des gestiegenen Platzbedarfs wurde die E 94 im Vergleich zur E 93 um 900 mm, der ungleiche Radstand der Drehgestelle um 150 bzw. 50 mm länger. Hielt sich die Spurkranzabnutzung bei der E 93 auf kurvenreichen Strecken noch in vertretbaren Grenzen, sollte diese bei der E 94 aufgrund des größeren Achsstandes bald zu einem Thema werden.

Um das Gesamtgewicht von 120 t bzw. die Radsatzlast von 20 t nicht zu überschreiten, bedurfte es äußerster Sorgfalt bei der Ausführung aller Bauteile. Im Ergebnis wog die E 94 schließlich 118,5 t, also nur 0,9 t mehr als die E 93. Sie erreichte die in der Tabelle auf Seite 10 oben rechts aufgeführten Leistungskennziffern.

Die E 94 sollte den Abschluss der Entwicklung der sechsachsigen Güterzuglokomotiven der DRB bilden und war die letzte Baureihe der im Rahmen des „zweiten Typenprogrammes" vollzogenen Standardisierung. Demzufolge sollten nur noch drei Bauarten beschafft werden (abgesehen von Lokomotiven für Sonderzwecke wie z. B. die E 19):

- E 18 für Schnellzüge,
- E 44 für Personen- und leichte Güterzüge und
- E 94 für schwere Güterzüge und ggf. Schnellzüge auf Bergstrecken.

△ **Bild 10** • Eine Werbeanzeige der E 94 aus dem Jahr 1941. ABBILDUNG: ZACHERT/AEG, SAMMLUNG ANDREAS KNIPPING

Der Weg zur Kriegslokomotive

Die Auslieferung der im Rahmen des Vier-Jahre-Plans von 1937 bestellten E 94 wurde aufgrund des Kriegsbeginns bis 1942 mit Mühe weiter betrieben. Dann sollte eine Neuordnung der Zuständigkeiten für den Lokomotivbau einschneidende Veränderungen im Beschaffungswesen nach sich ziehen.

Lange erachtete die Führung des Reiches die Bedeutung der Eisenbahn für die Kriegsführung als gering. Sie setzte stattdessen auf den motorisierten Verkehr. Die negativen Erfahrungen des Russlandfeldzuges aus dem Winter 1941/42 führten zu einem Umdenken hinsichtlich der Rolle der Eisenbahnen für den weiteren Kriegsverlauf. Per Erlass vom 7. Januar 1942 stufte die Reichsregierung den Lokomotivbau neben der Mineralölindustrie als vorrangig ein – noch vor allen Rüstungsprojekten. Den Zuständigkeitskonflikt hinsichtlich der geforderten Schaffung einer Kriegslokomotive (spätere Baureihe 52), zwischen Speers Reichsministerium für Bewaffnung und Munition einerseits und Dorpmüllers Reichsverkehrsministerium (und der Reichsbahn) andererseits, entschied Hitler gegen die Reichsbahn. Dies führte zur Gründung des „Hauptausschusses Schienenfahrzeuge beim Reichsminister für Bewaffnung und Munition" (HA) am 7. März 1942, der fortan für alle Lokomotivkonstruktionen und -beschaffungen zuständig war. Die Reichsbahnzentralämter besaßen nur noch beratende Funktionen und waren praktisch entmachtet. Hauptaufgabe des HA war, in Realisierung eines „Führerprogrammes" für die Herstellung von 15.000 Lokomotiven binnen zweier Jahre zu sorgen, um dem Lokomotivmangel abzuhelfen. Neben der Rationalisierung des Schienenfahrzeugbaus hatte der HA vor allem die Vereinfachung der Lokomotivkonstruktionen, darunter auch elektrischer Lokomotiven, im Hinblick auf das Kriegstypenprogramm zu betreiben. Es durften nur mehr die Lokomotiven weitergebaut werden, die als kriegswichtig galten. Im Kriegselektrolok (KEL)-Programm waren enthalten:

KEL 1	E 44
KEL 2	E 94
KEL 3-9	Abraum- u. Grubenlokomotiven.

Den Weiterbau aller anderen Typen, z. B. der E 18 oder E 63, ließ die DRB einstellen. Bindend vorgeschrieben war die Verwendung von sog. Heimstoffen, um knappe Buntmetalle einzusparen. Bei der E 94 sah

◁ **Bild 11**
Vorgänger- und Nachfolgebauart: **E 94 278** und E 50 010 stehen am 7. September 1960 in Aschaffenburg Hbf nebeneinander. Nur 20 Monate liegen zwischen der Auslieferung dieser beiden konstruktiv sehr verschiedenen Lokomotiven.

Aufnahme:
Hans Schmidt,
Sammlung Hans-Jürgen Wenzel

die Entfeinerung der Konstruktion daher den weitestmöglichen Ersatz von Kupfer durch Aluminium vor. So wurden z. B. die Stromschienen im Maschinenraum, die Ständerwicklungen der Hilfs- und Fahrmotore sowie die Trafowicklungen fortan in Aluminium ausgeführt (näheres siehe Technische Beschreibung). Die Starkstromleitungen in der Brücke waren ab E 94 036 aus Aluminium. Die übrigen Starkstromleitungen, wie z. B. die Zuführungen zu den Bremswiderständen sowie alle Leitungen unter den Vorbauhauben, waren nun ebenfalls als Aluschienen ausgebildet. Kupferkabel kamen nur noch dort zur Anwendung, wo Beweglichkeit gewährleistet werden musste oder Raumgründe die Verwendung von Aluschienen verbaten.

Neben der Möglichkeit der Verwendung von „Heimstoffen" war vor allem die strategische Bedeutung des Eisenbahnverkehrs über die Alpenpässe maßgeblich für die Weiterbeschaffung der E 94 durch den Hauptausschuss. Der elektrische Zugbetrieb hatte hier in den ersten Kriegsjahren seine Leistungsfähigkeit laufend unter Beweis gestellt, trotz der Bedenken des Wehrmachtsführungsstabes, und zwar im Hinblick auf die Versorgung des Achsenpartners Italien und der Fronten in Südosteuropa.

Das KEL-Programm nahm sich im Vergleich zum Kriegsdampflokprogramm (KDL) wegen der relativ geringen Stückzahlen bescheiden aus (insgesamt war der Bau von 261 E 44 und 285 E 94 vorgesehen). Dies und die hohen Beschaffungspreise für elektrische Lokomotiven ließen die ökonomischen Vorteile der Massenfertigung (Skalenerträge) nicht in dem Umfang wie z. B. bei der Baureihe 52 mit mehreren tausend Einheiten sichtbar werden. Dennoch waren die E 44 und die E 94 die ersten in Großserie beschafften Elloks der DRB.

Die E 94 als Exponent des technischen Fortschritts

Die Baureihen E 44 und E 94 verkörperten mit ihren Nebengattungen E 44^5 und E 93 einen großen Schritt vorwärts in der Entwicklung zur artgemäßen Bauform elektrischer Lokomotiven. Die Ausbildung als Drehgestelllokomotiven mit Tatzlager-Einzelachsantrieb und in den Drehgestellen (tief-) gelagerten Fahrmotoren griff auf erste Formen elektrischer Traktion im Straßenbahnbetrieb zurück.

Die E-Lokomotiven der ersten Generation (ab ca. 1912) charakterisierten, mit wenigen Ausnahmen, im Hauptrahmen gelagerte Gestellmotoren und der vom Dampfbetrieb entlehnte Stangenantrieb. In der zweiten Hälfte der zwanziger Jahre ging der Lokomotivbau allmählich zum Einzelachsantrieb über. Die Gestellmotoren waren jedoch nach wie vor im Hauptrahmen gelagert und auf Laufachsen konnte teilweise noch nicht verzichtet werden.

Erstmals mit Erscheinen der E 44 und später der E 94 gelang es, für große Lokomotivleistungen so kleine und nicht im Hauptrahmen gelagerte Motoren zu bauen, dass sie zwischen die Treibräder und Großzahnräder passten. Die weitgehende Anwendung der Schweißtechnik im Rahmen- und Motorenbau ermöglichte eine Absenkung der Gewichte soweit, dass auch bei großen installierten Leistungen ein Verzicht auf die Laufachsen möglich war. Der technische Fortschritt hinsichtlich der Leistungsfähigkeit lässt sich anhand der spezifischen Leistungskennziffer (kW/t) gut veranschaulichen. Hatte sie bei der E 62 aus dem Jahr 1912 erst 9,8 kW/t, der E 91 (1925) 17,8 kW/t und der E 95 (1927) immerhin schon 20 kW/t betragen, stieg sie bei der E 94 auf 27,8 kW/t (E 94^2: 38,7 kW/t).

Die grundlegende Konzeption der E 44/E 94, d. h. Radsätzen mit einzeln angetriebenen Achsen und im Drehgestell gelagerten Motoren, wird im heutigen Lokomotivbau nach wie vor angewendet.

Weiterentwicklungen

Nach dem Inkrafttreten des Kriegstypenprogrammes stellte die DRB Ende 1942 alle Entwicklungsarbeiten für elektrische Lokomotiven ein. Bis dahin hatten die Konstrukteure von AEG und Siemens (SSW) an der Weiterentwicklung der E 94 gearbeitet. Sie fokussierten vor allem auf eine Verwendung stärkerer Motoren, bei gleichem Gewicht und Volumen der bisher benutzten.

AEG entwickelte den Fahrmotor EKB 685, der in seiner Leistung bei 63 km/h um 30 % und bei 90 km/h um ca. 50 % stärker als der EKB 725 der E 94 war. Es war geplant, diesen Motor in eine Bo'Co' + Co'Bo'-Lokomotive mit der Baureihenbezeichnung E 100 einzubauen. Das Projekt blieb wegen der Kriegsereignisse unvollendet.

Der EKB 685-Motor war später als Antrieb der ab Ende 1952 bei der Deutschen Bundesbahn entworfenen neuen Co'Co'-Güterzuglokomotive der Baureihe E 50, die als E 55 vorbereitet war, vorgesehen. Er kam hier letztlich nicht zur Anwendung, weil sich die DB für den neu entwickelten und dem Stand der Technik entsprechenden Motor EKB 760 entschied.

Die DB beschaffte in den fünfziger Jahren noch eine größere Anzahl E 94 mit höherer Leistung, d. h. mit stärkeren WBM 487-Fahrmotoren der Firma Siemens. Als Nachfolgebaureihe der E 94 gilt bei der DB die ab 1957 in Dienst gestellte E 50, bei der DR die Baureihe 250 von 1974.

Das Projekt E 100

von Thomas Borbe

Obwohl das RZA Berlin mit den Leistungen der neuen Baureihe E 94 zufrieden war, hatte das Referat 32, Elektrische Zugförderung, im Jahr 1940 weiterreichende Pläne. Zu deren Realisierung fand am 1. Juni 1940 in der AEG-Lokomotivfabrik Hennigsdorf eine Besprechung u. a. zwischen dem Referatsleiter Ministerialdirigent Prof. Dr. Wechmann und dem Reg.-Baumeister Ohl sowie Herrn Baurat Kleinow von der AEG statt. Bei dieser Gelegenheit regte Wechmann den Entwurf einer elektrischen Güterzuglok mit zehn Treibradsätzen an. Diese sollte aus der Vereinigung einer Co' Co' Lok E 94 mit einer Bo' Bo'-Lok entstehen. Um die Steuerung der Lok vom vordersten Führerstand aus zu ermöglichen, sollte der Bo' Bo'-Teil die gleichen Fahrmotoren und die gleiche Anzahl von Fahrstufen erhalten wie die Ellok E 94. Auch alle sonstigen während der Fahrt der Lok zu überwachenden und zu betätigenden Einrichtungen (Strom- und Spannungsmesser, Sandstreueinrichtung usw.) sollten für beide Lokteile in den beiden Endführerständen zusammengefasst werden. Mit dieser Lok, so heißt es in dem Aktenvermerk über diese Besprechung weiter, *„könnten Züge von 1.000 t ohne Schub über die Bergstrecken der Brenner- und Tauern-Bahn gefahren werden. Die zu erwartenden Zugkräfte am Zughaken würden etwa 30.000 kg in der Beharrung und 40.000 kg zum Losreißen in der Steigung betragen. Inwieweit solche Zugkräfte von den Wagen der DR und insbesondere von den ausländischen Wagen ausgehalten werden, und in welchem Umfange ggf. die Zugvorrichtung an den Wagen verstärkt oder bezüglich der Zusammensetzung der über die Rampen zu fahrenden 1.000-t-Züge besondere Vorschrift gegeben werden müssten, ist besonders zu prüfen.“*

Noch am 2. Juni 1940 entwarf Wechmann in einer Rohskizze die äußerlichen Konturen der neuen Co' Co' + Bo' Bo'-Lokomotive, wobei diese nach den Vorstellungen des RVM mit E 100, der letzten Nummer, die nach der DRB-Systematik für die Baureihenbezeichnung von 16 2/3-Hz-Lokomotiven zur Verfügung stand, bezeichnet werden sollte. Der Entwurf diente anschließend dem RZA München und der AEG für die Ausarbeitung eines Vorentwurfs.

Nicht ohne Grund hatte man bei der Besprechung am 1. Juni 1940 zunächst eine maximale Zuglast von 1.000 t bei 25 ‰ Steigung für die projektierte Lokomotive festgelegt. Der Zughaken einer Lokomotive bzw. eines Waggons kann nicht beliebig viele Kräfte übertragen.

Die Gesetze der Physik geben hier die Grenzen vor. Die maximal übertragbaren Kräfte sind im Wesentlichen abhängig vom Gesamtzuggewicht, der größten Streckensteigung und dem kleinsten Gleisradius der befahrenen Linie. Für die Arlberg-Ostrampe beträgt die zulässige Zughakengrenze 1.030 t, während sie für die Arlbergwestrampe bei Steigungen von bis zu 31 ‰ bei 900 t liegt. Nach dem Projektentwurf vom Juni 1940 hätte die Lokomotive zumindest auf der Arlbergostrampe optimal ausgenutzt werden können. So beabsichtigte die DRB im November 1940 durch den späteren Einsatz der Mittelpufferkupplung in zukünftigen Großraumgüterwagen sowohl das Transportvolumen als auch die Transportmasse bei vorgegebener Überholgleislänge zu vergrößern. Die bisherige Begrenzung auf 1.000 t Anhängelast bei 25 ‰ Steigung unter Verwendung einer Mittelpufferkupplung wäre für die E 100 damit hinfällig gewesen. Mit der Mittelpufferkupplung lassen sich nämlich wesentlich größere Kräfte als mit den herkömmlichen Zug- und Stoßvorrichtungen übertragen.

Entsprechend der neuen Vorgabe wurde auch die Planung der E 100 aktualisiert. Am 4. Dezember 1941 schrieb deshalb die Firma Scharfenberg A.-G., aus Berlin-Wilmersdorf an die Konstruktionsabteilung der Hennigsdorfer AEG. In dem Schreiben unter dem Betreff „Lok. E 100“ heißt es: *„Unter Bezugnahme auf den telefonischen Anruf Ihres Herrn Schnorr teilen wir Ihnen mit, dass nach Angabe des RZA München mit einer größten Anfahrkraft am Zughaken von 60 t zu rechnen ist. Der Zughaken sowie die Schakukupplung muss also so bemessen werden, dass bei dieser Zugkraft noch keine Verformung eintritt. Wie wir gestern erfahren haben, findet in der nächsten Woche eine Besprechung zwischen dem RZA Berlin und dem RZA München statt, um die noch bestehenden Unklarheiten bezüglich der Schaku-Kupplung zu beseitigen.“*

Mit dieser Aussage wird deutlich, dass die DRB 1941 beabsichtigte, die E 100 sowohl mit Zughaken und Puffern, als auch mit Mittelpufferkupplungen auszustatten. Bei der Realisierung dieser Vorrichtungen wäre die DRB ihrer Zeit weit voraus gewesen, denn erst zu DDR-Zeiten wurde ein solches Vorhaben dann tatsächlich realisiert. In für Ägypten bestimmte Lokomotiven der Baureihe V 60 des AEG-Nachfolgers LEW Hennigsdorf wurden sowohl die Mittelpufferkupplung, als auch seitlich nach innen schwenkbare Puffer eingebaut (die Lokomotiven sollten u. a. Triebwagen rangieren).

Jedoch sollte es für die E 100 anders kommen. Zwar stellte die DRB anlässlich einer Besprechung am 29. Dezember 1941 über das Güterwagenprojekt folgendes fest: *„Bei den Versuchen, die mit den vierachsigen Wagen nach ihrer Fertigstellung durchzuführen sind, ist mit einer Zugkraft am Zughaken von rund 70 t zu rechnen. Für die Ermittlung der 70-t-Grenze ist die Höchstzugkraft der neu zu entwickelnden elektrischen Lokomotive der Reihe E 100 (Bo' Co' + Co' Bo') zugrunde gelegt worden, die 68 t betragen soll.“* Doch wurde in dieser Besprechung auch beschlossen: *„Im übrigen ist mit der Einführung einer Mittelpufferkupplung im europäischen Eisenbahnnetz nicht sobald zu rechnen. Auf die in der Verfügung vom 11. Dezember 1941 – 30 Fkwg 660 – geforderte Einbaumöglichkeit der Mittelpufferkupplung wird daher verzichtet.“*

Somit war seit Januar 1942 auch für die E 100 die Ausstattung in der klassischen Ausführung mit Zughaken und Puffern geplant. Gleichzeitig hatte sich die Radsatzfolge der ursprünglich außergewöhnlichen Variante Co' Co' + Bo' Bo' zu der in der Literatur weithin bekannt gewordenen Radsatzfolge Bo' Co' + Co' Bo' verändert. Während die Verbindung zwischen Lokomotive und Wagen Anfang 1942 geklärt war, gab es für die Fahrmotoren noch keine Festlegung. Diese befanden sich Mitte des Krieges noch in der Entwicklung. So befanden sich bei den Siemens-Schuckert-Werken (SSW) im Januar 1942 zwei neue Bahnmotoren für die E 94 und E 100 in der Entwicklung. Als erster war WBM 405, der Bahnmotor aus dem Berliner Dynamowerk, im Dezember 1941 auf dem Prüffeld gewesen.

Der zweite Motor, WBM 485 aus den Wiener Werkstätten der SSW, der eine Variante des ersten Motors darstellte, sollte im Februar oder März 1942 in das Prüffeld kommen. Bei etwa 5 % niedrigerem Gewicht gegenüber dem Vorgängermodell WBM 380 gab WBM 405 anstatt 420 kW nunmehr 650 kW dauernd bei 63 km/h, also 55 % mehr Leistung ab. Als höchste Anfahrleistung wurden auf dem Prüffeld

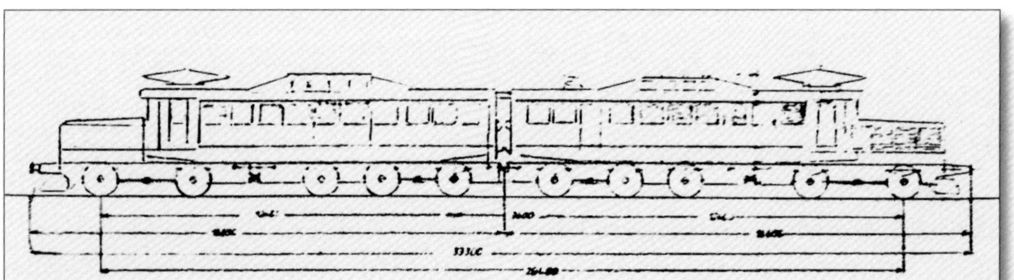

△ **Bild 12** • Die angedachte AEG-Nachfolgerin der E 94 sollte wieder eine Doppellokomotive sein. Dazu gab es verschiedene Entwürfe.

1.000 kW erreicht. Die Kommutierung des Motors war dabei ausgezeichnet.

Beide Motoren wurden zusammen mit weiterentwickelten Varianten beider Bauarten in Lokomotiven der Baureihe E 94 getestet.

Auch die AEG war bestrebt, für die DRB-Lokomotivprojekte geeignete Motoren anzubieten.

So wurde aus dem in der E 94 eingebauten EKB 725 a mit einer Stundenleistung von 533 kW in den Jahren 1943 bis 1945 der EKB 685 mit einer Stundenleistung von 775 kW entwickelt. Der EKB 685 sollte 1944 in einer Serienlokomotive der Baureihe E 94 getestet werden und war auch für den Einbau in E 100 vorgesehen. Mit ihren zehn Radsätzen hätte die Lokomotive eine stolze Gesamtmotorleistung von 7,75 MW aufweisen können.

Dazu kam es aber nicht mehr. Am 12. Februar 1942 teilte die AEG-Lokomotivfabrik in Hennigsdorf der Knorr-Bremse A. G. in Berlin folgendes mit:

„Wie bereits Ihrem Herrn Dr. Hildebrand telefonisch mitgeteilt, sind auf Veranlassung der Deutschen Reichsbahn die Arbeiten an der Güterzuglokomotive E 100 einzustellen."

Es muss aber im Verlauf der nachfolgenden Zeit zum Überdenken dieser Entscheidung gekommen sein, denn in den Hennigsdorfer Unterlagen befindet sich der Projektentwurf einer E 100 vom 28. August 1942. Daraus lässt sich schließen, dass an der E 100, für die man zwei Stück plante, nach dem Einstellungsbeschluss vom Februar 1942 weitergearbeitet wurde. Als Antriebsmotoren waren EKB-685-Motoren in der Variante II mit einer Stundenleitung von 665 kW in Tatzlager-Ausführung vorgesehen. Die Zug- und Stoßvorrichtung sollte in Form von Puffern und einer schwenkbaren Schaku-Kupplung erfolgen. Die Entscheidung des RVM, auf die Mittelpufferkupplung gänzlich zu verzichten, hinderte die Hennigsdorfer Konstrukteure im August 1942 nicht daran, weiterhin diese Variante zu verfolgen. Mit ihren 90 km/h wäre sie ebenso schnell wie ihre E 94-Schwester, mit 33,1 m jedoch fast doppelt so lang geworden.

Somit plante die AEG nicht nur die längste sondern zugleich auch die schwerste je auf deutschen Schienen zuzulassende elektrische Lokomotive. Für Aufbau und Rahmen war die Schweißausführung anzuwenden, und die Steuerung der Motoren sollte wie bei allen neueren Reichsbahnentwicklungen u. a. mittels Nockenschaltwerk und Feinregler erfolgen.

Bemerkenswert ist auch, dass zwischen dem Bo' und dem Co'-Teil die Drehgestelle durch Gestänge miteinander zu verbinden waren.

Tatsächlich verwirklichte die DRB das Projekt E 100 nicht. Wie weit die Konstruktion der E 100 bis Kriegsende tatsächlich gediehen war, lässt sich gegenwärtig nicht ermitteln. Um das Vorhaben der Probelokomotive mit eingebauten EKB-685-Motoren war es indes besser bestellt. E 94 161 erhielt bei Krauss-Maffei in München-Allach 1952 bei ihrer Vervollständigung die neuen AEG-Motoren, die auch für die E 50 der DB vorgesehen waren.

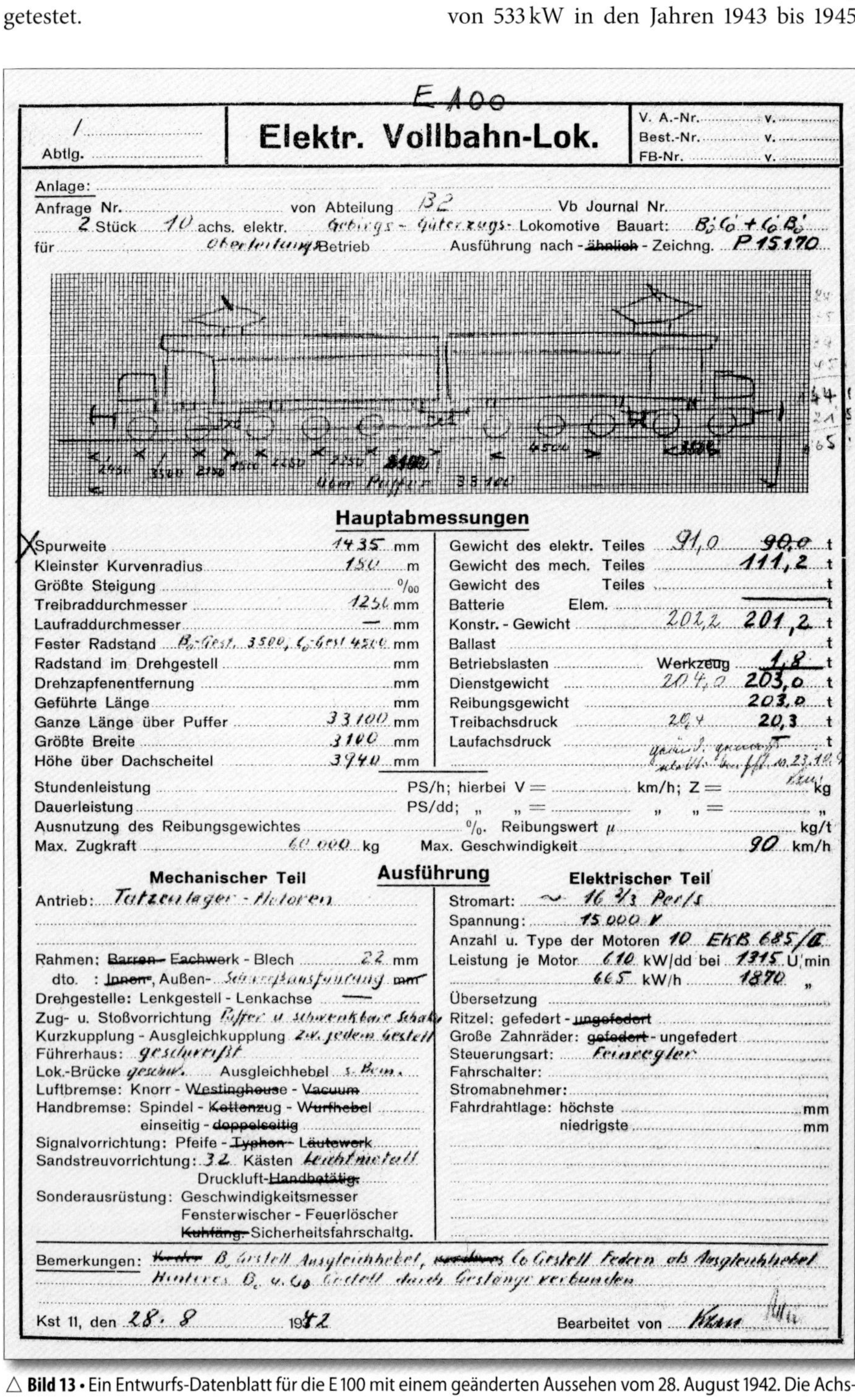

E 100

/ Abtlg.

Elektr. Vollbahn-Lok.

V. A.-Nr. v.
Best.-Nr. v.
FB-Nr. v.

Anlage:
Anfrage Nr. von Abteilung B2 Vb Journal Nr.
2 Stück 10 achs. elektr. Gebirgs-Güterzugs-Lokomotive Bauart: Bo'Co' + Co'Bo'
für Oberleitungs-Betrieb Ausführung nach - ~~ähnlich~~ - Zeichng. P 15170

Hauptabmessungen

Spurweite	1435 mm	Gewicht des elektr. Teiles	91,0 ~~90,0~~ t
Kleinster Kurvenradius	180 m	Gewicht des mech. Teiles	111,2 t
Größte Steigung	‰	Gewicht des Teiles	t
Treibraddurchmesser	1250 mm	Batterie Elem.	t
Laufraddurchmesser	— mm	Konstr.-Gewicht	202,2 201,2 t
Fester Radstand	Bo-Gest. 3500, Co-Gest. 4200 mm	Ballast	t
Radstand im Drehgestell	mm	Betriebslasten Werkzeug	1,8 t
Drehzapfenentfernung	mm	Dienstgewicht	204,0 203,0 t
Geführte Länge	mm	Reibungsgewicht	203,0 t
Ganze Länge über Puffer	33100 mm	Treibachsdruck	20,4 20,3 t
Größte Breite	3100 mm	Laufachsdruck	t
Höhe über Dachscheitel	3940 mm		

Stundenleistung PS/h; hierbei V = km/h; Z = kg
Dauerleistung PS/dd; „ „ = „ „ = „
Ausnutzung des Reibungsgewichtes %. Reibungswert μ kg/t
Max. Zugkraft 60 000 kg Max. Geschwindigkeit 90 km/h

Ausführung

Mechanischer Teil

Antrieb: Tatzenlager-Motoren
Rahmen: ~~Barren-~~ ~~Fachwerk~~ - Blech 22 mm
dto. : ~~Innen~~, Außen- Schweißausführung ~~mm~~
Drehgestelle: Lenkgestell - Lenkachse —
Zug- u. Stoßvorrichtung Puffer u. schwenkbare Schaku
Kurzkupplung - Ausgleichkupplung zw. jedem Gestell
Führerhaus: geschweißt
Lok.-Brücke geschw. Ausgleichhebel s. Bem.
Luftbremse: Knorr - ~~Westinghouse~~ - ~~Vacuum~~
Handbremse: Spindel - ~~Kettenzug~~ - ~~Wurfhebel~~
einseitig - ~~doppelseitig~~
Signalvorrichtung: Pfeife - ~~Typhon~~ - Läutewerk
Sandstreuvorrichtung: 32 Kästen Leichtmetall
Druckluft- ~~Handbetätig.~~
Sonderausrüstung: Geschwindigkeitsmesser
Fensterwischer - Feuerlöscher
~~Kuhfäng.~~ Sicherheitsfahrschaltg.

Elektrischer Teil

Stromart: ~ 16 2/3 Per/s
Spannung: 15 000 V
Anzahl u. Type der Motoren 10 EKB 685/II
Leistung je Motor 610 kW/dd bei 1315 U/min
665 kW/h 1870 „
Übersetzung
Ritzel: gefedert - ~~ungefedert~~
Große Zahnräder: ~~gefedert~~ - ungefedert
Steuerungsart: Feinregler
Fahrschalter:
Stromabnehmer:
Fahrdrahtlage: höchste mm
niedrigste mm

Bemerkungen: B0 Gestell Ausgleichhebel, Co Gestell Federn als Ausgleichhebel
Hinteres B0 u. C0 Gestell durch Gestänge verbunden

Kst 11, den 28. 8 1942 Bearbeitet von

△ **Bild 13** • Ein Entwurfs-Datenblatt für die E 100 mit einem geänderten Aussehen vom 28. August 1942. Die Achsfolge ist Bo' Co' + Co' Bo'.

Abbildungen (2): Sammlung Thomas Borbe

Lieferdaten, Erstzuteilung und Verbleib

Lok-Nr.	Hersteller el. Teil	Hersteller mech. Teil	Anlieferung	Probefahrt	Abnahme	Erstzuteilung	Letztes Bw Verbleib	Ausmusterung	Letzte Betriebsnr.
E 94 001	AEG 1940	AEG 1940/5164	22.04.40	24.05.40 Ibr-Bre	25.05.40	Innsbruck	Villach	+ 01.04.95	ÖBB 1020 018-6
002	AEG 1940	AEG 1940/5165	15.05.40	06.06.40 MüH-Bre	09.06.40	Innsbruck	Villach	+ 01.12.87	ÖBB 1020 019-4
003	AEG 1940	AEG 1940/5166	05.06.40	25.06.40 MüH-Bre	27.06.40	Innsbruck	Villach	+ 01.08.94	ÖBB 1020 020-2
004	AEG 1940	AEG 1940/5167	29.06.40	19.07.40 MüH-Bre	19.07.40	Innsbruck	Villach	+ 01.11.86	ÖBB 1020 021-6
005	AEG 1940	AEG 1940/5168	24.07.40	08.08.40 MüH-Bre	08.08.40	Innsbruck	Villach	+ 01.05.95	ÖBB 1020 022-8
006	AEG 1940	AEG 1940/5169	15.08.40	29.08.40 MüH-Bre	02.09.40	Innsbruck	Villach	+ 01.10.94	ÖBB 1020 023-6
007	SSW 1940	KM 1940/15683	02.04.41	nicht bekannt	(09.05.41)	Pressig-Rothenkirchen	Rbd Halle	+ 06.03.67	DR E 94 007
008	SSW 1941	KM 1941/15684	12.03.41	01.04.41 MüH-Bre	19.07.41	Pressig-Rothenkirchen	Innsbruck	+ 01.06.94	ÖBB 1020 001-2
009	SSW 1941	KM 1941/15685	14.05.41	26.05.41 MüH-Bre	20.08.41	Pressig-Rothenkirchen	Innsbruck	+ 01.11.86	ÖBB 1020 002-0
010	SSW 1941	KM 1941/15686	09.06.41	nicht bekannt	16.09.41	Pressig-Rothenkirchen	Schwarzach-St. Veit	+ 17.01.46	DRB E 94 010
011	SSW 1941	KM 1941/15687	18.07.41	29.07.41 MüH-Bre	23.10.41	Pressig-Rothenkirchen	Villach	+ 01.05.95	ÖBB 1020 003-8
012	AEG 1940	AEG 1940/5254	04.09.40	17.09.40 MüH-Bre	20.01.41	Pressig-Rothenkirchen	Ingolstadt	+ 15.12.86	DB 194 012-1
013	AEG 1940	AEG 1940/5255	03.10.40	16.10.40 MüH-Sz	21.10.40	Pressig-Rothenkirchen	Nürnberg 2	+ 18.12.87	DB 194 013-9
014	AEG 1940	AEG 1940/5256	08.10.40	30.10.40 MüH-Sz	30.01.41	Pressig-Rothenkirchen	Nürnberg 2	+ 30.11.85	DB 194 014-7
015	AEG 1940	AEG 1940/5257	24.10.40	nicht bekannt	12.11.40	Pressig-Rothenkirchen	Rosenheim	+ 18.07.45	DRB E 94 015
016	AEG 1940	AEG 1940/5258	08.11.40	nicht bekannt	26.11.40	Pressig-Rothenkirchen	Engelsdorf	+ 01.12.87	DR 254 016-9
017	AEG 1940	AEG 1940/5259	25.11.40	nicht bekannt	(07.12.40)	Waldenburg-Dittersbach	Reichenbach	+ 13.07.78	DR 254 017-7
018	AEG 1940	AEG 1940/5260	11.12.40	30.12.40 MüH-Bre	25.03.41	Waldenburg-Dittersbach	Ingolstadt	+ 28.06.88	DB 194 018-8
019	AEG 1940	AEG 1940/5261	20.12.40	01.41 MüH-Bre	(16.01.41)	Waldenburg-Dittersbach	Rbd Halle	+ 06.03.67	DR E 94 019
020	AEG 1940	AEG 1940/5262	24.01.41	26.01.41 MüH-Bre	28.01.41	Probstzella	Engelsdorf	+ 24.09.85	DR 254 020-1
021	AEG 1940	AEG 1940/5263	26.01.41	nicht bekannt	(13.02.41)	Probstzella	Engelsdorf	+ 12.10.82	DR 254 021-9
021^{II}	Umzeichnung aus 254 078		21.10.82			Engelsdorf	Engelsdorf	+ 12.12.84	DR 254 021-9^{II}
022	AEG 1941	AEG 1941/5264	10.02.41	24.02.41 MüH-Bre	26.02.41	Innsbruck	Ingolstadt	+ 30.10.87	DB 194 022-0
023	AEG 1941	AEG 1941/5265	03.03.41	17.03.41 MüH-Bre	19.03.41	Probstzella	Nürnberg 2	+ 30.06.85	DB 194 023-8
024	AEG 1941	AEG 1941/5266	25.03.41	10.04.41 MüH-Bre	08.07.41	Saalfeld	Nürnberg 2	+ 28.06.88	DB 194 024-6
025	AEG 1941	AEG 1941/5267	09.04.41	10.05.41 MüH-Bre	05.08.41	Saalfeld	Villach	+ 01.03.95	ÖBB 1020 024-4
026	AEG 1941	AEG 1941/5268	02.05.41	20.05.41 MüH-Bre	14.08.41	Saalfeld	Nürnberg 2	+ 15.12.86	DB 194 026-1
027	AEG 1941	AEG 1941/5269	26.05.41	12.06.41 MüH-Bre	05.09.41	Pressig-Rothenkirchen	Villach	+ 01.03.95	ÖBB 1020 025-1
028	AEG 1941	AEG 1941/5270	23.06.41	08.07.41 MüH-Bre	02.10.41	Pressig-Rothenkirchen	Villach	+ 01.11.94	ÖBB 1020 026-9
029	SSW 1941	KM 1941/15798	30.10.41	nicht bekannt	22.02.42	Salzburg	Innsbruck	+ 01.04.94	ÖBB 1020 004-6
030	SSW 1941	KM 1941/15799	03.12.41	15.12.41 MüH-Bre	18.03.42	Salzburg	Innsbruck	+ 01.04.94	ÖBB1020 005-3
031	SSW 1941	KM 1941/15800	07.01.42	19.01.42 MüH-Bre	16.04.42	Salzburg	Innsbruck	+ 01.04.94	ÖBB 1020 006-1
032	SSW 1941	KM 1941/15801	30.01.42	09.02.42 MüH-Bre	06.05.42	Salzburg	Nürnberg 2	+ 29.02.84	DB 194 032-9
033	SSW 1942	KM 1942/15802	21.02.42	03.03.42 MüH-Bre	27.05.42	Salzburg	Innsbruck	+ 01.08.93	ÖBB 1020 007-9
034	SSW 1942	KM 1942/15803	17.03.42	01.04.42 MüH-Bre	25.06.42	Salzburg	Wörgl	+ 01.12.93	ÖBB 1020 008-7
035	SSW 1942	KM 1942/15804	14.04.42	21.04.42 MüH-Bre	14.07.42	Kornwestheim	Ingolstadt	+ 31.08.84	DB 194 035-2
036	SSW 1942	KM 1942/15805	06.05.42	20.05.42 MüH-Bre	12.07.42	Kornwestheim	Ingolstadt	+ 28.06.88	DB 194 036-0
037	SSW 1942	KM 1942/15806	02.06.42	10.06.42 MüH-Bre	03.09.42	Regensburg	Innsbruck	+ 01.02.94	ÖBB 1020 009-5
038	SSW 1942	KM 1942/15807	01.07.42	08.07.42 MüH-Bre	30.09.42	Kornwestheim	Ingolstadt	+ 30.10.87	DB 194 038-6
039	SSW 1942	KM 1942/15808	21.07.42	05.08.42 MüH-Bre	28.10.42	Kornwestheim	Ingolstadt	+ 15.12.86	DB 194 039-4
040	SSW 1942	KM 1942/15809	26.08.42	nicht bekannt	(03.09.42)	Regensburg	Engelsdorf	+ 30.01.92	DR 254 040-9
041	SSW 1942	KM 1942/15810	23.09.42	07.10.42 MüH-Bre	08.01.43	Regensburg	Ingolstadt	+ 18.12.87	DB 194 041-0
042	SSW 1942	KM 1942/15811	23.10.42	nicht bekannt	08.02.43	Leipzig-Wahren	Ingolstadt	+ 28.06.88	DB 194 042-8
043	SSW 1942	Km 1942/15812	02.12.42	08.12.42 MüH-Bre	02.03.43	Augsburg	Ingolstadt	+ 28.06.88	DB 194 043-6
044	SSW 1942	KM 1942/15813	31.12.42	20.01.43 MüH-Bre	14.04.43	Augsburg	Ingolstadt	+ 31.10.87	DB 194 044-4
045	AEG 1941	AEG 1941/5324	11.08.41	21.08.41 MüH-Bre	28.08.41	Pressig-Rothenkirchen	Nürnberg 2	+ 18.12.87	DB 194 045-1
046	AEG 1941	AEG 1941/5325	30.08.41	10.09.41 MüH-Bre	05.12.41	Pressig-Rothenkirchen	Augsburg	+ 30.11.82	DB 194 046-9
047	AEG 1941	AEG 1941/5326	09.09.41	22.09.41 MüH-Bre	24.09.41	Pressig-Rothenkirchen	Ingolstadt	+ 30.11.78	DB 194 047-7
048	AEG 1941	AEG 1941/5327	27.09.41	03.11.41 MüH-Bre	06.11.41	Pressig-Rothenkirchen	Ingolstadt	+ 15.05.87	DB 194 048-5
049	AEG 1941	AEG 1941/5328	09.10.41	22.10.41 MüH-Bre	22.10.41	Pressig-Rothenkirchen	Nürnberg 2	+ 15.12.86	DB 194 049-3
050	AEG 1941	AEG 1941/5329	24.10.41	13.11.41 MüH-Bre	16.11.41	Pressig-Rothenkirchen	Nürnberg 2	+ 30.09.84	DB 194 050-1
051	AEG 1941	AEG 1941/5330	11.11.41	27.11.41 MüH-Bre	28.11.41	Pressig-Rothenkirchen	Ingolstadt	+ 15.05.87	DB 194 051-9
052	AEG 1941	AEG 1941/5331	22.11.41	11.12.41 MüH-Bre	12.12.41	Pressig-Rothenkirchen	Engelsdorf	+ 31.01.92	DR 254 052-4
053	AEG 1941	AEG 1941/5332	06.12.41	19.12.41 MüH-Bre	19.12.41	Pressig-Rothenkirchen	Ingolstadt	+ 18.12.87	DB 194 053-5
054	AEG 1941	AEG 1941/5333	30.12.41	nicht bekannt	13.01.42	Probstzella	Ingolstadt	+ 28.06.88	DB 194 054-3
055	AEG 1941	AEG 1941/5334	15.01.42	nicht bekannt	27.01.42	Probstzella	Ingolstadt	+ 28.06.88	DB 194 055-0
056	AEG 1942	AEG 1942/5335	29.01.42	02.41 Des-Bit	11.02.42	Probstzella	Engelsdorf	+ 01.01.99	DR 254 056-5
057	AEG 1942	AEG 1942/5336	20.02.42	04.03.42 Des-Bit	05.03.42	Probstzella	Halle P	vk 01.08.79	DR 254 057-3/ BKK 1-1121

Lok-Nr.	Hersteller el. Teil	Hersteller mech. Teil	An-lieferung	Probefahrt	Abnahme	Erstzuteilung	Letztes Bw Verbleib	Aus-musterung	Letzte Betriebsnr.
E 94 058	AEG 1942	AEG 1942/5337	09.03.42	nicht bekannt	(18.03.42)	Probstzella	Halle P	vk 01.10.79	DR 254 058-1/
									BKK 1-1122
059	AEG 1942	AEG 1942/5338	23.03.42	nicht bekannt	(28.03.42)	Waldenburg-Dittersbach	Engelsdorf	+ 31.01.92	DR 254 059-9
060	AEG 1942	AEG 1942/5339	09.04.42	23.04.42 MüH-Bre	23.04.42	Rosenheim	Nürnberg 2	+ 30.10.87	DB 194 060-0
061	AEG 1942	AEG 1942/5340	30.04.42	11.05.42 MüH-Bre	12.05.42	Rosenheim	Innsbruck	+ 01.04.95	ÖBB 1020 027-7
062	AEG 1942	AEG 1942/5341	16.05.42	27.05.42 MüH-Bre	28.05.42	Rosenheim	Nürnberg 2	+ 30.11.85	DB 194 062-6
063	AEG 1942	AEG 1942/5407	05.06.42	16.06.42 MüH-Bre	16.06.42	Rosenheim	Nürnberg 2	+ 18.12.87	DB 194 063-4
064	AEG 1942	AEG 1942/5408	22.06.42	06.07.42 MüH-Bre	06.07.42	Rosenheim	Villach	+ 01.03.95	ÖBB 1020 028-5
065	AEG 1942	AEG 1942/5409	03.07.42	07.42 MüH-Bre	(29.07.42)	Schlauroth	Engelsdorf	+ 19.02.81	DR 254 065-6
066	AEG 1942	AEG 1942/5410	24.07.42	07.42 MüH-Bre	(28.07.42)	Schlauroth	Engelsdorf	+ 31.01.92	DR 254 066-4
067	AEG 1942	AEG 1942/5411	03.08.42	13.08.42 MüH-Bre	17.08.42	München Ost	Nürnberg 2	+ 15.05.87	DB 194 067-5
068	AEG 1942	AEG 1942/5412	14.08.42	25.08.42 MüH-Bre	28.08.42	Innsbruck	Villach	+ 01.05.94	ÖBB 1020 029-3
069	AEG 1942	AEG 1942/5413	29.08.42	nicht bekannt	(03.09.42)	Schlauroth	Engelsdorf	+ 13.06.88	DR 254 069-8
070	AEG 1942	AEG 1942/5414	22.09.42	nicht bekannt	25.09.42	Schlauroth	Ingolstadt	+ 28.06.88	DB 194 070-9
071	AEG 1942	AEG 1942/5415	26.09.42	15.10.42 MüH-Bre	19.10.42	München Ost	Ingolstadt	+ 15.05.87	DB 194 071-7
072	AEG 1942	AEG 1942/5416	07.10.42	21.10.42 MüH-Bre	21.10.42	München Ost	Ingolstadt	+ 15.12.86	DB 194 072-5
073	AEG 1942	AEG 1942/5417	24.10.42	nicht bekannt	28.10.42	Schlauroth	Ingolstadt	+ 15.05.87	DB 194 073-3
074	AEG 1942	AEG 1942/5418	11.11.42	nicht bekannt	(26.11.42)	Schlauroth	Trutnov, ČSD	+ 18.02.52	
075	AEG 1942	AEG 1942/5419	20.11.42	01.12.42 MüH-Bre	02.12.42	München Ost	Nürnberg 2	+ 28.06.88	DB 194 075-8
076	AEG 1942	AEG 1942/5420	30.11.42	14.12.42 MüH-Bre	16.12.42	München Ost	Villach	+ 01.10.93	ÖBB 1020 030-1
077	AEG 1942	AEG 1942/5481	19.12.42	nicht bekannt	22.12.42	Schlauroth	Villach	+ 01.10.93	ÖBB 1020 031-9
078	AEG 1942	AEG 1942/5482	13.01.42	nicht bekannt	15.01.43	Schlauroth	Reichenbach	Uz 21.10.82	DR 254 078-9:
									Umz. in 254 021"
079	AEG 1942	AEG 1942/5483	18.01.43	01.02.43 MüH-Bre	04.02.43	Innsbruck	Innsbruck	+ 01.04.94	ÖBB 1020 032-7
080	AEG 1942	AEG 1942/5484	28.01.43	19.02.43 MüH-Bre	19.02.43	Augsburg	Ingolstadt	+ 28.06.88	DB 194 080-8
081	AEG 1942	AEG 1942/5485	08.02.43	18.02.43 MüH-Bre	21.02.43	Augsburg	Ingolstadt	+ 15.12.86	DB 194 081-6
082	AEG 1942	AEG 1942/5486	19.02.43	nicht bekannt	06.03.43	Schwarzach-St. Veit	Engelsdorf	vk 20.12.82	DR 254 082-1/
									BKK 1-1179
083	AEG 1942	AEG 1942/5487	(09.03.43)	Bei Luftangriff beschädigt und nicht abgenommen, geplant für RBD München					DRB E 94 083
084	AEG 1942	AEG 1942/5488	13.03.43	28.03.43 MüH-Bre	28.03.43	München Ost	Ingolstadt	+ 18.12.87	DB 194 084-0
085	SSW 1943	KM 1943/16676	28.04.43	06.05.43 MüH-Bre	06.05.43	Kornwestheim	Ingolstadt	+ 05.03.87	DB 194 085-7
086	SSW 1943	KM 1943/16677	04.06.43	nicht bekannt	04.06.43	Kornwestheim	Ingolstadt	+ 15.12.86	DB 194 086-5
087	SSW 1943	KM 1943/16678	02.07.43	08.07.43 MüH-Bre	09.07.43	Kornwestheim	Ingolstadt	+ 05.03.87	DB 194 087-3
088	SSW 1943	KM 1943/16679	06.07.43	nicht bekannt	31.07.43	Schwarzach-St. Veit	Wörgl	+ 01.08.94	ÖBB 1020 010-3
089	SSW 1943	KM 1943/16680	28.07.43	nicht bekannt	(08.08.43)	Schwarzach-St. Veit	Engelsdorf	+ vk 01.09.82	DR 254 089-6/
									BKK 1-1121"
090	SSW 1943	KM 1943/16681	27.08.43	06.09.43 MüH-Bre	07.09.43	Schwarzach-St. Veit	Wörgl	+ 01.04.93	ÖBB 1020 011-1
091	AEG 1943	AEG 1943/5716	05.04.43	14.04.43 MüH-Bre	14.04.43	Pressig-Rothenkirchen	Ingolstadt	+ 28.06.88	DB 194 091-5
092	AEG 1943	AEG 1943/5717	07.04.43	nicht bekannt	18.04.43	München Ost	Ingolstadt	+ 28.06.88	DB 194 092-3
093	AEG 1943	AEG 1943/5718	24.04.43	nicht bekannt	05.05.43	München Ost	Ingolstadt	+ 28.06.88	DB 194 093-1
094	AEG 1943	AEG 1943/5719	06.05.43	10.06.43 MüH-Bre	12.06.43	Rosenheim	Bludenz	+ 01.04.94	ÖBB 1020 033-5
095	AEG 1943	AEG 1943/5720	06.05.43	18.05.43 MüH-Bre	19.05.43	Rosenheim	Bludenz	+ 01.02.95	ÖBB 1020 034-3
096	AEG 1943	AEG 1943/5721	26.05.43	nicht bekannt	(08.06.43)	Bludenz	Reichenbach/Vogtl	+ 30.05.74	DR 254 096-1
097	AEG 1943	AEG 1943/5722	04.06.43	18.06.43 MüH-Bre	25.06.43	Bludenz	Bludenz	+ 01.05.94	ÖBB 1020 035-0
098	AEG 1943	AEG 1943/5723	04.06.43	21.06.43 MüH-Bre	25.06.43	Bludenz	Bludenz	+ 01.11.86	ÖBB 1020 036-8
099	AEG 1943	AEG 1943/5724	29.06.43	07.07.43 MüH-Bre	10.07.43	Bludenz	Bludenz	+ 01.02.95	ÖBB 1020 037-6
100	AEG 1943	AEG 1943/5725	29.06.43	27.07.43 MüH-Bre	05.08.43	Bludenz	Bludenz	+ 01.07.95	ÖBB 1020 038-4
101	AEG 1943	AEG 1943/5726	08.07.43	10.08.43 MüH-Bre	11.08.43	Bludenz	Bludenz	+ 01.10.93	ÖBB 1020 039-2
102	AEG 1943	AEG 1943/5727	30.07.43	09.08.43 MüH-Bre	10.08.43	Bludenz	Bludenz	+ 01.10.93	ÖBB 1020 040-0
103	AEG 1943	AEG 1943/5728	30.07.43	13.08.43 MüH-Bre	16.08.43	Bludenz	Bludenz	+ 01.04.95	ÖBB 1020 041-8
104	AEG 1943	AEG 1943/5729	05.08.43	24.08.43 MüH-Bre	11.09.43	Bludenz	Bludenz	+ 01.01.95	ÖBB 1020 042-6
105	AEG 1943	AEG 1943/5730	26.08.43	15.09.43 MüH-Bre	18.09.43	Bludenz	Bludenz	+ 01.10.88	ÖBB 1020 043-4
106	AEG 1943	AEG 1943/5731	02.09.43	26.10.43 Des-Bit	27.10.43	Probstzella	Engelsdorf	+ 31.01.92	DR 254 106-8
107	AEG 1943	AEG 1943/5732	06.09.43	21.09.43 MüH-Bre	23.09.43	Salzburg	Ingolstadt	+ 18.12.87	DB 194 107-9
108	AEG 1943	AEG 1943/5733	20.09.43	30.09.43 MüH-Bre	30.09.43	Salzburg	Ingolstadt	+ 15.05.87	DB 194 108-7
109	AEG 1943	AEG 1943/5734	28.09.43	20.10.43 MüH-Bre	20.10.43	Rosenheim	Ingolstadt	+ 30.10.87	DB 194 109-5
110	AEG 1943	AEG 1943/5735	05.10.43	nicht bekannt	(07.10.43)	Waldenburg-Dittersbach	Engelsdorf	+ 31.01.92	DR 254 110-0
111	AEG 1943	AEG 1943/5736	27.10.43	04.11.43 MüH-Bre	04.11.43	Bludenz	Ingolstadt	+ 30.09.85	DB 194 111-1
112	AEG 1943	AEG 1943/5737	04.11.43	18.11.43 MüH-Bre	18.11.43	Augsburg	Ingolstadt	+ 28.06.88	DB 194 112-9
113	AEG 1943	AEG 1943/5738	09.11.43	13.11.43 MüH-Stg	17.11.43	München Ost	Ingolstadt	+ 31.08.84	DB 194 113-7
114	AEG 1943	AEG 1943/5739	22.11.43	nicht bekannt	(03.12.43)	Rosenheim	Engelsdorf	+ 08.06.89	DR 254 114-2
115	AEG 1943	AEG 1943/5740	30.11.43	13.12.43 MüH-Bre	14.12.43	Rosenheim	Engelsdorf	+ 31.01.90	DR 254 115-9
116	AEG 1943	AEG 1943/5741	03.01.44	05.01.44 MüH-Bre	05.01.44	München Ost	Ingolstadt	+ 31.08.84	DB 194 116-0
117	AEG 1943	AEG 1943/5746	01.01.44	12.01.44 MüH-Bre	12.01.44	Augsburg	Ingolstadt	+ 18.12.87	DB 194 117-8
118	AEG 1944	AEG 1944/5743	09.02.44	21.03.44 MüH-Bre	21.03.44	Augsburg	Ingolstadt	+ 18.12.87	DB 194 118-6

Lok-Nr.	Hersteller el. Teil	Hersteller mech. Teil	An-lieferung	Probefahrt	Abnahme	Erstzuteilung	Letztes Bw Verbleib	Aus-musterung	Letzte Betriebsnr.
E 94 119	AEG 1943	AEG 1943/5744	10.02.44	29.02.44 MüH-Bre	29.02.44	Freilassing	Ingolstadt	+ 15.12.86	DB 194 119-4
120	AEG 1943	AEG 1943/5745	07.03.44	25.05.44 MüH-Bre	26.05.44	Freilassing	Ingolstadt	+ 30.06.85	DB 194 120-2
121	SSW 1943	KM 1943/16006	01.10.43	19.10.43 MüH-Bre	19.10.43	Kornwestheim	Ingolstadt	+ 18.12.87	DB 194 121-0
122	SSW 1943	KM 1943/16007	09.11.43	nicht bekannt	09.11.43	Kornwestheim	Ingolstadt	+ 18.12.87	DB 194 122-8
123	SSW 1944	KM 1944/16008	13.11.43	30.11.43 MüH-Sz	01.12.43	Salzburg	Wörgl	+ 01.10.94	ÖBB 1020 012-9
124	SSW 1943	KM 1943/16009	06.12.43	nicht bekannt	15.12.43	Kornwestheim	Ingolstadt	+ 28.06.88	DB 194 124-4
125	SSW 1943	KM 1943/16010	14.12.43	12.01.44 MüH-Bre	12.01.44	Kornwestheim	Nürnberg 2	+ 15.05.87	DB 194 125-1
126	SSW 1944	KM 1944/16011	22.01.44	nicht bekannt	31.01.44	Kornwestheim	Ingolstadt	+ 28.06.88	DB 194 126-9
127	SSW 1944	KM 1944/16012	12.02.44	21.02.44 MüH-Reg	22.02.44	Salzburg	Wörgl	+ 01.08.93	ÖBB 1020 013-7
128	SSW 1944	KM 1944/16013	28.04.44	30.04.44 MüH-Bre	30.04.44	Salzburg	Ingolstadt	+ 15.12.86	DB 194 128-5
129	SSW 1944	KM 1944/16014	15.04.44	24.04.44 MüH-Bre	24.04.44	Salzburg	Wörgl	+ 01.07.94	ÖBB 1020 014-5
130	SSW 1944	KM 1944/16015	11.05.44	18.05.44 MüH-Bre	20.05.44	Salzburg	Wörgl	+ 01.02.93	ÖBB 1020 015-2
131	SSW 1944	KM 1944/16304	08.06.44	19.06.44 MüH-Bre	21.06.44	Salzburg	Ingolstadt	+ 31.12.84	DB 194 131-9
132	SSW 1944	KM 1944/16305	19.07.44	26.07.44 MüH-Bre	26.07.44	Salzburg	Ingolstadt	+ 18.12.87	DB 194 132-7
133	SSW 1944	KM 1944/16306	25.08.44	09.09.44 MüH-Bre	09.09.44	München Ost	Ingolstadt	+ 28.06.88	DB 194 133-5
134	SSW 1944	KM 1944/16307	04.10.44	13.10.44 MüH-Sz	13.10.44	Salzburg	Wörgl	+ 01.04.94	ÖBB 1020 016-0
135	SSW 1944	KM 1944/16308	15.02.45	22.02.45 MüH-Gar	22.02.45	Salzburg	Villach	+ 01.03.95	ÖBB 1020 017-8
136	SSW 1944	KM 1944/16309	01.02.45	14.02.45 MüH-Gar	13.02.45	Salzburg	Bludenz	+ 01.04.95	ÖBB 1020 044-2
137	SSW 1946	KM 1946/16310	27.06.46	05.07.46 MüH-Frl	07.07.46	München Hbf	Ingolstadt	+ 28.06.88	DB 194 137-6
138	SSW 1944	KM 1944/16311	24.02.47	nicht bekannt	24.02.47	München Ost	Ingolstadt	+ 18.12.87	DB 194 138-4
139	SSW 1944	KM 1944/16312	07.09.51	07.09.51 MüH-Frl	11.09.51	Augsburg	Nürnberg Rbf	+ 31.01.80	DB 194 139-2
140	SSW 1951	KM 1951/16313	14.09.51	14.09.51 MüH-Frl	20.09.51	Regensburg	Nürnberg Rbf	+ 28.10.76	DB 194 140-0
141	SSW/BBC 1952	KM 1952/16314	04.10.52	05.11.52 MF-Frl	18.12.52	München Ost	Nürnberg 2	+ 30.11.85	DB 194 541-9
									(194 141-8)
142	SSW/BBC 1953	KM 1953/16315	13.02.53	20.03.53 MüH-Stg	26.03.53	Ulm	Nürnberg Rbf	+ 27.11.80	DB 194 542-7
									(194 142-6)
143	ELIN 1943	WLF 1943/9103	Während des Baus durch Luftangriff zerstört, geplant für RBD Linz					+ 26.09.45	–
144	ELIN 1944	WLF 1944/9104	Während des Baus durch Luftangriff zerstört, geplant für RBD Linz					+ 26.09.45	–
145	ELIN 1944	WLF 1944/9105	halbfertig übernommen, von KM/AEG fertiggestellt						
			10.11.50	03.11.50 MF-Frl	15.11.50	Augsburg	Nürnberg 2	+ 28.06.88	DB 194 145-9
146	ELIN	WLF/9106	angearbeitet; 1954 abgeliefert als 1020.45						
147	ELIN	WLF/9495	nicht gebaut						
148	ELIN	WLF/9496	nicht gebaut						
149	ELIN	WLF/9497	nicht gebaut						
150	ELIN	WLF/9498	nicht gebaut						
151	AEG 1944	AEG 1944/5858	15.05.44	24.05.44 MüH-Bre	26.05.44	Freilassing	Ingolstadt	+ 15.12.86	DB 194 151-7
152	AEG 1944	AEG 1944/5859	15.05.44	12.07.44 MüH-Bre	15.07.44	Freilassing	Ingolstadt	+ 15.12.86	DB 194 152-5
153	AEG 1944	AEG 1944/5860	07.44	nicht bekannt	07.44	Waldenburg-Dittersbach	Engelsdorf	+ 31.01.92	DR 254 153-4
154	AEG 1944	AEG 1944/5861	01.08.44	nicht bekannt	08.44	Waldenburg-Dittersbach	Engelsdorf	+ 14.05.87	DR 254 154-2
155	AEG 1944	AEG 1944/5862	30.09.44	18.10.44 MüH-Bre	20.10.44	Freilassing	Ingolstadt	+ 15.05.87	DB 194 155-8
156	AEG 1944	AEG 1944/5863	18.10.44	31.10.44 MüH-Sz	01.11.44	München Ost	Ingolstadt	+ 15.12.86	DB 194 156-6
157	AEG 1944	AEG 1944/5864	18.10.44	24.01.45 MüH-Gar	26.01.45	München Ost	Ingolstadt	+ 15.12.86	DB 194 157-4
158	AEG 1944	AEG 1944/5865	02.01.45	nicht bekannt	02.01.45	München Ost	Ingolstadt	+ 28.06.88	DB 194 158-2
159	AEG 1945	AEG 1945/5866	24.05.45	nicht bekannt	24.05.45	München Ost	Ingolstadt	+ 31.12.84	DB 194 159-0
160	AEG 1950	AEG 1950/7098	20.01.51	04.01.51 MüH-Frl	20.01.51	Nürnberg Rbf	Nürnberg 2	+ 18.12.87	DB 194 160-8
161	AEG 1951	AEG 1951/7171	05.08.52	05.08.52 MüH-Frl	07.08.52	Kornwestheim	Nürnberg 2	+ 18.12.87	DB 194 161-6
178	BBC 1954	KM 1954/17781	09.03.55	01.04.55 MF-Kie	18.04.55	Nürnberg Rbf	Nürnberg 2	+ 18.12.87	DB 194 178-0
				13.04.55 Mü-TS					
				15.04.55 Mü-Gar					
179	AEG 1954/7250	KM 1954/17782	08.01.54	27.01.54 MF-Reg-Nür	19.02.54	Nürnberg Rbf	Nürnberg 2	+ 15.12.86	DB 194 179-8
				05.02.54 MLu-Gar					
180	AEG 1954/7251	KM 1954/17783	17.02.54	26.02.54 MF-Kie	10.03.54	Nürnberg Rbf	Mannheim	+ 18.12.85	DB 194 180-6
				04.03.54 Mü-Frl					
				09.03.54 Mü-Gar					
181	AEG 1954/7252	KM 1954/17886	30.03.54	27.04.54 MF-Kie	07.05.54	Nürnberg Rbf	Nürnberg 2	+ 18.12.87	DB 194 181-4
				29.04.54 Mü-Frl					
				06.05.54 Mü-Gar					
182	AEG 1954/7253	KM 1954/17887	08.09.54	14.09.54 MF-Kie	25.09.54	Nürnberg Rbf	Nürnberg 2	+ 18.12.87	DB 194 182-2
				15.09.54 Mü-Ts					
				16.09.54 Mü-Gar					
183	AEG 1954/7254	KM 1954/17933	08.06.54	21.06.54 MF-Kie	25.06.54	Nürnberg Rbf	Ingolstadt	+ 30.10.87	DB 194 183-0
				22.06.54 Mü-Frl					
184	AEG 1954/7255	Kru 1954/3188	14.06.54	12.07.54 MF-Ues	31.07.54	Nürnberg Rbf	Nürnberg 2	+ 28.06.88	DB 194 184-8
				14./27.07.54 Mü-Ts					
				29.07.54 Mü-Fs					

Lok-Nr.	Hersteller el. Teil	Hersteller mech. Teil	Anlieferung	Probefahrt	Abnahme	Erstzuteilung	Letztes Bw Verbleib	Ausmusterung	Letzte Betriebsnr.
E 94 185	AEG 1954/7256	Kru 1954/3189	29.07.54	19.08.54 MF-Ts	30.08.54	Nürnberg Rbf	Nürnberg 2	+ 28.06.88	DB 194 185-5
				25.08.54 Mü-Ts					
				28.08.54 Mü-Gar					
186	AEG 1954/7257	Kru 1954/3190	11.09.54	29.09.54 MF-Kie	06.10.54	Nürnberg Rbf	Nürnberg 2	+ 18.12.87	DB 194 186-3
				30.09.54 Mü-Ts					
				01.10.54 Mü-Gar					
187	AEG 1954/7258	Kru 1954/3191	26.10.54	08.11.54 MF-Kie	18.11.54	Nürnberg Rbf	Nürnberg 2	+ 18.12.87	DB 194 187-1
				10.11.54 Mü-Ts					
				15.11.54 Mü-Gap					
188	AEG 1954/7259	Kru 1954/3325	10.01.55	27.01.55 MF-Kie	12.02.55	Nürnberg Rbf	Mannheim	+ 29.07.82	DB 194 188-9
				28.01.55 Mü-Ts					
				09.02.55 Mü-Gar					
189	AEG 1955/7386	KM 1955/18182	21.10.55	28.10.55 MF-Kie	09.11.55	Heidelberg	Nürnberg 2	+ 18.12.87	DB 194 189-7
				02.11.55 Mü-Ues					
				08.11.55 Mü-Ts					
190	AEG 1955/7387	KM 1955/18183	17.11.55	29.11.55 MF-Kie	05.12.55	Heidelberg	Nürnberg 2	+ 18.12.87	DB 194 190-5
				30.11.55 Mü-Ues					
				02.12.55 Mü-Ts					
191	AEG 1955/7388	KM 1955/18184	23.12.55	02.01.56 MF-Kie	11.01.56	Heidelberg	Nürnberg 2	+ 28.06.88	DB 194 191-3
				03.01.56 Mü-Ues					
				09.01.56 Mü-Ts					
192	AEG 1955/7389	KM 1955/18185	19.01.56	27.01.56 MF-Kie	04.02.56	Heidelberg	Nürnberg 2	+ 28.06.88	DB 194 192-1
				31.01.56 Mü-Gap					
				02.02.56 Mü-Ts					
193	AEG 1956/7390	KM 1956/18186	24.02.56	24.02.56 MF-Kie	13.03.56	Heidelberg	Nürnberg 2	+ 28.06.88	DB 194 193-9
				07.03.56 Mü-Ues					
				12.03.56 Mü-Ts					
194	AEG 1956/7391	KM 1956/18187	22.03.56	06.04.56 MF-Kie	17.04.56	Heidelberg	Nürnberg 2	+ 30.10.87	DB 194 194-7
				09.04.56 Mü-Pri					
				10.04.56 Mü-Ts					
195	AEG 1955/7392	KM 1955/18188	27.04.56	11.05.56 MF-Kie	18.05.56	Heidelberg	Nürnberg 2	+ 28.06.88	DB 194 195-4
				15.05.56 Mü-Ts					
196	AEG 1955/7393	KM 1955/18189	15.06.56	26.06.56 MF-Kie	03.07.56	Heidelberg	Nürnberg 2	+ 30.10.87	DB 194 196-2
				28.06.56 Mü-Ts					
262	SSW 1954	He 1954/26486	18.06.54	05.07.54 MF-Nfn	11.08.54	Nürnberg Rbf	Nürnberg 2	+ 28.06.88	DB 194 562-5
				29.07.54 Mü-Ts					(194 262-2)
				30.07.54 Mü-Pri					
				05./10.08.54 MF-Ros					
263	SSW 1954	He 1954/26487	27.07.54	12.08.54 MF-Kie	26.08.54	Nürnberg Rbf	Nürnberg 2	+ 18.12.87	DB 194 563-3
				18./20.08.54 Mü-Ts					(194 263-0)
				24.08.54 Mü-La					
264	SSW 1954	He 1954/26488	21.08.54	15.09.54 MF-Kie	25.09.54	Nürnberg Rbf	Nürnberg 2	+ 18.12.87	DB 194 564-1
				17.09.54 Mü-Ts					(194 264-8)
				20.09.54 Mü-Gar					
265	SSW 1954	He 1954/26489	08.09.54	23.09.54 MF-Kie	02.10.54	Nürnberg Rbf	Nürnberg 2	+ 18.12.87	DB 194 565-8
				28.09.54 Mü-Ts					(194 265-5)
				29.09.54 Mü-Gar					
266	SSW 1954	He 1954/26490	10.10.54	22.10.54 MF-Kie	03.11.54	Würzburg	Nürnberg 2	+ 15.12.86	DB 194 566-6
				25.10.54 Mü-Ts					(194 266-3)
				26.10.54 Mü-Gar					
267	SSW 1954	He 1954/26491	12.01.55	31.01.55 MF-Kie	12.02.55	Würzburg	Nürnberg 2	+ 28.06.88	DB 194 567-4
				04.02.55 Mü-Ts					(194 267-1)
				08.02.55 Mü-Gap					
268	SSW 1954	KM 1954/17873	21.01.54	25.01.54 MF-Frl	24.02.54	Nürnberg Rbf	Nürnberg 2	+ 15.12.86	DB 194 568-2
				10.02.54 MF-NüR					(194 268-9)
				23.02.54 MüH-Gar					
269	SSW 1954	KM 1954/17874	15.04.54	14.05.54 MF-Kie	24.05.54	Nürnberg Rbf	Nürnberg 2	+ 15.05.87	DB 194 569-0
				17.05.54 Mü-Frl					(194 269-7)
				24.05.54 Mü-Wh					
270	SSW 1954	KM 1954/17884	29.05.54	09.06.54 MF-Kie	17.07.54	München Ost	Nürnberg Rbf	+ 29.01.81	DB 194 570-8
				10.06.54 Mü-Frl					(194 270-5)
				06.07.54 Mü-Mur					
271	SSW 1954	KM 1954/17885	07.03.55	15.03.55 MF-Kie	01.05.55	Kornwestheim	Nürnberg 2	+ 30.09.84	DB 194 571-6
				21.03.55 Mü-Ts					(194 271-3)
				28.04.55 Mü-Mur					

Lok-Nr.	Hersteller el. Teil	Hersteller mech. Teil	Anlieferung	Probefahrt	Abnahme	Erstzuteilung	Letztes Bw Verbleib	Ausmusterung	Letzte Betriebsnr.
E 94 272	SSW 1954	KM 1954/17875	29.05.54	14.06.54 MF-Kie	03.07.54	Nürnberg Rbf	Nürnberg 2	+ 30.10.87	DB 194 572-4
				16.06.54 Mü-Frl					(194 272-1)
				30.06.54 Mü-Mur					
273	SSW 1954	KM 1954/17876	12.10.54	15.10.54 MF-Kie	21.10.54	Würzburg	Nürnberg 2	+ 18.12.87	DB 194 573-2
				18.10.54 Mü-Ts					(194 273-9)
				19.10.54 Mü-Gar					
274	SSW 1954	KM 1954/17877	24.11.54	03.12.54 MF-Kie	14.12.54	Würzburg	Nürnberg 2	+ 28.06.88	DB 194 574-0
				06.12.54 Mü-Ts					(194 274-7)
				13.12.54 Mü-Ues					
275	BBC 1954	KM 1954/17878	01.07.54	19.07.54 MF-Kie	26.07.54	Nürnberg Rbf	Nürnberg 2	+ 18.12.87	DB 194 575-1
				21.07.54 Mü-Ts					(194 275-4)
				23.07.54 Mü-Mur					
276	BBC 1954	KM 1954/17879	14.09.54	21.09.54 MF-Kie	30.09.54	Nürnberg Rbf	Nürnberg 2	+ 18.12.87	DB 194 576-5
				23.09.54 Mü-Ts					(194 276-2)
				24.09.54 Mü-Gar					
277	BBC 1954	KM 1954/17880	16.10.54	28.10.54 MF-Kie	05.11.54	Nürnberg Rbf	Nürnberg Rbf	+ 29.07.82	DB 194 577-3
				29.10.54 Mü-Ts					(194 277-0)
				02.11.54 Mü-Gap					
278	SSW 1955	KM 1955/18190	04.11.55	15.11.55 MF-Kie	21.11.55	Nürnberg Rbf	Nürnberg 2	+ 18.12.87	DB 194 578-1
				16.11.55 Mü-Ues					(194 278-8)
				18.11.55 Mü-Ts					
279	SSW 1955	KM 1955/18191	02.12.55	09.12.55 MF-Kie	22.12.55	Nürnberg Rbf	Nürnberg 2	+ 15.05.87	DB 194 579-9
				12.12.55 Mü-Ues					(194 279-6)
				15./21.12.55 Mü-Ts					
280	SSW 1955	KM 1955/18192	29.12.55	12.01.56 MF-Kie	20.01.56	Nürnberg Rbf	Nürnberg 2	+ 18.12.87	DB 194 580-7
				13.01.56 Mü-Ues					(194 280-4)
				19.01.56 Mü-Ts					
281	SSW 1956	KM 1956/18193	16.02.56	28.02.56 MF-Kie	03.03.56	Nürnberg Rbf	Nürnberg 2	+ 28.06.88	DB 194 581-5
				29.02.56 Mü-Gar					(194 281-2)
				02.03.56 Mü-Ts					
282	SSW 1955	KM 1955/18194	02.03.56	13.03.56 MF-Kie	20.03.56	Nürnberg Rbf	Nürnberg 2	+ 30.10.87	DB 194 582-3
				14.03.56 Mü-Gar					(194 282-0)
				19.03.56 Mü-Ts					
283	SSW 1955	KM 1955/18195	03.04.56	16.04.56 MF-Fi	20.04.56	Nürnberg Rbf	Nürnberg 2	+ 18.12.87	DB 194 583-1
				18.04.56 Mü-Ts					(194 283-8)
284	SSW 1956	KM 1956/18196	17.05.56	28.05.56 MF-Kie	02.06.56	Nürnberg Rbf	Nürnberg 2	+ 18.12.87	DB 194 584-9
				30.05.56 Mü-Ts					(194 284-6)
				01.06.56 Mü-Lgb					
285	SSW 1956	KM 1956/18197	22.06.56	03.07.56 MF-Kie	13.07.56	Rosenheim	Nürnberg 2	+ 18.12.87	DB 194 585-6
				05.07.56 Mü-Ts					(194 285-3)
1020.45	AEGU 1953/318	WLF 1953/17686	03.06.54	03.06.54 Pzg-SzG	15.06.54	Salzburg	Bludenz	+ 29.01.83	ÖBB 1020.45
1020.46	AEGU 1953/319	WLF 1953/17687	22.07.54	22.07.54 Pzg-SzG	22.07.54	Salzburg	Bludenz	+ 01.08.85	ÖBB 1020.46
1020.47	AEGU 1953/320	WLF 1953/17688	29.08.54	29.08.54 Pzg-SzG	14.09.54	Salzburg	Bludenz	+ 20.09.84	ÖBB 1020.47
	Wiederinbetriebnahme				01.07.91	Bludenz	Bludenz	+ 01.09.92	ÖBB 1020 047-5

Abkürzungen

Hersteller

AEG	Allgemeine Elektricitäts Gesellschaft, Hennigsdorf und Berlin
AEGU	AEG-Union, Wien
ELIN	Aktiengesellschaft für elektrische Industrie, Wien
He	Henschel, Kassel
KM	Krauss-Maffei, München
Kru	Krupp, Essen
SSW	Siemens-Schuckert-Werke, Berlin
WLF	Wiener Lokomotivfabrik AG, Wien-Floridsdorf

Bahnverwaltungen

BKK	Braunkohlenkombinat Bitterfeld
ČSD	Tschechoslowakische Staatsbahnen
DB	Deutsche Bundesbahn
DR	Deutsche Reichsbahn (DDR)
DRB	Deutsche Reichsbahn (bis 1945)
ÖBB	Österreichische Bundesbahnen

Probefahrten

Bit	Bitterfeld
Bre	Brenner
Des	Dessau
Fi	Fischbach/Inn
Frl	Freilassing
Fs	Freising
Gar	Garmisch
Ibr	Innsbruck
Kie	Kiefersfelden
La	Landshut
Lgb	Langenbach
MF	München-Freimann
MLu	München-Ludwigsfeld
Mü	München
MüH	München Hbf
Mur	Murnau
Nfn	Neufahrn/Ndb.
NüR	Nürnberg Rbf
Pri	Prien
Pzg	Penzing
Reg	Regensburg
Stg	Stuttgart
Sz	Salzburg
SzG	Salzburg-Gnigl
Ts	Traunstein
Ues	Übersee
Wh	Weilheim/Obb.

Anmerkungen zur Lieferliste

- Die Fertigstellung von E 94 160 und 161 erfolgte 1950/51 bei Krauss-Maffei.
- Im Stammteil der Betriebsbücher ist bei E 94 001-161 grundsätzlich kein explizites Abnahmedatum angegeben. Wie aus dem Schriftverkehr der Reichsbahndienststellen hervorgeht, wurde als Abnahme der Tag vor Gewährleistungsbeginn festgelegt. Diese Verfahrensweise deckt sich auch mit dem Vorgehen der DB, deren E 94 (Nachbau)-Abnahmeprotokolle stets dieses Datum als Tag der Abnahme ausweisen.
- Ist das Datum der Abnahme in Klammern gesetzt, handelt es sich um das Datum der Indienststellung.
- Für die wenigen im RAW Lauban abgenommenen E 94 (u. a. 070, 073, 077) sind Probefahrten nicht bekannt. Es kommen in erster Linie die Strecken Lauban – Schlauroth bzw. Lauban – Hirschberg – Breslau in Frage.
- Bis Sommer 1944 wurden die durch das RAW Freimann in Betrieb gesetzten E 94 in dessen Betriebsabteilung I gegenüber dem Bw München Hbf ihrer Abnahmeprüfung unterzogen. Die Probefahrten begannen daher stets in München Hbf und endeten auch wieder dort.
- Die DB führte mit ihren Nachbau-E 94 in der Regel drei separate Probefahrten in folgender Reihung durch:

  1. Leerfahrt (mit V_{max} 90 km/h)
  2. Schwere Lastfahrt (mit Güterzug, 60 km/h)
  3. Schnelle Lastfahrt (meist mit Eilzug, 90 km/h)

  Zuvor führte das AW Freimann diese Fahrten stets an einem Tag durch (z. B. mit E 94 161: Vorspann Dg 7709 München Ost Rbf – Freilassing, E 534 Freilassing – Rosenheim und Lz Rosenheim – München –Trudering).
- Letzte Betriebsnummer der E 94 141, 142, 262 - 285: In Klammern ist zusätzlich die von 01.01.1968 bis 28.12.1970 gültige Bezeichnung genannt.

Technische Beschreibung

Die technische Beschreibung basiert auf der Beschreibung der E 94 der DRB, gültig vom 1. Mai 1942 an (DV 930 55), und bezieht sich auf die Ursprungsversion. Später vorgenommene technische Änderungen werden im Kapitel „Bauartänderungen und Versuchsausführungen", die Änderungen an den DB- und ÖBB-Nachbaulokomotiven in gesonderten Kapiteln dargestellt.

△ **Bild 14** • Ende Juni 1940 entstand dieses Bild der noch mit Heimat-Bw Freilassing beschilderten **E 94 003** auf dem Werksgelände der AEG In Hennigsdorf. Der Hintergrund wurde wie bei den meisten Portraitaufnahmen im Werk wegretuschiert. Tatsächlich kam sie nach Ihrer Indienststellung zum Bw Innsbruck.

Aufnahme: Werkfoto AEG, Sammlung Brian Rampp

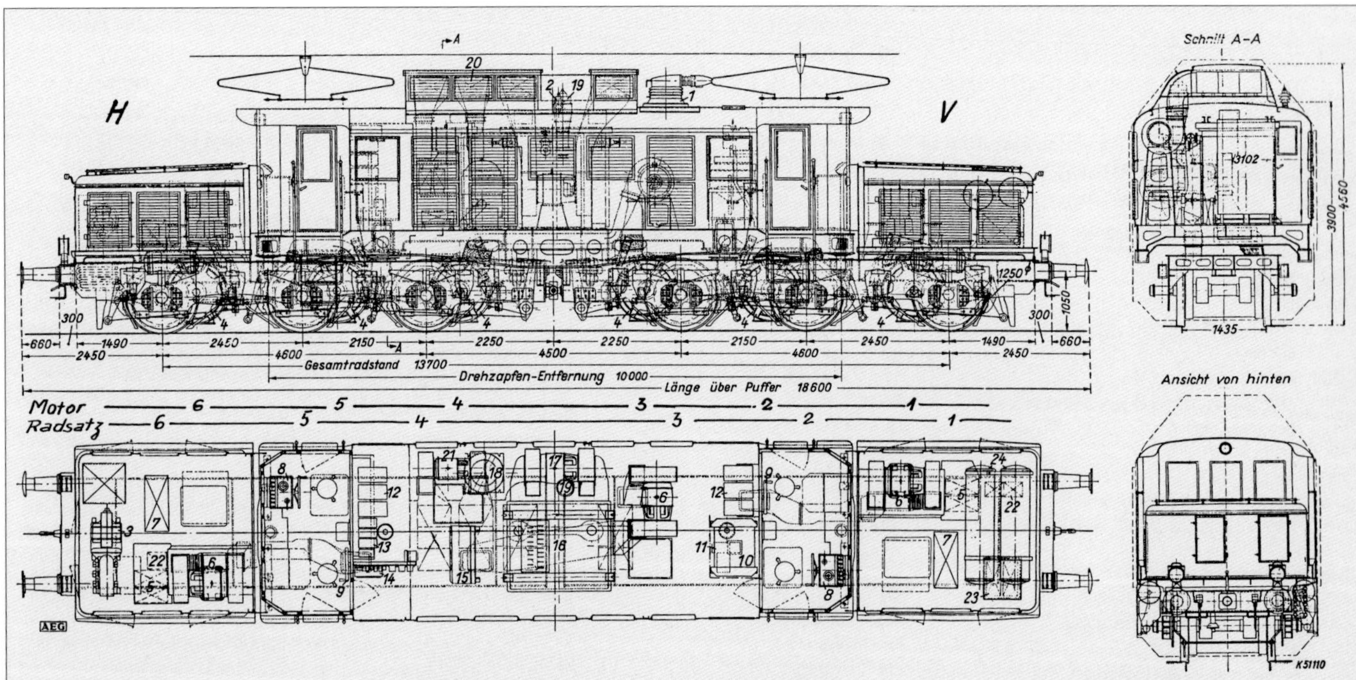

1 = Druckgasschalter b. Ausf. AEG / Expansions „ „ „ SSW	7 = Richtungs- und Bremswender	13 = Lüfterschütze	19 = Ölpumpe
2 = Oberspannungswandler	8 = Fahrschalter und Meßinstrumente	14 = Klappsicherungen und Hilfsgeräte	20 = Bremswiderstände
3 = Motorluftpumpe	9 = Handbremse	15 = Nockenschaltwerk	21 = Lüftersatz für 1/2 Bremswiderstände
4 = Fahrmotoren	10 = Zusatztransformator	16 = Transformator	22 = Drosselspule
5 = Wendefeldwiderstände	11 = Lüfter für Zusatztransformator	17 = Lüftersatz für Transformator und 1/2 Bremswiderstände	23 = Batterie
6 = Motorlüfter	12 = Trennschütze	18 = Feinregler	24 = Hauptluftbehälter

△ **Bild 15** • Skizze der E 94 Bauart AEG mit Bezeichnung der Hauptbauteile.

Abbildung: DB, Sammlung Brian Rampp

Die Ursprungsausführung (E 94 001–161)

(Abweichungen bei E 94 141 und 142 werden gesondert beschrieben)

Allgemeines und Aufbau

Die Lokomotive ist insbesondere bestimmt für die Beförderung von schweren Güterzügen. Ihre Höchstgeschwindigkeit beträgt 90 km/h. Sie hat sechs Fahrmotoren mit einer Stundenleistung von insgesamt 3.240 kW (4.400 PS) bei einer Geschwindigkeit von 74,5 km/h und einer Dauerleistung von 3.090 kW (4.200 PS) bei einer Geschwindigkeit von 63 km/h. Die Lokomotive kann Weichen 1 : 8 mit eingeschränkter Spurerweiterung, Ablaufberge mit Ablaufgefälle von 40 ‰, einer Gegensteigung von 20 ‰ und 200 m Ausrundungsradius des Scheitels, Gleisbögen mit einem Radius von 180 m und in Ausnahmefällen vor Werkstätten von 140 m befahren. Weiterhin betragen:

- Länge über Puffer 18.600 mm
- Gesamtradstand 13.700 mm
- Drehgestell-Radstand 4.600 mm
- Drehzapfenabstand 10.000 mm
- Treibraddurchmesser 1.250 mm
- Gesamtmasse = Reibungslast 118,7 t
- Max. Motordrehzahl bei 90 km/h und auf 1.205 mm abgenutzte Treibraddurchmesser: 1.750 U/min

Die Lokomotive hat zwei kurzgekuppelte, dreiachsige Drehgestelle mit halbhohen Vorbauten sowie eine dazwischenliegende, vollständig geschweißte Brücke, die den Lokomotivkasten mit zwei Führerständen und dazwischenliegenden Maschinenraum trägt. Die Auflage der Brücke auf jedem Drehgestell erfolgt durch zwei seitlich der Drehzapfen angeordnete federnde Gleitstühle mit verstellbaren Blattfedern. Eine gefederte Hilfsabstützung befindet sich zwischen der zweiten und dritten sowie der vierten und fünften Drehgestellachse in der Lokomotivlängsachse. Die weichen Schraubenfedern der Hilfsabstützung ermöglichen eine feine Regulierung und Einstellung der Achslasten.

Jedes Drehgestell hat drei einzeln angetriebene, im Drehgestellrahmen ohne Seitenspiel gelagerte Achsen. Die Räder der mittleren Achse jedes Drehgestells haben um 10 mm geschwächte Spurkränze. Jede Achse treibt ein Tatzlagermotor, Typ EKB 725 a, zweiseitig über ein Getriebe mit schrägverzahnten Zahnrädern und einer Übersetzung von 20 : 79 an. Jeder Fahrmotor stützt sich einerseits mittels Tatzlager

△ **Bild 16** • Blick auf die Drehgestelle und die Aggregate im hinteren Vorbau.

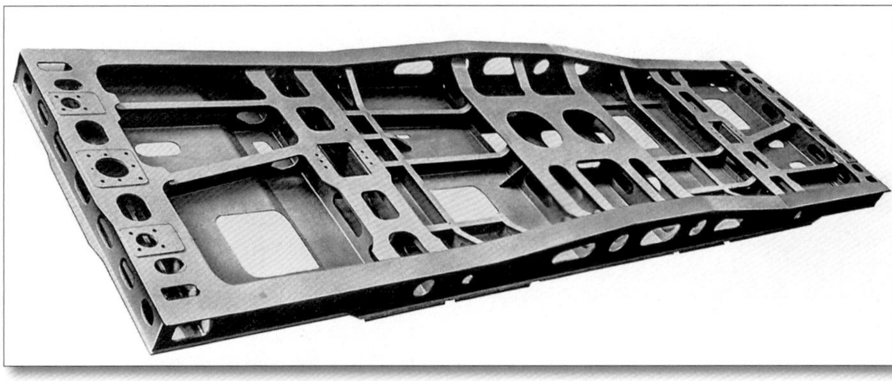

△ **Bild 17** • Die Unterseite des Brückenrahmens.

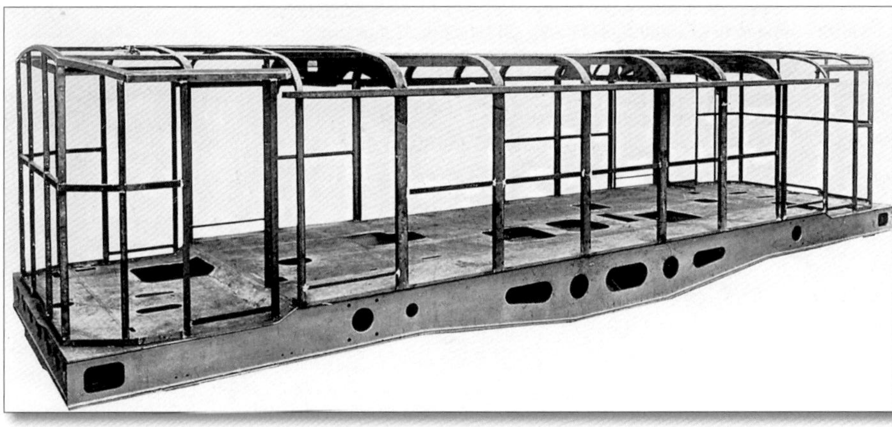

△ **Bild 18** • Die Brücke mit aufgeschweißtem Gerippe für die Führerhäuser und den Maschinenraum.

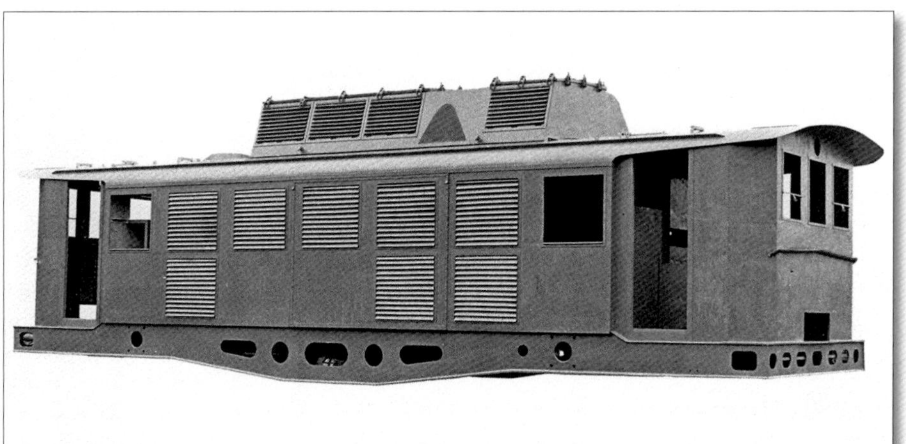

△ **Bild 19** • Die Brücke mit Führerhäusern, Maschinenraum und Dachaufbau.

Aufnahmen (4): Werkfoto AEG, Sammlung Thomas Borbe

△ **Bild 20** • Treibradsatz mit Großrädern als Zahnräder.

△ **Bild 21** • Treibradsatz mit Fahrmotor EKB 725a von der Tatzlagerseite gesehen.

△ **Bild 22** • Großrad des Fahrmotors EKB 725a. Zu sehen das Zahnkranz-Schleifen der Bohrung. AUFNAHMEN (3): WERKFOTO AEG, SAMMLUNG THOMAS BORBE

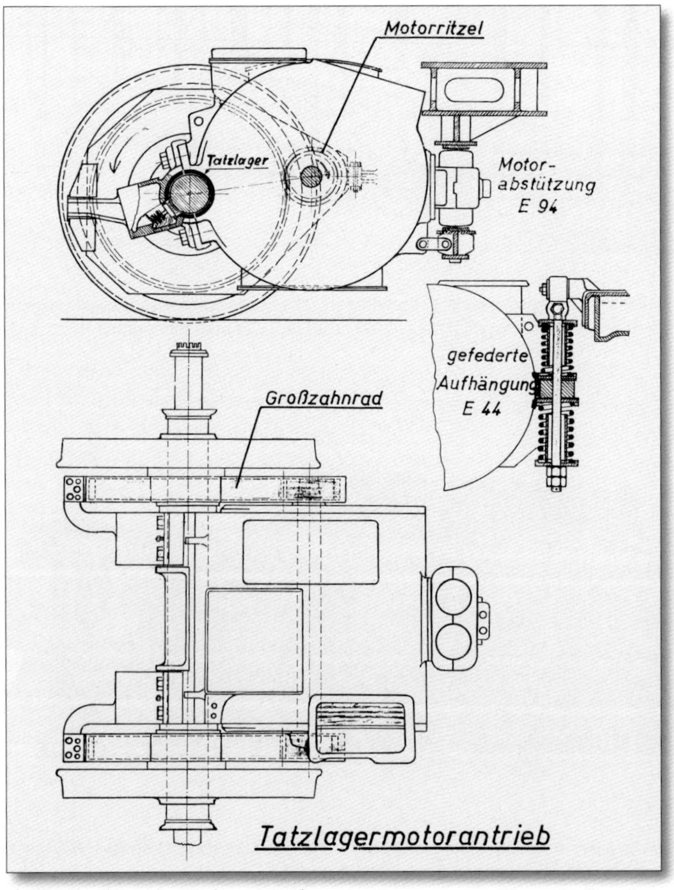

△ **Bild 23** • Skizze des Tatzlagerantriebs. ABB.: BUNDESBAHNSCHULE MÜNCHEN, SLG. BRIAN RAMPP

auf die Achswelle ab und ist andererseits federnd in einem in Längsrichtung der Lokomotive schwenkbarem Bügel aufgehängt.

Die paarweise am Motorgehäuse angebrachten federnden Auflagen bestehen aus je zwei durch Federn auseinander gespannten Töpfen, deren gewölbt ausgeführte Böden je nach der Drehrichtung des Motors oben oder unten auf gehärteten Platten aufliegen.

Die Drehgestellrahmen sind vollständig geschweißte Außenrahmen mit 24 mm dicken Rahmenwangen, Querträgern für die Motoraufhängung und den Aufbau der Vorbauausrüstungen, Querträgern an den inneren Drehgestellenden sowie an den äußeren Enden Pufferträger leichter Bauart mit den Zug- und Stoßvorrichtungen und einer Tragkonstruktion für das Anbringen eines Schneepfluges.

Bei dem vorderen Triebgestell sind die Tragfedern der zweiten und dritten Triebachse durch Längsausgleichhebel miteinander verbunden, wodurch die Abstützung des vorderen Triebgestellrahmens auf den Achsen eine stabile ist. Bei dem hinteren Gestell dagegen sind sämtliche Tragfedern jeder Seite durch Längsausgleichhebel miteinander verbunden, so dass die Abstützung des hinteren Triebgestellrahmens auf jeder Seite in einem Punkt erfolgt, also labil ist. Das labile Gestell erhält seinen Halt vom stabilen Gestell, indem beide in der Mitte durch ein Gelenk verbunden sind, das alle Bewegungen der beiden Drehgestelle gegeneinander zulässt, mit Ausnahme lotrechter Bewegungen (Ausgleichkupplung). Das Gelenk überträgt also keine waagerechten Kräfte in der Längsrichtung der Lokomotive. Damit ist die gesamte Abstützung der Lokomotive mit den Achsen statisch bestimmt. Durch die gewählte Anordnung der Ausgleichhebel und der Motoren nach der Kurzkupplungsseite hin sowie durch die Ausgleichkupplung wird eine sehr günstige Ausnützung des Reibungsgewichtes auch bei Ausübung von großen Zugkräften erzielt. Die Kupplung der beiden Triebgestelle erfolgt durch ein kräftiges Kuppeleisen, das sowohl die Zug- als auch Stoßkräfte aufzunehmen hat. Die Ausgleichkupplung gestattet nach Überwindung einer Rückstellkraft eine waagrechte Bewegung der beiden Triebgestelle senkrecht zur Längsrichtung der Lokomotive von 30 mm nach jeder Seite.

Die auf den Triebgestellrahmen befindlichen geschweißten Vorbauhauben sind leicht abnehmbar ausgebildet. Alle Vorbauhauben besitzen seitlich je drei Wartungs-Klapptüren mit Lüftungsschlitzen. Die Vorbauhaube über dem vorderen Drehgestell hat stirnseitig keine Wartungstüren. Die Vorbauhaube über dem hinteren Drehgestell hat stirnseitig zwei, nach rechts versetzte Wartungstüren ohne Lüftungsschlitze, durch die die darin untergebrachten elektrischen Apparate auch stirnseitig gut erreichbar sind.

Der Lokomotivkasten ist ebenfalls eine Schweißkonstruktion und mit der Brücke verschweißt. Zwischen den an seinen Enden abgeteilten Führerständen befindet sich der Maschinenraum. Ein

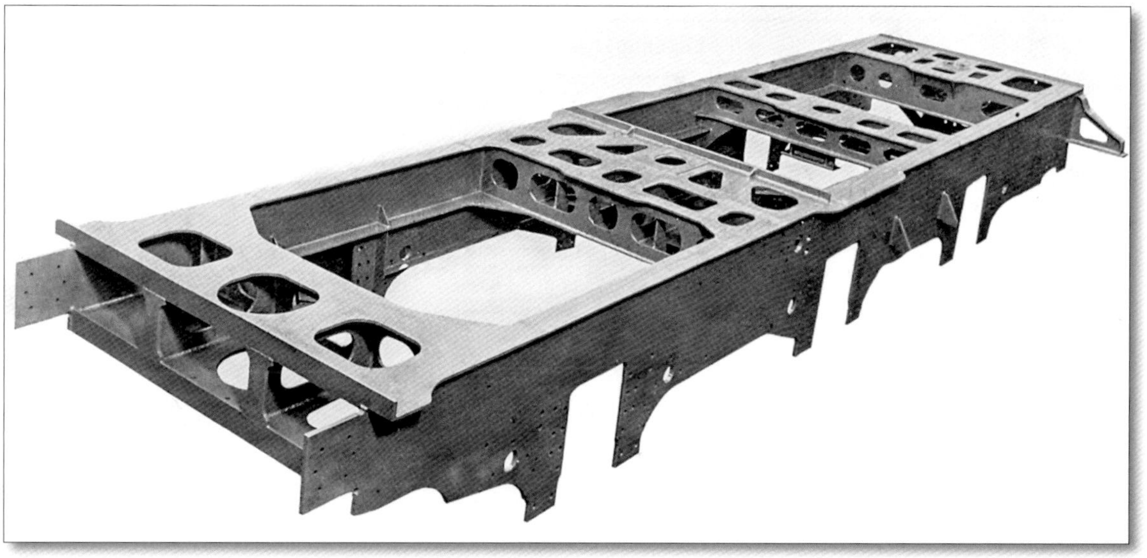

Bild 24 ▷
Der geschweißte Drehgestell-Rahmen von oben.

Aufnahme: Werkfoto AEG, Sammlung Thomas Borbe

Bild 25 ▷
Die geschweißten Drehgestell-Rahmen in der Fertigung.

Aufnahme: Werkfoto Krauss-Maffei, Slg. Helge Hufschläger

Bild 26 ▷
Der Vorbau der **E 94 017** für die RBD Breslau mit Schneepflug. Die Streckenlaternen haben hinten Taschen, worin sich die roten Schlussscheiben befinden.

Aufnahme: Werkfoto AEG, Sammlung Brian Rampp

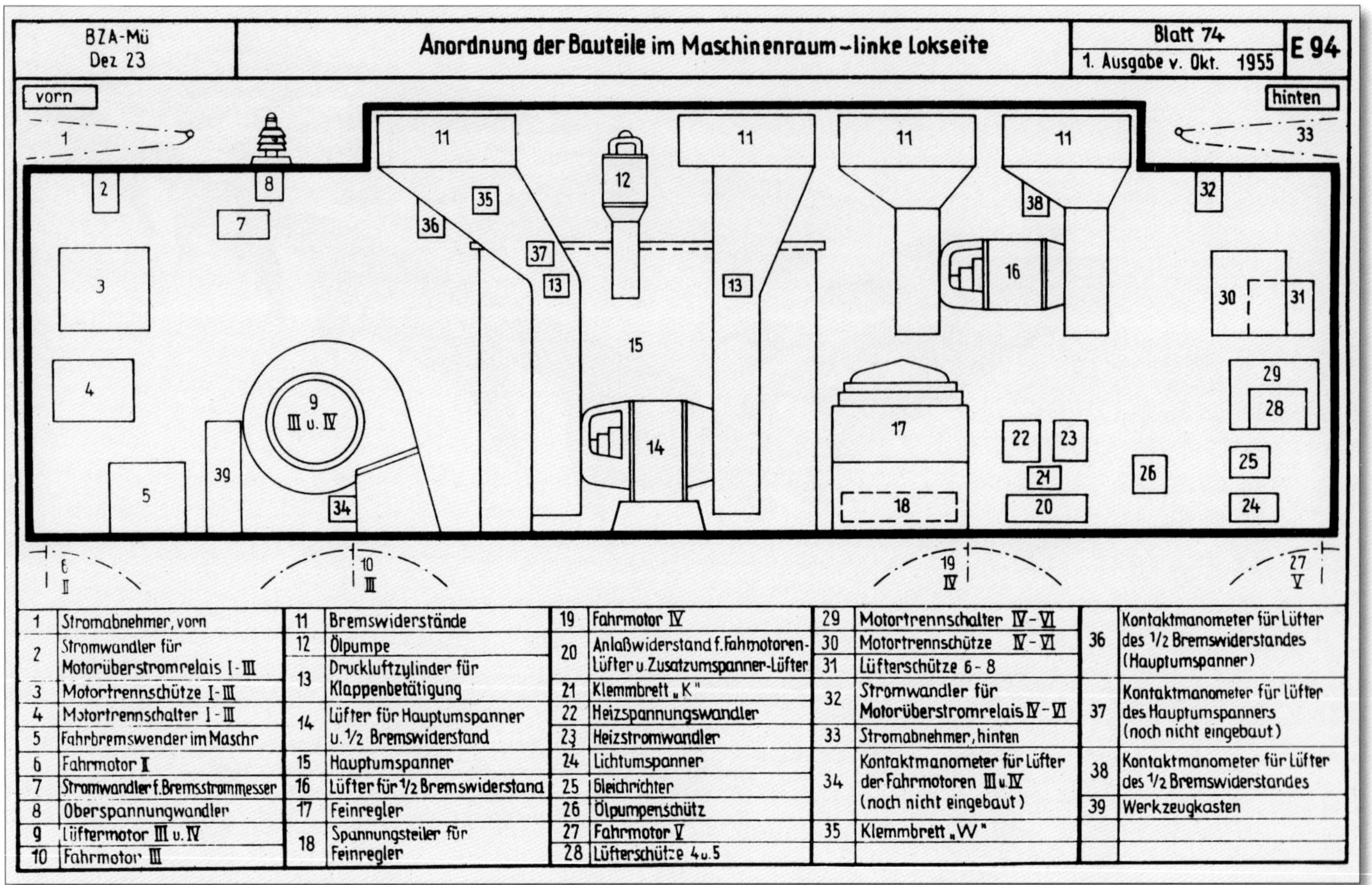

1	Stromabnehmer, vorn
2	Stromwandler für Motorüberstromrelais I-III
3	Motortrennschütze I-III
4	Motortrennschalter I-III
5	Fahrbremswender im Maschr
6	Fahrmotor I
7	Stromwandler f. Bremsstrommesser
8	Oberspannungwandler
9	Lüftermotor III u. IV
10	Fahrmotor III
11	Bremswiderstände
12	Ölpumpe
13	Druckluftzylinder für Klappenbetätigung
14	Lüfter für Hauptumspanner u. 1/2 Bremswiderstand
15	Hauptumspanner
16	Lüfter für 1/2 Bremswiderstand
17	Feinregler
18	Spannungsteiler für Feinregler
19	Fahrmotor IV
20	Anlaßwiderstand f. Fahrmotoren-Lüfter u. Zusatzumspanner-Lüfter
21	Klemmbrett „K"
22	Heizspannungswandler
23	Heizstromwandler
24	Lichtumspanner
25	Gleichrichter
26	Ölpumpenschütz
27	Fahrmotor V
28	Lüfterschütze 4 u. 5
29	Motortrennschalter IV-VI
30	Motortrennschütze IV-VI
31	Lüfterschütze 6-8
32	Stromwandler für Motorüberstromrelais IV-VI
33	Stromabnehmer, hinten
34	Kontaktmanometer für Lüfter der Fahrmotoren III u. IV (noch nicht eingebaut)
35	Klemmbrett „W"
36	Kontaktmanometer für Lüfter des 1/2 Bremswiderstandes (Hauptumspanner)
37	Kontaktmanometer für Lüfter des Hauptumspanners (noch nicht eingebaut)
38	Kontaktmanometer für Lüfter des 1/2 Bremswiderstandes
39	Werkzeugkasten

△ **Bild 27** • Anordnung der Bauteile im Maschinenraum, linke Lokomotivseite.

▽ **Bild 28** • Anordnung der Bauteile im Maschinenraum, rechte Lokomotivseite.

Abbildungen (2): BZA München, Sammlung Brian Rampp

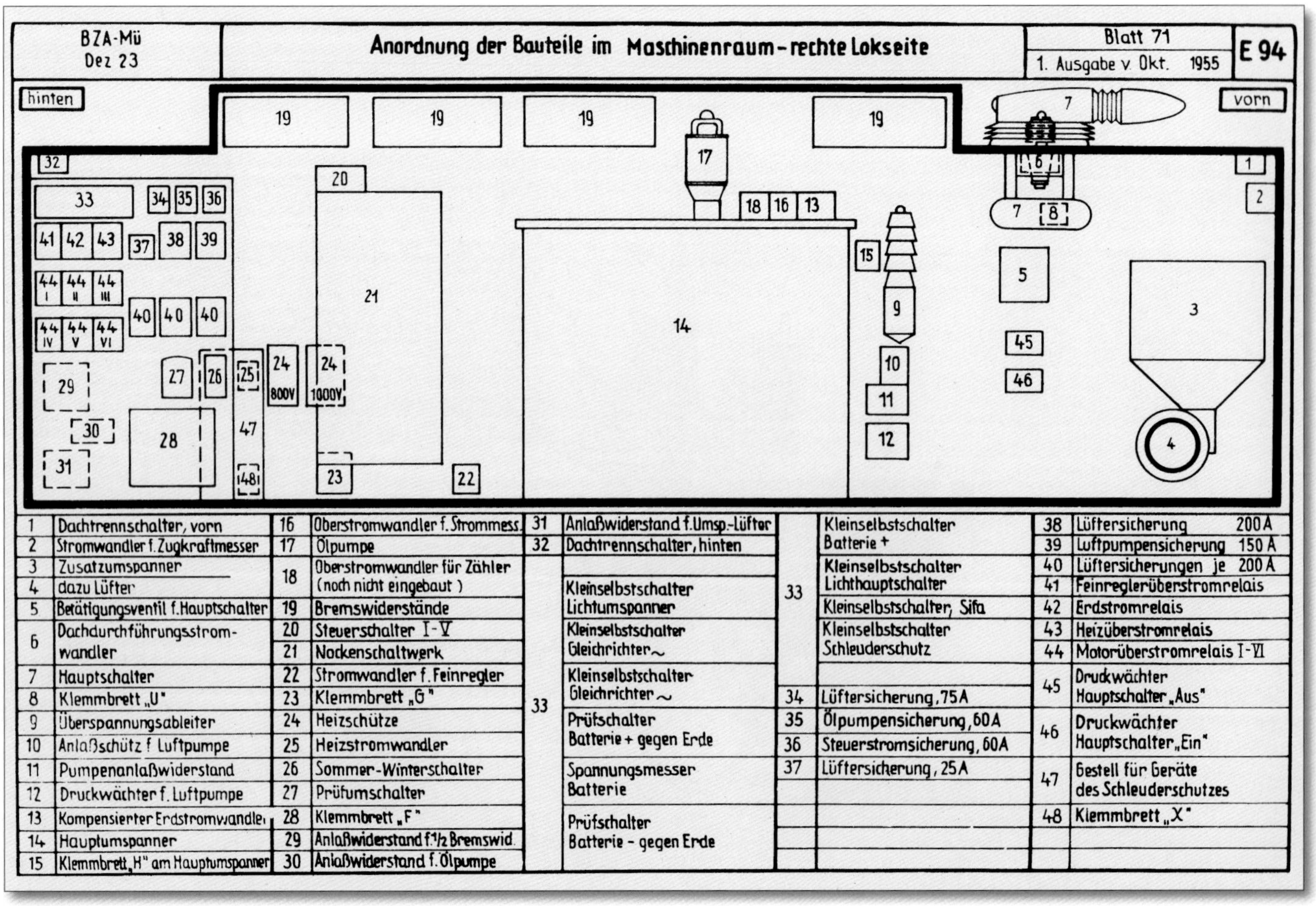

1	Dachtrennschalter, vorn
2	Stromwandler f. Zugkraftmesser
3	Zusatzumspanner
4	dazu Lüfter
5	Betätigungsventil f. Hauptschalter
6	Dachdurchführungsstromwandler
7	Hauptschalter
8	Klemmbrett „U"
9	Überspannungsableiter
10	Anlaßschütz f. Luftpumpe
11	Pumpenanlaßwiderstand
12	Druckwächter f. Luftpumpe
13	Kompensierter Erdstromwandler
14	Hauptumspanner
15	Klemmbrett „H" am Hauptumspanner
16	Oberstromwandler f. Strommess.
17	Ölpumpe
18	Oberstromwandler für Zähler (noch nicht eingebaut)
19	Bremswiderstände
20	Steuerschalter I-V
21	Nockenschaltwerk
22	Stromwandler f. Feinregler
23	Klemmbrett „G"
24	Heizschütze
25	Heizstromwandler
26	Sommer-Winterschalter
27	Prüfumschalter
28	Klemmbrett „F"
29	Anlaßwiderstand f. 1/2 Bremswid.
30	Anlaßwiderstand f. Ölpumpe
31	Anlaßwiderstand f. Umsp.-Lüfter
32	Dachtrennschalter, hinten
33	Kleinselbstschalter Lichtumspanner
	Kleinselbstschalter Gleichrichter ~
	Kleinselbstschalter Gleichrichter ~
	Prüfschalter Batterie + gegen Erde
	Spannungsmesser Batterie
	Prüfschalter Batterie - gegen Erde
33	Kleinselbstschalter Batterie +
	Kleinselbstschalter Lichthauptschalter
	Kleinselbstschalter, Sifa
	Kleinselbstschalter Schleuderschutz
34	Lüftersicherung, 75 A
35	Ölpumpensicherung, 60 A
36	Steuerstromsicherung, 60 A
37	Lüftersicherung, 25 A
38	Lüftersicherung 200 A
39	Luftpumpensicherung 150 A
40	Lüftersicherungen je 200 A
41	Feinreglerüberstromrelais
42	Erdstromrelais
43	Heizüberstromrelais
44	Motorüberstromrelais I-VI
45	Druckwächter Hauptschalter „Aus"
46	Druckwächter Hauptschalter „Ein"
47	Gestell für Geräte des Schleuderschutzes
48	Klemmbrett „X"

Seitengang auf der rechten Maschinenraumseite ermöglicht den Übergang zwischen den Führerständen. Ein Teil der linken Maschinenraum-Seitenwand ist zum Ein- und Ausbau des Umspannerlüfters und des Feinreglers abnehmbar. Durch eine in diesem Seitenwandteil befindliche Klappe kann der Umspannerlüfter gewartet werden. Zum Ein- und Ausbau des Hauptumspanners und des Nockenschaltwerkes ist die über ihnen befindliche Dachhaube mit den in ihr angeordneten Bremswiderständen der elektrischen Widerstandsbremse abnehmbar. Über dem Ölpumpenmotor ist zu seiner Wartung ein weiteres Dachteil abnehmbar. In den Bodenblechen der Vorbauten und des Maschinenraumes befinden sich Öffnungen für die Wartung der Fahrmotoren.

Die Lüftungsgitter in den Seitenwänden des Maschinenraumes können im Winter oder bei starkem Regen durch Verkleidungen von innen verschlossen werden, die unteren durch im Maschinenraum befindliche Blechverkleidungen. Außer den vier mit Luftleitblechen versehenen Lüftungsgittern können alle restlichen im Winter zur Vermeidung des Eindringens von Schnee mit stoffbespannten Holzrahmen verkleidet werden. Bei angebrachten Verkleidungen sind die Lüfter für Fahrmotoren und Hauptumspanner auf Winterbetrieb umzuschalten. Im Winter sind außerdem die Luftkanalklappen zwischen dem Hauptumspanner und den Bremswiderständen zu öffnen.

Für Werkzeuge und sonstiges Zubehör befinden sich ein größerer Werkzeugkasten im hinteren Vorbau und ein kleinerer im Maschinenraum. Zwei Zentralschmierpumpen für das Schmieren der Drehzapfenlager, Hilfsabstützungen und Gleitstühle sind im Maschinenraum angeordnet. Alle übrigen Lagerstellen besitzen von außen zugängliche Schmiergefäße. Durch den großen Achsstand der Drehgestelle und die ohne Seitenspiel ausgeführte Lagerung der Achsen erfolgt eine größere Spurkranzabnutzung.

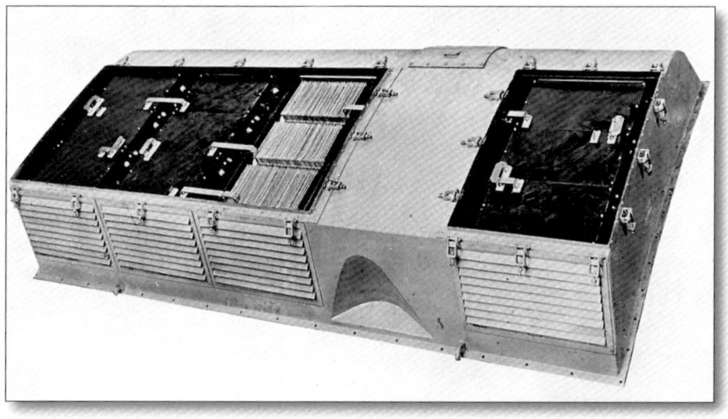

△ **Bild 29** • Dachaufbau mit eingebauten Widerständen für die elektrische Bremse.

Zu ihrer Reduzierung sind bei einigen E 94 die Räder der ersten und sechsten Achse mit einer Spurkranzschmiereinrichtung ausgerüstet. Jede dieser Achsen treibt eine Fettpumpe an, die das Fett in die Schmierapparate drückt. An jedem Schmierapparat sind zwei einzeln regelbare Pumpenelemente angeschlossen, die das Einregeln einer möglichst gleichmäßigen Fettmenge ermöglichen. Das Gehäuse der Schmierapparate ist am Drehgestellrahmen so befestigt, dass es seitlichen Bewegungen des Spurkranzes folgen kann. Im Gehäuse befindet sich eine Rolle mit einer dem Spurkranz angepassten Fläche, die auf der Lauffläche des Radreifens läuft und das Fett auf den Spurkranz überträgt. Über die Schienen erhalten die Spurkränze der folgenden Drehgestellachsen, die nicht mit einer Spurkranzschmiereinrichtung ausgerüstet sind, ebenfalls Fett. Das Bestreichen der Radlaufflächen mit Fett verhindert ein im Gehäuse des Schmierapparates angeordneter Fettabstreicher.

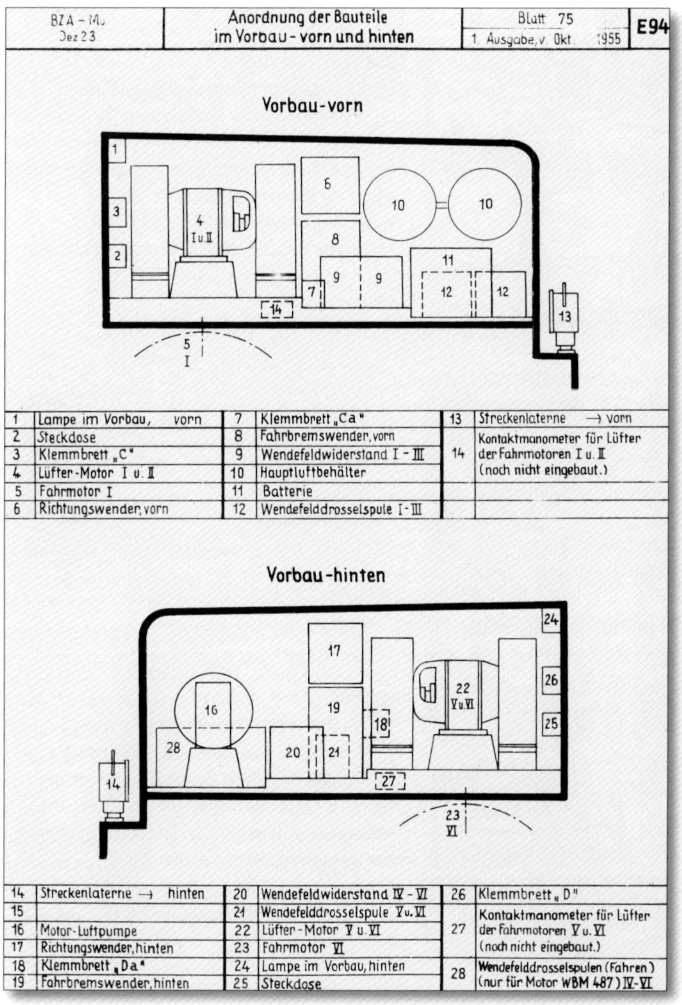

△ **Bild 31** • Blick in den hinteren Vorbau. Vorne links der Werkzeugkasten, dahinter die Verlegung der Stromschienen. Rechts hinten der Lüfter für die Fahrmotoren 5 und 6.
AUFNAHMEN (2): WERKFOTO AEG, SAMMLUNG THOMAS BORBE

◁ **Bild 30** • Anordnung der Bauteile im Vorbau vorn und hinten.
ABBILDUNG: BZA MÜNCHEN, SAMMLUNG BRIAN RAMPP

◁ **Bild 32**
Blick auf die geöffnete Vorbauhaube von der linken Seite. Der Blick geht u. a. auf den Lüfter und die Hauptluftbehälter.

◁ **Bild 33**
Blick auf den geöffneten vorderen Vorbau der **E 94 053** von der rechten Seite. Gut zu erkennen ist die Verlegung der Kabel und Stromschienen, die davor angeordneten Hauptluftbehälter sowie die Batterie darunter. An der Führerhausseite befindet sich die in Arbeitsstellung heruntergedrehte Anfahrlampe.

Aufnahme:
Werkfoto AEG, Sammlung Michael Freitag

◁ **Bild 34**
Blick auf den geöffneten hinteren Vorbau der **E 94 003**. Im Vordergrund rechts der Fahrmotorlüfter, links davon der Luftpresser für die Bremseinrichtung. Die darunter befindliche Kühlschlange dient zur Abkühlung der im Luftpresser erwärmten Luft.
Gut zu erkennen sind außerdem die Sandkästen mit den Sandfallrohren.

Aufnahmen (2):
Werkfoto AEG, Sammlung Thomas Borbe

Elektrische Ausrüstung

Die Lokomotive hat zur Energiezuführung zwei **Scherenstromabnehmer** auf dem Maschinenraumdach über den Führerständen. Die Lokomotiven mit einer elektrischen Ausrüstung der AEG haben Stromabnehmer der Bauart HISE 7 und die Lokomotiven mit einer elektrischen Ausrüstung der SSW Stromabnehmer der Bauart SBS 38. Die Stromabnehmer bestehen aus je einem Untergestell und einer beweglichen Schere.

Das Untergestell ruht unter Zwischenschaltung einer Doppelisolation aus Rillenisolatoren auf vier Tragböcken, die auf dem Lokomotivdach befestigt sind. Zwei durch Stangen gekuppelte Hauptwellen sind in Kugellagern im Untergestell drehbar gelagert. An diesen Wellen sind die Unterarme der Schere angeschweißt. Die Rohre jeder der beiden Oberscherenhälften verbindet ein Diagonalrohr miteinander. Die gelenkige Verbindung zwischen Unter- und Oberschere erfolgt durch Bolzen, die der beiden Oberscherenhälften durch Nagellager.

Die Oberschere trägt den Schleifbügel, bestehend aus dem Schleifstück und den beiden Auflaufstücken. Der Schleifbügel ruht unter Zwischenschaltung von je zwei Federn auf zwei in der Nähe der oberen Gelenkpunkte befestigten Geradführungen. Das Schleifstück besteht aus einer Kohleleiste mit Silumingusseinfassung und ist an jedem Ende mit einem ebenfalls aus Siluminguss hergestellten Auflaufstück verbunden. Jedes Auflaufstück hat zwei Federtaschen, in denen sich das Schleifstück auf seine Federn abstützt.

Für die freizügige Verwendung der Lokomotiven bei Fahrleitungsanlagen mit unterschiedlicher Zick-Zack-Ausführung des Fahrdrahtes, können Schleifbügel unterschiedlicher Breite aufgebaut werden [zur Zeit der Anlieferung betrug der österreichische Fahrleitungs-Zick-Zack ± 40 cm und der süddeutsche ± 50 cm; heute DB und ÖBB ± 40 cm; d. Red.]. Vorgesehen sind Schleifbügel von 1.950 mm Breite für Einfachkohleschleifstücke und von 2.100 mm Breite für Einfach- und Doppelkohleschleifstücke.

Die Druckluftzufuhr zum Druckluftzylinder, der den Stromabnehmer aufrichtet und an den Fahrdraht andrückt, wird von den Führerständen aus durch die Führerbügelventile gesteuert. Der Mindestdruck in den Druckluftzylindern zum Aufrichten der Stromabnehmer beträgt 4 kp/cm^2 und der Anpressdruck des aufwärtsgehenden Schleifbügels im Mittel 5 kp. Er ist durch Einstellen der Arbeitsfeder regelbar.

Beim Stromabnehmer HISE 7 wird das Gewicht der beweglichen Teile größtenteils durch eine einstellbare Wickelfeder ausgeglichen. Zum Aufrichten und Andrücken an den Fahrdraht dient ein Druckluftzylinder, der in eine zweite Wickelfeder (Arbeitsfeder) eingesetzt ist und bei Beaufschlagung mit Druckluft diese Feder spannt. Die beiden Wickelfedern wirken auf die drehbaren Hauptwellen der Unterschere. Die Druckluftzufuhr erfolgt über einen Luftzuführungsisolator und einen aus ozonbeständigem Gummi hergestellten Druckschlauch, der die Beweglichkeit des Druckluftzylinders ermöglicht.

Beim Stromabnehmer SBS 38 wird das Gewicht der beweglichen Teile durch zwei einstellbare Wickelfedern ausgeglichen. Bewegt wird der Stromabnehmer durch einen auf dem Lokomotivdach befestigten Druckluftzylinder, dessen Kolbenstange über einen Hebel am Fuß eines drehbar gelagerten Isolators angreift.

Die obere Isolatorkappe trägt zwei gegenüberliegende Hebel, die über je eine Arbeitsfeder an den beiden Hauptwellen der Unterschere angreifen. Der Druckluftzylinder und seine Luftzuführung sind geerdet.

Die zwei Stromabnehmer der Lokomotive verbindet eine aus Stahlrohr und Kupferseil hergestellte Hochspannungsleitung

BZA-Mü Dez 23	Anordnung der elektrischen Ausrüstung	Blatt 63 / 1. Ausgabe, v. Januar 1955	E94

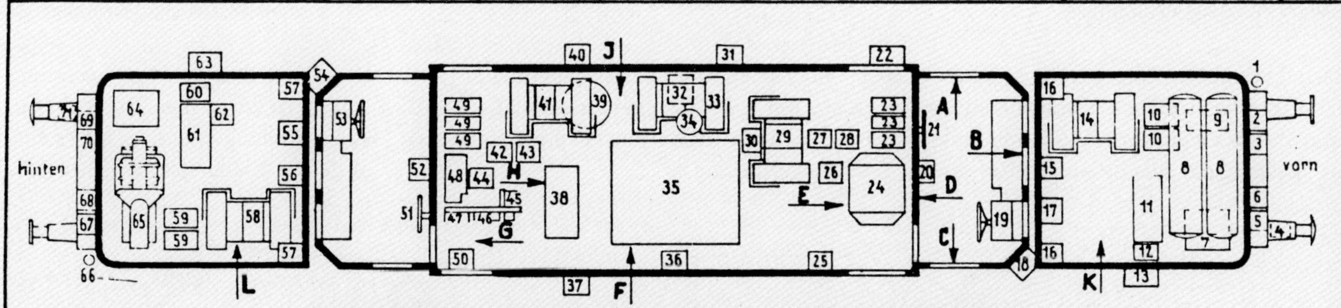

Ansicht Blatt	Ansicht Blatt	Ansicht Blatt	Ansicht Blatt
A – 64	D – 67	G – 70	K – 73
B = 65	E – 68	H – 71	L = 73
C – 66	F – 69	J = 72	=

1	Heizstecker, vorn	15	Lampe im Vorbau, vorn	30	Klemmbrett „H"	45	Unterspannungs-Relais	60	Wendefelddrosselspule
2	Streckenlaterne —┤ vorn	16	Steckdose	31	Sifa-Schaltkasten	46	Sicherungen	61	Richtungswender, hinten
3	dazu Steckdose	17	Klemmbrett „C"	32	Sonderluftbehälter	47	Ladeeinrichtung	62	Klemmbrett „Da"
4	Heizkupplung, vorn	18	Anfahrlampe, vorn	33	Lüfter für Hauptumspanner	48	Lüfterschütze	63	Sonderluftbehälter
5	Streckenlaterne ⟶ vorn	19	Fahrschalter	34	Ölpumpe	49	Motor-Trennschütze IV - VI	64	Werkzeugkasten
6	dazu Steckdose	20	Wärmeschrank	35	Hauptumspanner	50	Maschinenraumlampe	65	Motor-Luftpumpe
7	Batterie	21	Handbremse	36	Maschinenraumlampe	51	Handbremse	66	Heizstecker, hinten
8	Hauptluftbehälter	22	Klemmbrett „M"	37	Prüfdose	52	Wärmeschrank	67	Streckenlaterne —┤ hinten
9	Wendefelddrosselspule	23	Motor-Trennschütze I - III	38	Nockenschaltwerk	53	Fahrschalter	68	dazu Steckdose
10	Wendefeldwiderstand für Fahrmotor I - III	24	Zusatz-Umspanner	39	Feinregler	54	Anfahrlampe, hinten	69	Streckenlaterne ⟶ hinten
		25	Maschinenraumlampe	40	Prüfdose	55	Klemmbrett „D"	70	dazu Steckdose
11	Richtungswender, vorn	26	Klemmbrett „O"	41	Lüfter für 1/2 Bremswiderstand	56	Lampe im Vorbau, hinten	71	Heizkupplung, hinten
12	Klemmbrett „Ca"	27	Maschinenraumlampe	42	Maschinenraumlampe	57	Steckdose		
13	Sonderluftbehälter	28	Steckdose	43	Steckdose	58	Lüftermotor V u VI		
14	Lüftermotor I u II	29	Lüftermotor III u. IV	44	Klemmbrett „P"	59	Wendefeldwiderstand f. Fahrm. IV-VI		

△ **Bild 35** • Anordnung der elektrischen Ausrüstung.

Abbildung: BZA München, Sammlung Frank Lüdecke

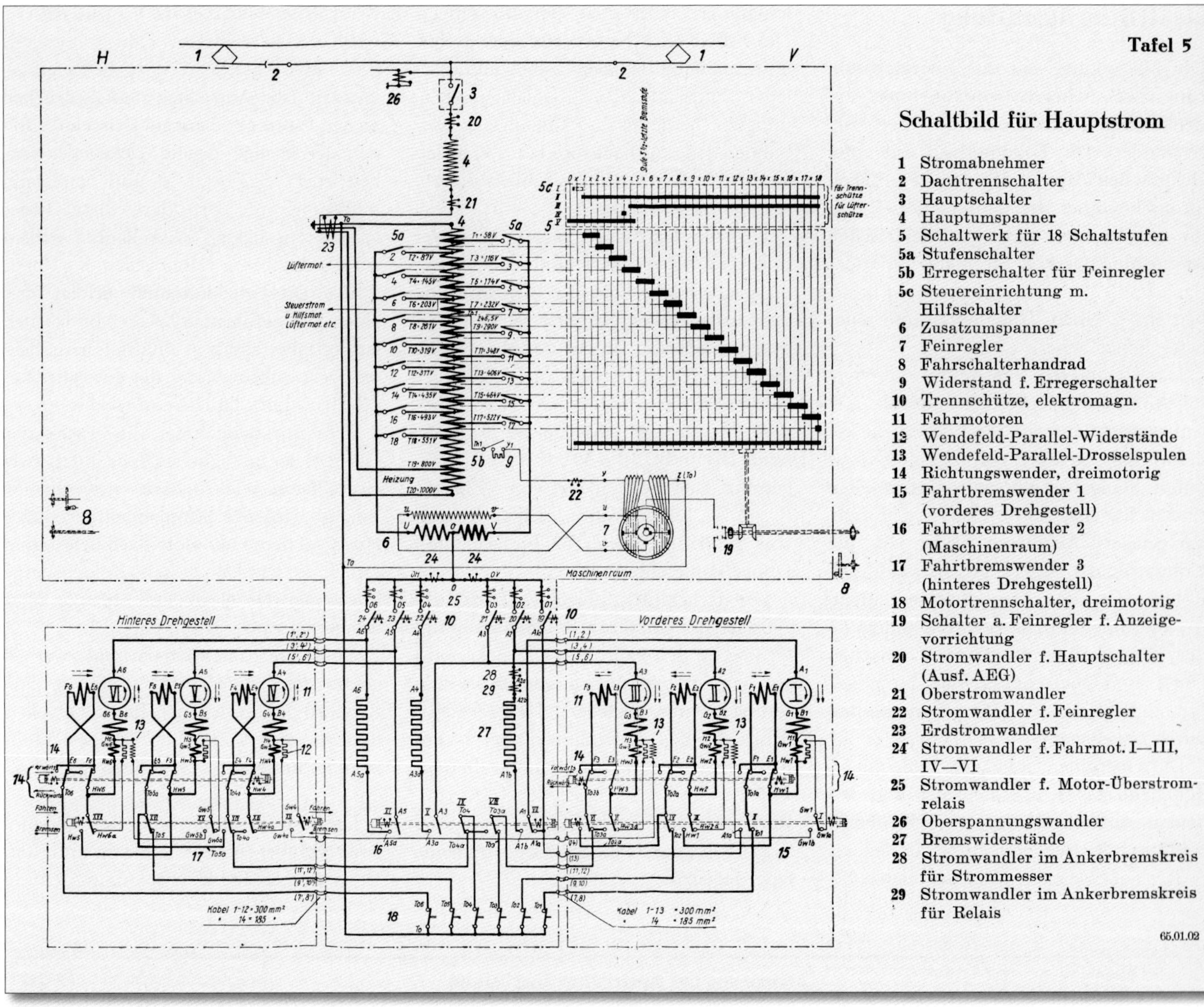

△ **Bild 36** • Schaltbild für Hauptstrom.

Abbildung: BZA München, Sammlung Brian Rampp

(Dachleitung). Sie führt zum Lokomotiv-Hauptschalter. Jeder Stromabnehmer kann durch einen vom Maschinenraum aus betätigbaren Handtrennschalter von der Hochspannungsleitung abgetrennt werden, um z. B. bei einem schadhaften Stromabnehmer einen Kurzschluss zum Dach zu vermeiden.

An die durchgehende Hochspannungs-Dachleitung ist ein in das Dach eingebauter Hochspannungswandler angeschlossen, an dessen Niederspannungswicklung

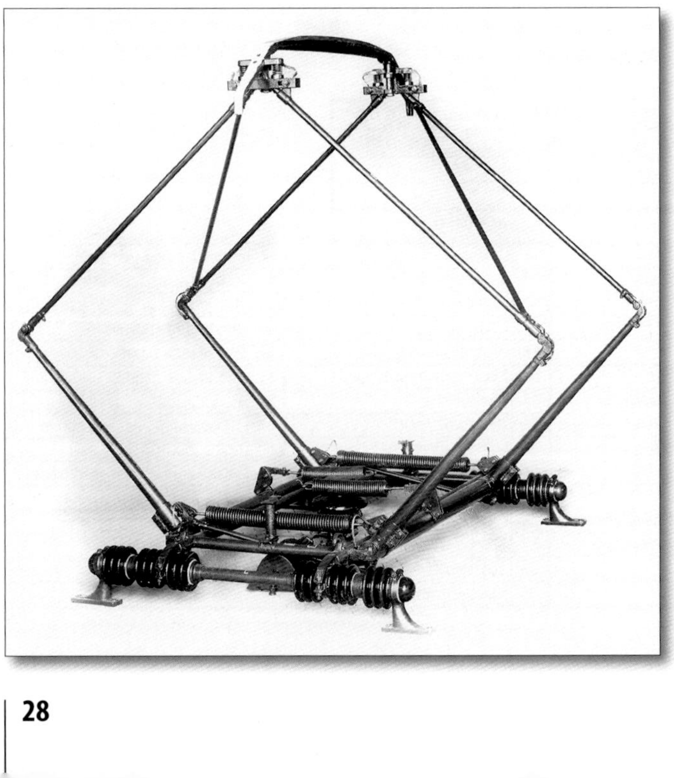

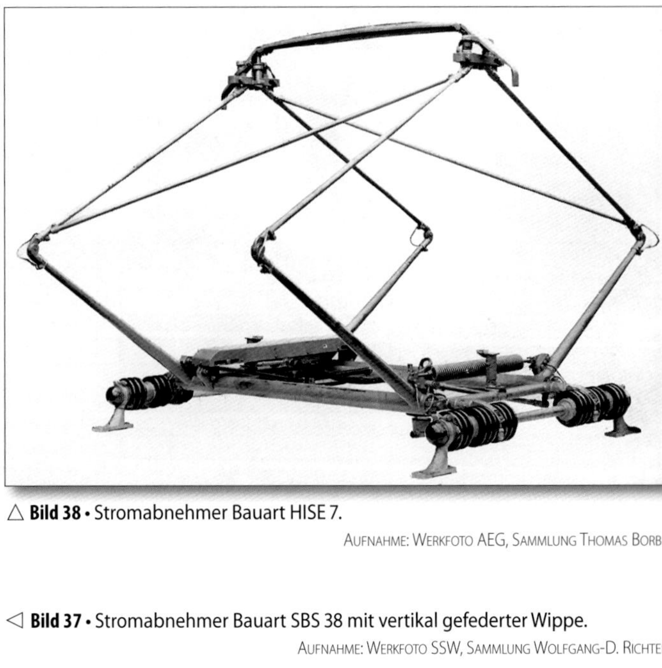

△ **Bild 38** • Stromabnehmer Bauart HISE 7.

Aufnahme: Werkfoto AEG, Sammlung Thomas Borbe

◁ **Bild 37** • Stromabnehmer Bauart SBS 38 mit vertikal gefederter Wippe.

Aufnahme: Werkfoto SSW, Sammlung Wolfgang-D. Richter

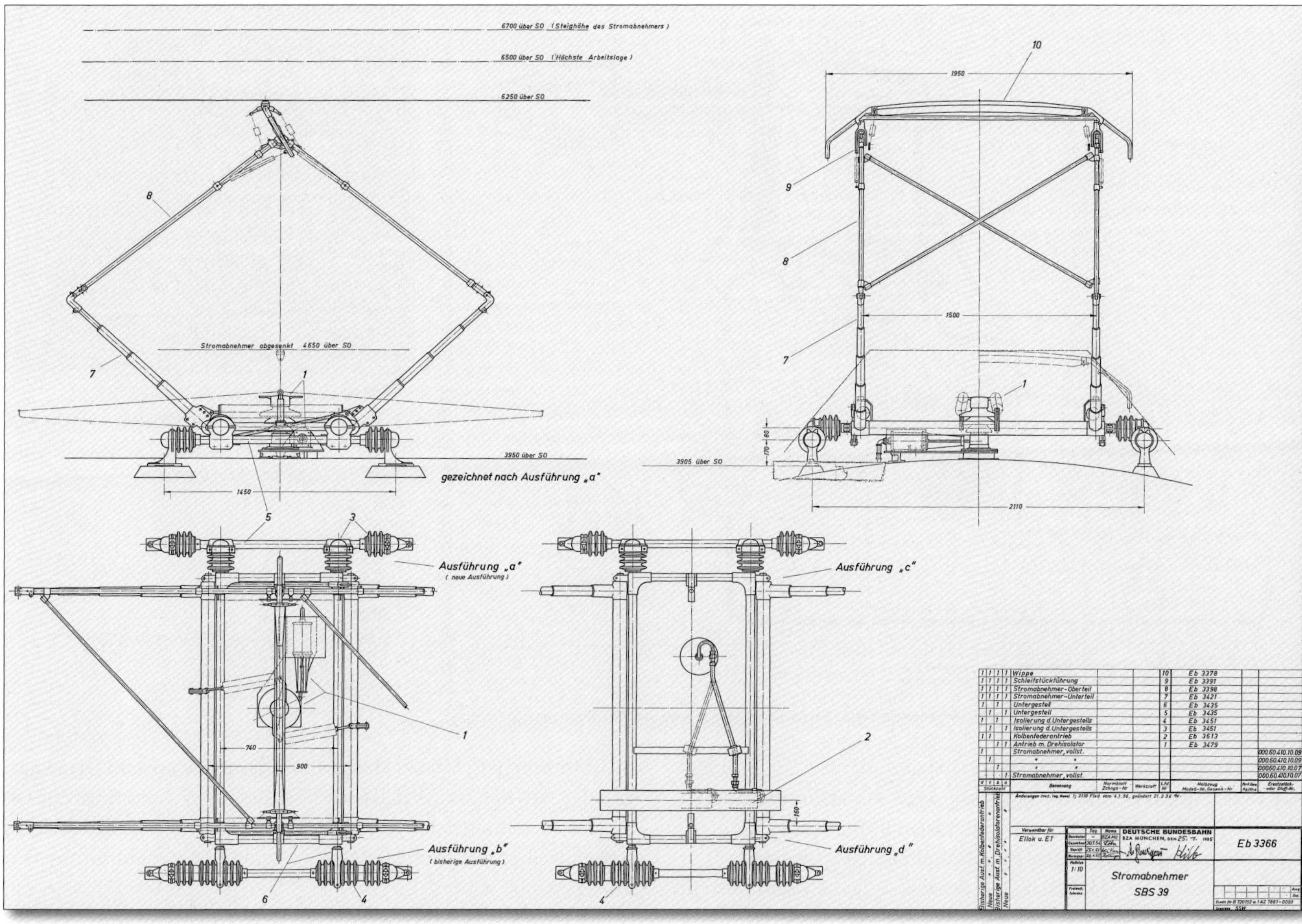

△ **Bild 39** • Die auf den E 94 des Herstellers SSW montierten Stromabnehmer der Bauart SBS 38 baute die DB ab 1948 auf solche der Bauart SBS 39 um, indem sie eine Pendelwippe montierte. ABBILDUNG: BZA MÜNCHEN, SAMMLUNG GERHARD RIEGER

▽ **Bild 40** • Leitungsverlegung auf dem Dach (E 94 Version AEG). ABBILDUNG: AEG, SAMMLUNG THOMAS BORBE

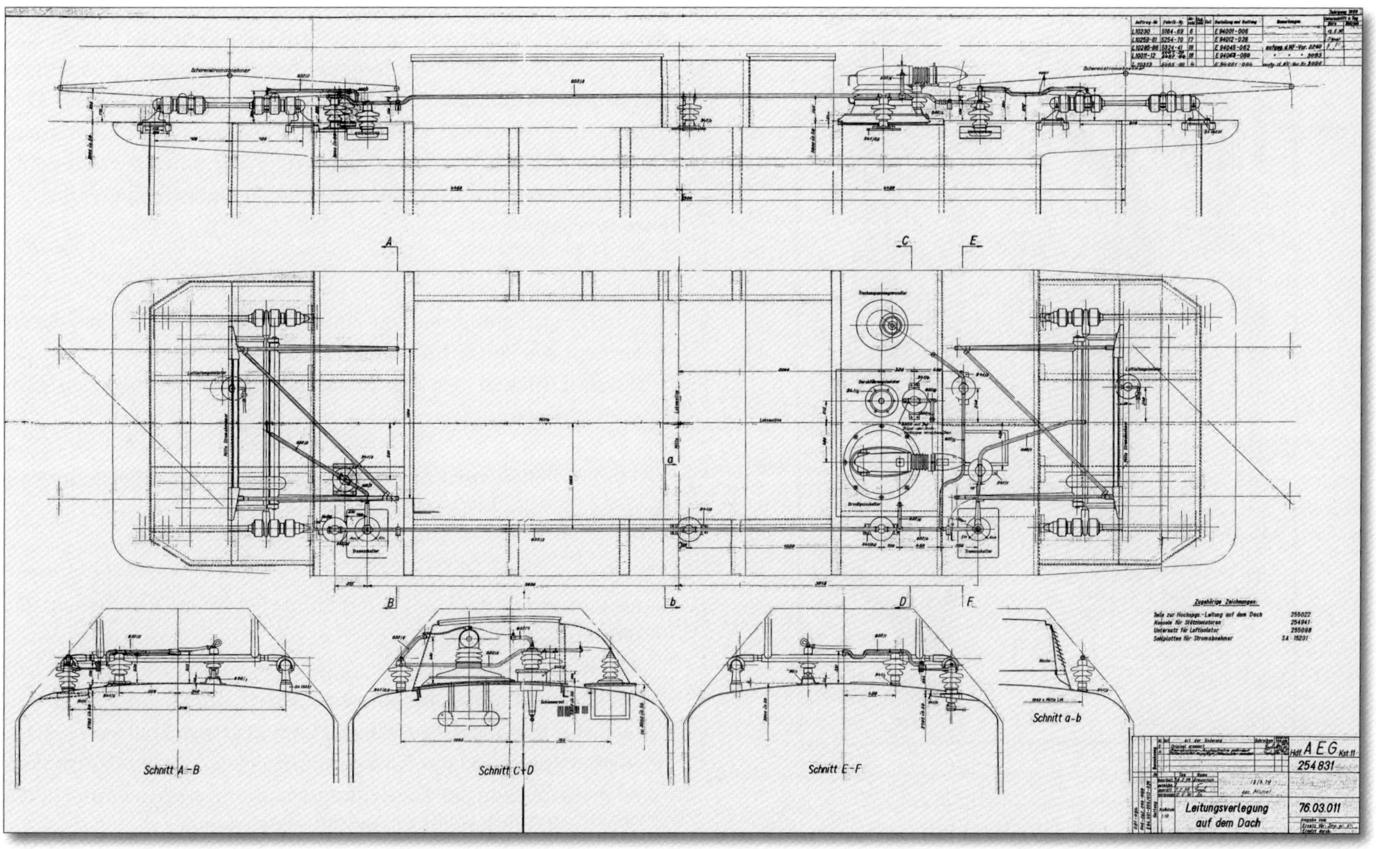

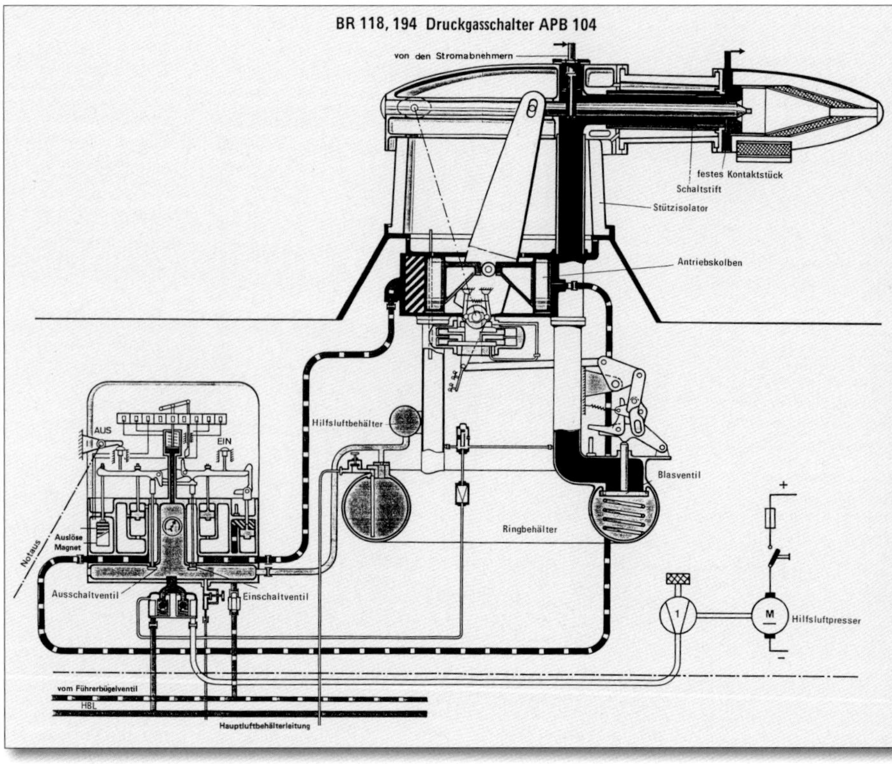

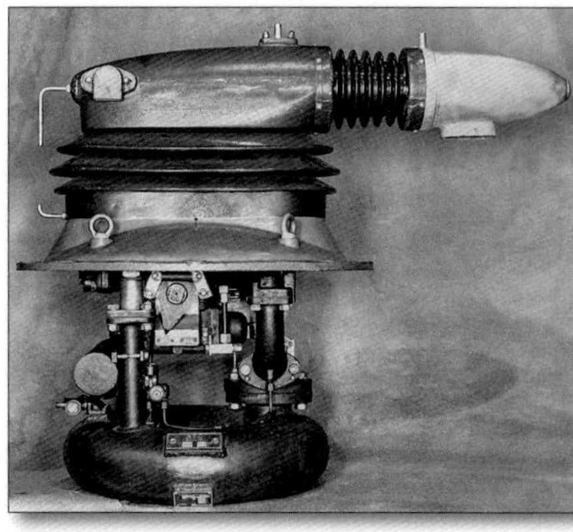

△ **Bild 42** • Druckgasschalter Typ APB 104.

AUFNAHME: AEG, SAMMLUNG THOMAS BORBE

◁ **Bild 41**
Schema des Druckgasschalters APB 104.

ABBILDUNG: BUNDESBAHNSCHULE MÜNCHEN, SAMMLUNG BRIAN RAMPP

bei 15 kV Fahrleitungsspannung eine Spannung von 150 V anliegt. An seiner Niederspannungswicklung sind die Spannungsmesser für die Fahrleitungsspannung in beiden Führerständen und das Nullspannungsrelais für den Hauptschalter angeschlossen.

Der Lokomotiv-Hauptschalter, dessen Aufgabe darin besteht, die Stromzufuhr von der Fahrleitung zur Lok herzustellen bzw. zu unterbrechen, ist bei den AEG-Lokomotiven ein Druckgasschalter der Bauart APB 104 und bei den SSW-Lokomotiven ein Expansionsschalter der Bauart R 628. Es sind ölfreie, brenn- und zerknallsichere Leistungsschalter mit einer Ausschaltleistung von 200 MVA.

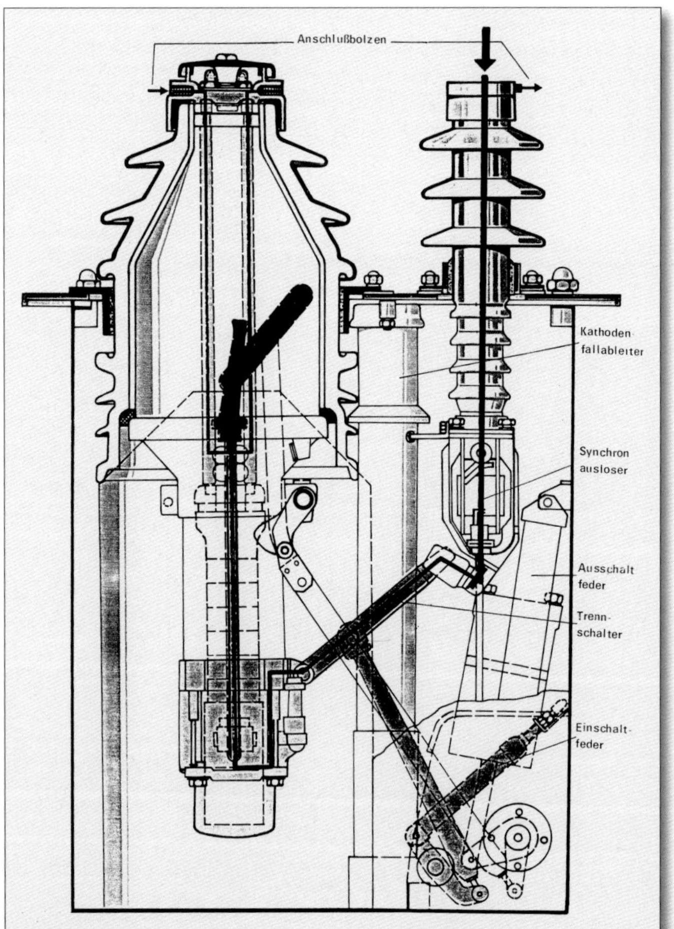

△ **Bild 43** • Schema des Expansionsschalters Typ R 628 von SSW.

ABBILDUNG: BUNDESBAHNSCHULE MÜNCHEN, SAMMLUNG BRIAN RAMPP

Der Druckgasschalter besteht aus dem Hochspannungsteil, der sich über dem Lokomotivdach befindet, dem Druckluftteil, der mit dem Hochspannungsteil fest verbunden ist und in das Innere des Maschinenraumes ragt, und dem Betätigungsventil, das in der Nähe des Schalters in einem Gerüst untergebracht ist. Zum Hochspannungsteil gehören im wesentlichen die Grundplatte, der Antrieb, der Stützisolator, der Schleifkontakt, die Kontaktstange, der Tragisolator und der Trennkontakt. Zum Druckluftteil gehören der Hilfsluftbehälter mit den notwendigen Ventilen. Die für das Ein- und Ausschalten erforderlichen Ventile mit den notwendigen Sicherheitseinrichtungen befinden sich im Betätigungsventil. Der Schalter kann nur mit Druckluft ein- und ausgeschaltet werden. Das Füllen des Hilfsluftbehälters erfolgt mit einer speziell dafür vorgesehenen Hilfsluftpumpe oder vom Hauptluftbehälter der Lokomotive aus.

Das Einschalten erfolgt
- durch Fernbetätigung von einem der Führerstände aus durch Drehen des Führerbügelventils;
- durch Drücken des am Betätigungsventil befindlichen Einschaltdruckknopfes.

In beiden Fällen wird über ein Hebelsystem das Einschaltventil betätigt und der Einschaltvorgang eingeleitet.

Das Ausschalten erfolgt
- fernbetätigt durch Drehen des Führerbügelventils auf einem der Führerstände;
- durch Ansprechen der zum Schalter gehörenden Schutzrelais, ein Überstromrelais für sofortige Ausschaltung, ein Überstromrelais für durch ein Zeitrelais bis zu 5 sec. einstellbare verzögerte Ausschaltung und ein Nullspannungsrelais, das beim Absinken oder Ausbleiben der Fahrleitungsspannung anspricht und ebenfalls in Verbindung mit dem Zeitrelais arbeitet;

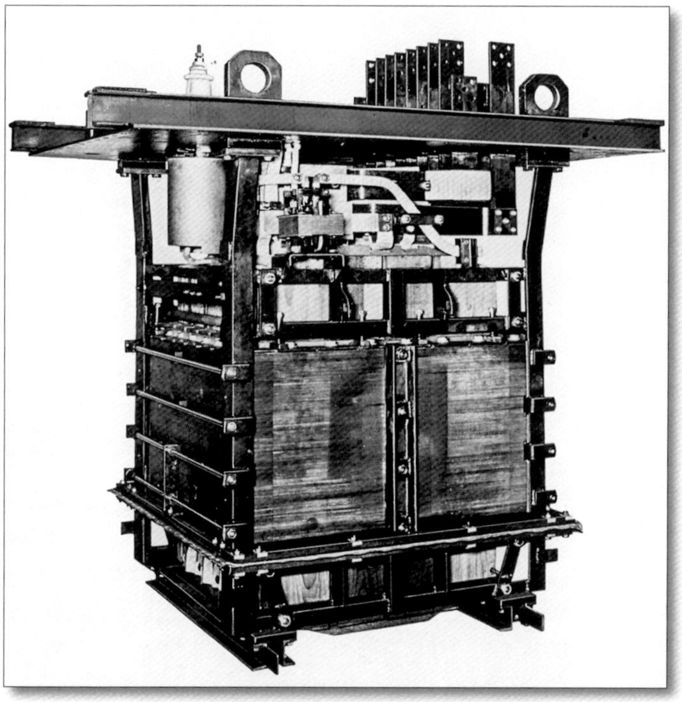

△ **Bild 44** • Ansicht des Haupttransformators ohne Einhausung.

△ **Bild 45** • Transformator mit angebautem Lüftersatz und Ölpumpe.

AUFNAHMEN (2): WERKFOTO AEG, SAMMLUNG THOMAS BORBE

- durch Ansprechen des Erdstromrelais und der Überstromrelais für den Feinregler und die Zugheizung (das Führerbügelventil und alle Relais bewirken, dass der Ausschaltmagnet im Betätigungsventil an Spannung gelegt wird und das Ausschalten des Schalters einleitet);
- durch Betätigen des auf jedem Führerstand befindlichen Handgriffs für Notausschaltung, durch den der Ausschaltdruckknopf am Betätigungsventil mittels eines durch die ganze Lokomotive führenden Gestänges über ein Hebelsystem betätigt wird.

Vom Hauptschalter aus führt die Hochspannungsleitung durch einen Hochspannungs-Durchführungsstromwandler im Dach in das Innere der Lokomotive zum Hauptumspanner.

Der Expansionsschalter besteht aus einem kastenförmigen Gehäuse, an dessen abnehmbaren Deckel der Schalter am Lokomotivdach befestigt ist. In diesem Deckel befinden sich zwei Durchführungsisolatoren. Am kleineren ist außen die Dachleitung angeschlossen. Innen sind der Synchronauslöser und das Trennschaltstück befestigt. Im Innern des großen Isolators ist in einem Leichtmetallgehäuse das Schaltstiftgetriebe angeordnet. Das Unterteil des Leichtmetallgehäuses trägt die Expansionskammer und das Kammerunterteil mit dem Tulpenschaltstück, der Dampfkammer und der Spritzkammer. Bei eingeschaltetem Zustand ist die Spritzkammer über ein Trennmesser mit dem Trennschalterstück und dem Synchronauslöser verbunden. Der Druckluftantrieb ist innen am Gehäuse befestigt. Im Leichtmetallgehäuse befindet sich noch ein Kathodenfallableiter zum Überspannungsschutz. Der Schalter kann mit Druckluft und von Hand ein- und nur durch Federkraft ausgeschaltet werden.

Das Einschalten erfolgt

- fernbetätigt von einem der Führerstände aus durch Drehen des Führerbügelventils;
- durch Drehen des am Schaltergehäuse befindlichen Hebels, wodurch der Handschnellschalter betätigt wird.

Das Ausschalten erfolgt

- fernbetätigt durch Drehen des Führerbügelventils auf einem der Führerräume;
- durch Ansprechen der zum Schalter gehörenden und weiterer Auslöser sowie Schutzrelais, Synchronauslöser, Nullspannungsrelais, Erdschlussrelais sowie der Überstromrelais des Feinreglers und der Zugheizung (in allen Fällen erhält der Spannungsauslöser einen Schaltimpuls, der das Ausschalten des Schalters bewirkt);
- durch Betätigen des Handgriffes für Notausschaltung in jedem Führerraum.

Vom Leichtmetallgehäuse führt die Hochspannungsleitung durch das Schaltergehäuse hindurch in einem Pertinaxrohr zum Hauptumspanner.

Der **Hauptumspanner** steht in der Mitte des Maschinenraumes auf besonderen Querstreben der Brücke. Er transformiert die Fahrleitungsspannung in die für die Fahrmotoren und Hilfseinrichtungen erforderlichen Betriebsspannungen. Der Eisenkörper ist aus Blechen aufgebaut, die durch Papier oder Lack voneinander isoliert sind. Die Wicklungsspulen sind kurzschlussfest gegeneinander abgestützt. Die Scheibenspulen der Hochspannungswicklung sind aus Flachdraht gewickelt und die der Niederspannungswicklung aus Blechtafeln ausgestanzt. Beide Wicklungen sind in Reihe geschaltet und gemeinsam geerdet. Die Trennstellen zwischen den Wicklungen sind aus dem Umspannerkessel herausgeführt, damit bei Isolationsprüfungen die Wicklungen getrennt werden können. In diese Verbindung ist der kompensierte Erdstromwandler eingebaut. Der in Mantelbauart ausgeführte Umspanner befindet sich in einem ölgefüllten Blechkessel, in dem sich noch ein zwischen Hoch- und Niederspannungswicklung geschalteter Stromwandler befindet. Er speist für die Messung des Fahrleitungsstromes je einen Strommesser in jedem Führerraum.

Für die Kühlung des Hauptumspanners befinden sich an den beiden quer zur Lokomotivlängsachse stehenden Seitenwänden des Umspannerkessels senkrechte mit Kühlrippen versehene Kühlrohre. Eine senkrecht am Umspannerkessel angebaute Ölpumpe saugt das warme Öl aus dem Umspanner und drückt es durch die in Gruppen zusammengefassten und hintereinandergeschalteten Kühlrohre nach der Kühlung wieder in den Kessel zurück. Die durch Blech in Form eines Luftschachtes verkleideten Kühlrohre kühlt ein Doppellüfter. Er saugt die Kühlluft aus dem Maschinenraum an und drückt sie durch die

△ **Bild 46** • Ansicht des Haupttransformators ELT 13 mit Einhausung.

△ **Bild 47** • Ansicht des Schaltwerks. Aufnahmen (2): Werkfoto AEG, Sammlung Thomas Borbe

beiden Kühlrohrschächte und anschließende Kanäle im Sommer durchs Dach ins Freie und im Winter in den Maschinenraum zurück. Das Umleiten der Luft erfolgt durch handbetätigte Klappen in den Abluftkanälen zur Dachhaube. Im Winter wird dadurch eine zu niedrige Temperatur im Maschinenraum vermieden und die Eintrittsgeschwindigkeit der (durch die Jalousieöffnungen in den Seitenwänden einströmenden) Frischluft und damit Unterdruck bewirken, dass wenig oder kein Schnee eindringen kann. Auch bei starkem Regen kann so verfahren werden.

Für die Messung der Umspannertemperatur ist in den Kesseldeckel ein Quecksilber-Fernthermometer eingebaut. Das Zeigergehäuse des Thermometers ist vom Seitengang im Maschinenraum gut zu kontrollieren. Die Hauptkenndaten des Umspanners sind:

Dauerleistung	3.025 kVA
Stundenleistung	3.380 kVA
Hochspannungsdauerstrom bei 15 kV	204 A
Hochspannungsstundenstrom bei 15 kV	225 A

Für die Regelung der Fahrmotorspannung hat die Niederspannungswicklung 18 Anzapfungen mit folgenden Spannungen: 58, 87, 116, 145, 174, 203, 232, 261, 290, 319, 348, 377, 406, 435, 464, 493, 522 und 551 Volt.

Die Spannung für die Hilfsbetriebe und die Steuerung wird der 203-V-Anzapfung entnommen. Die Spannung des Feinregler-Spannungsteilers wird einer besonderen Anzapfung von 246,5 V entnommen. Für die elektrische Zugheizung besitzt der Umspanner eine Anzapfung mit der Spannung 800 V und 1.000 V.

Das Zu- und Abschalten des anschließend beschriebenen Zusatzumspanners an die Anzapfungen des Hauptumspanners erfolgt durch ein **Nockenschaltwerk**. Es wird von jedem Führerraum aus durch ein Handrad am Fahrschalter über einen Kettentrieb, einer unter dem Fußboden entlangführenden Welle und einen weiteren Kettentrieb betätigt. Entsprechend den Anzapfungen des Haupttransformators hat es 18 Nockenschalter, die in zwei Reihen senkrecht übereinander angeordnet sind. Diese Schalter für die Motorspannung werden durch Nockenscheiben betätigt, die auf einer in Schaltwerkmitte senkrecht angeordneten Welle sitzen. Die Schalter 1 bis 5 und 13 bis 18 haben zwei nebeneinanderliegende Kontakte von je 50 mm Breite, die Schalter 6 bis 12 jedoch drei Kontakte von je 34 mm Breite. Die bei den ersten Lokomotiven noch vorhandenen zwei 50-mm-Kontakte bei den Schaltern 6 bis 12 wurden im Lauf der Zeit gegen drei von 34 mm Breite ausgewechselt.

Für das Einschalten des Feinreglers, der Motortrennschütze und die Schaltung der Umspanner- und Fahrmotorlüfter befinden sich weitere kleinere Schaltergruppen am Nockenschaltwerk. Je eine Kontaktseite der mit 1 bis 18 bezeichneten Hauptkontakte für die Motorspannung ist mit der gleich bezeichneten Anzapfung des Hauptumspanners verbunden. Die geradzahlig bezeichneten und die ungeradzahlig bezeichneten Hauptkontakte sind mit den anderen Kontaktseiten durch je eine Sammelschiene verbunden.

Beide Sammelschienen führen zu der Sekundärwicklung des Zusatzumspanners. Durch ihn wird beim Weiterschalten von einer Spannungsstufe des Hauptumspanners auf die folgende die Unterbrechung des Fahrmotorstromes vermieden und die an beiden Sammelschienen anliegende unterschiedliche Spannung in eine mittlere Spannung transformiert. Diese Spannung wird von der Mittelanzapfung der Sekundärwicklung den Fahrmotoren zugeführt.

Die Primärwicklung des Zusatzumspanners wird von einem **Feinregler** gespeist, der aus einem Spannungsteiler und einem darüber angeordneten feststehenden Kommutator besteht. Der Spannungsteiler erhält seine Betriebsspannung von 246,5 V über den Feinreglerschalter am Nockenschaltwerk von der entsprechen-

△ **Bild 48** • Ansicht der Schienen auf dem Transformator und im Maschinenraum.

△ **Bild 49** • Ansicht des Feinreglers Typ EFR 5.

Aufnahmen (2): Werkfoto AEG, Sammlung Thomas Borbe

den Anzapfung des Hauptumspanners und hat 72 Anzapfungen, die mit je zwei Lamellen des Kommutators verbunden sind. Ein Bürstenjoch mit zwei diagonal gegenüberliegenden Kohlebürstenreihen, die auf dem Kommutator schleifen, wird um den Kommutator gedreht. Jede Bürstenreihe ist mit einem Ende der Primärwicklung des Zusatzumspanners verbunden. Der Antrieb des Bürstenjoches erfolgt über einen Kettentrieb vom Nockenschaltwerk aus. Der Kommutator hat zwei gegenüberliegende, sich über je rund 90° des Umfanges erstreckende Segmente, die mit den Enden des Spannungsteilers verbunden sind. Die dazwischenliegenden schmalen Lamellen sind an die Anzapfungen des Spannungsteilers angeschlossen. In der Mitte der schmalen Lamellen befindet sich noch je ein ca. 9 ° des Umfanges breites Segment. Je zwei gegenüberliegende schmale Lamellen, die von den breiten Segmenten gleichweit entfernt liegen, sind miteinander durch Kupferbänder verbunden.

Durch Drehen der Bürsten um den Kommutator wird zunächst die volle Spannung des Spannungsteilers an die Primärwicklung des Zusatzumspanners gelegt. Anschließend wird die Spannung bis auf 0 Volt verringert, in ihrer Richtung umgedreht und wieder auf den vollen Wert der Spannungsteilerspannung erhöht. Das Übersetzungsverhältnis des Zusatzumspanners ist so gewählt, dass bei einer Spannung von 246,5 V an der Primär- oder Erregerwicklung die sekundärseitige Spannung 29 V beträgt. Die Spannungsdifferenz der Anzapfungen des Haupttransformators und damit der Schaltstufen am Nockenschaltwerk beträgt ebenfalls 29 V, so dass ein Einschalten der nächsten Fahrstufe ohne Spannungsdifferenz gegeben ist. Zugkraftsprünge treten somit nicht in Erscheinung.

Von der Mittelanzapfung der Sekundärwicklung oder Stromteilerwicklung des Zusatzumspanners sind über je einen **Motorstromwandler** und drei elektromagnetische Trennschütze sowie drei weitere Stromwandler die Fahrmotoren jedes Drehgestells angeschlossen. An die als Schienenstromwandler ausgeführten Motorstromwandler sind auf jedem Führerraum am Fahrschalterpult je ein Strommesser zur Kontrolle des Motorstromes der Fahrmotoren jedes Drehgestells angeschlossen. Die anderen sechs Stromwandler speisen die Überstromrelais für die Fahrmotoren. Hinter jedem Fahrmotor ist im Stromkreis noch ein handbetätigter Trennschalter angeordnet, so dass jeder Fahrmotor beiderseitig abgeschaltet werden kann.

Jeder **Fahrmotor** besteht aus einem Motorgehäuse, dem Ständer, dem Läufer und dem Bürstenring. Am Motorgehäuse befinden sich die Tatzlager, die die Treibachse umfassen, die gefederte Abstützung für die Motorbefestigung im Drehgestell und die Luftzuführungskanäle für die Kühlung.

Der einteilige Ständer ist aus Blechringen mit Lack- oder Papierisolation aufgebaut, die durch Pressringe und Schrumpfstäbe zusammengehalten werden. Er ist in das Motorgehäuse eingepresst und durch einen in einer Nut liegenden Flachkeil gegen Verdrehen gesichert. In den Nuten des Ständers sind in zehnpoliger Anordnung die Erreger-, Kompensations- und Wendepolwicklung untergebracht. Die Enden der jeweiligen Wicklungsspulen sind an fünf Anschlussringe angeschlossen, die mit den Zuführungsleitungen verbunden sind. Parallel zur Wendepolwicklung ist ein induktionsfreier Widerstand zur Verbesserung der Kommutierung geschaltet. Die Widerstände sind für die Motoren des jeweiligen Drehgestells unter der Vorbauhaube angeordnet. Sie werden durch die von den daneben befindlichen Fahrmotorlüftern angesaugte Luft gekühlt.

Der Läufer besteht aus einer Trommel, die den aus Blechringen aufgebauten Ei-

△ **Bild 50** • Ansicht des Fahrmotors EKB 725a.

△ **Bild 51** • Ansicht des Fahrmotors EKB 725a von der anderen Seite.

△ **Bild 52** • Ansicht des Ankers mit gelüfteten Kommutatorfahnen (EKB 725a).

Aufnahmen (3): Werkfoto AEG, Sammlung Thomas Borbe

senkörper trägt und auf die Motorwelle aufgepresst ist. Die Blechringe haben wie die des Ständers eine Lack- oder Papierisolation. Die Nuten für die als Trommelwicklung ausgeführte Läuferwicklung sind schräg zur Motorachse angeordnet, um Schwingungen, die Fernmeldestörungen hervorrufen, zu unterdrücken. Auf einer langen Nabe der Läufertrommel ist der Kommutator aufgekeilt. Seine Lamellen sind mit den Wicklungsstäben verbunden. Der Läufer ist vollständig abgedeckt, um das Eindringen von Staub, Öl und Feuchtigkeit zu den spannungsführenden Teilen zu vermeiden. Die von den Lamellen des Kommutators zur Wicklung hochgezogenen Anschlussfahnen schließen den Läufer auf der Kommutatorseite ab. Die Wickelköpfe der Läuferwicklung sind durch lackierte Segeltuchkappen bedeckt und werden mit Stahldrahtbandagen sowie einem eisernen Abschlussring zusammengehalten.

Die zehn Bürstenhalter mit je fünf Kohlebürsten sind auf einem, den Kommutator konzentrisch umgebenden Bürstenring angeordnet, der im Motorgehäuse drehbar gelagert ist. Kontaktmesser, die sich zwischen federnde Bürsten schieben, verbinden die Anschlussringe mit dem Bürstenring. Nach dem Lösen einer Druckbacke und Herausnehmen des Einstellstiftes kann der Bürstenring mit Hilfe eines Handrades über ein Ritzel um 360 ° gedreht werden. Dadurch können alle Bürsten der Fahrmotoren vom Maschinenraum oder den Vorbauten aus nach Abnahme der Gehäusedeckel über dem Kommutator nachgesehen und ausgewechselt werden. Im Betriebszustand sind die Bürstenhalter so eingestellt, dass sich jeder in der Mitte zwischen zwei Erregerspulen des Ständers befindet. Für die Kühlung der Fahrmotoren sind drei Doppellüfter vorhanden. Sie saugen die Kühlluft aus dem Maschinenraum bzw. dem Vorbau an und drücken sie durch Kanäle in die Fahrmotoren. In jedem Fahrmotor teilt sich die Kühlluft. Ein Teil kühlt den Ständer, der andere Teil den Läufer. Auf der Kommutatorseite strömt die erwärmte Luft ins Freie und bläst den Abrieb der Kohlebürsten aus dem Motor.

Die Werte der bei einer bestimmten Geschwindigkeit höchstzulässigen Zugkraft sind für eine Motorgruppe auf dem Geschwindigkeitsmesser angegeben.

Weiterhin betragen:

• der Läuferdurchmesser	725	mm
• der Kommutatordurchmesser	560	mm
• die zulässige Kommutatorabnutzung im Durchmesser gemessen	30	mm
• die Bürstenabmessungen h, b, d	50 x 45 x 10	mm
• der Anpressdruck einer Bürste	200 g/cm² = 0,9	kg
• die größte zulässige Bürstenabnutzung	25	mm
• der Luftspalt zwischen Ständer und Läufer	3	mm

Die Änderung der Fahrtrichtung erfolgt durch Umkehr der Drehrichtung der Fahrmotoren, durch Umkehrung der Stromrichtung in den Erregerwicklungen der Fahrmotoren mittels **Fahrtrichtungswendern**. Für jeden Fahrmotor sind dazu je Fahrtrichtung zwei Kontaktpaare erforderlich. Für die drei Fahrmotoren eines Drehgestells sind die 3 × 4 Kontaktpaare zu einem elektropneumatisch betätigten Fahrtrichtungswender zusammengefasst.

Die Lokomotive besitzt eine **elektrische Widerstandsbremse**. Durch sie werden beim Befahren längerer und stärkerer Gefällestrecken die Radreifen und Bremsklötze der Lokomotive geschont und gefährliche Erwärmungen der Radreifen und Bremsklötze sowie das damit zusammenhängende Losewerden von Radreifen verhindert. Von ihrer Leistung her ist sie nur für das Abbremsen der Lok auf Beharrungsfahrt geeignet. Die Herstellung der Schaltung zum elektrischen Bremsen erfolgt mit Hilfe von drei **Fahrtbremswendern**, die aus den gleichen Elementen wie die Fahrtrichtungswender aufgebaut sind und ebenfalls elektropneumatisch betätigt werden. Je ein Fahrtbremswender mit sechs Kontaktpaaren befindet sich zusammen mit dem Fahrtrichtungswender in einem Gerüst in jedem Drehgestellvorbau. Ein Fahrtbremswender mit fünf Kontaktpaaren ist im Maschinenraum angeordnet. Zum Umwandeln der beim elektrischen Bremsen entstehenden elektrischen Energie in Wärme befinden sich im Dachaufbau über dem Maschinenraum Bremswiderstände. Sie sind in zwölf Kästen angeordnet. Jeweils drei Widerstandskästen werden durch einen gemeinsamen Luftstrom gekühlt. 2 × 3 Widerstandskästen erhalten die Kühlluft vom Lüfter des Hauptumspanners, die anderen 2 × 3 Widerstandskästen durch einen besonderen Lüftersatz. In den vom Hauptumspanner zu den

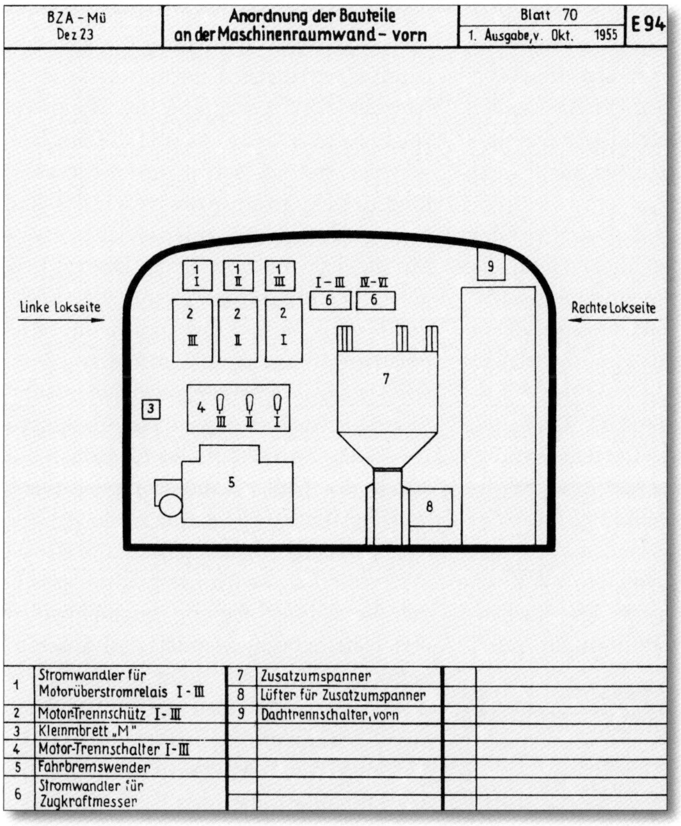

△ **Bild 53** • Anordnung der Ausrüstungsteile an der Maschinenraumwand vorn.

Bild 54 ▷

Vorderes Gerätegerüst der E 94 161. In der Mitte die Handtrennschalter, mit denen der Lokführer manuell einzelne Fahrmotore abschalten kann. Darunter befinden sich die Fahrbremswender, darüber die Trennschütze für die Fahrmotoren 1 bis 3.

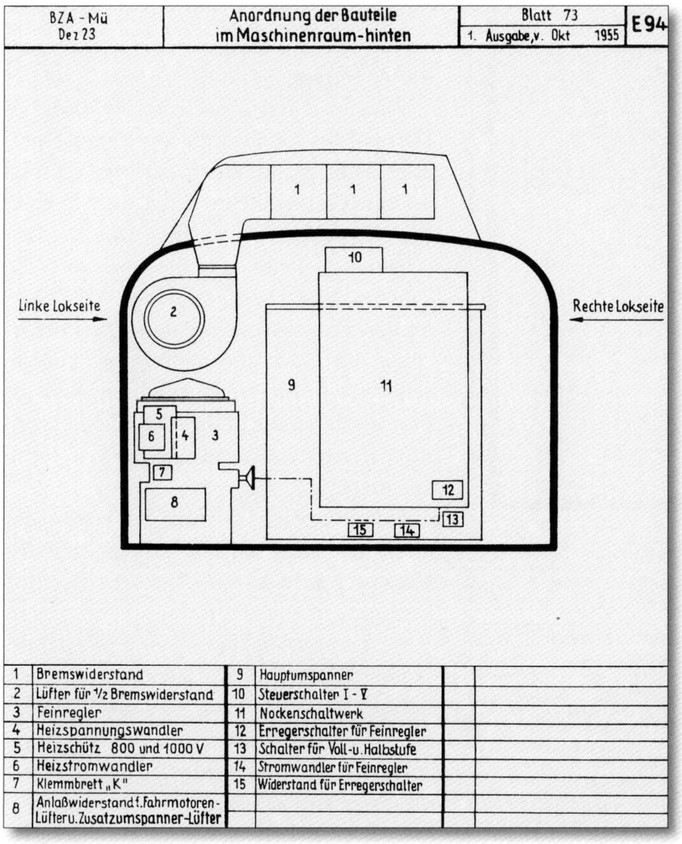

△ **Bild 55** • Anordnung der Ausrüstungsteile an der Maschinenraumwand hinten.

Bild 56 ▷

Hinteres Gerätegerüst der **E 94 161**. In der Mitte drei Handtrennschalter und darüber die Trennschütze für die Fahrmotoren 4 bis 6. Rechts im Bild ist das Heizschütz-Gerüst mit Lüfter für die Hälfte der Bremswiderstände zu sehen.

AUFNAHMEN (2): WERKFOTO AEG, SAMMLUNG THOMAS BORBE

Widerstandskästen führenden Luftkanälen sind, wie bereits erwähnt, von Hand zu öffnende Klappen vorhanden, um die Warmluft in den Maschinenraum zu leiten. Sind beim Einschalten der elektrischen Bremse diese Klappen offen, so werden sie beim Umstellen des Fahrtbremswenders durch Beaufschlagung eines Druckluftzylinders mit Druckluft selbsttätig geschlossen. Dazu ist der Fahrtbremswender mit diesem Zylinder durch eine Luftleitung verbunden. Bei einem Teil der Lokomotiven E 94 001 bis E 94 044 werden die Druckluftzylinder für die Klappenverstellung durch ein elektropneumatisches Ventil unabhängig vom Fahrtbremswender direkt mit Druckluft beaufschlagt, das beim Herstellen der Bremsschaltung anspricht. Durch das Schließen der Klappen wird die Kühlung der Bremswiderstände in sechs Widerstandskästen durch die Umspannerabluft gesichert, so lange die elektrische Bremse in Betrieb ist. Der Bremslüfter für die anderen sechs Widerstandskästen wird beim Umstellen der Fahrtbremswender von Fahren auf Bremsen eingeschaltet und beim Umstellen von Bremsen auf Fahren ausgeschaltet.

Auf der Fahrstufe 1 ist der Schalter 1 des Nockenschaltwerkes geschlossen und die sechs Motortrennschütze sind eingeschaltet. Sie bleiben bei ordnungsgemäßem Betrieb auf allen 18 Haupt- und Zwischenfahrstufen geschlossen. Bevor der Schalter 1 des Nockenschaltwerkes einschaltet, wird der Erregerschalter für den Feinregler geschlossen. Ein Kontakt des Erregerschalters schaltet den Spannungsteiler des Feinreglers zunächst über einen Vorwiderstand an die Spannung von 246,5 V. Beim Schließen des Schalters 1 des Nockenschaltwerkes wird der Widerstand durch den Hauptkontakt des Erregerschalters kurzgeschlossen. Der Strom für die sechs parallelgeschalteten Fahrmotoren verläuft von der 58-V-Anzapfung des Hauptumspanners über den Schalter 1 des Nockenschaltwerkes, die halbe Stromteilerwicklung des Zusatzumspanners V – O und teilt sich danach in je einen gleichen Zweig für die Fahrmotoren jedes Drehgestells. Jeder Teilstrom für ein Drehgestell durchfließt den Messstromwandler, die drei Relaisstromwandler und die Motortrennschütze der drei parallelgeschalteten Fahrmotoren. Nach den Motortrennschützen fließt der Strom bei jedem Fahrmotor durch die Läufer-, die Kompensations- und die Wendepolwicklung sowie den letzterer parallelgeschalteten induktionsfreien Widerstand, über den Fahrtrichtungswender, die Ständerwicklung, nochmals über den Fahrtrichtungswender und anschließend über den Fahrtbremswender sowie den Motortrennschalter zurück zum Nullpunkt des Hauptumspanners. Die Primärwicklung des Zusatzumspanners ist bei der Fahrstufe 1 über den Spannungsteiler so an den Feinregler angeschlossen, dass in der halben Stromteilerwicklung des Zusatzumspanners die Spannung von 58 V der Anzapfung 1 des Hauptumspanners um die halbe Spannungsdifferenz zwischen den Anzapfungen des Hauptumspanners 29/2 V = 14,5 V vermindert wird, so dass die Spannung an den Fahrmotoren 45,5 V beträgt.

Zum weiteren Aufschalten wird durch Drehen des Handrades am Fahrschalter eines Führerraumes um 180° der Feinregler zunächst in die erste, ca. 30 s benutzbare Zwischenstufe gedreht. Der Nockenschalter 1 bleibt geschlossen und die Bürsten des Feinreglers stehen auf den 9° breiten Feinreglersegmenten. Die Primärspule des Zusatzumspanners ist kurzgeschlossen und damit spannungslos, so dass an den Fahrmotoren die volle Spannung der ersten Anzapfung des Hauptumspanners (58 V) anliegt.

Durch weiteres Drehen des Handrades am Fahrschalter um 180° werden die Bürsten des Feinreglers in Richtung der 90° breiten Segmente des Kommutators weiterbewegt und die Spannung am Ende der Sekundärwicklung des Zusatzumspanners erhöht sich um 29 V von 58 V auf 87 V, der Spannung der Anzapfung 2 des Hauptumspanners. Dadurch schließt der Schalter 2 des Nockenschaltwerkes nahezu funkenfrei, da zwischen den Kontakten des Nockenschalters keine Spannungsdifferenz besteht. Die Fahrmotorspannung beträgt 58 V + 14,5 V = 72,5 V, der Strom in den beiden Teilen der Sekundärwicklung des Zusatzumspanners fließt entgegengesetzt und

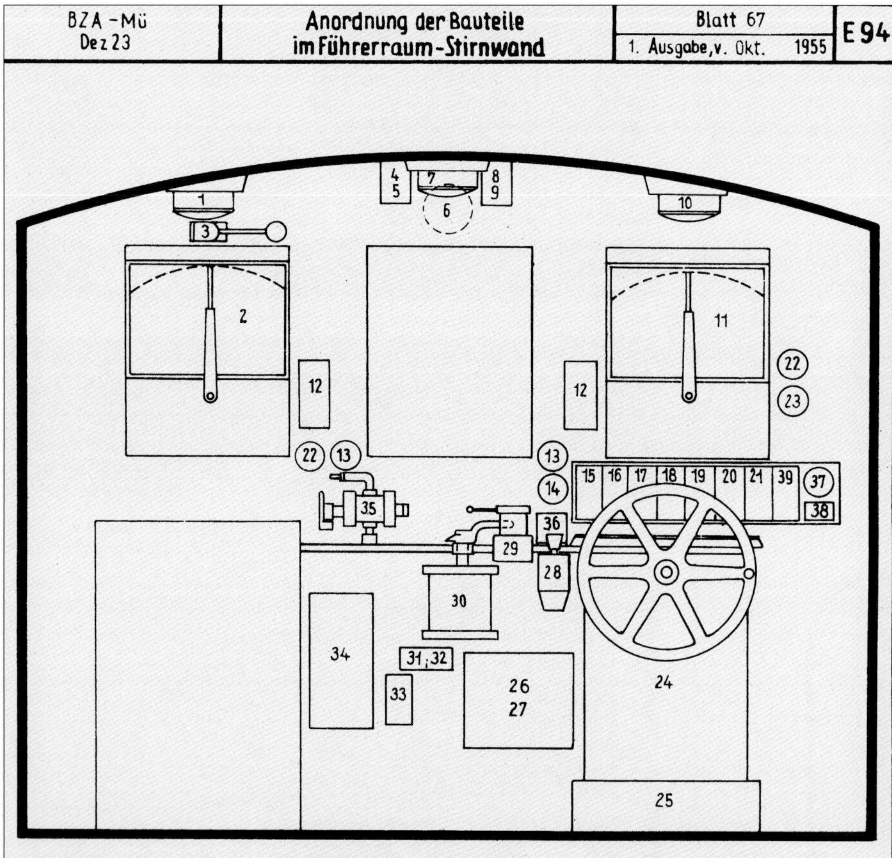

1	Pultlampe	16	Fahrdrahtspannungsmesser	30	Zugheizschalter
2	Klarsichtscheibe	17	Oberstrommesser	31	Klemmbrett „Ra" nur im vorderen Führerraum
3	Störungsschalter	18	Zugkraftmesser f. Fahrm. I - III		
4	Klemmbrett „Sa" nur im vorderen Führerr.	19	Zugkraftmesser " " IV - VI	32	Klemmbrett „Rb" nur im hinteren Führerraum
5	Klemmbrett „Sb" nur im hinteren Führerr.	20	Spannungsmesser für Voll- und Halbstufe		
6	Signallaterne			33	Vorwiderstand für Hell-Dunkel-Schalter
7	Führerraumlampe	21	Bremsstrommesser		
8	Klemmbrett „0a" nur im vorderen Führerraum	22	Steckdose für Klarsichtscheibe	34	Heizofen
		23	dazu Schalter	35	Bügeleinstellventil nur im vorderen Führerraum
9	Klemmbrett „0b" nur im hinteren Führerraum	24	Fahrschalter		
		25	Sifa-Fußschalter	36	Kipptaster für Schleuderschutz
10	Blendlampe für Meßgeräte	26	Klemmbrett „A" nur im vorderen Führerraum	37	Geschwindigkeitsmesser
11	Klarsichtscheibe			38	Einstellwiderstand dazu
12	Fensterwischermotor	27	Klemmbrett „B" nur im hinteren Führerraum	39	Anfahranzeiger V-R (noch nicht eingebaut)
13	dazu Schalter				
14	Hell-Dunkelschalter	28	Sifa-Druckknopf	39	Anfahranzeiger 0-5 km/h (noch nicht eingebaut)
15	Heizspannungsmesser	29	Führerbügelventil		

△ **Bild 57** • Anordnung der Bauteile im Führerraum (Stirnwand). ABBILDUNG: BZA MÜNCHEN, SAMMLUNG BRIAN RAMPP

△ **Bild 58** • E 94-Führerraum bei Anlieferung, rechte Seite.

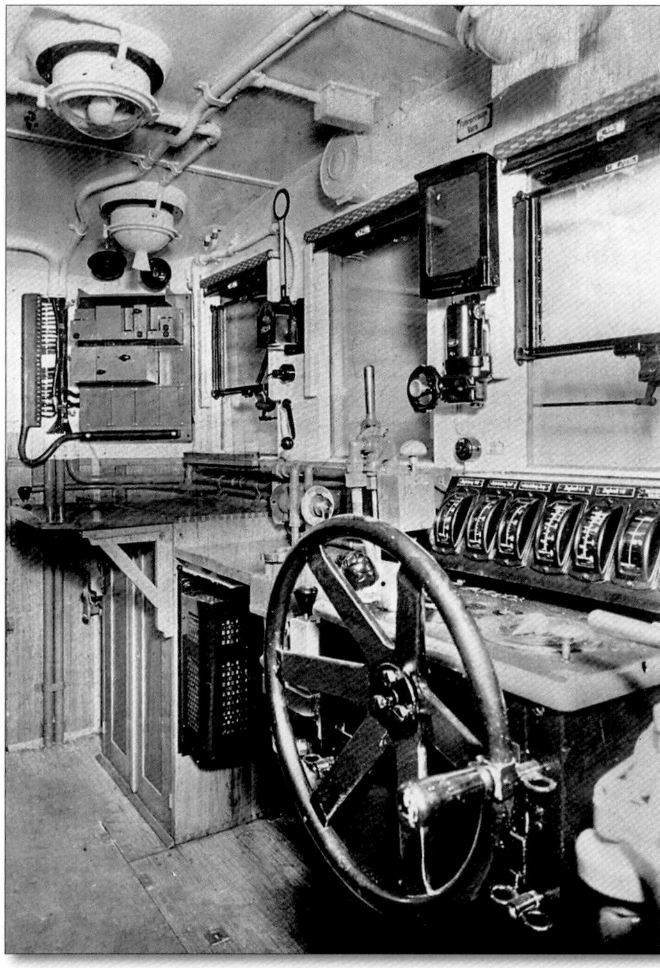

△ **Bild 59** • E 94-Führerraum bei Anlieferung, linke Seite.

Aufnahmen (2): Werkfoto AEG, Sammlung Thomas Borbe

BZA - Mü Dez 23	Anordnung der Bauteile im Führerraum-rechte Eckwand	Blatt 68 / 1. Ausgabe, v Okt. 1955	E 94

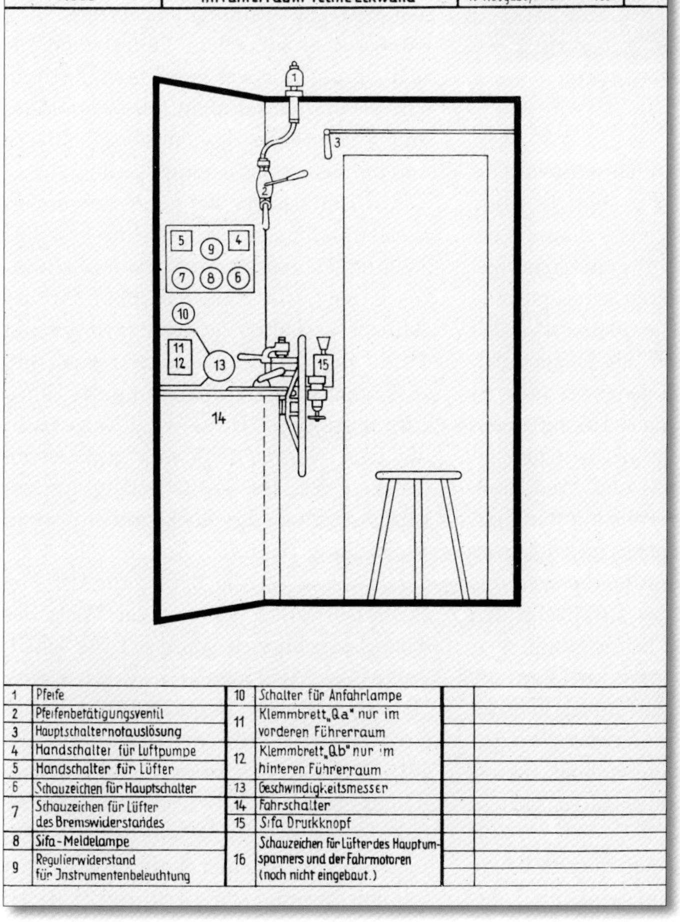

1	Pfeife	10	Schalter für Anfahrlampe		
2	Pfeifenbetätigungsventil	11	Klemmbrett „Qa" nur im vorderen Führerraum		
3	Hauptschalternotauslösung				
4	Handschalter für Luftpumpe	12	Klemmbrett „Qb" nur im hinteren Führerraum		
5	Handschalter für Lüfter				
6	Schauzeichen für Hauptschalter	13	Geschwindigkeitsmesser		
7	Schauzeichen für Lüfter des Bremswiderstandes	14	Fahrschalter		
		15	Sifa Druckknopf		
8	Sifa-Meldelampe	16	Schauzeichen für Lüfter des Hauptumspanners und der Fahrmotoren (noch nicht eingebaut.)		
9	Regulierwiderstand für Instrumentenbeleuchtung				

BZA - Mü Dez 23	Anordnung der Bauteile im Führerraum-linke Eckwand	Blatt 66 / 1. Ausgabe, v. Okt. 1955	E 94

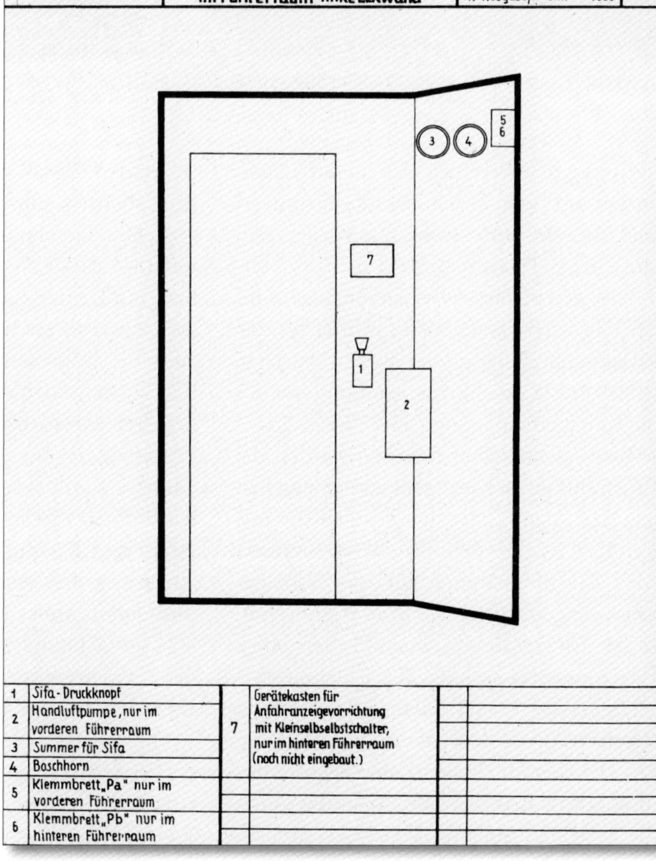

1	Sifa-Druckknopf	7	Gerätekasten für Anfahranzeigevorrichtung mit Kleinselbselbstschalter, nur im hinteren Führerraum (noch nicht eingebaut.)		
2	Handluftpumpe, nur im vorderen Führerraum				
3	Summer für Sifa				
4	Boschhorn				
5	Klemmbrett „Pa" nur im vorderen Führerraum				
6	Klemmbrett „Pb" nur im hinteren Führerraum				

◁ △ **Bilder 60 und 61** • Anordnung der Bauteile im Führerraum an der rechten Eckwand (links) und an der linken Eckwand (rechts). Abb. (2): BZA München, Slg. Brian Rampp

△ **Bild 62** • Fahrschalter-Handrad und Armaturen im Führerraum der im Jahr 1952 gelieferten **E 94 161**.
AUFNAHME: WERKFOTO AEG, SAMMLUNG THOMAS BORBE

die Teilströme vereinen sich an der Mittelanzapfung. Der anschließende Stromverlauf im Fahrmotorstromkreis ist der gleiche wie bei der Fahrstufe 1.

Die geschilderten Schaltvorgänge und Abläufe wiederholen sich zyklisch bis zur Hauptfahrstufe 18, auf der die Nockenschalter 17 und 18 geschlossen sind und bei der die Fahrmotorspannung 536,5 V beträgt.

Beim elektrischen Bremsen werden die Fahrmotoren in vier Stromkreise geschaltet. Nach dem Umstellen des Fahrtbremswenders in die Stellung „B" = Bremsen wird das Motortrennschütz des Fahrmotors 1 eingeschaltet. Die Motortrennschütze der Fahrmotoren 2 bis 6 bleiben offen. Das Motortrennschütz des Fahrmotors 1 schließt den ersten Stromkreis (Erregerstromkreis), in dem die Ständerwicklungen (Erregerwicklungen) aller sechs Fahrmotoren in Reihenschaltung an die durch die jeweilige Stellung des Nockenschaltwerkes und des Feinreglers festgelegte Anzapfung des Hauptumspanners angeschaltet werden. Das Nockenschaltwerk wird im Bremsbetrieb nur bis zur Zwischenstufe zwischen den Hauptfahrstufen 5 und 6 benutzt, so dass sich zehn Bremsstufen ergeben. Infolge der geringeren Erregerströme als beim Fahren sind beim Bremsbetrieb auch die Zwischenstufen als Dauerstufen beliebig lange benutzbar. Jeder der anderen drei Stromkreise besteht aus den mit einem Bremswiderstand in Reihe geschalteten Läufer-, Kompensations- und Wendepolwicklungen von je zwei Fahrmotoren, und zwar 1 und 2, 3 und 4 sowie 5 und 6. Durch Änderung der Spannung im Erregerkreis und damit Änderung des Stromes in den Ständerwicklungen der Fahrmotoren werden der Bremsstrom und mit ihm die Bremskraft verändert. Ein hoher Erregerstrom erzeugt in den Läuferwicklungen der Fahrmotoren einen hohen Bremsstrom, der in den Bremswiderständen in Wärme umgesetzt wird.

Der Bremsstrom ist auf max. 750 A je Fahrmotor begrenzt und wird am Fahrschalterpult auf den Führerständen mittels eines Strommessers überwacht. Bei einem geringen Erregerstrom, wenn die unteren Stufen des Nockenschaltwerkes benutzt werden, sind auch der Bremsstrom und die Bremskraft gering. Zur Gewährleistung einer guten Kommutierung der Fahrmotoren im Bremsbetrieb wird den in Reihe geschalteten Wendepolwicklungen von je zwei Fahrmotoren eine gemeinsame Drosselspule parallelgeschaltet. Übersteigt der Bremsstrom den Grenzwert von 750 A, dann muss auf die nächste niedere Bremsstufe zurückgeschaltet werden.

Beschleunigt sich der Zug danach weiterhin und der Bremsstrom steigt wieder und wird die gewünschte Fahrgeschwindigkeit überschritten, dann muss der Zug mit der Druckluftbremse weiter abgebremst werden. Um den Lokomotivführer auf das Erreichen der 750 A Bremsstrom ausreichend aufmerksam zu machen, ist außer dem erwähnten Strommesser noch eine akustische Signaleinrichtung vorgesehen. Ein einem Bremswiderstand parallelgeschaltetes Spannungsrelais spricht bei 750 A Bremsstrom an und verbindet ein Boschhorn auf jedem Führerstand mit der Batteriespannung von 24 V. Ertönt das Signalhorn, dann muss der Lokomotivführer die Bremse wie bereits beschrieben regeln und bedienen, um eine Überlastung der Widerstände zu vermeiden.

Für die Reglung der Zugkraft und Geschwindigkeit hat die Lokomotive eine handbetätigte Feinreglersteuerung. Der Fahrschalter auf jedem Führerstand besitzt ein um eine waagerechte Welle drehbares Handrad, mit dem über Zahnräder und Kettentriebe das Nockenschaltwerk und der Feinregler betätigt werden.

Am Fahrschalter befinden sich außerdem ein Stufenanzeiger, der die jeweilige Stellung (Fahrstufe) des Nockenschaltwerkes anzeigt, ein Ausschaltknopf für das Schnellausschalten des Steuerstromes und damit des Fahrmotorstromkreises und eine Schaltwalze zur Steuerung der Fahrtrichtungswender. Diese Schaltwalze ist so mit dem Nockenschaltwerk gegeneinander verriegelt, dass sie nur betätigt werden kann, wenn sich das Nockenschaltwerk in Nullstellung befindet. Andererseits wird das Handrad für die Betätigung des Nockenschaltwerkes erst mit der Welle des Antriebes gekuppelt, wenn sich die Schaltwalze in der Stellung „V" = vorwärts oder „R" = rückwärts befindet. Der Betätigungshebel für die Schaltwalze kann nur aufgesteckt werden, wenn sie sich in Nullstellung befindet. Das Drehen des Handrades zum Weiterschalten des Nockenschaltwerkes von einer Stufe zur nächsten soll langsam und stetig erfolgen. Auf den

Hauptfahrstufen kann das Nockenschaltwerk beliebig lange stehen bleiben und gefahren werden, auf den Zwischenstufen, wie bereits erwähnt, nur ca. 30 sec. Die Fahrstufen rasten durch Einfallen einer Rolle in die Raster einer auf der Handradwelle befestigten Rasterscheibe spürbar ein. Zu Beginn der Drehbewegung ist das Handrad mit einem Ruck aus der jeweiligen Raste zu drehen.

Zur Reduzierung der Fahrmotorspannung werden die Stufenschalter des Nockenschaltwerkes durch Zurückdrehen des Handrades in umgekehrter Reihenfolge geschaltet.

Für die Betätigung der Fahrtbremswender befindet sich auf jedem Führerstand eine Schaltwalze. Sie sind mit dem Nockenschaltwerk in gleicher Weise wie die für die Betätigung des Fahrtrichtungswender verriegelt. Sie können nur betätigt werden, wenn sich das Nockenschaltwerk in Nullstellung befindet. Außerdem muss die Schaltwalze für den Fahrtrichtungswender in der Stellung „V" stehen. Die Steuerspannung für die Betätigung der Fahrtrichtungs- und der Fahrtbremswender sowie der Motortrennschütze wird der 203-V-Anzapfung des Hauptumspanners entnommen. Mit dieser Spannung werden auch die Antriebsmotoren der Lüfter, der Ölpumpe und des Kompressors gespeist.

Im Maschinenraum der Lokomotive befindet sich ein **Prüfumschalter** (Schuppen-Strecken-Schalter) mit den Betriebsstellungen „Strecke" und „Schuppen". In der ersten Stellung sind die vorgenannten Stromkreise mit der 203-V-Anzapfung des Hauptumspanners verbunden. Für die Prüfung dieser Stromkreise ohne hochspannungsseitige Einspeisung über den Hauptumspanner werden diese in der Stellung „Schuppen" mit zwei an den Außenseiten der Lokomotive unter dem Lokomotivkasten angeordneten Steckdosen zur Einspeisung mit der Schuppenspannungs-Prüfanlage verbunden. Die Steuerstromleitung führt vom Prüfumschalter über den Steuerstromkontakt der **Sicherheitsfahrschaltung** (SIFA), der geschlossen ist, wenn die durchgehende Bremsleitung mit Druckluft gefüllt ist. Er bleibt so lange geschlossen, wie die Druckluft in der Leitung einen Druck von mindestens 3,2 kp/cm^2 hat und die Betätigungsspule der SIFA von der Batterie gespeist wird. Letzteres erfolgt, wenn vom Lokomotivführer oder vom Beimann im jeweils benutzten Führerstand entweder der am Fahrschalter befindliche Fußkontakt oder einer der drei Druckknöpfe von Hand niedergedrückt wird. Ist durch Loslassen eines der Kontakte keiner mehr geschlossen und dadurch die Betätigungsspule der SIFA spannungslos, so schließt sich nach ca. 75 m Fahrweg zunächst ein Kontakt an der SIFA, durch den ein parallelgeschalteter, ebenfalls von der Batterie gespeister Summer in Tätigkeit gesetzt wird. Bleiben die Kontakte im besetzten Führerstand noch über weitere 75 m offen, so wird der Steuerstromkontakt der SIFA geöffnet und dadurch das Ausschalten der Motortrennschütze bewirkt. Außerdem wird aus der durchgehenden Bremsleitung die Druckluft herausgelassen und dadurch die Druckluftbremse des Zuges bzw. der alleinfahrenden Lokomotive betätigt. Für diese Betriebsart der Sicherheitsfahrschaltung muss sich der Handgriff am SIFA-Kasten, links außen unter dem Lokomotivkasten, in der Stellung „1-Mann" befinden.

Soll die Lokomotive ohne Besetzung mit Personal in einem Zuge mitbefördert werden, so ist der Handgriff am SIFA-Kasten in die Stellung „0-Mann" zu bringen. Dadurch wird der Steuerstromkontakt der SIFA geöffnet und die Lokomotive kann von den Fahrschaltern aus nicht mehr gesteuert werden. Durch die Hebelbewegung wird gleichzeitig die durchgehende Bremsleitung von dem durch die SIFA gesteuertem Luftablassventil abgeschlossen, so dass die Lokomotive im Zugverband wie ein Wagen abgebremst werden kann. Bei schadhafter SIFA ist der Handgriff ebenfalls in die Stellung „0-Mann" zu bringen, wenn die Lokomotive weiter in Betrieb bleiben soll. Anschließend sind die Störungsschalter auf jedem Führerstand nach Aufreißen der Plombe in die Störungsstellung zu bringen. Dadurch wird der unterbrochene Steuerstromkontakt der SIFA überbrückt und die Lokomotive kann ohne Wirksamkeit der SIFA wieder von beiden Führerständen aus bedient werden.

Hilfseinrichtungen

1. Schutzrelais

Das **Nullspannungsrelais** bewirkt beim Ausbleiben der Fahrleitungsspannung oder ihr Absinken unter einen festgelegten Minimalwert das Ausschalten des Hauptschalters. Es gibt zwei Ausführungen des Relais:

a) bei Lokomotiven mit AEG-Druckgasschalter:
Vom Drehpunkt 3 des Prüfumschalters führt eine Leitung über die Hilfskontakte 3 … 3a am Druckgasschalter zu der Primärspule eines Kleinumspanners. An die Sekundärwicklung dieses Kleinumspanners ist über einen kleinen Gleichrichter ein Nullspannungsrelais angeschlossen. Ist die Leitung 3a unter Spannung, d. h. ist der Hauptschalter ganz eingeschaltet, dann ist der Magnet des Nullspannungsrelais angezogen und der Kontakt 51-61a unterbrochen. Das Zeitrelais kann nicht in Tätigkeit treten. Wird die Leitung 3a spannungslos, sei es, dass die Oberleitungsspannung wegbleibt, oder sei es, dass der Druckgasschalter aus irgendeinem Grunde nicht ganz eingeschaltet hat, so schließt das Nullspannungsrelais den Kontakt 51-61a. Über diesen Kontakt wird dann vom Sammler Punkt 51 aus die Spule des Zeitrelais über den bereits eingeschalteten Kontakt 62-149 des Druckgasschalters eingeschaltet. Nach Ablauf der eingeschalteten Zeit schließt das Zeitrelais seinen Kontakt 51-54 und legt dadurch den Ausschaltmagneten 54-62 über den Kontakt 62-149 am Druckgasschalter an Spannung. Der Ausschaltmagnet zieht also an und schaltet entweder den ganz- oder nur teilweise eingeschalteten Druckgasschalter aus.

b) bei Lokomotiven mit SSW-Expansionsschalter:
Im Gegensatz zur Ausführung mit Druckgasschalter wird bei der Ausführung mit Expansionsschalter das Nullspannungsrelais, das mit 5 sec Verzögerung arbeitet, vom Oberspannungswandler gespeist. Von der Klemme 202 des Oberspannungswandlers fließt der Strom über die Spule des Nullspannungsrelais unmittelbar zur Erde. Beim Abfallen des Kerns des Nullspannungsrelais (bei 7 kV Fahrdrahtspannung) wird über den Kontakt 51a-63 und über die Spule 63-54 des Schauzeichens des Nullspannungsrelais die Spule 54-62 des Spannungsauslösers an die Sammlerspannung gelegt und der Stromkreis über den Hilfskontakt 62-149 am Hauptschalter geschlossen. Durch Ansprechen des Spannungsauslösers wird der Expansionsschalter ausgeschaltet.
Für das Einschalten der Hauptschalter von Hand, auch im spannungslosen Zustand, u. a. zur Prüfung der Leichtgängigkeit, haben die Hauptschalter eine Nullspannungsverriegelung. Durch sie wird der Ausschaltimpuls des Nullspannungsrelais wirkungslos gemacht.
Das **Feinreglerrelais** ist ein Überstromrelais, das bei zu hohem Strom im Erregerkreis des Feinreglers den Ausschaltmagneten des Druckgasschalters oder den Spannungsauslöser des Expansionsschalters zum Ansprechen bringt und das Ausschalten des Hauptschalters bewirkt. Es wird von einem vor dem Spannungsteiler des Feinreglers geschalteten Stromwandler gespeist.
Das **Erdstromrelais** liegt an einem Erdstromwandler, der als Sonder-Strom-

wandler mit drei Durchführungsschienen ausgeführt ist. Mittels der drei Schienen werden die Ströme, die den Erdstromwandler betriebsmäßig belasten, kompensiert. Es sind dies der Hochspannungsstrom und der Heizstrom, beide Ströme werden mit Hilfe der drei Schienen so geleitet, dass sie auf ihrem Wege jeweils zweimal durch den Erdstromwandler fließen, und zwar das zweite Mal im entgegengesetzten Sinne wie beim ersten Durchfluss. Diese Ströme heben sich also in ihrer Wirkung auf den Erdstromwandler und das angeschlossene Relais auf. Diese Anordnung ermöglicht eine feine Einstellung des Erdstromrelais, so dass dasselbe schon bei geringen Erdströmen anspricht. Die Auslösung des Hauptschalters erfolgt gleich wie beim Feinreglerrelais.

Werden die Hilfsbetriebe beim Prüfen im Schuppen von den Prüfdosen her mit Spannung versehen, dann fließen die entsprechenden Ströme zwar zum To-Punkt des Umspanners zurück, aber nicht über den Umspanner, sondern über Erde. Das hat zur Folge, dass beim Prüfen im Schuppen das Erdstromrelais anspricht und sich verklinkt, ferner die Relaisspule weiter dauernd stromdurchflossen ist, solange der Prüfvorgang anhält. Zum Schutz der Spule wurde deshalb am Relais das zusätzliche Kontaktpaar 272-E1 vorgesehen, das nach dem Ansprechen des Relais die Spule überbrückt. Der Stromwandler ist so bemessen, dass er die auftretenden Prüfströme, die durch ihn zur Erde fließen, schadlos verträgt. Ferner wurde am Prüfumschalter ein Schild mit der Aufschrift „Achtung! Erdstromrelais prüfen!" angebracht, das den Lokomotivführer darauf aufmerksam macht, dass das Erdstromrelais nach dem Umschalten des Prüfumschalters von „Schuppen" auf „Strecke" durch Druck auf die Rücktaste wieder in Bereitschaftsstellung gebracht wird.

Ein Stromwandler im Stromkreis der elektrischen Zugheizung speist sekundär ein **Heizstromrelais**, das bei Überstrom anspricht und in gleicher Weise wie das Feinreglerrelais das Ausschalten des Hauptschalters bewirkt.

2. Messeinrichtungen

Während des Betriebs der Lokomotive sind auf jedem Führerstand an Messinstrumenten ständig ablesbar:

a) Die **Fahrleitungsspannung**. Sie wird über den Spannungswandler im Lokomotivdach 15.000/150 V ohne Vorschaltwiderstand den Spannungsmessern auf den Führerständen zugeführt und auch bei geöffnetem Hauptschalter gemessen.

b) Der der **Fahrleitung entnommene Strom**. Die Strommesser auf den Führerständen speist der Stromwandler zwischen der Hoch- und Niederspannungswicklung des Hauptumspanners.

c) Der **Motorstrom** der je Drehgestell parallelgeschalteten drei Fahrmotoren mit zwei Strommessern je Führerstand. Sie werden von den im Fahrmotorstromkreis nach der Mittelanzapfung der Stromteilerwicklung des Zusatzumspanners angeordneten Messstromwandlern gespeist. Jedem Wert des Fahrmotorstromes entspricht ein bestimmter Wert der Zugkraft am Radumfang. Deshalb sind die entsprechenden Zugkraftwerte auf den Strommessern mit angegeben.

d) Den **Motorstrom im Bremsbetrieb**. Je ein Strommesser für den Bremsstrom auf jedem Führerstand wird von einem Stromwandler im Bremsstromkreis der Fahrmotoren 1 und 2 gespeist. Die Stromwerte über der Grenze von 750 A sind rosa unterlegt, die unter 750 A weiß.

e) Die **Zugheizungsspannung**. Ein Spannungswandler im Heizstromkreis speist den mit Vorwiderstand ausgerüsteten Spannungsmesser auf jedem Führerstand.

f) Die **Zwischenfahrstufen** und **Hauptfahrstufen** des Feinreglers. Ein Spannungsmesser auf jedem Führerstand wird durch Schalter am Nockenschaltwerk wechselweise an zwei verschiedene Spannungen geschaltet, an 123 V bei den Zwischen- und an 246,5 V bei den Hauptfahrstufen. Die Skala der Spannungsmesser ist bei halbem Ausschlag mit „1/2" und bei Vollausschlag mit „Voll" markiert. Ein Schild über diesem Spannungsmesser weist den Lokomotivführer nochmals darauf hin, dass auf den Zwischenfahrstufen nicht länger als max. 30 sec gefahren werden darf.

g) Die **Fahrgeschwindigkeit**. Sie wird auf jedem Führerstand mit einem Geschwindigkeitsmesser Bauart Deuta, angetrieben über eine Gliederwelle von einer Treibachse aus, gemessen. Die Skala des Messgerätes hat eine doppelte Teilung. Außen kann die Fahrgeschwindigkeit und innen die bei bestimmten Geschwindigkeiten höchstzulässigen Zugkräfte für die Fahrmotoren eines Drehgestelles abgelesen werden. Durch Vergleich mit den auf den Strommessern der Fahrmotoren angezeigten wirksamen Zugkräften lässt sich feststellen, ob eine Zugkrafterhöhung durch Aufschalten des Nockenschaltwerkes ohne Überlastung der Motoren erfolgen kann.

h) Den **Luftdruck** in den Hauptluftbehältern und in der Hauptluftleitung durch einen Doppeldruckmesser auf jedem Führerstand und ebenfalls durch einen Doppeldruckmesser den Druck in den Bremszylindern jedes Drehgestells.

3. Lüfter und Ölpumpe

Für die Kühlung von Aggregaten der Lokomotive sind folgende Lüfter vorhanden:

a) **Umspannerlüfter**. Der Lüftersatz besteht aus einem 18,5-kW-Wechselstrom-Reihenschlussmotor für 200 V, 16 2/3 Hz. Auf seiner Läuferwelle sind beiderseitig je ein Schleuderrad aufgesetzt und seine Lagerschilde mit den Lüftergehäusen verschraubt. Jeder Lüfter fördert bei 1.800 U/min 150 m^3/min gegen 110 mm WS(Wassersäule).

b) **Bremswiderstandslüfter**. Eine Hälfte der Bremswiderstände wird durch die Umspannerabluft gekühlt. Für die Kühlung der anderen Hälfte ist ein Lüftersatz vorhanden. Ein Doppellüfter gleichen Aufbaus wie der Umspannerlüfter wird von einem 7-kW-Wechselstrom-Reihenschlussmotor für 200 V, 16 2/3 Hz angetrieben und fördert bei 1.800 U/min 125 m^3 gegen 30 mm WS.

c) **Fahrmotorlüfter**. Je zwei Fahrmotoren werden durch einen Doppellüfter gleichen Aufbaus wie der Umspannerlüfter gekühlt. Der Lüfter für die Fahrmotoren 1 und 2 befindet sich im vorderen Vorbau, der für die Fahrmotoren 5 und 6 im hinteren Vorbau und der für die Fahrmotoren 3 und 4 im vorderen Teil des Maschinenraumes. Der Antriebsmotor hat ebenfalls eine Leistung von 18,5 kW und jeder Lüfter fördert bei 1.800 U/min 125 m^3/min gegen 165 mm WS.

d) **Zusatzumspannerlüfter**. Der Lüftersatz besteht aus einem Motor für 200 V. Auf dessen Ankerwelle sitzt ein Lüfterrad. Das Lüftergehäuse ist auf der Grundplatte befestigt, auf der auch der Motor sitzt. Bei 1.800 U/min fördert der Lüfter 50 m^3/min gegen 30 mm WS.

Allen Lüftern ist ein Anlasswiderstand vorgeschaltet, sowohl beim Einschalten mittels Handschalter auf den Führerständen, als auch beim Einschalten mit Fahrstufe 4 des Nockenschaltwerkes. Für den Bremswiderstandslüfter ist kein Handschalter vorhanden. Die zweistufigen Handschalter dienen zum Einschalten des Umspannerlüfters und der Fahrmotorlüfter bei Stillstand der Lokomotive sowie bei Fahrt auf den Fahrstufen 1 bis 3 1/2. Durch einen im

△ **Bild 63** • Lüftersatz für die Bremswiderstände. AUFN.: WERKFOTO AEG, SLG. THOMAS BORBE

△ **Bild 64** • Sandkästen und Sandfallrohre der Baureihe 194. AUFNAHME: BRIAN RAMPP

Maschinenraum befindlichen Umschalter können diese Lüfter auf Sommer- oder Winterbetrieb geschaltet werden. Beim Winterbetrieb wird die Betriebsspannung von 203 V auf 116 V reduziert. Der Bremswiderstandslüfter wird beim Einstellen des Fahr-Bremswenders auf Bremsschaltung eingeschaltet und der in Winterschaltung befindliche Umspannerlüfter wird an die volle Betriebsspannung geschaltet, damit die volle Kühlung der Bremswiderstände gewährleistet ist.

Beim Vorheizen eines Zuges durch die stehende Lokomotive im Winter ist nur die Kühlung des Hauptumspanners erforderlich, weil die Fahrmotoren nicht in Betrieb sind. Demzufolge ist die Steuerstromschaltung im Winterbetrieb so ausgebildet, dass bei Nullstellung der Walze für die Fahrtrichtungswender auf beiden Führerständen beim Einschalten eines Handschalters für die Lüfter in Stufe 1 nur der Umspannerlüfter eingeschaltet wird und mit 116 V läuft.

Eine **Ölpumpe** bewirkt den Umlauf des zu kühlenden Öls des Hauptumspanners. Sie wird von einem 3,6-kW-Wechselstrom-Reihenschlussmotor angetrieben. Wird der Hauptumspanner durch den Hauptschalter hochspannungsseitig eingeschaltet und steht der Prüfumschalter auf „Strecke", läuft über einen Anlasswiderstand der Ölpumpenmotor an. Erreicht mit zunehmender Drehzahl der Motor eine bestimmte Läuferspannung, so wird durch ein Schütz der Anlasswiderstand kurzgeschlossen und der Ölpumpenmotor liegt an der vollen Betriebsspannung von 203 V.

4. Drucklufteinrichtung

Die für den Betrieb der Lokomotive erforderliche Druckluft wird durch einen zweistufigen Kompressor erzeugt, der durch einen 13-kW-Wechselstrom-Reihenschlussmotor angetrieben wird und bei 200 U/min 90 m^3/h gegen 10 kp/cm^2 Druckluft erzeugt. Kompressor und Antriebsmotor sind unter Zwischenschaltung eines Zahnradgetriebes zu einem Aggregat vereinigt.

Zwischen den beiden Druckstufen wird die Luft in einem Zwischenkühler abgekühlt. Die erzeugte Druckluft wird in mehreren Luftbehältern aufgespeichert, mit denen ein Druckwächter in Verbindung steht. Dieser besteht aus einem Schalter, der durch einen Druckluftkolben, gedämpft durch eine Ölbremse, geöffnet wird und damit das Pumpenschütz öffnet, sobald der Druck 10 kg/cm^2 erreicht hat, und der selbsttätig das Schütz für den Luftpumpenmotor wieder schließt, sobald der Druck unter 8 1/2 kg/cm^2 gesunken ist.

Durch einen Abschlusshahn kann der Druckwächter außer Betrieb gesetzt werden. Der Kompressormotor wird mit 203 V, 16 2/3 Hz betrieben. Das Einschalten erfolgt über einen Vorwiderstand. Dazu hat das Schütz zwei Kontakte. Der erste schaltet den Motor über den Vorwiderstand an die genannte Betriebsspannung, der zweite schließt kurz darauf den Vorwiderstand kurz. Der Antriebsmotor des Kompressors kann auch von jedem Führerstand aus durch einen Handschalter ein- und ausgeschaltet werden. Der Schalter hat die drei Betriebsstellungen „Aus", „Druckwächter kurzgeschlossen" und „Ein".

Mit der vom Kompressor erzeugten Druckluft werden betätigt:

a) Die **Knorr-Einkammer-Druckluftbremse mit Zusatzbremse** (Kzbr).
Die Räder jeder angetriebenen Achse werden einseitig durch etwas unter der Radmitte angeordnete Bremsklötze mit geteilten Bremssohlen abgebremst. Zur Betätigung der Bremse befinden sich in jedem Drehgestell zwei 14"Bremszylinder mit einem Hub von 220 mm. Bei einer Betriebsbremse beträgt die Abbremsung mit 100 mm Bremszylinderhub 91 %, mit Zusatzbremse bei 4 kp/cm^2 99 % der ruhenden Achsmasse.
In jedem Führerraum befinden sich ein Führerbremsventil, ein Ventil für die Zusatzbremse, ein Ackermann-Notbremsventil und zwei Auslöseventile, jeweils eins für jedes Drehgestell. Die Bremsanlage jedes Drehgestells ist mit einem elektropneumatischem Bremsabstellventil ausgerüstet. Durch dieses wird verhindert, dass bei eingeschalteter elektrischer Bremse die Lokomotive mit Druckluft gebremst und damit überbremst wird. Im allgemeinen können der Zug mit der Druckluftbremse und die Lokomotive gleichzeitig mit der elektrischen Bremse gebremst werden, sofern der Druck in der Hauptluftleitung nicht unter 2,5 kp/cm^2 sinkt. Wird bei eingeschalteter elektrischer Bremse mit der Druckluftbremse eine Schnellbremsung oder vom Zug aus eine Notbremsung durchgeführt wird die elektrische Bremse abgeschaltet. Das Gleiche geschieht, wenn Druck in der Hauptluftleitung unter 2,5 kp/cm^2 fällt.
Mit der Druckluft-Zusatzbremse werden die Bremszylinder direkt mit Druckluft beaufschlagt. Ein Druckschalter in der Zusatzbremsleitung schaltet bei Betrieb der elektrischen Bremse diese ab, wenn durch die zusätzliche Betätigung der Zusatzbremse der Druck in den Bremszylindern über 2,5 kp/cm^2 ansteigt.
Zum Nachstellen des Bremsgestänges jedes Drehgestells befinden sich an geeigneter Stelle Spannschlösser.

b) Die **Antriebe der Stromabnehmer und des Hauptschalters**.
Mit dem Führerbügelventil in jedem Führerraum wird die Druckluftleitung zwischen den 100-l-Hilfsluftbehältern und den Antriebszylindern verbunden oder zur Außenluft geöffnet. Das Ventil hat die fünf Betriebsstellungen:

„Abschluss“, „Bügel nieder“, „Hauptschalter aus“, „Bügel hoch“ und „Hauptschalter ein“. Bei der Stellung „Hauptschalter aus“ wird keine Luftleitung verbunden, sondern der Auslösestromkreis für den Hauptschalter geschlossen (d. h. der Hauptschalter elektrisch ausgeschaltet).

Für die Betätigung der Stromabnehmer befindet sich im vorderen Führerraum noch ein **Bügeleinstellventil**. An ihm sind folgende Leitungen angeschlossen:

- je eine Leitung zu jedem Stromabnehmer;
- eine Leitung zur Handluftpumpe (zum Hochpumpen der Bügel, wenn der Druck im Luftbehälter zu weit abgesunken ist);
- eine Verbindungsleitung zu den Führerbügelventilen.

Es hat einen festen und einen abnehmbaren Betätigungsgriff. Mit dem festen Griff können die Stellungen „Handpumpe“ (nach unten) oder „Motorpumpe“ (nach oben), mit dem abnehmbaren Griff die Stellungen „Ein Bügel hoch“ (wahlweise), „Beide Bügel hoch“ oder „Beide Bügel nieder“ eingestellt werden.

c) Die **Besandungseinrichtung**.

Die Lokomotive hat Pressluft-Sandstreuer mit saugenden Düsen und hochdurchgeführten Luftentnahmerohren in den Sandkästen. Auf jedem Führerstand befindet sich zur Sandung der Räder in der jeweiligen Fahrtrichtung ein Anstellhahn mit zwei Arbeitsstellungen. In der ersten Stellung werden nur die Räder der vorauslaufenden Treibachse, in der zweiten alle sechs Treibachsen gesandet. Der Sand befindet sich in acht doppelten und acht einfachen Gusssandkästen. Die einfachen Sandkästen an den Lokomotivenden, die am häufigsten zum Sanden benutzt werden, haben einen Inhalt von 50 l, die doppelten Sandkästen einen von 36 l und die einfachen Sandkästen in der Lokomotive einen von 25 l. In jedem Sandkasten sind zwei leicht ein- und ausbaubare Holzroste angeordnet, durch die der Druck des Sandes auf die untenliegende Austrittsöffnung reduziert und das Festbacken des Sandes weitgehend verhindert wird. Zur Einschränkung der Verkrustung der Sandstreurohre haben diese an ihren Austrittsenden Sandstreuschuhe.

d) Die **Luftpfeifen**.

Auf dem Lokomotivdach über jedem Führerstand befindet sich auf der Lokomotivführerseite eine Luftpfeife, die durch ein Ventil mit vertikal zu bewegendem Hebelgriff an der rechten Seitenwand des Führerstandes in Tätigkeit gesetzt wird. Durch einen Absperrhahn kann bei etwaigem Versagen des Ventils die Luftzufuhr zur Pfeife abgesperrt werden.

e) Die **Fahrtrichtungswender und die Fahrtbremswender**.

f) Das **Anlassschütz für den Luftkompressor**.

g) Die **Schütze für die elektrische Zugheizung**.

Die Lokomotiven mit einer elektrischen Ausrüstung der AEG haben für das Einschalten des Druckgasschalters bei der Inbetriebsetzung der Lokomotive einen Hilfskompressor. Er wird benutzt, wenn der Druck in den Hauptluftbehältern weniger als 7 kp/cm^2 beträgt. Der Kompressor wird von einem 450-W-Gleichstrommotor angetrieben und über einen Vorwiderstand von der 24-V-Batterie gespeist. Er erzeugt 30 l/min Druckluft bei 10 kp/cm^2. Durch einen Paketschalter im Maschinenraum am Gerüst für das Betätigungsventil des Hauptschalters wird der Antriebsmotor ein- und ausgeschaltet.

5. Beleuchtung der Lokomotive, Fensterwischer und Klarsichtscheiben.

Die Signallaternen (Scheinwerfer) der E 94 001–062 hatten an der Rückseite eine Tasche für die rote Vorsteckscheibe. Wahrscheinlich ab E 94 063 kamen Signallaternen mit vorschwenkbarem rotem Signalglas zu Einbau, betätigt mit einem Handgriff außen am Gehäuse. Die Innenraumbeleuchtung der Lokomotive und die Signallaternen werden mit einer Gleichspannung von 24 V betrieben. Ein Hilfsumspanner und ein Gleichrichter befinden sich im vorderen Gerätegerüst. Im Gerätegerüst II am Maschinenraumseitengang sind drei Paketschalter und ein Batteriespannungsmesser angeordnet. Mit einem Schalter wird der Hilfsumspanner ein- und ausgeschaltet, der zweite dient als Schalter für den Gleichrichter und der dritte als Hauptschalter für die gesamte Beleuchtung. Für die einzelnen Beleuchtungsstromkreise sind noch Kleinselbstschalter in Schalttafeln an jeder Führerstandsrückwand vorhanden. Die Signallaternen können durch Vorschalten eines Widerstandes auf verminderte Lichtabgabe geschaltet werden.

Die seitlichen Stirnfrontfenster der Führerstände haben elektrisch beheizte Klarsichtscheiben und einen elektrisch betriebenen Fensterwischer. Sein Motor wird mit 24 V Gleichspannung gespeist und über einen Kleinselbstschalter auf der Beleuchtungsschalttafel sowie einen nachgeschalteten kleinen Kippschalter an der Führerstandsstirnwand ein- und ausgeschaltet.

Die Klarsichtscheiben werden vom Hilfsumspanner mit 24 V Wechselspannung gespeist und ebenfalls über einen Kleinselbstschalter auf der Beleuchtungsschalttafel und einen nachgeschalteten zweipoligen Kippschalter an der Führerstandsstirnwand ein- und ausgeschaltet.

6. Heizung

Für die Heizung der Führerstände sind zwei 1,6-kW-Heizkörper installiert, die durch zwei Kleinselbstschalter an den Beleuchtungsschalttafeln der Führerstände ein- und ausgeschaltet werden. Der an der jeweiligen Führerstandsrückwand befindliche Heizkörper ist als Wärmeschrank für Speisen und Getränke ausgebildet.

Für die elektrische Zugheizung hat der Hauptumspanner niederspannungsseitig zwei Anzapfungen mit folgenden Heizleistungen: Bei 1.000 V 400 kW und bei 800 V 250 kW. Die Heizspannung von 1.000 V dient vorrangig zum Anheizen der Züge im Stillstand.

Die Verbindung der Heizleitungen mit den Anzapfungen des Hauptumspanners erfolgt durch zwei elektropneumatische Schütze, die so gegeneinander verriegelt sind, dass ein Schütz nur eingeschaltet werden kann, wenn das andere ausgeschaltet ist. Eingeschaltet werden die Schütze durch einen Heizungsschalter im Fahrschaltertisch auf jedem Führerstand, nachdem der Kleinselbstschalter für die 24 V Gleichspannung auf der Beleuchtungsschalttafel des hinteren Führerstandes eingeschaltet ist.

Jeder Heizungsschalter hat zwei Schaltstufen mit je einer Vorstufe. Auf der Vorstufe wird das betreffende Heizschütz eingeschaltet. Beim Weiterschalten auf die Hauptschaltstufe wird die Vorstufe wieder ausgeschaltet und das Schütz hält sich in dieser Schaltstellung über einen Selbsthaltekontakt. Die Rückleitung des 24-V-Steuerstromes führt von den Heizschützen über einen Hilfskontakt am Hauptschalter der Lokomotive. Wird dieser ausgeschaltet, dann schaltet das jeweils eingeschaltete Heizschütz ab. Es wird beim Wiedereinschalten des Hauptschalters jedoch nicht wieder selbsttätig mit eingeschaltet, sondern muss wieder mittels des Heizungsschalters von Hand über die Vorstufe zur Hauptstufe eingeschaltet werden.

Der Heizstrom fließt von einer der Anzapfungen des Hauptumspanners über den Erdstromwandler, das jeweils eingeschaltete Heizungsschütz, durch den Heizstromwandler zu den Heizkupplungen an den Stirnwänden der Lokomotive und

△ **Bild 65** • Handrad für die Handbremse, dahinter der Wärmeschrank für das Warmhalten der Verpflegung des Lokführers. Aufnahme: Werkfoto AEG, Slg. Thomas Borbe

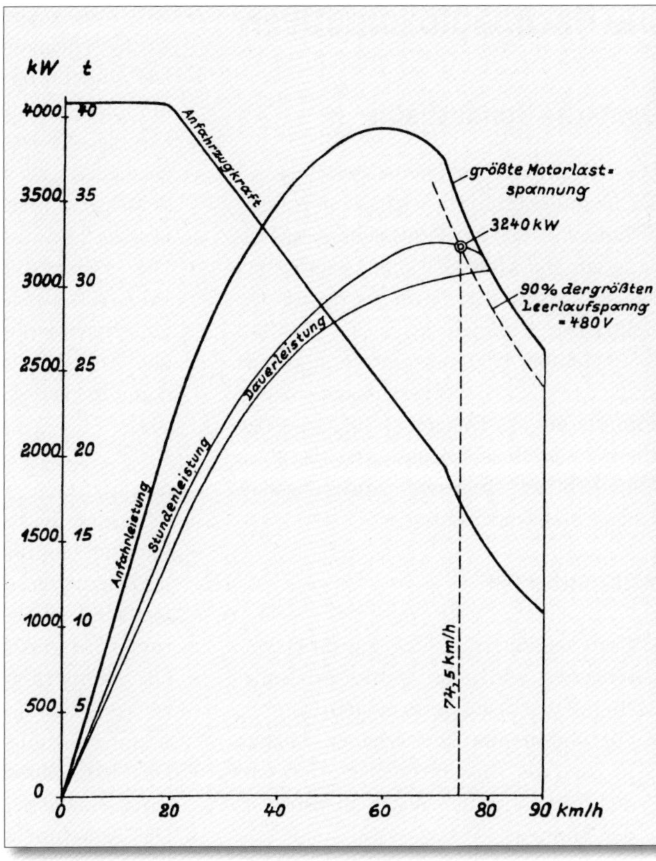

△ **Bild 66** • Leistungs-Geschwindigkeits-Diagramm der Baureihe E 94.
Abbildung: BZA München, Sammlung Brian Rampp

von da in die Heizleitung des Zuges. Der Heizstromwandler speist sekundärseitig das Überstromrelais für die Heizung, das bei Überstrom in der Heizleitung die Ausschaltung des Hauptschalters bewirkt. Mit einem Spannungsmesser auf jedem Führerstand wird die anliegende Heizspannung über den bereits erwähnten Spannungswandler gemessen.

7. Handbremse

An der Rückwand jedes Führerstandes ist ein Handrad mit umlegbarem Handgriff für die Betätigung der Spindel-Handbremse angeordnet. Mit ihr können die drei angetriebenen Achsen des unter dem Führerstand befindlichen Drehgestells bis zu 3,4 % d. h. 17,2 % der Lokomotivmasse abgebremst werden.

8. Anfahrleuchte

Beim sicheren Anfahren schwerer Güterzüge kam es bei der leistungsstarken E 94 auf das Können des Lokomotivführers an. Das weitere Hochschalten nach der ersten Fahrstufe durfte nur erfolgen, wenn sich die Lokomotive bewegt. Ansonsten drohten Motorschäden. Bei nassen Schienen oder Dunkelheit war das Risiko besonders hoch.

Aus diesem Grund erhielten ab E 94 001 alle gebauten Maschinen zwei drehbare Anfahrleuchten, je eine in Fahrtrichtung rechts vorne seitlich außen am Führerhaus, mit der der Lokführer auf das Schotterbett leuchten konnte, um zu sehen, ob sich die Lokomotive bewegt. Die Leuchte konnte durch das geöffnete Fenster oder die offene Tür bedient werden. Ersteinbau und Erprobung erfolgte bereits ab 1935 bei E 93 03 bis E 93 18, sie besaßen den Scheinwerfertyp Bosch TP 100. Auch die 1936 in Dienst gestellten vier E 244 besaßen diese Einrichtung mit dem Bosch-Scheinwerfer (heute noch zu sehen an der Museumslokomotive E 244 31). Bei E 94 001 und E 94 002 war derselbe Typ verbaut, ab E 94 003 dann der Typ 861 K der Firma Hella („Hella-Leuchte“). Die Museumslokomotive E 94 056 besitzt diese noch heute.

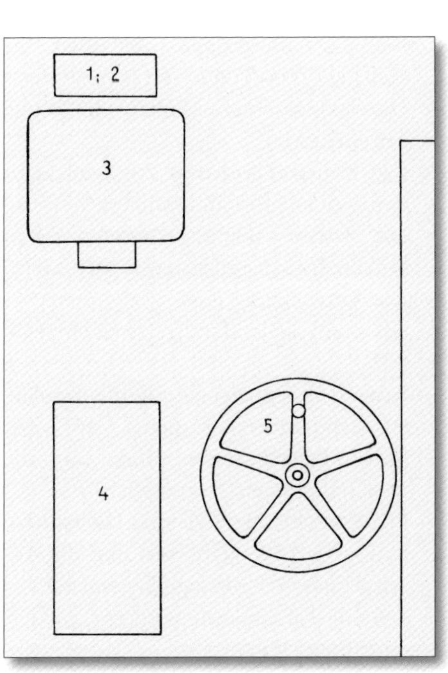

◁ **Bild 67**
Anordnung der Bauteile an der Rückwand im Führerraum.

Legenden:
1 und 2: Klemmbretter (nur Führerraum vorn)
3: Beleuchtungsschalttafel
4: Wärmeschrank,
5: Handbremse

Abbildung: BZA München, Sammlung Brian Rampp

△ **Bild 68** • Anfahrlampe an der E 94 056 in Leipzig Hbf im Jahr 2024. Diese ist heute die einzige noch an einer E 94 beidseits vorhandene Lampe.
Aufnahme: Helmut Linke

Die Nachbaulokomotiven

Deutsche Bundesbahn

Die bei der DB in Dienst gestellten 43 Nachbaulokomotiven wichen in einigen Details von der herkömmlichen Ausführung ab. Die Modifikationen wurden bei der 6. Tagung des Fachausschusses für elektrische Triebfahrzeuge am 9. und 10. September 1952 in München diskutiert und der HVB vorgeschlagen. Diese stimmte am 22. Dezember 1952 zu (Zeichen: 25.252 Faal 13) und wies das BZA München an, folgende Änderungsvorschläge zu berücksichtigen:

Mechanischer Teil

- Zur Verringerung des Spurkranzverschleißes wird die Spurkranzschmierung Bauart De Limon eingebaut.
- Die Rahmenwangen erhalten Löcher, so dass die Ausgleichhebelbolzen von der Innenseite her ausgeschlagen werden können.
- Die Kühlölführung und das Isolationsmaterial des Trafos werden verbessert.
- Die Verwendung eines besser geeigneten Führersitzes.
- Die Trafo-Befestigungs-Schrauben sind gegen Herausspringen durch einen Splint gesichert.
- Der Ausbau des Trafo-Lüfters wird durch Vergrößern der abnehmbaren Seitenwand erleichtert.
- Um die untere Drehzapfenmutter leichter lösen zu können, wird der Drehzapfen verlängert.
- Damit sich die Zughakenfeder leichter ausbauen lässt, werden Luftleitungen anders als bisher verlegt.
- Um die Zugänglichkeit bei Ausbesserungsarbeiten zu verbessern, werden die vorderen Vorbauhauben stirnseitig mit zwei, jeweils nach rechts versetzten Wartungstüren ohne Lüftungsschlitze versehen.
- Um die Kühlung des Kompressors zu verbessern, erhalten die hinteren Vorbauhauben stirnseitig zwei, jeweils nach rechts versetzte Wartungstüren mit Lüftungsschlitzen (außer bei E 94 270 und 271). Der Kompressormotor ist durch ein Abweisblech vor Nässe geschützt.
- Die Befestigung der Vorhauben wird in der bei der E 44 bewährten Form ausgeführt.
- Die Befestigung der Motorlüfterschächte bei Motor 2 und 5 wird verbessert.
- Die Abschlussflansche der Aluminiumkanäle erhalten eine Auflage aus Stahlblech.
- Der Werkzeugschrank im Vorbau 2 wird weggelassen, da er entbehrlich ist.
- Die Abdichtung des Führerraumes wird, um Zugluft fernzuhalten, verbessert.
- Um das Verlegen der Ölleitungen zu vermeiden, ist statt der Tropföler eine bewährte mechanisch angetriebene Druckschmierung vorgesehen.
- Die Sichtverhältnisse bei sitzender Fahrweise werden durch einen geeigneten verstellbaren Sitz verbessert.
- Die Bodenlücken werden vergrößert, damit die Faltenbälge besser zugänglich sind.
- Um das Einarbeiten der Federbunde in den Rahmen zu vermeiden, werden Verschleißplatten angebracht.
- Für den Feuerlöscher wird ein geeigneter Platz vorgesehen.
- Der Schwenkbereich der Zughakenführung wird um 25 mm vergrößert.
- Die Schmierung der Stützzylinder wird verbessert und an die zentrale Druckschmierung angeschlossen.
- Das Schließblech am Führerstandstürstock wird abnehmbar gemacht.
- Das Abnehmen des Mitteldaches wird durch Verwendung geeigneter Kloben und Führungsstücke vereinfacht.
- Die Scharniere an den Seitentüren der Vorbaudächer werden verstärkt. Die Vorbaudächer erhalten vier Kranhaken an Stelle von drei.
- Der Drehverschluss am Batteriekasten wird stärker ausgeführt.
- Die Sandkastendeckel werden ohne Verschluss ausgeführt.
- Die Nachspannung der Ketten des Handantriebes der Steuerung wird nachgeprüft.
- Der Bremslüftermotor wird auf Schwingmetall gestellt.

Bremse

- Die Sonderbehälter für elektrische Ausrüstung werden absperrbar gemacht.
- Sämtliche Druckluft-Schlauchverbindungen werden, soweit möglich, leicht auswechselbar gemacht.
- Verschraubungen an Luftleitungen werden, soweit möglich, durch Schweißungen ersetzt.
- Die verbleibenden Verschraubungen insbesondere für Anschlüsse an Luftapparate werden möglichst gut zugänglich gemacht.
- Die Schlauchverbindungen werden möglichst so angeordnet, dass in ihnen keine Wassersäcke entstehen.
- Maßnahmen zur Vermeidung des Überschleifens der Bremsklötze sind bereits getroffen und werden bei den Nachbau-Lokomotiven in gleicher Weise durchgeführt.
- Bei dem Nachbau des Kompressors VV 224 werden die bisher festgestellten Mängel durch entsprechende Maßnahmen beseitigt.
- Die beiden Drehgestelle sind mit Verbindungsschlauch verbunden.
- Der in die Verbindungsschläuche ragende Rohrstutzen wird verlängert.
- Um das Rückschlagventil zwischen Ölabscheider und Hauptluftbehälter vor dem Einfrieren zu schützen, wird es geschützt in die Vorhaube 1 verlegt.
- Die Abhängigkeit zwischen elektrischer und Luftbremse wird beseitigt.
- Das Klappern der Handbremsgestänge wird durch Abflachen des Bolzens behoben.
- Bremswellenlager werden zweiteilig ausgeführt, um das Abpressen des Bremshebels zu erleichtern.
- Der Kompressor erhält eine geeignete dämpfende Unterlage.
- An der Handbremse werden die Nasenkeile durch unverlierbare Federkeile ersetzt.
- Die Fangbügel werden an besonderen Laschen angeschweißt, die mit dem Rahmen verschweißt werden.
- Die Ausgleichbehälter werden, soweit möglich, besser zugänglich gemacht.
- Die Zahnradschutzkästen der Handbremse werden leicht abnehmbar gemacht.
- Die Leitungen der Druckluftbremse werden neu verlegt.

Elektrischer Teil

- Die Führerräume erhalten elektrisch beheizte Fußplatten wie bei der E 10.
- Die Lokomotiven erhalten den Druckgasschalter mit Handeinschaltung (APB 104 oder AP 1/1).
- Je ein Askania-Kontaktmanometer wird für jede Lüftergruppe vorgesehen (für Fahrmotoren-, Trafo- und Bremslüfter).
- Die Signallaternen erhalten Metallspiegelreflektoren.
- Die Konstruktion und Zugänglichkeit der Bremswiderstände wird verbessert.
- Die Anfahrverhältnisse werden durch Einbau der Schleuderbremse verbessert.
- Die Entwicklung einer geeigneten Anfahr- und Schleuderanzeige ist eingeleitet.
- Es wird Innenbeleuchtung für die elektrischen Messinstrumente, für Geschwindigkeitsmesser und für die Druckmanometer vorgesehen.
- Die Kontakte für Voll- und Halbstufenanzeige werden verbessert und die Anschlüsse besser zugänglich gemacht.
- Die Sifa-Klemmleiste wird vor Wassereintritt geschützt.

△ **Bild 69** • Die Nachbaulokomotive **E 94 266** kurz vor der Fertigstellung Anfang Oktober 1954 bei Henschel in Kassel. Die noch fehlenden Signallaternen hielten den Werkfotografen nicht davon ab, mehrere Lichtbilder anzufertigen. Aufnahme: Henschel-Museum und Sammlung e.V.

▽ **Bild 70** • Fabrikneu präsentiert sich **E 94 263** dem Fotografen im August 1954 in Nürnberg Rbf. Ab Werk tragen die Lokomotiven nun die Ziffern 1 bzw. 2 für vorn bzw. hinten. Aufnahme: SSW, Sammlung Brian Rampp

- Alle Leitungsschienen werden aus Kupfer gemacht.
- Die Anschlussmaße an den Umspannern werden nach den in den Zeichnungen vorgesehenen Toleranzen ausgeführt.
- Die Rahmen für Schaltgeräte werden in Stahlguss ausgeführt (bisher Silumin).
- Die Bremswiderstände, die jetzt an der einen Seite durch den Fahrbremswender abgeschaltet werden, erhalten an der anderen Seite eine durch Farbe gekennzeichnete Lasche, die bei Erdschluss in den Bremswiderständen gelöst werden kann.
- Die Motoranschlusskabel werden mit Leder umnäht.
- Es werden einheitliche Dachisolatoren vorgesehen.
- Die Wendefeldwiderstände erhalten einen verbesserten Aufbau.
- Die Diazed-Sicherungen des Ladegleichrichters werden durch Kleinselbstschalter ersetzt.
- Der Hauptumspanner wird mit einer Kupferwicklung anstatt einer Aluminiumwicklung und mit ausreichenden Kühlkanälen versehen. Die Wicklung erhält eine kurzschlussfeste Verspannung.
- Es kommen elektrische Geschwindigkeitsmesser zum Einbau.
- Die 15-kV-Dachleitung ist mit Ausnahme von E 94 270 und E 94 271 als Kabel flach auf dem Dach verlegt, das Aufständern der Leitung mit Isolatoren entfällt (ein äußeres Unterscheidungsmerkmal im Vergleich mit der Ursprungs-Bauart).

△ **Bild 71** • Der in den DB-Nachbaulokomotiven verwendete Druckgasschalter vom Typ AP 1/1.
Aufnahme: Werkfoto AEG, Sammlung Thomas Borbe

Fahrmotor (EKB 725a)

- Zur besseren Beförderung der Fahrmotoren in der Werkstatt werden oben und unten je zwei Ösen vorgesehen.
- Die untere mittlere Befestigungsschraube für das Tatzlagergehäuse wird, soweit möglich, besser zugänglich gemacht.
- Der Verschluss der Kommutatordeckel wird zuverlässiger gemacht.
- Besondere Schmiernippel für die Bürstendrehvorrichtung werden zusätzlich angeordnet.
- Die Kabelschuhe werden im Übergang vom zylindrischen Teil zum flachen Teil mit einer genügenden Ausrundung versehen, um Anbrüche zu vermeiden.
- Für die Ausgleichwicklung wird ausreichender Platz in den Wickelkopfträgern vorgesehen.
- Es wird dafür gesorgt, dass der Ausgleichbinder auf einem Ring festgesetzt und als Ganzes eingelegt wird.
- Die Ständer erhalten eine Kupferwicklung anstelle einer Aluminiumwicklung.

Verstärkte Ausführung der E 94 262–285

Diese Lokomotiven unterscheiden sich von den übrigen Nachbaulokomotiven durch

▽ **Bild 72** • Maßrissskizze des Druckgasschalters vom Typ AP 1/1.
Abbildung: AEG, Sammlung Thomas Borbe

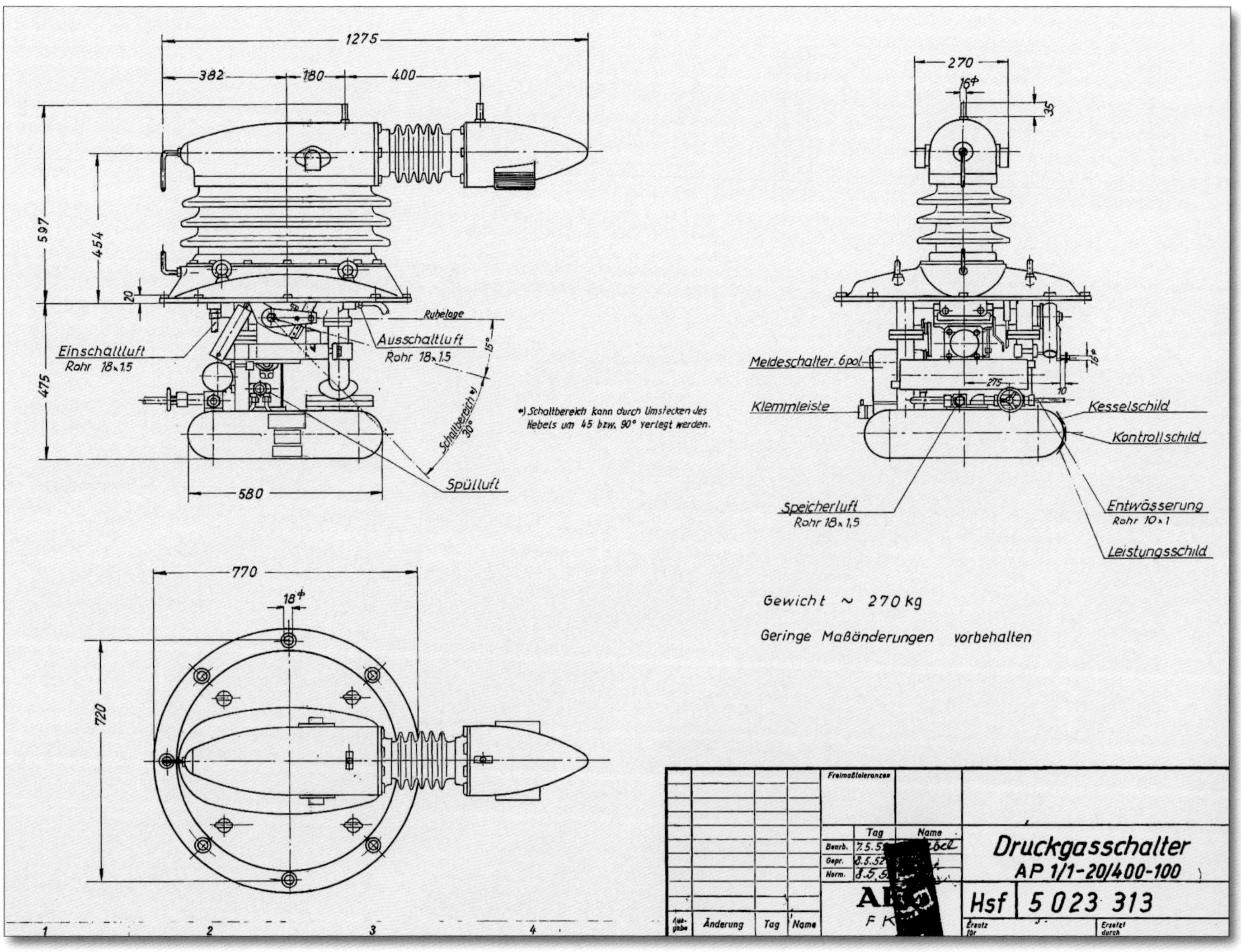

den Einbau des Fahrmotors WBM 487 mit höherer Stundenleistung (4.680 kW bei 68 km/h im Vergleich zu 3.300 kW des EKB 725a). Damit sind diese Lokomotiven in der Lage, 1.500 t bei 10 kg/t Streckenwiderstand anzufahren. Die E 94 270 und 271 mit Hochspannungssteuerung besitzen einen leistungsfähigeren Transformator (4.000 kVA im Vergleich zu 3.060 kVA der Ursprungsversion).

Besondere Maßnahmen am Laufwerk

- Die Treibradsätze 2 und 5 werden mit geeigneter Spurkranz-Stirn- und Rückenschwächung versehen.
- Die elastische Querkupplung erhält einen größeren Hub und eine günstigere Federcharakteristik zur Herabsetzung der Kräfte auf Rad und Schiene in Weichen und Gegenbögen.
- Zu den Stoßpuffern zwischen den Drehgestellen wird auf der Gegenseite eine ebene anstelle einer keilförmigen Reibplatte zur Vermeidung größerer Querkräfte vorgesehen.

Technische Abweichungen der Sonderlokomotiven (E 94 141, 142, 270, 271) mit Hochspannungssteuerung

Die Lokomotiven E 94 141/142 besaßen BBC-Hochspannungssteuerung. Sie unterschieden sich hinsichtlich der elektrischen Ausrüstung durch folgende Einrichtungen:

- BBC-Sondertransformator mit Hochspannungssteuerung, Stufenwähler und Lastschaltern. Für die Hilfsbetriebe und die Steuerung war eine eigene Wicklung vorgesehen.
- Die Steuerung war eine Potentiometersteuerung mit Servomotor. Im Notfall konnte auch mit Handsteuerung gefahren werden.
- Die elektrische Widerstandsbremse wurde nicht eingebaut; damit ist auch der besondere Dachaufbau weggefallen.

Bei beiden Lokomotiven war als Hauptschalter ein Druckgasschalter der Fa. AEG, Typ APB 104 eingebaut. Der Haupttransformator hatte eine Dauerleistung von 4.000 kVA. Er war ein ölgekühlter Dreischenkeltransformator mit 25 Anzapfungen für die Fahrmotoren. Die Lokomotiven hatten einen besonderen Ölkühler. Die Dachleitung war aufgeständert ausgeführt. An Messinstrumenten sind der Spannungsmesser für die Halbstufenanzeige und der Bremsstrommesser weggefallen. Das richtige Arbeiten der Lüftermotoren wurde durch Leuchtmelder überwacht. Ein weiterer Leuchtmelder zeigte den Schaltzustand des Hauptschalters und des Transformators an.

Verbunden mit dem verbesserten Schaltwerk waren moderne Führertische für sit-

Fahrgeschwindigkeit km/h	Anfahrzugkraft t	E94 179-196 Stundenzugkraft t	E94 179-196 Dauerzugkraft t	E94 262-285 Stundenzugkraft t	E94 262-285 Dauerzugkraft t
0	20,5	14,2	12,9	14,5	13,2
10	20,5	14,2	12,9	14,5	13,2
20	20,3	14,2	12,9	14,5	13,2
30	18,3	13,4	12,5	14,5	13,2
40	16,2	12,1	11,5	14,5	13,2
45	15,1	11,5	10,8	14,5	13,2
50	14,1	10,9	10,1	14,1	13,0
55	13,1	10,2	9,5	13,1	12,8
60	12,1	9,6	9,0	12,1	12,1
70	10,1	8,5	8,0	10,1	10,1
80	7,2	7,2	7,1	7,2	7,2
90	5,4	5,4	5,4	5,4	5,4

△ **Bild 73** • Leistungstafel der DB-Nachbau E 94. ABBILDUNG: BZA MÜNCHEN, SAMMLUNG BRIAN RAMPP

▽ **Bild 74** • Die beiden **E 94 141** und **142** (spätere 194 541 und 542) mit Hochspannungssteuerung besaßen aufgrund der fehlenden elektrischen Bremse einen flachen Dachaufsatz. 194 541 rollt am 27. Mai 1976 bei Steinbach am Wald talwärts. Diese Perspektive ermöglicht einen Blick auf das Dach und die Dachleitung. AUFNAHME: DIETER KEMPF/EISENBAHNSTIFTUNG

◁ **Bild 75**
Die Führerpulte der 1953 gebauten E 94 141 und 142 mit BBC-Hochspannungssteuerung hatten – vor allem durch den später auch bei den Neubaulokomotiven verwendeten Fahrschalter - bereits ein recht modernes Aussehen. Dieses Bauteil lieferte BBC für beide Lokomotiven, hier zu sehen in E 94 141.

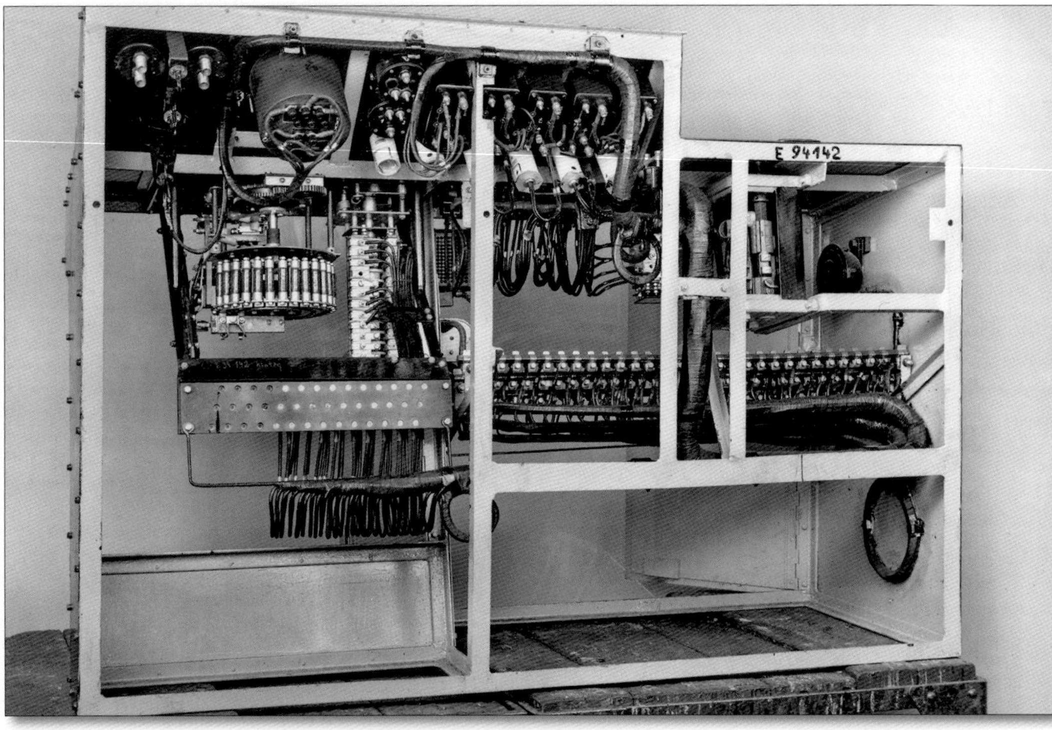

◁ **Bild 76**
Das von BBC gebaute Fahrpult für E 94 142 von der Rückseite betrachtet.

Aufnahmen (2):
Werkfoto BBC,
Sammlung Brian Rampp

◁ **Bild 77**
Die mit SSW-Hochspannungssteuerung gelieferten E 94 270 und 271 (spätere 194 570 und 571) trugen einen Dachaufsatz, der weitgehend den DB- Einheitselloks entsprach.
Die Aufnahme der **194 571** entstand am 15. Mai 1980 in Pressig-Rothenkirchen.

Aufnahme:
Bernd Zöllner

△ **Bild 78** • Das Hochspannungsschaltwerk der E 94 141 und E 94 142. Aufnahme: Werkfoto BBC, Slg. Brian Rampp

△ **Bild 79** • Der Transformator für Hochspannungssteuerung, eingebaut in E 94 141. An der linken Seite des Trafos ist das Hochspannungsschaltwerk angebaut, vorne rechts ist der Lüfter zu sehen. Im Vordergrund befindet sich die Ölpumpe, welche aus dem (hier geöffneten) Dach herausragt. Daher die typische runde Ausbuchtung im Dachbereich der E 94 141 und 142. Aufnahme: Werkfoto BBC, Sammlung Brian Rampp

zende Bedienung eingebaut. Sie kamen später auch bei den Baureihen E 10/E 40 zur Anwendung.

Während E 94 141 ab Anlieferung herkömmliche EKB 725a-Motoren besaß, erhielt E 94 142 sogleich die stärkeren Motoren des Typs WBM 487 und war für 100 km/h zugelassen. Wegen Überschlagsgefahr setzte man die Höchstgeschwindigkeit ab 12. Juni 1953 jedoch bis auf weiteres auf 90 km/h herab. Zwanzig Jahre später bestand die Gefahr offensichtlich nicht mehr, denn 1970 wurde bei allen E 94 mit WBM 487-Motoren die zulässige Höchstgeschwindigkeit auf 100 km/h erhöht. E 94 141 erhielt am 15. Januar 1958 die WBM 487-Motoren der E 94 140.

Die Lokomotiven E 94 270/271 hatten Siemens-Hochspannungssteuerung. Sie unterschieden sich hinsichtlich der elektrischen Ausrüstung durch folgende Einrichtungen:

- Sie hatten einen SSW-Transformator mit Hochspannungssteuerung, Stufenwähler und Sprunglastschaltern.
- Neben der üblichen Handsteuerung wurde eine motorische Nachlaufsteuerung mit Schaltwerksantrieb eingebaut.
- Eine elektrische Widerstandsbremse wurde nicht vorgesehen.
- Am Oberspannungswandler der E 94 271 war das Nullspannungsrelais angeschlossen.
- Der Hauptschalter bei E 94 270 war ein Druckgasschalter der Firma AEG, Typ APB 104.
- E 94 271 besaß einen Expansionsschalter der Firma SSW, Typ R 638. Er war auch bei E 10 003 zu finden. Im Gegensatz zur E 10 war der R 638 auf der E 94 271 um 90 Grad gedreht in Längsrichtung eingebaut. Er verblieb dort bis in die siebziger Jahre.
- Bei E 94 270 und E 94 271 verlief die Dachleitung aufgeständert mit Isolatoren. Alle anderen E 94[5] hatten eine Kabelverbindung.

Der Haupttransformator hatte eine Dauerleistung von 4.000 kVA. Er war ein ölgekühlter Dreischenkeltransformator mit 28 Anzapfungen für die Fahrmotoren. Eine eigene Wicklung speiste die Hilfsbetriebe und die Zugheizung. Die Lokomotive hatte einen besonderen Ölkühler. An Messinstrumenten sind der Oberstrom- und der Spannungsmesser für Halbstufenanzeige sowie der Bremsstrommesser weggelassen worden. Der Transformator war der leistungsfähigste aller E 94. In ähnlicher Form kam er später bei den Einheitselloks E 10/E 40 zum Einbau.

Die Sonder-E 94 mit Hochspannungssteuerung ließen sich äußerlich durch einen anderen, flacheren Dachaufbau von ihren Schwestern unterscheiden. Der Grund hierfür lag in dem höheren Transformator, der aus konstruktiven Erwägungen einen Verzicht auf den Einbau der elektrischen Bremse notwendig machte. Fahrtbremswender und Bremswiderstände waren nicht vorhanden. Dadurch entfiel auch der hohe Dachaufbau mit seinen Lüftungsschlitzen.

Folglich war bei E 94 141 und E 94 142 der Dachaufbau recht flach. Bei E 94 270 und E 94 271 war der Dachaufbau wegen des größeren Transformators etwas höher, jedoch niedriger als bei der Ursprungsausführung. Der Vorteil der Hochspannungssteuerung lag darin, dass ihr Schaltwerk hohe Spannungen (bis 17 kV) und niedrige Ströme (bis 400 A) schalten konnte. Dadurch konnten die Leiterquerschnitte dünner ausfallen und das Schaltwerk direkt am Transformator montiert werden. Die Erweiterung der Fahrstufen von 18 auf 28 ermöglichte ein feinstufigeres Fahren.

Die Niederspannungssteuerung dagegen schaltete niedrige Spannungen (bis 600 V), aber hohe Ströme (über 18.000 A). Die Stromschienen mussten entsprechend massiv ausgeführt werden.

Der Grund für den Einbau der Hochspannungssteuerung verschiedener Firmen in diese vier Lokomotiven war in dem Wunsch der DB begründet, durch praxisnahen Einsatz in leistungsstarken Lokomotiven eine Entscheidungshilfe für die Ausrüstung der Neubaulokomotiven zu erhalten.

△ **Bild 80** • Die fertiggestellte **1020.47** im August 1954 auf dem Hof der Wiener Lokomotivfabrik in Wien-Floridsdorf (WLF). Auf dieser rechten Seite ist das vierte Lüftungsgitter in der unteren Reihe gut zu sehen.
AUFNAHME: WERKFOTO WLF, SAMMLUNG MARKUS INDERST

Technische Abweichungen der 1020.45–47 der ÖBB

Die drei im Jahr 1954 an die ÖBB ausgelieferten Nachbaulokomotiven 1020.45 bis 1020.47 entsprachen im mechanischen Teil weitgehend ihren Vorgängern. Der elektrische Teil wies jedoch mehrere Änderungen auf, da die Lokomotiven nun auf rein österreichische Verhältnisse zugeschnitten werden sollten und so weit wie möglich österreichischen Normen angeglichen worden waren. Dadurch war ein Tausch von Teilen mit anderen Neubaulokomotiven möglich.

Die wichtigsten Modifikationen:

Elektrischer Teil

- Antrieb der Hilfsbetriebe mit – wie in Österreich üblich – 24 V Gleichstrom statt 110 V
- Dadurch bedingt: Verwendung elektropneumatischer ÖBB-Trennschütze statt elektromechanischer Magnetschütze (200 V)
- ÖBB-Einheitsfahrwender entsprechend der Reihen 1010/1110
- Hauptschalter:
  Druckgasschalter (APB 104) statt Expansionsschalter
- ÖBB-Stromabnehmer Typ V mit Doppelschleifstück, damit Ein-Bügelbetrieb möglich
- Veränderte Ausführung der Dachleitung durch andere Hauptschalter und Stromabnehmer
- Wanderwalzenschaltwerk statt Nockenschaltwerk
- Speisung der Lokbeleuchtung von einem Umformer anstelle eines Gleichrichters
- SGP-Luftpresser statt des Knorr-Motorluftpressers
- Hilfskompressor entsprechend der Reihen 1040/1041

Im **mechanischen Teil** unterschieden sich die Maschinen u. a. durch:

- Verstärkung der Drehgestellrahmen im Bereich der Mittelradsätze zur Vermeidung von Ausbauchungen, die häufig auftraten;
- Verwendung von zylindrischen Schraubfedern anstelle von Volutfedern für die Kupplung zwischen den Drehgestellen;

▽ **Bild 81** • Nach dem Bau des mechanischen Teils bei WLF kamen die Nachbau-1020 in die Hauptwerkstätte Linz zum Einbau des elektrischen Teils. Am 11. Dezember 1953 ist **1020.45** in Arbeit.
AUFNAHME: WILHELM WAGNER, SAMMLUNG MARKUS INDERST

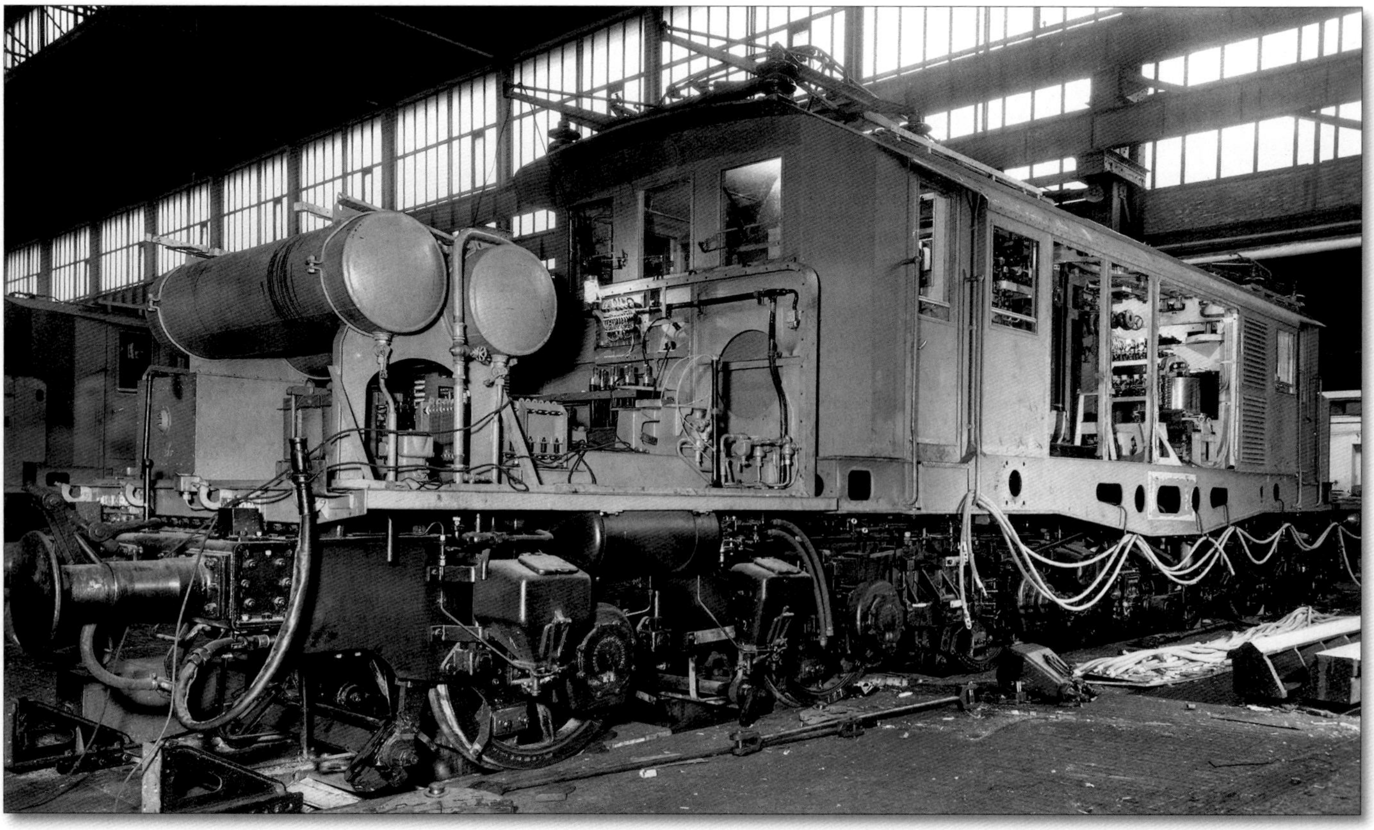

△ **Bild 82** • Die Nachbau-1020 erhielten große Signallaternen, die von den übrigen E 94/1020 abwichen.
AUFNAHME: BRIAN RAMPP

△ **Bild 83** • Fahrpult der 1020.47 und auf der Vorbauhaube der erhabene Lüftersatz.
AUFNAHME: WERKFOTO WLF, SAMMLUNG HELMUT GRIEBL

- Verbesserung der Motoraufhängung, um die häufige Lockerung der Pendellager während der Fahrt zu verhindern;
- linke Seitenwand statt über zwei Felder jetzt über vier Felder abnehmbar, um dem Werkstattpersonal den Zugang zu erleichtern;
- Versetzung eines Lüftungsgitters von der linken auf die rechte Lokseite infolge der veränderten Anordnung der Aggregate im Lokomotivkasten;
- Verbesserung der Belüftung durch je einen zusätzlichen Luftschachtaufbau auf den beiden Vorbaudecken sowie ein fünftes Lüftungsgitter am Dachaufbau für die Bremswiderstände;
- Spurkranzschmierung mit Hilfe zweier Friedmann-CP-Pendelpumpen;
- gerader Hebel statt vertikalem Winkelhebel bei der mechanischen Bremse;
- zusätzliche Bremsklotzführung, um einseitige Bremsklotzabnutzung zu vermeiden;
- verbesserte Schlauchkupplungen an den Druckluftleitungen zwischen den Drehgestellen.

Die Abweichungen im elektrischen Teil führten in den Jahren 1983 bis 1985 zur Ausmusterung dieser Maschinen als erste 1020. Sie hatten auch keine Hauptausbesserung mit Grundüberholung (HG) mehr erhalten. Lediglich 1020.46 erhielt anlässlich einer Teilausbesserung große Fenster, während 1020.45 und 1020.47 die letzten 1020 mit drei Stirnfenstern und grüner Lackierung waren. Von der betrieblichen Bewährung her bestand zwischen den drei Nachbauten und den Serien-1020 kein Unterschied.

▽ **Bild 84** • **1020.46** im letzten Betriebszustand mit je zwei großen Stirnfenstern in St. Anton am Arlberg am 25. September 1984. Die linke Lokomotivseite zeigt auf dem Lokkasten nur zwei Lüftungsgitter in der unteren Reihe, was die Nachbau-1020 von den Vorgängern unterschied.
AUFNAHME: OTTO JANUSZ, SAMMLUNG DR. HELMUT PETROVITSCH

Die Fahrmotoren

1. Der AEG-Fahrmotor EKB 725a und EKB 725a Al

Den Fahrmotor für die E 94 entwickelte die AEG aus dem 1934 entworfenem Fahrmotor EKB 725 für die Bo'Bo'-Lokomotiven E 44 106 bis E 44 109, die späteren E 44 506 bis E 44 509. Bei diesen vorwiegend im Bergdienst eingesetzten Lokomotiven bewährte sich der Fahrmotor und er bot sich damit für die neue Lokomotive an. Der Aufbau des 10-poligen Wechselstrom-Reihenschlussmotors wurde bereits beschrieben. Sein Ankerdurchmesser von 725 mm erklärt die für die E 94 gültige Typenbezeichnung EKB 725a.

Trotz des bereits einige Monate dauernden Zweiten Weltkriegs und der bestehenden Buntmetallknappheit erhielten die Fahrmotoren der E 94 Kupferwicklungen. Die kriegsbedingte Buntmetalleinsparung ging aber auch an den E 94 nicht vorbei und AEG entwickelte Versuchsfahrmotoren mit Aluminium-Ständerwicklung. Drei dieser Fahrmotoren kamen in das vordere Drehgestell der E 94 026.

Am 19. und 20. Juni 1941 fanden mit der beim Bw Saalfeld (Saale) stationierten Lokomotive auf der Bergstrecke Saalfeld (Saale) – Lichtenfels Erprobungsfahrten statt, bei denen die Alu-Fahrmotoren die zulässige Erwärmungsgrenze nicht überschritten. Die um 26 % größere Wärmedehnung des Aluminiums gegenüber dem Kupfer sah das zuständige RZA München als problemlos und beherrschbar an. Wegen des erforderlichen größeren Querschnitts der Alu-Leiter wurde der Ständer entsprechend geändert und die Alu-Motoren erhielten die Typenbezeichnung EKB 725a Al. Eingebaut wurden diese Fahrmotoren serienmäßig ab E 94 091.

Die größere Wärmedehnung der Aluminium-Leiter verursachte entgegen den Versuchsfahrten von 1941 bei den im schweren Bergdienst verwendeten Lokomotiven doch größere Probleme. Das kriegsbedingt verwendete minderwertige Isolationsmaterial war den Veränderungen nicht gewachsen und riss sehr häufig. Die dadurch eindringende Feuchtigkeit verursachte Wicklungsüberschläge und die Fahrmotorausfälle nahmen zu.

2. SSW- und ÖSSW-Versuchsfahrmotoren WBM 405/406 und WBM 485/486

Der in der E 94 verwendete Fahrmotor EKB 725a war keine Neuentwicklung und im Jahr 1940 konstruktiv bereits mehrere Jahre alt. Es lag daher nahe, dass aus der sehr gelungenen E 94 durch bessere Fahrmotoren mehr herauszuholen war.

Im Auftrag der Deutschen Reichsbahn entwickelten die SSW für die Baureihe E 44 und eine geplante Nachfolgebaureihe E 46 einen leistungsfähigeren Fahrmotor, der auch in die E 94 eingebaut werden sollte. Die ÖSSW in Wien bauten daraufhin einen als WBM 485 bezeichneten Fahrmotor, der im Jahr 1939 bei der Prüffelderprobung mit 740 kW eine um 34 % höhere Leistung als der WBM 380 der E 44 und eine um 26 % höhere Leistung als der EKB 725a erreichte. Mit ihm wurde am 28. Juli 1942 der Treibradsatz 4 der am 2. April 1941 in Dienst gestellten E 94 007 ausgerüstet.

Der vom Dynamowerk Berlin der SSW gebaute und WBM 405 bezeichnete neue Fahrmotor war erst später verfügbar. Mit ihm wurde am 4. August 1942 der Treibradsatz 3 der E 94 031 des Bw Salzburg ausgerüstet. Versuchsfahrten mit der Lokomotive auf der Tauernbahn in der Zeit vom 2. Juli 1942 bis zum 8. August 1942 zeigten, dass mit dem Einbau nur eines leistungsfähigeren Fahrmotors in einer Lokomotive keine exakten Ergebnisse zu ermitteln waren.

Die Deutsche Reichsbahn ließ daraufhin je sechs Fahrmotoren beider Ausführungen herstellen, die Ständerwicklungen aus Kupfer erhielten und wegen dieser Konstruktionsänderungen als WBM 406 sowie WBM 486 bezeichnet wurden. Die WBM 486 wurden in die E 94 088 und die WBM 406 in die E 94 090 eingebaut, die am 6. Juli 1943 bzw. am 27. August 1943 das Bw Schwarzach-St. Veit erhielt. Die Lokomotiven fuhren auf der Tauernbahn Schnell- und Güterzüge bis zur maximal zulässigen Regellast von 570 t.

Bereits nach kurzer Betriebszeit trat bei den WBM 406 und dem WBM 405 starkes Bürstenfeuer sowie häufiger Bruch der Kohlebürsten auf. Ihre Kommutatoren mussten vorzeitig abgedreht werden. Zwischen dem 25. Juli 1944 und dem 9. August 1944 wurden drei WBM 406 (Motor 2, 5 und 6) aus der E 94 090 ausgebaut und zwecks Reparatur oder Umbau zu den SSW nach Berlin gesandt.

Die anderen drei WBM 406 verblieben in E 94 090 und gelangten mit dieser nach Kriegsende zu den BBÖ/ÖBB, die sie am 7. November 1946 aus der Lokomotive ausbauten. Einer von ihnen war von 9. Februar 1946 bis 19. Januar 1950 in E 94 088 eingebaut. Die Zfl. Salzburg war wegen des starken Bürstenfeuers mit den nur bedingt tauglichen Fahrmotoren unzufrieden. Ein der Deutschen Bundesbahn vorgeschlagener Tausch gegen EKB 725a fand jedoch nicht statt. Den WBM 405 glichen die ÖBB den WBM 406 an und bezeichneten ihn danach auch als solchen. Die vier Motoren kamen in die 1020.14, ex E 94 129, und verblieben in dieser bis zum Jahr 1973. Einschließlich der dazugehörenden Radsätze mit den von der Standardausführung abweichenden Zahnrädern wurden die Fahrmotoren ausgemustert und verschrottet.

Die WBM 486 bewährten sich besser und nach dem Abschluss der Versuchsfahrten im August 1944 übernahm die Deutsche Reichsbahn die Lokomotive mit den eingebauten Sonderfahrmotoren. Für die WBM 486 wurde das gleiche Achsgetriebe wie für die EKB 725a verwendet, so dass ein Radsatz- und Motorentausch problemlos erfolgen konnte. Lediglich die Ausführung der Tatzlager wich etwas voneinander ab.

Die WBM 486 verblieben überwiegend in E 94 088. Die Zfl. Salzburg führte im Herbst 1949 mit der Lokomotive nochmals Versuchsfahrten durch. Eingebaut waren fünf WBM 486 und ein WBM 406. Die bereits mehr als 500.000 km in Betrieb befindlichen ÖSSW-Motoren liefen anstandslos und mit normalem Bürstenfeuer. Der erst ca. 100.000 km betriebene WBM 406 zeigte das bereits erwähnte sehr starke Bürstenfeuer und sein Kommutator musste anschließend infolge starker Einbrandspuren abgedreht werden. Die ÖBB glichen den WBM 485 dem WBM 486 an und bezeichneten ersteren dann auch als WBM 486. Die Stundenleistung des WBM 486 betrug 780 kW.

Im Betrieb war E 94 088 den anderen E 94 mit EKB 725a-Motoren umlaufmäßig gleichgestellt. Ihre Leistungsreserve gegenüber diesen betrug 40 %. Es zeigte sich, dass die Kommutierungsverhältnisse des WBM 486 gegnenüber dem EKB 725a deutlich besser waren. Dies galt auch für die Laufleistung eines Kollektors: 350.000 km versus 180.000 km. Ein vorzeitiger Motorenverschleiß der WBM 486-Motoren beim Zusammenwirken mit EKB 725a konnte nicht festgestellt werden. Die Probemotoren haben sich unter den derzeitigen Betriebsbedingungen zufriedenstellend bewährt – so die Erkenntnisse der Zfl. Salzburg, übermittelt am 27. Mai 1949 an die ÖBB-Generaldirektion in Wien.

Zu einer Beschaffung der leistungsfähigeren WBM 486 durch die ÖBB oder die DB kam es nicht. Letztere hatte zur besseren Kühlung der Motorwicklung an den Wickelköpfen das Segeltuch entfernt, Kühlfahnen angebaut und die Kommutatorfahnen mit Kühlrippen versehen. Die nach dem Einbau derartig umgebauter Fahrmotoren in die E 94 068 durchgeführten Versuchsfahrten brachten gute Ergebnisse. Daraufhin führten die ÖBB bei der Umwicklung ihrer Alu-Motoren auf Kupferwicklung statt der 4-Schicht, eine 2-Schicht mit freien Wickelköpfen aus. Einige der Fahrmotoren erhielten belüftete Kommutatorfahnen.

△ **Bild 85** • Die Motor-Versuchslokomotive **E 94 088** im Jahr 1949 in Salzburg. Zum Aufnahmezeitpunkt fuhr sie mit fünf WBM 486 und einem WBM 406.
Aufnahme: Otto Zell, Sammlung Markus Inderst

In den siebziger Jahren musterten die ÖBB drei WBM 486 wegen Wicklungs- und Lagerschäden aus. Ende der siebziger Jahre befanden sich drei weitere WBM 486 in 1020.46, wo sie bis zur Außerdienststellung der Lokomotive verblieben. Ihre Tatzlager waren so umgebaut, dass die Fahrmotoren freizügig mit den EKB 725a getauscht werden konnten – eine große Erleichterung für den Werkstättendienst.

3. Der AEG-Fahrmotor EKB 685

Die im Jahr 1952 an die Deutsche Bundesbahn gelieferte E 94 161 erhielt von der AEG sechs neuentwickelte, leistungsfähigere Fahrmotoren der Type EKB 685. Ihre

△ **Bild 86** • Hinteres Triebdrehgestell der AEG-**E 94 161**, aufgenommen während des Fertigbaus bei Krauss-Maffei im Jahr 1952. Sie erhielt vier leistungsgesteigerte Fahrmotoren des Typs EKB 685.
Aufnahme: Werkfoto AEG, Sammlung Thomas Borbe

◁ **Bild 87**
Power-E 94:
Die WBM 487-Motoren waren das leistungsfähigste, was E 94 zu bieten hatten. Die DB-Nachbaulokomotiven E 94 262 bis E 94 285 hatten ihn ab Werk. Die Motorleistung übertraf den bisherigen Serienmotor EKB 725a um über 30 Prozent. Hier sehen wir **194 578** am 23. Mai 1979 im Bw Nürnberg 2 Rbf.

Aufnahme: Dieter Spillner

Stundenleistung betrug 800 kW. Am 17. November 1952 führte die DB mit der Lokomotive zwischen Stuttgart-Untertürkheim und Ulm Versuchsfahrten durch.

Die neuen Fahrmotoren wurden dabei allen Anforderungen gerecht und sehr positiv beurteilt. Das praktizierte häufige Anfahren schwerer Züge überstanden sie ohne erkennbare Kommutatorschäden. Trotzdem wurde der Fahrmotor nicht in Serienausführung gebaut, da SSW den noch stärkeren WBM 487 anbot.

Folgende DB-E 94 besaßen diese sechs Motoren:

E 94 161	vom 09.08.1952 bis 31.08.1953
043	vom 10.04.1956 bis 12.10.1959
080	vom 22.11.1959 bis 11.11.1960
087	vom 05.09.1962 bis 15.06.1964
124	vom 11.08.1966 bis 29.03.1971
139	vom 09.07.1971 bis zur Ausmusterung 1980.

△ **Bild 88** • Der Ständer eines WBM 487 am 5. Oktober 1955 im AW Freimann.
Aufnahme: Werkfoto AW München-Freimann, Sammlung Karl Polifka

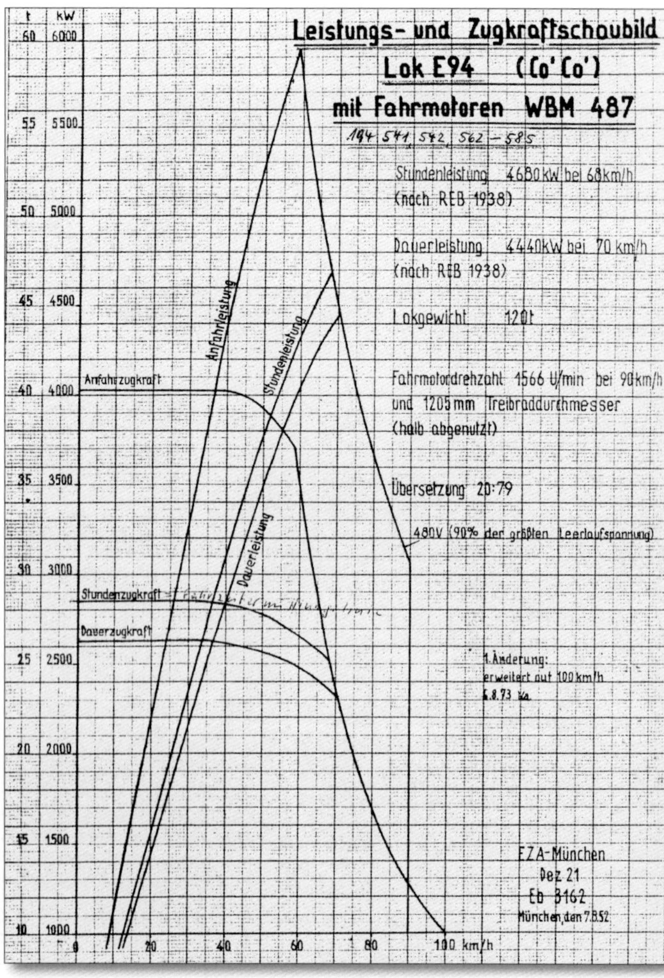

△ **Bild 89** • Leistungs- und Zugkraftschaubild des WBM 487.
Abbildung: EZA München, Sammlung Brian Rampp

4. Der SSW-Fahrmotor WBM 487

In die im Jahr 1951 an die Deutsche Bundesbahn gelieferte E 94 139 bauten die SSW sechs aus dem WBM 486 weiterentwickelte Fahrmotoren Typ WBM 487 ein. Er war mit 839 kW Stundenleistung der leistungsfähigste Fahrmotor, der bei den E 94 verwendet wurde, und hatte ein geschweißtes Motorgehäuse, belüftete Wickelköpfe und Kommutatorfahnen sowie eine Nachschmiereinrichtung für die Rollenlager der Läuferwelle.

Mit seinem Leistungs-Masse-Verhältnis von 219,6 kW/t gegenüber dem Standardmotor EKB 725a mit 167,1 kW/t dokumentierte der WBM 487 den technischen Fortschritt beim Bau von Einphasenwechselstrom-Tatzlagermotoren mit 31,4 % Leistungssteigerung zwischen 1934 und 1951 recht eindrucksvoll. Die E 94 140 und 142 wurden ebenfalls mit WBM 487 ausgerüstet an die DB geliefert.

Mit E 94 142 führte die DB am 20. April 1953 zwischen Stuttgart-Untertürkheim und Ulm ebenfalls Versuchsfahrten durch, bei denen die Erwärmung der Fahrmotoren weit unter der zulässigen Grenztemperatur blieb. Anfangs im Betriebseinsatz häufig auftretender Bruch von Kohlebürsten und starkes Bürstenfeuer sowie der Bruch von Kühlfahnen der Kommutatorlamellen konnte durch Änderung des Werkstoffes und der Ausführung der Kühlfahnen weitgehend behoben werden. Die DB rüstete mit je sechs dieser Fahrmotoren später noch E 94 141, 155, 180, 182 und 183 aus (der Grund für diese Maßnahme war u. a. der knappe Bestand an Tauschdrehgestellen für die E 94[0], während für die E 94[2] ausreichend Ersatz vorhanden war).

Auch in die Nachbaulokomotiven E 94 262 bis 285 wurden sie eingebaut. Bei Letzteren bis E 94 285 sowie den 194 141 und 194 142 erhöhte die DB ab 1970 ohne Änderung an den Fahrmotoren sowie der Getriebeübersetzung die Höchstgeschwindigkeit auf 100 km/h. Dagegen unterblieb dies bei den anderen vier genannten E 94, da diese nur zeitweise mit WBM 487-Motoren liefen. Zum Zeitpunkt ihrer Ausmusterung besaßen, außer den E 94[2] (dann 194.5), 194 180 und 194 183 Motoren des Typs WBM 487 in jeweils einem Drehgestell.

Technische Daten Baureihe E 94

	E 94 001–196 (mit Lücken)	E 94 141/142 (541/542)*	E 94 270/271 (570/571)	E 94 262–285 (562–585)	
Höchstgeschwindigkeit	90	90/100	90/100	90/100	km/h
Treibraddurchmesser	1.250	1.250	1.250	1.250	mm
Achsfolge	Co'Co'	Co'Co'	Co'Co'	Co'Co'	
Gesamtachsstand	13.700	13.700	13.700	13.700	mm
Länge über Puffer	18.600	18.600	18.600	18.600	mm
Stundenleistung (bei Geschwindigkeit)	3.300 (68)	4.680 (68)	4.680 (68)	4.680 (68)	kW (km/h)
Dauerleistung (bei Geschwindigkeit)	3.000 (71)	4.400 (71)	4.400 (71)	4.400 (71)	kW (km/h)
Anfahrzugkraft	363	402	402	402	kN
Stundenzugkraft	174	248	248	248	kN
Eigenmasse	118,7	121,0	121,0	121,0	t
Reibungsmasse	118,7	121,0	121,0	121,0	t
Spezifische Leistungskennziffer	27,8	38,7	38,7	38,7	kW/t
Haupttransformator/Typenleistung	OFU/3060	OFU/4000	OFU/4900	OFU/4000	–/kVA
Steuerung/Dauerfahrstufen	NF/18	mhStuL/28	mhStuL/28	NF/18	
Fahrmotor/Anzahl	WR/6	WR/6	WR/6	WR/6	
Drehzahl bei Höchstgeschwindigkeit	1.560	1.730	1.730	1.730	U/min
Elektrische Bremse	WW	–	–	WW	
Antrieb	Tatzlager	Tatzlager	Tatzlager	Tatzlager	
Übersetzung	20:79	20:79	20:79	20:79	
Indienststellung	1940	1953	1954/55	1954	

* mit Fahrmotor WBM 487

Vergleich mit anderen Baureihen

	E 91[9] (95–106)	E 93 01–18	E 95 01–06	E 50 (025–194)	250 (001–273)	151 (001–170)	
Höchstgeschwindigkeit	55	65/70	70	100	125	120	km/h
Treibraddurchmesser	1.250	1.250	1.400	1.250	1.250	1.250	mm
Achsfolge	C'C'	Co'Co'	1'Co'+Co1'	Co'Co'	Co'Co'	Co'Co'	
Gesamtachsstand	12.460	12.800	17.600	13.300	14.500	13.660	mm
Länge über Puffer	17.300	17.700	20.900	19.490	19.600	19.480	mm
Stundenleistung (bei Geschwindigkeit)	2.200 (39)	2.502 (57)	2.778 (47)	4.500 (79)	5.400 (102)	6.300 (92)	kW (km/h)
Dauerleistung (bei Geschwindigkeit)	1.660 (48)	2.214 (62)	2.418 (50)	4.410 (80)	5.100 (107)	5.982 (95)	kW (km/h)
Anfahrzugkraft	234	353	353	441	380	441	kN
Stundenzugkraft	123	146	213	206	186	245	kN
Eigenmasse	116,4	117,6	138,5	128,0	123,0	118,0	t
Reibungsmasse	116,4	117,6	115,5	128,0	123,0	118,0	t
Spezifische Leistungskennziffer	18,9	21,3	20,0	35,2	43,9	53,5	kW/t
Haupttransformator/Typenleistung	OFA/2050	OFA/1680	OFA/2x120	OFU/4900	OFU/5630	OFU/6325	–/kVA
Steuerung/Dauerfahrstufen	emSchü/19	NF/15	emSchü/25	mhStuL/28	mhStuTst/27	mhStuCT/2	
Fahrmotor/Anzahl	WR/2 × 2	WR/6	WR/6	WR/6	WR/6	WR/6	
Drehzahl bei Höchstgeschwindigkeit	980	1.540/1.650	1.348	1.630	1.500	1.395	U/min
Elektrische Bremse (Typ)	WW	–	WW	F6W	F6W	F6W	
Antrieb	VKw	Tatzlager	Tatzlager	Gs	LKF	Gs	
Übersetzung	25:101	16:86	17:90	22:82	1:2,72	43:113	
Indienststellung	1929	1933	1927	1957	1974	1972	

Bauartänderungen und Versuchsausführungen

Durch die Deutsche Reichsbahn bis 1945 und durch ihre Nachfolgeverwaltungen in beiden deutschen Staaten sowie bei den ÖBB erfolgten verschiedene technische Veränderungen und versuchsweise Ausführungen an den Lokomotiven.

Deutsche Reichsbahn (bis 1945; DRB)

1. Einsparung von Buntmetall

a) Heimstofflokomotive
Analog zur E 44 wurde während des Zweiten Weltkrieges auch die E 94 im Rahmen der Rüstungswirtschaft als Kriegs-Elektro-Lokomotive (KEL) 2 gebaut. Zur Einsparung von Kupfer kam Aluminium zur Verwendung und die erste mit diesen Ausrüstungen versehene Lokomotive war die am 5. April 1943 in Dienst gestellte E 94 091. Sie war die „Heimstofflokomotive“ dieser Baureihe und statt in Kupfer waren bei ihr in Aluminium ausgeführt:

- die Stromschienen
- die Wicklungen des Hauptumspanners
- die Wicklungen des Zusatzumspanners und seines Spannungsteilers
- die Ständerwicklung der Fahrmotoren und der Lüftermotoren

Für die Verbindungsstellen zwischen Kupfer und Aluminium wurde ein aus beiden Werkstoffen gemeinsam gewalztes Blech, als Cupalblech bezeichnet, verwendet. Trotz dieser Bleche hatten die Verbindungsstellen einen größeren Übergangswiderstand. Es traten Schmorstellen auf und Alu-Stromschienen brannten ab. Alle nach E 94 091 in Dienst gestellten E 94 der DRB hatten diese „Heimstoff“-Ausrüstungen.

b) Kohlekommutator für Lüftermotoren
Im Februar 1944 erhielt E 94 125 versuchsweise einen Lüftermotor mit Kohle-Kommutator. Er sollte eine weitere Kupfereinsparung ermöglichen und erreichte beachtenswerte Ergebnisse. Nach 849.000 km Laufleistung war der Kommutator erstmals unrund und musste abgedreht werden.

Gleiches erfolgte am 18. Januar 1946 nach weiteren 138.500 km. Am 18. Juni 1946 baute das RAW Freimann den Motor wieder aus- und einen normalen Lüftermotor ein.

c) Achslager aus WM 10
Zur Einsparung von Lagermetall (Weißmetall) wurde ab 1943, wie bereits zuvor bei den Dampflokomotiven, für den Ausguss der Achslager der Dünnguss WM 10 statt WM 80 verwendet. Mit WM 10-Lagern wurden als erste E 94 104 und E 94 105 vom Hersteller angeliefert. Die vorhandenen E 94 erhielten die WM 10-Lager bei einer Zwischen- und Hauptuntersuchung.

2. Kabelleiter

Zur Rationalisierung der Herstellung der Lokomotiven schlugen die SSW vor, statt der Stromschienen im Motorstromkreis isolierte Kabelleiter zu verwenden. Im Rahmen eines Großversuches wurden die E 94 029 bis E 94 044 dementsprechend ausgeführt. Die Ergebnisse waren offensichtlich nicht den Erwartungen entsprechend, denn keine weiteren Lokomotiven wurden mit Kabeln ausgerüstet.

3. Stahleinsparung

Ab Ende 1943 wurden zur Einsparung von Stahl die Luftschächte zu den mittleren Fahrmotoren der Drehgestelle nicht mehr in Stahlblech (das zum Brechen neigte), sondern in Alu-Blech ausgeführt. Weiterhin wurden die Sicherheitskupplungen an den Zugvorrichtungen nicht mehr angebaut und bei den bereits in Betrieb befindlichen Lokomotiven ausgebaut.

4. Hauptluftbehälter für 10 kp/cm^2

Beim Fahren langer Güterzüge und beim Betrieb auf längeren Gefällestrecken ergaben sich u. a. durch die mit zunehmender Dauer des Krieges häufiger auftretenden Undichtheiten der Bremsleitungskupplungen Probleme bei der Luftversorgung und die Luftverdichter wurden zunehmend überbeansprucht. Das RAW Lauban rüstete daraufhin am 18. September 1943 die E 94 018 vom Bw Waldenburg-Dittersbach als erste E 94 mit Hauptluftbehältern für 10 kp/cm^2 aus.

5. Reduzierung der Spurkranzabnutzung

Wegfall der Seitenpuffer zwischen den Drehgestellen
Infolge des großen Achsstandes in den Drehgestellen und der ohne Seitenspiel ausgeführten Lagerung der Radsätze hatten die E 94, besonders im Einsatz auf den kurvenreichen Gebirgsstrecken, eine große Spurkranzabnutzung. Zu ihrer Verminderung baute das RAW Innsbruck am 11. Februar 1942 bei E 94 001 die Seitenpuffer zwischen den Drehgestellen aus. E 94 072 wurde im Oktober 1942 ohne die Seitenpuffer angeliefert. Die erhoffte Verbesserung der Spurkranzabnutzung blieb offensichtlich aus, denn es wurden keine weiteren Lokomotiven ohne Seitenpuffer geliefert und keine mehr ausgebaut. Der Wiedereinbau der Seitenpuffer bei den E 94 001 und E 94 072 ist nicht bekannt.

Änderung der Spurkranzschmiereinrichtung
Zur Reduzierung der Spurkranzabnutzung auf kurvenreichen Steilstrecken rüstete die AEG einige E 94 mit einer Spurkranzschmiervorrichtung aus (siehe Technische Beschreibung). Diese relativ komplizierte Vorrichtung bewährte sich nicht (die Anzahl der mit ihr ausgerüsteten Lokomotiven ist nicht bekannt). Zum Kriegsende 1945 soll sie bei einigen Lokomotiven noch vorhanden gewesen sein.

Eine wesentlich einfacher und zuverlässiger funktionierende Spurkranzschmiervorrichtung entwickelte das RZA Berlin. Sie wurde als Bauart „Heyder" bezeichnet und 1941 in der E 94 erprobt. Diese Schmiervorrichtung bewährte sich bereits 1940 mit den auf der gleichen Strecke eingesetzten E 18 045 und E 18 046 des Bw Saalfeld (Saale). Belegt ist der gemäß Verfügung des RZA München versuchsweise Einbau in E 94 des Bw Probstzella:

- E 94 020 am 29. Mai 1941,
- E 94 021 am 13. Mai 1941,
- E 94 023 am 10. Mai 1941,

nachdem bei E 94 020 nach 23.700 km die Radreifen scharfgelaufen waren und abgedreht werden mussten. Die Arbeiten führte das Bw Saalfeld (Saale) aus.

Das RZA München genehmigte diesen Einbau erst nachträglich am 23. Juni 1941.

Auch die E 94 des Bw Pressig-Rothenkirchen erhielten 1941 die Spurkranzschmierung Bauart „Heyder“. Während hier die ungeschmierten Spurkränze Leistungen von 50.000 bis 60.000 km bis zum Scharflaufen der Räder erreichten, konnten die spurkranzgeschmierten E 94 nun bis mindestens 200.000 km fahren. So konnten bei jeder E 94 der Bw Pressig-Rothenkirchen und Probstzella zwei bis drei Zwischenausbesserungen wegfallen. Der weitere Einbau in vorhandene E 94 anderer Bw begann im 2. Halbjahr 1942

△ **Bild 90** • Kauernd im Splitterschutzkasten demonstriert ein Mitarbeiter von Krauss-Maffei die Nutzung der lebensrettenden Einrichtung.
Aufnahme: Werkfoto Krauss-Maffei, Sammlung Helge Hufschläger

△ **Bild 91** • Der hintere Führerraum der E 94 055–058 mit Lautsprechergerät und Klemmbrett für Mikrotelefon. Aufnahme: Werkfoto AEG, Sammlung Thomas Borbe

und ab der im Januar 1943 gelieferten E 94 080 wurden alle E 94 herstellerseitig damit ausgerüstet.

Bei dieser Schmiervorrichtung wurde ein in einem Papprohr befindlicher Hartfett-Schmierstöpsel mittels einer Druckfeder gegen den Spurkranz der Räder der Treibachsen 1 und 6 gedrückt. Die Druckfeder befand sich in einem Führungsrohr und folgte den Vertikalbewegungen der Radsätze.

6. Einbau von Splitterschutzkästen

Wegen der gegen Ende des Zweiten Weltkrieges zunehmenden Luftangriffe auf Züge im Reichsgebiet und häufigem Tieffliegerbeschuss wurde in den Führerräumen der E 94 für das Lokpersonal Splitterschutz vorgesehen. Krauss-Maffei rüstete am 26. August 1944 versuchsweise die E 94 070 mit gepanzerten Splitterschutzkästen aus. Nachdem über ihre Eignung entschieden war, erließ das RZA München am 15. September 1944 eine generelle Einbau-Verfügung. Danach erfolgten durch die RAW Esslingen, Innsbruck, München-Freimann und Nürnberg sowie die Betriebsabteilung Bludenz weitere Einbauten. Eine genaue Anzahl der hiermit ausgerüsteten E 94 ist nicht bekannt. Die Splitterschutzkästen wurden alle in den Jahren 1946/47 wieder ausgebaut und dem Schrott zugeführt.

7. Hochfrequenzsignal-Übertragung und -Telefonie

Beim Befördern von Zügen mit Elektrolokomotiven auf Rampenstrecken mit Schiebelokomotive ist es für einen störungsfreien Betrieb besonders wichtig, dass die Zug- und die Schiebelok möglichst gleichzeitig und gleichmäßig anfahren und beschleunigen. Zu Beginn der vierziger Jahre war es noch üblich, die Signalzeichen zur Einleitung der Anfahrt im Schiebebetrieb mit der Lokomotivpfeife zu übermitteln. Nicht in allen Fällen können diese Pfeifsignale ausreichend sicher gehört werden, besonders bei Echowirkungen in Gebirgstälern. Die Schallwellen breiten sich relativ langsam aus und bei längeren Zügen konnte die Übertragungszeit für die Pfeiftöne zwischen den beteiligten Lokomotiven bis zu zwei Sekunden betragen.

Für eine optimale Nutzung der Zugkraft beider Lokomotiven und die Vermeidung von Zugtrennungen wollte die Deutsche Reichsbahn mittels einer Hochfrequenz (HF)-Signalübertragung die erforderlichen Voraussetzungen schaffen. Unter Verwendung des Fahrdrahtes sollten morsezeichenartige Signale übertragen werden. Vorgesehen war die versuchsweise Ausrüstung der E 94 026–42, die auf der Strecke Saalfeld (Saale) – Pressig-Rothenkirchen im Schiebebetrieb eingesetzt werden sollten. Das RZA München änderte am 3. Juni 1941 die noch auszurüstenden Lokomotiven von E 94 029–042 auf E 94 045–058. E 94 055–058 sollten zusätzlich zur Signalübertragung HF-Telefonie erhalten, die jedoch wegen der Unzulänglichkeit der damaligen elektronischen Hilfsmittel nicht zustande kam.

Für die Signalübertragung wurden Hochfrequenzströme benutzt und über die beiden Stromabnehmer der beteiligten Lokomotiven sowie die Fahrleitung übertragen. Zur Trennung der Hochfrequenzströme vom Fahrleitungsstrom diente ein hochspannungssicherer Kondensator. Die Kopplung der Signalströme mit der Fahrleitungsspannung erforderte besondere Sicherheitseinrichtungen, um eine Gefährdung der angeschlossenen Apparate und des Bedienungspersonals auszuschließen. Als Sicherheitseinrichtungen dienten Spannungsableiter, Schmelzsicherungen und Ableitdrosseln. Eine zusätzliche 20-kV-Hochspannungssicherung vor dem Kondensator sollte bei Schäden seine Zerstörung vermeiden.

Zur HF-Ausrüstung der Lokomotiven gehörten weiterhin:

- eine 6-kV-Hochspannungssicherung;
- ein Schutzgerät „Ellok-HF/S";
- ein Hochfrequenzgerät „Ellok-HF/H", mit Sende- und Empfängerteil im vorderen Führerraum;
- ein Lautsprechergerät „Ellok-HF/L", an der rechten Seitenwand jedes Führerraumes,

Beispiel für die Verwendung der Ellok-Hochfrequenzsignal-Übertragung

A) Vorgang bei Ansetzen der Schiebelokomotive und Anfahren im Bahnhof

1. Schiebelokomotive setzt sich an den Zug und gibt nach § 59 (5) der Fahrdienstvorschriften das Achtungssignal.
2. Der Bahnhof teilt dem Zug die Abstimmungsnummer mit.
3. Beide Lokomotivführer stellen die mitgeteilte Abstimmungsnummer ein. Der Führer der Zuglokomotive stellt den Schalter „Zug—Schub" auf „Zug", der Führer der Schiebelokomotive auf „Schub" ein. Der Schalter „Vorn—Hinten" wird je nach Besetzung des Führerstandes eingestellt.
4. Die Anlage wird nach 2 min Anheizzeit betriebsbereit. **Der Kleinselbstschalter ist deshalb rechtzeitig einzulegen.** Die Abstimmung ist vor der ersten Signalgebung nochmals zu prüfen. Der Führer der Zuglokomotive gibt, sobald seine Einrichtung betriebsbereit ist, das Prüfzeichen: • ▬ • (Seite 16 B 4). Der Führer der Schiebelokomotive hat nach dem Empfang das gleiche Zeichen als Bestätigung sofort zurückzugeben. Der Führer der Zuglokomotive hat das Prüfzeichen zu wiederholen, wenn die Bestätigung des Schiebelokomotivführers bei ihm nicht eintrifft. Ohne diese Probe darf der Zug nicht abfahren.
5. Wenn das Ausfahrsignal „Fahrt frei" zeigt und der Abfahrtsauftrag erteilt ist, gibt der Führer der Zuglokomotive das Achtungssignal mit der Luftpfeife bei allen Zügen, bei denen die FV oder SB dies vorschreiben.
6. Anschließend gibt der Führer der Zuglokomotive mit der Zeichentaste das Signal „Achtung" (▬), das der Führer der Schiebelokomotive sofort zu wiederholen hat.
7. Hierauf gibt der Führer der Zuglokomotive das Zeichen „Anfahren" — ein sehr langer Ton —. **Sobald dieser Ton abbricht, schalten beide Lokomotivführer gleichzeitig auf.**
8. Wenn der Bahnhof im Gefälle von mehr als 1 : 400 (2,5 ‰) liegt, ist der Zug bis zum Anfahren mit den Zusatzbremsen der Lokomotiven zu halten.

B) Vorgang beim Wiederanfahren auf der Steilstrecke

1. Vor dem Wiederanfahren muß die durchgehende Bremse sorgfältig ausgelöst sein und der Zug mit den Zusatzbremsen der Lokomotiven gehalten werden.
2. Achtungssignal nach den FV oder SB geben.
3. Der Führer der Zuglokomotive gibt mit der Zeichentaste das Signal „Achtung" (▬), das der Führer der Schiebelokomotive zu wiederholen hat.
4. Der Führer der Zuglokomotive gibt hierauf das Zeichen „Anfahren" — ein sehr langer Ton —. Bei Beginn dieses Zeichens lösen beide Führer die Zusatzbremse aus. Bei einem Bremszylinderdruck von etwa 1 kg/cm² unterbricht der Führer der Zuglokomotive das Anfahrzeichen; **sobald der Ton abbricht, schalten beide Lokomotivführer gleichzeitig und ohne Hast auf.**

C) Beendigung des Nachschiebens

Soll das Nachschieben beendet werden, so gibt der Führer der Schiebelokomotive das Achtungssignal (elektrisch und mit der Luftpfeife).

D) Verständigung für besondere Fälle

1. Vor einem „Halt" zeigenden Hauptsignal, vor Langsamfahrstellen und dgl. gibt der Führer der Zuglokomotive, wenn es erforderlich ist, das Zeichen „Langsamer" (▬•▬•). Bestätigung durch den Führer der Schiebelokomotive.
2. Mit dem Zeichen „Schneller" (▬ ▬) kann der Lokomotivführer den anderen auffordern, stärker aufzuschalten. Dieses Zeichen ist vom Empfänger ebenfalls zu wiederholen.
3. Das Signal „Halt" (•••) und das Notsignal (••• ••• •••) sind vom empfangenden Lokomotivführer sofort zu beachten. Die Bestätigung ist während oder nach dem Abbremsen zu geben.

Das Signal „Halt" und das Notsignal sind auch mit der Luftpfeife zu geben.

△ **Bild 92** • Anleitung für die Verwendung der Hochfrequenzsignal-Übertragung.

▽ **Bild 93** • Schaltplan für die geplante Hochfrequenz-Telefonie.

Abbildungen (2): RZA München, Sammlung Rüdiger Bäzold

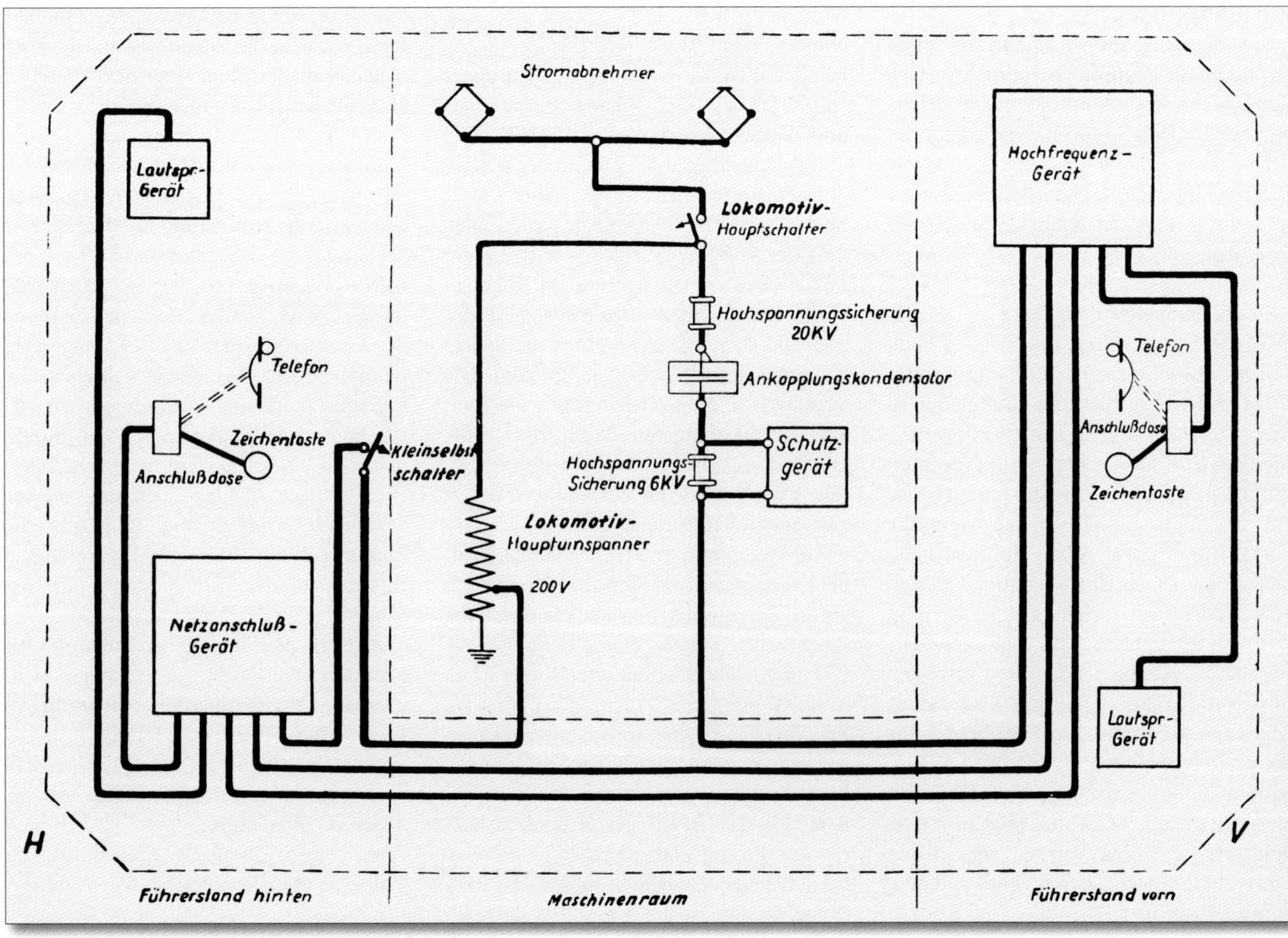

△ **Bild 94** • Bauteile der ursprünglichen Vorrichtung für die Keller'sche Kupplung. Ringschrauben und Lagerung für den Betätigungshebel wurden in die kommenden E 94-Serien weiter eingebaut, obwohl keine Nutzung absehbar war. ABBILDUNG: BERND ZÖLLNER

- eine Zeichengebertaste „Ellok-HF/T" am Konsol des Sandstreuhebels in jedem Führerraum;
- eine Anschlussdose „Ellok-HF/DZ oder DF" auf jedem Führerraum an der Vorderwand unter dem mittleren Fenster;
- und ein Netzgerät auf dem hinteren Führerraum.

Die Sendeleistung der Anlage betrug 3 bis 3,5 Watt. Auf der gleichen Einsatzstrecke oder in Bahnhöfen konnten bis zu zehn Lokomotivpaare gleichzeitig den Funkverkehr auf unterschiedlichen Frequenzen durchführen. Dazu waren zehn Frequenzen einstellbar, sowie vier weitere für den Fernsprechverkehr.

Vor Beginn der Nachschiebefahrt wurde die zu benutzende Frequenz den beteiligten Lokomotivführern mitgeteilt.

Die Signalzeichen wurden mit der Zeichengebertaste ausgelöst und durch den Sendeteil des Hochfrequenzgerätes ausgesendet. Das Überlagerungsempfängerteil auf der anderen Lokomotive empfing die Signale und wandelte sie in akustische Signale um, die der Lautsprecher ausstrahlte.

Durch die gewählte Tonfrequenz von 900 Hz war eine Verwechslung mit anderen akustischen Signalen auf der Lokomotive, z. B. der SIFA, ausgeschlossen.

Als Signalzeichen kamen die im Signalbuch festgelegten Signale für den Nachschiebebetrieb und Signalgebung mit Lokomotivpfeife zur Anwendung:

- Achtung:
  ein mittellanger Dauerton
- Halt:
  drei kurze Töne hintereinander
- Notsignal:
  drei kurze Töne, dreimal mit geringer Pause dazwischen
- Anfahren:
  ein langer Dauerton
- Schneller Aufschalten:
  zwei mittellange Dauertöne
- Langsamer Zurückschalten:
  mittellanger Ton, kurzer Ton, mittellanger Ton, kurzer Ton
- Prüfzeichen:
  kurzer Ton, mittellanger Ton, kurzer Ton

Vor dem Zeichen „Anfahren" war immer das Zeichen „Achtung" zu geben. Alle Signalzeichen, außer „Anfahren", musste der Empfänger als Bestätigung des Empfanges wiederholen.

Es konnte jeweils nur einer der beiden beteiligten Lokomotivführer ein Signalzeichen senden. Die gleichzeitige Zeichengabe beider Lokomotivführer unterband eine Sperreinrichtung. Durch sie wurde das Senden gesperrt, wenn der Empfänger ein Signalzeichen empfing.

Die gesamte HF-Einrichtung wurde durch das an die 200-V-Anzapfung des Hauptumspanners angeschlossene Netzgerät mit der für ihren Betrieb erforderlichen Gleichspannung versorgt. Als Gleichrichter waren Selengleichrichter eingebaut. Die Betriebsbereitschaft der einzelnen HF-Geräte überwachten Schauzeichen und Kontrolllampen.

Mit Gültigkeit vom 1. Juli 1941 an gab die Reichsbahn die DV 97505 „Beschreibung der Hochfrequenzsignalübertragung für elektrische Lokomotiven nebst Bedienungsvorschrift" heraus. Die RBD München sandte sie am 28. Oktober 1941 an die RAW München-Freimann und Innsbruck mit den Hinweisen, dass die übersandten Dienstvorschriften zur Unterrichtung des RAW-Personals für die spätere Unterhaltung dienen, der Einbau der Ausrüstungen durch das Lieferwerk (AEG) erfolgt und die Geräte voraussichtlich in der Zeit vom 12. November 1941 bis 16. März 1942 angeliefert werden sollen.

Aufgrund von Lieferverzögerungen des Sublieferanten wurden die Ausrüstungen erst im Lauf des Jahres 1942 in den bereits in Betrieb befindlichen E 94 045–058 nachgerüstet.

Der Planbetrieb begann am 20. September 1942. Die für HF-Signalübertragung eingerichteten E 94 027 und 028 erprobte das RZA München vom 4. Februar 1943 bis zum 6. Februar 1943 auf der Strecke Innsbruck – Brenner. Aus Sicht der RBD Nürnberg bewährten sich die Einrichtungen. Jedoch war die Handhabung und Verständigung sehr komplex. Zum Kriegsende 1945 war keine der Lokomotiven mehr mit den Geräten ausgerüstet.

8. Vorrüstung für die Keller'sche Kupplung

Als Versuchsausführung erhielt die für das Bw Pressig-Rothenkirchen vorgesehene E 94 007 ab Werk eine Vorrüstung für eine Keller'sche Kupplung. Diese war für den Schiebebetrieb im Frankenwald gedacht. Per Seilzug ließ sich damit die Schiebelokomotive vom Führerraum aus von dem nachzuschiebenden Zug entkuppeln. Eine umfangreiche Ausrüstung von E 94 erfolgte jedoch nicht.

Die Keller'sche Kupplung brachte keinen Mehrwert: Die Schiebelokomotiven blieben im Frankenwald in der Regel fest gekuppelt am Zug, weil sie in der Gegenrichtung auch wieder benötigt wurden.

Deutsche Bundesbahn

Die Deutsche Bundesbahn nahm bei ihren E 94 folgende ständige oder versuchsweise Bauartänderungen vor:

1. Spurkranzschmierung „De Limon"

Die Heyder-Fettschmierung des RZA brachte bereits eine Reduzierung des Spurkranzverschleißes. Trotzdem war er noch beachtlich hoch. Daraufhin rüstete die DB am 11. Januar 1952 die E 94 081 als erste mit einer Spurkranzschmiervorrichtung Bauart „De Limon" aus. Bei ihr spritzt eine von einer Treibachse angetriebene Fettpresse mittels Druckluft wegeabhängig in zyklischer Reihenfolge Fett auf die Spurkränze der äußeren Drehgestell-Radsätze. Diese Schmiervorrichtung bewährte sich und das AW Freimann baute diese in alle E 94/194 der DB ein.

2. Einbau von Hochspannungs-Sicherungen statt Hauptschaltern

Zum Kriegsende 1945 zeigte sich, dass durch Beschussschäden zahlreiche Hauptschalter der E 94 unbrauchbar waren. Trotz teilweiser Bedarfsdeckung durch Hauptschalter aus abgestellten Schadlokomotiven konnten nicht alle erforderlichen ersetzt werden. Einige E 94 erhielten daraufhin durch das AW Freimann statt des Hauptschalters eine Hochspannungssicherung, darunter die E 94 060. Auch die am 24. Mai 1945 in Dienst gestellte E 94 159 hatte eine Hochspannungs-Dachsicherung (belegt durch Betriebsbucheinträge). Am 31. Januar 1947 erhielt E 94 060 wieder einen Expansionsschalter, Typ R 628, als Hauptschalter. Am 30. April 1947 baute das AW Freimann in E 94 159 ebenfalls einen Hauptschalter des Typs R 628 ein.

3. Spannungsanschluss für Packwagenbeleuchtung

E 94 039 erhielt am 13. April 1954 im AW Esslingen als erste E 94 an jeder Vorbau-Stirnwand eine Steckdose für den Anschluss der Packwagenbeleuchtung mittels Kabel. Nachdem ca. zehn Jahre später die Packwagen bei den Güterzügen weggelassen wurden, waren diese Anschlüsse nicht mehr notwendig und wurden abgebaut.

4. Einbau eines Wandernockenschaltwerkes

Die AEG hatte 1947 ein Wandernockenschaltwerk für die E 94 mit 18 Schaltstufen entwickelt. Je ein Schaltwerk erhielten am 4. Juli 1950 die E 94 043 und die im November 1950 fertiggestellte E 94 145. Das Wandernockenschaltwerk hatte spezielle Lastschalter und die Stufenkontakte schalteten leistungslos. An diesen Kontakten traten demzufolge keine Abreißfunken auf und der Verschleiß des Schaltwerkes war geringer.

Die Wandernockenschaltwerke in den beiden E 94 bewährten sich offensichtlich nicht, denn sie wurden 1951 bereits wieder gegen normale Nockenschaltwerke ausgetauscht. Dagegen bewährte sich das ebenfalls von der AEG in die E 244 22 eingebaute Wandernockenschaltwerk ebenso, wie das in E 10 001 verwendete.

5. Änderung der Schaltung der elektrischen Bremse

Bei den auf den süddeutschen Strecken eingesetzten E 94 war in den letzten Einsatzmonaten größtenteils die elektrische Bremse außer Betrieb, weil die Ersatzteilversorgung zunehmend Probleme bereitete und der Unterhaltungsaufwand gesenkt werden musste. Am häufigsten fielen die Bremswiderstände wegen Überlastung aus, wenn bei Benutzung der elektrischen Bremse die Lokomotiven nicht zusätzlich noch mit Druckluft abgebremst wurden. Überstieg der Bremsstrom die 700-A-Grenze und überhörte der Lokomotivführer das akustische Warnsignal, so brannten die Bremswiderstände durch, weil das Einstellen der niedrigeren Bremsstufe nicht erfolgte.

Ab 1951 baute die DB die elektrische Bremse so um, dass die Abhängigkeit der Druckluftbremse von der elektrischen Bremse wegfiel. Die elektrische Bremse diente damals nur noch als Zusatzbremse zur Druckluft-Zugbremse.

6. Schmierung der Brückenabstützung

Die bereits vor Kriegsende 1945 von der Reichsbahn vorgesehene Schmierung der Brückenabstützung führte die DB ein. Die verwendeten Bosch-Tropföler entsprachen jedoch nicht den gewünschten Erfordernissen. Dagegen bewährten sich zwei De Limon-Schmierpumpen, die Krauss-Maffei am 7. August 1947 in die E 94 131 einbaute, wesentlich besser. Der serienmäßige Einbau begann aber erst im Jahr 1975.

7. Blitzpfeilschilder

Um das Personal vor den Gefahren beim Besteigen der Lokomotive (Berühren der Fahrleitung) zu warnen, verfügte das BZA München am 2. Oktober 1952 den Anbau von Blitzpfeilschildern (Verf. 2113 FKLea).

8. Einbau von Druckluft-Schnellschaltern

Mitte der sechziger Jahre konnten die bei der Lieferung eingebauten Hauptschalter der Typen AP 103 und AP 104 (AEG) und R 628 (SSW) nicht mehr erneuert werden. Der von den SSW entwickelte neue Expansionsschalter, Typ H 638, war nur in E 94 271 eingebaut.

Im Jahr 1968 ersetzte die DB bei einigen E 94 den alten Hauptschalter durch den bei den Einheits-Elloks verwendeten Druckluft-Schnellschalter vom Typ DBTF 20i200 für 200 MVA Ausschaltleistung der Firma BBC. Der Umbau war, u. a. wegen erforderlicher Umrüstung auf neue Relais, teurer als erwartet. Demzufolge blieb der Umbau auf Unfalllokomotiven und unbedingt erforderlichen Ersatz beschränkt. Folgende Lokomotiven besaßen diesen Druckluft-Schnellschalter:

194	022	038	042	049	070
	071	091	125	188	190
	562	571			

▽ **Bild 95** • Der Hauptschalter DBTF 20i200. AUFNAHME: WERKFOTO BBC, SAMMLUNG BERND ZÖLLNER

9. Elektrischer Geschwindigkeitsmesser

Ab 1960 ersetzte die DB die auch bei den E 94 vorhandenen Einheits-Geschwindigkeitsmesser, Bauart Deuta mit mechanischem Antrieb, durch elektrische Geschwindigkeitsmesser.

10. Stahlgitterroste als Dachumlauf

Verrottete Dachumläufe aus Holz ersetzte die DB ab 1973 durch Umläufe aus Stahlgitterrosten. Die Stahlgitterroste hatten sich bei den Neubaulokomotiven bewährt und ihr Instandhaltungsaufwand war geringer als bei den Holzumläufen.

11. Einbau von Kupfer-Stromschienen

Im Rahmen eines geplanten Vereinheitlichungsprogrammes für die E 94 wollte die DB Mitte der fünfziger Jahre die kriegsbedingt mit Aluminium-Stromschienen ausgerüsteten sowie die Kabel-E 94 auf Kupfer-Stromschienen umbauen. Am 3. Mai 1955 war als erste E 94 137 umgerüstet. Ihr folgte am 19. November 1958 die „Kabellok" E 94 032. Das Programm war zu aufwändig. Der Einbau von Kupfer-Stromschienen erfolgte später nur noch im Rahmen der Instandsetzung von Unfallschäden.

12. Veränderung der Spitzenlichter

Reklamationen des Lokpersonals über Lichtreflexe auf den Vorbauten bei Regen oder Nässe führten Anfang der sechziger Jahre zur Verlegung des dritten Spitzenlichtes von der Führerhauswand mittig an den Rand der Vorbauten. Dabei wurde die Öffnung unter dem Dachvorsprung mit einem Blech verschlossen (später ging hier das Kabel für die ZBF-Antenne durch).

In den Jahren 1962 bis 1978 tauschte das AW München-Freimann anlässlich planmäßiger Hauptuntersuchungen die jeweils beiden, auf den Pufferbohlen aufgesteckten Signallaternen gegen neue, kleinere DB-Einheits-Signalleuchten mit Leuchtenfuß aus (die DB verwendete den Begriff Leuchte statt Laterne).

13. Schiebe- und Zugbahnfunk

Für die Verständigung der Lokomotivführer auf den im Schiebebetrieb auf der Rampe Laufach – Heigenbrücken eingesetzten E 94 erhielten ab 1957 die E 94 141, E 94 142 und E 94 262 bis E 94 285 die Einrichtungen des UKW-Funkes der Rangierlokomotiven. Dieser Sprechfunk bewährte sich weitaus besser als die vor 1945 erprobte Hochfrequenztelegrafie unter Benutzung der Fahrleitung.

Später erhielten auch die im Schiebedienst auf der Geislinger Steige verwendeten E 94 038, 039, 042 und 085 diese Ausstattung. Zu erkennen waren die „Funklokomotiven" an der Topfantenne, die zunächst auf den Vorbauten und später auf den verlängerten Dachschirmen mittig angeordnet war. Durch die Einführung des Zugbahnfunks ab 1973 wurde der Schiebefunk durch diesen ersetzt.

Zu den Olympischen Spielen in München im Jahr 1972 hatte sich der Zugbahnfunk (ZBF) sehr gut bewährt und auch Versuche auf der Geislinger Steige verliefen positiv. Nach der Ausrüstung der Strecke München – Augsburg – Stuttgart für den ZBF erhielten die dort im Einsatz befindlichen Güterzuglokomotiven, unter ihnen auch 194er, die Einrichtungen für den ZBF. Als erste und zur Funktionserprobung im Jahr 1973 die 194 131. Die Versuche verliefen erfolgreich und ein Jahr später erfolgte der Einbau der ZBF-Einrichtungen (zunächst nur der Grundausrüstung) in die 194 der Bw Augsburg, Ingolstadt und Mannheim. Mitte 1977 waren alle 194 der DB mit ZBF ausgerüstet. Die ZBF-Stabantenne war auf dem hinteren Dachschirm montiert.

14. Zeitrelais für die SIFA

Die Einheits-Sicherheitsfahrschaltung der Firma BBC, die in den Elektrolokomotiven bis 1945 eingebaut wurden, war wegeabhängig. Bei höheren Fahrgeschwindigkeiten erforderte sie eine dementsprechend kurze Reaktionszeit des Lokomotivführers.

Im Juni 1954 rüstete die DB die SIFA der E 94 141 versuchsweise mit einem Zeitrelais aus, das sich bewährte. Daraufhin erhielten alle E 94 der DB ein Zeitrelais für die SIFA, die dadurch wege- und zeitabhängig arbeitete.

15. Induktive Zugsicherung (Indusi)

Eine der bei der Reichsbahn bis 1945 verwendete Zweifrequenz-Indusi-Einrichtung wurde am 9. August 1956 in E 94 131 eingebaut. Es war die erste Lokomotive dieser Baureihe mit einer Indusi-Ausrüstung.

Eine weiterentwickelte Dreifrequenz-Indusi-Ausrüstung, Bauart I 54, erhielt am 5. Februar 1958 die E 94 108. Diese Indusi wurde von der DB als Einheitsausführung eingeführt. Anfangs auftretende Mängel konnten durch die Verwendung größerer Kabelquerschnitte ab 1960 beseitigt werden.

16. Transduktor-Ladegeräte

Mit dem Einbau der Indusi-Ausrüstungen stieg bei den E 94 der Steuerstrombedarf an. Daraufhin erhielten zu Beginn der

▽ **Bild 96 • E 94 039** schiebt am 21. Mai 1964 auf der Geislinger Steige vor Amstetten einen Güterzug nach. Die Topfantenne für den Schiebefunk ist auf dem Dachschirm zu sehen. AUFNAHME: ULRICH MONTFORT

sechziger Jahre einige E 94 leistungsfähige Transduktor-Ladegeräte. Bis zum Jahr 1967 waren es E 94 032, 041, 042, 086, 087, 108, 122, 125, 128, 137 und 138. Die Ausrüstung weiterer Lokomotiven ist nicht bekannt.

17. Achslagergleitplatten aus Hartmanganstahl

Versuchsweise rüstete die DB E 94 140 mit einer Schmiervorrichtung für die Achslagerführungen und die Kupplung zwischen den Drehgestellen aus, die nicht die erwarteten Effekte brachten. Zur Reduzierung des Verschleißes der Achslagerführungen wurden daraufhin ab 1964 für die Achslagerkästen und ihre Führung im Drehgestellrahmen Gleitplatten aus Hartmanganstahl anstelle der bisher verwendeten Rotgussgleitplatten eingebaut. Dadurch entfiel ebenfalls das Nachschmieren der Gleitflächen und der Verschleiß der Gleitplatten verringerte sich wesentlich.

18. Abbau von Sandkästen

Ursprünglich besaßen die E 94 acht Sandkästen pro Lokseite. Je einer befand sich vor und nach den Radsätzen 1, 3, 4 und 6. Zur Reduzierung des Instandhaltungs- und des Wartungsaufwandes bei den E 94 verfügte die DB am 18. Dezember 1957 den Abbau der Sandkästen an den Rahmenwangen der Drehgestelle zwischen den Radsätzen 1 und 2 sowie 5 und 6.

19. Verlängerung des Lokomotivdaches

Zur Verhinderung der Berührung spannungsführender Teile beim Reinigen der Stirnfrontfenster mit einer Langstielbürste vom Erdboden aus wurde ab Ende der fünfziger Jahre das Lokomotivdach über den Stirnfrontfenstern der Führerstände verlängert. Die erste mit einem verlängerten Lokomotivdach ausgerüstete Lokomotive aus dem vorhandenen Bestand war seit dem 24. Juni 1957 die E 94 091.

20. Vereinheitlichung der Druckluftanlagen

Während der Hauptluftbehälterdruck bei allen AEG-Lokomotiven wegen des Druckgasschalters schließlich 10 kg/cm² betrug, hatten die E 94 mit Expansionsschalter (Siemens-Lokomotiven) nur einen Druck von 8 kg/cm² im Hauptluftbehälter. Ab 1970 wurden daher im Zuge von Vereinheitlichungsmaßnahmen letztere den AEG-E 94 entsprechend angepasst.

21. Überwurfkupplung

Die auf der Geislinger Steige im Schiebedienst verwendeten E 94 038, 039, 042 und 085 erhielten ab 1962 eine sog. Überwurfkupplung mit Entkupplungsdeichsel (auch Kupplungsbügel genannt), Seilzug und Umlenkrollen einseitig eingebaut. Damit konnte der Kupplungsbügel per Seilzug vom Führerraum aus gelöst werden. Ab Mitte der siebziger Jahre wurde diese Einrichtung nicht mehr benutzt und später entfernt. Mit dieser Vorrichtung konnten die E 94 in Geislingen West ohne Rangierer ankuppeln und vor Amstetten während der Fahrt abkuppeln.

22. Automatische Mittelpufferkupplung

Zu Beginn der siebziger Jahre verfolgten die europäischen Bahnverwaltungen sehr intensiv die Einführung einer automatischen Mittelpufferkupplung (AK). Aus diesem Grund unternahm das BZA Minden in Porta Versuche auch mit einer 194. Ausgewählt wurde die Mannheimer 194 194 im Jahr 1973, die das AW Freimann hierfür einseitig mit AK ausstattete. Am 15. November 1973 erhielt sie im Rahmen einer Bedarfsausbesserung U 0 die sogenannte „AK 3“, die am 6. Dezember 1973 wieder ausgebaut wurde. Erneut bekam sie am 3. Juli 1974 (U 0) die AK 3 einseitig eingebaut. Am 23. Juli 1974 (U 0) baute das AW Freimann die Kupplung endgültig wieder aus.

Die europaweite Einführung der automatischen Kupplung scheiterte später hauptsächlich aus politischen Gründen. Die beiden großen Eisenbahnverbände Europas, die UIC in Paris und OSShD in Warschau, hatten jeweils ein eigenes AK-System entwickelt, das jedoch nicht mit dem anderen kompatibel war. Da man

▽ **Bild 97** • Lebensrettende Funktion hatte die Dachverlängerung für den Regelfall der Fensterreinigung mit einer Langstielbürste (**194 124** im Bw Freilassing am 29. Dezember 1980). AUFNAHME: FRANK LÜDECKE

▽ **Bild 98** • Umlenkrolle, Seilzug und Überwurfkupplung an **194 039** in Geislingen an der Steige. AUFNAHME: BERTOLD BRANDT

sich nicht auf ein einheitliches System einigen konnte, wegen der hohen Kosten und anderer Probleme, verschob sich das Projekt Mitte der siebziger Jahre auf unbestimmte Zeit. Die bei den 194 im Jahr 1972 begonnenen Vorbereitungsarbeiten stellte die DB daraufhin 1975 wieder ein.

23. AK-Pufferträger und Signalleuchten mit Anbaugehäuse

Die beabsichtigte Einführung der automatischen Mittelpufferkupplung (AK) Anfang der achtziger Jahre veranlasste die DB, auch die Baureihe 194 entsprechend vorzubereiten. Hierfür musste ein neuer Pufferträger angebaut werden, bei dem die AK dann einfach in den Aufnahmeschacht einzusetzen gewesen wäre. Bei der AK werden auf den Pufferträger größere Kräfte ausgeübt als bei der herkömmlichen Kuppelart.

Als erste erhielt 194 569 am 6. März 1972 die neue, sogenannte Verschleißpufferbohle eingebaut. Da diese an ihren Enden abgerundet ist, war es nun nicht mehr möglich, die Sockel für die aufsteckbaren Signalleuchten wie bisher auf der Pufferbohle zu montieren. Folglich erhielten die so umgebauten 194 neue Signalleuchten des Typs SL1 mit je drei Haltern für eine rote Vorsteckscheibe, deren Gehäuse direkt an die Stirnwände der Vorbauhauben angebaut waren.

△ **Bild 99 • 194 194** erhielt versuchsweise eine automatische Mittelpufferkupplung (hier zu sehen am 17. Juli 1974 in Tübingen). Das dritte Spitzenlicht ist vom Typ SL1 mit Parabol-Gehäuse. Aufnahme: Sammlung Helmut Linke

▽ **Bild 100 •** Zwei ausgediente 194 am 15. April 1987 auf dem Lokfriedhof im AW Freimann. Rechts **194 120** mit herkömmlicher Pufferbohle, links **194 157** mit AK-Pufferbohle, fest angebauten Signalleuchten und anderer Anordnung der Luftleitungen. Aufnahme: Brian Rampp

△ **Bild 101 •** Details der modernisierten **194 125** im Juli 1983: Führerhaustüren aus dem Neubaulokprogramm, gummigefasstes Seitenfenster, neben der Aufstiegsleiter verlegte Anfahrlampe und mit Warnanstrich versehene Ecken der Wartungstüren. Auf dem Dachschirm ist die ZBF-Antenne angebracht. Aufnahme: Bernd Zöllner

△ **Bild 102 • 194 042** erhielt nach einer Unfallausbesserung gummigefasste Stirnfenster, aufgenommen im Bw Mannheim am 29. Dezember 1980. Aufnahme: Brian Rampp

Im Rahmen der planmäßigen Umrüstung erhielten 1972 bis 1975 folgende zehn Maschinen AK-Pufferträger und Signalleuchten des Typs SL1 eingebaut:

194	022	035	053	071	112
	137	159	194	569	585.

Anlässlich fälliger Hauptuntersuchungen, bei denen zwecks Beschleunigung des Arbeitsflusses die Drehgestelle (mit Vorhauben) getauscht wurden, kamen diese in andere 194.

Damit verloren die oben genannten Lokomotiven ihr Aussehen bis spätestens Ende 1981 wieder. Lediglich 194 194 erhielt bei ihrer letzten Hauptuntersuchung (fertiggestellt am 27. April 1983) zum zweiten Mal AK-Pufferträger und Signalleuchten SL1.

Bei ihrer Ausmusterung besaßen 194 023, 072, 107, 157, 158, 159, 180, 194 und 579 diese Einrichtungen. Nur zeitweise waren 194 190 (1977 bis 1983) und 581 (1977 bis 1984) mit Verschleißpufferbohle und Signalleuchten SL1 unterwegs. Als letzte hatte das AW Freimann 194 579 (U 2.8 am 16. Juli 1984) entsprechend umgebaut, wobei die Tauschdrehgestelle aus der 194 581 stammten.

Darüber hinaus verließen in den siebziger Jahren einige 194 nach Unfallausbesserungen die Ausbesserungswerke mit neuen Lampen, aber herkömmlicher Pufferbohle. Dazu zählten die im Juli 1975 in Mühlthal/Obb. verunglückte 194 092, die zum 25. November 1975 im AW Freimann (MF) einseitig (auf Seite 2) mit Signalleuchten SL1 versehen wurde. Ferner die im AW Bremen im Mechanteil wieder aufgebauten Schadlokomotiven 194 042 (U2.9 MF 17. Oktober 1976) und 194 188 (U2.9 MF 22. Januar 1976) sowie 194 564.

Das Drehgestell mit Vorbauhaube von 194 092 gelangte später in 194 093, welches sie vom 13. März 1978 bis 14. Mai 1984 besaß. Nach Hauptuntersuchungen liefen bis zu ihrer Ausmusterung ferner 194 080, 139, 181 und 584 mit Signalleuchten SL1, aber ohne AK-Pufferträger.

Die Tatsache, dass Drehgestelle und Vorbauten stets eine Einheit bildeten und demzufolge nur gemeinsam getauscht werden konnten, bedingte übrigens die Verwendung von auswechselbaren Lokschildern an den Stirnseiten der 194. Die Loknummer war im Gegensatz zum Lokkasten auf den Vorbauten nicht unmittelbar aufgemalt.

24. Gummigefasste Fenster

Anlässlich von Hauptuntersuchungen (vor allem bei Durchrostungen oder Unfallschäden) baute das AW Freimann in zahlreiche 194 ab 1973 auf der linken Seitenwand anstelle der beiden Schiebefenster zwei feste, gummigefasste Maschinenraumfenster ein. Das war pragmatisch, weil diese Fenster von innen nur schwer erreichbar waren. Sie waren an den abgerundeten Ecken sofort zu erkennen. Auf der rechten Seitenwand (Gangseite) verblieben die eckigen Schiebefenster zum Öffnen. Nur 194 574 erhielt auf beiden Seiten gummigefasste Maschinenraumfenster. 194 018 erhielt auf der rechten Seite vorn ein neues Fenster, während das hintere Fenster nicht getauscht wurde. Diesbezüglich war sie ein Unikat. Eine Besonderheit waren die im AW Bremen wiederaufgebauten Unfalllokomotiven 194 042 und 194 125. Sie erhielten auch gummigefasste Stirnfenster an den Führerräumen.

25. Separate Rotschlussleuchte

Die im Schiebedienst auf der Spessartstrecke Laufach – Heigenbrücken regelmäßig verwendeten 194 572, 576 und 581 bis 585 erhielten Mitte der siebziger Jahre im Bw Nürnberg Rbf eine separate Rotschlussleuchte (rote Signalleuchte Typ SL3, ohne Halterungen für eine Vorsteckscheibe) auf beiden Seiten der Vorbaustirnwände eingebaut. Es war vom Führerstand ein- und ausschaltbar. Damit sollte dem Lokführer erspart werden, von der Lokomotive herunterzusteigen und von Hand das Zugschlusssignal umstellen zu müssen. Wegen der dichten Streckenbelegung musste der Gleiswechsel der Schiebelok am Schwarzkopftunnel bei Heigenbrücken möglichst schnell erfolgen. 194 579, 581 und 194 585 besaßen zeitweise Rotschlusslicht, AK-Pufferbohle und fest eingebaute Stirnleuchten. 194 584 war die einzige Maschine mit regulären Pufferbohlen, fest eingebauten Lampen und Rotschlusslicht.

26. Thermofach

Zum Kühlen oder Wärmen von Getränken für das Lokpersonal erfolgte ab 1976 im Rahmen der Sonderarbeit 2.2.218 der Einbau von Thermofächern in die Führerräume.

27. Abbau von weiteren Sandkästen

Mit Verfügung 21 AM/50 Fa vom 2. März 1982 der BD München waren auch je zwei Sandkästen zwischen den Radsätzen 2 und 3 bzw. 4 und 5 stillzulegen und abzubauen.

28. Brandverhütung

Die E 94 war eine Elektrolokomotive mit einer hohen Brandanfälligkeit. Als Ursache ergaben sich:

- Durch ständig höhere Zuglasten größere Schaltströme, die größere Abreißfunken am Nockenschaltwerk und den Trennschützen verursachten.
- Das Abschmelzen von überlasteten Bremswiderständen. Die von letzteren herabfallenden Schmelzperlen und Funken entzündeten Öl und Schmierstellen im Maschinenraum.
- Hohe Motorströme, bis zu 3.000 A je Motor, verursachten eine starke Erwärmung der Motoren und das Auslöten von Kabelschuhen.
- Die Isolation der Starkstromkabel zwischen dem Mittelkasten und den Drehgestellen scheuerte durch und führte zu Kurzschlüssen.
- Durch Funkenflug der Klotzbremse entzündeten sich Öl-Schmutz-Ablagerungen.

Das AW München-Freimann führte daher eine Reihe von Änderungen an den E 94/194 aus, die die Brandursachen beseitigen sollten. Als erste Lokomotive wurde am 14. Juli 1964 die E 94 107 mit folgenden Änderungen versehen:

- Ausgießen des Zwischenraumes in der Rückwand des Führerraumes 2 mit Silikonkautschuk als Schutz vor den Abreißfunken der Trennschütze. Wurde ab 1970 bei allen 194 durchgeführt und später auch die Rückwand des Führerraumes 1 ausgegossen.
- Grund- und Rückplatte der Lüfter- und der Trennschütze erneuert.
- Nockenschaltwerk mit einer Blechabdeckung versehen.

△ **Bild 103 • 194 583** mit separater Rotschlussleuchte SL 3 am 2. August 1986 in Laufach. AUFNAHME: FRANK LÜDECKE

- Auflagehölzer und Abdeckung für die Durchführung der Starkstromkabel vom Mittelkasten zu den Drehgestellen geändert.
- Anbau von Schutzblechen über den Radkästen.

29. Ersatz der Anfahrleuchte

Mit dieser auch „Hella-Lampe“ genannten Vorrichtung waren alle E 94 ab Werk ausgerüstet. Sie befand sich auf der Lokführerseite jedes Führerstandes und konnte vom Führerraum eingestellt werden. Hauptsächlich diente sie als Bewegungskontrolle, z. B. bei schweren Anfahrten bei Nacht. Durch unrichtige Anfahrvorgänge bestand hier stets die Gefahr der Überhitzung und damit Beschädigung des Kollektors.

Da die Anfahrleuchten, insbesondere durch ihre Kugellagerung, starkem Verschleiß unterlagen – der durch die Einführung der maschinellen Außenreinigung noch beschleunigt wurde – und außerdem nicht nachbeschaffbar waren, erfolgte ab 1967 bei Schäden oder Hauptuntersuchungen ihr Ausbau und Ersatz durch eine neue Leuchte (sog. Kellerleuchte oder Schiffsarmatur) unter dem Führerstand hinter bzw. neben der Treppe. Ende der siebziger Jahre war diese Aktion beendet. Ähnlich verfuhr übrigens auch die DR der DDR.

△ **Bild 104** • Detailansicht der Schiffsarmatur als Anfahrlampe an **194 192**. AUFNAHME: BERND ZÖLLNER

30. Modernisierung

Eine generelle Modernisierung der Baureihe E 94/194, analog der E 91 oder E 17 110, führte die DB nicht durch. Lediglich nach schweren Unfällen erfolgte bei der Reparatur der Schadlokomotive im allgemeinen die Wiederherstellung des zeichnungsgemäßen Originalzustandes. In der Zwischenzeit eingeführte Bauartänderungen fanden dabei entsprechende Berücksichtigung.

Keine explizite Modernisierungsmaßnahme, aber modern anmutend, waren die im Zuge der Unfallausbesserung der 194 125 neu gefertigten Vorbauhauben. Sie waren vollständig geschweißt. Das AW Bremen baute zwei für die Unfalllokomotive und eine als Reserve. Sie besaßen nicht die für alle E 94 charakteristische, umlaufende Kante und waren damit im oberen Bereich im Übergang glatt. Auf

△ **Bild 105** • Scherenstromabnehmer Typ SBS 39 auf **E 94 279**. AUFNAHME: BERND ZÖLLNER

194 125 fuhren sie nur wenige Jahre, dann wechselten die beiden Vorbauhauben mit den Drehgestellen zur 194 570, wahrscheinlich anlässlich ihrer Hauptuntersuchung U2 am 6. Juni 1977. Nach ihrer Ausmusterung am 29. Januar 1981 kamen die Hauben auf 194 566. Die dritte neu gebaute Vorbauhaube fand sich zuletzt auf dem hinterem Drehgestell der 194 036 wieder.

31. Änderungen der Stromabnehmer

Die auf den E 94 des Herstellers SSW montierten Stromabnehmer der Bauart SBS 38 baute die DB ab 1948 wegen einiger Mängel auf solche der Bauart SBS 39 um, indem man anstelle der festen Wippe eine Pendelwippe montierte.

Die E 94 Bauart AEG besaßen Stromabnehmer des Typs HISE 7. Im Zuge von Tauschmaßnahmen mit der Baureihe E 18 erhielten diese E 94 auch Pantographen des Typs HISE 2. Bekannt sind E 94 062 und 063. Bei einigen Maschinen waren HISE 2 und 7, die sich stark ähnelten, gemischt auf den E 94 montiert.

▽ **Bild 106** • **194 036** war mit zwei unterschiedlichen Vorbauhauben ein Unikat. Sie trug auf Seite 2 eine im AW Bremen hergestellte, völlig geschweißte und über die Krümmungen glatte Haube und auf Seite 1 eine reguläre Haube mit der üblichen Absetzkante, aufgenommen am 1. April 1986 in Geislingen. AUFNAHME: DIETER SPILLNER

Bild 107 ▷ Frisch hauptuntersucht präsentiert sich **E 94 038** im September 1962 im AW München-Freimann. Sie zeigt die die vorn neu eingebaute Wartungstür und das nach rechts mittig versetzte Lokschild, einen sehr hell anmutenden grünen Anstrich sowie als eine der ersten DB-E 94 die neuen Einheits-Signalleuchten. Diese werden bis 1978 auf allen DB-E 94 installiert.

AUFNAHME: AAD VAN OOY/ EISENBAHNSTIFTUNG

Alle genannten Stromabnehmertypen besaßen nur ein Schleifstück, so dass ein Fahren mit beiden Pantographen nötig war, um eine einwandfreie Stromabnahme zu gewährleisten. Vor allem bei der Beförderung von Auto- oder Kesselwagenzügen war das Lokpersonal jedoch gemäß Dienstvorschrift angehalten, nur mit einem Stromabnehmer zu fahren.

Um dem hierbei auftretenden Problem des sog. „Bügelspringens" beizukommen, rüstete die DB im Oktober 1975 die 194 566 versuchsweise auf Seite 1 mit einem umgebauten SBS 39 mit Doppelschleifstück aus (SBS 39/54). Dies erlaubte ein Fahren mit nur einem angelegten Bügel. Später erfolgte ein Umbau weiterer Maschinen, indem das AW Freimann noch brauchbare Stromabnehmer mit Doppelschleifstück aus ausgemusterten 118 paarweise auf 37 Lokomotiven der Baureihe 194 umsetzte.

Dies betraf 194 022, 026, 035, 036, 041, 043, 044, 054, 055, 062, 084, 087, 092, 093, 109, 113, 116, 118, 119, 121, 122, 126, 132, 137, 138, 151, 152, 156, 158, 159, 183, 185, 188, 190, 192, 541 und 580.

Die 194 194 und 566 trugen nur einen SBS 39/54. Vor allem wurden 194 des Bw Ingolstadt bedacht, da sie wegen der Raffinerien im Raum Ingolstadt sowie dem Audi-Werk viele Kesselwagen und Autozüge zu befördern hatten.

32. Wartungstür in Vorbauhaube

Um die Wartungsfreundlichkeit zu verbessern, bauten das RAW/AW München Freimann und das Raw Dessau zu einem unbekannten Zeitpunkt bei einigen E 94 in die vordere Vorbauhaube stirnseitig eine Wartungstür ohne Lüftungsschlitze ein. Damit war z. B. die Wendefeld-Drosselspule besser zugänglich. Bei diesen Lokomotiven war das Lokschild bzw. die Betriebsnummer in der Regel seitlich versetzt auf halber Höhe angebracht.

Nur wenige E 94 erhielten diese Ausstattung. Die erste fotografisch dokumentierte E 94 mit dieser Wartungstür ist E 94 160, die diese bereits bei ihrer Anlieferung 1951 hatte. Das Lokschild war hier jedoch mittig darunter platziert. Durch Haubentausch war diese Ausführung später auch auf der Fertigbaulokomotive 194 541 sowie bei mindestens zwei Lokomotiven der DB-Nachbauserie zu finden (194 194 und 195).

Vorbauhauben vorn mit nur einer Wartungstür sind nachgewiesen bei

194	013	023	038	039	041
	045	049	051	060	071
	084	086	087	091	109
	112	119	121	132	151
	158	160	161	194	195
	und 541 der DB				
sowie					
254	065	066 und 153 der DR.			

Von den vom AW Bremen neu gefertigten Vorbauhauben für 194 125 besaß eine vordere Haube eine einzelne Wartungstür ohne Lüftungsschlitze. Diese wechselte 1977 zur 194 570 und 1981 zur 194 566.

Im Zuge von Hauptuntersuchungen nahm das AW München-Freimann zu DB-Zeiten bei den E 94 gelegentlich einen Tausch der Drehgestelle inklusive der dazugehörigen Vorbauhauben vor.

Auf diese Weise fanden sich Vorbauhauben von DB-Nachbaulokomotiven auf E 94 der Baujahre 1940–1945 wieder. Überliefert sind 194 012, 024, 087, 091 und 108. Vorbauhauben der Kriegslieferungen wiederum tauchten später auf DB-Nachbaulokomotiven auf, so zu sehen bei 194 194 und 566.

Eine Besonderheit war 194 012, die älteste DB-E 94. Sie besaß zuletzt vorn und hinten Wartungstüren der Nachbaulokomotiven: Vorne eine Vorbauhaube mit zwei Wartungstüren ohne Lüftungsschlitze, hinten eine Haube mit zwei Wartungstüren und Lüftungsschlitzen. 194 566 und 194 582 waren war für einige Jahre sogar mit zwei unterschiedlichen Wartungstüren vorn unterwegs – rechts mit und links ohne Lüftungsschlitzen.

Übersicht über die Variationen der stirnseitigen Wartungstüren (Anlieferungszustand)

	Vorbauhaube vorn	Vorbauhaube hinten
E 94 001–140	keine Wartungstüren	zwei Wartungstüren ohne Lüftungsschlitze
E 94 141–142	eine Wartungstür ohne Lüftungsschlitze	141: Zwei Wartungstüren ohne Lüftungsschlitze
E 94 145–161	keine Wartungstüren	zwei Wartungstüren ohne Lüftungsschlitze
E 94 178–196	zwei Wartungstüren ohne Lüftungsschlitze	zwei Wartungstüren mit Lüftungsschlitzen
E 94 262–269	zwei Wartungstüren ohne Lüftungsschlitze	zwei Wartungstüren mit Lüftungsschlitzen
E 94 270–271	zwei Wartungstüren ohne Lüftungsschlitze	zwei Wartungstüren ohne Lüftungsschlitze
E 94 272–285	zwei Wartungstüren ohne Lüftungsschlitze	zwei Wartungstüren mit Lüftungsschlitzen

△ **Bild 109** • Neuer Hauptschalter vom Typ DAT 1 auf dem Dach der **254 106**.
Aufnahme: Sammlung Helmut Linke

◁ **Bild 108** • Scherenstromabnehmer RBS 58 mit Doppelschleifstück für das Fahren mit nur einem angelegten Bügel. Aufnahme: Peter Glanert

Deutsche Reichsbahn

Die Deutsche Reichsbahn in der DDR führte an ihren E 94/254 folgende erwähnenswerte Bauartänderungen durch:

- Einbau der Heyder-Hartfett-Spurkranzschmierung (nur bekannt bei E 94 153 ab Juni 1960, E 94 066 ab Juni 1964, E 94 115 ab September 1964 und 254 078 ab Juni 1973).
- Aufbau neuer Stromabnehmer RBS 58 mit Doppelwippe ab Januar 1963 bis Juni 1964, zuerst bei E 94 106, E 94 078 und E 94 069.
- Anbau seitlicher Windschutzscheiben vor den Türfenstern der Führerstände auf der Lokführerseite ab Januar 1963 bis Juni 1964, zuerst bei E 94 106, E 94 078 und E 94 069.
- Aufbau von Dachumläufen aus Streckmetall, wenn die Holzumläufe ersatzbedürftig waren, ab Dezember 1967, zuerst bei E 94 069, E 94 058 und E 94 154.
- Ersatz der Luftkompressoren durch neue VV 224N mit neuem Antriebsmotor ab September 1972, bekannt bei 254 059, 057, 020, 016, 065, 040, 066, 058, 106 und 114.
- Einbau eines SIFA-Zeitrelais ab September 1966 bis Juli 1970, zuerst bei E 94 065, E 94 153 und E 94 056.
- Ersatz der Druckgas- und Expansionshauptschalter durch den Druckluft-Schnellschalter DAT 1 der Neubaulokomotiven E 11 und E 42 ab Oktober 1964 bis September 1968, zuerst bei E 94 078, E 94 065 und E 94 110.
- Einbau weiterentwickelter Druckluft-Schnellschalter DAT 2 mit höherer Ausschaltleistung in 254 089 (Mai 1974) und 254 056 (Juni 1975).
- Einbau elektrischer Geschwindigkeitsmesser ab September 1966 bis Juli 1970, zuerst bei E 94 065, E 94 153 und E 94 154.
- Einbau von Scheibenwischern mit elektrischem Antrieb an den Stirnfrontfenstern der Führerräume ab Mai 1974 bis November 1977, zuerst bei 254 089, 254 114 und 254 154.
- Einbau von Überspannungsableitern ab April 1965, zuerst bei E 94 016, E 94 065 und E 94 153.
- Ausbau der elektrischen Bremseinrichtung ab Oktober 1978, zuerst bei 254 069 und 254 106 (bei Museumslok 254 056 belassen).
- Roter Anstrich der Drehgestelle ab 1963, zuerst bei E 94 106 und E 94 078.

Österreichische Bundesbahnen

1. Schmierung der Brückenabstützung

Die von der Deutschen Reichsbahn vor 1945 eingeführte Schmiervorrichtung für die Brückenabstützung mit Bosch-Tropfölern bauten die ÖBB ab 1947 generell in ihre E 94 ein und verlegten dabei die Ölbehälter in die Führerräume. Nach Protesten des Lokpersonals gegen diese Lösung wurden die Ölbehälter wieder außen angeordnet.

2. Spurkranzschmierung Bauart „Friedmann"

Die Heyder-Fettschmierung des RZA brachte auf den kurvenreichen österreichischen Bergstrecken nicht die erwarteten Verbesserungen des Spurkranzverschleißes. Eine von der Firma Friedmann entwickelte Pendelschmierpumpe wurde an den Pufferträgern angebaut. Die seitlichen Schwenkbewegungen des Drehgestells lösten die Pumpe aus und spritzten das Schmierfett an den Spurkranz. Geschmiert wurden die Räder der 1. und 6. Treibachse. Bei jeder Bewegung der Drehgestelle arbeitete die Pumpe, so dass die Schmierung sehr intensiv war.

3. Neue Kompressoren

Die deutschen Einheitskompressoren, Typ VV 224, ersetzten die ÖBB ab 1955 durch neue österreichische Kompressoren vom Typ BRK 15.

4. Einbau gefederter Radsätze

Zur Reduzierung der Auswirkungen der ungefederten Achsmassen der Radsätze auf das Gleis sowie der Rückwirkungen auf die Fahrmotoren und Achsgetriebe bauten die ÖBB 1958/59 versuchsweise gummigefederte SAB-Radsätze in 1020.18 und 1020.29 ein. Die Radsätze brachten jedoch nicht das erwartete Ergebnis. Der serienmäßige Einbau unterblieb.

5. Anbau von UIC-Puffern

Zur Angleichung der älteren Ellokbaureihen an die Neubaulokomotiven bauten die ÖBB u. a. ab 1962 bei der Baureihe 1020 UIC-Puffer an und änderten dementsprechend die Zughaken und die Zughakenführung.

6. Verbesserung der Fahrmotorlüftung und Wartungstür im vorderen Vorbau

Die Luftansaugbedingungen für die Fahrmotorlüfter unter den Vorbauhauben hielten die ÖBB für unzureichend und rüsteten zur Verbesserung ab 1948 einige E 94 mit einem aufgesetzten Luftansaugstutzen auf den Vorbauhauben aus. Die Kühlung der Fahrmotoren verbesserte sich jedoch dadurch nur unwesentlich und die Ausrüstung weiterer Lokomotiven unterblieb.

△ **Bild 110 • E 94 094** mit Lüftungsaufbau auf dem vorderen Vorbau in Innsbruck im Jahr 1949. AUFNAHME: OTTO ZELL, ARCHIV HELMUT GRIEBL

△ **Bild 111** • Dachpartie der **1020.34**. Rechts der Stromabnehmer Bauart V mit einer frühen Form der Wanisch-Wippe. Links der Druckluftschnellschalter DBTF 20i200. An der Stelle des Oberspannungswandlers befindet sich jetzt die Zugbahnfunkantenne. Die Dachlaufroste bestehen nun aus Metallgittern statt aus Holzlatten. AUFN.: HEINZ MEY, SLG. BERND ZÖLLNER

Bekannt sind mit Ansaugstutzen u. a. E 94 030 und E 94 094. Zur Verbesserung der Wartungsfreundlichkeit ließen die ÖBB ab den späten fünfziger Jahren in die Stirnseiten des vorderen Vorbaus eine Wartungstür einbauen (analog wie bei der Deutschen Bundesbahn). Die Nachbaulokomotiven 1020.45 bis 1020.47 besaßen diese Wartungstür bereits ab Werk.

7. Einbau von Ölschaltern als Hauptschalter

Für die von den ÖBB übernommenen E 94 bestand ebenfalls Mangel an Ersatz-Hauptschaltern der AEG und SSW.

Demzufolge kamen ab 1946 österreichische Ölschalter, Typ ELO 3, zum Einbau als Hauptschalter, u. a. bei E 94 029, 030, 033, 094, 123 und 127.

Nachdem sich die Versorgung mit originalen Ersatzschaltern wieder verbesserte, erhielten die Lokomotiven 1953/54 wieder einen Druckgasschalter APB 104 oder einen Expansionsschalter R 628. Ausnahme war 1020.25, ex E 94 030, die erst am 12. Januar 1963 einen APB 104 erhielt.

8. Wandernockenschaltwerk

Die ÖBB waren ebenso wie die DB an dem Wandernockenschaltwerk mit separaten Lastschaltern interessiert und ließen es am 4. August 1954 in 1020.03 und am 8. September 1954 in 1020.07 einbauen. Die Betriebsergebnisse waren ebenso negativ wie bei der DB, denn im Frühjahr 1955 erhielten die Lokomotiven wieder ein übliches Nockenschaltwerk.

9. Spannungsanschluss für Packwagenbeleuchtung

Für den Anschluss der Beleuchtung von Packwagen und sonstigen Dienstwagen bauten auch die ÖBB Steckdosen an die Vorbaustirnwände an. Gleichzeitig erhielten die Lokomotiven zur Stabilisierung der Spannungsversorgung des Batteriestromkreises einen größeren Ladegleichrichter und die Bleibatterie wurde durch eine wartungsärmere Nickel-Eisen-Batterie selber Kapazität ersetzt.

10. Stromabnehmer mit Doppelschleifleiste

Die deutschen Einheitsstromabnehmer SBS 38 und HISE 7 ersetzten die ÖBB ab 1962 durch Stromabnehmer mit Doppelschleifleiste (Scheren der Bauart V mit Wanisch-Wippen). Es kamen zwei verschiedene Ausführungen zur Anwendung:

- Aufbau unter Beibehaltung des bisherigen Stromabnehmer-Grundrahmens (SBS 38, HISE 7 bzw. ÖBB IV) und des Drehisolator-Antriebs (SBS 38, HISE 7)
- Aufbau kompletter Neubaustromabnehmer mit Stützisolatoren und ÖBB-Drehisolator-Antrieb.

11. Geschwindigkeitsmesser

Einige 1020 rüstete die HW Linz ab 1962 mit elektrischen Geschwindigkeitsmessern der Bauart Hasler um. Diese bewährten sich jedoch nicht, denn ab 1964 wurden sie durch mechanische Instrumente der Bauart Deuta VEK ersetzt.

12. Drittes Spitzenlicht

Einige Jahre nach Kriegsende rüsteten die ÖBB ihre E 94 mit einem dritten Spitzenlicht aus, das vorne an den Vorbauten aufgesteckt war. Dies betraf u. a. die auf der Arlbergbahn eingesetzten Lokomotiven, bildlich dokumentiert ab 1949. Die ÖBB-Nachbaulokomotiven 1020.45–1020.47 besaßen diese Leuchte ab Werk. Ab 1962 erhielten die 1020 dann ein in einem festen Sockel auf die Vorbauten montiertes drittes Spitzenlicht. Die Leuchte unter dem Dachvorsprung wurde in ein Zugschlusssignal umgebaut. Wie bei der DB waren Beanstandungen des Lokpersonals über Lichtreflexe auf den Vorbaudecken Grund dieser Maßnahme.

13. Krapf & Lex-Gitter

Die Jalousie-Türen der Vorbauten ersetzte die ÖBB ab 1964 teilweise durch neue Türen mit Düsen-Lüftungsgittern der Bauart Krapf & Lex.

14. Einbau der induktiven Zugsicherung (Indusi)

Mit dem Durchlauf von 1020ern ab 1965 auf Strecken der DB erhielten diese Lokomotiven die Indusi I 60. Nach und nach folgten alle übrigen 1020.

15. SIFA-Zeitrelais

Auch die ÖBB bauten die wegeabhängige SIFA, Bauart BBC, durch den Einbau eines Zeitrelais in eine wege- und zeitabhängige Ausführung um.

16. Einbau von Zugbahnfunk (ZBF)

Die ÖBB entschlossen sich im Jahr 1974, ihre Lokomotiven mit dem Zugbahnfunk der DB auszurüsten, anfangs jedoch nur mit der Grundausrüstung. Die auf der Tauernstrecke eingesetzten 1020 erhielten dann ab 1977 die volle ZBF-Ausrüstung. Ihnen folgten die auf der Arlberg- und der Brennerstrecke eingesetzten Lokomotiven.

17. Gleichstrombremse

Anlässlich der Hauptausbesserung mit Grundüberholung, wegen anfänglicher Schwierigkeiten teilweise jedoch auch erst später, erfolgte ab 1968 der Einbau einer Gleichstrombremse in die Lokomotiven 1020.01 bis 1020.44. Damit ausgerüstet vermochten die 1020 nahezu alle Züge bei der Talfahrt elektrisch abzubremsen bzw. in Beharrungsfahrt zu halten.

Die fremderregte Gleichstrom-Widerstandsbremse mit hoher Leistung ersetzte die ursprüngliche Widerstandsbremse, welche nur zum Abbremsen der Lok allein geeignet war.

Die in Serie geschalteten Erregerwicklungen aller sechs Fahrmotoren wurden über Haupttransformator-Stufenschalter-Umsetztrafo und Trocken-(Selen-)gleichrichter angespeist. Die Anker von jeweils zwei generatorgeschalteten Fahrmotoren wirkten dabei auf gemeinsame Bremswiderstände, die entsprechend verstärkt worden sind.

Gleichfalls verstärkt wurde auch die Förderleistung der Dachlüfter. Die Bremse wurde durch Schalten des Handrades betätigt, wobei zuvor auf „Bremsen" umgeschaltet werden musste. Wegen des nötigen körperlichen Kraftaufwandes war sie beim Personal jedoch nicht geschätzt.

18. Modernisierung der Lokomotiven

Mitte der sechziger Jahre befanden sich die E 94/1020 bereits 20–25 Jahre im Betriebseinsatz und die ÖBB standen vor der Entscheidung über den weiteren Betrieb der Lokomotiven oder ihren Ersatz durch eine neue Baureihe. Letzteres war offensichtlich nicht leicht realisierbar und der wirtschaftliche Weiterbetrieb der Lokomotiven erforderte eine umfangreiche Hauptausbesserung.

Am 24. Januar 1966 wurden die bei den 1020 für eine Hauptuntersuchung mit Grundüberholung durchzuführenden Arbeiten beraten und festgelegt. Vom 12. Januar bis zum 4. Juli 1967 erhielt 1020.19 als erste Lokomotive eine Hauptausbesserung mit Grundüberholung (HG). Daraufhin verfügte die Generaldirektion der ÖBB am 28. September 1967 die Hauptausbesserung mit Grundüberholung für alle 1020. Die nächsten beiden Lokomotiven befanden sich bereits seit 11. August 1967 (1020.24) und 22. September 1967 (1020.06) in der Hauptwerkstätte (HW) Linz.

Die Hauptausbesserungen mit Grundüberholung schloss die HW Linz wie folgt ab:

1967 (2)

1020.19 (04.07.), 1020.24 (23.11.)

1968 (3)

1020.06 (29.03.), 1020.27 (17.07.), 1020.35 (30.09)

1969 (5)

1020.01 (10.01.), 1020.21 (20.03.), 1020.22 (20.08.), 1020.33 (30.05.), 1020.05 (07.11.)

1970 (5)

1020.41 (29.01.), 1020.42 (25.03.), 1020.10 (04.06.), 1020.32 (17.08.), 1020.43 (30.12.)

1971 (4)

1020.23 (26.02.), 1020.18 (28.05.), 1020.09 (14.09.), 1020.40 (07.12.)

1972 (3)

1020.07 (25.02.), 1020.17 (09.08.), 1020.31 (29.11.)

1973 (2)

1020.11 (27.04.), 1020.16 (17.10.)

1974 (3)

1020.26 (31.01.), 1020.15 (16.05.), 1020.02 (12.09.)

1975 (3)

1020.12 (31.01.), 1020.29 (27.06.), 1020.14 (23.10.)

1976 (4)

1020.28 (30.01.), 1020.13 (10.06.), 1020.20 (23.09.), 1020.04 (23.12.)

1977 (2)

1020.08 (10.05.), 1020.03 (28.10.)

1978 (4)

1020.30 (31.01.), 1020.39 (31.05.), 1020.34 (03.10.), 1020.36 (20.12.)

1979 (3)

1020.25 (24.04.), 1020.37 (28.11.), 1020.44 (17.08.)

1980 (1)

1020.38 (23.07.)

Aufgrund neuer Vorschriften für die Unterhaltung der Elektrolokomotiven entschieden sich die ÖBB bei den Lokomotiven 1020.45 bis 1020.47 keine HG mehr durchzuführen.

Die wesentlichen Arbeiten dieser Modernisierung:

Fahrzeugteil

- Drehgestelle neu vermessen;
- Verstärkung des Bodenblechs im vorderen Vorbau;
- Anordnung der Hilfsluftbehälter im Lokomotivkasten;
- Erneuerung der Zughakenführungen;
- Erneuerung der Sicherungsbügel für die Tragfedern;
- Verbesserung der Schmierung der Ausgleichhebel;
- Ausrüsten der Motorpendel mit Walterbuchsen;
- Erneuerung der Sicherheitsbügel an den mittleren Sandkästen;
- Ausbuchsen der Ausgleichhebel und der Federspannträger;
- Veränderung der Stützen für Hauptluftbehälter;
- Aufarbeiten des Riffelblechs im Maschinenraum durch Auftragsschweißen;
- Erneuern des Gerüstrahmens für Schalttafel, Hilfsbetriebeschütze, Sicherungstafel und Ladegerät;
- Hilfsluftbehälter neben Motorlüfter III anordnen;
- Aufarbeitung der Lagerung für die Handbremse;
- Aufarbeitung bzw. Erneuerung der Befestigung für den Hauptumspanner und für das Nockenschaltwerk;
- Erneuern der Kabelschächte aus Kleeblattblech und Anordnung auf Kastendecke;
- Erneuern der Batteriekästen;
- Aufarbeiten bzw. Erneuern der Vorbauhauben;
- Einbau kleiner Rotlichtlampen über den Signallaternen;
- Einbau neuer Lüftungsgitter, Bauart Krapf & Lex;
- Erneuerung der Klemmbrettverschalung;
- Änderung der Vorbau-Stirnfronttüren;
- Abdichten der Öffnungen für die Luftrohre in den Vorbauten mit Schaumgummi;
- Aufarbeitung bzw. Teilerneuerung des Lokomotivkastens;
- Einbau von zwei gummigefassten Stirnfenstern aus 12 mm Thermoglas-Heizscheiben;
- Einbau neuer Beimannpulte mit verschließbarem Werkzeugschrank;
- Einbau von Abstandhaltern für Holzverschalung der Führerräume;
- Anbau seitlicher Windschutzfenster vor den Fenstern der Führerraumtüren;
- Einbau neuer, gummigefasster Maschinenraumfenster;
- Verschließen der Lüftungsöffnung beim Gleichrichter und daneben neue Öffnung mit abnehmbarem Blechdeckel einbauen;
- Einbau eines Gitterrost-Dachumlaufs;
- Beseitigen der Probleme beim Tausch von Hauptumspannern mit Alu-Wicklung gegen die mit Cu-Wicklung und umgekehrt durch Einbau eines einheitlichen Luftschachtes für den Umspannerlüfter mit Lederbalg;
- Anfertigen eines Traggestells für Luftamaturen und sein Einbau neben dem Motorlüfter 3;
- Einbau von elektropneumatischen Besandungsventilen und Entwässerungsventilen für die Hauptluftbehälter auf den Drehgestellen unter den Vorbauten;
- Erneuerung sämtlicher Luftleitungen;
- Einbau des Oerlikon-Führerbremsventils mit FdS-2-Zusatzbremsventil;
- Einbau von Wiese-Scheibenwischern an den Stirnfrontscheiben;
- Einbau einer Sandtreppe in die Sandkästen bei den Treibradsätzen 1 und 6;

△ **Bild 112 • 1020.33** im Zustand nach der HG-Ausbesserung in tannengrüner Lackierung. Sehr gut zu sehen die Lüftungsgitter Bauart Krapf & Lex an den Vorbauten. Die Aufnahme entstand in Bregenz am 5. August 1972.
Aufnahme: Wolfgang-D. Richter

▽ **Bild 113 • 1020.13** im Zustand nach der HG-Ausbesserung und mit Anstrich in Blutorange am 30. Dezember 1983 in der Zfl. Innsbruck. Im Hintergrund sehen wir die Nordkette.
Aufnahme: Georg Wagner

△ **Bild 114** • Detailansicht der **1020 032** in Bludenz am 5. Mai 1989. Gut zu sehen die neuen Signallaternen, die im Zuge der HG-Ausbesserung bei 1020.01 bis 1020.44 eingebaut wurden. Die Lokomotive trägt in Fahrtrichtung rechts das neue ÖBB-Logo, von österreichischen Eisenbahnern auch „Pflatsch" genannt. AUFNAHME: FRANK LÜDECKE

- Einbau von zwei elektropneumatischen Entlüftungsventilen für die Bremszylinder;
- Anbau von Öleinfüllstutzen an den Radschutzkästen;
- Isolierung der Führerraumfußböden mit Kälteschutz und Auslegen von Hartfaserplatten;
- Verzicht auf Oberspannungswandler da ÖBB-Norminstrumente im Führerstand für 200 V eingebaut. Messinstrumente jetzt direkt am 203-V-Transformator-Ausgang für die Hilfsbetriebe angeschlossen.
- Auskleiden der Führerstandsdecken mit Emailplatten und der -wände mit Dekorplatten;
- Erneuerung der Tischplatten in den Führerräumen;
- Anbringen einer Innenverkleidung der Führerraumfenster aus Hartholz.

Bei den Lokomotiven mit einer elektrischen Bremse Bauart ELIN:

- Erneuerung der Bremswiderstände;
- Veränderung der Stromschienendurchführung;
- Vergrößerung des Abstandes der Abdeckung zu den Bremswiderständen um 50 mm;
- Einbau von Streckmetallgittern in die Lüftungsöffnungen des Dachaufbaus;
- Versetzen der Dachisolatoren und Dachleitung aus dem Kühlluftstrom der Bremswiderstände.

Elektrischer Teil

- Parallelschalten eines Dämpfungswiderstandes zum Zusatzumspanner über zwei Stotz-Sicherungsautomaten;
- Einbau neuer Druckluft-Schnellschalter DBTF 20i200, versehen mit zwei Siemens-Steckern und Versetzen des Durchführungsisolators;
- Umbau der Stromschienen auf Kabel, völlige Neuverkabelung;
- Ausrüsten des Nockenschaltwerks mit zwei Vielfachsteckern;
- Einbau von zwei Gleichrichter-Stromschützen für den Kompressor mit abbrandfreien Kontakten;
- Einbau des Ladegerätes unter den Trennschaltern 4–6;
- Ausrüsten der Indusi-Verkabelung mit Siemens-Vielfachsteckern;
- Aufbau von Schrägpulten mit Wallnerwalze auf jedem Führerraumtisch;
- Ausrüsten der Steuerleitungen vom Lokomotivkasten zu den Vorbauten mit Tuchelsteckern;
- Einbau eines Fünfschienen-Stromwandlers;
- Ausrüsten der Fahrtrichtungswender mit Tuchelsteckern;
- Ausrüsten der Lokomotive mit zwei Erdungsstangen;
- Aufarbeitung bzw. Erneuerung der Betätigungstasten für Sandung, Sifa, Indusi und Entwässerung;
- Ausrüsten der Instrumentenkästen mit Siemens-Vielfachsteckern;
- Anbringen des Sifa-Störschalters auf Führerstand 1;
- Erneuerung der Klemmleisten und der Tafel mit den Kleinselbstschaltern (Klappsicherungen) und des Schuppen-Strecken-Umschalters;
- Erneuern der Relaistafeln und Relaiskästen sowie aller Hilfsbetriebeschalter;
- Erneuern der Instrumentenpulte auf den Führerräumen (ähnlich Reihen 1010/1110);
- Erneuerung der Führerraumheizungen:
  - Im Führerraum 1: drei Bregenzer Heizkörper, zwei Röhren-Heizkörper, eine Kochplatte;
  - Im Führerraum 2: zwei Bregenzer Heizkörper, zwei Röhren-Heizkörper, ein Wärmeschrank, eine Kochplatte.
- Änderungen der elektrischen Bremse:
  - Anordnung der Bremsschütze und Sicherungen für den Bremsumspanner im Maschinenraum;
  - Anordnung des Bremsumspanners und des Gleichrichters im Vorbau 1;
  - Ersatz der Wendefelddrosseln durch Widerstände, von denen zwei im Vorbau 1 und einer im Vorbau 2 angeordnet werden;
  - Verstärkung der Stromschienen zu den Fahrtbremswendern.

Die Arbeiten für eine HG wurden von den ÖBB pro 1020 auf durchschnittlich 2,5 Mio. Österreichische Schilling (357.000 D-Mark) veranschlagt. Die echten Kosten schwankten je nach Zustand der Lokomotivteile sowie den vorangegangenen Ausbesserungen und waren teils geringer und teils höher. Die Dauer für eine HG betrug je nach Arbeitsaufwand zwischen vier und dreizehn Monaten, bei 1020.17 indes über zwei Jahre. Die neue blutorange Lackierung bekam im Rahmen der HG als erste 1020.42 im Jahr 1970. Seitdem wurden alle modernisierten 1020 im orangenen Neulack ausgeliefert.

Anlässlich von Teilausbesserungen nach Unfällen ließen die ÖBB Lokomotiven der Reihe 1020 bereits vor der HG-Untersuchung teilweise modernisieren. So baute die HW Linz die am 1. Mai 1971 in Hall in Tirol unfallbeschädigte 1020.39 als „Zwitter" wieder auf. Der beschädigte Führerraum 2 erhielt zwei Fenster entsprechend der Umbauform. Der Führerstand 1 behielt seine ursprüngliche Form mit drei Fenstern. In diesem Zustand lief sie bis zum 17. November 1977.

Farbgebung und Beschriftung

Deutsche Reichsbahn (DRB)

Bei Ablieferung waren die E 94 wie im Kasten auf Seite 74 aufgeführt lackiert. Die schwarzen Zierleisten entfielen ab 1942.

Die Lokomotiv- und Fabrikschilder bestanden bei den ersten E 94 aus Siluminguss auf schwarzem Grund. Die Loknummern hatten spitze Ziffern. Die Anschriften ‚V' und ‚H' außen an den Führerständen waren weiß mit schwarzem Schatten. Die RBD- und Bw-Angaben waren von vornherein in Schablonenschrift direkt auf dem Lokkasten aufgetragen. Die Betriebsnummer sowie RBD-/Bw-Beschriftungen waren bei

△ **Bild 115** • Die in Blaugrau 4 h lackierte **E 94 001** steht am 25. Juli 1940 im Heimat-Bw Innsbruck nahe des Hauptbahnhofes. Aufnahme: Hermann Maey, Slg. Hans-Jürgen Wenzel

▽ **Bild 116** • Versuch einer Annäherung mit Künstlicher Intelligenz: So könnte **E 94 001** am Aufnahmetag in Farbe ausgesehen haben. Aufnahme: Hermann Maey, Sammlung Brian Rampp; KI-Adaption: Magnus Günther

△ **Bild 117** • Das Hoheitszeichen in der Ausführung aus Aluminiumlegierung.

Aufnahme: Sammlung Brian Rampp

Farbgebung der E 94 von 1940–1945

	Mai 1940 – Mitte 1942 [1]	Mitte 1942 – 1943 [2]	1943 – 1945 [3]
Kasten und Vorbauten	blaugrau (RAL 7018 (alt 4h))	eisengrau (RAL 7011)	schwarzgrau (RAL 7021) [4]
Brückenrahmen	blaugrau (RAL 7018 (alt 4h))	eisengrau (RAL 7011)	schwarzgrau (RAL 7021)
Drehgestelle, Pufferträger, Sandkästen	tiefschwarz (RAL 9005)	tiefschwarz (RAL 9005)	tiefschwarz (RAL 9005)
Dach	aluminium (RAL 9007)	aluminium (RAL 9007)	aluminium (RAL 9007)
Dachleitungen und Hauptschalter	feuerrot (RAL 3000)	feuerrot (RAL 3000)	feuerrot (RAL 3000)
Stromabnehmer	feuerrot (RAL 3000)		feuerrot (RAL 3000)
Radkörper	feuerrot (RAL 3000)	feuerrot (RAL 3000)	feuerrot (RAL 3000)
Radreifen	blank	blank	blank
Gelenkecken, Kuppelhähne	feuerrot (RAL 3000)	feuerrot (RAL 3000)	feuerrot (RAL 3000)
Zwischenkühler	aluminium (RAL 9007)	aluminium (RAL 9007)	aluminium (RAL 9007)

1 Vorschrift ab Mai 1940 gem. Merkblatt für den Anstrich elektrischer Lokomotiven.
2 Anordnung 42 vom Juni 1942 des Hauptausschusses Schienenfahrzeuge für Kriegslokomotiven.
3 Anordnung von spätestens Oktober 1942 des Hauptausschusses Schienenfahrzeuge für Kriegslokomotiven.
4 Neubauten und bei Vollaufarbeitung; bei teilweiser Ausbesserung war der vorhandene Anstrich beizubehalten.

den E 94 links der Führerraumtüren angeordnet.

Ab 1941 ersetzten Anschriften in Schablonenschrift auf Kasten und Vorbauten (hier direkt oder auf der schwarz lackierten Blechtafel) die Silumin-Lokomotivschilder und die Fabrikschilder. Die Schriftform der Anschriften blieb unverändert. Erste so ausgelieferte E 94 war E 94 012.

Das bereits 1938 eingeführte Hoheitszeichen (Reichsadler mit Lorbeerkranz und Hakenkreuz; 720 mm breit; Aluminiumlegierung) war bei der E 94 in der Regel auf der rechten Lokseite in Kastenmitte platziert. Das Hoheitszeichen wurde aus Gründen der Rohstoffeinsparung ab 1941 als Abziehbild ausgeführt.

DR-Westzonen

Aus der Nachkriegszeit sind zwei E 94 mit Sonderlackierung bekannt. E 94 159 wurde nach ihrem Unfall am 16. Juli 1945 bei Oberelkofen von Krauss-Maffei repariert und mit einem vom Dach bis zu den Radkörpern reichenden, olivgrünen Anstrich der US-Streitkräfte abgeliefert. Dachleitung und Stromabnehmer waren rot. Die gleiche Farbgebung hatte auch die fertig gebaute E 94 138.

Deutsche Bundesbahn (DB)

Ab Mai 1950 führte die Deutsche Bundesbahn Änderungen bei der Lackierung der E 94 ein. Diese galt für die Fertig- bzw. Neubauten sowie alle im Rahmen von Hauptuntersuchungen neu zu lackierenden Maschinen. Am augenfälligsten war dabei der flaschengrüne Anstrich des Lokomotivkastens und der Vorbauten analog der Reisezugwagen.

Die Anschriften waren in gelb, rot, weiß und schwarz auszuführen (RAL 1007, 3002, 9002, 9005).

Im Zuge der ab 1962 gültigen neuen Anstrichvorschriften erhielt der Lokomotivaufbau der E 94 bei Anstricherneuerungen eine chromoxidgrüne Farbgebung (RAL 6020). Rahmen und Fahrgestell blieben schwarz, das Dach wurde ab 1969 Umbrabraun. Aus Sicherheitsgründen wurden später außerdem die Ecken der seitlichen Vorbautüren gelb gestrichen. Hinsichtlich der Beschriftungen ordnete die Hauptverwaltung der Eisenbahnen in den westlichen Besatzungszonen im Jahr 1948 u. a. an, alle elektrischen Lokomotiven anstelle der Schablonenaufschriften mit neuen Anschriftenschildern zu versehen. Dies betraf die Eigentumsschilder, Nummernschilder, RBD-, Heimat-Bw-, Gattungs-, Bremsanschriften- und Fabrikschilder. An den Enden des Lokkastens ersetzten ab 1949 bei Neulackierungen die Ziffern 1 und 2 die Buchstaben V und H. Im Januar 1950 beschloss die Hauptverwaltung (HVB) der am 7. September 1949 gegründeten Deutschen Bundesbahn, an Elloks Schilder mit dem Schriftzug Deutsche Bundesbahn anzubringen. Statt RBD war ED (ab spätestens 1953: BD) zu beschriften. Im März 1953 verfügte die HVB, bei den Ziffern der Lokschilder nur noch abgerundete Ziffern nach DIN 1451 zu verwenden. Bei den E 94 wurden diese nach und nach angebracht. Die Betriebsnummernschilder waren wieder als Aluminium-Gussschilder auszuführen.

Im Zuge der Umzeichnung aller E 94 in die Baureihe 194 ab 1. Januar 1968 waren die Beschriftungen (Lokomotivnummer, BD- und Bw-Angaben, Schriftzug ‚Deutsche Bundesbahn') zunächst in steingrau (RAL 7030) direkt auf dem Lokomotivkasten mit Schablonen aufgemalt. Die Vorbauhauben trugen chromoxidgrüne, abschraubbare Blech-Lokschilder mit der Betriebsnummer. Grund war, dass das AW Freimann bei Hauptuntersuchungen oft die Drehgestelle mit den dazugehörenden

△ **Bild 118** • Die im Oktober 1944 angelieferte **E 94 157** trägt den schwarzgrauen Anstrich. Sie war die hundertste von AEG gefertigte E 94. Entgegen der Bw Anschrift „Wörgl" kam sie zum Bw München Ost. Das Bw Wörgl erhielt zu keiner Zeit E 94 zugewiesen.

Aufnahme: Werkfoto AEG, Sammlung Thomas Borbe

Bild 119 ▷
Die sieben Monate junge, flaschengrün lackierte **E 94 276** steht am 20. April 1955 im Bw Nürnberg Hbf.

Aufnahme: Carl Bellingrodt, Eisenbahnstiftung

Bild 120 ▷
Ab Dezember 1962 erhielten die E 94 der DB bei Hauptuntersuchungen der Schadgruppe U 3 eine Lackierung im helleren Chromoxidgrün. **194 071** zeigt sich in Seefeld in Tirol im September 1978.

Aufnahme: Wolfgang-D. Richter

Bild 121 ▷
194 117 trägt den chromoxidgrünen Anstrich mit weißem Streifen oberhalb des Rahmens. Am 3. September 1987 steht sie für Schubleistungen in Geislingen an der Steige bereit.

Aufnahme: Peter Rappold

△ **Bild 122** • Wegen des großen DB-Emblems auf der Wartungsklappe kam die Betriebsnummer bei **194 042** auf den Rahmen. Aufnahme am 29. Mai 1988: Brian Rampp

△ **Bild 123** • In den letzten Betriebsjahren fuhren viele E 94 mit ausgeblichenem Anstrich. Bei **194 086** kamen darüber hinaus frühere Anschriften zum Vorschein. Aufnahme: Peter Krückels

Farbgebung der E 94 der Deutschen Bundesbahn

	ab Mai 1950	ab Dezember 1962	Abweichungen ab 1969
Kasten und Vorbauten	flaschengrün (RAL 6007)	chromoxidgrün (RAL 6020)	
Brückenrahmen	tiefschwarz (RAL 9005)	tiefschwarz (RAL 9005)	
Drehgestelle, Pufferträger, Sandkästen	tiefschwarz (RAL 9005)	tiefschwarz (RAL 9005)	
Dach	weißaluminium (RAL 9006)	weißaluminium (RAL 9006)	umbragrau (RAL 7022)
Dachleitungen und Hauptschalter	karminrot (RAL 3002)	karminrot (RAL 3002)	
Stromabnehmer	karminrot (RAL 3002)	karminrot (RAL 3002)	
Radkörper	karminrot (RAL 3002)	karminrot (RAL 3002)	
Radreifen	blank	blank	
Gelenkecken, Kuppelhähne	rot (RAL 3000)	rot (RAL 3000)	
Zwischenkühler	aluminium (RAL 9007)	aluminium (RAL 9007)	

Vorbauhauben zwischen den E 94 tauschte. Einige Maschinen hatten schwarze Lokschilder mit weißen Ziffern, so etwa 194 584 bei ihrer Ausmusterung.

Eine Besonderheit wiesen die in den siebziger Jahren bei den Bw Freilassing und München Ost beheimateten E 94 auf. Sie erhielten von diesen Dienststellen in Eigenregie einen weißen Streifen entlang des Lokkastens oberhalb des Rahmens. Betroffen waren als erste 194 131 und 194 151 im Jahr 1973. Es folgten noch 194 047, 086, 087, 107, 111, 112, 117, 118, 124, 126, 128, 152, 155, 158, 159 und 183. Insgesamt besaßen achtzehn Maschinen diese Streifen. 194 047, 087, 118, 124, 128, 151, 155 (rechte Lokseite), 158 und 159 behielten dabei den Schriftzug ‚Deutsche Bundesbahn' über der Betriebsnummer.

Ab 1974 erschienen statt des Schriftzuges ‚Deutsche Bundesbahn' erstmals aufgemalte DB-Embleme auf den Seitenwänden der Baureihe 194. Folgende Lokomotiven sind zu nennen:

194 035, 041, 043, 044, 055, 122, 125, 126, 138, 157, 186, 194, 574, 584 sowie folgende 194 mit dem Zierstreifen: 194 086, 087, 107, 111, 112, 117, 126, 131, 152, 155 (nur linke Lokseite), 158, 159 und 183.

Die mit Zierstreifen und Schriftzug ‚Deutsche Bundesbahn' versehenen 194 087, 158 und 159 erhielten später das DB-Emblem. 194 155 besaß als einzige 194 den breiten Zierstreifen, auf der rechten Seite den Schriftzug ‚Deutsche Bundesbahn' und auf der linken Seite das DB-Emblem.

Einige wenige 194 erhielten ab Mitte der siebziger Jahre noch Neulackierungen und dabei ein etwas größeres DB-Emblem. Die Betriebsnummer wanderte nach unten auf den Brückenrahmen. Dies betraf 194 042, 067, 133, 138, 160, 161, 181 und 188.

Im Jahr 1975 beschloss die DB anlässlich der Einführung des am 14. Mai 1975 im Amtsblatt der DB veröffentlichten Farbkonzeptes Ozeanblau-Elfenbein auch eine 194 umzulackieren und wählte 194 178 des Bw Mannheim hierfür aus. Lokkasten und Vorbauten waren ozeanblau (RAL 5020). Als Kontrast lackierte das AW Freimann die Stirnseiten der Vorbauhauben und den Zierstreifen entlang der Längsseite des Lokomotivkastens (40 mm breit) in elfenbein (RAL 1014). Auf der Seite befand sich das aufgemalte DB-Emblem. Drehgestelle und Pufferbohlen waren graubraun (RAL 8019), das Dach umbragrau (RAL 7022). Die Lokomotivnummer stand in elfenbein gehaltenen Ziffern auf beiden Seiten auf dem ozeanblau lackierten Brückenrahmen, an den Vorbauten auf ozeanblauen Lokschildern.

Mit diesem Aussehen verließ die U3-untersuchte Lokomotive das AW München-

△ **Bild 124** • Eine E 94 lackierte das AW Freimann in Ozeanblau-Elfenbein. **194 178** am Feuerberg-Tunnel im Neckartal am 25. April 1981. Aufnahme: Georg Wagner

Freimann am 8. Januar 1976. Von einer Umlackierung weiterer 194 anlässlich von U3-Hauptuntersuchungen sah die DB ab. Das neue Farbkonzept war auf Lokomotiven mit Endführerstand zugeschnitten. Die Farbaufteilung überzeugte bei Elloks mit verschmutzungsanfälligen Vorbauten nicht. Auch die Entscheidung, an den 194 keine U3-Untersuchungen mehr auszuführen, führte dazu, dass 194 178 ein Einzelgänger ihrer Baureihe blieb.

Die im AW Bremen am 12. Oktober 1976 nach einem Unfall wiederhergestellte und dabei neu lackierte 194 042 erhielt die gewohnte chromoxidgrüne Farbgebung.

Die in Privatbesitz befindliche 194 580 erhielt im Zuge ihrer im Juni 2010 abgeschlossenen Hauptuntersuchung eine Neulackierung in Ozeanblau-Elfenbein und ist seither als ‚194 178-0‘ bezeichnet.

▽ **Bild 125** • Alle drei E 94-Farbvarianten sind in Fellbach am 16. Juli 2010 in einem Lokzug zu sehen: **194 178** (ex 194 580) in Ozeanblau-Elfenbein, **194 158** in Chromoxidgrün und **E 94 279** in Flaschengrün.. Aufnahme: Michael Dostal

Farbgebung der E 94 der Deutschen Reichsbahn ab 1956		
	ab 1956	ab 1961
Kasten und Vorbauten	flaschengrün (RAL 6007)	flaschengrün (RAL 6007)
Brückenrahmen	tiefschwarz (RAL 9005)	tiefschwarz (RAL 9005)
Drehgestelle, Bremsgestänge, Pufferträger, Sandkästen	tiefschwarz (RAL 9005)	feuerrot (RAL 3000)
Griffstangen	tiefschwarz (RAL 9005)	tiefschwarz [1] (RAL 9005)
Aufstieg zum Führerstand	tiefschwarz (RAL 9005)	tiefschwarz (RAL 9005)
Dach und Hauptschalter	hellgrau (RAL 7023)	hellgrau (RAL 7023)
Dachleitungen	feuerrot (RAL 3000)	feuerrot (RAL 3000)
Stromabnehmer	feuerrot (RAL 3000)	feuerrot (RAL 3000)
Radkörper	tiefschwarz (RAL 9005)	feuerrot (RAL 3000)
Radreifen	blank, bei einzelnen E 94 weiß	blank
Zwischenkühler	aluminium (RAL 9007)	aluminium (RAL 9007)
1	ab 1981/82: grün	

Deutsche Reichsbahn (DR)

Die Farbgebung der E 94 / 254 bei der DR sah wie in der Tabelle links aufgeführt aus.

Die Lokomotivschilder der ab 1956 wieder in Dienst gestellten E 94 der DR waren Aluminium-Nietnummernschilder mit den breiten, abgerundeten Reichsbahnziffern der Zeit bis 1938. Die Aluziffern waren auf das schwarz lackierte Blechschild genietet. Analog waren die Lokschilder auch nach der Umzeichnung in die Baureihe 254 im Jahr 1970 ausgeführt. Die Rbd- und Bw- Schilder waren Silumin-Gussschilder auf schwarzem Grund. Bei den E 94 der Bw Bitterfeld, Halle P und Leipzig-Wahren hatten diese Schilder erhabene Ränder.

◁ **Bild 126**
E 94 096 nach ihrer Wiederinbetriebnahme im Raw Dessau am 1. April 1960. Dieses seltene Farbbild zeigt sie mit dem schwarzen Anstrich der Drehgestelle, den die DR von 1956 bis 1961 anwendete.

Aufnahme: Karlheinz Leyer

◁ **Bild 127**
Ab 1961 lackierte die DR die Drehgestelle und Pufferbohlen aller ihrer E 94 in Feuerrot. Am 11. August 1983 steht **254 154** frisch hauptuntersucht im Raw Dessau.

Aufnahme: Axel Mehnert

△ **Bild 128** • Tannengrün war die Farbe der Wahl bei den ÖBB ab Anfang der fünfziger Jahre. Hier sehen wir **1020.36** in Langen am Arlberg am 10. August 1971.

Aufnahme: Franz Hajek

Österreichische Bundesbahnen (ÖBB)

Die bei den ÖBB verbliebenen E 94 (ab 1953: Reihe 1020) fuhren nach 1945 zunächst noch einige Jahre mit der bestehenden Farbgebung weiter.

Gegen Ende der vierziger Jahre erprobten die ÖBB, angelehnt an den grün lackierten Elloks der BBÖ vor 1938, an einigen wenigen Elloks Farbtöne mit hellgrün, dunkelgrün oder sogar braun. Die Entscheidung fiel dann für tannengrün auf dem Lokomotivkasten.

Die Brückenrahmen einiger weniger E 94 hatten bei Neulackierungen bis 1954 noch einen eisengrauen Anstrich erhalten (RAL 7011). Die Nachbaulokomotiven 1020.45, 46 und 47 behielten den tannengrünen Lokkasten.

Mit der Umzeichnung in die Reihe 1020 erhielten sie ab 1953 Nummernschilder mit gelber Umrandung und gelben Ziffern auf rotem Grund.

Einige Jahre später bekamen alle 1020 Nummernschilder mit Aluminiumziffern auf tannengrünem Grund, die Eigentumsbezeichnung ÖBB (Aluminiumbuchstaben) kam auf die Seitenwände über dem Lokschild. Die Nachbaulokomotiven 1020.45–47 besaßen einen Zierstreifen in der Mitte in chromgelb (RAL 1007), die 1020.46 und 1020.47 zusätzlich ein aufgemaltes weißes Flügelrad an den Vorbauten.

Ende November 1969 beschlossen die ÖBB die Lackierung aller Diesel- und

Bild 129 ▷ Die Museumslokomotive **1020.47** erhielt den Anstrich von 1954 zurück: Tannengrüner Lokkasten, chromgelbe Zierstreifen sowie Lok- und Fabrikschild auf rotem Grund. Charakteristisch für die drei Nachbau-1020 war das unterhalb des Zierstreifens vierte Lüftungsgitter auf der rechten Lokomotivseite. Die Aufnahme entstand in Saalfelden am 4. März 2007.

Aufnahme: Brian Rampp

△ **Bild 130** • Ein Dreifach-Lokzug mit **1020 024**, **1020 028** und **1020 020** in blutoranger Lackierung, in den Lokzug eingereiht ist die mittig laufende 1020 028 mit nur noch einem seitlichen Zierstreifen. Thörl-Maglern am 13. August 1991. Aufnahme: Brian Rampp

E-Triebfahrzeuge in blutoranger Farbe mit beigen Zierlinien. Dies sollte in erster Linie zur Steigerung der Betriebssicherheit durch bessere Sichtbarmachung der Lokomotiven beitragen. Außerdem sollten die Fahrzeuge ein ansprechendes Äußeres bieten.

Die Einführung des neuen Farbkonzeptes erfasste 1970 erstmals die Reihe 1020. Nach einem Brand und anschließender HG-Modernisierung erhielt 1020.42 als erste ältere Ellok am 25. März 1970 den blutorangen Anstrich des Lokomotivaufbaus (RAL 2002). An den Seiten waren drei Zierstreifen in Elfenbein (RAL 1014) angebracht, der mittlere Zierstreifen umlief die Vorbauhauben. Es folgten alle weiteren HG-modernisierten 1020 sowie die bereits modernisierten, aber noch grün gestrichenen Maschinen.

Lediglich 1020.45, 46 und 47 erhielten keinen blutorangen Lack mehr und trugen bis zu ihrem Ausscheiden die tannengrüne Lackierung.

Bei den blutorangen 1020 lackierten die ÖBB Rahmen, Fahrgestell und Pufferbohlen weiterhin tiefschwarz, das Dach in Weißaluminium. Ab Mitte der achtziger Jahre wurden bei 25 Lokomotiven Drehgestelle und Rahmen umbragrau (RAL 7022) gestrichen, ebenso bei 29 Lokomotiven das Dach.

Das 1974 eingeführte neue, aufgeklebte Bildzeichen der ÖBB („Pflatsch") trugen die 1020 über dem rechten Scheinwerfer an den Vorbauten und jeweils unter dem linken Maschinenraumfenster. Seit 1980 ersetzten schließlich Klebeziffern (Typ Helvetica halbfett) die angeschraubten Nummern- und Eigentumsschilder.

In den neunziger Jahren erhielten 1020 011, 015, 016 und 041 nach Ausbesserungen in der HW Linz einen verkehrsroten Anstrich des Kastenaufbaus und der Vorbauten (RAL 3020). Zahlreiche 1020 trugen nach HW-Aufenthalten nur noch den mittleren Zierstreifen, 1020 037 gar keinen mehr.

Einige Jahre vor Ende ihrer Einsatzzeit erhielten drei 1020 eine Lackierung im sog. Valousek-Design. Weil die ÖBB Restbestände der blutorangen Farbe aufbrauchen wollten, erhielten 1020 003 (Mai 1992), 014 (Juli 1992) und 044 (Oktober 1992) einen blutorangen Kasten, jedoch mit breiter, achatgrauer Bauchbinde (RAL 7038) entlang der Vorbauhauben. Dach, Rahmen und Drehgestelle waren umbragrau lackiert.

Die Museumslokomotiven 1020 027, 042 und 044 erhielten 1991, 1990 und 1995 wieder einen tannengrünen Anstrich.

EDV-gerechte Betriebsnummern mit dreistelligen Ordnungsnummern ohne davor gestellten Punkt und mit Kontrollziffern erhielten die ÖBB-Triebfahrzeuge und damit auch die Reihe 1020 ab 1. April 1985.

Farbgebung der E 94 der Österreichischen Bundesbahnen E 94/1020

	ab 1950	ab 1969
Kasten und Vorbauten	tannengrün (RAL 6009)	blutorange (RAL 2002)
Brückenrahmen	tiefschwarz (RAL 9005)	tiefschwarz (RAL 9005)
Drehgestelle, Pufferträger, Sandkästen	tiefschwarz (RAL 9005)	tiefschwarz (RAL 9005)
Dach	weißaluminium (RAL 9006)	weißaluminium (RAL 9006)
Dachleitungen und Hauptschalter	feuerrot (RAL 3000)	feuerrot (RAL 3000)
Stromabnehmer	feuerrot (RAL 3000)	feuerrot (RAL 3000)
Radkörper	feuerrot (RAL 3000)	feuerrot (RAL 3000)
Radreifen	blank	blank
Zwischenkühler	aluminium (RAL 9007)	Bauteil entfallen

△ **Bild 131 • 1020 044** erhielt am 2. Oktober 1992 einen Anstrich mit blutorangem Kasten und achatgrauer Bauchbinde an den Vorbauten. Urheber dieses Farbkonzeptes war der von den ÖBB beauftragte Architekt Wolfgang Valousek. Die Aufnahme entstand in Saalfelden am 11. März 1995. Aufnahme: Brian Rampp

▽ **Bild 132 •** Nach ihrem Ausscheiden aus Staatsbahn-Diensten kehrten einige E 94 bei privaten Eisenbahn-Verkehrsunternehmen in den Betriebsdienst zurück. Die von 2004 bis 2013 bei der Mittelweserbahn eingesetzte **1020 041** stach dabei heraus. Sie erhielt vom Eigentümer einen blauen Anstrich des Fahrzeugaufbaus mit gelben Zierstreifen. Am 17. Juli 2010 steht sie in Freilassing. Aufnahme: Dr. Helmut Petrovitsch

△ **Bild 133 • E 94 015** hat verblendete Signallaternen, Pufferteller-Warnanstrich und ein Lokschild mit spitzen Ziffern, aufgenommen in Ludwigsstadt am 15. November 1941.
AUFNAHME: DB MUSEUM NÜRNBERG

△ **Bild 134 • 1020.07** sehen wir am 16. Juli 1953 in Salzburg-Gnigl noch weitestgehend im Ursprungszustand und ohne Wartungstüren auf der Vorderseite.
AUFNAHME: HARALD NAVÉ, SAMMLUNG ALFRED LUFT

▽ **Bild 135 • 194 281-2** hat auf der hinteren Vorbauhaube zwei Wartungstüren mit Lüftungsschlitzen, aufgenommen in Ludwigsstadt im Juli 1970.
AUFNAHME: DIETER KLAHR, SAMMLUNG TIM MEIER

▽ **Bild 136 • 194 072-5** ist mit AK-Pufferbohle und am Vorbau fest montierten Signallaternen ausgestattet, Bw Ingolstadt am 20. September 1985.
AUFNAHME: DIETER SPILLNER

△ **Bild 137 • 194 178-0** besaß als einzige DB-E 94 eine elfenbein lackierte Stirnfront. Sie trägt auf der Vorderseite zwei glatte Wartungstüren, aufgenommen in Karlsruhe am 4. März 1988.

△ **Bild 138 • E 94 065** hat auf der Vorderseite eine Wartungstür und das seitlich versetzte Nummernschild. Mit den Griffen an den Signallaternen kann die rote Schlussscheibe vorgeschwenkt werden. Bw Leipzig-Wahren im Jahr 1960.

Aufnahme: Gerhard Illner, Sammlung Robin Garn

▽ **Bild 139 • 254 059-9** zeigt die auf den vorderen Vorbau aufgesetzte dritte Signallaterne sowie die dazu gehörige Leitungsverlegung, aufgenommen in Chemnitz-Hilbersdorf am 21. August 2003.

Aufnahmen (2): Brian Rampp

▽ **Bild 140 • 1020 032-7** im Zustand nach der HG-Ausbesserung mit zwei Stirnfenstern, großer Wartungstür und ÖBB-Signalleuchten, hier in Bludenz am 5. Mai 1989.

Aufnahme: Frank Lüdecke

Versuchs- und Erprobungsfahrten

Deutsche Reichsbahn

Die erste offizielle Erprobungsfahrt mit einer E 94 fand am 22. Mai 1940 mit der einen Monat zuvor angelieferten ersten Lokomotive der neuen Baureihe, der E 94 001, auf der Strecke München– Brenner statt. Es war gleichzeitig eine für die Öffentlichkeit bestimmte Demonstrationsfahrt. Sie beförderte einen 547 t schweren Güterzug und den 592 t schweren Schnellzug D 67. Am 23. Mai wiederholte sie die Fahrten mit einem 591-t-Güterzug und dem D 67 (600 t). Einen Tag später fand dann die Abnahme-Probefahrt mit dem ebenfalls 600 t schweren D 67 statt.

Gefahren wurden Geschwindigkeiten zwischen 40 km/h und 54 km/h. Messfahrten zur Ermittlung der Leistungsfähigkeit der neuen Ellokbaureihe führte das RZA München dann vom 24. September bis zum 9. Oktober 1940 mit E 94 012 durch.

Gefahren wurden:

am 24./25.09.:
- ein 1.817-t-Zug zwischen Kufstein und Hall i. Tirol
- ein 552-t-Zug zwischen Innsbruck und Brenner
- ein 595-t-Zug zwischen Innsbruck und Brenner

am 26./27.09.:
- ein 543-t-Zug zwischen Innsbruck und Landeck
- ein 466-t-Zug zwischen Bludenz und Langen
- ein 555-t-Zug zwischen Landeck und St. Anton
- ein 555-t-Zug zwischen Bludenz und Langen

vom 1. bis zum 3.10.:
- ein 596-t-Zug zwischen Pressig-Rothenkirchen und Probstzella
- ein 661-t-Zug zwischen Probstzella und Pressig-Rothenkirchen
- ein 519-t-Zug zwischen Nürnberg und Probstzella
- ein 519-t-Zug zwischen Probstzella und Nürnberg

am 8./9.10.:
- ein 549-t-Zug zwischen Schwarzach-St. Veit und Böckstein
- ein 539-t-Zug zwischen Spittal-Millstättersee und Schwarzach-St. Veit
- ein 546-t-Zug zwischen Spittal-Millstättersee und Schwarzach-St. Veit

▽ **Bild 141** • Die noch nicht abgenommene und noch mit „Bw Freilassing" beschilderte **E 94 001** bei ihren ersten Fahrten in Mittenwald in der ersten Maihälfte 1940. Da in der ersten Monatshälfte weiterhin kühle Witterung herrschte, trugen einige Büsche im Hintergrund noch keine oder nur spärliche Blätter.
Aufnahme: RZA München, Sammlung Helge Hufschläger

Bilder 142 und 143
Mit **E 94 012** führte das RZA München im Herbst 1940 die Leistungs-Messfahrten durch. Die Aufnahmen entstanden in der elektrotechnischen Versuchsanstalt in München-Freimann, die sich am Rand des RAW befand. Den Standort gibt es bei der DB Systemtechnik noch heute, während das Ausbesserungswerk seit 1995 Geschichte ist. Dort wo die Güterwagen im Hintergrund stehen, erstrecken sich heute mehrstöckige Gebäude der BMW AG.

Aufnahmen (2): RZA München, Slg. Dr. Günther Scheingraber/EK-Verlag

Die Messfahrten ergaben, dass die Lokomotive für das vorgegebene Zugförderprogramm auf den vorgesehenen Einsatzstrecken ausreichend bemessen war. Mit Ausnahme der Brennerstrecke konnten die zulässigen Zuglasten sogar erhöht werden. Auf der langen Steigungsstrecke zum Brenner wurden jedoch die Fahrmotoren zu warm. Das war Anlass für Änderungen zur Verbesserung der Fahrmotorkühlung und zur Entwicklung neuer Fahrmotoren.

Die Erwärmung der Stromschienen und der Anschlusskabel der Fahrmotoren im elektrischen Bremsbetrieb und die Eignung der elektrischen Bremse erprobte die Deutsche Reichsbahn Ende 1940 mit E 94 003. Die Versuchsfahrten wurden am 29. und 30. Mai 1941 auf der Brennerstrecke fortgesetzt. Bei diesen Fahrten zeigte sich, dass zeitweise eine zu große Erwärmung der Bremswiderstände auftrat. Bei den Bergfahrten schob eine zweite E 94 nach.

Für den kriegswirtschaftlich erforderlichen Einsatz von Aluminium statt Kupfer auch bei der E 94 fanden Versuche mit Alu-Fahrmotoren statt. Wie bereits im Abschnitt über die Fahrmotoren erwähnt, hatte die E 94 026 vom Bw Saalfeld (Saale) im vorderen Drehgestell drei Fahrmotoren mit Alu-Wicklungen erhalten. Die Messfahrten fanden am 19. und 20. Juni 1941 auf der Strecke Saalfeld (Saale) – Lichtenfels statt und die Alu-Fahrmotoren waren dabei erwartungsgemäß etwas wärmer als die Cu-Fahrmotoren, blieben aber unter der zulässigen Grenzerwärmung.

Bei einer größeren Erwärmung der Fahrmotoren befürchtete das RZA München eine zu große Erwärmung des Schmierfettes der Motorlager, das Auslaufen des Schmierfettes und eine Zerstörung der Lager. Daraufhin fand am 12. August 1942 mit E 94 063 des Bw Rosenheim eine Messfahrt mit einem 1.098-t-Güterzug auf der Strecke Rosenheim – Salzburg und mit einem 750-t-Zug in der Gegenrichtung statt. Gefahren wurde mit Geschwindigkeiten zwischen 50 und 55 km/h. Es zeigte sich, dass aus den Fahrmotorlagern kein Schmierfett auslief und demzufolge die volle Schmierfähigkeit vorhanden war.

Mit derselben Lokomotive gab es am 29. Januar 1943 eine Leistungsmessfahrt mit einem 1.298-t-Durchgangsgüterzug (Dg) zwischen Freilassing und Rosenheim zur Untersuchung einer möglichen Zuglasterhöhung auf 1.300 t bei 10 ‰ Steigung. Die Fahrmotorerwärmung blieb unter den zulässigen Grenzwerten und die 1.300 t Anhängelast bei 10 ‰ wurden zugelassen.

Die letzten bekannten Versuchs- und Erprobungsfahrten mit einer E 94 während des Zweiten Weltkriegs fanden Anfang 1943 statt, um die Erhöhung der Zuglasten und die Beschleunigung des Güterverkehrs zwischen Salzburg und Bregenz zu untersuchen. E 94 081 des Bw Augsburg kam nach ihrer Abnahme-Probefahrt auf der Strecke München – Brenner für die vorgesehenen Versuchsfahrten zum Bw Wörgl.

Am 25. Februar 1943 beförderte die Lokomotive einen 986-t-Durchgangsgüterzug von Wörgl nach Schwarzach-St. Veit. Als Zuglokomotive übernahm die E 94 081 auf der Rampe Kirchberg – St. Johann von dem Zug 798 t, der Rest entfiel auf eine Schiebelokomotive. Die Rückfahrt erfolgte mit einem 1.104-t-Durchgangsgüterzug und der Lastanteil der Zuglokomotive auf der Steigung Saalfelden – Hochfilzen betrug 777 t.

Einen Tag später beförderte die Lokomotive auf der Strecke Innsbruck – Bludenz einen 1.102-t-Güterzug und ihr Lastanteil auf der Rampe Landeck – St. Anton betrug 550 t. Auf der Rückfahrt von Bludenz nach Landeck hatte E 94 081 einen 492-t-Güterzug am Haken.

Alle Fahrten verliefen problemlos und die Fahrmotoren blieben unter der zulässigen Grenzerwärmung. Daraufhin wurde die maximale Zuglast auf der Arlbergstrecke von 500 t auf 550 t erhöht.

Deutsche Bundesbahn

Nach einer Leistungsmessfahrt auf Wunsch der französischen Kontrollkommission für Deutschland mit E 94 138 im Mai 1947 fanden dann vom 1. bis 3. Oktober 1947 mit E 94 014 die ersten Messfahrten nach Kriegsende für deutsche Interessen statt. Sie dienten der Ermittlung des Energieverbrauchs der E 94. Am 1. Oktober beförderte die Lokomotive einen 600-t-Leerwagenzug mit 119 Achsen von Freilassing nach Kornwestheim mit einem Energieverbrauch von 5.412 kWh. Am 2./3. Oktober zog sie von Kornwestheim nach Freilassing einen 1.190-t-Kohlenzug mit 83 Achsen. Der Energieverbrauch betrug 8.158 kWh.

Im Sommer 1948 wollte die Oberste Betriebsleitung Süd der DR-West über die Geislinger Steige 1.500-t-Züge ohne Zugteilung fahren lassen. Dazu fand am 30. Juli mit E 94 122 als Zuglokomotive sowie E 94 138 und E 93 01 als Schiebeloks eine entsprechende Versuchsfahrt statt, bei der ein 1.373-t-Güterzug über die 25 ‰-Steigung befördert wurde. Die Fahrt zeigte, dass 1.500-t-Züge über 25 ‰-Steigung prinzipiell gefahren werden können. Auf Grund der schlechten Verständigung der Personale von Zug- und Schiebelokomotiven war das gesamte Versuchsergebnis jedoch wenig befriedigend.

Mit E 94 071 als Zuglokomotive und E 94 125 als Schiebelok wurde die Versuchsfahrt am 25. Oktober 1948 wiederholt. Die Lokomotiven beförderten anstandslos den 1.491 t schweren Güterzug über die Geislinger Steige. Der Verlauf der Versuchsfahrt bestätigte, dass 1.500-t-Züge mit zwei E 94 über die Geislinger Steige gefahren werden können, wenn die Blockstelle Knoll ohne Halt durchfahren werden konnte. Weiterhin ergab sich, dass die Feinstufigkeit der Steuerung auch für diese schwere Zugfahrt ausreichend war.

Am 1. Dezember 1952 wurde mit der mit Hochspannungssteuerung ausgerüsteten E 94 141 eine Versuchsfahrt zwischen Stuttgart-Untertürkheim und Ulm zur Ermittlung des Verhaltens der Steuerung und der eingebauten Schleuderschutzbremse durchgeführt. Befördert wurde ab Untertürkheim eine Zuglast von 2.200 t, ab Eislingen 1.493 t, über die Geislinger Steige 739 t und ab Amstetten 1.493 t. Die Hochspannungssteuerung und die Schleuderschutzbremse wurden den gestellten Anforderungen voll gerecht.

Erneute Versuchsfahrten zur Ermittlung der Auswirkungen der Hochspannungs- oder der Niederspannungssteuerung auf das Zugkraftverhalten der Lokomotive führte die DB vom 2. bis 4. Februar 1954 durch. Zum Einsatz kamen die mit den neuen SSW-Fahrmotoren ausgerüsteten Lokomotiven E 94 142 und E 94 268.

Gefahren wurde auf der Strecke Kornwestheim – Augsburg am 2. Februar ein 1.155-t-Güterzug und am 3. Februar ein 1.157-t-Güterzug sowie am 4. Februar ein 1.170-t-Güterzug zwischen München und Traunstein. Der Vergleich der beiden Steuerungsarten, der auch der Entscheidungsfindung für die in Entwicklung befindlichen Neubaulokomotiven diente, ergab leichte Vorteile für die vielstufigere Hochspannungssteuerung.

Die für die elektrischen Neubaulokomotiven der DB vorgesehenen Achsantriebe ließ das BZA München am 25. März 1954 auf der 40-‰-Rampe zwischen Bad Reichenhall und Hallthurm erproben und vergleichen. Beteiligt waren die Versuchslokomotiven E 10 003 (SSW-Gummiringfederantrieb) und E 10 004 (Sècheron-Lamellenantrieb) sowie E 94 142 mit Tatzlagerantrieb. Mit den Anfahrversuchen sollte das Verhalten der Maschinen bei hohen Anfahrzugkräften näher untersucht werden. Wegen der Vergleichbarkeit der Ergebnisse waren bei der E 94 die mittleren Fahrmotoren in jedem Drehgestell abgeschaltet. Die Lokomotiven erreichten bei den Anfahrversuchen am Radumfang folgende Anfahrzugkräfte:

- E 10 003 = 20,5 bis 24 t
- E 10 004 = 19,5 bis 23 t
- E 94 142 = 24,5 bis 27 t.

Die Versuche zeigten, dass ohne Sanden Anfahrzugkräfte am Radumfang von 30 % des Adhäsionsgewichts, bezogen auf vier Achsen, im Mittel ausgeübt werden können.

Die 1954/55 von der DB beschafften Nachbaulokomotiven der Baureihe E 94 besaßen eine andere Ausführung der Druckluftleitungen in den Drehgestellen für die Bremse. Daraufhin fanden mit E 94 180 auf der Strecke Nürnberg – Lichtenfels vom 14. bis 20. September 1954 bremstechnische Versuchsfahrten und Untersuchungen statt. Zur Überraschung der Versuchsdurchführenden ergaben sich höhere Bremsgewichte, als seit 1940 für die E 94 gültig waren. Die daraufhin vergleichsweise mit E 94 140 durchgeführten Versuchsfahrten brachten das gleiche Ergebnis. Auf Grund dieser Ergebnisse änderte die DB die Bremsgewichte der E 94 für die Stellung P von 112 auf 122 t und für die Stellung G von 59 auf 76 t.

Bei schweren Zuganfahrten wird der Kommutator des Feinreglers stark beansprucht und das Bürstenfeuer hinterlässt Abbrandspuren. Das BZA München ließ daher die Steuerung der E 94 182 umbauen. Sie erhielt einen größeren Spannungsteiler mit härterer Spannungscharakteristik und einer angelegten Stützspannung. Dadurch wurden die Lamellenspannung und die Beanspruchung des Feinregelerkommutators reduziert. Mit der Lokomotive erfolgten am 7. Dezember 1955 zwei Versuchsfahrten zwischen Würzburg und Nürnberg. Gefahren wurden ein 1.348-t-Durchgangsgüterzug mit durchschnittlich 43 km/h und ein 1.197-t-Durchgangsgüterzug mit 48,6 km/h. Auf der Strecke München – Olching fand dann am 22. Dezember 1955 eine Vergleichsfahrt mit E 94 191 und einem abgebremsten Zug statt. Es ergab sich, dass die bei E 94 182 durchgeführten Maßnahmen keine Vorteile für die Zugkraftreglung und die Verringerung des Kommutatorabbrandes brachten, so dass die Umrüstung weiterer E 94 unterblieb.

Erprobung der DB-Versuchslokomotiven mit Hochspannungssteuerung

Die im Zuge der Entwicklungsarbeiten für die neue Generation von Elektrolokomotiven bei der Deutschen Bundesbahn erhobene Forderung des Zugförderungsdienstes nach Elloks, deren Reibungsgewicht beim Anfahren schwerer Züge ohne Gefährdung der Kommutatoren voll ausgenutzt werden kann, führte zu einem Versuch mit einer feinstufig geregelten Hochspannungssteuerung bei der Baureihe E 94. Sie ersetzte bei den Versuchslokomotiven das bisher verwendete Nockenschaltwerk mit Feinreglersteuerung. Hochspannungssteuerungen hatten sich in Verbindung mit Transformatoren mit veränderlicher Reaktanz (Manteltrafo mit drei Wicklungen), welche sanfte Anfahrten ermöglichen, bereits seit einigen Jahren in der Schweiz bewährt und die DB beabsichtigte ihre neuen Elektrolokomotiven ebenfalls mit Hochspannungssteuerung auszurüsten. Hierfür bedurfte es jedoch zunächst einer eingehenden Erprobung im täglichen Betriebseinsatz.

Sowohl die Firmen BBC als auch SSW unterbreiteten dem BZA München entsprechende Entwürfe. Da 1952 jedoch nur die BBC-Ausführung verfügbar war, entschloss sich das BZA, diese zunächst in die Fertigbaulokomotiven E 94 141 und 142 einbauen zu lassen und die SSW-Version später in zwei der Nachbaulokomotiven ($E\,94^2$) zu erproben.

Wegen der Empfindlichkeit der BBC-Hochspannungssteuerung gegen ungleichförmige und zu langsame Bedienung sowie nicht exaktes Einfahren in die Rastierung, kam bei diesen E 94 zusätzlich ein Servomotorantrieb zum Einbau. Die an sich mögliche manuelle Bedienung der Steuerung beurteilte BBC aus o. g. Gründen skeptisch, vor allem um den Überbrückungswiderstand nicht zu überlasten.

△ **Bild 144 • E 94 048** (Bw Nürnberg Rbf) war am 27. Juli 1950 im Raum Nürnberg im Rahmen von Messfahrten unterwegs, hier vor der Abfahrt in Nürnberg Hbf nach Feucht. Der Anlass ist nicht bekannt. Bei dem Wagen handelt es sich um den „Hannover 729 023", einen Beiwagen zum Messwagen des Versuchsamtes für Wagen.

Aufnahme: EZA München, Sammlung Brian Rampp

▽ **Bild 145 • 194 573** mit **194 541** als Wagenlokomotive überqueren am 19. Juni 1984 die Regnitzbrücke bei Vach. Sehr gut zu sehen die unterschiedlichen Dachaufbauten der beiden Lokomotiven. 194 541 besaß BBC-Hochspannungssteuerung und keine elektrische Bremse. In den fünfziger Jahren führte die DB umfangreiche Versuchsfahrten mit den vier E 94 mit Hochspannungssteuerung durch.

Aufnahme: Matthias Maier

Demgegenüber arbeiteten die SSW an einer Hochspannungssteuerung (mit zwei Ausführungen des Stufenwählers), die unbedenklich auch von Hand bedienbar sein sollte, ohne dass durch ungleiche und zu langsame Bedienungsgeschwindigkeit ein Schaden entstehen würde.

Die mit den Lokomotiven E 94 141 (geliefert am 2. Oktober 1952) und 142 (geliefert am 13. Februar 1953) in der Folgezeit durchgeführte Erprobung zeigte, dass normale wie auch schwierige Anfahrten ohne weiteres gelangen. Im Rangierdienst ließen sich die Arbeiten „flotter" bewältigen als mit E 94 der üblichen Bauart. Bei Geschwindigkeiten, die höher lagen als etwa 60 % der Höchstgeschwindigkeit, erwies sich die Hochspannungssteuerung als günstig.

Aus diesen Gründen und der Tatsache heraus, dass die SSW-Version noch nicht ausreichend erprobt werden konnte, entschied sich die DB 1954, für die Serien-E 10, die E 40 und E 50 das BBC-Hochspannungsschaltwerk vorzusehen. Hingegen sollte der mittlere Geschwindigkeitsbereich der E 41 wegen ihrer vorrangigen Verwendung im Nahverkehr unter 60 % der Höchstgeschwindigkeit liegen, sodass sie eine BBC-Niederspannungssteuerung erhielten.

Als Versuchsträger für die SSW-Hochspannungssteuerung wählte das BZA München E 94 270 und 271 aus, die am 29. Mai 1954 bzw. 7. März 1955 geliefert wurden. Mit ihnen sollten Erkenntnisse darüber gewonnen werden, ob das SSW-Hochspannungsschaltwerk mit Sprunglastschaltern für eine spätere Serie der Einheitselloks geeignet ist. Insbesondere galt es zuerst zu klären, welche der beiden Ausführungen – Hochspannungssteuerung mit Sprunglastschalter und Stufenwähler in Kreisbahn- oder Flachbahnversion – in Frage kommt. E 94 270 und 271 waren werkseitig mit einem Hochspannungsschaltwerk mit Kreisbahnwähler (d. h. einem Stufenwähler mit kreisförmig angeordneten Kontakten) ausgerüstet.

Der Probebetrieb mit den beiden E 94 bis Mai 1955 zeigte, dass der Stufenwähler einwandfrei arbeitete. Dagegen trat beim Sprunglastschalter ein größerer Kontaktabbrand auf als erwartet. Ebenso arbeitete der Überschaltwiderstand nicht störungsfrei und hielt u. a. einem ersten Kurzschlussversuch nicht stand. Das BZA München schlug daher dem Hersteller vor, das Schaltwerk mit Flachbahnwähler zu entwickeln. Weitere Versuchsergebnisse mit den Lokomotiven E 94 270 und 271 wollte man abwarten. Die Ausführung mit Flachbahnwähler konnte erst 1958 fertiggestellt werden und wurde dann in E 10 005 eingebaut.

Im Verlauf der weiteren Erprobung traten bei den beiden E 94 zwar wiederholt Schäden in Gestalt von Lastschalterüberschlägen auf, doch konnten sie bis Anfang der sechziger Jahre weitgehend beseitigt werden, nachdem die Firma SSW verschiedene Verbesserungen und Tauschaktionen vorgenommen hatte.
Dagegen bewährte sich der in E 10 005 eingebaute Lastschalter sogleich recht gut. Gegenüber der BBC-Version besaß dieses SSW-Schaltwerk u. a. den Vorteil geringerer Wartungsbedürftigkeit. Die Beschaffungskosten beider waren fast gleich.

Hinzu kam, dass sich die in die Neubauellokomotiven bereits eingebauten BBC-Hochspannungsschaltwerke nachträglich als störanfällig erwiesen. Dies veranlasste den Werkstättendienst, für eine Erprobung des SSW-Hochspannungsschaltwerks der E 10 005 auf breiter Basis einzutreten. Die DB beschloss daher im Herbst 1960, je fünf Elloks der Baureihen E 10[1], E 40 und E 50 mit diesem Schaltwerk auszurüsten und einem einjährigen Versuchsbetrieb zu unterziehen. Anschließend gelangte das SSW-Schaltwerk bei Lokomotiven der laufenden Neubauserie zum Einbau.

Das Versuchsprogramm der E 94 mit Hochspannungssteuerung war mit dem Beginn des Probebetriebs der umgebauten E 10 005 am 9. Juli 1958 praktisch abgeschlossen. Bereits seit April 1958 waren E 94 141, 142, 270 und 271 beim Bw Nürnberg Rbf zusammengefasst und wechselten in der Folgezeit ihre Heimat-Dienststelle nur noch gemeinsam.

▽ **Bild 146 • 194 570** war eine der beiden DB-E 94 mit SSW-Hochspannungssteuerung. Auch ihr Dachaufbau wich von der Regelbauart ab. Der Blick fällt außerdem auf die im Jahr 1974 vom AW Bremen neu gefertigten, geschweißten Vorbauhauben, die zuvor 194 125 trug. Diese unterschieden sich durch die fehlenden umlaufenden Absetzkanten von der Serienbauart. Die Aufnahme des Unikats entstand am 12. Juli 1978 im AW München-Freimann. AUFNAHME: ULRICH BUDDE

Beschaffung und Entwicklung des Bestandes

Deutsche Reichsbahn (bis 1945; DRB)

Für die Beschleunigung des Zugdienstes und die Erhöhung der Durchlassfähigkeit auf den elektrifizierten Hauptstrecken in Süddeutschland, Mitteldeutschland und Schlesien sowie im Hinblick auf die geplanten Elektrifizierungen über den Thüringer Wald bis Leipzig/Halle beschloss die Deutsche Reichsbahn Ende 1937 neue, aus der Baureihe E 93 weiterentwickelte schwere Güterzuglokomotiven der Baureihe E 94 zu beschaffen. Ein großer Teil der neuen Güterzuglokomotiven sollte zwischen Nürnberg und Leipzig/Halle (Saale) über den Franken- und Thüringer Wald zum Einsatz kommen. Neben den RBD Augsburg, München und Stuttgart sollte auch die RBD Breslau bedacht werden, denn hier waren inzwischen veraltete Elektrolokomotiven zu ersetzen.

Nach der Übernahme der österreichischen Strecken im Jahr 1938 änderten sich die Planungen. Nun ergab sich die Notwendigkeit des Einsatzes stärkerer Lokomotiven auf den Alpenstrecken des Arlbergs, Brenners und der Tauern. E 94 sollten jetzt auch hier eingesetzt werden, um die Zuglasten zu erhöhen und Doppelbespannungen zu vermeiden.

Nach dem Ausbruch des Zweiten Weltkrieges erlangte die E 94 für die Durchführung kriegswichtiger Transporte auf den Alpenpässen einmal mehr Relevanz. So war Italien wegen der britischen Seeblockade jetzt weitgehend auf deutsche Kohleimporte angewiesen, die allesamt per Bahn liefen. Für den kriegsbedingt gestiegenen Verkehr bestand damit strategischer Bedarf an leistungsfähigen elektrischen Lokomotiven. Dieser Umstand führte, neben der Möglichkeit der Einsparung wertvoller Rohstoffe, zur Erlaubnis des Hauptausschusses Schienenfahrzeuge, die E 94 als „Kriegselektrolokomotive (KEL) 2“ weiter zu beschaffen. Folglich bestellte die DRB insgesamt 285 Lokomotiven der Baureihe E 94. Dies war die umfangreichste Ellokbestellung einer Baureihe bei der DRB.

Nach Unterlagen der Eisenbahnabteilungen im Reichsverkehrsministerium mit Stand 17. Februar 1940 bestellte die DRB folgende Stückzahlen (in Klammern die zum Bestellzeitpunkt geplante Verteilung auf die Reichsbahndirektionen (RBD):

△ **Bild 147** • Fototermin: Anlässlich einer ersten Probefahrt entstand in der ersten Maihälfte 1940 dieses Bild der **E 94 001** auf der Schmalenseehöhe vor dem Karwendelmassiv. Das Prozedere der Inbetriebnahme dauerte in München vom 23. April bis 23. Mai 1940. Die Signallaternen am Vorbau sind wie bei allen während der Kriegsjahre gebauten E 94 mit Verdunkelung versehen. Aufnahme: Sammlung Andreas Knipping

▽ **Bild 148** • Fabrikneu zeigt sich **E 94 005** am 31. Juli 1940 im Bw München Hbf. Noch trägt sie keine Abnahmedaten. Im Gegensatz zur im Lieferwerk angebrachten Beschilderung „Bw Kornwestheim“ kam sie nach der Inbetriebsetzung zum Bw Innsbruck. Aufnahme: Carl Bellingrodt, Sammlung Markus Inderst

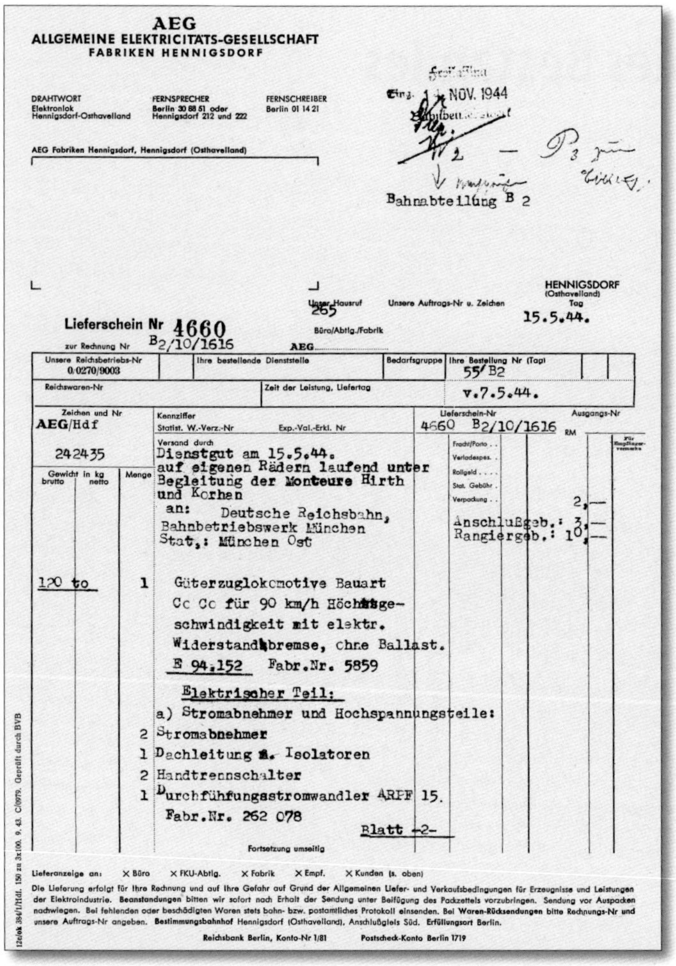
AEG
ALLGEMEINE ELEKTRICITÄTS-GESELLSCHAFT
FABRIKEN HENNIGSDORF

DRAHTWORT Elektronlok Hennigsdorf-Osthavelland
FERNSPRECHER Berlin 30 88 51 oder Hennigsdorf 212 und 222
FERNSCHREIBER Berlin 01 14 21

Eing. 14. NOV. 1944

AEG Fabriken Hennigsdorf, Hennigsdorf (Osthavelland)

Bahnabteilung B 2

HENNIGSDORF (Osthavelland)
Unser Hausruf 265
Unsere Auftrags-Nr u. Zeichen
Tag 15.5.44.

Lieferschein Nr 4660
zur Rechnung Nr B2/10/1616
Büro/Abtlg./Fabrik AEG

Unsere Reichsbetriebs-Nr	Ihre bestellende Dienststelle	Bedarfsgruppe	Ihre Bestellung Nr (Tag)
0/0270/9003			55/B2

Reichswaren-Nr
Zeit der Leistung, Liefertag v.7.5.44.

Zeichen und Nr AEG/Hdf 242435
Kennziffer
Statist. W.-Verz.-Nr
Exp.-Val.-Erkl. Nr
Lieferschein-Nr 4660 B2/10/1616
Ausgangs-Nr
RM

Versand durch
Dienstgut am 15.5.44.
auf eigenen Rädern laufend unter Begleitung der Monteure Hirth und Korhan
an: Deutsche Reichsbahn, Bahnbetriebswerk München
Stat.: München Ost

Fracht/Porto
Verladespes.
Rollgeld
Stat. Gebühr
Verpackung 2,–
Anschlußgeb.: 3,–
Rangiergeb.: 10,–

Gewicht in kg brutto netto | Menge
120 to | 1 | Güterzuglokomotive Bauart Cc Cc für 90 km/h Höchstgeschwindigkeit mit elektr. Widerstandsbremse, ohne Ballast. E 94.152 Fabr.Nr. 5859

Elektrischer Teil:
a) Stromabnehmer und Hochspannungsteile:
2 Stromabnehmer
1 Dachleitung m. Isolatoren
2 Handtrennschalter
1 Durchführungsstromwandler ARPF 15. Fabr.Nr. 262 078

Blatt -2-

Fortsetzung umseitig

Lieferanzeige an: × Büro × FKU-Abtlg. × Fabrik × Empf. × Kunden (s. oben)

Die Lieferung erfolgt für Ihre Rechnung und auf Ihre Gefahr auf Grund der Allgemeinen Liefer- und Verkaufsbedingungen für Erzeugnisse und Leistungen der Elektroindustrie. Beanstandungen bitten wir sofort nach Erhalt der Sendung unter Beifügung des Packzettels vorzubringen. Sendung vor Auspacken nachwiegen. Bei fehlenden oder beschädigten Waren stets bahn- bzw. postamtliches Protokoll einsenden. Bei Waren-Rücksendungen bitte Rechnungs-Nr und unsere Auftrags-Nr angeben. Bestimmungsbahnhof Hennigsdorf (Osthavelland), Anschlußgleis Süd. Erfüllungsort Berlin.

Reichsbank Berlin, Konto-Nr 1/81 Postscheck-Konto Berlin 1719

12e/ok 384/1/Hdf. 150 zu 3x100. 9. 43. C/0979. Geprüft durch BVB

△ **Bild 149** • Lieferschein: E 94 152 sandte AEG Hennigsdorf am 15. Mai 1944 nach München Ost ab, begleitet von zwei Monteuren. Von München Ost ging es dann weiter zum Bw München Hbf und der gegenüber gelegenen Betriebsabteilung 1 des RAW Freimann zur Inbetriebsetzung.

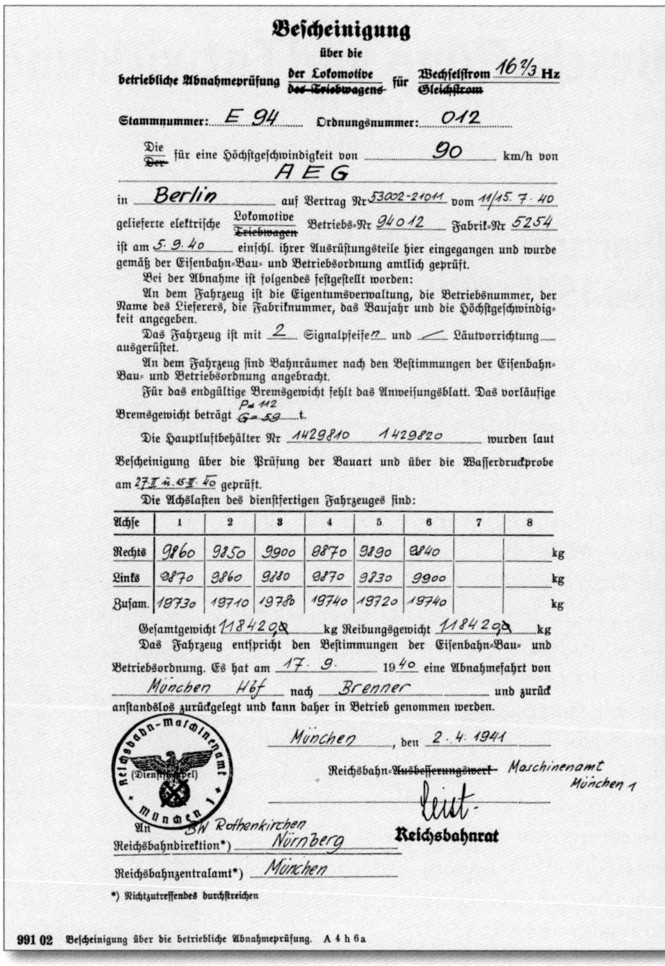
Bescheinigung
über die
betriebliche Abnahmeprüfung der Lokomotive ~~des Triebwagens~~ für Wechselstrom 16 2/3 Hz ~~Gleichstrom~~

Stammnummer: E 94 Ordnungsnummer: 012

Die ~~Der~~ für eine Höchstgeschwindigkeit von 90 km/h von AEG
in Berlin auf Vertrag Nr 53002-21011 vom 11/15. 7. 40
gelieferte elektrische Lokomotive ~~Triebwagen~~ Betriebs-Nr 94 012 Fabrik-Nr 5254
ist am 5. 9. 40 einschl. ihrer Ausrüstungsteile hier eingegangen und wurde gemäß der Eisenbahn-Bau- und Betriebsordnung amtlich geprüft.
Bei der Abnahme ist folgendes festgestellt worden:
An dem Fahrzeug ist die Eigentumsverwaltung, die Betriebsnummer, der Name des Lieferers, die Fabriknummer, das Baujahr und die Höchstgeschwindigkeit angegeben.
Das Fahrzeug ist mit 2 Signalpfeifen und – Läutvorrichtung ausgerüstet.
An dem Fahrzeug sind Bahnräumer nach den Bestimmungen der Eisenbahn-Bau- und Betriebsordnung angebracht.
Für das endgültige Bremsgewicht fehlt das Anweisungsblatt. Das vorläufige Bremsgewicht beträgt P = 112 G = 58 t.
Die Hauptluftbehälter Nr 1429810 1429820 wurden laut Bescheinigung über die Prüfung der Bauart und über die Wasserdruckprobe am 27. II. u. 15. II. 40 geprüft.
Die Achslasten des dienstfertigen Fahrzeuges sind:

Achse	1	2	3	4	5	6	7	8	
Rechts	9860	9850	9900	9870	9890	9840			kg
Links	9870	9860	9880	9870	9830	9900			kg
Zusam.	19730	19710	19780	19740	19720	19740			kg

Gesamtgewicht 118420 kg Reibungsgewicht 118420 kg
Das Fahrzeug entspricht den Bestimmungen der Eisenbahn-Bau- und Betriebsordnung. Es hat am 17. 9. 1940 eine Abnahmefahrt von München Hbf nach Brenner und zurück anstandslos zurückgelegt und kann daher in Betrieb genommen werden.

München, den 2. 4. 1941
Reichsbahn-~~Ausbesserungswerk~~ Maschinenamt München 1
Reichsbahnrat

Reichsbahn-Maschinenamt München 1 (Dienstsiegel)

An Bw Rothenkirchen
Reichsbahndirektion*) Nürnberg
Reichsbahnzentralamt*) München
*) Nichtzutreffendes durchstreichen

991 02 Bescheinigung über die betriebliche Abnahmeprüfung. A 4 h 6a

△ **Bild 150** • Abnahmebescheinigung der E 94 012 vom 2. April 1941. Die Lokomotive kam zum Bw Pressig-Rothenkirchen. ABBILDUNGEN (2) AEG, SAMMLUNG FRANK LÜDECKE

Beschaffungsprogramm 1938:

- Bestellt am 22.11.1937:
  E 94 001–011 (elf Stück: für RBD Breslau 2, München 4, Stuttgart 4, Nürnberg 1)

Beschaffungsprogramm 1939:

- Bestellt am 05.07.1938:
  E 94 012–044 (33 Stück: für RBD Breslau 2, Augsburg 2, München 2, Nürnberg 2, Stuttgart 2, Nürnberg 22, Erfurt 1)

Beschaffungsprogramm 1940:

- Bestellt am 19.01.1939:
  E 94 045–074 (30 Stück: für RBD Erfurt 29, Stuttgart 1)
- Bestellt am 03.05.1939:
  E 94 075–098 (24 Stück: Verteilung noch nicht entschieden)

Der Kriegsbeginn am 1. September 1939 veränderte die Planung. Den Bau der E 94 des Beschaffungsprogramms 1940 mit E 94 045 bis E 94 098 ließ die DRB am 14. September 1939 zunächst einstellen, um abzuwarten, bis weitere Weisungen ergingen.

Die DRB entschied am 17. Februar 1940, die E 94 001–024 für den Brennerverkehr (RBD München 6) und Thüringer Wald (RBD Nürnberg 11, RBD Erfurt 7) zu priorisieren. Die RBD Breslau ging leer aus, woraufhin sie sich zu einer (nicht erfolgreichen) Intervention veranlasst sah. Ihr Bestand an Elloks sei bei der hohen Belastung der elektrifizierten Strecken, vor allem durch Kohlezüge, völlig unzureichend.

Am 2. April 1940 hatte die DRB die von den Reichsbahndirektionen gemeldeten Bedarfe zusammengestellt:

- RBD Augsburg: 4 für den Arlberg
- RBD Breslau: 4 für die Schlesische Gebirgsbahn
- RBD Erfurt: 8 für den Thüringer Wald (Frankenwaldrampe)
- RBD Halle: keine Meldung
- RBD Linz: 8 für Wörgl – Saalfelden (Giselabahn)
- RBD München: 6 für den Brenner (Italienverkehr)
- RBD Nürnberg: 11 für den Thüringer Wald (Frankenwaldrampe)
- RBD Stuttgart: erhält 4 E 93 von RBD München
- RBD Villach: keine E 94
  Summe gemeldeter Bedarf: 41 E 94

Da es zunächst nur 24 E 94 zu verteilen gab, die von Mai 1940 bis April 1941 angeliefert werden sollten, blieb es bei der o. g. Priorisierung. Die ersten Lokomotiven (E 94 001–006) waren für den Brenner vorgesehen, um den Kohleverkehr nach Italien zu unterstützen. Danach sollte die RBD Nürnberg folgen und anschließend die RBD Erfurt. Im Franken- und Thüringer Wald sollten sie auf der Strecke Pressig-Rothenkirchen – Saalfeld (Saale) im Güterverkehr und Schiebedienst die Dampflokomotiven ersetzen.

Am 22. April 1940 übergab AEG die erste Lokomotive, E 94 001, offiziell der DR. Nach der Inbetriebnahme in München und einer Probefahrt am 24. Mai 1940 zwischen Innsbruck und Brenner erfolgte am 25. Mai 1940 ihre Abnahme. Erste Bewegungsfahrten der E 94 001 hatten bereits Anfang Mai 1940 auf der Mittenwaldbahn stattgefunden. Dagegen lieferte Krauss-Maffei seine erste E 94, die E 94 008, erst am 12. März 1941 und E 94 007 erst am 2. April 1941 aus. Die Inbetriebsetzung der E 94 von AEG und der von Krauss-Maffei gebauten E 94 verlief im Zeitablauf nicht fortlaufend mit den steigenden Ordnungsnummern.

Aus dem **Beschaffungsprogramm 1940** bestellte die DRB **erneut** – jetzt vierzig Lokomotiven – auszuliefern von Mai 1941 bis August 1942:

- Bestellt am 22.04.1940:
  E 94 045–084 (40 Stück)

△ **Bild 151** • Die ersten E 94 von Krauss-Maffei kamen ein Jahr nach der ersten AEG-Lieferung. Am 1. April 1941 steht die fabrikneue **E 94 007** mit hellgrauem Fotografieranstrich auf dem Werkhof in München-Allach. Gut zu sehen die unzutreffende Beheimatungsangabe RBD Erfurt und Bw Saalfeld sowie das Hoheitszeichen. Die Lokomotive brachte es auf keine vier Einsatzjahre. AUFNAHME: WERKFOTO KRAUSS-MAFFEI, SAMMLUNG HELGE HUFSCHLÄGER

△ **Bild 152** • Das Siemens-Werkfoto zeigt die in Zusammenarbeit mit Krauss-Maffei hergestellte **E 94 036** im Inntal im Anlieferungszustand. Ihre Probefahrt hatte sie am 20. Mai 1942 von München zum Brenner. Danach kam sie zum Bw Kornwestheim. AUFNAHME: SIEMENS-SCHUCKERT-WERKE, SAMMLUNG BERND ZÖLLNER

Am 2. Oktober 1940 schlug die Generalbetriebsleitung Süd in München der DRB (Eisenbahnabteilungen des Reichsverkehrsministeriums (RVM)) folgende Verteilung der im Bau befindlichen E 94 vor:

E 94 007–017	RBD Nürnberg
E 94 018–024	RBD Erfurt
E 94 025–028	RBD Breslau
E 94 029–038	RBD München (gegen Abgabe von vier E 93 an das Bw Kornwestheim)
E 94 039–041	RBD Augsburg
E 94 045–055	RBD Linz
E 94 056–059	RBD Breslau
E 94 060–064	RBD Augsburg
E 94 065–068	RBD Stuttgart
E 94 069–071	RBD Breslau
E 94 072–076	RBD Halle
E 94 077–080	RBD Erfurt
E 94 081–084	RBD Nürnberg

Der Plan wurde, wie auch die folgenden, nicht eingehalten. So gingen davon abweichend

E 94 016–019	an die RBD Breslau
E 94 022	an die RBD München
E 94 025–026	an die RBD Erfurt
E 94 027–028	an die RBD Nürnberg
E 94 029–034	an die RBD Linz
E 94 035–036 und E 94 038– 039	an die RBD Stuttgart
E 94 040–041	an die RBD Regensburg
E 94 042	an die RBD Halle
E 94 043–044	an die RBD Augsburg
E 94 045–053	an die RBD Nürnberg
E 94 054–058	an die RBD Erfurt
E 94 059	an die RBD Breslau
E 94 060–064, 067–068, 071–072, 075–076, 079	an die RBD München
E 94 065–066, 073–074, 077–078	an die RBD Breslau
E 94 080–081	an die RBD Augsburg
E 94 082	an die RBD Linz
E 94 084	an die RBD München

Im Rahmen des Beschaffungsprogramms 1941 erging folgende nächste Bestellung:

- 09.09.1940: E 94 085–090 (6 Stück)

Im Rahmen des Beschaffungsprogramms 1942 folgte diese Bestellung:

- 17.03.1941: E 94 091–150 (60 Stück)

Im Gegensatz zu diesen hohen Stückzahlen ließ die Anlieferung neuer E 94 (und E 44) zu wünschen übrig. Am 24. Oktober 1941 hielt die DRB/Eisenbahnabteilungen im RVM fest, dass der Lieferrückstand am 1. Oktober 1941 dreizehn E 94 und elf E 44 beträgt. Bis 31. Dezember wären jedoch 24 E 94 und 18 E 44 gemäß den Lieferplänen fertigzustellen. Der Lieferrückstand sei wohl nicht aufzuholen.

Am 17. November 1941 zog das RZA München eine Bestellung vom 10. April 1941 über 30 E 18 (054–083) zurück und beauftragte die AEG stattdessen mit der Lieferung von 30 E 94 (diese wurden folglich noch dem Beschaffungsprogramm 1942 zugerechnet)

- Bestellt am 17.11.41:
  E 94 151–180 (30 Stück; dafür Stornierung E 18 054–083)

Am 25. April 1942 unterbreitete die Gbl Süd der DRB (RVM) einen neuen Vorschlag für die Verteilung der im Bau befindlichen oder in Auftrag gegebenen E 94, unter Berücksichtigung der veränderten Betriebslagen. Deren Ablieferung war von April 1942 bis April 1945 geplant. Das RVM genehmigte diesen am 26. Mai 1942:

- RBD Augsburg (v. a. Arlbergverkehr und Augsburg – Treuchtlingen – Nürnberg) (31 Stück):
  E 94 099–103, 115–116, 121–123, 125–126, 130–132, 137–142, 156, 160–162, 165–170
- RBD Breslau (für Schlesische Gebirgsbahn und Ersatz Altbaureihen) (17 Stück):
  E 94 065–066, 069–070, 073–074, 077– 078, 109, 155, 172, 176–177, 181–184
- RBD Erfurt (für Frankenwaldrampe und Probstzella – Weißenfels – Leipzig/Halle) (5 Stück):
  E 94 044, 086, 088, 090, 095
- RBD Halle (für Halle Gbf – Weißenfels – Saalfeld) (5 Stück):
  E 94 042–043, 085, 087, 089
- RBD Linz (v. a. Tauern- und Giselabahnverkehr) (12 Stück):
  E 94 124, 127–129, 143–150

△ **Bild 153** • Kurz vor der Anlieferung steht **E 94 096** im Mai 1943 vor der Lackierhalle bei AEG in Hennigsdorf. Im Bild die fabrikneuen 52 370, 52 371, eine Grubenlokomotive und E 176 02.
Aufnahme: Werkfoto AEG, Sammlung Thomas Borbe

- RBD München (v. a. Langläufe und Brennerverkehr) (28 Stück):
  E 94 060–064, 067, 071–072, 075–076, 080–084, 091–094, 104, 108, 152–154, 159, 163–164, 171
- RBD Nürnberg (v. a. Nürnberg – Probstzella) (20 Stück): E 94 068, 079, 096–098, 105–107, 110–114, 117–120, 151, 157–158
- RBD Regensburg (für Regensburg – München anstelle von E 77 und E 91) (10 Stück):
  E 94 037, 040–041, 133–136, 175, 178, 185
- RBD Stuttgart (v. a. Langläufe Kornwestheim – München) (8 Stück):
  E 94 035–036, 038–039, 173–174, 179–180

Auch dieser Plan, der zusätzlich E 94 181–185 enthielt, konnte nicht vollumfänglich verwirklicht werden. Wesentlicher Grund war hier die am 11. Dezember 1942 vom RVM beauftragte große Bereinigung der Beheimatungen von Elloktypen. Diese ging im Lauf des Jahres 1943 vonstatten, als z. B. alle E 75 in der RBD München und alle E 77 in Mitteldeutschland konzentriert wurden. Die geplante Verteilung im Bau befindlicher E 94 war dadurch ebenfalls betroffen, wie auch durch die geplanten Langläufe mit dieser Baureihe. Die Veränderungen bei der E 94-Zuteilung gingen einher mit der Kompensation durch E 44 und E 91 bei jenen Bw, die nun weniger E 94 erhalten sollten oder E 94 ihres Bestandes abgeben mussten. Am 26. Januar 1943 unterbreitete die Generalbetriebsleitung (GbL) Süd dem RVM folgenden Vorschlag zur Zuteilung von E 94:

- RBD Augsburg (40 Stück):
  E 94 044, 080–082, 096–105, 111–112, 123, 132–142, 156, 160–162
- RBD Breslau (9 Stück):
  E 94 077–078, 110, 117–118, 153–154, 184–185
- RBD Erfurt (1 Stück): E 94 106
- RBD Linz (16 Stück):
  E 94 087–089, 127–131, 143–150
- RBD München (28 Stück):
  E 94 079, 083–084, 092–095, 108–109, 114–116, 119–120, 151–152, 155–166
- RBD Nürnberg (20 Stück):
  E 94 091, 107, 113, 167–183
- RBD Stuttgart (8 Stück):
  E 94 085–086, 090, 121–122, 124–126

Diesen Zuteilungsplan hielt die DRB, bezogen auf die bis Kriegsende in Dienst gestellten E 94, überwiegend ein.

Mit Stand April 1943 sah die DRB/Eisenbahnabteilungen des RVM im Rahmen des Beschaffungsprogramms 1943/44 weitere E 94 in folgenden Losen bis Januar 1946 vor:

- E 94 181–210, E 94 211–240, E 94 241–270 und E 94 271–285.

△ **Bild 154** • Der westliche Teil der zerstörten Ellokhalle des Bw München Hbf nach dem Luftangriff am 9./10. März 1943. Im Bild zu sehen sind die ausgebrannte E 18 23 (daneben steht E 44 129) und dahinter die tags zuvor fabrikneu angelieferte **E 94 083**.
Aufnahme: Nachlass Alfred B. Gottwaldt

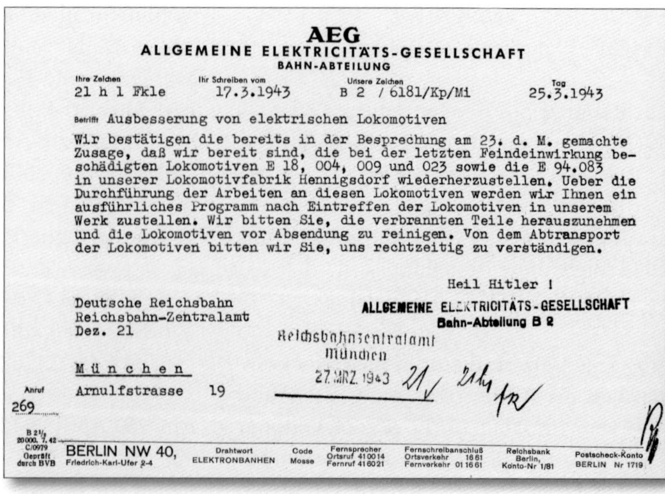

AEG
ALLGEMEINE ELEKTRICITÄTS-GESELLSCHAFT
BAHN-ABTEILUNG

Ihre Zeichen	Ihr Schreiben vom	Unsere Zeichen	Tag
21 h 1 Fkle	17.3.1943	B 2 / 6181/Kp/Mi	25.3.1943

Betrifft Ausbesserung von elektrischen Lokomotiven

Wir bestätigen die bereits in der Besprechung am 23. d. M. gemachte Zusage, daß wir bereit sind, die bei der letzten Feindeinwirkung beschädigten Lokomotiven E 18, 004, 009 und 023 sowie die E 94.083 in unserer Lokomotivfabrik Hennigsdorf wiederherzustellen. Ueber die Durchführung der Arbeiten an diesen Lokomotiven werden wir Ihnen ein ausführliches Programm nach Eintreffen der Lokomotiven in unserem Werk zustellen. Wir bitten Sie, die verbrannten Teile herauszunehmen und die Lokomotiven vor Absendung zu reinigen. Von dem Abtransport der Lokomotiven bitten wir Sie, uns rechtzeitig zu verständigen.

Heil Hitler !

ALLGEMEINE ELEKTRICITÄTS-GESELLSCHAFT
Bahn-Abteilung B 2

Deutsche Reichsbahn
Reichsbahn-Zentralamt
Dez. 21

Reichsbahnzentralamt
München
27. MRZ. 1943

München
Arnulfstrasse 19

Anruf 269

B 2 1/2 20000. 7.42 C/0979 Geprüft durch BVB
BERLIN NW 40, Friedrich-Karl-Ufer 2-4 | Drahtwort ELEKTRONBAHNEN | Code Mosse | Fernsprecher Ortsruf 41 00 14 Fernruf 41 60 21 | Fernschreibanschluß Ortsverkehr 16 61 Fernverkehr 01 16 61 | Reichsbank Berlin, Konto-Nr 1/81 | Postscheck-Konto BERLIN Nr 1719

△ **Bild 155** • Wie aus dem Schriftwechsel zwischen der Firma AEG und dem RZA München hervorgeht, sollte die kriegsbeschädigte E 94 083 nicht ausgemustert, sondern wieder instandgesetzt werden.
Abbildung: AEG, Sammlung Brian Rampp

△ **Bild 156** • Dem Werkfotografen der Lofag verdanken wir dieses Bild der nie in Betrieb gegangenen **E 94 143**. Es zeigt auch die große Enge, die 1943 im Werk Wien-Floridsdorf bei der Fertigung von Kriegslokomotiven der Baureihe 52 herrschte. Da ist die E 94 eher im Wege. Aufnahme: Lofag, Sammlung Helmut Griebl

Die Auftragsvergabe an die Hersteller sah wie folgt aus:

E 94	001–006	an AEG
	007–011	an Krauss-Maffei/SSW
	012–028	an AEG
	029–044	an Krauss-Maffei/SSW
	045–084	an AEG
	085–090	an Henschel/SSW
	091–120	an AEG
	121–142	an Krauss-Maffei/SSW
	143–150	an Lofag/Elin
	151–185	an AEG

Die bei Henschel bestellten Fahrzeugteile der E 94 085–090 produzierte Krauss-Maffei, nachdem das RZA München das Los gegen die bei Krauss-Maffei bestellten E 44 126–133 getauscht hatte (diese E 44-Serie ging dafür zu Henschel nach Kassel). Henschel lieferte daraufhin lediglich Bauteile für E 94.

Je knapper die materiellen Ressourcen in den letzten beiden Kriegsjahren, umso problematischer war die Einhaltung der Lieferfristen. Am 26. Juni 1944 zog das RZA München die Konsequenzen. Über die Generalbetriebsleitung Süd ließ das RZA München der DRB/Eisenbahnabteilungen im RVM mitteilen, dass das Beschaffungsprogramm 1944 mit 200 Elloks komplett entfällt und vom Beschaffungsprogramm 1942 57 Elloks (28 E 44 und 29 E 94) nicht mehr hergestellt werden.

Bei der Baureihe E 94 des Beschaffungsprogramms 1942 waren von der Stornierung betroffen (Zuteilungen zu den RBD gemäß Planung vom 9. Februar 1943):

- RBD Augsburg: E 94 139–142
- RBD München: E 94 161–166
- RBD Nürnberg: E 94 167–183
- RBD Breslau: E 94 184–185

Von diesen E 94 konnten jedoch E 94 139–142 Anfang der fünfziger Jahre noch fertiggebaut und nunmehr an die Deutsche Bundesbahn geliefert werden.

Bei 20 im Bau befindlichen Elektrolokomotiven des Beschaffungsprogramms 1942 (neun E 44, elf E 94) fehlten Teile, sodass folgende E 94 erst in unbestimmter Zeit zur Verfügung stehen würden:

- RBD Augsburg: E 94 134–138
- RBD Linz: E 94 145–150

Als Folge sollten die Gbl Ost/RBD Breslau nur noch zwei E 94 und die Gbl Süd nur noch zehn E 94 erhalten, deren Anlieferung sich über acht Monate erstrecken würde:

- RBD Augsburg: E 94 132, 133
- RBD Linz: E 94 143, 144
- RBD Breslau: E 94 153, 154
- RBD München: E 94 155–160

Für den Betriebsdienst bedeutete dies, dass auf absehbare Zeit auf bereits elektrifizierten Strecken im schweren Güterverkehr in Betriebsspitzen weiterhin mit Dampftraktion gefahren werden musste (vor allem mit den Baureihen 42 und 44). Die eigentlich zum Auslauf bestimmten Ellok-Baureihen E 22, E 32, E 33, E 52, E 75, E 88, E 89 und E 91 mussten weiter voll betriebstüchtig erhalten werden.

Gemäß Bericht der Gbl Süd vom 10. September 1944 waren die E 94 wie folgt verteilt und im Einsatz:

- RBD Augsburg: Bw Augsburg (15), Bw Bludenz (9)
- RBD Breslau: Bw Schlauroth (4), Bw Waldenburg-Dittersbach (9)
- RBD Erfurt: Bw Probstzella (6)
- RBD Linz: Bw Schwarzach-St. Veit (8), Bw Salzburg (18), Bw Spittal-Millstättersee (1)
- RBD München: Bw Freilassing (4), Bw Innsbruck (11), Bw München Ost (9), Bw Rosenheim (15)

◁ **Bild 157**
Blick auf die Betriebsabteilung 1 des RAW München-Freimann an der Landsberger Straße bei einem Überflug im Mai 1945. Dahinter drei Dampflok-Rundschuppen des Bw München Hbf.
Bei dem Luftangriff am 12. Juli 1944 wurden in der Halle der Betriebsabteilung 1 u. a. E 94 010, E 94 143 und E 94 144 zerstört. Heute befindet sich an diesem Standort ein BMW-Handelsbetrieb, auf dem Areal der drei Rundschuppen steht die große Halle zur Wartung von ICE-Zügen.
Die Baugrube im Vordergrund war ein Relikt des 1941 eingestellten Baus des neuen Münchner Hauptbahnhofes.

Aufnahme: US Air Force, Sammlung Brian Rampp

- RBD Nürnberg: Bw Pressig-Rothenkirchen (12)
- RBD Stuttgart: Bw Kornwestheim (14)

Bis Ende Mai 1945 wurden insgesamt 145 Lokomotiven der Baureihe E 94 gebaut und an die DRB geliefert:

1940	E 94 001–006, 012–019 (14 Stück)
1941	E 94 007–011, 020–030, 045–054 (26 Stück)
1942	E 94 031–044, 055–077 (37 Stück)
1943	E 94 078–115, 121–125 (43 Stück)
1944	E 94 116–120, 126–134, 151–157 (21 Stück)
1945	E 94 135–136, 158–159 (4 Stück)

Letzte vor Kriegsende am 8. Mai 1945 abgelieferte E 94 war E 94 159. Sie konnte noch rechtzeitig vor der Kapitulation das AEG-Werk in Henningsdorf verlassen und nach München gelangen. Ihre Abnahme in München datiert laut Betriebsbuch am 24. Mai 1945 und damit gut zwei Wochen nach Kriegsende.

Im Juni 1945 waren bei den Herstellern folgende E 94 in unterschiedlich fortgeschrittenem Bauzustand vorhanden:

- E 94 137–142 (Krauss-Maffei/SSW)
- E 94 145–146 (Lofag/Elin), nur einzelne Bauteile
- E 94 160 (AEG)

Die E 94 083 wurde, unmittelbar vor ihrer Abnahme (es existiert kein Hinweis auf Indienststellung), bei einem nächtlichen Luftangriff der Royal Air Force auf München am 9./10. März 1943 schwer beschädigt und ging bei der für sie vorgesehenen RBD München nicht in Betrieb. Bei diesem Angriff auf das Münchner Stadtzentrum war das Bw München Hbf schwer getroffen worden und zahlreiche Elloks verbrannten, während die benachbarte Betriebsabteilung 1 des RAW Freimann – zuständig für die Ellokabnahme – nur mittelbar durch Einschläge im Bw beschädigt wurde. Die im Bw München Hbf abgestellte, fabrikneue E 94 083 brannte dabei aus. Da nach Ansicht der RBD München eine Wiederherstellung möglich war, vereinbarte das RZA München mit dem Hersteller AEG die Reparatur. Zusammen mit den bei demselben Fliegerangriff schwer beschädigten E 18 04 und E 18 23 verließ E 94 083 am Morgen des 17. April 1943 München mit Ziel Hennigsdorf. Zuvor baute das RAW Freimann noch verwertbare Teile aus. Ein Ausmusterungsdatum gab es nicht, da die Lokomotive nicht abgenommen war und repariert werden sollte. In der Verfügung 32 Fuv vom 10. April 1943, mit der andere bei dem o. g. Angriff völlig zerstörte Elloks ausgemustert wurden, war E 94 083 daher nicht enthalten.

Der erste Abgang einer E 94 aus dem Betriebsbestand betraf E 94 010 des Bw Schwarzach-St. Veit, die sich im Juli 1944 zur Reparatur in der Betriebsabteilung 1 des RAW Freimann in München an der Landsberger Straße befand. Beim amerikanischen Luftangriff am 12. Juli 1944 wurde sie durch Feuer so schwer beschädigt, dass nur noch eine Ausmusterung in Frage kam. Diese erfolgte mit Verfügung Obl III Fu. vom 17. Januar 1946.

Nächster Abgang war die Rosenheimer E 94 015, welche am 18. Juli 1945 von der DR-West und am 18. April 1947 von den ÖBB ausgemustert wurde. Tatsächlich handelte es sich um E 94 068, die am 19. Juli 1944 im Bw Innsbruck (Hbf) durch einen Bombentreffer zerstört wurde. Das Bw Innsbruck wollte keine weitere E 94 verlieren, sodass in einer konspirativen Aktion ein Nummerntausch mit der im Bw als Wendelok abgestellten, nur leicht beschädigten E 94 015 des Bw Rosenheim erfolgte.

Symptomatisch für die sich zuspitzenden Ereignisse war ferner das Schicksal des nicht fertiggestellten und für die RBD Linz vorgesehenen Bauloses E 94 143–150, das, entgegen den bisherigen Gepflogenheiten, vom RZA München bei der Wiener Lokomotivfabrik AG (Lofag) und Elin-Schorch AG (Elin) am 3. Juni bzw. 28. April 1941 bestellt worden war. Die von Elin zu liefernde elektrische Ausrüstung sollte bei Lofag in Wien-Floridsdorf in den dort gefertigten Fahrzeugteil eingebaut werden. Es galt folgender Lieferplan:

Lok-Nr.	Lofag Fabrik-Nr.	Elin Einbau E-Teil	Ablieferung an DRB
E 94 143	9103	15.05.1942	15.11.1942
E 94 144	9104	15.07.1942	15.12.1942
E 94 145	9105	15.10.1942	15.02.1943
E 94 146	9106	15.12.1942	15.04.1943
E 94 147	9495	15.02.1943	15.06.1943
E 94 148	9496	15.04.1943	15.08.1943
E 94 149	9497	15.06.1943	15.10.1943
E 94 150	9498	15.08.1943	15.12.1943

Der Bau dieser acht E 94 bei Lofag geriet erheblich in Verzug. Wegen der vom Hauptausschuss für Schienenfahrzeuge (HA) angeordneten Steigerung der Dampflokproduktion – konkret der vorrangigen Montage von Kriegslokomotiven der Baureihen 42 und 52 sowie von Hochdruck-Speicherlokomotiven – standen bei der Wiener Lokomotivfabrik im Werk Floridsdorf ab April 1943 keine Montageplätze mehr für den elektrischen Teil von Elin zu Verfügung. Es ging um den Einbau des E-Teiles in die genannten acht E 94 bei gleichzeitiger Arbeit an zwei Lokomotiven. Das RZA München als Beschaffungsstelle sondierte daraufhin mit Unterstützung des HA ab Mai 1943 andere Orte, wo Elin die elektrische Ausrüstung hätte einbauen können. Dazu zählten die RAW St. Pölten sowie die Rax-Werke in Wiener Neustadt sowie die Bw Attnang-Puchheim, Freilassing und Salzburg-Gnigl. Alles lief im Juni 1943 auf das RAW St. Pölten hinaus, das drei Montagestände für die Arbeiten zur Verfügung stellen sollte.

Dringende Sonderarbeiten an Verbrennungstriebwagen (VT) ließen eine Vermietung von Arbeitsständen an die Lofag ab Juli 1943 dann doch nicht zu. An acht VT 41-Triebwagen sollte eine Geheimarbeit durchgeführt werden, die mit Kesselschmiedearbeiten verbunden war. Weiterhin sollten an 32 VT-Wagen dringende Frostschutzarbeiten durchgeführt werden. Alles für den Einsatz dieser VT an der Ostfront. Das RAW St. Pölten hatte auf Weisung des Reichsverkehrsministeriums in Berlin diese Arbeiten zu priorisieren.

Schließlich erklärten sich das RAW Dessau (mit drei Ständen) und das RAW Freimann (mit zwei Ständen) bereit zu helfen. Das RZA München entschied sich daraufhin am 13. Oktober 1943 für München. Der Einbau der elektrischen Ausrüstung sollte in der Betriebsabteilung 1 des RAW Freimann erfolgen, die sich an der Landsberger Straße gegenüber dem Bw München Hbf befand. Die Arbeiten konnten am 15. Oktober 1943 beginnen, nachdem die Instandsetzungsarbeiten der im März 1943 schwerst beschädigten Ellokhalle des Bw München Hbf abgeschlossen waren. Die Betriebsabteilung hatte bereits eine Geschichte mit dem Zusammenbau neuer elektrischer Lokomotiven – in den zwanziger Jahren mit E 32, E 52 und E 77 sowie in den dreißiger Jahren mit E 44. Danach ließ das RAW Freimann hier Ausbesserungen an elektrischen Lokomotiven und Triebwagen vornehmen.

Das RZA München veranlasste im Oktober 1943 die getrennte Überführung der fertigen mechanischen und elektrischen

△ **Bild 158** • Führungsflugzeug der Angriffsformation am 12. Juli 1944 war die Boeing B-17 „Jenny Lee" von Captain Leonard Otten, hier mit seiner Crew. Sie gehörten der 390th Bombardement Group der 8th Air Force an. Eine B-17 wurde bei diesem gezielten Angriff auf Münchner Bahnanlagen abgeschossen.

Aufnahme: 390th Memorial Museum, Tucson Arizona

Teile von Wien nach München, um den Zusammenbau dort vorzunehmen. Ende November 1943 erstellte Lofag einen neuen Lieferplan, der die Übergabe der Fahrzeugteile folgendermaßen vorsah:

E 94 143	am 15.11.1943
E 94 144	am 01.04.1944
E 94 145	am 01.07.1944
E 94 146	am 01.10.1944
E 94 147	am 01.01.1945
E 94 148	am 01.04.1945
E 94 149	am 01.07.1945
E 94 150	am 01.10.1945

Lofag veranschlagte für die Herstellung drei Monate. Elin rechnete für den Einbau des elektrischen Teils bei der ersten Lok mit vier, bei den übrigen mit drei Monaten.

Nach ihrer Fertigstellung kamen die Fahrzeugteile zweier Maschinen von Wien nach München, und zwar der für E 94 143 im November 1943 und E 94 144 im Frühjahr 1944. Beide E 94 wurden bei dem bereits in Zusammenhang mit E 94 010 genannten Luftangriff auf die Betriebsabteilung am 12. Juli 1944 sehr schwer getroffen bzw. brannten aus. Die massiven Gebäudeschäden führten zur Schließung des Werkes bis über das Kriegsende hinaus.

Mit Schreiben vom 20. September 1944 an die Lofag teilte das RZA München daraufhin mit, dass die Reichsbahn von einem Nachbau der mechanischen Teile für E 94 143 und E 94 144 absehe. Deren Herstellungskosten sollten beim Kriegsschädenamt angemeldet werden, um sie den Kriegsgegnern nach Kriegsende in Rechnung zu stellen. Die Bestellung änderte das RZA München auf sechs mechanische Teile für E 94 145–150. Später lehnte das RZA München die Übernahme der Kosten erneut ab, mit der Begründung, *„dass wir die Zerstörung der mechanischen Teile für die Lokomotiven E 94 143 und 144 nicht zu vertreten haben"*, und forderte die Anrechnung bereits geleisteter Abschlagszahlungen auf E 94 145–150, was 3 ⅓ Fahrzeugteilen entspräche. *„Die Überweisung der … Beträge kann daher erst erfolgen, wenn der Weiterbau der mechanischen Teile der Lokomotiven E 94 145 -150 sichergestellt und ein den bereits erfolgten Zahlungen entsprechender Bauzustand …erreicht ist"* – so das Schreiben des RZA München an die Wiener Lokomotivfabrik vom 12. Dezember 1944.

Dies dürfte sicherlich nicht zur Motivation der Wiener Fabrik beigetragen haben, die Lokomotiven fristgerecht zu liefern, zumal das Kriegsende und damit die Rote Armee bald vor der Tür standen. Zwar konnte noch der mechanische Teil für E 94 145 geliefert und nach München überstellt werden. Ein Einbau der elektrischen Ausrüstung erfolgte jedoch vor Kriegsende nicht mehr.

Im Mai 1945 sollen bei Lofag ein Lokomotivkasten (Mittelteil) und drei Drehgestellrahmen fertig gewesen sein (vermutlich für E 94 146), bevor das Kriegsende weitere Arbeiten beendete. Elin hatte im April 1945 noch acht Fahrmotoren nach München abgesandt, die aber nicht mehr angekommen sein sollen. Insgesamt erhielt das RZA München von Elin 14 Fahrmotoren, drei Transformatoren und sonstige kleine Bauteile.

Keine der bei Lofag/Elin bestellten E 94 143–150 konnte vor Kriegsende fertiggestellt werden. Die Betriebsnummern

△ **Bild 159** • Der Kasten mit Brücke der **E 94 144** konnte nach dem Krieg von Krauss-Maffei teilweise wieder instandgesetzt werden und soll in der Fertigbaulokomotive E 94 140 Verwendung gefunden haben. Das reparierte, unvollständige Bauteil steht im Dezember 1949 auf dem Werkhof in München-Allach.
AUFNAHME: WERKFOTO KRAUSS-MAFFEI, SAMMLUNG DIRK WINKLER

△ **Bild 160** • Die ausgeschlachteten Reste der 1944 durch einen Bombentreffer zerstörten **E 94 068** standen im Sommer 1952 noch in der Zfl. Innsbruck, Betriebsteil West. Den Torso deklarierte die Zfl. Innsbruck als E 94 015. Heute stehen im Hintergrund die Pfeiler der Brennerautobahn. AUFNAHME: HELLMUTH FRÖHLICH, SAMMLUNG HELMUT GRIEBL

△ **Bild 161** • Wahrscheinlich auf Überführung in ihr Erst-Bw befinden sich zwei neue E 94, geschleppt von einer Dampflokomotive der Baureihe 38^{10}. Die Tenderaufschrift „Erst siegen, dann reisen" erschien aufgrund des Erlasses von Herrmann Göring vom 31. Mai 1942 ab Anfang Juni 1942 auf Lokomotivtendern.
AUFNAHME: WERKFOTO AEG, SAMMLUNG THOMAS BORBE

Die kriegsbedingten Verluste im Überblick

Lok	letztes Bw	Verbleib
E 94 010	Schwarzach-St. Veit	+17.01.1946 nach Kriegsschaden; zerlegt als Ersatzteilspender, wahrscheinlich im Hauptsammellager (HSL) in Desching bei Ingolstadt bis 1951. Das HSL ging am 22. Februar 1947 in Betrieb. Ein Fahrmotor der E 94 010 fand sich 1988 in der DB-Nachbaulokomotive 194 186 wieder.
E 94 015	Rosenheim	+ 18.07.1945; ex E 94 068 (Kriegsschaden). Ausgeschlachtet und zerlegt in der Zfl. Innsbruck bis 1953
E 94 074	Schlauroth	Verbleib in der Tschechoslowakei; + 18.02.1952 durch ČSD
E 94 083	nicht abgenommen	Kriegsschaden, überführt zu AEG Hennigsdorf zur Reparatur
E 94 143	nicht abgenommen	Kriegsschaden (Fz-Teil); Ersatzteilspender
E 94 144	nicht abgenommen	Kriegsschaden (Fz-Teil); Kastenaufbau mit Brücke später vermutlich in E 94 140 eingebaut

blieben in Folge mit einer Ausnahme unbesetzt. Lediglich E 94 145 wurde ab 1949 von Krauss-Maffei und AEG unter Verwendung von WLF stammenden einzelnen Bauteilen fertiggestellt und Anfang November 1950 als Neubaulokomotive an die DB geliefert. Die ÖBB ließen bis 1945, teilweise aus noch bei Lofag lagernden Teilen, drei nunmehr als 1020.45–47 bezeichnete E 94 bauen (das wären E 94 146–148 gewesen). Die Betriebsnummern E 94 143–144 und E 94 146–150 blieben dadurch frei. Mit dem Bau der E 94 149–150 wurde erst gar nicht begonnen.

Als Ersatz für die Verluste der E 94 010, 143 und 144 erhielt die RBD Linz (Bw Salzburg) die für die RBD Augsburg vorgesehenen Neubauten E 94 134 und E 94 135. Zu Kriegsende am 8. Mai 1945 sah die räumliche Verteilung der E 94 folgendermaßen aus: 65 befanden sich in den Westzonen (ohne E 94 010), 26 in der sowjetischen Besatzungszone und in Berlin, neun in Schlesien, zwei in der Tschechoslowakei und 47 in Österreich (inkl. E 94 015).

Das RZA München setzte die Fahrzeugteile für E 94 143 und 144 mit Zeichen RZA Mü. 21 KzFkle am 26. September 1945 vom Bestand ab.

Mit 145 Lokomotiven war die E 94 nach der E 44 (176 Stück) die meistgebaute Elokgattung der DRB. Von der geplanten Stückzahl von 285 Maschinen her gesehen hätte sie die E 44, geplant waren hier 211 Stück, übertroffen.

Aktivitäten beim Hersteller AEG in Hennigsdorf 1945 bis 1951[1]

Der Ellokbau im AEG-Werk in Hennigsdorf umfasste in den letzten Monaten vor Kriegsende neben dem Bau von Tagebaulokomotiven, Zahnradlokomotiven für die Alpine Montan in der Ostmark und zwei Lokomotiven für Costa Rica auch die Kriegselektrolokomotive E 94. Im ersten Quartal 1945 konnten noch zwei Maschinen – E 94 158 und E 94 159 – fertiggestellt und ausgeliefert werden. Aus der laufenden Fertigung war zu Kriegsende E 94 160 in fortgeschrittenem Bauzustand vorhanden.

Darüber hinaus war das Werk Hennigsdorf an der Reparatur von Lokomotiven beteiligt. In den Jahren 1943 bis 1945 erlitten zahlreiche Elektrolokomotiven aus dem süddeutschen Raum schwere Schäden durch Luftangriffe oder Unfälle. Für deren Reparatur reichten die Kapazitäten

1 Die Informationen hierzu haben die Autoren Borbe/Glanert/Lüderitz/Scherrans für Ihre Bücher „Wechselstrom-Zugbetrieb in Deutschland" recherchiert und aufgearbeitet. Von dort stammen die Inhalte dieses Textabschnitts.

des RAW München-Freimann nicht aus. Die Generalbetriebsleitung Süd schaltete daraufhin im Dezember 1944 die Lokomotivhersteller AEG und SSW sowie das RAW Dessau, die über Kapazitäten verfügten, in die Ausbesserung ein.

In Hennigsdorf trafen folgende E 94 ein:

- E 94 096 (Bw Augsburg) am 29. Dezember 1944
- E 94 007 (Bw Schwarzach-St. Veit) und E 94 069 (Bw Salzburg) am 14. Januar 1945
- E 94 089 (Bw Schwarzach-St. Veit) am 26. März 1945
- E 94 082 (Bw Augsburg) am 6. April 1945, zugeführt vom RAW Dessau

Bei der zuletzt überführten E 94 ist dies bemerkenswert, hatten US-Truppen doch zwölf Tage später, am 18. April, Leipzig besetzt und erste Einheiten der Roten Armee am 21. April im Osten die Stadtgrenze Berlins erreicht.

Folgende Schäden sind dokumentiert:

- E 94 082: Schwerer Unfallschaden durch Aufstoß
- E 94 089: Schwere Fliegerschäden durch Beschuss und Bombensplitter
- E 94 096: Bombenschaden bereits 1943 im Bw München Ost

Zu Kriegsende standen damit folgende Reparaturlokomotiven im AEG-Werk Hennigsdorf: E 04 11 und 12, E 18 19, 31, 40 und 43 sowie die ausgemusterten E 18 04 und E 18 23, E 94 007, 069, 082, 089 und 096 sowie die vor Abnahme ausgebrannte E 94 083.

Der einzige Luftangriff auf Hennigsdorf am 18. März 1945 ließ etwa 40 % der Werksanlagen zerstört oder beschädigt zurück. Am 20./22. April 1945 besetzte die Rote Armee das Werk und die Produktion stand still. Schwierig war, dass die Unternehmenszentrale der AEG im Westteil Berlins, das Werk Hennigsdorf jedoch in der sowjetischen Besatzungszone lag.

Ein weiteres Problem entstand durch die Demontagen von Werksanlagen durch die Besatzungsmacht im Herbst 1945. Diesen fiel auch die Lokmontagehalle mit allen Anlagen zum Opfer. Zusammen mit den Kriegsschäden trat ein Wertverlust von 80 % ein. Trotzdem nahm das Werk in eingeschränktem Umfang im Spätherbst 1945 die Fertigstellung der o. g. Aufträge wieder in Angriff. Hinzu kam ein Reparationsauftrag über zehn Grubenlokomotiven für die Sowjetunion. Im Februar 1946 ließ die sowjetische Besatzungsmacht außerdem vom Werk Hennigsdorf die technischen Erfordernisse zum Umbau von E 18 und E 94 auf sowjetische Breitspur 1.524 mm ausarbeiten. Bis 1948 gab es dann noch Ausarbeitungen zum Unterhalt nicht nur dieser Baureihen, sondern auch von E 04 und E 17 sowie zur früheren Ausbesserung von E-Lokomotiven im RAW Dessau.

△ **Bild 162** • Vor der Lackierhalle der AEG in Hennigsdorf stehen im Jahr 1946 drei E 94 Schadlokomotiven. Es sind wahrscheinlich drei der vier E 94 007, 082, 083 und 089. Aufnahmen (2): Werkfoto AEG, Sammlung Thomas Borbe

Die weiteren Aktivitäten mit den im Werk befindlichen E 94 entwickelten sich wie folgt: Die im Bau befindliche **E 94 160** war zu Kriegsende zu 60 % fertiggestellt. Es fehlten elektrische Bauteile wie Transformator, Ölpumpe und Hilfsmaschinenmotor. Im Oktober 1946 nahm das Werk die Arbeit an der Lokomotive wieder auf und stellte sie bis Ende Januar 1947 bis auf wenige elektrische Teile fertig. Dabei wurden bewusst keine Teile der im Werk vorhandenen Reparaturlokomotiven, die der DR Ost gehörten, verbaut. Ein Verkaufsversuch der E 94 160 durch die AEG an die DR Ost war angesichts der Demontage des elektrischen Zugbetriebs in Mitteldeutschland 1946 aussichtslos. Gleiches galt 1948 wegen der Berliner Blockade zunächst auch für die DR West.

Nach deren Ende gelang es jedoch der AEG-Geschäftsführung, sowohl von der provisorischen Regierung in der sowjetischen Zone als dann auch von der Sowjetischen Militäradministration am 27. Juni 1949 die Genehmigung für ein Kompensationsgeschäft zu erhalten. Dabei ging es um die Beschaffung einer gebrauchten Blechrichtwalze aus Hamburg, die für den Bau sowjetischer Abraumlokomotiven im Werk Hennigsdorf erforderlich war. Deren Finanzierung sollte durch den Verkauf der E 94 160 an die DR West erfolgen, die Verhandlungen begannen am 21. Juli 1949. Nach Klärung von Fragen wie z. B. der Rückerstattung bereits geleisteter Abschlagszahlungen an die DR Ost und der Vereinbarung, dass die noch fehlenden Bauteile durch die AEG im Werk der Krauss-Maffei AG in München montiert werden, war es soweit: Am 21. August 1950 unterzeichnete die Deutsche Bundesbahn

△ **Bild 163** • Wo sich die 1945 demontierte Lok-Montagehalle der AEG Hennigsdorf befand, stehen Ende 1945/Anfang 1946 zwei Brücken mit Kastenaufbau sowie mindestens drei ausgeschlachtete Drehgestelle von E 94-Schadlokomotiven. Hinten zu sehen der Lokkasten von **E 94 096**, er befand sich noch am 10. April 1946 hier.

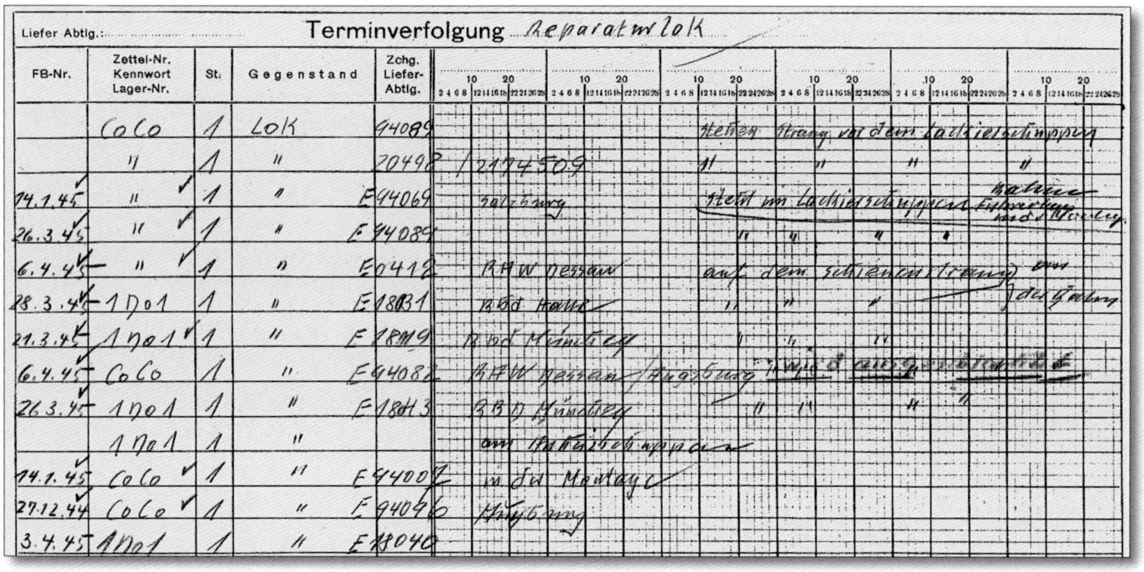

Liefer Abtlg.:

Terminverfolgung *Reparaturlok*

FB-Nr.	Zettel-Nr. Kennwort Lager-Nr.	St.	Gegenstand	Zchg. Liefer-Abtlg.	
	CoCo	1	Lok	94089	Hetten Strang vor dem Lackierschuppen
	"	1	"	20498	2174509
14.1.45	"	1	"	E 94069	Salzburg [illegible] steht im Lackierschuppen [illegible]
26.3.45	"	1	"	E 94089	
6.4.45	"	1	"	E 0412	RAW Dessau auf dem Schienenstrang [illegible]
28.3.45	1 Do 1	1	"	E 18031	RBD Halle
21.3.45	1 Do 1	1	"	E 18019	RBD München
6.4.45	CoCo	1	"	E 94082	RAW Dessau / Augsburg [illegible]
26.3.45	1 Do 1	1	"	E 18043	RBD München
	1 Do 1	1	"		am Anheizschuppen
14.1.45	CoCo	1	"	E 94007	in der Montage
27.12.44	CoCo	1	"	E 94096	Augsburg
3.4.45	1 Do 1	1	"	E 18040	

◁ **Bild 164**
Eine Aufstellung der E 04, E 18 und E 94-Reparaturlokomotiven bei AEG aus der zweiten Jahreshälfte 1945. E 94 082 war zum Ausschlachten vorgesehen.

ABBILDUNG: AEG, SAMMLUNG THOMAS BORBE

mit der AEG Berlin den Kaufvertrag. Kurz darauf wurde die Lokomotive über Helmstedt nach München-Allach überführt und dort im Rahmen einer E 4-Untersuchung vom 20. September 1950 bis 20. Januar 1951 fertiggestellt.

Über die Schwierigkeiten dieses Verkaufs berichtete der am 1. Juli 1970 pensionierte AEG-Oberingenieur Andreas Brauer dem Verfasser im Februar 2000. Brauer war damals 95 Jahre alt. Er war sowohl an den zähen Verhandlungen als auch an der Überführung der E 94 160 beteiligt. Die Lokomotive war sowohl Eigentum der AEG in West-Berlin auch der verstaatlichten AEG/LEW-Fabrik in Hennigsdorf in der sowjetischen Zone. Darf Hennigsdorf einen Vertrag mit der DR-West abschließen? Es gab keine Stelle, auf die Verlass war. Themen, die heute entschieden waren, waren morgen wieder verworfen. Wer war zuständig? Schließlich gelang eine Vereinbarung, dass AEG Geld an das DDR-Verkehrsministerium zahlte, das Eisenbahn-Zentralamt München bezahlte wiederum AEG Berlin über ihre Vertretung in München.

Die letzte Hürde war der Grenzübertritt vor Helmstedt. Sowjetische Stellen z. B. in Hennigsdorf, in Ost-Berlin und in Marienborn mussten zustimmen, jedoch sagte von den sowjetischen Offiziellen jeder etwas anderes. Darf der West-Berliner AEG-Mitarbeiter Brauer den ostzonalen AEG-Monteur aus Hennigsdorf mit über die Zonengrenze nehmen? Dieser war als Begleiter zwingend erforderlich. Auch die DDR-Grenzorgane reklamierten ein Mitspracherecht, wie es nun weitergehen soll. Sie ließen es sich auch nicht nehmen, den Lokzug ausgiebig zu untersuchen. Damit lag die mit einer DR-Dampflokomotive und Bremswagen überführte E 94 160 erst einmal in Marienborn fest. Den DDR-Grenzpolizisten gab Brauer Zigaretten aus den USA, alliierte Stellen schalteten sich ein. Schließlich kam die Genehmigung für Brauer, die Lokomotive und den Monteur zur Weiterfahrt nach Helmstedt. Dort angekommen, telegrafierte ein glücklicher Andreas Brauer zur AEG in West-Berlin: *„Wir haben doch gewonnen."*

Die Weiterfahrt nach München-Allach zu Krauss-Maffei dauerte dann noch 24 Stunden. Dort erfolgte die Fertigstellung der Lokomotive durch die von der AEG beauftragte Krauss-Maffei AG unter Beistellung von AEG-Monteuren. Ende Dezember 1950 kam E 94 160 zum AW München-Freimann zur Inbetriebsetzung. Hier wurde die Lokomotive erstmals unter Spannung gesetzt und von AEG-Monteuren durchgeschaltet. Danach erfolgte ihre Übergabe an die Deutsche Bundesbahn zur Probefahrt am 4. Januar 1951. Als Belohnung für den erfolgreichen Verkauf erhielt Andreas Brauer vom Baurat Spannrath, dem Chef der AEG-Bahnabteilung, eine Prämie in Form von 1.000 DM bar auf die Hand.

Dabei hatte die DB noch ausgesprochenes Glück, dass der Verkauf im August 1950 abgewickelt wurde. Denn im Oktober 1950 beabsichtigte die DDR im Rahmen des Ersten Fünfjahreplans die Wiederelektrifizierung des Streckennetzes unter Verwendung der 20 noch im Land befindlichen Reparaturlokomotiven anzugehen. Im Dezember 1950 führte die DDR-Regierung in Moskau erste Gespräche über die Rückführung der 1946 an die UdSSR abgegebenen elektrischen Lokomotiven. E 94 160 wäre dann nicht mehr an die DB, sondern an die DR verkauft worden.

Von den im Jahr 1945 zur Reparatur bei AEG in Hennigsdorf (ab 1947: Volkseigener Betrieb LEW „Hans Beimler") befindlichen E 94 war E 94 083 am schwersten beschädigt, da vollständig ausgebrannt. Nach ihrem Eintreffen im März 1943 diente sie als Ersatzteilspender. Unbeschädigte oder instand gesetzte Teile baute die AEG bis März 1945 in Neubau-E 94 ein. Am 29. Januar 1947 existierten von der ausgeschlachteten Lokomotive die Brücke mit Kastenaufbau ohne Türen, zwei Drehgestelle sowie einzelne Teile. Es fehlten die gesamte elektrische Ausrüstung, die Radsätze und Bremsausrüstung. Dies war auch am 6. Oktober 1950 der Fall. Da die Lokomotive von der DRB nicht abgenommen war, gehörte sie (abzüglich geleisteter Abschlagszahlungen der DRB) weiterhin der AEG und war dort als ‚Neubaulokomotive' in den Akten verzeichnet.

Für die Reparaturlokomotiven E 94 007, 069, 082, 089 und 096 erneuerte die DR Ost im Oktober 1945 den Auftrag zur Instandsetzung. Die Arbeiten an E 94 069 waren zu Kriegsende weit fortgeschritten. Sie war im Februar 1946 fertiggestellt und ging beim Bw Weißenfels wieder in Dienst. Gut gelaunte AEG-Monteure aus Hennigsdorf begleiteten die Lokomotive für die ersten Probefahrten und die Inbetriebsetzung dort. E 94 069 sollte nach Kriegsende die einzige von AEG fertiggestellte Reparaturlokomotive bleiben.

Parallel arbeitete die AEG an E 94 007, 089 und 096 weiter. E 94 082 sollte nicht mehr aufgebaut werden, war von der Ausbesserung zurückgestellt und diente als Ersatzteilspender.
E 94 089 war als erste an der Reihe. Sie erhielt zahlreiche Bauteile aus E 94 007 und E 94 082. Ihre Fertigstellung war zuerst für Ende April, dann Ende Oktober 1946 geplant. Am 29. Januar 1947 war sie fast fertig, es fehlten u. a. noch zwei Fahrmotore und einige Instrumente.

E 94 096 war ab April 1946 in Arbeit und sollte bis Anfang Juni, dann bis auf einen fehlenden Fahrmotor im November 1946 fertig sein. Auch sie erhielt noch brauchbare Teile aus E 94 082. Am 29. Ja-

△ **Bild 165 • E 94 160** konnte AEG/LEW Hennigsdorf im August 1950 über AEG in West-Berlin an die Deutsche Bundesbahn verkaufen. Sie war die letzte in Hennigsdorf gebaute E 94. Die Lokomotive ließ AEG bei Krauss-Maffei in München im elektrischen Teil vervollständigen. Am 21. Januar 1951 steht sie im Werk München-Allach, abfahrbereit zum Erst-Bw Nürnberg Rbf. AUFNAHME: WERKFOTO KRAUSS-MAFFEI, SAMMLUNG THOMAS BORBE

nuar 1947 war sie fast fertig, es fehlten u. a. noch ein Fahrmotor und ein Kompressor.

E 94 007 sollte in der Reihenfolge als nächste aufgearbeitet werden. Die Reparatur begann im August 1946. Am 29. Januar 1947 waren 70 % der Reparaturarbeiten ausgeführt. Es fehlten u. a. noch ein Radsatz, Fahrmotoren und Widerstände.

In Ermangelung der genannten Bauteile konnten E 94 007, 089 und 096 bei AEG Hennigsdorf nicht fertiggestellt werden. Die AEG wollte daher die Lokomotiven ohne die Fehlteile an die Deutsche Reichsbahn (Ost) ausliefern. Diese sollte die Fehlteile aus ihrem Ersatzteilbestand gewinnen und selbst einbauen. Aufgrund der Demontage der Anlagen für die elektrische Zugförderung in Mitteldeutschland im Jahr 1946 war eine Auslieferung der Reparaturlokomotiven an die DR Ost ab April 1946 allerdings sinnlos. Die Arbeiten an den Reparaturlokomotiven stellte AEG Hennigsdorf daher im Februar 1947 ein. AEG Berlin versuchte daraufhin, in Hennigsdorf lagernde Teile zu erwerben und an die DR West zu verkaufen. So gingen von April bis Oktober 1947 Ellok-Ersatzteile im Wert von rund 67.000 Reichsmark an die RBD München. Für E 94-Teile sprach AEG Berlin auch die ÖBB an. Die Berliner Blockade unterbrach jedoch vom 23. Juni 1948 bis 12. Mai 1949 die Geschäftstätigkeit. Vertreter der Generaldirektion der DR Ost hatten 1948/49 mehrfach die in ihrem Eigentum befindlichen Reparaturlokomotiven besichtigt, ohne, dass eine Entscheidung zur weiteren Verwendung fiel.

Am 27. Juni 1949 genehmigte die Sowjetische Militäradministration (SMA) (neben dem Verkauf der E 94 160) den Verkauf der noch in Hennigsdorf vorhandenen Ersatzteile an die DR West. Die Regierung der DDR verfügte die Verschrottung der Lokomotiven, sofern sie bis 1950 nicht mehr repariert werden konnten.

In Kenntnis der Gespräche zwischen AEG Berlin und der DR West, ab 7. September 1949 Deutschen Bundesbahn (DB), kam das Werk Hennigsdorf dem nicht nach. Konkret fragte die AEG Berlin am 5. Februar 1951 in Hennigsdorf an, ob sie E 94 007, 082, 083, 089 und 096 zur Aufarbeitung für die DB erwerben kann. Hennigsdorf wandte sich am 12. Februar 1951 mit dieser Angelegenheit an die Hauptverwaltung (HV) Elektrotechnik mit der Bitte um Erlaubnis, entsprechende Verkaufsverhandlungen zu führen.

Zu dieser Zeit, und zwar seit Dezember 1950, liefen bereits Gespräche zwischen DDR und UdSSR zwecks Rückholung der 1946 deportierten Elektrolokomotiven. Das Verkehrsministerium der DDR beabsichtigte daher, alle noch im Land befindlichen Elektrolokomotiven zu behalten. Der AEG/LEW war dies aufgrund der Geheimhaltung nicht bekannt. Am 15. Februar 1951 untersagte die HV Elektrotechnik der LEW Hennigsdorf, weitere Verhandlungen mit AEG Berlin oder der Deutschen Bundesbahn zu führen. Gleichzeitig ordnete sie an, E 04 11 und 12, E 18 19, 31, 40 und 43 sowie E 94 007, 082, 089 und 096 sofort aus dem Werk zu entfernen und ins Raw Dessau zu überführen.

AEG/LEW Hennigsdorf forderte daraufhin ihrerseits die Reichsbahn auf, die Lokomotiven zu übernehmen nachdem keine Chance auf Verkauf mehr bestand. Der Abtransport zunächst nach Velten bei Berlin geschah bis 8. März 1951. Nur E 94 082 und E 94 089 rollten auf eigenen Radsätzen. E 94 096 musste auf Wagen verladen werden. Von E 94 007 war lediglich der ausgeschlachtete, mit Schrottwert taxierte Kastenaufbau mit Brücke vorhanden. Während die Waggons mit E 94 007 und E 94 096 weiter ins Raw Dessau gefahren wurden, blieben E 94 082 und E 94 089 bis November/Dezember 1953 in Velten abgestellt.

Nicht beim Abtransport dabei waren die Reste von E 94 083, von der im Oktober 1950 nach wie vor nur die Brücke mit Kastenaufbau und zwei Drehgestelle ohne Radsätze existierten. Als Ersatzteile bezeichnet, waren diese wie auch andere Teile mit Erlaubnis der SMA vom 27. Juni 1949 zum Verkauf freigegeben. Wahrscheinlich Mitte Juni 1951 gingen die Reste der E 94 083 in das vollständige Eigentum der AEG Berlin über und wenig später, am 27. Juni 1951, erteilte die Deutsche Bundesbahn der AEG Berlin den Auftrag zur Fertigung der Neubaulokomotive E 94 161. Damit ist davon auszugehen, dass E 94 083 als E 94 161 wieder aufgebaut wurde.

Die neue Ordnungsnummer wie auch der seit 1945 für E 94 083 verwendete Begriff „Neubaulokomotive“ waren später wichtig, um keine Begehrlichkeiten der DR auf die ‚083‘ aufkommen zu lassen. Zum Zeitpunkt des Vertragsabschlusses muss die Neubaulokomotive E 94 161 im mechanischen Teil bereits mit einigen Teilen aus E 94 007 und E 94 096 ausgestattet gewesen sein.

Diese beiden E 94 wurden in Hennigsdorf, trotz sehr weit fortgeschrittener Re-

△ **Bild 166** • Im Sommer 1952 sieht **E 94 161** bei Krauss-Maffei der Fertigstellung des mechanischen Teils entgegen. Zu sehen sind der offene hintere Vorbau sowie im Hintergrund der Kastenaufbau mit Brücke.
AUFNAHME: WERKFOTO AEG, SAMMLUNG THOMAS BORBE

paratur, nun weitgehend ausgeschlachtet. Im Februar 1951 waren von E 94 007 nur noch der Kastenaufbau mit Brücke sowie von E 94 096 der Kastenaufbau und die Drehgestelle ohne Radsätze vorhanden.

Im Sommer 1951 wurden die Baugruppen der späteren E 94 161 auf Flachwagen von Hennigsdorf nach München überführt. Bei Krauss-Maffei erfolgte der Fertigbau des Fahrzeugteils der Lokomotive zusammen mit Monteuren der AEG Berlin. Die Motoren des Typs EKB 685 fertigte das Berliner Werk in der Brunnenstraße, den Transformator die Transformatorenfabrik in Stuttgart Bad Cannstatt.

Die elektrische Ausrüstung baute das AW München-Freimann gemeinsam mit AEG-Monteuren bis Anfang August 1952 ein.

Mit dem Abtransport der Brücke und dem Kastenaufbau (in den Hennigsdorfer Mitarbeiter zusätzlich noch Werkstattausrüstungen packten) sowie der beiden Drehgestellrahmen der ehemaligen E 94 083 (und bald E 94 161) nach München-Allach endeten die Arbeiten bei AEG/LEW Hennigsdorf für die Baureihe E 94. Alle weiteren bis 1956 gefertigten mechanischen Teile der Baureihe E 94 entstanden in Westdeutschland bei Krauss-Maffei, Krupp und Henschel.

Westzonen und Deutsche Bundesbahn (DB)

Eine Bestandsaufnahme im Sommer 1945 für das Gebiet der späteren Bundesrepublik Deutschland ergab einen Bestand von 65 Lokomotiven der Baureihe E 94. Über die Hälfte wies zum Teil schwerste Beschädigungen auf und war nicht einsatzfähig. Da die DR-West auf die neueste Ellok jener Tage angewiesen war, ließ sie bis auf E 94 010 alle Schadlokomotiven wieder instand setzen. Die am 18. Juli 1945 bei der DR-West ausgebuchte E 94 015 des Bw Rosenheim befand sich in Innsbruck und wurde dem Westzonen-Bestand nicht zugerechnet, da gemäß einer Verfügung des alliierten Kontrollrates sämtliche auf österreichischem Hoheitsgebiet befindlichen E 94 in den Bestand der ÖBB übergingen.

Fünf E 94 süddeutscher Bahnbetriebswerke verblieben nach 1. Juli 1945 auf dem Gebiet der sowjetischen Besatzungszone und kamen nicht in den Bestand der DR-West: E 94 042, 082 und 096 (alle Bw Augsburg) sowie E 94 046 und 052 (Bw Pressig-Rothenkirchen) befanden sich jenseits des „Eisernen Vorhanges". Sie wurden am 21. Mai 1946, als eine Rückkehr wegen der laufenden sowjetischen Ellok-Deportation nicht mehr zu erwarten war, mit Verfügung der Obl United States Zones in Frankfurt vom 21. Mai 1946 (Zeichen: 31.1 Bla) vom Bestand abgesetzt und der sowjetischen Zone für dauernd zugehörig erklärt.

Im Herbst 1945 erhöhte sich der Bestand bei der DR-West um weitere Lokomotiven, denn nach einem Loktausch mit

◁ **Bild 167**
Für **E 94 145** konnte Lofag in Wien unter anderem den Kastenaufbau mit Brücke liefern. Er überstand in München das Kriegsende und ist hier auf Hilfsdrehgestellen lagernd Ende 1949 vor dem Werk von Krauss-Maffei zu sehen.
Die jahrelange Abstellzeit im Freien hat dem Bauteil sichtlich zugesetzt.

AUFNAHME: WERKFOTO KRAUSS-MAFFEI, SLG. HELGE HUFSCHLÄGER

△ **Bild 168 • E 94 145** baute Krauss-Maffei bis 9. November 1950 fertig. Am 11. September war sie weitgehend komplett und kam an diesem Tag per Culemeyer als Exponat für die Elektromesse zum Ausstellungspark auf der Theresienhöhe. Das Bild entstand an ihrem Platz vor der Messehalle einen Tag später.

AUFNAHME: DR. GÜNTHER SCHEINGRABER/EK-VERLAG

der ÖBB kamen E 94 073 und 108, die sich zur Reparatur in Bludenz befanden, zum Bw Augsburg.

Seit Frühjahr 1945 hatte sich E 94 032 des Bw Salzburg wegen eines Fliegerschadens zur Reparatur zunächst bei BMAG in Wildau (bei Berlin), dann ab Dezember 1945 bei SSW im Westteil Berlins befunden. Am 7. Dezember 1947 gelangte sie über Helmstedt zu Krauss-Maffei, um die Schäden zu beheben (E 3 10. Januar 1948 – 19. November 1948). Am 20. November 1948 nahm sie beim Bw Regensburg ihren Dienst auf.

Die stückzahlmäßig stärker ins Gewicht fallenden Zugänge der Jahre 1946 bis 1956 lassen sich in drei Kategorien einteilen: Fertigbau-, Aufbau- und Nachbaulokomotiven.

Als **Fertigbaulokomotiven** wurden später von der DB die bei Kriegsende angearbeiteten und später fertiggestellten E 94 bezeichnet. Zu diesem Zeitpunkt waren bei Krauss-Maffei neun Maschinen halbfertig oder in Einzelteilen vorhanden. Der Neubau von Lokomotiven war von den Besatzungsmächten untersagt worden, noch intakt gebliebene bzw. wieder aufgebaute Kapazitäten der Lokomotivfabriken lagen brach. Auf der anderen Seite hatte der Betriebsdienst unter akutem Lokmangel zu leiden, sodass die beschädigten Lokomotiven dringend repariert werden mussten. Da jedoch die Ausbesserungswerke größtenteils zerstört bzw. in ihrer Leistungsfähigkeit stark eingeschränkt waren, genehmigten die US-Behörden der Geschäftsführenden Direktion für das Werkstättenwesen (GDW) München den Abschluss von Reparaturverträgen mit Lokomotivfabriken, um so die Schadlokomotiven wieder instand zu setzen. Im Rahmen dieser Reparaturverträge erfolgte – eigentlich unzulässigerweise – zunächst die Komplettierung der noch aus einem Kriegsauftrag stammenden E 94 137 und E 94 138, die von Krauss-Maffei/SSW „Instand gesetzt" und in den Jahren 1946 bzw. 1947 an die DR-West abgeliefert wurden.

Nach Gründung der Deutschen Bundesbahn (DB) als Rechtsnachfolger der Reichsbahn in den Westzonen im Jahr 1949 und der Aufhebung des Lokomotivbauverbotes entschloss sich die DB am 17. Juli 1950, sieben weitere E 94 „Marke Fertigbau" aus bei den Lokbaufirmen noch vorhandenen Fahrzeugteilen der Kriegsaufträge, Ersatzteilen aus ausgemusterten Kriegsschadlokomotiven sowie unter Beistellung eigener Teile, wie z. B. Motoren, vervollständigen zu lassen. Dazu gehörte auch die bereits erwähnte E 94 145. Ihr von der Wiener Lokomotivfabrik (Lofag) gebauter mechanischer Teil hatte in München das Kriegsende überstanden und wurde nun von Krauss-Maffei fertiggestellt. Die elektrische Ausrüstung lieferte AEG Berlin. Als dritte Fertigbaulokomotive kam sie am 10. November 1950 in Dienst.

Als nächstes gingen Krauss-Maffei und SSW daran, aus angearbeiteten Teilen die E 94 139–142 des noch aus einer DRB-Bestellung herrührenden Loses E 94 131–142 fertigzubauen.

Angeliefert wurden sie in folgender Reihenfolge: E 94 139 (07.05.1951), 140 (14.09.1951), 141 (04.10.1952) und 142 (13.02.1953). Dabei soll in E 94 140 der nach einem Bombenschaden von Krauss-Maffei reparierte Lokkasten (Mittelteil) für E 94 144 eingebaut worden sein.

Wie beschrieben, war E 94 160 zu Kriegsende in der Lokomotivfabrik der AEG in Hennigsdorf bei Berlin im fortgeschrittenen Bauzustand vorhanden. Die DB erwarb die Lokomotive am 21. August 1950 und ließ sie bei Krauss-Maffei in München-Allach bis 20. Januar 1951 fertigstellen.

Aus dem Rest der kriegsbeschädigten E 94 083, von der im Oktober 1950 in Hennigsdorf noch eine Brücke und zwei Drehgestellrahmen existierten, entstand nach dem Rückkauf durch die AEG Berlin die E 94 161. Den Vertrag zur Lieferung dieser als Neubau deklarierten Lokomotive unterzeichneten die DB und AEG Berlin am 27. Juni 1951. Zuvor waren in Hennigsdorf noch Aggregate und Teile der Kriegs-

◁ **Bild 169**
Die Deutsche Verkehrsausstellung 1953 auf dem Messegelände in München bot eine weitere Möglichkeit, eine Fertigbau-E 94 der Öffentlichkeit zu präsentieren. Im Juli 1953 steht die am 13. Februar angelieferte **E 94 142** des Bw Ulm neben einem ET 56.

Aufnahme: Walter Hanold, Archiv Jörg Sauter

schadlokomotiven E 94 007 und E 94 096 eingebaut worden. Das Vervollständigen der Lokomotive erfolgte in München, und zwar des Fahrzeugteils bei Krauss-Maffei und des elektrischen Teils im AW München-Freimann. Die Anlieferung war am 5. August 1952.

Hersteller und Bundesbahn nutzten die Beschaffung dieser Lokomotiven zum Einbau und zur Erprobung neuer Bauteile. So erhielt E 94 145 ein Wandernockenschaltwerk, das sich jedoch nicht bewährte. E 94 139, 140 und 142 erhielten den weiterentwickelten SSW-Fahrmotor Typ WBM 487, der später in den Nachbaulokomotiven der Unterbaureihe E 94^2 Verwendung fand. Mit sechs Probemotoren EKB 685 rüstete AEG die E 94 161 aus. Sie waren eine der letzten neuen Entwicklungen der AEG vor Kriegsende und wurden vom AEG Werk Brunnenstraße in Berlin zugeliefert. Die EKB 685-Motoren beschaffte die DB nicht weiter, da sie dem stärkeren WBM 487 von Siemens den Vorzug gab. Eine wichtige Besonderheit wiesen die letzten beiden Fertigbau-E 94 141 und E 94 142 auf. Sie erhielten im

▽ **Bild 170** • Die in desolatem Zustand von der Deutschen Reichsbahn erworbene **E 94 042** verwandelte das AW München-Freimann von 4. Januar bis 23. September 1954 wieder in eine ansehnliche Lokomotive. Im Jahr 1955 steht E 94 042 vor einem Personenzug in Nürnberg Hbf. Ihr ist nicht anzusehen, dass sie drei Jahre zuvor noch im sowjetischen Kasachstan stand. Aufnahme: Archiv Bayerisches Eisenbahnmuseum (BEM)

Gegensatz zur bisher verwendeten Feinreglersteuerung eine Hochspannungssteuerung.

Damit sollten Erkenntnisse für die zu beschaffende neue E-Lokgeneration gewonnen werden. Transformator, Schaltwerk und je zwei Führertische lieferte die Firma BBC, welche damit erstmalig am Bau der E 94 beteiligt war. Durch den Zugang der insgesamt neun Fertigbaulokomotiven erhöhte sich der DB-Bestand auf 77 E 94.

Einen weiteren Zuwachs erhielt der Bestand im Jahr 1954 durch vier sogenannte **Aufbaulokomotiven**.

Dabei handelte es sich um die von der DR der DDR an die DB verkauften E 94 042, 046, 054 und 055. Sie waren 1946 in die Sowjetunion deportiert und 1952 an die DR zurückgegeben worden. Entsprechend war ihr Zustand. So hatten sowjetische Werkstätten diese Lokomotiven u. a. auf 1524 mm Breitspur und Mittelpufferkupplung umgebaut.

Die am 3. Januar 1954 übergebenen E 94 042, 046 und 054 sowie die am 21. Februar 1954 überstellte E 94 055 kamen zur E 4-Vollaufarbeitung in das AW München-Freimann. Zwischen Juni und November 1954 nahmen sie ihren Dienst bei der DB auf:

- E 94 042 am 24.09.1954 beim Bw Nürnberg Rbf
- E 94 046 am 05.09.1954 beim Bw Nürnberg Rbf
- E 94 054 am 16.11.1954 beim Bw Nürnberg Rbf
- E 94 055 am 10.06.1954 beim Bw Kornwestheim

Bei ihrer Aufarbeitung waren folgende Arbeiten auszuführen:

E 94 042
Tausch aller Radsätze; Achs- und Tatzlager mit BW 80 ausgegossen; Drehgestelle aufgearbeitet, vermessen und ausgerichtet; Brückenabstützung und Drehzapfen aufgearbeitet; sämtliche Fahrmotoren getauscht (E 4 vom 04.01.–21.09.1954).

E 94 046
Radreifen abgedreht; Achs- und Tatzlager mit WM 80 ausgegossen; Drehgestelle aufgearbeitet, ausgerichtet und vermessen; Zug- und Stoßvorrichtungen aufgearbeitet; Innen- und Außenanstrich erneuert; Brückenabstützung aufgearbeitet; Kompressor installiert; Luftleitungen teilweise neu. Tausch aller Fahrmotoren, des Trafos und der Stromabnehmer; Aufarbeitung des Schaltwerkes und der Hilfsmotoren; Heizleitungen erneuert (E 4 vom 04.01. bis zum 04.09.1954). Kosten: 124.325 DM, mit Sonderarbeiten 126.991 DM.

E 94 054
Radsätze aufgearbeitet; Achs- und Tatzlager mit WM 80 ausgegossen; Drehgestelle aufgearbeitet; Rohrleitungen teilweise erneuert; Kompressor getauscht.

Tausch von Fahrmotoren, Trafo und Stromabnehmern; Erneuerung der Hilfsluftpumpe, Heizleitungen, Stromschienen, Sifa; Aufarbeitung des Schaltwerkes (E 4 vom 04.01. bis zum 15.11.1954).

E 94 055
Fahrmotor-, Trafo- und Stromabnehmertausch; elektrische Bremse aufgearbeitet; Hauptschalter APB 104 eingebaut; zwei Dachtrennschalter und sieben Stützisolatoren erneuert. Die Arbeiten im mechanischen Teil sind aus dem Abdruck des Betriebsbuchblattes ersichtlich (E 4 vom 22.02. – 09.06.1954).

Das Jahr 1954 war es auch, in dem die ersten **Nachbaulokomotiven** in Dienst gestellt wurden.

Für das beschlossene Elektrifizierungsprogramm zeichnete sich ein akuter Ellokmangel im schweren Güterzugdienst ab – vor allem für die Strecke Nürnberg – Würzburg.

Die Neuentwicklungen mussten noch erprobt werden (die E 10-Vorserienlokomotiven nahmen ab Ende 1952 ihren Dienst auf) und mit einer bedarfsgerechten Lieferung neuer Elektrolokomotiven, insbesondere der E 50, war noch nicht zu rechnen. Aus diesen Gründen gab die DB im Oktober 1952 neue E 94 in Auftrag, um den Bedarf zu decken. Die Bestellung der ersten Nachbauserie umfasste 27 Lokomotiven, welche ab Jahresbeginn 1954 geliefert werden und rechtzeitig zur Aufnahme des elektrischen Betriebes zwischen Nürnberg und Würzburg im Herbst 1954 zur Verfügung stehen sollten. Als Betriebsnummern waren E 94 162–188 vorgesehen.

Nachdem sich der in einigen Fertigbaulokomotiven erprobte SSW-Motor WBM 487 mit größerer Leistung bewährt hatte, beschloss das BZA München, das bei SSW/BBC bestellte Los E 94 162–177 mit diesem Motor ausrüsten zu lassen. Außerdem sollte ein Transformator mit ebenfalls größerer Leistung zum Einbau gelangen.

Aufgrund dieser Modifikationen erhielten die Lokomotiven die abweichende (Unter-)Baureihenbezeichnung $E\,94^2$, nun mit den Nummern E 94 262–277. Sie wurden mit Ausnahme der E 94 271 von Januar bis November 1954 abgeliefert.

Die im elektrischen Teil von AEG gefertigten E 94 179–188 (und E 94 178 von BBC) behielten den herkömmlichen Fahrmotor EKB 725a und damit ihre vorgesehenen Betriebsnummern. Ihre Ablieferung erfolgte mit Ausnahme der E 94 178 von Januar 1954 bis Januar 1955. Bei der Fertigung der Nachbaulokomotiven wa-

▽ **Bild 171** • Betriebsbuchauszug der E 94 055 vom 9. Juni 1954. Das AW München-Freimann hatte an der von der Deutschen Reichsbahn der DDR erworbenen und in der Sowjetunion gewesenen Lokomotive umfangreiche Arbeiten zu leisten. Abbildung: DB, Sammlung Brian Rampp

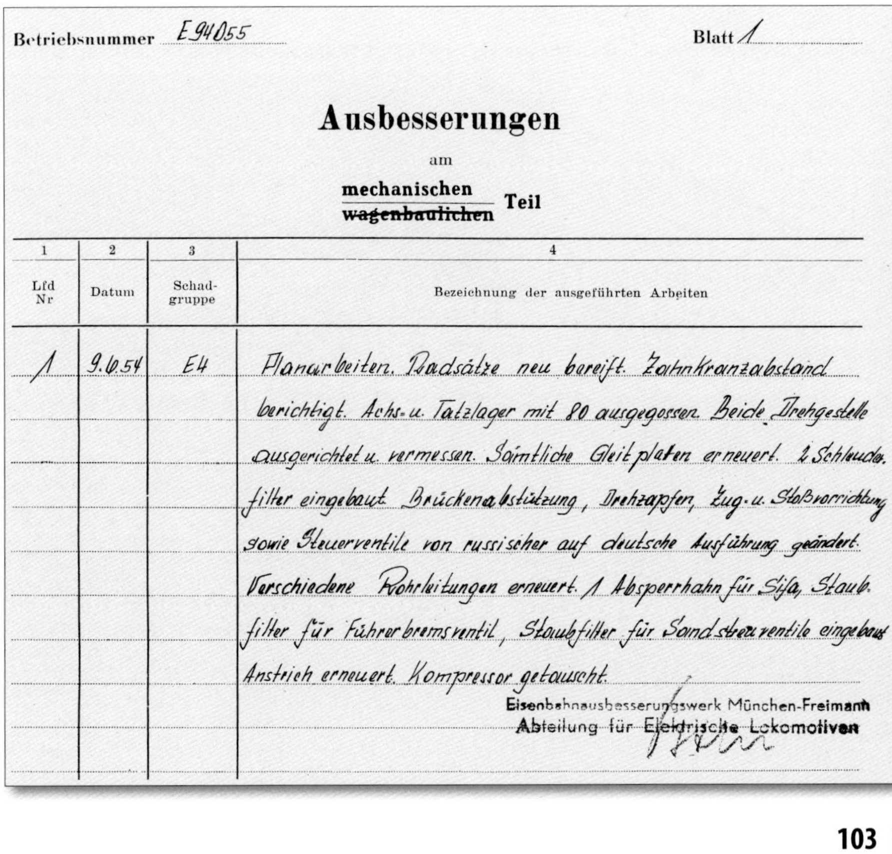
Betriebsnummer E 94 055 Blatt 1

Ausbesserungen
am
mechanischen
~~wagenbaulichen~~ Teil

1 Lfd Nr	2 Datum	3 Schadgruppe	4 Bezeichnung der ausgeführten Arbeiten
1	9.6.54	E4	Planarbeiten. Radsätze neu bereift. Zahnkranzabstand berichtigt. Achs- u. Tatzlager mit 80 ausgegossen. Beide Drehgestelle ausgerichtet u. vermessen. Sämtliche Gleitplatten erneuert. 2 Schleuderfilter eingebaut. Brückenabstützung, Drehzapfen, Zug- u. Stoßvorrichtung sowie Steuerventile von russischer auf deutsche Ausführung geändert. Verschiedene Rohrleitungen erneuert. 1 Absperrhahn für Sifa, Staubfilter für Führerbremsventil, Staubfilter für Sandstreuventile eingebaut. Anstrich erneuert. Kompressor getauscht.

Eisenbahnausbesserungswerk München-Freimann
Abteilung für Elektrische Lokomotiven

△ **Bild 172** • Henschel in Kassel übernahm den Bau der Fahrzeugteile der E 94 262–267, SSW lieferte die elektrische Ausrüstung mit den starken Fahrmotoren WBM 487. Im Jahr 1954 sind drei E 94 neben elektrischen Lokomotiven für Rheinbraun in der Fertigung zu sehen. AUFNAHME: HENSCHEL-MUSEUM UND SAMMLUNG E.V.

ren erstmals die Firma Krupp sowie im größeren Umfang Henschel und BBC beteiligt (letztere hatten zuvor nur einzelne Bauteile geliefert). Die Verteilung auf die Hersteller war wie folgt (mechanischer Teil/elektrischer Teil):

E 94 178	Krauss-Maffei/BBC
E 94 179–183	Krauss-Maffei/AEG
E 94 184–188	Krupp/AEG
E 94 262–267	Henschel/SSW
E 94 268–274	Krauss-Maffei/SSW
E 94 275–277	Krauss-Maffei/BBC

Die mit Verfügung vom 21. Mai 1954 angeordnete Elektrisierung (so der damalige Fachbegriff) der Strecke Bruchsal – Heidelberg – Mannheim sowie die Weiterführung der Arbeiten von Würzburg nach Aschaffenburg setzten die DB erneut un-

▽ **Bild 173** • Im Oktober 1954 steht die weitgehend fertiggestellte **E 94 266** auf dem Werkhof bei Henschel in Kassel. AUFNAHME: HENSCHEL-MUSEUM UND SAMMLUNG E.V.

△ **Bild 174** • Kurz nach ihrer Abnahme spannt die Würzburger **E 94 263** am 30. August 1954 in Nürnberg Rbf einem Güterzug vor.

Aufnahme: Siemens-Schuckert-Werke, Sammlung Michael Freitag

ter Zugzwang. Die Beschaffung der nötigen Lokomotiven musste unverzüglich eingeleitet werden. Am 28. Juni 1954 beauftragte die Hauptverwaltung der Bundesbahn (HVB) das BZA München, insgesamt 107 neue Elektrolokomotiven zu bestellen (Verf. 25.252 Fle/K5a). Davon gehörten 87 Lokomotiven erstmals dem neuen Typenprogramm (Baureihen E 10/ E 40/E 41/E 50) an. Als Übergang waren letztmals 16 Nachbau-E 94 in der Bestellung enthalten. Diese zweite Nachbauserie musste vorgesehen werden, um in kürzester Bauzeit weitere Elloks für den Betrieb zu erhalten und möglichst bald die wirtschaftlichen Vorteile der elektrischen Zugförderung nutzen zu können. Außerdem sollten die Betriebserfahrungen mit den neuen Probelokomotiven $E 10^0$ und der ersten Nachbauserie $E 94^2$ voll ausgewertet und eine Fertigungslücke bei der Lokomotivbauindustrie für kurze Lieferzeiten genutzt werden. Gleichzeitig drängte die DB auf eine Beendigung der Konstruktionsarbeiten am neuen Typenprogramm. Den Auftrag vergab das BZA München am 20. Oktober 1954 an Krauss-Maffei/ AEG (E 94 189–196) und Krauss-Maffei/ SSW (E 94 278–285), letztere wiederum in verstärkter Ausführung als $E 94^2$. Geliefert wurden sie von Oktober 1955 bis Juni 1956. Damit war bei der DB der Endbestand von 124 Lokomotiven der Baureihe E 94 erreicht. Die am 22. Juni 1956 angelieferte E 94 285 war die 200. und gleichzeitig letzte gebaute E 94 überhaupt. Die Beschaffung einer der erfolgreichsten E-Lokkonstruktionen Deutschlands hatte seinen Abschluss gefunden. Die Nachbaulokomotiven kamen wie folgt in den Bestand:

1954: E 94 179–187, 262–266, 268–270, 272–277 (23 Stück)
1955: E 94 178, 188–190, 267, 271, 278–279 (8 Stück)
1956: E 94 191–196, 280–285 (12 Stück)

Finanziert wurden die 43 Nachbau-E 94 durch Kredite der Länder Bayern und Baden-Württemberg sowie des „ERP" (European Recovery Program, finanziert durch die Marshallplanhilfe der USA). Die Mittel waren projektbezogen einzusetzen für die Elektrifizierung der o. g. Strecken, d. h. der nötigen Ausrüstungen und Triebfahrzeuge. Von den E 94 der letzten Serie waren beispielsweise zwölf durch Baden-Württemberg und vier durch das ERP finanziert worden. Die beteiligten Bundesländer gewährten ihre Mittel dabei mit der Auflage, möglichst süddeutsche Firmen mit den Aufträgen zu betrauen. So fertigte Krauss-Maffei in München die überwiegende Zahl der Fahrzeugteile. Krauss-Maffei war nach dem Ausfall der Fertigungskapazitäten bei AEG Hennigsdorf der wichtigste E 94-Hersteller nach dem Zweiten Weltkrieg.

Die ab 1968 als Baureihe 194.2 bezeichneten $E 94^2$ sowie 194 141 und 142 (alle mit WBM 487-Motoren) zeichnete die DB nach der Erhöhung ihrer Höchstgeschwindigkeit auf 100 km/h durch eine Verfügung vom 28. Dezember 1970 in die Baureihe 194.5 um. Die Lokomotiven fuhren fortan als 194 541, 542 und 562–585.

Die Stückzahl von 124 Lokomotiven blieb bis 1976 konstant, als nach einem Brandschaden 194 140 als erste ausgemustert werden musste. Fortan schieden in den darauffolgenden Jahren Maschinen mit Schäden aus, deren Reparatur einen nicht mehr vertretbaren Aufwand erfordert hätte: 194 047 nach einer Entgleisung 1978 sowie 194 046, 577 (Brände) und 188 (Auffahrunfall) im Jahr 1982.

Außerdem wanderten 1979–81 die als jetzt zu unterhaltungsaufwändig eingestuften 194 139 (abweichende Fahrmotoren EKB 685), 542 und 570 (beide mit Hochspannungssteuerung) auf den Lokfriedhof des AW München-Freimann.

△ **Bild 175** • Ende 1955/Anfang 1956 läuft die Fertigung der mechanischen Teile der E 94 189 bis E 94 196. Es ist das letzte Los der E 94 mit AEG-Fahrmotoren EKB 725a. In Bildmitte zwei zusammengekuppelte Drehgestelle mit den Vorbauten im Rohbau, dahinter zwei Lokkästen mit Brücke. AUFNAHME: WERKFOTO KRAUSS-MAFFEI, SAMMLUNG THOMAS BORBE

Bilder von der Fertigung der Nachbau-E 94 bei Krauss-Maffei

▽ **Bild 176** • Ende 1955/Anfang 1956 entstand diese Aufnahme zweier E 94 der Bauserie E 94 280 bis E 94 285. Der Einbau von Bauteilen in die Vorbauten ist im Gange. AUFNAHME: BD MÜNCHEN, SAMMLUNG BRIAN RAMPP

△ **Bilder 177 und 178** • Zwei Aufnahmen vom Bau der E 94 189 bis E 94 196. Die Vorbauten sind noch ohne Aggregate. Im linken Bild wird am Transformator gearbeitet, im rechten Bild sind fünf Mittelteile in unterschiedlichen Bauzuständen zu sehen. ◁ AUFNAHMEN (2): WERKFOTO KRAUSS-MAFFEI, SAMMLUNG HELGE HUFSCHLÄGER

▽ **Bild 179** • Während die Nachbau-E 94 im Hintergrund bereits lackiert und nahezu fertiggestellt ist, wird an einer anderen E 94 im Vorbau gearbeitet. Die Dachschirmverlängerung fällt auf. Sie war bei einigen Nachbau-E 94 bereits serienmäßig. AUFNAHME: SAMMLUNG DIRK WINKLER

▽ **Bild 180** • Bescheinigung des Abnahmebeamten beim Bundesbahn-Zentralamt München zur Bauüberwachung der E 94 bei Krauss-Maffei vom 16. Oktober 1954. Hierfür brauchte das Abnahmeamt des BZA noch alte Papierbögen der Deutschen Reichsbahn auf. ABBILDUNG: SAMMLUNG FRANK LÜDECKE

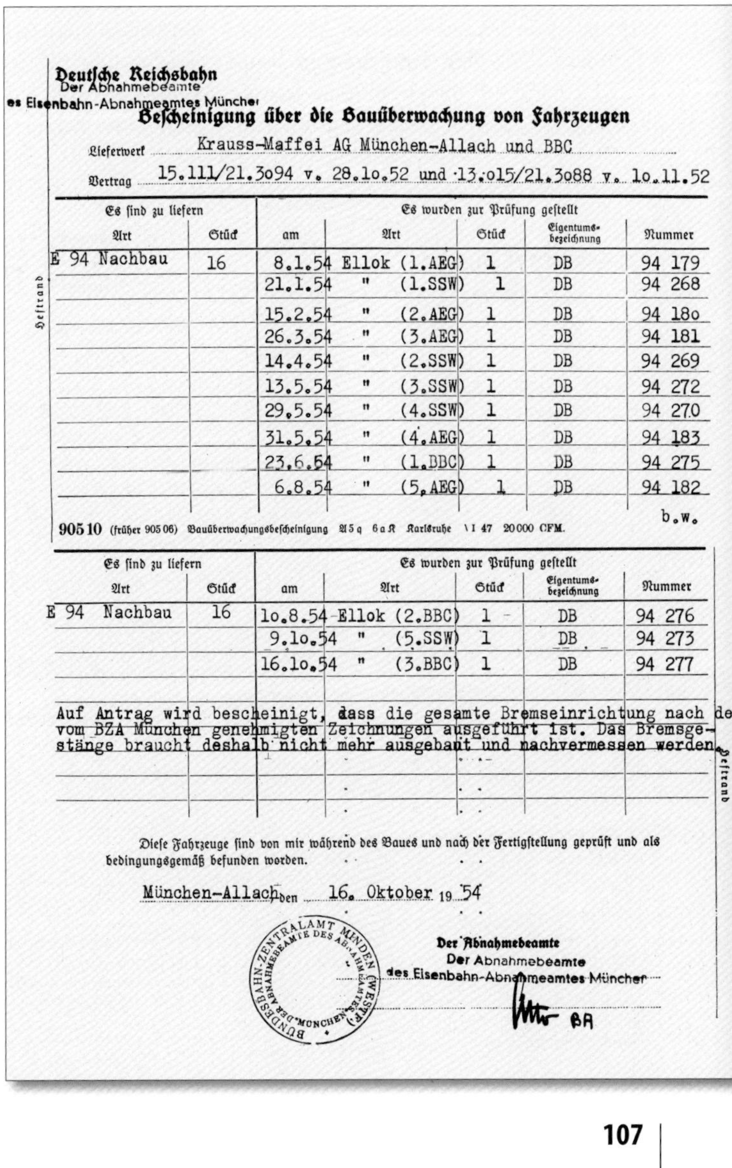

Deutsche Reichsbahn
Der Abnahmebeamte
des Eisenbahn-Abnahmeamtes München

Bescheinigung über die Bauüberwachung von Fahrzeugen

Lieferwerk Krauss-Maffei AG München-Allach und BBC

Vertrag 15.111/21.3o94 v. 28.1o.52 und 13.o15/21.3o88 v. 1o.11.52

Es sind zu liefern		Es wurden zur Prüfung gestellt				
Art	Stück	am	Art	Stück	Eigentumsbezeichnung	Nummer
E 94 Nachbau	16	8.1.54	Ellok (1.AEG)	1	DB	94 179
		21.1.54	" (1.SSW)	1	DB	94 268
		15.2.54	" (2.AEG)	1	DB	94 18o
		26.3.54	" (3.AEG)	1	DB	94 181
		14.4.54	" (2.SSW)	1	DB	94 269
		13.5.54	" (3.SSW)	1	DB	94 272
		29.5.54	" (4.SSW)	1	DB	94 270
		31.5.54	" (4.AEG)	1	DB	94 183
		23.6.54	" (1.BBC)	1	DB	94 275
		6.8.54	" (5.AEG)	1	DB	94 182

b.w.

90510 (früher 90506) Bauüberwachungsbescheinigung A 5 q 6 a K Karlsruhe 1 47 20000 CFM.

Es sind zu liefern		Es wurden zur Prüfung gestellt				
Art	Stück	am	Art	Stück	Eigentumsbezeichnung	Nummer
E 94 Nachbau	16	1o.8.54	Ellok (2.BBC)	1	DB	94 276
		9.1o.54	" (5.SSW)	1	DB	94 273
		16.1o.54	" (3.BBC)	1	DB	94 277

Auf Antrag wird bescheinigt, dass die gesamte Bremseinrichtung nach dem vom BZA München genehmigten Zeichnungen ausgeführt ist. Das Bremsgestänge braucht deshalb nicht mehr ausgebaut und nachvermessen werden.

Diese Fahrzeuge sind von mir während des Baues und nach der Fertigstellung geprüft und als bedingungsgemäß befunden worden.

München-Allach, den 16. Oktober 1954

BUNDESBAHN-ZENTRALAMT MINDEN (WESTF.) DER ABNAHMEBEAMTE DES AB-NAHMEAMTES MÜNCHEN

Der Abnahmebeamte
Der Abnahmebeamte
des Eisenbahn-Abnahmeamtes München
BR

△ **Bild 181** • Der Abschluss der E 94-Fertigung für die DB war im Juni 1956 der Anlass für eine kleine Feierstunde bei Krauss-Maffei. **E 94 285** ist die letzte des 27 + 16 Lokomotiven umfassenden Loses der Nachbaulokomotiven. Sie zeigt sich noch im Grundierungsanstrich und besitzt bereits eine Dachschirmverlängerung.

AUFNAHME: KRAUSS-MAFFEI, SAMMLUNG BERND ZÖLLNER

Alle dienten dem AW – soweit sinnvoll – als Ersatzteilspender.

Rückläufiges Verkehrsaufkommen und rationeller Lokeinsatz, aber auch die sich verschärfende Ersatzteilproblematik (insbesondere bei den Fahrmotoren und Transformatoren) ließen in den Jahren 1984 und 1985 die Ausmusterung von acht bzw. sieben Schadlokomotiven zu, deren Aggregate den Schwesterlokomotiven weitere Einsätze ermöglichten.

Die Beschaffung der neuen, geplant als universell einsetzbaren Baureihe 120 machte die mittlerweile in die Jahre gekommene E 94 entbehrlich. Als sich nach Abschluss der Erprobung der fünf Vorserienlokomotiven eine Serienbeschaffung abzeichnete, führte die DB seit Anfang 1985 keine Hauptuntersuchungen an den 194 mehr durch. Ab Herbst 1986, als die Auslieferung der ersten Serien-120 bevorstand, baute die DB den 194-Bestand rasch ab, indem sie so gut wie keine Bedarfsausbesserungen im AW München-Freimann mehr ausführen ließ. Die Lokomotiven fuhren auf Verschleiß und wurden im Schadensfall sofort abgestellt.

Außerdem trat mit der Konzentration der E 94 auf zwei Bahnbetriebswerke zum Sommerfahrplan 1986 ein deutlicher Überhang zutage: Von den zu diesem Zeitpunkt noch im Bestand befindlichen 101 Lokomotiven wurden 63 planmäßig benötigt, sodass die DB bis Ende 1986 problemlos 16 Maschinen mit leichten Schäden ausmustern konnte. Hinzu kam, dass die Erhöhung der Höchstgeschwindigkeit für Frachtengüterzüge auf 100 km/h zum Sommerfahrplan 1986 die Einsatzmöglichkeiten der E 94 einschränkte.

Eine weitere Straffung der Einsätze von Neubaulokomotiven, allgemeine Überkapazitäten und daraus resultierende Überhänge besonders bei der Baureihe 140 im Norden der Bundesrepublik, aber auch ein weiter rückläufiges Verkehrsaufkommen führten 1987 zu einem Kahlschlag, von dem am Ende des Jahres nur 30 Loks verschont blieben: Insgesamt 67 E 94, erstmals auch intakte Maschinen, wurden ausgemustert und die Einsätze in Nürnberg auf ein Minimum reduziert. Weil die neu gelieferten 120 für den Planeinsatz wegen Schwierigkeiten mit Druckdichtigkeit, Notbremsüberbrückung und LZB 80 nicht sofort zur Verfügung standen, verzögerte sich das Ende der 194 bis zum Sommerfahrplan 1988, nachdem ursprüngliche Pläne das Ende des Planeinsatzes bereits zum Jahresende 1987 vorgesehen hatten. Die letzten 30 Exemplare musterte die DB am 28. Juni 1988 aus.

Am ältesten ist 194 013 (Bw Nürnberg 2, ex Rbf) bei der DB geworden. Anfang Oktober 1940 angeliefert und Ende September 1987 z-gestellt, brachte sie es auf 47 Betriebsjahre.

Hauptverwaltung

DB Deutsche Bundesbahn

25.252 Fau 927

6000 Frankfurt (Main), 27.09.1984
☎ (9 55) 65 25

BD Nürnberg
ZW - 6x -
Abdruck an
ZTL - 2x -
BZÄ

Ausmusterung von Triebfahrzeugen,
Bei-, Mittel- und Steuerwagen

Den Ausmusterungsanträgen der BD Nürnberg für die Lok 194 050-1 und 194 571-6 stimmen wir zu.

Die Fahrzeuge sind am 30. September 1984 letztmalig im Bestand nachzuweisen.

Die Fahrzeuge sind, sofern ein wirtschaftlicher Verkauf nicht möglich ist, zu zerlegen. Bis zur Freigabe zur Zerlegung durch das BZA Minden (W) sind die Fahrzeuge - zunächst für etwa ein Jahr - gesichert abzustellen und keine Ersatzteile auszubauen.

Bei der Zerlegung sind die wirtschaftlich wiederverwendbaren Hauptbau-, Tausch- und Ersatzteile zurückzugewinnen, die Bestände sind jedoch den sinkenden Fahrzeugzahlen anzupassen. Der Schrott ist durch das BZA Minden (W) zu verkaufen.

gez. Frerk

◁ **Bild 182**
Dieses Schreiben mit der Genehmigung zur Ausmusterung bedeutete das Ende für 194 050 und 194 571.

ABBILDUNG:
DB, SAMMLUNG BRIAN RAMPP

Sowjetische Zone und Deutsche Reichsbahn (DR)

Zum Zeitpunkt der Kapitulation im Mai 1945 waren in Mitteldeutschland bzw. der Sowjetischen Besatzungszone 20 Lokomotiven der Baureihe E 94 vorhanden. Dabei handelte es sich um acht der RBD Erfurt (E 94 054–058, 106, 114 und 115), zwei schlesische E 94, die zur Reparatur im RAW Dessau standen (E 94 016 und E 94 019), drei E 94 süddeutscher Bw, die nördlich des Thüringer Waldes stehengeblieben waren (E 94 042, 046 und 052) und E 94 040 (ex Bw Salzburg), außerdem sechs Schadlokomotiven der Bw Augsburg, Salzburg und Schwarzach-St. Veit, die sich zur Reparatur bei AEG in Hennigsdorf (E 94 007, 069, 082, 089 und 096) und BMAG in Wildau bei Berlin (E 94 032) befanden. E 94 032 konnte von der BMAG nicht ausgebessert werden und wurde im Dezember 1945 mit Genehmigung (!) der Sowjetischen Militäradministration (SMA) von Wildau zu SSW in den Westsektor Berlins überführt. E 94 069 reparierte AEG Hennigsdorf bis Februar 1946 und lieferte sie anschließend an das Bw Weißenfels aus.

Bis auf die bei AEG und SSW beschädigt abgestellten Reparaturlokomotiven mussten 1946 alle mitteldeutschen E 94 als Reparationsleistung an die Sowjetunion abgegeben werden.

Von dort erhielt die DR vom 30. Juli bis zum 22. Oktober 1952 alle 25 aus Mitteldeutschland und Schlesien abgegebenen E 94 zurück. Ein großes Problem für die Wiederaufnahme des elektrischen Betriebes stellte bei der DR die Bereitstellung der notwendigen Materialien für das Bauprogramm der Fahrleitungen dar. Vor allem mangelte es an Kupfer und Bronze. Von der rechtzeitigen Lieferung von Fahrleitungsdraht aus Kupfer hing die Elektrifizierung der ersten Teilstrecke ab. Hinzu kam, dass auch der Fortschritt bei der Wiederaufarbeitung von Dampflokomotiven durch Stoffmangel behindert wurde. Die Gesundung des Dampflokparks sowie des Oberbaus war für die DR die Voraussetzung, um den Verkehr in den Folgejahren bewältigen zu können. Aus dieser Situation heraus beschloss das Ministerium für Eisenbahnwesen, der Deutschen Bundesbahn ein Tauschgeschäft anzubieten, um kurzfristig den Bedarf an knappen Ressourcen decken zu können: Elektrolokomotiven gegen Fahrleitungskupfer, Schwellentränkmaschinen, Schienen und Dampflokersatzteile.

Bereits vor Aufnahme der Verhandlungen mit der DB hatte die Abteilung ME des Eisenbahnministeriums der DDR die

△ **Bild 183** • Die aus der Sowjetunion zurück gekauften E 94 stellte die DR mehrheitlich im Raw Dessau ab. Im Jahr 1954 wartet dort **E 94 153** auf ihre Aufarbeitung. Bei fast allen zurück gekehrten E 94 lagen die Stromabnehmer an den Abstellplätzen der DR auf den Vorbauhauben. Aufnahme: Schönbrodt, Sammlung Rüdiger Bäzold

△ **Bild 184** • **E 94 065** ist im Jahr 1956 vor dem Ellok-Schuppen des Bw Halle P als Schadlokomotive abgestellt. Sämtliche Fahrmotoren fehlen, die Führerräume sind teils mit Ornament-Tapeten versehen, der äußerliche Zustand ist erbärmlich. Aufnahme: Sammlung Rüdiger Bäzold

in Frage kommenden E-Lokomotiven geschätzt. Die genaue Stückzahl sowie die in Frage kommenden Baureihen sollten im Laufe der Verhandlungen festgelegt werden. Beides war Gegenstand einer kontrovers geführten Diskussion innerhalb des Eisenbahnministeriums, dessen stellvertretender Minister Erwin Kramer seine Meinung hierzu mehrfach änderte. Sowohl die Abgabe von über 50 als auch nur von schwerstbeschädigten E 18 und E 94 war Gegenstand der Überlegungen.

Die Deutsche Bundesbahn war an dem Erwerb von Elektrolokomotiven sehr interessiert und entsandte mehrfach Vertreter in die DDR, um die an verschiedenen Orten abgestellten Maschinen in Augenschein zu nehmen. Die DB bot sogar an, beim Erhalt einer größeren Stückzahl an E-Lokomotiven, E 44 und E 94 für die DR im AW München-Freimann instand zu setzen.

Zunächst stellte die DR für das Gegenseitigkeitsgeschäft fünf E 18 in Aussicht, die Vertreter der DB am 11. Juni 1953 im ehemaligen Raw Magdeburg-Buckau begutachteten. Am 22./23. Juli 1953 reisten die DB-Unterhändler nach Velten, um die dort abgestellten Kriegsschadlokomotiven E 18 19, 23, 40 und 43 sowie E 94 082 und 089 zu besichtigen. Erwin Kramer hatte inzwischen von einer angedachten Abgabe aller E 44 und E 94 Abstand genommen. Offenbar winkten die DB-Vertreter bei dem Anblick der desolaten Veltener Schadlokomotiven schnell ab. Denn am 10. August 1953 erklärte sich Kramer nun doch zur Abgabe von anderen E 18 und E 94 bereit. Am 12. und 13. August 1953 besichtigten daraufhin drei Bundesbahnbeamte im Raw Dessau noch nicht auf 1.435 mm rückgespurte E 94. Im Hinblick auf den geschätzten Aufwand zur Wiederherstellung der Maschinen gab es zuerst größere Meinungsunterschiede, doch wurde schließlich ein Durchschnittspreis von 270.000 D-Mark pro Lokomotive von beiden Seiten anerkannt. Nur zwei E 94 (E 94 082 und 089 in Velten) wollte die DR zurückbehalten, um Baumuster für spätere Nachbauten zur Verfügung zu haben, da sämtliche Zeichnungen nicht mehr aus der UdSSR zurückgekehrt waren. Die DB war später bereit, diese Zeichnungen zur Verfügung zu stellen.

△ **Bild 185 • E 94 153** war die erste vom Raw Dessau aufgearbeitete E 94. Am 29. September 1956 fertiggestellt, ist sie hier Anfang Oktober 1956 mit zwei verschiedenen Stromabnehmern im Raw Dessau zu sehen: Einem SBS 10 und einem SBS 39. Aufnahme: Sammlung Peter Glanert

Da der Bau neuer Lokomotiven der DR wesentlich teurer gekommen wäre und diese nach Inbetriebnahme der neu elektrifizierten Strecken noch nicht in erforderlicher Menge verfügbar gewesen wären, regte sich im Ministerium erneut Widerstand gegen den Plan einer Abgabe von Elloks in großen Stückzahlen. Mit Erfolg, denn letztendlich konnten sich die Befürworter eines umfassenden Tauschgeschäftes mit ihrem impliziten Votum für einen Vorrang des (Dampf-) Lokomotiv-Gesundungsprogramms und der Beschaffung neuer Elloks in der Sowjetunion nicht durchsetzen. So kam es lediglich zur Abgabe von fünf E 18, einer E 44 (es handelte sich um die bei SSW in West-Berlin befindliche Leipziger E 44 050) und vier E 94 – gerade so viele, wie für die Beschaffung der dringend benötigten Engpassstoffe (u. a. 375 t Fahrleitungsdraht aus Kupfer)

◁ **Bild 186**
Die Übergabe der **E 94 056** als fünfzigste restaurierte Elektrolokomotive an die DR war der Anlass für eine Feier im Raw Dessau am 26. Juni 1957. Die Mitarbeiter des Ausbesserungswerkes haben bei der Generalüberholung der aus der Sowjetunion zurückgekehrten Wracks unvorstellbar Großes geleistet und de facto neuwertige E-Lokomotiven geschaffen. Dazu zählten jene Männer, die wir hier sehen.

Aufnahme: Hans-Joachim Lange

erforderlich war. Als erste erreichte E 44 050 am 15. September 1952 das AW München-Freimann. Am 16. September 1953 verließen die fünf E 18 Mitteldeutschland. Die vier E 94 folgten am 3. Januar (E 94 042, 046, 054) und 21. Februar 1954 (E 94 055). Nach einer E 4-Vollaufarbeitung im AW München-Freimann traten die Lokomotiven ihren Dienst in Süddeutschland an.

Von 1956 bis 1961 baute das Raw Dessau 23 Lokomotiven der Baureihe E 94 wieder auf. Die Reste von E 94 007 und E 94 019 musterte die DR im Jahr 1967 aus. Der Bestand der DR umfasste somit folgende, seit 1. Juli 1970 als Baureihe 254 bezeichnete E 94:

E 94/254	016	017	020	021	040
	052	056	057	058	059
	065	066	069	078	082
	089	096	106	110	114
	115	153	154.		

Die erste Ausmusterung traf 254 096 (Brand) im Jahr 1974, weitere Abgänge waren 1978 die 254 017 (Unfall) und die 1979 an das BKK Bitterfeld verkauften 254 057 und 058. Seit Anfang der achtziger Jahre machte sich zusehends Ersatzteilmangel bemerkbar, so dass sich die Ausmusterungen beschleunigten. Ausgemustert wurden 1981 und 1982 je eine 254.

254 082 und 089 verkaufte die DR im Jahr 1982 ebenfalls an das BKK Bitterfeld. Im September 1985 schied 254 020 aus. Danach betrug der Bestand Anfang 1986 nur noch 14 Maschinen. Ab Ende 1986 ließ die DR keine Hauptuntersuchungen mehr durchführen, sodass die 254 spätestens nach Fristablauf, d. h. fünf Jahre nach der letzten Hauptuntersuchung, abgestellt werden mussten. Als erste traf es 1987 die 254 016 und 254 154. Nachdem 1988 die 254 069 und 1989 die 254 114 ausschieden, waren noch neun Maschinen im Bestand. 254 115 musterte die DR im Januar 1990 aus. Die übrigen acht 254 blieben bei der DR bis August 1990 im Einsatz. Nachdem der Planeinsatz im August 1990 endete, musterte die DR sieben Maschinen Ende Januar 1992 aus. Die weiterhin betriebsfähige Museumslokomotive 254 056 kam noch in den Bestand der DB AG. Am 1. Januar 1999 wechselte sie mit der bahninternen Nummer 188 945-0 zum DB Museum.

△ **Bild 187** • Die ausgeschlachteten Reste der nicht mehr aufgearbeiteten, ehemals schlesischen **E 94 019** warten am 26. August 1966 im Raw Dessau auf ihre Ausmusterung. Die als Ersatzteilspender verwendete Lokomotive ist mit ihren Drehgestellen auf behelfsmäßige Radsätze abgestützt. Aufnahme: Helmut Constabel, Slg. Peter Glanert

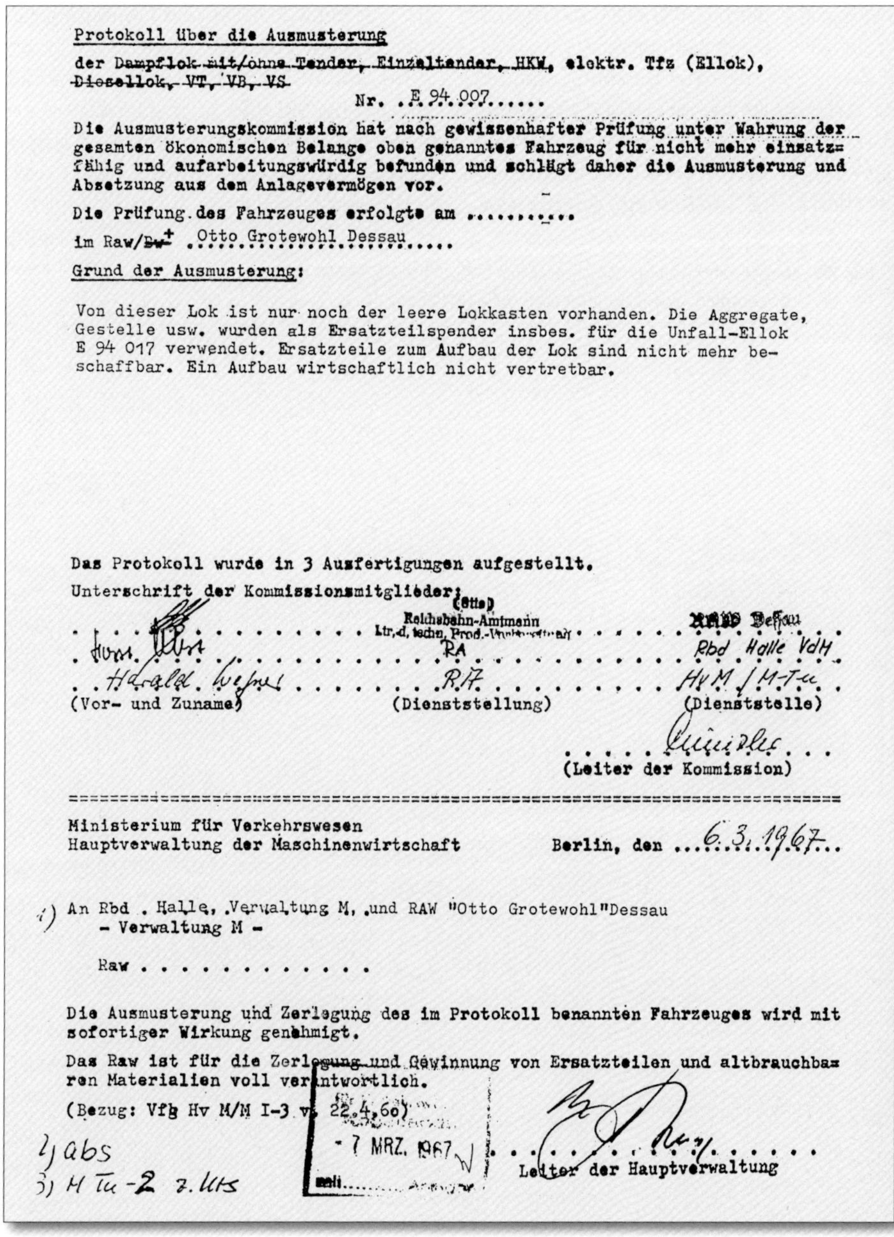

Protokoll über die Ausmusterung

der ~~Dampflok mit/ohne Tender, Einzeltender, HKW~~, elektr. Tfz (Ellok), ~~Diesellok, VT, VB, VS~~

Nr. ..E 94 007......

Die Ausmusterungskommission hat nach gewissenhafter Prüfung unter Wahrung der gesamten ökonomischen Belange oben genanntes Fahrzeug für nicht mehr einsatzfähig und aufarbeitungswürdig befunden und schlägt daher die Ausmusterung und Absetzung aus dem Anlagevermögen vor.

Die Prüfung des Fahrzeuges erfolgte am ....

im Raw/~~Bw~~+ ..Otto Grotewohl Dessau.....

Grund der Ausmusterung:

Von dieser Lok ist nur noch der leere Lokkasten vorhanden. Die Aggregate, Gestelle usw. wurden als Ersatzteilspender insbes. für die Unfall-Ellok E 94 017 verwendet. Ersatzteile zum Aufbau der Lok sind nicht mehr beschaffbar. Ein Aufbau wirtschaftlich nicht vertretbar.

Das Protokoll wurde in 3 Ausfertigungen aufgestellt.

Unterschrift der Kommissionsmitglieder:

[Unterschrift]	(Otto) Reichsbahn-Amtmann Ltr. d. techn. Prod.-Vorbereitung	RAW Dessau
[Unterschrift]	RA	Rbd Halle VdH
Harald Wegner	RA	HvM / M-Tu
(Vor- und Zuname)	(Dienststellung)	(Dienststelle)

[Unterschrift]
(Leiter der Kommission)

==

Ministerium für Verkehrswesen
Hauptverwaltung der Maschinenwirtschaft Berlin, den ..6.3.1967..

1) An Rbd. Halle, Verwaltung M, und RAW "Otto Grotewohl" Dessau
- Verwaltung M -

Raw ....

Die Ausmusterung und Zerlegung des im Protokoll benannten Fahrzeuges wird mit sofortiger Wirkung genehmigt.

Das Raw ist für die Zerlegung und Gewinnung von Ersatzteilen und altbrauchbaren Materialien voll verantwortlich.

(Bezug: Vfg Hv M/M I-3 v. 22.4.60)

2) abs
3) H Tu - 2 z. Uts

- 7 MRZ. 1967

[Unterschrift]
Leiter der Hauptverwaltung

Bild 188 ▷

Das Ausmusterungsprotokoll vom 6. März 1967 besiegelte nach 22-jähriger Abstellzeit das endgültige Ende der E 94 007. Nachdem von ihr im Jahr 1951 bereits lediglich der leere Kasten mit Brücke übrig geblieben war und ins Raw Dessau kam, stand sie dort einige Zeit auf Reserve-Drehgestellrahmen.

Abbildung: DR, Sammlung Brian Rampp

Österreichische Bundesbahnen (ÖBB)

Aufgrund eines alliierten Kontrollratsbeschlusses durften nach Kriegsende alle 47 zu diesem Zeitpunkt auf österreichischem Boden befindlichen E 94 dort verbleiben. Dabei handelte es sich um 42 altösterreichische E 94 sowie fünf Maschinen des Bw Rosenheim, die sich zu dieser Zeit in Österreich befanden: E 94 015, 061, 064, 094 und 095. Die Chronik des Bw Freilassing berichtet, dass vor Kriegsende eine nicht geringe Zahl an E 94 aus dem Altreich nach Österreich gefahren und nicht mehr zurückgegeben wurden.

Hingegen verblieben sechs E 94 der Bw Salzburg und Schwarzach-St. Veit nach Kriegsende in Deutschland: Vier befanden sich im Mai 1945 im sowjetisch besetzten Mitteldeutschland: Zur Reparatur bei AEG in Hennigsdorf (E 94 007, 089) und bei BMAG in Wildau bei Berlin (E 94 032). E 94 040 war als Rückkehrlokomotive aus dem RAW Dessau nördlich Probstzella stehen geblieben.

Zwei E 94 des Bw Salzburg standen zu Kriegsende bei der RBD Nürnberg: E 94 128 und E 94 132. E 94 128 war auf dem Weg ins RAW Dessau in Probstzella dort kurzzeitig im Bestand geführt worden und bei Kriegsende südlich der künftigen Zonengrenze im Bf Ludwigsstadt „AW-reif" abgestellt. E 94 132 befand sich leihweise beim Bw Pressig-Rothenkirchen. Beide kamen zur DR-West bzw. später zur DB.

Alle sechs kehrten nicht nach Österreich zurück und wurden dort am 1. August 1945 „außer Stand gebracht".

Im Zuge eines Lokomotivtausches mit der DR-West (Bw Augsburg) gaben die ÖBB im Herbst 1945 zwei E 94 ab: E 94 073 am 27. September 1945 gegen E 45 205 und E 94 108 am 23. Oktober 1945 gegen E 88 015 (getauscht jeweils über Bregenz).

Die verbliebenen 44 E 94 gingen zunächst in den provisorischen Lokomotivpark der am 5. August 1947 gegründeten Österreichischen Bundesbahnen (ÖBB) über und waren ab 1948 mit dem provisorischen Eigentumszeichen „Österreich" zu beschriften. Das Eigentumsmerkmal „ÖBB" wurde erst ab 1953 an den Fahrzeugen angeschrieben. Zum 1. April 1954 erfolgte offiziell die Umzeichnung der Baureihe E 94 in die neue Reihe 1020 (mit der Umnummerierung begannen die ÖBB schon 1953).

Im Jahr 1954 erhöhte sich der Bestand um drei bei WLF in Wien-Floridsdorf erbaute und in der HW Linz elektrisch ausgerüstete Nachbaulokomotiven 1020.45–47, die bei der Zfl. Salzburg in Dienst gingen:

- 1020.45: Anlieferung: 03.06.1954, Abnahme: 15.06.1954
- 1020.46: Anlieferung: 22.07.1954, Abnahme: 22.07.1954
- 1020.47: Anlieferung: 29.08.1954, Abnahme: 14.09.1954.

Bei dem durch diese drei Zugänge auf 47 Lokomotiven angewachsenen Gesamtbestand blieb es bis 1983, als die erste Ausmusterung (bzw. nach österreichischer Terminologie: Kassierung) zu Buche schlug. Und die begann dort, wo die Beschaffung zu Ende ging – bei den Nachbaulokomotiven.

Gemäß einer Verfügung, wonach die Nachbau-1020 keine Hauptuntersuchung mit Grundüberholung (HG) mehr erhalten und bei Erreichen des Laufkilometergrenzwertes bzw. größerer Schäden zu kassieren sind, war am 29. Januar 1983 die 1020.45 als erste an der Reihe.

Als Grund für diese Entscheidung nannten die ÖBB die Abweichungen im elektrischen Teil der Nachbaulokomotiven. Nicht unwesentlich dürfte jedoch die wachsende Präsenz der neuen Reihe 1044 gewesen sein, welche die 1020 langsam entbehrlich machte. Es folgten 1020.47 (1984) und 1020.46 (1985).

1986 waren erstmals auch HG-ausgebesserte 1020 an der Reihe: Am 1. Novem-

▽ **Bild 189** • Mit Ausnahme einiger Beschriftungen befindet sich **E 94 002** noch weitestgehend im Zustand der Deutschen Reichsbahn (DRB). Am 5. September 1948 steht sie vor dem Schuppen in der Zugförderungsstelle Saalfelden. Aufnahme: ÖBB, Sammlung Markus Inderst

△ **Bild 190** • Auf dem Hof der Wiener Lokomotivfabrik (WLF) in Wien-Floridsdorf steht am 29. August 1954 die fabrikneue Nachbaulokomotive **1020.47** zur Übergabe an die ÖBB bereit.
Aufnahme: Werkfoto WLF, Sammlung Helmut Griebl

ber 1986 kassierten die ÖBB die schadhaften 1020.02, 21 und 36, Ende 1987 die 1020.19 und Anfang Oktober 1988 die 1020.43. Hier war es auch die sich verschärfende Ersatzteilproblematik, welche diese Ausmusterungen bedingte. Ende 1989 waren noch 39 Lokomotiven der Reihe 1020 im ÖBB-Bestand.

Aufgrund hohen Verkehrsaufkommens reaktivierten die ÖBB die Museumslokomotive 1020.47. Sie kehrte von 1. Juli 1991 bis 1. September 1992 als 1020 047-5 in den Bestand zurück und war bei der Zfl. Bludenz im Einsatz. Ab 1993 musterten die ÖBB ihre 1020 dann sukzessive aus: In 1993 acht, 1994 siebzehn und 1995 vierzehn Maschinen. Als letzte schied 1020 038 am 1. Juli 1995 aus dem Bestand.

Bild 191 ▷
Den letzten Betriebszustand einer Staatsbahn-E 94 im Einsatz verkörpert **1020 016**, die am 22. Januar 1994 in der Zfl. Innsbruck steht. Im Gegensatz zu den E 94 in Deutschland investierten die ÖBB in eine auch äußerlich sichtbare, umfassende Modernisierung der Lokomotiven.

Aufnahme: Alexander Haid

Einsatzgeschichte in Süddeutschland

Betriebsmaschinendienst 1940 bis 1988

Die Kriegsjahre

Ursprünglich war das Bw Freilassing als Heimat-Bw der ersten E 94 in Bayern vorgesehen. AEG-Werkfotos der ersten E 94-Lokomotiven zeigen diese Beschriftung. Aufgrund der notwendigen Versorgung Italiens mit Kohle vor allem über den Brennerpass änderte die Deutsche Reichsbahn (DRB) diesen Plan und stationierte die ersten E 94 im Bw Innsbruck, das damals zur RBD München gehörte.

In Bayern erhielt dann zuerst das Bw Pressig-Rothenkirchen die neue Güterzuglokomotive. Im Oktober/November 1940 kamen fünf E 94 in den Bestand. Die Strecke Nürnberg – Saalfeld (Saale) über die Höhen des Frankenwaldes war seit Mai 1939 elektrifiziert und die E 94 wurden auf der Rampenstrecke Pressig-Rothenkirchen – Steinbach am Wald – Probstzella zur Beschleunigung der Verkehrsabwicklung (Erhöhung der Zuglasten und Geschwindigkeit, Ablösung der Dampf-Schiebelokomotiven) dringend benötigt.

Weitere Lieferungen gingen ab Dezember 1941 an das Bw Rosenheim, als zweites E 94-Bw der RBD München (nach Innsbruck). Statt der 1.150 t schweren Güterzüge mit E 44 bis Salzburg/Innsbruck konnte die Tonnage mit zunehmender Verfügbarkeit der E 94 in den Relationen München – Salzburg – Attnang-Puchheim sowie München – Rosenheim – Kufstein sukzessive auf 1.350 t erhöht werden. Hier wurden die Maschinen für den kriegswichtigen Verkehr zu den Stahlwerken in Linz (Donau) sowie in Richtung Innsbruck (Brennerverkehr) benötigt.

▽ **Bild 192** • Übersicht der Einsatzstrecken der E 94 in Süddeutschland und Österreich von 1940 bis 1945.
Abbildung: Franz Müller

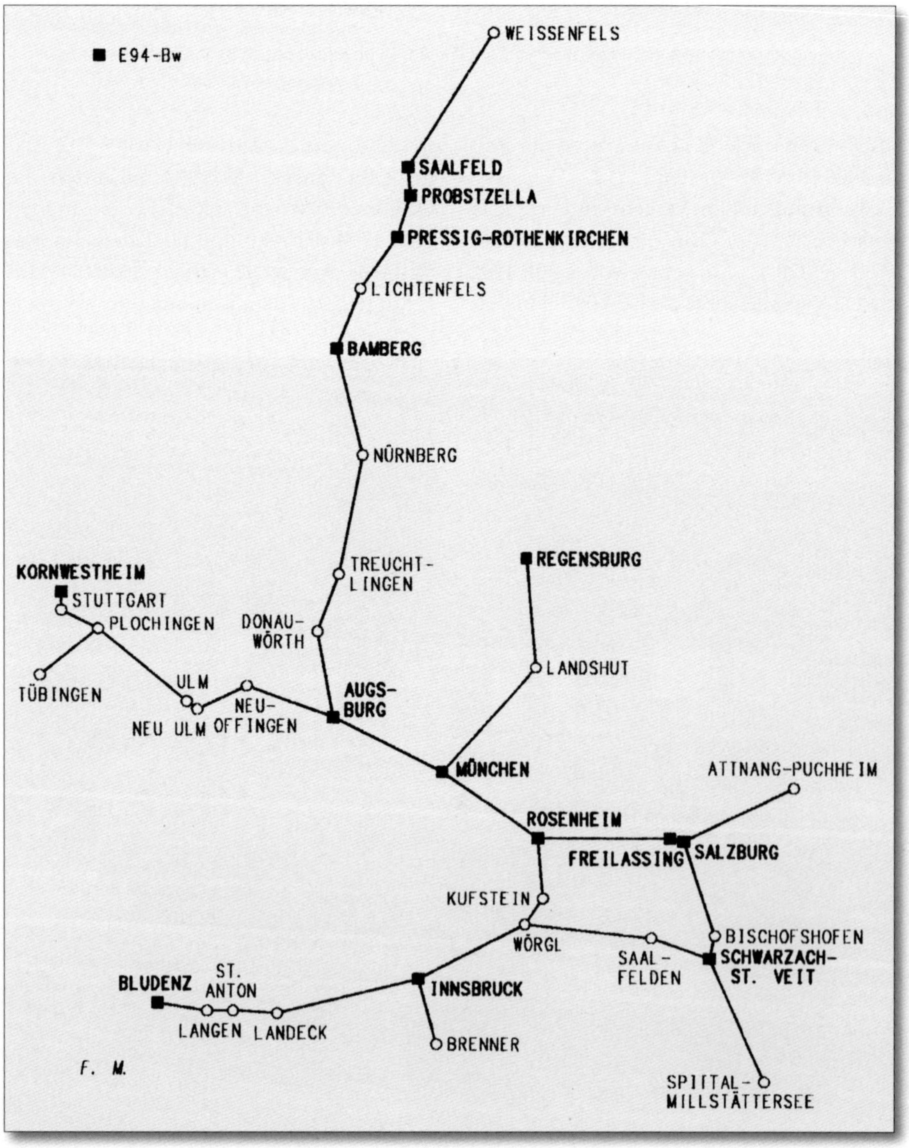

Kornwestheim erhielt ab April 1942 die Baureihe E 94, um die Durchlassfähigkeit der wichtigen Verbindung Stuttgart – München zu erhöhen. Zum einen durch Ersatz der verbliebenen Dampf-Schiebeloks der Baureihe 95 durch E 93 auf der Geislinger Steige, sowie durch die Erhöhung der Zuglasten der Güterzüge zwischen Kornwestheim und Ulm von 1.200 t (E 91, E 93) auf 1.300 t (E 94). Dass die im Juli 1940 neu gelieferte E 94 005 noch mit dem Bw „Kornwestheim" beschildert war und dann aber nach Innsbruck ging, war einer kurzfristigen Umdisponierung der ersten gelieferten E 94 geschuldet.

Nachdem die elektrifizierten Rampenstrecken mit der neuen Lokomotive ausgestattet waren, erhielten weitere Dienststellen E 94 zugeteilt: München Ost im August 1942, Augsburg im Dezember 1942 sowie das Bw Freilassing als vorläufig letztes süddeutsches Bw im Dezember 1943. Damit verfügten die wichtigsten Elloktbetriebswerke in Süddeutschland über diese leistungsfähigen Lokomotive. Die Stationierungen beim Bw Bamberg (ab September 1941) und Bw Regensburg (ab Juni 1942) waren nur vorübergehend.

Die Augsburger E 94 ermöglichten auf der Strecke München – Augsburg – Treuchtlingen die Güterzuglasten von 1.200 t auf 1.350 t zu steigern. Damit konnten die 1.350 t schweren Kohlezüge aus Hagen-Vorhalle ab Treuchtlingen ohne Leichterung Richtung München weiterlaufen und die Schiebelokomotiven auf den beidseitigen Steigungen bei Fünfstetten eingespart werden.

Die Bestände bei den einzelnen Bahnbetriebswerken blieben im Laufe der Jahre nicht konstant, sondern änderten sich häufig. Die kriegsbedingte Verlagerung von Transportströmen machte Umbeheimatungen notwendig. Zudem waren E 94 oft zeitweise an andere Betriebswerke verliehen. Bedeutung erlangte die E 94 vor allem im schweren und aufgrund ihrer Höchstgeschwindigkeit von 90 km/h im Güter- und Militärverkehr. Ihr Einsatz ermöglichte eine Erhöhung der Zuglasten und Geschwindigkeiten auf strategisch wichtigen Haupt- und Steilstrecken, was für die Kriegsführung von zentraler Bedeutung war. Elektrolokomotiven älterer Bauart, deren Leistungsfähigkeit den gewachsenen Anforderungen nicht mehr entsprach, konnten abgelöst werden. Über die größten Bestände in Süddeutschland verfügten Ende 1944 die Bw Kornwestheim und Rosenheim mit je 14 Lokomotiven.

Vor dem Hintergrund hoher Transportleistungen, der Notwendigkeit des Freimachens von Dampflokomotiven und eines knappen Ellokbestandes beauftragte das Reichsverkehrsministerium in Berlin am 18. Juni 1942 die Generalbetriebsleitung Süd in München, die Richtlinien für die Aufstellung von Ellok-Dienstplänen zu überarbeiten. Ziel war eine bessere Ausnutzung des Ellokparks, vor allem der Baureihen E 18 und E 94, durch das Einführen von Lokomotiv-Langläufen. An den folgenden Gesprächen zur Umsetzung nahmen auch Vertreter der RBD Breslau und München teil.

Der Schlüssel für dieses Vorhaben war, die Lokomotivumläufe unabhängig von den Personaldiensten zu gestalten. Bislang galt – ein Relikt aus der Dampflokzeit – auch im Ellokbetrieb eine enge Bindung von Lokomotive und Personal. Eine Lockerung dieser Personalbindung war unabdingbar für eine bessere Ausnutzung der E 94. Die durchlaufende E 94 konnte dann vom Zugausgangs- bis zum Zugendbahnhof unabhängig von ihrem Heimat-Bw unterwegs von ‚fremden' Personalen gefahren werden. Die dazwischenliegenden Bw würden in diesen Fällen nur noch die Personalablösung stellen. Die Vertreter der Reichsbahn zogen in den Gesprächsrunden auch Erfahrungen aus dem teilweise besetzten Frankreich zu Rate, wo z. B. Elloks auf der 825 km langen Nord-Süd-Strecke Paris – Hendaye an der Grenze zu Spanien im Schnellzugdienst ohne Bindung zwischen Lokumlauf und Personaldienst durchliefen.

Am 23. November 1942 war der Planungsstand wie folgt: Den besten Langlauf im Güterzugdienst versprach Kornwestheim – Attnang-Puchheim, um die Lokwechsel auf dem betrieblich stark beanspruchten Bahnhöfen Neu-Ulm und Rosenheim einzusparen und diese Bahnhöfe zu entlasten. Relevant war hier auch die Durchfahrmöglichkeit über den Münchner Nordring.

Darüber hinaus waren zu untersuchen:

- Salzburg – Schwarzach-St. Veit – Wörgl – Arlberg – Bregenz
- Regensburg – Rosenheim

△ **Bild 193** • Die ersten E 94 gingen an die RBD München für den Einsatz auf der Brennerbahn. **E 94 006** (Bw Innsbruck) zieht einen Kohlenzug für Italien bei Patsch bergwärts. Aufnahme: Sammlung Andreas Knipping

△ **Bild 194** • **E 94 012** (Bw Rosenheim) ist im Jahr 1941 als Vorspannlokomotive vor einer E 18 bei Salzburg unterwegs. Aufnahme: Sammlung Brian Rampp

- Augsburg – Nürnberg – Saalfeld – Leipzig-Wahren/Halle (Saale)

Voraussetzung war die ausreichende Verfügbarkeit von E 94. Da die neu gelieferten Maschinen vorrangig für den Einsatz auf den Alpenstrecken am Tauern und zum Brenner bestimmt waren, verzögerte sich die Umsetzung.

Außerdem bedingten die geplanten Langläufe eine Änderung des am 26. Mai 1942 genehmigten Verteilungsplans neu gebauter E 94. Die RBD Breslau musste folglich länger auf dringend benötigte E 94 warten.

Nach der Zuteilung weiterer neu gebauter E 94 war es schließlich am 1. April 1943 soweit: Die DRB führte erstmals planmäßige Ellok-Langläufe ein, konkret mit E 18 und E 94. Was heute eine Selbstverständlichkeit ist, war damals eine völlige Neuerung im Betriebsmaschinendienst – ermöglicht durch leistungsfähige und zuverlässige E-Lokomotiven.

Die Langläufe mit E 18 und E 18.2 betrafen im Schnellzugdienst folgende Strecken:

- München – Saalfeld – Leipzig (520 km, mit Umfahren des Zuges in Nürnberg Hbf)
- München – Salzburg – Attnang-Puchheim (223 km)
- München – Salzburg – Spittal-Millstättersee (325 km)

Bereits ab 2. November 1942 ließ die DRB versuchsweise die E 18 zwischen München und Leipzig durchlaufen.

Die Durchschnittsleistung der in den Schnellzug-Langläufen eingesetzten E 18 betrug 592 km/Tag. Die Zahl der auf diesen Strecken im Reisezugdienst eingesetz-

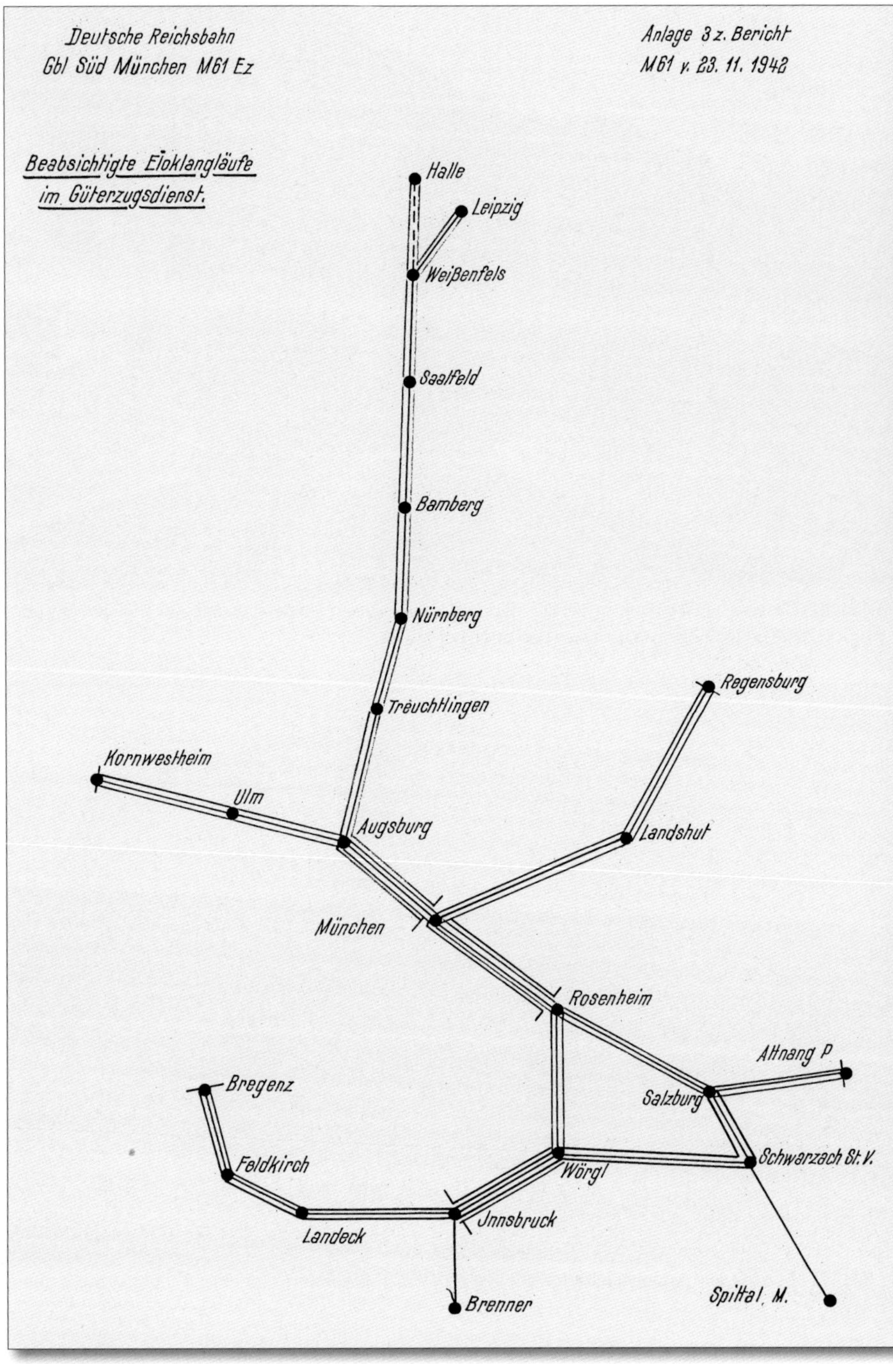

◁ **Bild 195**
Übersicht der beabsichtigten Langläufe mit E 94 im Güterzugdienst, Stand 23. November 1942.

Abbildung: DRB, Sammlung Klaus Hopf

ten E-Lokomotiven konnte über alle Baureihen von 73 auf 67 vermindert werden.

Noch größer waren die Effekte im Güterzugdienst mit E 94 mit folgenden Langläufen:

- Kornwestheim – Attnang-Puchheim (467 km)
- Kornwestheim – Spittal-Millstättersee (544 km)
- Kornwestheim – Solbad Hall in Tirol (407 km)
- Kornwestheim – München Ost (258 km)
- Salzburg – Rosenheim – Brenner (232 km)

Die Durchschnittsleistung der in den Güterzug-Langläufen eingesetzten E 94 betrug 366 km/Tag. Die Zahl der auf diesen Strecken im Güterzugdienst eingesetzten E-Lokomotiven konnte über alle Baureihen von 117 auf 99 vermindert werden. Gleichzeitig konnten die Lasten der mit E 94 beförderten Güterzüge von 1.000 t auf 1.250 t erhöht werden. Folgende zeitraubende Lokwechsel entfielen: In Neu-Ulm 21, Rosenheim 16, Salzburg 6 und in Schwarzach-St. Veit 7. Bei den von Kornwestheim nach Spittal-Millstättersee durchlaufenden Güterzügen 10301 und 10303 konnten unterwegs jeweils sogar vier Lokwechsel entfallen, bei den Güterzügen 6468 und 6456 der Relation Kornwestheim - Attnang-Puchheim drei Lokwechsel. Von der Einführung von Langläufen auf den anderen geplanten Strecken sah die DRB ab.

Aufgrund zunehmender Luftangriffe auf Bahnanlagen musste die DRB die Güterzuglangläufe ab Mai 1944 stark einschränken und in Neu-Ulm und München

◁ **Bild 196**
Luftangriffe auf Bahnanlagen beeinträchtigten den Betriebsmaschinendienst im Frühjahr 1945 schwer. Am 11. April 1945 führte die US Air Force einen Angriff auf Donauwörth durch. Im Bahnhof sind am folgenden Tag eine E 17 und eine E 94 vor ihren Zügen zu sehen. Eine weitere, am Bahnsteig stehende E 94 wurde schwer beschädigt.

Aufnahme: RBD Augsburg, Sammlung Brian Rampp

Ost wieder Lokwechsel vorsehen. Die noch im Langlaufdienst eingesetzten E 94 erhielten ab Mai 1944 entsprechende Schilder mit der Bezeichnung ‚Langlauflok'.

Je mehr sich der Zweite Weltkrieg dem Ende zuneigte, kamen mit dem Näherrücken der Fronten die großen süddeutschen Bahnhöfe und damit E 94 unmittelbar mit dem Kriegsgeschehen in Berührung. Die alliierte Invasion Italiens, die zu dessen Kapitulation am 3. September 1943 führte, ermöglichte die Einrichtung von Flugbasen, von denen aus alle Ziele im südlichen Reichsgebiet von amerikanischen und britischen Fliegerverbänden erreicht werden konnten.

Zwischen 7. und 12. Dezember 1943 entstand in Foggia/Italien die Basis für die 15. US-Luftflotte. Waren es zunächst strategische Ziele, wie z. B. die Treibstoffversorgung und Waffenindustrie, die im Vordergrund der Angriffe standen, widmete man sich ab 1944 im Rahmen strategischer und taktischer Offensiven verstärkt Verkehrszielen – allen voran den Eisenbahnen – um der Wehrmacht den Nachschub an die Front zu erschweren. Die ab Herbst 1944 eingeleitete „Operation Clarion", für die über 9.000 Flugzeuge der 8. und 9. US-Luftflotten und der taktischen Luftflotte der Royal Air Force bereit standen, hatte als Hauptaufgabe die Zerschlagung des deutschen Verkehrsnetzes zum Ziel. Die Wirkung dieser Angriffe auf die Bahnanlagen und die Einsatzbereitschaft auch der E 94 blieb nicht aus. Ausfälle infolge Beschuss- oder Bombenschäden häuften sich, auch nachdem die Einsatzstrecken selbst in den Fokus der Kampfhandlungen rückten. Viele E 94 erlitten dabei schwere Schäden und fielen längere Zeit aus.

In den letzten Kriegsmonaten des Jahres 1945 erreichten die Zerstörungen an Bahnanlagen und Fahrzeugen ihren Höhepunkt. Trotzdem konnte der elektrische Zugbetrieb bis Ende April 1945 aufrecht erhalten werden. Am 30. April 1945 marschierten US-Truppen in München ein. Die Kapitulation der deutschen Wehrmacht am 8. Mai 1945 brachte den Zugbetrieb vorläufig zum Erliegen.

Rückblickend hatte sich gezeigt, dass die Skepsis der Wehrmacht, was die Zuverlässigkeit des elektrischen Betriebes im Krieg betraf, unbegründet war. Der Dampfbetrieb wurde durch die Beschädigung von Bw-Anlagen und Behinderung der Kohlezuführung weitaus empfindlicher getroffen als der elektrische Betrieb mit seinen Unterwerken und Fahrleitungen. Die Reparatur von Fahrleitungen ging schneller vonstatten als die der zerstörten Gleisanlagen.

△ **Bild 197** • Am 18. April war der Bahnhof Rosenheim das Ziel eines Luftangriffs. Die Bahnanlagen wurden fast vollständig zerstört, der Zugverkehr von München nach Innsbruck/ Salzburg war dadurch massiv beeinträchtigt. Zu sehen ist die schwer beschädigte E 94 060 im Trümmerfeld des Bahnbetriebswerkes.

Aufnahme: Stadtarchiv Rosenheim

Neubeginn nach Kriegsende

Nachdem ab 9. Mai 1945 die Kampfhandlungen ruhten, hatte die Eisenbahninfrastruktur Zerstörungen von einem bis dahin unvorstellbarem Ausmaß erlitten. Ebenso einmalig war ein derart umfassender Stillstand von rollendem Material und Triebfahrzeugen. Allenthalben waren Brücken, Gebäude, Lokomotiven, Wagen und Oberbauten schwer in Mitleidenschaft gezogen. In Süddeutschland war etwa ein Drittel der Strecken in nicht betriebsfähigem Zustand, waren 20 % der Elloks und 33 % der Fahrleitungen völlig zerstört bzw. schwer beschädigt. Noch mehr galt dies für die Anlagen der Energieversorgung wie z. B. die Unterwerke Rosenheim (zu 100 % zerstört), Traunstein (zu 70 %) und Pasing (zu 25 %). Dies hatte zur weitgehenden Einstellung des elektrischen Zugbetriebes geführt. Es bedurfte einer sofort einsetzenden, intensiven Aufbauarbeit, um den Verkehr wieder in Gang zu bringen. Auch die Besatzungsmächte stellten explizit diese Forderung zur beschleunigten Abwicklung ihrer Militärtransporte.

Schon bald rollten wieder elektrisch bespannte Züge auf süddeutschen Strecken. Der Betrieb unter Fahrdraht ging wie folgt wieder in Betrieb:

München-Pasing – Augsburg (22. Mai 1945) – Ulm – Kornwestheim (15. Juni), Stuttgart – Ludwigsburg (23. Juni), München Ost – Freilassing (6. Juni), Pasing – Garmisch (22. Mai), München Hbf– München Ost (30. Juni), München – Moosburg (30. Juni) – Landshut (6. August) – Regensburg (16. August), Augsburg – Donauwörth (10. August) – Treuchtlingen (28. August) – Fürth (25. August) – Bamberg (9. August) – Lichtenfels (8. November), Plochingen – Tübingen (8. Oktober), Nürnberg Rbf (20. September), Nürnberg Hbf (20. Dezember) und München Ost – Nordring (15. Oktober). Bis zum Jahresende konnte auf fast allen elektrifizierten Strecken wieder mit elektrischen Triebfahrzeugen gefahren werden.

In Anbetracht der damals völlig unzureichenden Kohleversorgung kam dem elektrischen Betrieb, der in Süddeutschland seine Energie aus dem Walchenseekraftwerk bezog, besondere Bedeutung zu. Die Kohlenlage war so ernst, dass in den ersten Monaten nach Kriegsende die Leistungen für Dampflokomotiven stark eingeschränkt werden mussten und praktisch jede Lokbewegung der förmlichen Genehmigung der Besatzungsmacht bedurfte. Da verhielt es sich bei den Elloks relativ unkompliziert.

Natürlich übernahm die E 94 als neueste Bauart die Hauptlast des Güterverkehrs auf den elektrifizierten Strecken, war aber auch vor allen anderen Zuggattungen zu finden, da jede fahrtüchtige Lokomotive gebraucht wurde. Ging die Reparatur des Fahrleitungsnetzes (meist Seilrisse und Mastumbrüche) zügig vonstatten, war dies bei der großen Zahl beschädigter Lokomotiven eine schwierige Angelegenheit. Der Schadlokbestand bei den Triebfahrzeugen insgesamt betrug über 50 %. Ein ähnliches Verhältnis bestand bei der E 94: Über die Hälfte der in den Westzonen verbliebenen 65 Maschinen war nicht einsatzfähig. Durch Kriegseinwirkung (meist Fliegerschäden durch Beschuss oder Bomben) waren schwer beschädigt vorhanden beim:

Bw Augsburg

E 94 043	112	117	118	

Bw Freilassing

E 94 119	120	152		

Bw Kornwestheim

E 94 022	036	038	070	087

Bw München Ost

E 94 084	158			

Bw Pressig-Rothenkirchen

E 94 026	041	048	049	050
053	091	113	131	132
133				

Bw Rosenheim

E 94 023	060			

beschädigt in Österreich verblieben:

E 94 015	061	064		

Während die Kornwestheimer E 94 von 1945 bis 1947 im RAW Esslingen sowie E 94 048 und 049 bis Ende Dezember 1945 im RAW Freimann instand gesetzt wurden, galt es für die Reparatur der übrigen E 94 eine andere Lösung zu finden.

Der Bestand an betriebsfähigen elektrischen Triebfahrzeugen für das in den Westzonen verbliebene elektrische Streckennetz von 1.594 km (DRB: 2.776 km) reichte bei weitem nicht aus, um den Traktionsbedarf zu decken. Mit der Entspannung der Kohlenlage verlagerten sich im Jahr 1946 die primären Schwierigkeiten von der Brennstoffversorgung auf die Verfügbarkeit des Lokomotivparks. Die Reparatur der Schadlokomotiven musste daher mit Hochdruck vorangetrieben werden. Die Möglichkeiten waren jedoch stark eingeschränkt: Die E-Abteilung des RAW Freimann, zentrales Unterhaltungswerk der süddeutschen Elloks, war zu 58 % zerstört, seine Betriebsabteilung 1 am Bw München Hbf zu 71 %. Aus diesem Grund mussten die Lokomotivfabriken, allen voran Krauss-Maffei (München-Allach) und MAN (Augsburg), als sogenannte „Private Ausbesserungswerke“ (PAW) bei der Instandsetzung vor allem schwer beschädigter Lokomotiven aushelfen. Diese Fabriken hatten freie Kapazitäten, denn durch Kontrollratsbeschluss war der Neubau von Lokomotiven untersagt und nur Reparaturen bzw. der Zusammenbau von vorgefertigten Teilen gestattet. Arbeiten geringeren Umfanges führten die Bahnbetriebswerke im Rahmen ihrer Möglichkeiten selbst aus. Doch auch hier bremste der Mangel an bzw. die verzögerte Lieferung von Ersatzteilen und Stoffen das Tempo.

Ein weiterer Engpass war die Energiedarbietung. Der Betrieb konnte mit Hilfe fahrbarer Unterwerke solange am Laufen gehalten werden, bis Anfang 1946 die stationären Unterwerke instand gesetzt waren. Der Ausfall des Kraftwerkes Muldenstein, das aus der Sowjetischen Zone keinen Strom mehr lieferte (und zuvor rund 25 % der Energie für die süddeutschen Strecken produzierte) sowie der immer wieder wegen Trockenheit niedrige Pegel des Walchensees mit daraus resultierender geringerer Energieeinspeisung führten wiederholt zu Energieknappheiten. Folglich musste in den Jahren 1945 bis 1949 der elektrische Zugbetrieb oft eingeschränkt werden. Dabei leitete die DR-West z. B. schwere Güterzüge auf Dampfstrecken um, bespannte sie mit Dampflokomotiven unter Fahrdraht oder legte sie ganz aus. Dies führte natürlich beim Ellok-Einsatz zu zahlreichen Zwangspausen.

Trotz dieser Maßnahmen sowie Stromlieferungen aus Österreich ließen sich Netzstörungen infolge der labilen Spannungs- und Frequenzverhältnisse und damit Betriebsstörungen nicht immer vermeiden. Bei den Fahrleitungen führte ein Mangel an Tragwerken und Wirtschaftsmitteln zu einer Verschlechterung ihres Unterhaltungszustandes. Ein Versuch, die Fahrgeschwindigkeit unter diesen Bedingungen zu erhöhen, führte zu Fahrleitungsschäden sowie Defekten an Stromabnehmern und Schleifstücken u. a. der E 94. Letztere waren zu dieser Zeit ohnehin von schlechter Qualität und brüchig.

Eine Verbreiterung der Energiebasis sollte der im Mai 1947 wiederaufgenommene Bau des Dampfkraftwerkes (DKW) Penzberg bringen. Der Kraftwerksbau war bereits 1942 im Zuge der damaligen Planungen für eine Münchener Stadt- und Vorortbahn begonnen, aber 1944 wegen der Kriegsverhältnisse eingestellt worden. Den Anstoß zum Weiterbau gab nun der Ausfall des Dampfkraftwerkes Muldenstein und die daraus resultierende Stromklemme. Der Bahnstrom wurde über Verbrennung minderwertiger Pechkohle aus dem nahegelegenen Bergwerk Penzberg und zwei Einphasenturbosätzen gewonnen. Am 30. Januar 1951 ging das Kraftwerk mit einer Leistung von 39 MW ans Netz, das etwa ein Drittel der Kohleförderung für die Energieerzeugung nutzte (neben dem Bahnstrom auch Dreiphasen-Wechselstrom 50 Hz). Am 30. September 1966 endete der Bergbau in Penzberg. Das Kraftwerk wurde danach mit Kohle aus Peißenberg bzw. dem Saarland versorgt und am 30. April 1971 stillgelegt. Später arbeitete bis 2008 im ehemaligen Turbinenhaus der Schrott- und Lokomotivhändler Layritz.

Obwohl die Reparatur der kriegsbeschädigten E 94 bei den „Privatwerken“ 1948 so gut wie abgeschlossen war, litt der Betriebsdienst in Süddeutschland weiterhin explizit unter E 94-Mangel. Verschärft wurde die Lage durch laufend auftretende Schäden an den Lokomotiven, deren Behebung durch die herrschende Stoffknappheit erschwert war. In der Nachkriegszeit traten bei den E 94 besonders häufig Trafo- und Fahrmotorüberschläge, Kompressor- und Isolatorschäden, Kabelbrände und vor allem lose Radreifen in Erscheinung.

Die 1945 neu gezogenen bzw. wieder hergestellten Grenzen wirkten sich nachhaltig auf das Einsatzgebiet der E 94 aus. So fuhren die Lokomotiven der Bw Freilassing, München Ost und Rosenheim nicht mehr nach Österreich, da an der Grenze jetzt umgespannt werden musste. Infolge der durch die Zonengrenze bedingten Unterbrechung des elektrischen Zugbetriebes über den Frankenwald nach Probstzella verloren die E 94 des Bw Pressig-Rothenkirchen ihre Einsätze. Vorher war der umfangreiche Güterverkehr über diese Nord-Süd-Verbindung ihre Hauptaufgabe gewesen.

Folglich gaben Freilassing und Pressig ihre E 94 erst einmal an andere Bw ab. Dafür erhielten in den Jahren 1946 bis 1949 erstmals Neu-Ulm, Nürnberg Rbf, Treuchtlingen und Ulm diese Baureihe zugewiesen. Erneuten Einzug hielten sie bis 1950 ferner beim Bw Bamberg, Regensburg und wieder Pressig-Rothenkirchen (hier nachdem die Fahrleitung bis Probstzella wieder errichtet war).

In der unmittelbaren Nachkriegszeit sowie in der Zeit des Wiederaufbaus stellte die E 94 in Süddeutschland das Rückgrat des elektrischen Zugbetriebes im schweren Güterverkehr dar. Sie diente seither entgegen ihrer ursprünglichen Konzeption nicht als Kriegs-, sondern als Friedenslokomotive. Ihre Bedeutung für den Betriebsdienst sollte in der Zeit des Wiederaufbaus weiter wachsen.

Das Bundesbahnzeitalter

Eine spürbare Belebung erfuhr das Transportwesen durch die Währungsreform, Marshallplanhilfe und das dadurch einsetzende Wirtschaftswunder. Die allgemeinen Lebensbedingungen und die Versorgungslage stabilisierten sich. In diese Zeit fiel die Entstehung der „Deutschen Bundesbahn“ als Rechtsnachfolger der Deutschen Reichsbahn in den Westzonen am 7. September 1949 (Etablierung der Bundesbahn-Hauptverwaltung HVB). Reichsbahndirektionen änderten ihre Namen in Eisenbahn- und später Bundesbahndirek-

△ **Bild 198** • Im Juli 1950 ist der Wiederaufbau der Donaubrücke bei Mariaort im Gange. Auf der daneben von US-Pionieren errichteten Behelfsbrücke rollt **E 94 053** (Bw Nürnberg Rbf) in Richtung Regensburg. AUFNAHME: BD REGENSBURG, SAMMLUNG DB MUSEUM

△ **Bild 199** • Feierliche Eröffnung der elektrifizierten Strecke Bruchsal – Heidelberg am 5. Mai 1955 in der Zeit des Wirtschaftswunders. **E 94 124** hat die Ehre, den Eröffnungszug mit Bundespräsident Theodor Heuss zu bespannen. Der Schmuck mit Girlanden, Bundesflaggen und Bundesadler war einmalig an einer E 94. Hier steht der Zug abfahrbereit in Bruchsal. AUFNAHME: DB, SAMMLUNG MICHAEL FREITAG

tionen, das Bundesbahngesetz trat am 18. Dezember 1951 in Kraft.

Nach der Währungsreform setzten die Planungen für die Elektrifizierung weiterer Hauptstrecken wieder ein, hervorgerufen durch den Konkurrenzdruck des Straßenverkehrs, erhöhtes Verkehrsaufkommen und hohem Diesel- und Kohlepreis. Dabei konnte sich die DB auf Planungen des Jahres 1940 stützen, die bis 1960 ein wechselstrom-elektrifiziertes Streckennetz von 13.259 km zum Ziel hatten. Der Fahrdraht hätte nach diesen Planungen u. a. bis Basel, Berlin, Dresden, Frankfurt (Main), Hamburg, Klagenfurt, Lindau, Mühldorf, Ruhrgebiet, Saarbrücken, Singen, Straßburg, Villach und Wien gereicht.

Seit 1949 konnte auch wieder an den Neubau von Lokomotiven gedacht werden. Der vordringlichste Bedarf sollte dabei durch die Nachbeschaffung von 27 + 16 E 94 gedeckt werden – als Übergangslösung, bis die Serienreife der neuen Einheitselloks erreicht war. Einen ursprünglich erwogenen Verzicht auf die Neuentwicklung eines E 94-Nachfolgers und stattdessen den Weiterbau der E 94 in größerem Umfang verwarf die DB bald, denn der technische Fortschritt war nicht stehengeblieben. Ausländische Bahnen, insbesondere in der Schweiz, hatten ihre Elloks in den vierziger Jahren zu sehr leistungsfähigen und dabei relativ leichten und preiswerten Ausführungen weiterentwickelt.

Die fünfziger Jahre können ohne Umschweife als die Blütezeit des E 94-Einsatzes bei der DB gelten. Bis Mitte des Jahrzehnts gab es eine E 94-Uniformität im schweren Güterverkehr unter Fahrdraht, sie traten zu jener Zeit auch im Reisezugdienst in Erscheinung. Ihre Umlaufpläne beinhalteten die höchsten spezifischen Laufleistungen im Güterverkehr, hervorgerufen durch kontinuierlich gestiegene Kilometerleistungen. Der Lokomotivmangel erzwang eine möglichst hohe Ausnutzung der verfügbaren Maschinen. Dies verdeutlicht ein Beispiel aus dem Sommerfahrplan 1954: Die durchgehenden Bespannungen von Güterzügen mit E 94 von München über Kornwestheim hinaus bis Bruchsal mussten stark eingeschränkt werden, weil dies einen Mehraufwand von zwei E 94 bedeutet hätte, die wegen der Knappheit nicht verfügbar waren. Ab 1954 setzte in der DB-Hauptverwaltung daher eine intensive Beschäftigung mit Rationalisierungsmöglichkeiten im Zugförderungsdienst ein.

Noch im Jahre 1953 klagte der Betriebsdienst über einen ausgesprochenen Mangel an schweren Güterzugelloks der Baureihen E 93/94. Trotz der 43 E 94-Neubauten, die ab 1954 eine gewisse Linderung brachten, bestand nach wie vor die Notwendigkeit, Einsatzzeiten und tägliche Laufkilometer aller Elloks zu steigern. Der E 94-Planein-

▽ **Bild 200** • Im September 1957 hat eine E 94 freie Fahrt aus dem Bahnhof Hagenbüchach zwischen Nürnberg und Neustadt (Aisch). AUFNAHME: LUDWIG ROTTHOWE, STIFTUNG EISENBAHNMUSEUM BOCHUM

◁ **Bild 201**
Auf einer langen Geraden bei Graben-Neudorf zieht **E 94 192** (Bw Heidelberg) am 18. Juli 1959 ihren Güterzug mit etwa 80 km/h am Fotografen vorbei.

Aufnahme: Helmut Röth, Eisenbahnstiftung

satz konnte in den Jahren 1954 bis 1957 von 73 Maschinen (Winter 1954/55) auf 91 (Winter 1956/57) ausgeweitet werden.

Übrigens sollte es noch bis zum Sommerfahrplan 1967 dauern, bis die Zahl der verfügbaren Elloks bei der DB dem Bedarf entsprach. Dass die Lokomotivbeschaffung mit der Streckenelektrifizierung nicht Schritt hält, war in den achtziger Jahren auch bei der DR in der DDR ein zu beobachtendes Phänomen.

In der zweiten Hälfte der fünfziger Jahre erwuchs der Baureihe E 94 durch die Ablieferung neuer elektrischer Lokomotiven (E 40, E 50) zunehmend Konkurrenz. Der Winterfahrplan 1957/58 war der letzte Fahrplanabschnitt, in dem sie, was die Laufleistung betraf, im schweren Güterzugdienst an erster Stelle stand. Bereits ein Jahr später lagen die Laufleistungen der E 94 im Schatten der Neubauelloks, welchen die Langläufe gehörten. Aus dem Güterzugdienst im süddeutschen Raum war die E 94 aber noch lange nicht wegzudenken.

Mit dem seit 1950 immer weiter ausgedehnten elektrifizierten Streckennetz weitete sich das Einsatzgebiet der E 94 aus, wenn auch nicht in dem Umfang der Baureihen E 40 oder E 50. Konsequenterweise wurden bei diversen Dienststellen die E 94-Bestände auf- und abgebaut, neue Heimat-Bw kamen hinzu, andere gaben

▽ **Bild 202** • Im Jahr 1965 durchfährt laut hörbar die Aschaffenburger **E 94 277** den Bahnhof Gemünden am Main auf dem Weg nach Aschaffenburg.

Aufnahme: Willi Löhr, Sammlung Martin Kunhäuser

die Beheimatung auf. Zu den Bahnbetriebswerken, die aufgrund der Tatsache, dass sie vom Fahrdraht erreicht wurden, E 94 zugewiesen bekamen, gehörten Aschaffenburg (1958), Heidelberg (1955), Ingolstadt (1965), Mannheim (1956) und Würzburg (1954). Vorrangig für die Zugförderung auf den neu zu elektrifizierenden Strecken Nürnberg – Würzburg – Aschaffenburg und Kornwestheim – Heidelberg – Mannheim hatte die DB den bereits genannten Nachbau von 43 E 94 in Auftrag gegeben, die dann auch auf diesen Strecken zum Einsatz kamen.

Im Lauf ihrer Einsatzzeit waren E 94 auf nahezu allen elektrifizierten Hauptstrecken in Bayern, Baden-Württemberg (mit Ausnahme der Gebirgsbahnen im Schwarzwald) sowie im Großraum Frankfurt im Plandienst zu finden. Die nördlichsten Bahnhöfe, die sie planmäßig erreichten, waren Hagen-Vorhalle, Kassel und Göttingen; der westlichste war Saarbrücken. Im Zuge der ab 1965 aufgenommenen DB-/ÖBB-Lokdurchläufe kamen DB-E 94 einige Jahre lang bis Linz, Villach und – bis an das Ende ihrer Tage – zum Brenner. Zu Beheimatungen im Westen und Norden kam es nicht, weil hier die Neubaulokomotiven zum Einsatz kamen und diese aufgrund ihrer größeren Höchstgeschwindigkeit für Güterzuglangläufe besser geeignet waren. Auch hätte dies jeglichen betriebswirtschaftlichen Überlegungen der auf Rationalisierung ausgerichteten DB widersprochen. Rationalisierungsbestrebungen waren es, die zu einer fortlaufenden Reduzierung der Zahl der E 94-Heimatbetriebswerke führten (1958 hatte diese mit zwölf Dienststellen ihren Höhepunkt erreicht). Beendet wurden bis Anfang der sechziger Jahre die Beheimatungen in Bamberg, Neu-Ulm, Nürnberg Rbf, Pressig-Rothenkirchen, Treuchtlingen und Ulm. Konzentrationen erfolgten in Aschaffenburg, Augsburg und Kornwestheim. 1965 gab auch das Bw Rosenheim seine letzten E 94 ab, dafür erhielt Ingolstadt erstmals diese Baureihe zugewiesen. Im Jahr 1969 verschwanden die E 94 aus Heidelberg und Kornwestheim, wogegen in Mannheim der Bestand ausgeweitet wurde. Die Konzentrationsmaßnahmen im E-Lok-Bereich setzten sich in den siebziger Jahren fort: Dem Abzug aus Regensburg (1973), München Ost (1974) und Aschaffenburg (bis 1975) stand jedoch ein (Wieder-) Einzug bei den Bw Freilassing (1974) und Nürnberg Rbf (1972) gegenüber.

Im Zuge der Einführung der elektronischen Datenverarbeitung erhielten die DB-E 94 ab dem 1. Januar 1968 die EDV-gerechte Baureihenbezeichnung 194. Wenig später änderte sich die Bezeichnung für 26 Maschinen abermals: Ein vom BZA

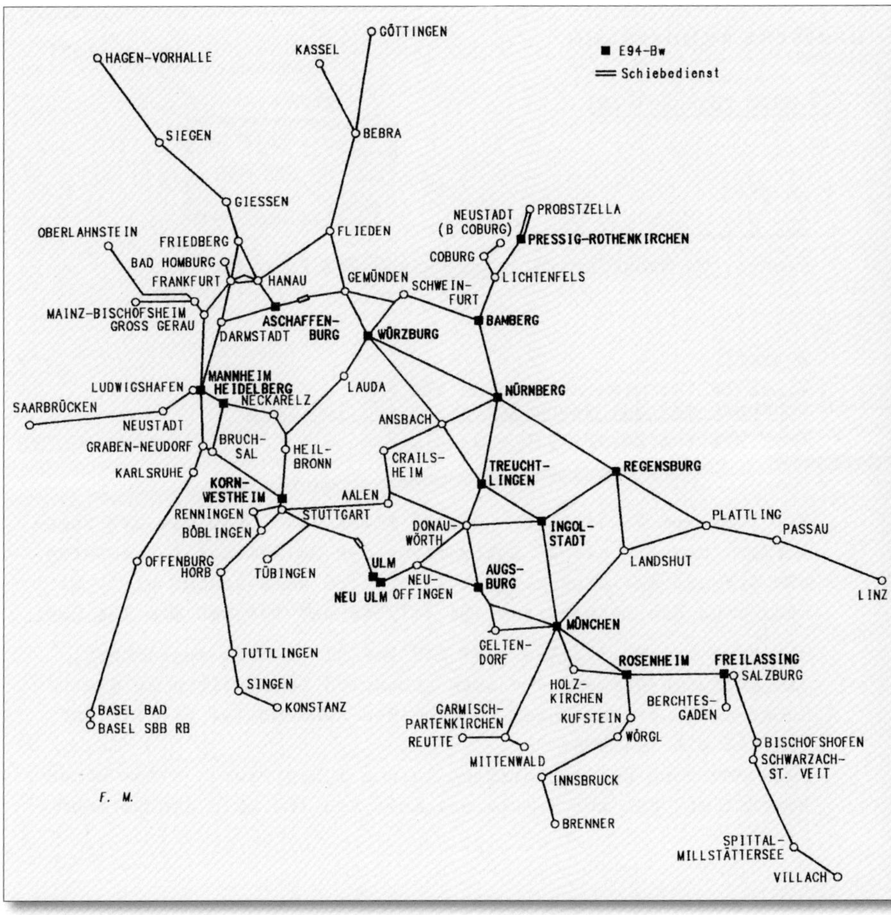

△ **Bild 203** • Das maximale Einsatzgebiet der süddeutschen E 94 von 1945 bis 1988. ABBILDUNG: FRANZ MÜLLER

München initiierter und von der Hauptverwaltung der Bundesbahn (HVB) am 21. Juli 1969 genehmigter Betriebsversuch mit 194 272 bis 194 281 hatte ergeben, dass bei den Nachbauelloks mit WBM 487-Motoren eine Anhebung der Höchstgeschwindigkeit um 10 km/h auf 100 km/h ohne technische Änderungen möglich ist. Hintergrund war der geplante planmäßige Einsatz der 26 E 94 mit WBM 487-Motoren vor Güterzügen mit 100 km/h Höchstgeschwindigkeit ab dem Jahresfahrplan 1971/72. Am 25. November 1970 stimmte die HVB zu. Zur eindeutigen und betriebssicheren Unterscheidung von der herkömmlichen Bauart verfügte die HVB am 28. Dezember 1970, die Zweihunderter-Ordnungsnummern in die 500er Reihe zu überführen, und schuf damit die Unterbaureihe 194.5. Hinsichtlich der zu

▽ **Bild 204** • Südlichster Wendepunkt der E 94 der Deutschen Bundesbahn war Villach. Am 14. August 1970 hat **194 047** (Bw München Ost) aus Villach kommend den Bahnhof Spittal-Millstättersee auf der Tauernbahn erreicht. AUFNAHME: BERND MELCHER, SAMMLUNG GEORG DOLLWET

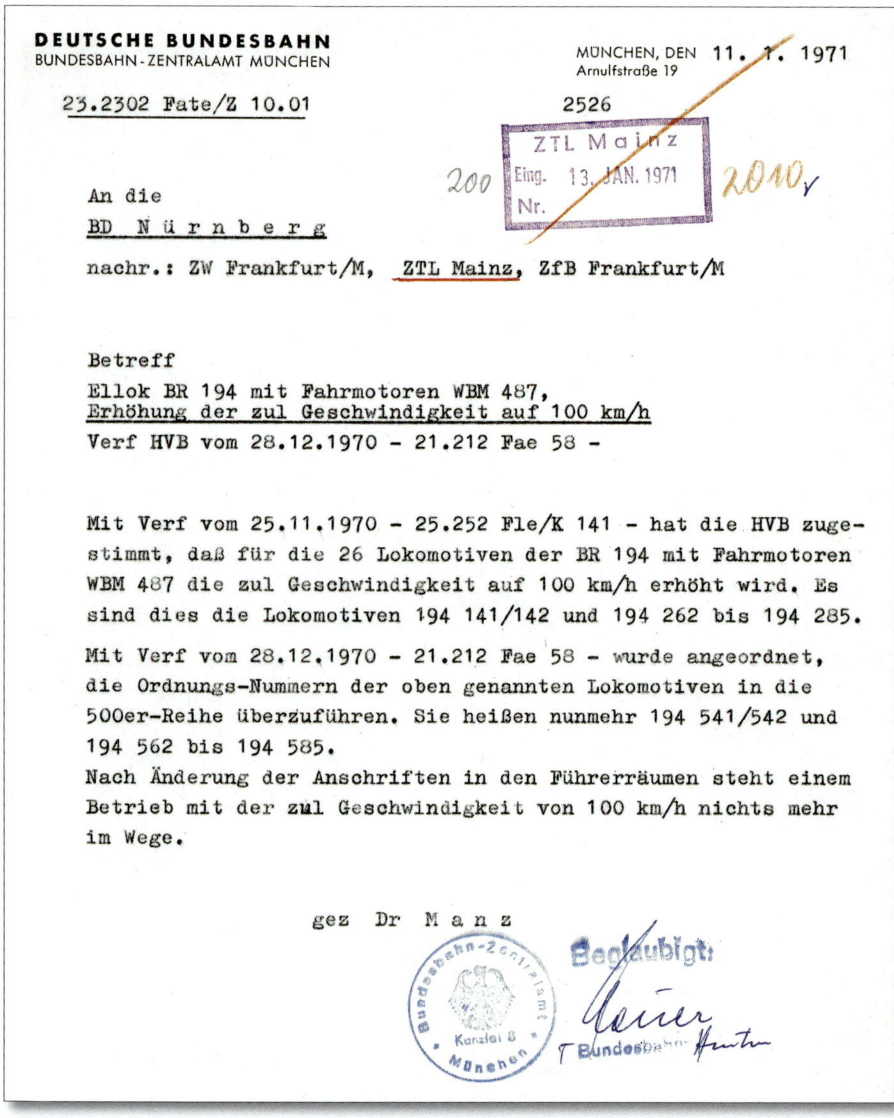

DEUTSCHE BUNDESBAHN
BUNDESBAHN-ZENTRALAMT MÜNCHEN

MÜNCHEN, DEN 11. 1. 1971
Arnulfstraße 19

23.2302 Fate/Z 10.01

2526

ZTL Mainz
Eing. 13. JAN. 1971
Nr.

200 2010

An die
BD Nürnberg

nachr.: ZW Frankfurt/M, ZTL Mainz, ZfB Frankfurt/M

Betreff
Ellok BR 194 mit Fahrmotoren WBM 487,
Erhöhung der zul Geschwindigkeit auf 100 km/h
Verf HVB vom 28.12.1970 - 21.212 Fae 58 -

Mit Verf vom 25.11.1970 - 25.252 Fle/K 141 - hat die HVB zugestimmt, daß für die 26 Lokomotiven der BR 194 mit Fahrmotoren WBM 487 die zul Geschwindigkeit auf 100 km/h erhöht wird. Es sind dies die Lokomotiven 194 141/142 und 194 262 bis 194 285.

Mit Verf vom 28.12.1970 - 21.212 Fae 58 - wurde angeordnet, die Ordnungs-Nummern der oben genannten Lokomotiven in die 500er-Reihe überzuführen. Sie heißen nunmehr 194 541/542 und 194 562 bis 194 585.
Nach Änderung der Anschriften in den Führerräumen steht einem Betrieb mit der zul Geschwindigkeit von 100 km/h nichts mehr im Wege.

gez Dr Manz

Bundesbahn-Zentralamt
Kanzlei 8
München

Beglaubigt:
Bundesbahn-

△ **Bild 205** • Mit Schreiben vom 11. Januar 1971 informierte das BZA München über die Erhöhung der Höchstgeschwindigkeit der 194 mit WBM 487-Motoren auf 100 km/h. Abbildung: BZA München, Sammlung Brian Rampp

ändernden Bezeichnung hatte sich ab Ende Oktober 1970 ein Schriftverkehr zwischen der Oberbetriebsleitung Süd in Stuttgart, dem BZA München und der HVB entwickelt, bei dem es um die Umzeichnung der betroffenen 194 in die Baureihe 195 ging, analog zur Verfahrensweise bei den Baureihen 110 und 112. BZA und HVB kamen jedoch bald überein, dass die Änderung der Ordnungsnummer für den Betrieb ausreicht. Mit der Erhöhung der Höchstgeschwindigkeit war jetzt ein Einsatz der nun als 194 541–542 bzw. 194 562–585 genummerten Lokomotiven nicht nur im schnelleren Güterverkehr, sondern auch vermehrt im Reisezugverkehr möglich. Tatsächlich waren in der Folgezeit in den Umläufen der Aschaffenburger bzw. späteren Nürnberger 194 stets mehr Eil- und Nahverkehrszüge enthalten als in anderen E 94-Bw. Auch die Leistungen im TEEM- und Schnellgüterzug (Sg)-Verkehr nahmen deutlich zu.

Interessant ist an dieser Stelle ein Vergleich der Laufleistung des Gesamtbestandes der Baureihe 194 mit den Neubaulokomotiven im Jahresfahrplan 1970/71: 78,2 % fuhren monatlich zwischen 10.000 und 16.000 km (Baureihe 140: 67,8 %, Baureihe 150: 51,6 %), 9,7 % zwischen 16.000 und 25.000 km (Baureihe 140: 18,8 %, Baureihe 150: 41,3 %). Laufleistungen darüber erbrachte keine 194 (hier nur die Baureihen 110, 112 und 181).

Bemerkenswert war außerdem, dass die Beschaffung von 170 neuen Lokomotiven der Baureihe 151 in den Jahren 1972 bis 1977 keine negativen Auswirkungen auf den 194-Bestand hatte (wohl aber auf die Qualität der Leistungen).

Nach neun Jahren Stabilität kam 1983 wieder Bewegung in den Bestand, als das Bw Freilassing die E-Lok-Unterhaltung einstellte und seine E 94 an das Bw Ingolstadt abtrat. Zu diesem Zeitpunkt war die Konzentration des verbliebenen E 94-Bestandes auf nur noch zwei Bahnbetriebswerke – Ingolstadt und Nürnberg Rbf (neu: Nürnberg 2) – bereits beschlossene Sache. Während der sukzessive Abbau des

◁ **Bild 206**
Die erhöhte Höchstgeschwindigkeit für 26 Lomomotiven der Baureihe 194 kam auch auf der Strecke Aschaffenburg – Gießen – Hagen zum Tragen. Am 17. Mai 1973 zieht **194 568** (Bw Aschaffenburg) ihren Dg 6658 (den sie von Nürnberg Rbf bis Hagen-Vorhalle bespannt) bei Dorlar an der Lahn.

Aufnahme: Peter Lösel

△ **Bild 207** • Den beschaulich am Main gelegenen Ort Retzbach passiert **194 584** (Bw Aschaffffenburg) am Tag der Arbeit, den 1. Mai 1975, auf dem Weg nach Würzburg.
AUFNAHME: ALBERT SCHÖPPNER, ARCHIV JÖRG SAUTER

▽ **Bild 208** • Der 1890 vollendete, 161 m hohe Hauptturm des Ulmer Münsters war bis 2025 der höchste Kirchturm der Welt. Eine unerkannt gebliebene Nachbau-E 94 überquert am 30. Dezember 1978 die Donaubrücke. Heute befindet sich hier ein Bauwerk aus Beton mit Schallschutzwand.
AUFNAHME: GEORG WAGNER

◁ **Bild 209**
Am 13. Oktober 1977 war der Umbau des Bahnhofs Förtschendorf im Frankenwald im Gange. Die Fahrleitungsmasten sind grundiert und das neue Empfangsgebäude links ist fertig. Wenig später werden unter anderem das alte Empfangsgebäude, der Güterschuppen, das Stellwerk und die Flügelsignale Geschichte sein. **194 575** (Bw Nürnberg Rbf) ist mit ihrem Güterzug aus Probstzella auf dem Weg nach Pressig-Rothenkirchen.

◁ **Bild 210**
Die Mannheimer **194 179** passiert mit ihrem Güterzug 55975 den Hohenhewen nahe Mühlhausen (bei Engen) am 6. Juni 1981 auf dem Weg nach Singen.

◁ **Bild 211**
Der überschwere Erzzug Gdg 52995 mit vierachsigen Fal-Wagen war mit zwei Lokomotiven der Baureihe 151 mit automatischer Kupplung bespannt. Der Zug verkehrte über Warburg – Kassel – Aschaffenburg – Nürnberg nach Linz. Auf der Spessartrampe waren stets zwei E 94 als Schublokomotiven erforderlich. Hier sind es **194 583** und **194 582** bei Hain am 15. Juli 1982.

Aufnahmen (3): Georg Wagner

Bild 212 ▷
Mit einem Dg Richtung Fulda passiert **194 564** (Bw Nürnberg 2) den Posten 3 und ehemalige Blockstelle Kautz zwischen Elm und Flieden am 8. Mai 1982.

Bild 213 ▷
Leichte Last für schwere Lokomotive: Eine 194.5 im Bauzugdienst überquert die Laberbrücke bei Beratzhausen am 24. Juni 1983 in Richtung Nürnberg.

Aufnahmen (2): Joachim Seyferth

Bild 214 ▷
Der Betriebsdienst mit E 94 im Inntal währte von 1940 bis 1995. Neben den 1020 der ÖBB verkehrten regelmäßig E 94 der DB hier. Am 2. Juni 1982 zieht **194 15**7 (Bw Ingolstadt) den Leergüterzug Lg 49824, ein Langlauf vom Brenner bis Regensburg Ost, an Radfeld vorbei.

Aufnahme: Claus-Jürgen Schulze

◁ **Bild 215**
194 569 (Bw Nürnberg 2) fährt am 19. Mai 1984 mit Dg 45842 in den Grenzbahnhof Probstzella ein. Die Organe der DDR schrieben vor, dass vor dem Einfahrsignal die Stromabnehmer abzusenken sind und die Züge in den Bahnhof rollen müssen. Bundesdeutsche Eisenbahner durften in Probstzella keine privaten Gespräche mit ihren DR-Kollegen führen, alle dienstlichen Kontakte waren überwacht.

Aufnahme:
Thomas Frister

◁ **Bild 216**
E 94 des Bw Ingolstadt kamen bis Mannheim Rbf. Am winterlichen 12. Januar 1985 ist **194 118** in Mannheim Rbf abfahrbereit.

Aufnahme:
Martin Hahmann

◁ **Bild 217**
In den letzten Jahren ihres Betriebsdaseins bei der DB waren E 94 gern gezeigte Exponate auf Fahrzeugausstellungen. Es wurde kein Aufwand gescheut, sie auch auf nicht elektrifizierten Strecken zu präsentieren.
Am 6. September 1987 steht **194 160** zusammen mit E 18 047 anlässlich des 750. Stadtjubiläums in Miltenberg.

Aufnahme:
Wolfgang Bleiweis

Mannheimer Bestandes sogleich begann und im Mai 1986 mit der Umbeheimatung der letzten E 94 nach Nürnberg seinen Abschluss fand, konnte der Personalrat beim Bw Augsburg dieses Vorhaben bis zum Februar 1986 hinausschieben.

△ **Bild 218** • Als der Rangierbahnhof München-Laim noch in Betrieb war: **194 055** (Bw Ingolstadt) verlässt am 10. November 1987 den Bahnhof mit seinen markanten gelben Stellwerken und alter Signaltechnik. Heute zeigt sich das Bahnareal deutlich geschrumpft und dient der Zwischenabstellung von Güter- sowie ICE-Zügen.

Aufnahme: Axel Herud

Mitte 1986 war dann die größte Konzentration erreicht: 51 Lokomotiven in Ingolstadt, 50 in Nürnberg. Dies trug allerdings zur beschleunigten Ausmusterung bei, da sich hohe Überbestände offenbarten. Obwohl Ingolstadt als Auslauf-Bw vorgesehen war, behielt das Bw Nürnberg 2 seine (immer weniger werdenden) E 94 bis zum Schluss, weil im Hinblick auf das nahe Ende der 194-Unterhaltung der Aufwand einer Umbeheimatung nicht gerechtfertigt gewesen wäre. Nürnberger 194 liefen daher von 1986 bis 1988 leihweise im Ingolstädter Umlauf mit. Als die 194 des Bw Nürnberg 2 ab Sommerfahrplan 1987 so gut wie nicht mehr gebraucht wurden, konnten von Mitte Mai bis Oktober 1987 acht 194.5 an die Schweizer Bundesbahnen (SBB) vermietet werden.

Das Ende zeichnete sich bereits zum Sommerfahrplan 1987 ab, als die Nürnberger 194-Umläufe von 18 + 12 Tage auf 3 + 2 Tage gekürzt wurden und der Ingolstädter Plan nur noch 27 + 2 Planlokomotiven aufwies (vorher 30 + 2). Mit Beginn des Winterfahrplans 1987/88 reduzierte die DB die Einsätze weiter: Im nun 22-tägigen Umlauf des Bw Ingolstadt und dem dreitägigen Plan des Bw Nürnberg 2 waren u. a. die langjährigen Schiebedienste auf der Geislinger Steige bzw. der Spessartrampe nicht mehr enthalten. Bereits zu diesem Zeitpunkt disponierten nicht mehr die Heimat-Bw die Einsätze, sondern die Betriebsleitungen in München und Nürnberg, sodass oft verfügbare Neubaulokomotiven in den Umläufen auftauchten. Besonders häufig war dies in Nürnberg der Fall, wo der Plan so gut wie nie eingehalten wurde. Stattdessen hatte Nürnberg stets bis zu zehn 194 leihweise nach Ingolstadt abgetreten und vier Maschinen bis Anfang Dezember im Zuckerrüben-Programmverkehr verwendet, welcher jahrelang einer der Hauptbeschäftigungen der DB-194 gewesen ist.

Nachdem Pläne, alle 194 zum Jahresende 1987 abzustellen, wegen der schleppenden Abnahme der neuen Baureihe 120.1 nicht mehr verwirklicht werden konnten, liefen ab 8. Januar 1988 noch 21 Lokomotiven vom Bw Ingolstadt aus weiter im Plandienst, während diejenigen in Nürnberg aufgegeben werden konnten.

Mit Ablauf des Winterfahrplans 1987/88 endete der 194-Einsatz bei der DB. Die letzten Maschinen wechselten Ende Mai 1988 in den z-Lokbestand und wurden am 28. Juni 1988 ausgemustert. Nachdem Verkaufsversuche ins Ausland erfolglos blieben, wanderte der Großteil der Lokomotiven auf den Schrottplatz, von einigen wenigen der Nachwelt erhaltenen 194 abgesehen. Ihr 50-jähriges Dienstjubiläum verfehlten die E 94 der Deutschen Bundesbahn nur um zwei Jahre.

Bild 219 ▷
Am vorletzten Einsatztag der E 94 bei der Deutschen Bundesbahn kamen **194 112** und **194 158** nochmals zum Brenner-Einsatz. Am Abend des 28. Mai 1988 hat sich 194 112 in München Ost Rbf gerade in Bewegung gesetzt.

Aufnahme: Brian Rampp

Verwendung ausgemusterter 194 als Ballastlokomotiven

Im Juli 1988 wurden die ausgemusterten Ingolstädter 194 036, 042, 043, 093, 112, 124 und 133 dem BZA München zugeteilt und in die Versuchsanstalt in München-Freimann gebracht. Die Versuchsanstalt benötigte für Vergleichsfahrten mit der Baureihe 120 im Frankenwald einen geeigneten Ballast. Mit den geplanten Anfahr-Versuchen mit 120 005, 120 109 und 120 140 sollten Erkenntnisse über das Verhalten und die Praxistauglichkeit der verschiedenen Getriebeübersetzungen gewonnen werden. Die Fahrten fanden von 26. bis 30. September 1988 zwischen Förtschendorf und Steinbach am Wald statt, zum Einsatz kamen vier der genannten 194. Die Fahrten führte das BZA München mit verschiedenen Zugzusammenstellungen durch:

- 120 005 + 2 Messwagen + 194 112 + 2 Güterwagen + 194 124 + 2 Güterwagen + 194 133 + 2 Güterwagen + 194 042 + 4 Güterwagen + 120 109
- 120 109 + 2 Messwagen + 194 112 + 2 Güterwagen + 194 124 + 2 Güterwagen + 194 133 + 2 Güterwagen + 194 042 + 4 Güterwagen + 120 140
- 120 140 + 2 Messwagen + 194 112 + 2 Güterwagen + 194 124 + 2 Güterwagen + 194 133 + 2 Güterwagen + 194 042 + 4 Güterwagen + 120 005

Die Zuglast für die ziehende 120 lag bei 770 t und damit knapp unter der Grenzlast der Baureihe 151 im Frankenwald. Angefahren wurde zu Beginn der 22 ‰-Steigung hinter dem Bahnhof Förtschendorf bei km 36,5. Der Endpunkt der Fahrten war bereits 1,5 km weiter bei km 38,0 erreicht. Die bei der Bergfahrt am Zugschluss mitgelaufene 120 zog den Zug anschließend wieder zurück. Ein Ergebnis der Testfahrten war, dass die Vorserienlokomotive 120 005 bei den Messfahrten das beste Anfahrverhalten mit einer gleichmäßig guten Beschleunigung des Zuges zeigte. Probleme hatte hingegen die Serienlokomotive 120 109, die – trotz gleicher Übersetzung wie 120 005 – infolge von Zugkraftsprüngen in den engen Kurvenradien zu sehr ruckartigem Anfahren neigte.

Nach den Versuchsfahrten kehrten die vier 194 in die Versuchsanstalt Freimann zurück und blieben dort mit ihren drei Schwestern abgestellt. Auf einen zweiten Einsatz im Frühjahr 1989 verzichtete das BZA und löste den Belastungszug auf. So hätten die Lokomotiven vorher erneut abgeschmiert werden und eine Lauffähigkeitsuntersuchung erhalten müssen. Auch zeigte sich, dass die Fahrdynamik der alten 194 nicht der eines normalen Zuges entsprach. Die Mischanhängelast (Loks plus Wagen) entwickelte wesentlich höhere und instabile Reibungsmomente im Stillstand und Anfahrbereich.

Alle sieben 194 verkaufte die DB im Sommer 1989 zur Verschrottung an die Firma Layritz.

Abschied

Nach 48 Betriebsjahren ging 1988 in Süddeutschland die Zeit der E 94 und damit der DB-Altbauellokomotiven zu Ende.

- Die Konstruktion der E 94 aus dem Jahr 1938/39 war 1988 technisch längst überholt. Man vergegenwärtige sich z. B. den technologischen Fortschritt auf dem Gebiet der Leistungselektronik und den Antrieben.
- Die in starren Achslagerführungen nur senkrecht beweglichen Radsätze mit ihrer Blattfederung und die Bauart der Drehgestelle setzten dem Oberbau zu.
- Der Unterhaltungsaufwand lag deutlich über dem der modernen Elloks, weil z. B. besondere Werkstatteinrichtungen vorgehalten werden mussten, die Schadanfälligkeit im Alter zunahm und die E 94 in ihrer Aufarbeitungstechnologie völlig von den Einheitselloks abwich.
- Die DB strebte im Güterverkehr mittlerweile Geschwindigkeiten von über 120 km/h an. Da konnte die E 94 nicht mithalten.

Eine Generalüberholung der E 94, etwa wie bei der E 60, der E 91 oder den ÖBB-1020 geschehen, stand bei der DB Anfang der sechziger Jahre nicht zur Debatte. Dies hätte beispielsweise eine Neuverkabelung bedingt, die aus Sicht der DB jedoch ohne den Ersatz der alten, störanfälligen Schaltgeräte nicht zielführend gewesen wäre. Die Beschaffung neuer Stoffe in großem Umfang war für die DB nicht rentabel. Der hohe Zulauf von Neubaulokomotiven reichte für das Decken des künftigen Bedarfs aus.

Nach der Bahnreform 1994 durften einige ehemalige DB-E 94 bei privaten Eisenbahn-Verkehrsunternehmen eine Rückkehr in den Güterverkehr erleben: 194 051, 194 158, 194 192 und 194 580.

Im Jahr 2026 war von diesen Lokomotiven noch 194 192 der Bayernbahn gelegentlich im kommerziellen Einsatz.

Gesamt-Laufleistung (Beispiele; in Mio. km)

E 94	012	5,654 (bis 22.04.1985)
	041	5,526
	055	5,131
	067	5,189
	191	4,013
	575	4,531

Ausgewählte höchste Monatslaufleistungen

Lok	Bw	Monat	km	Betriebstage
E 94 012	Augsburg	07/1943	15.326	31
018	Leipzig-Wahren	06/1944	6.647	30
022	Wg-Dittersbach	09/1942	10.003	30
026	Saalfeld	11/1941	15.282	30
046	Pressig-Roth.	07/1942	11.046	31
061	Rosenheim	09/1943	13.879	30
067	München Ost	06/1943	14.693	29
085	Kornwestheim	08/1943	14.239	30
155	Freilassing	01/1945	8.064	31
E 94 018	Augsburg	12/1945	9.237	31
032	Regensburg	08/1949	10.103	29
087	Kornwestheim	07/1946	10.569	30
E 94 032	Regensburg	07/1959	14.160	31
125	Ulm	11/1951	15.827	30
183	Heidelberg	10/1959	14.819	31
188	Mannheim	01/1958	11.504	31
270	Kornwestheim	06/1956	11.309	29
277	Nürnberg Rbf	05/1955	15.080	31
E 94 014	Regensburg	10/1964	14.505	31
046	Kornwestheim	10/1965	17.907	31
139	Augsburg	10/1963	16.438	31
188	Heidelberg	09/1969	15.200	29
270	Aschaffenburg	11/1963	14.771	30
194 046	Mannheim	07/1970	16.500	31
119	Ingolstadt	10/1978	11.068	31
577	Nürnberg Rbf	07/1978	12.400	31
194 018	Ingolstadt	03/1985	11.462	31
185	Nürnberg 2	10/1985	14.017	31
579	Nürnberg 2	02/1987	11.300	28

△ **Bild 220** • Ende September 1988 führte das BZA München mit der Baureihe 120 mehrere Versuchsfahrten auf der Frankenwaldbahn durch. Mit Anfahrversuchen sollte die Praxistauglichkeit der verschiedenen Getriebeübersetzungen untersucht werden. Vier ausgemusterte E 94 dienten als Ballast. Hier rollen die in den Zug eingereihten **194 124**, **133** und **042** am 28. September 1988 kurz hinter dem Ausgangsbahnhof Förtschendorf vorbei. **194 112** ist vom Baum verdeckt.

▽ **Bild 221** • Der Endpunkt der Fahrten war bereits nach 1,5 km erreicht. Zu sehen sind 120 109 + zwei Messwagen + **194 112** + zwei Güterwagen + **194 124** + zwei Güterwagen + **194 133** + zwei Güterwagen + **194 042** + vier Güterwagen sowie 120 140 am Zugschluss am 28. September 1988 im Teuschnitzer Forst. Diese Fahrten markierten das Ende der betrieblichen Verwendung der Baureihe E 94 bei der DB.

Aufnahmen (2): Jürgen Prem

Einsatz bei den Bahnbetriebswerken in Süddeutschland

RBD/ED/BD Augsburg

Bw Augsburg

(ab 01.06.1971 BD München)

Das Bw Augsburg ist die Dienststelle mit der längsten E 94-Tradition in Deutschland: 44 Jahre waren die schweren Güterzuglokomotiven ununterbrochen in diesem Bahnbetriebswerk zu Hause.

Erstes Exemplar war die ursprünglich für das Bw Leipzig-Wahren vorgesehene E 94 043, die am 8. Dezember 1942 fabrikneu in den Bestand gelangte. Für die nächsten 33 Jahre sollte sie hier beheimatet und damit eine der E 94 mit der längsten Stationierung in diesem Bw sein. Sie diente zunächst der Schulung des Personals, bevor ab Februar 1943 mit E 94 012, 080 und 081 der Aufbau des Bestandes weiterging. Bis zum Jahresende 1943 folgten noch E 94 042 (März), 044 (April), 096, 111 (Herbst) und 112 (November). Dafür gab das Bw Augsburg alle sieben Lokomotiven der Baureihe E 77 sowie eine E 44 nach Mitteldeutschland ab.

Einsatzgebiet der Augsburger E 94 waren die Strecken Richtung München und Ulm/Kornwestheim, wo sie vor allem in die Güterzug-Langläufe zwischen Kornwestheim und Attnang-Puchheim eingebunden waren, sowie nach Treuchtlingen/Nürnberg. Wegen mehrerer Steigungen und damit verbunden schwieriger Anfahrten auf dem Abschnitt Donauwörth – Treuchtlingen war hier der Einsatz von E 94 zur Ablösung der E 44 besonders wichtig. Zum einen konnten hier E 94 höhere Lasten nehmen und anfahren, zum anderen konnte bei schweren Güterzügen im Raum Fünfstetten die Beigabe einer Schiebelokomotive entfallen. Augsburger E 94 erreichten in den ersten Jahren relativ hohe Laufleistungen. Beispielsweise war E 94 012 in der Zeit von April bis Dezember 1943 bis auf einen Abstelltag täglich im Dienst und lief im Schnitt 14.000 km pro Monat, was 460 km pro Tag entsprach. Im Juli 1943 legte sie 15.326 km zurück, für diese Zeit ein beachtlicher Wert.

▽ **Bild 222** • Standortblatt aus dem Betriebsbuch der E 94 139. ABBILDUNG: SAMMLUNG FRANK LÜDECKE

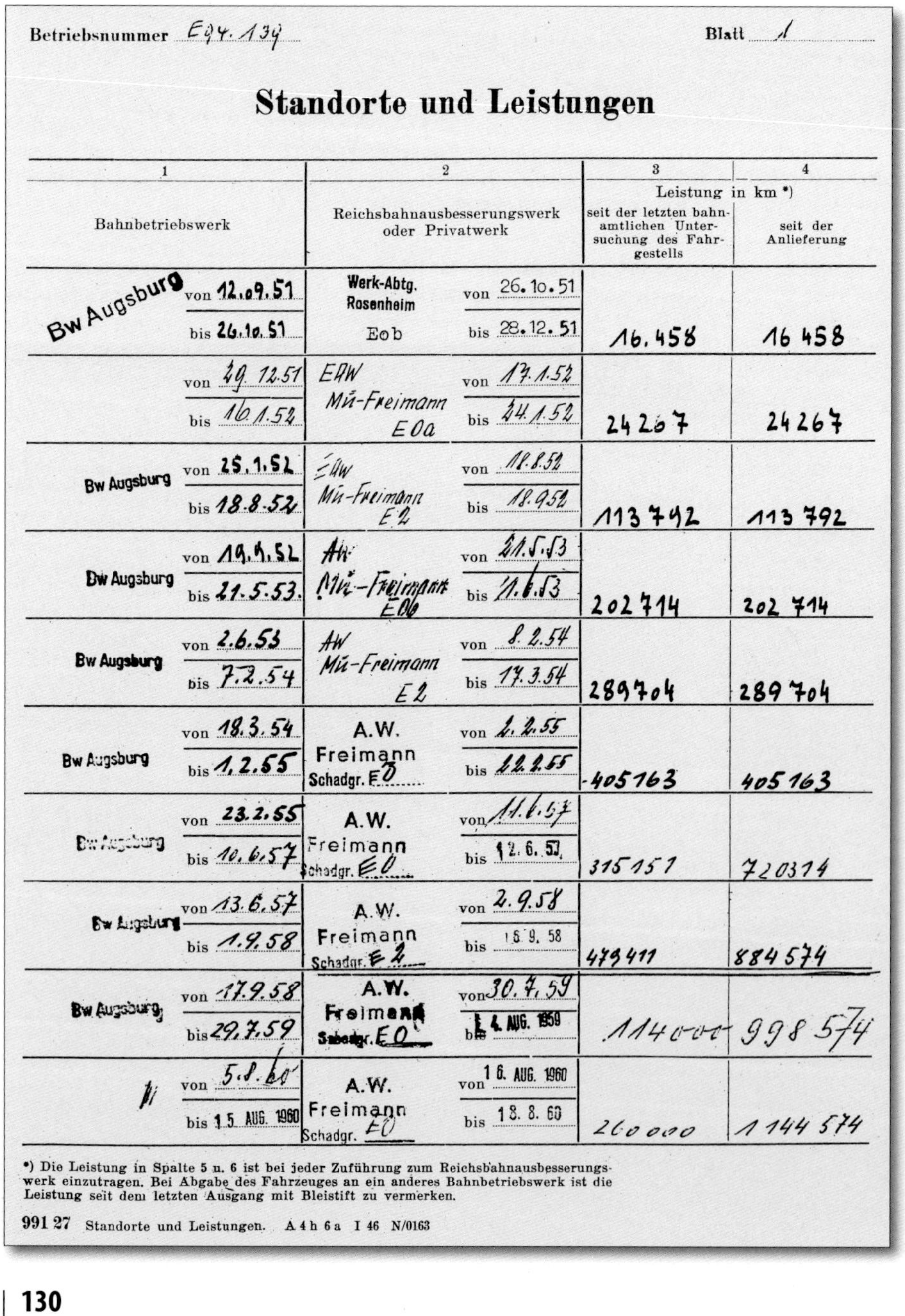

Betriebsnummer E 94. 139 Blatt 1

Standorte und Leistungen

1 Bahnbetriebswerk		2 Reichsbahnausbesserungswerk oder Privatwerk		3 Leistung in km *) seit der letzten bahnamtlichen Untersuchung des Fahrgestells	4 seit der Anlieferung
Bw Augsburg	von 12.09.51 bis 26.10.51	Werk-Abtg. Rosenheim Eob	von 26.10.51 bis 28.12.51	16.458	16 458
	von 29.12.51 bis 16.1.52	EAW Mü-Freimann E0a	von 17.1.52 bis 24.1.52	24267	24267
Bw Augsburg	von 25.1.52 bis 18.8.52	EAW Mü-Freimann E2	von 18.8.52 bis 18.9.52	113792	113 792
Bw Augsburg	von 19.9.52 bis 21.5.53.	AW Mü-Freimann E0	von 21.5.53 bis 1.6.53	202714	202 714
Bw Augsburg	von 2.6.53 bis 7.2.54	AW Mü-Freimann E2	von 8.2.54 bis 17.3.54	289704	289 704
Bw Augsburg	von 18.3.54 bis 1.2.55	A.W. Freimann Schadgr. E0	von 2.2.55 bis 22.2.55	405163	405163
Bw Augsburg	von 23.2.55 bis 10.6.57	A.W. Freimann Schadgr. E0	von 11.6.57 bis 12.6.57	315151	720314
Bw Augsburg	von 13.6.57 bis 1.9.58	A.W. Freimann Schadgr. E2	von 2.9.58 bis 16.9.58	479411	884574
Bw Augsburg	von 17.9.58 bis 29.7.59	A.W. Freimann Schadgr. E0	von 30.7.59 bis 4. AUG. 1959	114000	998 574
"	von 5.8.60 bis 15. AUG. 1960	A.W. Freimann Schadgr. E0	von 16. AUG. 1960 bis 18. 8. 60	260000	1 144 574

*) Die Leistung in Spalte 5 u. 6 ist bei jeder Zuführung zum Reichsbahnausbesserungswerk einzutragen. Bei Abgabe des Fahrzeuges an ein anderes Bahnbetriebswerk ist die Leistung seit dem letzten Ausgang mit Bleistift zu vermerken.

991 27 Standorte und Leistungen. A 4 h 6 a I 46 N/0163

Vier Zugänge verzeichnete das Jahr 1944: Als letzte Neulieferungen vor Kriegsende erschienen im Januar/März E 94 117 und E 94 118, am 15. Juli über das Bw Leipzig-Wahren die ex-schlesische E 94 018 und im August E 94 108 des Bw Salzburg. Ab Februar 1944 waren für ungefähr zwei Wochen vier Maschinen der RBD Breslau dem Bw Augsburg zugeteilt: E 94 021, 074, 078 und 110. Wegen eines Turbinenschadens im Bahnkraftwerk Mittelsteine war zu dieser Zeit der elektrische Zugbetrieb in Schlesien stark eingeschränkt.

Die Augsburger E 94 blieben von Fliegerangriffen nicht verschont. Bei einem Luftangriff auf das Bw München Ost in der Nacht vom 2. zum 3. Oktober 1943 erlitt E 94 096 schwere Schäden. Dabei wurden u. a. die Haube am hinteren Vorbau abgerissen und das Dach in Mitleidenschaft gezogen. E 94 096 blieb danach länge Zeit im RAW München-Freimann abgestellt, am 29. Dezember 1944 traf sie bei AEG in Hennigsdorf zur Reparatur ein.

Im Oktober 1944 erlitt E 94 043 schwere Bombenschäden. Sie war bis 21. März 1945 abgestellt und kam nach einer E 4 bei Krauss-Maffei erst am 5. Juli 1950 wieder in Fahrt. Die durch einen Aufstoß stark beschädigte E 94 082 kam zur Reparatur zunächst zum RAW Dessau und von dort am 6. April 1945 zur AEG nach Hennigsdorf.

Noch im März 1945 ergänzte wahrscheinlich die Salzburger E 94 073 den Bestand des Bw Augsburg. Sie wurde wie ihre

Schwester E 94 108, die im August 1944 nach Augsburg gekommen sein soll, kurz darauf durch Luftangriffe beschädigt. Zur Reparatur kamen beide im April 1945 zur Betriebsabteilung Bludenz (das Bw Bludenz war zu dieser Zeit der RBD Augsburg unterstellt), wo sie sich Ende April 1945 – als die Kampfhandlungen hier eingestellt wurden – noch befanden. Beide E 94 gingen daraufhin in den Bludenzer Bestand über. E 94 073 kam im Juli wieder in Fahrt, während E 94 108 abgestellt blieb. Im Rahmen eines Lokomotivtausches mit den ÖBB kehrten beide im Herbst 1945 zum Bw Augsburg zurück: Am 27. September 1945 erfolgte der Tausch von E 94 073 gegen die österreichische E 45 205 (Bw Augsburg; spätere 1245.05) und am 23. Oktober 1945 der Tausch von E 94 108 gegen E 88 015 (Bw Augsburg, spätere 1080.15).

Die im RAW Dessau reparierte Schadlokomotive E 94 042 (Bw Augsburg) blieb auf der Rücküberführung in Thüringen stehen. Nach der Kapitulation befand sie sich betriebsfähig im Raum Probstzella/Saalfeld. Sie verblieb, wie auch E 94 082 und E 94 096, in der Sowjetischen Besatzungszone und musste aus den Listen des Bw Augsburg gestrichen werden. Die drei Lokomotiven wurden mit Verfügung der Oberbetriebsleitung der DR-West in der US-Zone in Frankfurt vom 21. Mai 1946 vom Bestand der DR-West abgesetzt und der sowjetischen Zone für dauernd zugehörig erklärt.

In den letzten Kriegsmonaten gelangte die zuvor beim Bw Bludenz beheimatete E 94 107 in den Bestand des Bw Augsburg. Das Betriebsbuch ist an dieser Stelle lückenhaft. 1946 gelangte sie zu MAN (Augsburg) zur Wiederinstandsetzung. Damit umfasste der Bestand am Kriegsende E 94 012, 018, 043, 044, 080, 081, 107, 111, 112, 117 und 118 (= elf Lokomotiven).

Nach Beseitigung der umfangreichen Schäden an den Bahnanlagen konnte der elektrische Betrieb auf den Strecken München – Augsburg am 22. Mai 1945, Augsburg – Kornwestheim am 15. Juni 1945 und Augsburg – Nürnberg Rbf etappenweise bis 20. September 1945 wieder aufgenommen werden, was für die Augsburger E 94 neue Arbeit bedeutete.

Als die RBD Augsburg ab 1946 beim Bw Neu-Ulm eine E 94-Gruppe einzurichten begann, hatte das Bw Augsburg zunächst zwei Maschinen abzutreten (E 94 041, E 94 081).

In den folgenden Jahren entwickelte sich dann ein reger Lokomotivtausch zwischen beiden Betriebswerken. Da die E 94 der Bw Neu-Ulm und Ulm nun für die Bespannung der Güterzüge München – Kornwestheim zuständig waren, verblieben den Augsburger E 94 in den fünfziger Jahren

△ **Bild 223** • Im Sommer 1952 hat **E 94 145** einen Güterzug von Regensburg nach Nürnberg zu befördern, hier aufgenommen bei Mimberg.
Aufnahme: Peter Ramsenthaler, Sammlung Helmut Griebl

Bild 224 ▷
Heftiger Schneefall suchte Bayerisch-Schwaben Anfang Februar 1958 heim. **E 94 012** verlässt Augsburg Gbf Richtung München am 7. Februar 1958.

Aufnahme: BD Augsburg, Sammlung Brian Rampp

vor allem Dg-Leistungen auf der Strecke nach Treuchtlingen/Nürnberg. Darüber hinaus liefen sie noch München und Ulm an, letzteres häufig vor Personenzügen.

Die Umläufe gestalteten sich zu jener Zeit folgendermaßen:

Fahrplan	Planbedarf	Ø km/Tag
Sommer 1953	6	447
Sommer 1954	6	422
Sommer 1955	6	478
Sommer 1957	6	542

Am 1. November 1955 geriet E 94 043 durch einen schweren Unfall in Neu-Ulm in die Schlagzeilen. Wegen eines Bremsversagens konnte ein von ihr bespannter Kokszug aus Richtung Stuttgart bei der Talfahrt kurz vor Ulm nicht zum Stehen gebracht werden

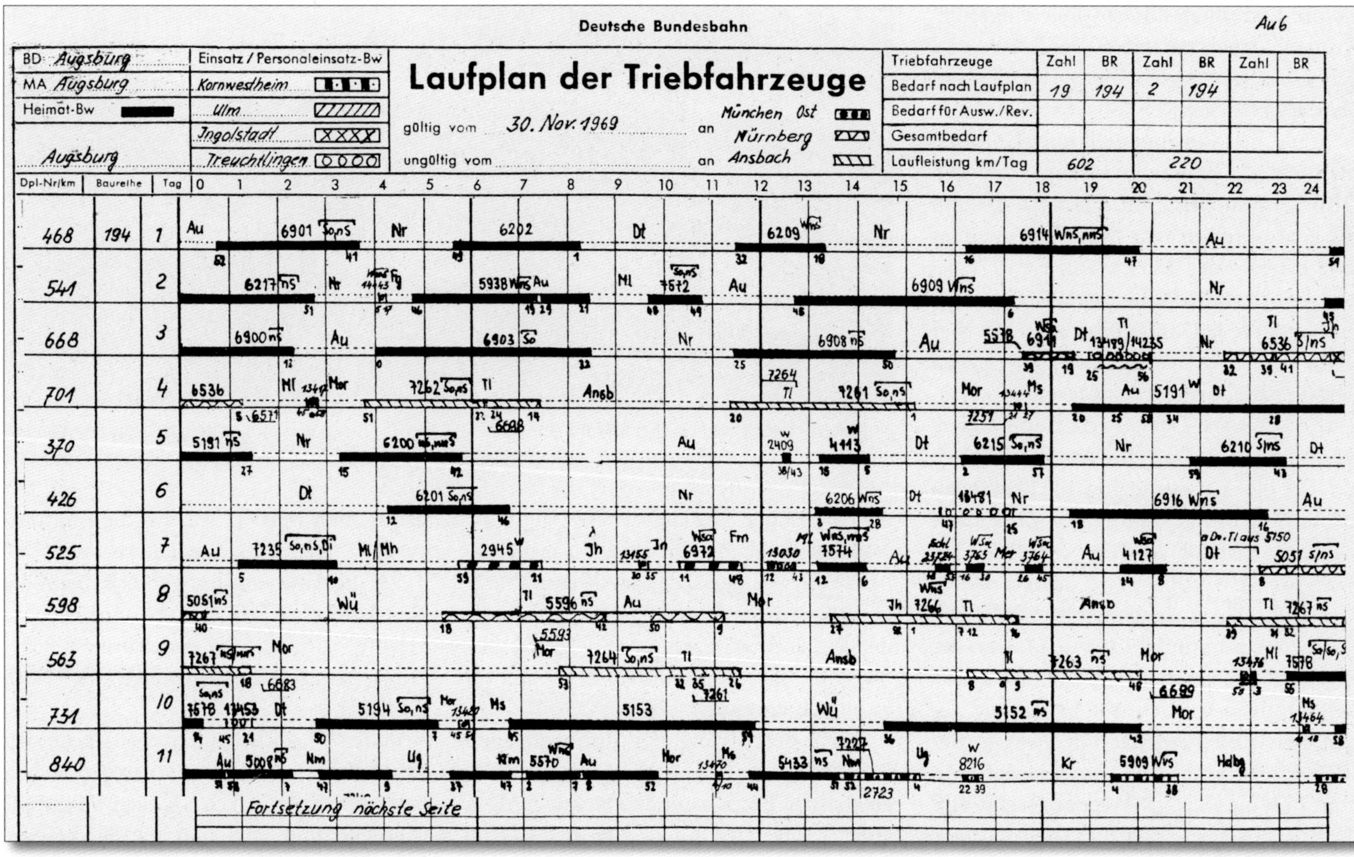

△ ▽ **Bilder 225 und 226 •** Im Winterfahrplan 1969/70 hatte der Augsburger E 94-Umlaufplan 19 + 2 Plantage aufzuweisen. Laufplanabkürzungen: Ansb – Ansbach; Au – Augsburg; Au S – Augsburg Süd; Bm – Bietigheim; Burg – Burgau; Dk – Dinkelscherben; Dt – Donauwörth; Fg – Fürth Gbf; Fm – München-Freimann; Gabl – Gablingen; Hdbg – Heidelberg; Ih – Ingolstadt Hbf; In – Ingolstadt Nord; K – Kornwestheim Pbf; Kr – Kornwestheim Rbf; Mer – Mering; Mh – München Hbf; Mitt – München-Mittersendling; Mor – München Ost Rbf; ML – München-Laim Rbf; Mrb – Mannheim Rbf; Ms – München Süd; Nm – Neu-Ulm; Nr – Nürnberg Rbf; Stg – Stuttgart Hbf; TL – Treuchtlingen; Ug – Stuttgart-Untertürkheim Gbf; Ur – Ulm Rbf; Wü – Würzburg.

ABBILDUNGEN (2): SAMMLUNG HANS-JÜRGEN WENZEL

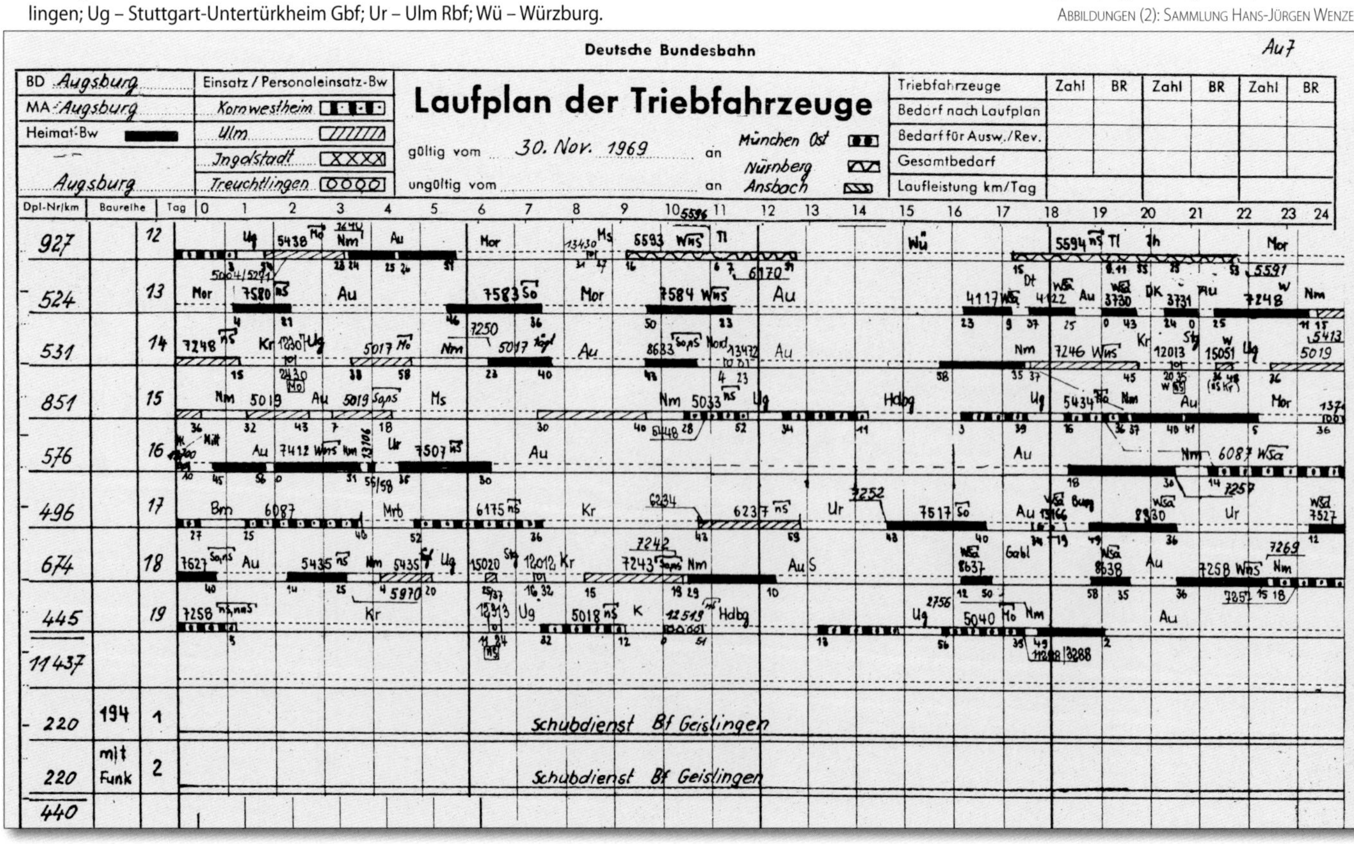

und prallte im Bf Neu-Ulm auf einen im Anfahren begriffenen Güterzug. E 94 043 wurde dabei schwer beschädigt; u. a. hatten Vorbauten und Drehgestelle Totalschaden und der Lokkasten schwere Beschädigungen erlitten. Zur Reparatur kam die Lok in das AW Freimann, welches sie bis April 1956 wieder instand setzte.

Eine Vergrößerung seines Bestandes erfuhr das Bw Augsburg im März 1959, als die E 94-Beheimatung beim Bw Neu-Ulm endete und die BD Augsburg im Zuge von Rationalisierungsmaßnahmen die Unterhaltung der schweren Güterzuglokomotiven allein beim Bw Augsburg zusammenfasste. Damit wuchs der Bestand um 11 auf 24 Maschinen. An den Einsätzen der ehemals Neu-Ulmer E 94 in ihren angestammten Langläufen änderte sich dadurch in den folgenden vier Jahren nichts, da das Bw Neu-Ulm nun als Einsatz-Bw der Augsburger E 94 diente. So waren es im Sommer 1959 nach wie vor neun Maschinen mit durchschnittlich 603 km pro Tag. In einem eigenen Umlauf setzte das Bw Augsburg vier E 94 ein (durchschnittlich 504 km/Tag). Der Bestand zu jener Zeit umfasste:

E 94	012	018	022	041	043
	044	051	070	073	080
	081	091	107	108	111
	112	117	118	124	125
	137	139	145	159	

Die sechziger Jahre dürfen als die Blütezeit der E 94 beim Bw Augsburg gelten. Während dieses Jahrzehnts verfügte das Bw über den zweitstärksten E 94-Bestand bei der DB, mit durchschnittlich 26, maximal 28 Maschinen am Jahresende 1967. Das Haupteinsatzgebiet hatte sich auf die Relation Mannheim – München verlagert, von Bedeutung waren aber nach wie vor Leistungen nach Nürnberg. So bespannten sie im Jahr 1960/61 Güterzüge durchgehend zwischen Freilassing und Nürnberg Rbf. Die zahlreichen Langläufe schlugen sich in kilometerintensiven Dienstplänen nieder, wie die nachfolgende Aufstellung der Pläne mit den höchsten spezifischen Laufleistungen zeigt:

Fahrplan	Planbedarf	Ø km/Tag
Sommer 1960	4	586
Sommer 1961	3	600
Sommer 1962	11	645
Sommer 1963	9	643
Sommer 1964	4	663
Sommer 1965	10	609
Sommer 1968	10	711
Sommer 1969	2	840

In dieser Dekade existierten für die E 94 stets mehrere Dienstpläne beim Bw Augsburg. Auffällig sind die beachtlichen Tageskilometer pro Lok seit 1961: Durchweg über 600 km; im Sommer 1968 und 1969 erreichten sie sogar Spitzenwerte von 711 bzw. 840 km pro Tag. Letzterer im Jahresfahrplan 1969/70 von zwei Maschinen gefahrener Wert stand damals in der Rangskala der kilometerintensivsten Dienstpläne der DB an erster Stelle. Auch im Sonderdienst waren die Augsburger E 94 rege beschäftigt, wie etwa E 94 081, die am 4. Dezember 1966 mit einem Güterzug (876/894) nach Schwarzach-St. Veit kam. Über ihren nördlichsten Wendepunkt Mannheim hinaus gelangten sie gelegentlich auf die rechte Rheinstrecke, zuletzt noch in den achtziger Jahren.

Der Bestand war in den sechziger Jahren nur geringen Veränderungen unterworfen.

△ **Bild 227** • Mit einem Personenzug, gebildet aus Donnerbüchsen, fährt **E 94 051** am 21. März 1962 in Ulm Hbf nach Augsburg aus. Gerade hat sie die Zinglerbrücke unterquert. Das Bauwerk wurde 1968 erneuert. Aufnahme: Wolfgang Jahn/Eisenbahnstiftung

▽ **Bild 228** • Beschaulich ging es am 26. Juli 1974 in München-Laim Rbf zu. **194 080** und **194 187** rollen gerade mit ihrem Güterzug ein, aufgenommen von der inzwischen abgerissenen Stahlbrücke. Zu sehen ist außerdem ein interessantes Sammelsurium von Bahndienstwagen. Dort und links davon befinden sich heute zwei zusätzliche, hoch gelegte S-Bahngleise im Rahmen der zweiten Stammstrecke. Aufnahme: Robin Garn

◁ **Bild 229**
Am 4. August 1977 durcheilt **194 108** mit ihrem Güterzug den Bahnhof Gessertshausen auf dem Weg nach Kornwestheim. Hier fährt heute kein Zug mehr: Im Jahr 1992 verschwenkte die DB die Trasse im Rahmen der Anhebung der Streckenhöchstgeschwindigkeit auf 200 km/h um etwa 160 m nach Norden und legte den alten Bahnhof still.

Aufnahme: Frank Lüdecke

◁ **Bild 230**
Das mittags mit dreiachsigen Umbauwagen verkehrende Schülerzugpaar Geislingen – Beimerstetten und zurück war eine gern fotografierte Leistung. Zum Einsatz kam eine der Geislinger Schiebelokomotiven. **194 038** steht am 8. April 1978 mit N 5263 abfahrbereit im Bahnhof Westerstetten. Dieser Bahnhof wurde im Jahr 2005 durch einen neuen, einige hundert Meter südlich gelegenen Haltepunkt im Ort ersetzt. Im alten Bahnhofsgebäude von 1876 befinden sich heute eine Modellbahn, ein kleines Eisenbahnmuseum und ein Kiosk.

Aufnahme: Georg Wagner

◁ **Bild 231**
194 081 hat im September 1977 den Schnarrenbergtunnel verlassen und erreicht nun das Einfahrsignal von Stuttgart-Münster. Danach wird sie über das Bahnviadukt den Neckar überqueren und weiter nach Ulm/Augsburg fahren.

Aufnahme: Thomas Estler

△ **Bild 232** • Augsburger E 94 verkehrten zeitweise auch auf der Außerfernbahn Garmisch – Reutte in Tirol und damit weit südlich ihres Heimat-Bw. Am 7. September 1979 hat **194 051** bei Griesen den Nahgüterzug Ng 77452 am Haken. Aufnahme: Claus-Jürgen Schulze

Die damals in Augsburg beheimateten E 94 der Nachbauserie hielt es dagegen nur kurz. Am längsten waren hier E 94 182 und E 94 183 im Einsatz. Beide wurden Ende Dezember 1963 gegen E 94 086 und E 94 087 des Bw Kornwestheim getauscht.

Als 1969 das Bw Kornwestheim seine E 94-Gruppe auflöste, erhielt das Bw Augsburg von dort die mittlerweile in die Baureihe 194 umgezeichneten E 94 038, 039, 042 und 085. Dabei handelte es sich um jene Maschinen, die schon seit vielen Jahren im Schiebedienst auf der Geislinger Steige tätig und dafür eigens mit Überwurfkupplung und Funkausrüstung versehen waren. An deren Einsatz auf der „Steige" änderte sich ab 27. September 1969 nichts (zwei 194 – in der Regel 194 038 und 039 – sowie eine 193 des Bw Kornwestheim – meist 001); außer dass die beiden 194 nun eben vom Bw Augsburg gestellt wurden. Gleichzeitig konnte Augsburg vier Maschinen abgeben, für die das Bw Aschaffenburg Bedarf angemeldet hatte (194 137, 139, 145 und 159).

Nachdem während des Sommerfahrplanes 1970 die 194 124 und 194 125 an das Bw Mannheim gingen, zählte der Augsburger 194-Bestand noch 24 Maschinen. Für sie stellte die BD Augsburg im Winter 1970/71 neben dem zweitägigen Geislinger Schiebeplan einen mit durchschnittlich 586 km pro Tag recht kilometerintensiven

Bild 233 ▷ In der Gegenrichtung kamen E 94 des Bw Augsburg planmäßig bis nach Nordbaden. Hier durchfährt **194 051** am 31. Juli 1980 den Bahnhof Neckarsteinach.

Aufnahme: Georg Wagner

◁ **Bild 234**
Stammstrecke der E 94 war stets die Verbindung von Augsburg nach München. **194 042** ist am 10. August 1982 bei Hattenhofen auf dem Weg nach Süden. Heute liegen hier vier Streckengleise.

Aufnahme: Frank Lüdecke

17-tägigen Laufplan auf, der den Lokomotiven ein weiträumiges Einsatzgebiet bescherte und zu den umfangreichsten aller Augsburger E 94-Umläufe gehörte. Haupteinsatzgebiet war wie bisher München – Kornwestheim, andere Wendepunkte waren z. B. Ansbach, Kufstein, Mannheim, Salzburg und Würzburg. Weil der Lokbestand bei einem Planbedarf von insgesamt 19 E 94 knapp bemessen war, kamen zum 1. Februar 1971 die Mannheimer 194 046, 048 und 124 hinzu. Dafür gab Augsburg drei 140 nach Offenburg ab.

Die Wiederaufnahme der 194-Unterhaltung beim Bw Freilassing ab Sommer 1974 sollte vor allem auf Kosten des Bw Augsburg gehen. Am 25. Mai 1974 mussten neun 194 abgetreten werden, ein Jahr später, am 30. Mai 1975, noch einmal drei Maschinen. Damit hatte sich der Bestand fast halbiert und war auf 14 Lokomotiven gesunken:

194	012	018	022	038	039
	042	046	051	070	073
	080	081	091	108	

Bei diesem Bestand sollte es im Wesentlichen bis zum Ende des 194-Einsatzes beim Bw Augsburg bleiben. Ähnliches gilt für das Einsatzgebiet, das seitdem vor allem die Strecke München – Augsburg – Kornwestheim – Mannheim war. Hierfür benötigte das Bw Augsburg in den Jahren 1976 bis 1982 stets sieben plus zwei 194. Gefahren wurden u. a. Langläufe zwischen Mannheim und München Ost, in den Jahren 1978 bis 1982 sogar Dg 53618 von Rosenheim bis Mannheim. Lediglich an Wochenenden standen auch Leistungen z. B. nach Kuf-

◁ **Bild 235**
An Sonntagen verkehrte der Leer-Reisezug Lr 33835 von Augsburg nach Treuchtlingen. Am 17. Juli 1983 bespannt **194 038** die Leistung, hier kurz vor Treuchtlingen.

Aufnahme: Rudolf Vyzina

stein, Garmisch oder Salzburg auf dem Programm. Als Besonderheit ist die zeitweilige Führung von Güterzügen München – Augsburg über Mering – Geltendorf in den Jahren 1972 bis 1976 zur Entlastung der Hauptstrecke erwähnenswert.

Als das Bw Kornwestheim ab Sommer 1982 nicht mehr die 193-Schiebelokomotive auf der Geislinger Steige stellte, setzte das Bw Augsburg eine dritte 194 für diesen Dienst ein. Durch die z-Stellung der durch einen Brandschaden beschädigten 194 046 am 19. August 1982 reduzierte sich der Einsatzbestand auf 13 Lokomotiven.

Seit Anfang der achtziger Jahre plante die BD München, die 194-Unterhaltung auf nur noch ein Betriebswerk statt bisher drei zu konzentrieren. Beim Bw Augsburg, das bis in die siebziger Jahre hinein mit E 17, E 44, E 63 und E 94 gut bestückt war, machte sich mit dem Ausscheiden der drei erstgenannten Baureihen ein Auslastungsproblem des Werkspersonals bemerkbar. Dementsprechend hielt Augsburg an den 194 fest, die als letzte verbliebene Ellokbaureihe für Beschäftigung in der Ellokwerkstatt sorgte. Ein starker Personalrat verstand es in der Folgezeit immer wieder, die Abgabe der Maschinen hinaus zu schieben. Den Rückgang des Planeinsatzes konnte er jedoch nicht verhindern. Dessen Entwicklung in den Jahres 1976 bis 1986 zeigt folgende Tabelle:

Fahrplan	Planbedarf	Ø km/Tag
Sommer 1976	7 + 2	672/n. bek.
Winter 1977/78	7 + 2	n. bek.
Sommer/Winter 1978/79	4 + 3 + 2	598/662/168
Sommer 1979	7 + 2	638/294
Sommer 1980	7 + 2	607/168
Sommer 1981	7 + 2	594/168
Winter 1981/82	7 + 2	598/168
Sommer 1982	7 + 3	571/168
Winter 1982/83	6 + 3	585/169
Sommer/Winter 1983/84	7 + 3	423/169
Sommer 1984	5	619
Winter 1984/85	6	645
Sommer 1985	5 + 1	535/201
Winter 1985/86	4 + 1	563/446

Seit dem Sommerfahrplan 1984 war das Bw Ingolstadt für den Geislinger Schiebedienst zuständig, ab dem Winter 1984/85 entfiel auch die Zugleitungsreserve in München-Laim. Der letzte Umlauf vom Winter 1985/86 beschäftigte noch vier 194. Ein weiterer Plantag wurde nur gelegentlich mit 194 gefahren: Er diente vorrangig dem Probeeinsatz der 140 214 und 512 in Doppeltraktion, die versuchsweise mit einer zeitmultiplexen Doppeltraktionssteuerung (ZDS) versehen waren.

Das Ende deutete sich an, als immer mehr Ingolstädter 194 im Augsburger Plan auftauchten und umgekehrt. Schließlich vollzog die BD München zum 1. Februar 1986 den Schritt, der wegen der absehbaren Ausmusterung der gesamten Baureihe nun unvermeidlich war: Der 194-Bestand des Bw Augsburg (13 Loks) wechselte geschlossen zum Bw Ingolstadt. Gleichzeitig endete die Ellokunterhaltung in Augsburg.

Im denkmalgeschützten Ellok-Rundhaus befindet sich heute der Bahnpark Augsburg. Am 24. und 25. Juni 2023 gab es dort ein bemerkenswertes E 94-Treffen mit 1020.18, 1020 012, E 94 030, E 94 088 und E 94 192.

Bw Augsburg

E 94 012	Rosenheim	16.02.1943 – 05.03.1950	Neu-Ulm
	Neu-Ulm	01.03.1959 – 31.01.1986	Ingolstadt
018	Leipzig-Wahren	15.07.1944 – 06.03.1950	Neu-Ulm
	Neu-Ulm	01.03.1959 – 31.01.1986	Ingolstadt
021	Wg.-Dittersbach	02.1944 – 07.03.1944	Wg.-Dittersbach
022	Neu-Ulm	01.03.1959 – 31.01.1986	Ingolstadt
038	Kornwestheim	27.09.1969 – 31.01.1986	Ingolstadt
039	Kornwestheim	27.09.1969 – 31.01.1986	Ingolstadt
041	Pressig-Roth.	21.10.1946 – 27.11.1946	Neu-Ulm
	Neu-Ulm	03.10.1948 – 28.11.1948	Neu-Ulm
	Neu-Ulm	01.03.1959 – 30.05.1975	Freilassing
042	Leipzig-Wahren	03.1943 – 04.1945	Saalfeld (Saale)
	Kornwestheim	27.09.1969 – 31.01.1986	Ingolstadt
043	Neulieferung	08.12.1942 – 31.05.1975	Freilassing
044	Neulieferung	15.04.1943 – 28.11.1948	Neu-Ulm
	Neu-Ulm	01.03.1959 – 31.05.1975	Freilassing
046	Mannheim	01.02.1971 – 19.08.1982	z
048	Mannheim	01.02.1971 – 27.05.1972	München Ost
051	Nürnberg Rbf	07.12.1946 – 05.03.1950	Neu-Ulm
	Neu-Ulm	01.03.1959 – 31.01.1986	Ingolstadt
070	Neu-Ulm	01.03.1959 – 31.01.1986	Ingolstadt
073	Salzburg	06.03.1945 – 27.04.1945	Bludenz [1]
	Bludenz	28.09.1945 – 05.03.1950	Neu-Ulm
	Neu-Ulm	24.03.1959 – 31.01.1986	Ingolstadt
074	Schlauroth	02.1944 – 03.1944	Schlauroth
078	Schlauroth	02.1944 – 03.1944	Schlauroth
080	Neulieferung	19.02.1943 – 05.03.1950	Neu-Ulm
	Neu-Ulm	01.03.1959 – 31.01.1986	Ingolstadt
081	Neulieferung	22.02.1943 – 07.12.1946	Neu-Ulm
	Neu-Ulm	03.10.1948 – 28.11.1948	Neu-Ulm
	Neu-Ulm	01.03.1959 – 31.01.1986	Ingolstadt
082	Schwarzach-St.V.	1944 – 06.04.1945	AEG Hennigsdorf z. Rep. [2]

E 94 085	Kornwestheim	27.09.1969 – 31.05.1975	Ingolstadt
086	Kornwestheim	28.12.1963 – 25.05.1974	Freilassing
087	Kornwestheim	16.12.1963 – 25.05.1974	Freilassing
091	Nürnberg Rbf	17.07.1948 – 27.10.1950 [3]	Neu-Ulm
	Neu-Ulm	10.04.1951 – 02.08.1951	Neu-Ulm
	Neu-Ulm	16.10.1951 – 27.11.1951	Neu-Ulm
	Neu-Ulm	01.03.1959 – 31.01.1986	Ingolstadt
096	Bludenz	1943 – 29.12.1944	AEG Hennigsdorf z. Rep.
107	Bludenz	02.1945 – 25.05.1974	Freilassing
108	Salzburg	09.08.1944 – 03.04.1945	Bludenz [1]
	PAW Kr.-Maffei	07.12.1946 – 31.01.1986	Ingolstadt
110	Wg.-Dittersbach	02.1944 – 1944	Wg.-Dittersbach
111	Neulieferung	12.1943 – 25.05.1974	Freilassing
112	Neulieferung	18.11.1943 – 25.05.1974	Freilassing
117	Neulieferung	13.01.1944 – 26.09.1947	Neu-Ulm
	Neu-Ulm	09.04.1948 – 25.05.1974	Freilassing
118	Neulieferung	21.03.1944 – 25.05.1974	Freilassing
124	Heidelberg	20.04.1956 – 07.08.1970	Mannheim
	Mannheim	01.02.1971 – 25.05.1974	Freilassing
125	Heidelberg	18.05.1956 – 03.09.1970	Mannheim
137	Pressig-Roth.	24.05.1958 – 27.09.1969	Aschaffenburg
139	Neulieferung	12.09.1951 – 27.09.1969	Aschaffenburg
145	Neulieferung	10.11.1950 – 15.10.1951	Neu-Ulm
	Neu-Ulm	20.11.1951 – 27.09.1969	Aschaffenburg
159	Nürnberg Rbf	10.01.1956 – 27.09.1969	Aschaffenburg
	Nürnberg Rbf	26.11.1973 – 25.05.1974 [4]	Freilassing
160	Kornwestheim	18.04.1969 – 30.04.1969	Heidelberg
181	Kornwestheim	11.04.1969 – 02.05.1969	Kornwestheim
182	München Ost	08.01.1962 – 15.12.1963	Kornwestheim
183	Heidelberg	21.05.1961 – 28.12.1963	Kornwestheim
186	Heidelberg	15.04.1961 – 20.05.1961	Heidelberg

1) Im Betriebsbuch ist diese Beheimatung in Augsburg nicht verzeichnet.

2) E 94 082 kam zur Reparatur zunächst ins RAW Dessau. Das RAW leitete sie dann zu AEG Hennigsdorf weiter, wo sie am 6. April 1945 eintraf. Am 21. Mai 1946 setzte die Oberbetriebsleitung der DR in der US-Zone die E 94 042, 082 und 096 vom Bestand ab, da eine Rückkehr aus der Sowjetischen Besatzungszone nicht zu erwarten war.

3) AW-Aufenthalt ab 12.09.1950

4) AW-Aufenthalt bis 31.05.1974

Die E 94 als Schiebelokomotiven auf der Geislinger Steige

◁ **Bild 236**
Die E 94 war ein Vierteljahrhundert lang als Schiebelokomotive auf der Geislinger Steige im Einsatz. Ab der Elektrifizierung der Strecke Augsburg – Stuttgart waren für das Nachschieben von Reise- und Güterzügen die Baureihen E 91 (1934–1942) und E 93 (1942–1984) im Einsatz. Die E 94 kam im Jahr 1962 dazu und unterstützte die E 93, ab 1984 oblag ihnen der Schiebedienst alleine. Der Schiebebetrieb mit E 94 währte bis Ende September 1987. Beheimatet waren die E 94-Schiebelokomotiven in Kornwestheim (1962–1969), Augsburg (1969–1984) und Ingolstadt (1984–1987). Hier warten **194 039** und **194 038** am 18. Februar 1978 im verschneiten Geislingen auf ihre nächsten Schubeinsätze.

Aufnahme: Bertold Brandt

◁ **Bild 237**
Im Januar 1979 hat **194 038** einen schweren Güterzug nachzuschieben. Sie wird sich kurz vor dem Bahnhof Amstetten (Württ) zurückfallen lassen, das Gleis wechseln und als Leerfahrt (Lz) nach Geislingen zurückkehren.

Aufnahme: BME

◁ **Bild 238**
Für Güterzüge setzen die Schiebelokomotiven auch heute immer in Geislingen West an. Zuvor fahren Sie von Geislingen als Lz hierher. Am 31. Juli 1986 stehen **194 091** und **194 108** im Wartegleis in Geislingen West für bereits angekündigte Schubleistungen bereit. Ein Lokführer gönnt sich auf dem Bahnsteig eine Pause.

Aufnahme: Brian Rampp

△ **Bild 239** • Die beste Fotostelle für nachgeschobene Züge befand sich lange Zeit am Mühltäledamm mit dem Mühltalfels im Hintergrund. Das Motiv ist heute durch Vegetation stark beeinträchtigt. **194 054** schiebt am 27. September 1985 den FD 211 „Wörthersee" nach. Das Schieben von Reisezügen war seit den achtziger Jahren eher die Ausnahme. Aufnahme: Werner Schimmeyer

▽ **Bild 240** • Diese Aussicht von der Brücke der Bundesstraße 10 vor Amstetten zeigt auch anhand der in der Ebene abgestellten Kesselwagen sehr eindrucksvoll die hier herrschenden Steigungsverhältnisse. **194 132** rollt am 28. Mai 1983 mit ihrem Güterzug talwärts. Aufnahme: Matthias Maier

▽ **Bild 241** • Der Blick fällt am 22. September 1987 vom Mühltalfels auf die schiebende **194 041**. Vier Tage später endete der Schiebebetrieb mit der Baureihe E 94 auf der Geislinger Steige. Aufnahme: Brian Rampp

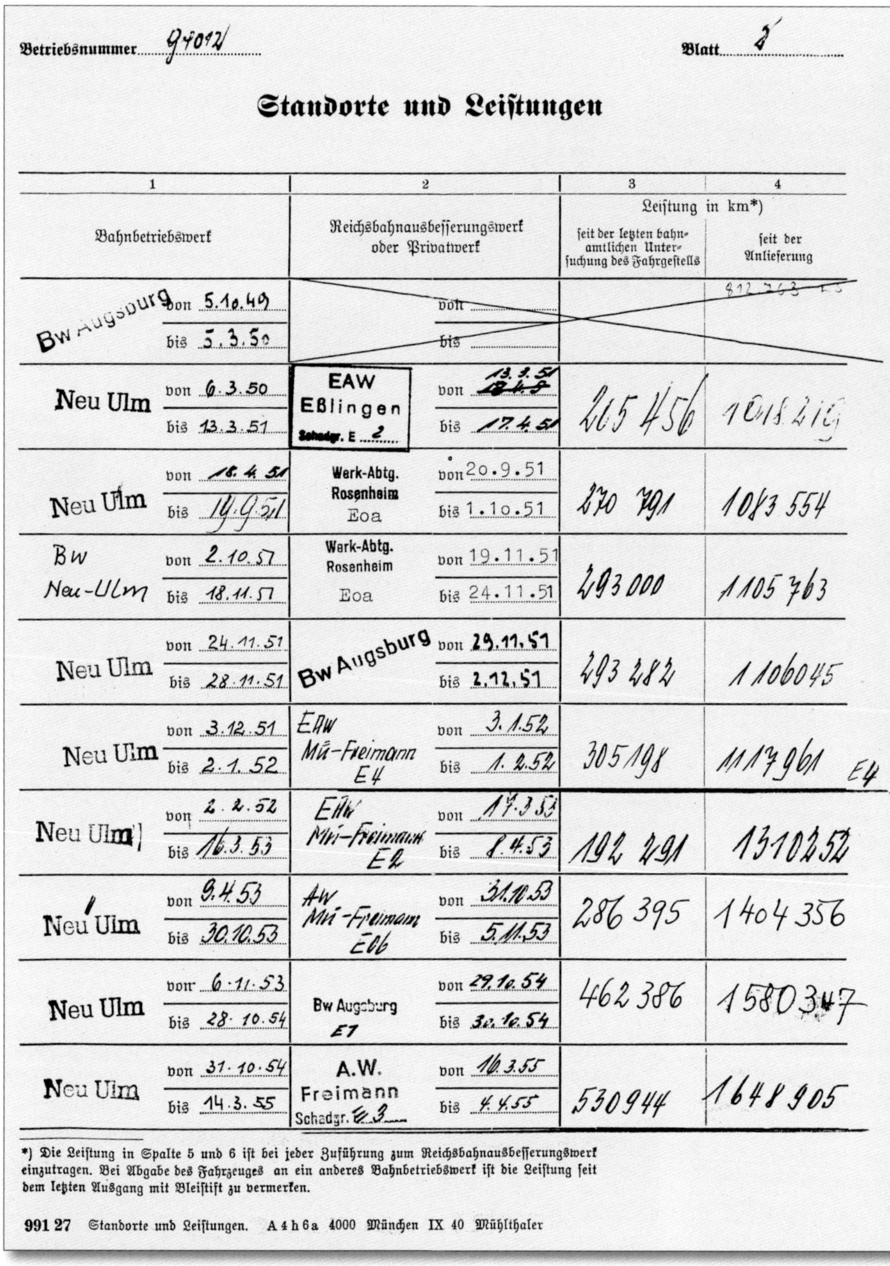

Betriebsnummer 94012 Blatt 2

Standorte und Leistungen

1 Bahnbetriebswerk		2 Reichsbahnausbesserungswerk oder Privatwerk		3 Leistung in km*) seit der letzten bahnamtlichen Untersuchung des Fahrzeugteils	4 seit der Anlieferung
Bw Augsburg	von 5.10.49 bis 5.3.50		von bis		812 363
Neu Ulm	von 6.3.50 bis 13.3.51	EAW Eßlingen Schadgr. E 2	von 13.3.51 bis 17.4.51	265 456	1018 219
Neu Ulm	von 16.4.51 bis 19.9.51	Werk-Abtg. Rosenheim Eoa	von 20.9.51 bis 1.10.51	270 791	1083 554
Bw Neu-Ulm	von 2.10.51 bis 18.11.51	Werk-Abtg. Rosenheim Eoa	von 19.11.51 bis 24.11.51	293 000	1105 763
Neu Ulm	von 24.11.51 bis 28.11.51	Bw Augsburg	von 29.11.51 bis 2.12.51	293 282	1106045
Neu Ulm	von 3.12.51 bis 2.1.52	EAW Mü-Freimann E4	von 3.1.52 bis 1.2.52	305198	1117961 E4
Neu Ulm	von 2.2.52 bis 16.3.53	EAW Mü-Freimann E2	von 17.3.53 bis 8.4.53	192 291	1310252
Neu Ulm	von 9.4.53 bis 30.10.53	AW Mü-Freimann E6	von 31.10.53 bis 5.11.53	286 395	1404 356
Neu Ulm	von 6.11.53 bis 28.10.54	Bw Augsburg E7	von 29.10.54 bis 30.10.54	462 386	1580347
Neu Ulm	von 31.10.54 bis 14.3.55	A.W. Freimann Schadgr. E3	von 16.3.55 bis 4.4.55	530944	1648905

*) Die Leistung in Spalte 5 und 6 ist bei jeder Zuführung zum Reichsbahnausbesserungswerk einzutragen. Bei Abgabe des Fahrzeuges an ein anderes Bahnbetriebswerk ist die Leistung seit dem letzten Ausgang mit Bleistift zu vermerken.

991 27 Standorte und Leistungen. A 4 h 6 a 4000 München IX 40 Mühlthaler

△ **Bild 242** • Standortblatt aus dem Betriebsbuch der E 94 012. ABBILDUNG: SAMMLUNG FRANK LÜDECKE

Bw Neu-Ulm

Das Bw Neu-Ulm erhielt nach Kriegsende am 30. November 1946 mit E 94 041 vom Bw Augsburg die erste E 94 zugewiesen. Ihr folgte wenig später E 94 081. Beide waren in Richtung München und Stuttgart im Einsatz und blieben bis zum 2. Oktober 1948 hier stationiert. Kurzzeitig kam 1947 mit E 94 117 eine dritte hinzu. Nach knapp zwei Monaten kehrten am 29. November 1948 die E 94 041 und 081 zusammen mit E 94 044 in die Listen des Bw Neu-Ulm zurück. Dieser Bestand von drei Maschinen wurde im Jahre 1950 auf zehn Maschinen aufgestockt.

Ihre Hauptaufgabe sollte in den darauffolgenden Jahren die Bespannung von durchgehenden Güterzügen der Relation München – Kornwestheim „aus der Mitte heraus" sein. Diesen Dienst teilten sie sich mit den in der Nachbarstadt beheimateten E 94 des Bw Ulm. Das „aus-der-Mitte-heraus-fahren" war zu jener Zeit eine als besonders günstig angesehene Bespannungsregelung und dementsprechend von der DB auf breiter Ebene eingeführt worden, um den knappen Bestand an schweren Güterzugellokomotiven maximal auszulasten. Infolge der hohen Laufleistungen bedingte dies jedoch kurze Standzeiten im Heimat-Bw, sodass entsprechende Vorsorge für die ordnungsgemäße Pflege der Triebfahrzeuge getroffen werden musste. Daher legten die jeweiligen Bundesbahndirektionen gegenseitig die Lokomotiven fest, die im Wende-Bw gewartet werden sollten.

Etwas kurios mutet die Tatsache an, dass nur zwei Kilometer voneinander entfernte Betriebswerke eigene E 94-Bestände besaßen und einsetzten. Der Grund lag

▽ **Bild 243** • Einen langen Güterzug, gebildet aus G-10 Wagen, teilweise mit Bremserhaus, zieht **E 94 070** am 9. August 1952 bei Urspring Richtung Ulm. AUFNAHME: CARL BELLINGRODT, SAMMLUNG BRIAN RAMPP

Bild 244 ▷
Am 10. August 1952 hat **E 94 081** die Geislinger Steige fast geschafft, hier an der Ziegelhütte vor Amstetten.

in der zwischen den Bahnhöfen Neu-Ulm und Ulm verlaufenden Direktionsgrenze. Diese wiederum war entlang der Grenze zwischen Bayern und Württemberg gezogen worden. Während das Bw des bayerischen Neu-Ulm noch zur BD Augsburg gehörte, wurde das württembergische Bw Ulm von der BD Stuttgart verwaltet.

Der Einsatz der Neu-Ulmer E 94 zwischen München und Kornwestheim bewährte sich. Die acht Planlokomotiven erreichten im Winter 1951/52 durch günstige Kopplung der Züge einen Tageskilometerschnitt von 590 km, bei einer Einsatzzeit von 19 Stunden täglich. Das bedeutete die höchste spezifische dienstplanmäßige Laufleistung im Güterverkehr bei der DB überhaupt. Während der gesamten Zeit der E 94-Beheimatung in Neu-Ulm erreichten ihre Leistungen derartige Spitzenwerte.

Ab 18. Mai 1952 erweiterte sich ihr Einsatzgebiet mit der Aufnahme des elektrischen Betriebes von Kornwestheim nach Mühlacker. 13 Güterzüge zwischen Mün-

▽ **Bild 245 • E 94 022** ist am 26. Mai 1956 im Langlauf zwischen Kornwestheim und München im Einsatz. Im Bahnhof Beimerstetten überholt sie den fabrikneuen, jedoch noch nicht abgenommenen Triebwagen ET 30 004, der sich auf Probefahrt befindet. Aufnahmen (2): Carl Bellingrodt, Sammlung Brian Rampp

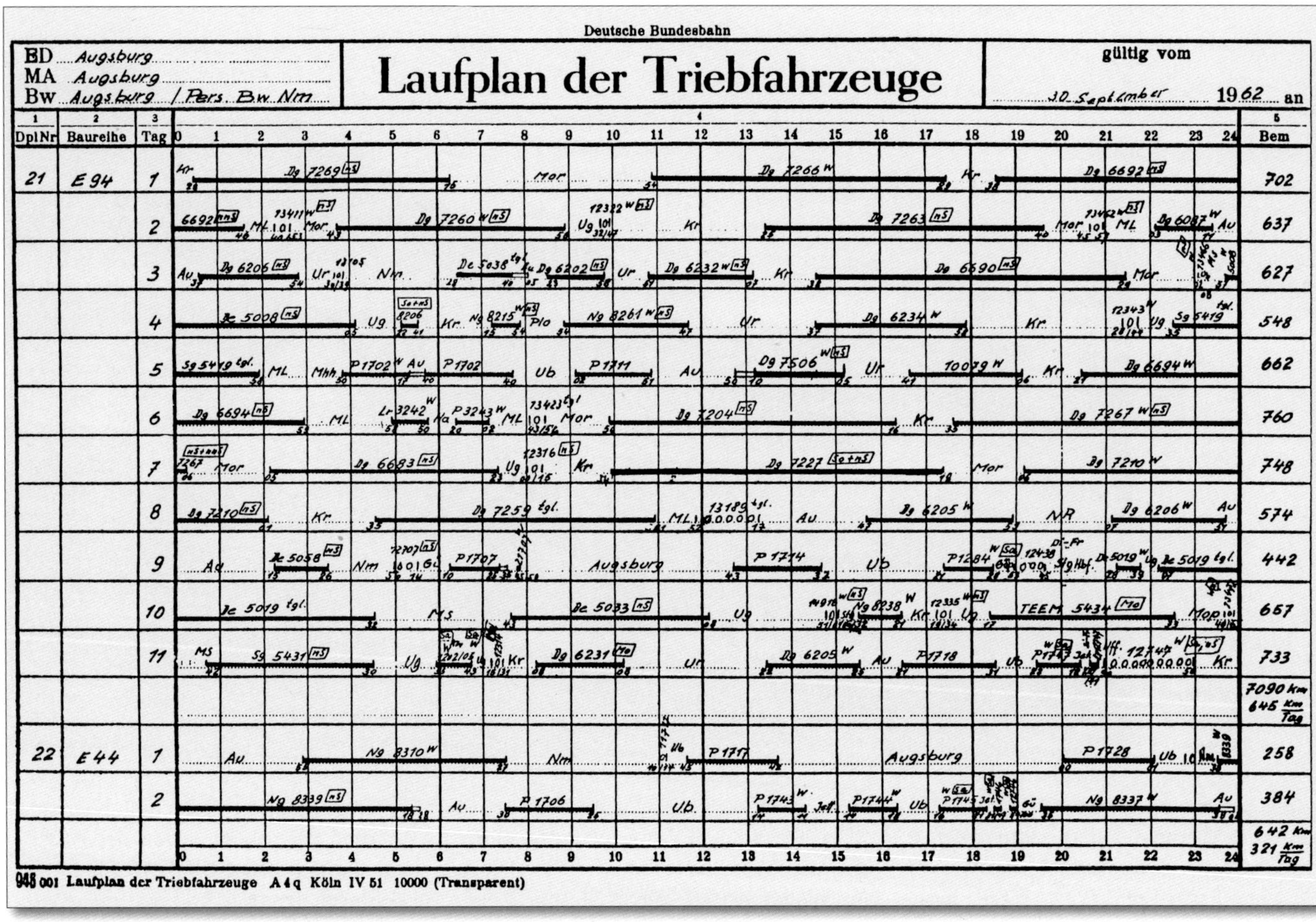

△ **Bild 246** • So wie dieser Augsburger Umlauf für die vom Einsatz-Bw Neu-Ulm eingesetzten E 94 sahen auch die Umlaufpläne zu Zeiten der E 94-Beheimatung in Neu-Ulm aus. Laufplanabkürzungen: Au – Augsburg; Gü – Günzburg; Kr – Kornwestheim Rbf; Mhh – München Hbf; ML – München-Laim; Mop – München Ost Pbf; Mor – München Ost Rbf; Ms – München Süd; Nm – Neu-Ulm; Nr – Nürnberg Rbf; Plo – Plochingen; Ub – Ulm; Ug – Stuttgart-Untertürkheim Gbf. ABBILDUNG: BD AUGSBURG, SAMMLUNG KLAUS HOPF

chen und Mühlacker sowie 15 Güterzüge der Relation Kornwestheim – München bespannten nun durchgehend E 94 der Bw Neu-Ulm und Ulm.

Über die folgenden Fahrplanperioden blieben die Langläufe bestehen, wobei ab Sommerfahrplan 1953 mehrere Jahre lang stets neun E 94 des Bw Neu-Ulm planmäßig im Einsatz waren. Dies zeigt auch die folgende Übersicht, in der die Neu-Ulmer E 94 stets die vordersten Plätze in der Statistik der Güterzuglokomotiven mit den höchsten spezifischen Laufleistungen belegten:

Fahrplan	Planbedarf	Ø km/Tag	Platz
Sommer 1951	8	590	1
Sommer 1952	8	586	1
Sommer 1953	9	583	1
Sommer 1954	9	635	1
Sommer 1955	9	572	3
Sommer 1956	9	534	3
Sommer 1957	9	570	2

Bw Neu-Ulm

E 94 012	Augsburg	06.03.1950	–	28.02.1959	Augsburg
018	Augsburg	07.03.1950	–	28.02.1959	Augsburg
022	Kornwestheim	13.05.1950	–	28.02.1959	Augsburg
041	Augsburg	30.11.1946	–	02.10.1948	Augsburg
	Augsburg	29.11.1948	–	28.02.1959	Augsburg
044	Augsburg	29.11.1948	–	28.02.1959	Augsburg
051	Augsburg	06.03.1950	–	28.02.1959	Augsburg
070	Kornwestheim	13.05.1950	–	28.02.1959	Augsburg
073	Augsburg	06.03.1950	–	23.03.1959	Augsburg
080	Augsburg	06.03.1950	–	28.02.1959	Augsburg
081	Augsburg	08.12.1946	–	02.10.1948	Augsburg
	Augsburg	29.11.1948	–	28.02.1959	Augsburg
091	Augsburg	28.10.1950	–	09.04.1951	Augsburg
	Augsburg	03.08.1951	–	15.10.1951	Augsburg
	Augsburg	28.11.1951	–	28.02.1959	Augsburg
117	Augsburg	27.09.1947	–	08.04.1948	Augsburg
145	Augsburg	16.10.1951	–	19.11.1951	Augsburg

Hier der Bestand am 1. Januar 1958:

E 94	012	018	022	041	044
	051	070	073	080	081
	091				

Bereits zu dieser Zeit waren im Hinblick auf Rationalisierungsbestrebungen Überlegungen im Gange, die Triebfahrzeugbeheimatung in Neu-Ulm aufzulassen und den Werkstättendienst für elektrische Lokomotiven der BD Augsburg beim Bw Augsburg zusammenzufassen. So wechselte der gesamte E 94-Bestand, zusammen mit drei der vier E 44, am 1. März 1959 – also noch während des Winterfahrplans 1958/59 – nach Augsburg.

Das Bw Neu-Ulm blieb noch für eine Übergangszeit Einsatz-Bw für Augsburger E 94. So liefen im Sommerfahrplan 1959 weiterhin neun E 94 mit durchschnittlich 603 km/Tag von Neu-Ulm aus mit den gewohnten Leistungen. Im Winter 1962/63 waren es sogar elf Lokomotiven mit durchschnittlich 645 km/Tag.

Als Heimat-Bw für Triebfahrzeuge wurde das Bw Neu-Ulm am 1. Oktober 1961 aufgelöst, das Bw am 1. September 1965 stillgelegt. Der östliche Lokschuppen fiel im Herbst 1978, der westliche Teil im März 1980 dem Abbruch anheim.

Bild 247 ▷ Die wenige Wochen junge **E 94 196** fährt im August 1956 mit einem Schnellzug in Stuttgart Hbf ein.

Aufnahme: Kurt Eckert/ Eisenbahnstiftung

BD Karlsruhe

Bw Heidelberg

Als am 5. Mai 1955 der elektrische Zugbetrieb zwischen Bruchsal und Heidelberg aufgenommen und der neue Heidelberger Hauptbahnhof seiner Bestimmung übergeben wurde, hatte E 94 124 – damals noch Bw Ulm – die Ehre, den Sonderzug D 21555 Bruchsal – Heidelberg zu bespannen. Eine Schnellzug-Ellok stand der BD Karlsruhe damals nicht zur Verfügung. Bundespräsident Heuss nahm an der Fahrt teil und hielt die Eröffnungsrede.

E 94 124 sollte die Vorhut für eine E 94-Gruppe bilden, die zu Beginn des Sommerfahrplans 1955 beim Bw Heidelberg stationiert wurde: E 94 035, 085, 124, 125, 126 und 158 – letztere am 17. Mai offiziell als erste zugeteilt. Die E 94 waren zusammen mit den ab 5. Juli 1955 für den Rangierdienst vorgesehenen E 69 02 und 03 die ersten Vertreter der Elektrotraktion beim Bw Heidelberg und die ersten E 94 der BD Karlsruhe. Ihr Einsatz erfolgte in einem fünftägigen Umlauf mit 471 km durchschnittlicher Tagesleistung. Zusammen mit den Kornwestheimer E 94 liefen sie hauptsächlich im Dg-Verkehr auf der Strecke Heidelberg – Mühlacker – Kornwestheim, beförderten Schnellgüterzüge (Sg) und zogen z. B. E 522 Stuttgart – Heidelberg als hochwertigste Leistung.

Ab November 1955 ersetzte das Bw Heidelberg seine „alten" E 94 schrittweise durch neu gebaute Maschinen. Bis Juli 1956 trafen E 94 189 – 196 ein.

Am 3. Juni 1956 erweiterte sich das Einsatzgebiet geringfügig mit der Aufnahme

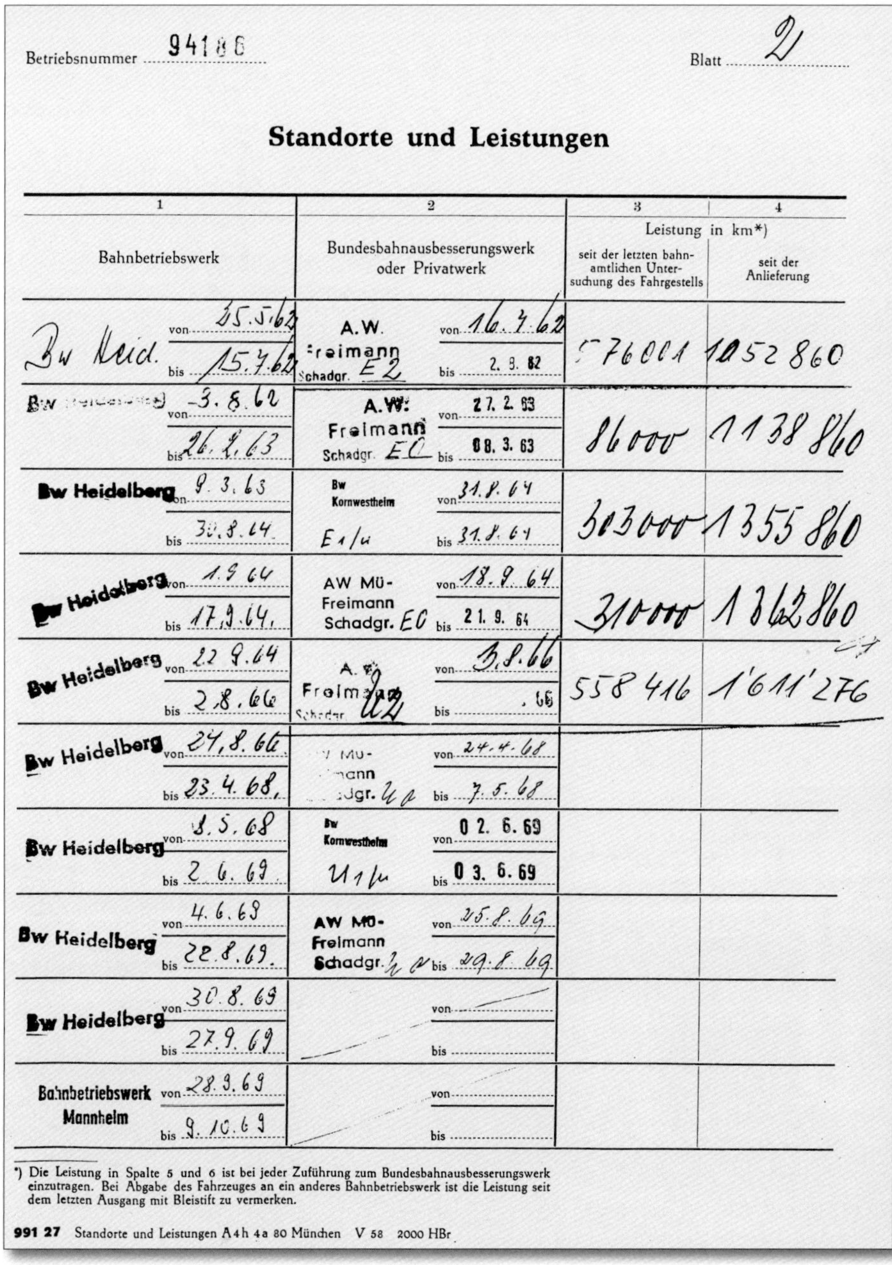

Betriebsnummer 941[illegible] Blatt 2

Standorte und Leistungen

1 Bahnbetriebswerk	von / bis	2 Bundesbahnausbesserungswerk oder Privatwerk	von / bis	3 Leistung in km*) seit der letzten bahnamtlichen Untersuchung des Fahrgestells	4 seit der Anlieferung
Bw Heid.	von 25.5.62 bis 15.7.62	A.W. Freimann Schadgr. E2	von 16.7.62 bis 2. 8. 62	576001	1052860
Bw [illegible]	von 3.8.62 bis 26.2.63	A.W. Freimann Schadgr. E0	von 27. 2. 63 bis 08. 3. 63	86000	1138860
Bw Heidelberg	von 9.3.63 bis 30.8.64	Bw Kornwestheim E1/u	von 31.8.64 bis 31.8.64	303000	1355860
Bw Heidelberg	von 1.9.64 bis 17.9.64.	AW Mü-Freimann Schadgr. E0	von 18.9.64 bis 21. 9. 64	310000	1362860
Bw Heidelberg	von 22.9.64 bis 2.8.66	A. Freimann Schadgr. U2	von 3.8.66 bis . 66	558416	1'611'276
Bw Heidelberg	von 24.8.66 bis 23.4.68.	… Mü- …mann …dgr. U0	von 24.4.68 bis 7.5.68		
Bw Heidelberg	von 8.5.68 bis 2.6.69	Bw Kornwestheim U1/u	von 02. 6. 69 bis 03. 6. 69		
Bw Heidelberg	von 4.6.69 bis 22.8.69.	AW Mü-Freimann Schadgr. U0	von 25.8.69 bis 29.8.69		
Bw Heidelberg	von 30.8.69 bis 27.9.69		von bis		
Bahnbetriebswerk Mannheim	von 28.9.69 bis 9.10.69		von bis		

*) Die Leistung in Spalte 5 und 6 ist bei jeder Zuführung zum Bundesbahnausbesserungswerk einzutragen. Bei Abgabe des Fahrzeuges an ein anderes Bahnbetriebswerk ist die Leistung seit dem letzten Ausgang mit Bleistift zu vermerken.

991 27 Standorte und Leistungen A4h 4a 80 München V 58 2000 HBr

△ **Bild 248** • Standortblatt aus dem Betriebsbuch der E 94 186.

Abbildung: Sammlung Frank Lüdecke

△ **Bild 249** • Der Lokführer steigt in Heidelberg Rbf auf **E 94 195** und wird die Lokomotive in Kürze in Bewegung setzen. Entweder hat die E 94 einen Güterzug aus Bruchsal gebracht und setzt jetzt ab, oder der Zug ist abfahrbereit nach Mannheim Rbf. Im Hintergrund ist der „kleine" Odenwald zu sehen.

Aufnahme: Manfred Zaubitzer, Sammlung Volkhard Stern

des elektrischen Zugbetriebs von Heidelberg über Mannheim-Friedrichsfeld nach Mannheim Rbf. Dies ermöglichte den Wegfall des Umspannens in Heidelberg und die durchgehende Führung von Güterzügen bis Mannheim Rbf.

1958/59 erhielt der Heidelberger E 94-Bestand Zuwachs in Form der E 94 des Bw Mannheim. Damit wurde der unwirtschaftliche Zustand, in zwei benachbarten Betriebswerken die gleiche Baureihe zu unterhalten, beseitigt. Als Ausgleich für die Zusammenfassung der Unterhaltung in Heidelberg fungierte das Bw Mannheim ab 1958 als alleiniges Einsatz-Bw für die Heidelberger E 94. Im Sommer 1959 setzte es beispielsweise neun E 94 mit durchschnittlich 521 km pro Tag ein. Der E 94-Bestand des Bw Heidelberg umfasste am Jahresende 1959 14 Maschinen (E 94 183–196). Nach der Abgabe von E 94 183 im Mai 1961 an das Bw Augsburg blieb es bei dem Bestand von 13 Lokomotiven bis zum Jahr 1969.

◁ **Bild 250**
E 94 193 und **E 94 133** (Bw Kornwestheim) sind am 5. März 1961 mit einem Güterzug zwischen Ölbronn und Maulbronn auf dem Weg nach Stuttgart.

Aufnahme: Helmut Röth/ Eisenbahnstiftung

◁ **Bild 251**
E 94 193 steht abfahrbereit vor einem Eilzug im Heidelberger Hauptbahnhof am 24. September 1961. Der neue Bahnhof ersetzte im Jahr 1955 den alten Kopfbahnhof.

Aufnahme: Dieter Hauss, Sammlung Wolfgang Löckel

△ **Bild 252 • E 94 192** fährt am 18. Juli 1959 mit einem Güterzug durch die lange Kurve vor Heidelsheim südwärts.

Von Januar bis Juli 1969 stationierte die DB neun 194 des Bw Kornwestheim nach Heidelberg um (194 045, 046, 048, 161, 178, 179, 180–182). Dies geschah als Kompensation für die Abgabe sämtlicher E-Lokomotiven der Baureihe 112 von Heidelberg nach Dortmund. Hinzu kam außerdem 194 160 (Bw Augsburg). Ende Juli 1969 war der Heidelberger E 94-Bestand auf 23 Lokomotiven angewachsen und umfasste bis auf die in München Ost beheimatete 194 183 sämtliche Nachbau-E 94⁰ (194 178–182, 184–196). Aus dem Sommerfahrplan 1969 ist ein zehntägiger Umlauf mit durchschnittlich 750 km pro Lokomotive und

▽ **Bild 253 • E 94 185** ist am 6. April 1963 mit einem Tonzug in Heidelberg-Kirchheim angekommen. Dieser wird hier von der Werklokomotive 2 der Heidelberger Zementwerke übernommen.

Aufnahmen (2): Helmut Röth/Eisenbahnstiftung

△ **Bild 254 • E 94 187** durchfährt im September 1965 mit einem langen Güterzug Ludwigsburg.

Aufnahme: Willi Löhr, Sammlung Martin Kunhäuser

◁ **Bild 255**
194 190 steht am Tag der ersten Mondlandung, dem 20. Juli 1969, mit einem Sonderzug abfahrbereit in Frankfurt/Main Hbf. Die Fahrt führte an diesem Tag auch nach Gießen.

Aufnahme: Hans-Jürgen Eggerstedt, Sammlung Jörg Sauter

Tag überliefert, wobei u. a. Bebra und Kassel Rbf angefahren wurden. Mit Sonderleistungen kamen sie auch bis Lehrte Rbf.

Mit der geplanten Eröffnung des neuen Durchgangsbahnhofes Ludwigshafen und der Umwandlung des Rbf Heidelberg in einen Eilgüterbahnhof bei gleichzeitiger Zusammenfassung der Rbf-Aufgaben in

Bw Heidelberg

E 94 035	Kornwestheim	22.05.1955 – 15.03.1956	Kornwestheim	E 94 183	Mannheim	29.07.1958 – 20.05.1961	Augsburg
045	Kornwestheim	31.01.1969 – 27.09.1969	Mannheim	184	Mannheim	11.11.1958 – 27.09.1969	Mannheim
046	Kornwestheim	08.02.1969 – 27.09.1969	Mannheim	185	Mannheim	31.07.1959 – 27.09.1969	Mannheim
048	Nürnberg Rbf	18.07.1957 – 22.01.1958	Kornwestheim	186	Mannheim	25.07.1958 – 14.04.1961	Augsburg
	Mannheim	11.03.1969 – 26.09.1969	Mannheim		Augsburg	21.05.1961 – 27.09.1969	Mannheim
085	Ulm	22.05.1955 – 12.01.1956	Ulm	187	Mannheim	27.11.1959 – 27.09.1969	Mannheim
	Ulm	01.02.1956 – 28.02.1956	Ulm	188	Mannheim	08.12.1958 – 27.09.1969	Mannheim
124	Ulm	22.05.1955 – 19.04.1956	Augsburg	189	Neulieferung	10.11.1955 – 30.09.1957	Mannheim
125	Ulm	21.05.1955 – 17.05.1956	Augsburg		Mannheim	19.09.1958 – 27.09.1969	Mannheim
126	Ulm	27.05.1955 – 04.07.1956	Kornwestheim	190	Neulieferung	05.12.1955 – 06.08.1958	Mannheim
158	München Ost	17.05.1955 – 07.02.1956	München Ost		Mannheim	27.10.1959 – 27.09.1969	Mannheim
160	Augsburg	01.05.1969 – 27.09.1969	Mannheim	191	Neulieferung	11.01.1956 – 27.09.1969	Mannheim
161	Kornwestheim	22.03.1969 – 27.09.1969	Mannheim	192	Neulieferung	06.02.1956 – 27.09.1969	Mannheim
178	Kornwestheim	01.06.1969 – 27.09.1969	Mannheim	193	Neulieferung	14.03.1956 – 27.09.1969	Mannheim
179	Kornwestheim	31.05.1969 – 27.09.1969	Mannheim	194	Neulieferung	18.04.1956 – 27.09.1969	Mannheim
180	Kornwestheim	18.07.1969 – 27.09.1969	Mannheim	195	Neulieferung	18.05.1956 – 27.09.1969	Mannheim
181	Kornwestheim	24.07.1969 – 27.09.1969	Mannheim	196	Neulieferung	03.07.1956 – 27.09.1969	Mannheim
182	Kornwestheim	31.07.1969 – 27.09.1969	Mannheim				

Mannheim im Jahr 1969 war das Ende der E 94 in Heidelberg vorgezeichnet. Im Zuge der fortschreitenden Rationalisierung im Werkstättenwesen entschloss sich die DB, die E 94-Unterhaltung in Baden-Württemberg beim Bw Mannheim, das einen neu gebauten Ellok-Trakt erhielt, zusammenzufassen. Deshalb wechselte der Bestand zu Beginn des Winterfahrplans 1969/70 geschlossen zum Bw Mannheim über, ohne dass sich zunächst an den Einsätzen etwas ändern sollte.

Das einst bedeutende Bw Heidelberg löste die DB am 27. Mai 1989 auf, die letzten hier beheimateten Triebfahrzeuge wechselten nach Mannheim (323, 608, 633, 701) bzw. Karlsruhe (798). Die Anlagen des Bw ließ die BD Karlsruhe anschließend abbrechen.

△ **Bild 256** • Im Jahresfahrplan 1971/72 fuhren Mannheimer 194 planmäßig von Mainz-Bischofsheim bis Oberlahnstein. Auf dem Rückweg hat **194 182** am 12. November 1971 Rüdesheim am Rhein erreicht. Aufn.: Peter Lösel

Bw Mannheim

Im Oktober und Dezember 1957 kamen mit E 94 189 und 194 188 erstmals eigene E 94 in den Bestand. Im Jahre 1958 folgten weitere sechs E 94 (wovon E 94 183, 184 und 186 nach wenigen Monaten zum Bw Heidelberg wechselten). Zum Jahresende 1958 waren mit E 94 185, 187, 189 und 190 vier E 94 vorhanden und damit vorläufig der höchste Stand erreicht.

Die Entscheidung, die E 94 in dieser Region beim nicht allzu weit entfernten Bw Heidelberg zu beheimaten, führte in den Monaten Juli bis November 1959 zur Abgabe der Maschinen. Von 1958 bis 1969 war Mannheim Einsatz-Bw aller Heidelberger E 94.

Zu Beginn des Winterfahrplans 1969/70 nahm die BD Karlsruhe beim Bw Mannheim die E 94-Unterhaltung – dieses Mal in größerem Umfang – wieder auf und stationierte alle 194 des Bw Heidelberg hierher um (23 Lokomotiven). An dem Einsatzgebiet der Maschinen änderte sich im Vergleich zu den früheren Heidelberger Plänen zunächst nichts Grundlegendes. Die Wendepunkte Bebra, Kassel, München und Saarbrücken wiesen zahlreiche Langläufe auf. Diese wurden beispielsweise im Sommer 1970 in einem 17-tägigen Umlauf mit durchschnittlich 703 km/Tag erbracht.

Ab Winterfahrplan 1970/71 übernahmen zwei Mannheimer 194 den Übergabedienst von Basel Bad. Rbf nach Basel SBB Rbf von den bis dahin in diesen Diensten verwendeten 191 des Bw Freiburg. Einsatz-Bw für diese beiden 194 war Haltingen. Der Grund für die Verwendung sechsachsiger Elloks anstelle etwa der moderneren 140 lag in den Streckenverhältnissen des Badischen Rangierbahnhofs begründet: In der Ausfahrt lag ein enger Gleisbogen in einer relativ starken Steigung, sodass eine Ellok mit größerer Reibungsmasse nötig war, um die, wie Haltinger Lokführer zu berichten wussten, teilweise recht schweren Güterzüge problemlos anfahren zu können. Bis 1986 sollten die 194 in diesen Diensten stehen.

Aufgrund des daraus resultierenden höheren Bedarfs kamen im Sommer 1970 die Augsburger 194 124 und 194 125 zum Bw Mannheim, wodurch der Bestand auf 25 Lokomotiven anwuchs und damit seinen Höchststand erreichte. Doch schon am 31. Januar 1971 mussten 194 046, 048 und 124 an das Bw Augsburg abgetreten werden. Der verbliebene Bestand von 22 Loks

Bild 257 ▷ Die Nachbaulokomotive **E 94 190** mit einem Güterzug auf der Rheintalbahn bei Graben-Neudorf am 18. Juli 1959.

Aufnahme: Helmut Röth/ Eisenbahnstiftung

△ **Bild 258** • Zum Einsatzgebiet der Mannheimer E 94 gehörte auch das Saarland. **194 194** ist am 2. Juni 1978 im Bahnhof Landsweiler-Reden angekommen, um einen Zug des Programmverkehrs abzuholen. Diese verkehrten in der Relation Ensdorf/Landsweiler-Reden/Göttelborn nach Großkrotzenburg/Mannheim-Rheinau/Plochingen zur Versorgung der dortigen Kraftwerke mit Saarkohle. AUFNAHME: GEORG DOLLWET

sollte bis 1981 unverändert bleiben. Abgesehen von 194 045 und 125 besaß das Bw Mannheim in jenen Jahren ausschließlich 194 der Nachkriegslieferungen: 194 160, 161 sowie 194 178–182 und 184–196.

Allerdings stand 194 125 von Januar 1971 bis Juli 1975 wegen eines AW-Aufenthaltes zur Behebung eines schweren Unfallschadens nicht zur Verfügung: Sie war am 18. Januar 1971 bei Hanau Nord mit einem entgleisten Waggon eines in Gegenrichtung verkehrenden Ganzzuges kollidiert, der in ihr Gleis ragte. Dabei trug sie schwerste Schäden davon und konnte erst Anfang Juni 1971, nachdem sie im Bw Aschaffenburg lauffähig gemacht worden war, ins AW München-Freimann gebracht werden. Es sollten vier Jahre vergehen, bis sie in den Dienst zurückkehrte. Ihren mechanischen Teil baute von Februar 1974 bis Juli 1974 das AW Bremen wieder auf.

Ein zweiter längerfristiger Ausfall betraf 194 188. Sie stand ebenfalls wegen eines schweren Unfallschadens von Oktober 1973 bis Januar 1976 in den Ausbesserungswerken Bremen und München-Freimann.

Die Laufpläne sahen in den siebziger Jahren stets zwischen 12 und 16 Planlokomotiven vor. Ähnlich wie die Aschaffenburger befuhren auch die Mannheimer 194 ein sehr weiträumiges Einsatzgebiet. Naturgemäß dominierten hier Leistungen in Baden-Württemberg und Südhessen. Während des Jahresfahrplans 1971/72 fuhren sie planmäßig mit einem Zugpaar auf der rechten Rheinstrecke bis Oberlahnstein. Außerplanmäßig waren sie auch in Seelze und Lehrte zu sehen. Noch im Sommerfahrplan 1974 liefen sie planmäßig auf den Strecken von Mannheim nach Basel, Kornwestheim, Mainz-Bischofsheim, Saarbrücken, Bebra und Kassel Rbf. Nachdem ab 1975 die Rheintalstrecke Karlsruhe – Basel planmäßig nicht mehr mit 194 befahren wurde, musste das Bw Mannheim die beiden 194 des Basler Grenzverkehrs in einem 2-Tage-Plan aus dem Gesamtumlauf auskoppeln. Die Maschinen wurden bei Erreichen der Fristgrenze (12.000 km) getauscht, wobei die Überführung entweder als Leerfahrt, Leervorspann oder als Zuglokomotive vor einem Sondergüterzug erfolgte.

In den Umläufen der Jahre 1975/76 hingegen fanden sich keine Einsätze mehr nach Kassel und Saarbrücken, es herrschten Langläufe von Mannheim über Hanau nach Bebra (sie sollten bis zum Ende ein Einsatzschwerpunkt bleiben) sowie nach München vor. Im Winter 1975/76 waren letztmals Güterzugleistungen nach Friedberg (Hessen) im Umlauf verzeichnet. Im Sommer 1976 ging es dafür bis Aschaffenburg, Darmstadt-Kranichstein und Nürnberg Rbf.

Eine interessante Neuerung brachte für ein Jahr der Sommerfahrplan 1977: Mit Dg 53362 stießen die 194 von Bebra bis ins niedersächsische Göttingen vor (Ankunft 7:15 Uhr). Göttingen bildete somit den nördlichsten Wendepunkt, den 194 im Plandienst je erreichten.

Eine noch weiterführende Ausdehnung des Planbetriebes nach Norden war nicht möglich, da die BD Hannover ihre Lokführer auf dieser süddeutschen Altbaulok nicht geschult hatte. Ein anderer interessanter Langlauf war Dg 56743 Bebra – Mainz-Bischofsheim.

Die Aufnahme des durchgehenden elektrischen Zugbetriebes auf der Gäubahn bis Singen und Konstanz am 20. September 1977 führte zur Umgestaltung der Mannheimer Umlaufpläne. Leistungen von Kornwestheim nach Singen (zumeist mit Güterzügen der internationalen Relation Kornwestheim Rbf – Schaffhausen) sollten bis 1986 einen neuen Einsatzschwerpunkt für die 194 bilden. Dabei bedurften die über Stuttgart-Vaihingen verkehrenden Güterzüge bei Überschreiten ihrer Grenzlast infolge der starken Steigung aus dem Stuttgarter Talkessel oft einer Schublokomotive bis Böblingen (teilweise Baureihe 193). Um dies zu vermeiden, leitete die BD Stuttgart den Großteil der Züge über die eingleisige elektrifizierte Nebenstrecke Renningen – Böblingen um.

Konstanz erreichten Mannheimer 194 mit Ne 62331 aus Singen, zurück ging es mit dem Nahverkehrszug 7884. In dieser Fahrplanperiode tauchten außerdem Goddelau-Erfelden (Ng 63033 nach Mannheim Rbf) und Bad Homburg (Ng 63533 nach Frankfurt Hgbf) im Umlaufplan auf. Infol-

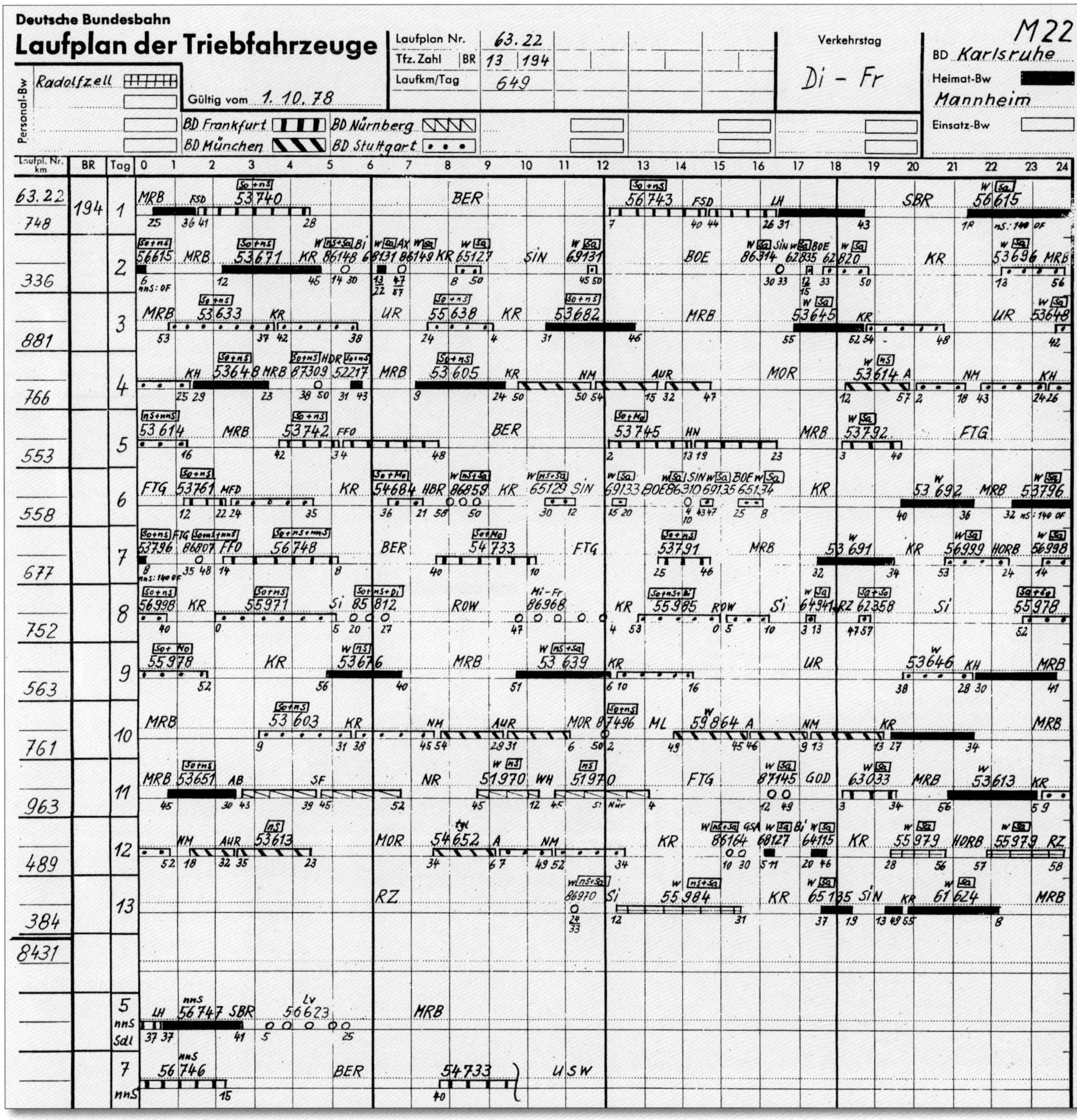

△ **Bild 259** • Umlaufplan für 13 Lokomotiven der Baureihe 194 des Bw Mannheim vom Winter 1978/79. Laufplanabkürzungen: A – Augsburg Hbf; AB – Aschaffenburg Hbf; AuR – Augsburg Rbf; Ax – Asperg; BER – Bebra Rbf; Bi – Bietigheim; BOE – Böblingen; FFo – Frankfurt Ost; FTG – Frankfurt Hgbf; GOD – Goddelau-Erfelden; HBR – Heilbronn Rbf; HDR – Heidelberg Rbf; HN – Hanau; HORB – Horb; KH – Kornwestheim Pbf; KR – Kornwestheim Rbf; MFD – Mannheim-Friedrichsfeld; ML – München-Laim; MNM – Neu-Ulm; MOR – München Ost Rbf; MRB – Mannheim Rbf; MUE – Mühlacker; MWF – Mannheim-Waldhof; NM – Neu-Ulm; NR – Nürnberg Rbf; Row – Rottweil; Rt – Reutlingen; Rz – Radolfzell; SBR – Saarbrücken Rbf; SF – Schweinfurt; Si – Singen; SIN – Sindelfingen; U – Ulm Hbf; UR – Ulm Rbf; WH – Würzburg Hbf.

Abbildung: BD Karlsruhe, Sammlung Henning Folz

gedessen erhöhte sich der Planbedarf um drei 194 auf 13 + 2 Lokomotiven.

Die Umläufe des Sommerfahrplans 1978 enthielten nicht mehr die Göttinger Leistungen, dafür wurde erneut Saarbrücken angefahren. Dies erfolgte mit dem Langlauf Dg 56743 Bebra – Saarbrücken Rbf und mit Dg 56615 Saarbrücken Rbf – Mannheim Rbf als Rückleistung. Ab Sommerfahrplan 1979 erhöhte sich der 194-Bedarf für die nächsten fünf Fahrplanperioden auf 14 + 2 Lokomotiven und im Sommer 1980 erreichten diese mit 713/122 km pro Tag den höchsten spezifischen Wert. Dies resultierte u. a. aus Langläufen wie z. B. Dg 53614 Rosenheim – Mannheim Rbf, 53665 Mannheim Rbf – Schweinfurt – Nürnberg Rbf oder 54180 Nürnberg Rbf – Frankfurt Hgbf.

Südlichster Wendepunkt war neuerdings Kufstein, im Südwesten Villingen (Ng 64929 nach Singen) und im Norden nach wie vor Bebra, das von sechs Güterzügen erreicht wurde. Konstanz stand im Umlauf mit Ng 64985/82 von Radolfzell. An Reisebegleitung waren N 5814/7354 Heilbronn – Osterburken – Heidelberg (an Samstagen) und N 5904 Heilbronn – Stuttgart (an Werktagen) zu verzeichnen. Die Leistungen nach Saarbrücken entfielen ab Ende des Winterfahrplans 1979/80.

Am 1. März 1982 erfolgte die erste Außerdienststellung einer Mannheimer 194. Auf diesen Tag datiert die z-Stellung von 194 188, die im Februar 1982 bei einem Aufstoß schwer beschädigt worden war. Dieses Mal stimmte die Zentrale Transportleitung einer Ausbesserung nicht zu, worauf das AW Freimann Ausmusterungsantrag stellte und die Lokomotive als Ersatzteilspen-

◁ **Bild 260**
Blick in den Lokschuppen des Bw Mannheim. Am 19. April 1979 ist 194 181 in Arbeit, vorn liegen mehrere Fahrmotoren.

Aufnahme: Thomas Waidelich

◁ **Bild 261**
Saarbrücken Rbf war der westlichste Wendepunkt des planmäßigen E 94-Einsatzes bei der DB. **194 194** fährt am 6. Juni 1979 mit Dg 56743 aus Bebra kommend gegen 18:45 Uhr in Saarbrücken Hbf ein. Diese Leistung bespannten E 94 von Mai 1978 bis September 1979.

Aufnahme: Georg Dollwet

◁ **Bild 262**
Mannheimer E 94 im Ost-West-Langlauf: **194 189** durchquert am 10. Mai 1979 mit Dg 56743 Bebra Rbf – Saarbrücken Rbf den Stadtwald von Frankfurt (Main).

Aufnahme: Dieter Kempf/ Eisenbahnstiftung

△ **Bild 263** • Im Winterfahrplan 1978/79 führte die DB einige Güterzugläufe zwischen München und Augsburg über die eingleisige Strecke Geltendorf–Mering, um die dicht befahrene Hauptstrecke im Abschnitt Augsburg – Olching – München zu entlasten. **194 185** fährt am Morgen des 20. April 1979 mit Dg 54652 nach Kornwestheim aus Egling an der Paar aus. Aufnahme: Rolf Wiesemeyer

▽ **Bild 264** • Viele Jahre waren E 94 im Übergabeverkehr zwischen Basel Badischer Bahnhof und Basel SBB Rbf in Muttenz eingesetzt. Aus der Schweiz kommend überquert **194 045** am 8. August 1979 mit Ng 99033 die Rheinbrücke und erreicht in Kürze den Badischen Bahnhof. Aufnahme: André Sinn

△ **Bild 265 •** Die seit September 1977 elektrisch betriebene Gäubahn Stuttgart – Singen zählte zu den landschaftlich schönsten Einsatzstrecken der Mannheimer E 94. Am 5. Juli 1980 sind **194 187** und die als Wagenlokomotive mitlaufende **194 182** vor Talhausen mit Dg 55984 nach Kornwestheim unterwegs. Aufnahmen (2): Georg Wagner

▽ **Bild 266 • 194 179** verlässt den Hohensteintunnel bei Villingendorf am 6. Juni 1981, unterwegs mit Dg 55975 auf der Gäubahn von Kornwestheim nach Singen.

Bw Mannheim

E 94 045	Heidelberg	28.09.1969 – 31.05.1986	Nürnberg 2	E 94 186	Nürnberg Rbf	28.06.1958 – 24.07.1958	Heidelberg
046	Heidelberg	28.09.1969 – 31.01.1971	Augsburg		Heidelberg	28.09.1969 – 01.06.1985	Nürnberg 2
048	Heidelberg	28.09.1969 – 31.01.1971	Augsburg	187	Nürnberg Rbf	10.06.1958 – 26.11.1959	Heidelberg
124	Augsburg	08.08.1970 – 31.01.1971	Augsburg		Heidelberg	28.09.1969 – 01.06.1985	Nürnberg 2
125	Augsburg	04.09.1970 – 31.05.1986	Nürnberg 2	188	Nürnberg Rbf	23.12.1957 – 07.12.1958 [3]	Heidelberg
160	Heidelberg	28.09.1969 – 31.05.1986	Nürnberg 2		Heidelberg	28.09.1969 – 28.02.1982	z
161	Heidelberg	28.09.1969 – 31.05.1986	Nürnberg 2	189	Heidelberg	01.10.1957 – 18.09.1959	Heidelberg
178	Heidelberg	28.09.1969 – 31.05.1986	Nürnberg 2		Heidelberg	28.09.1969 – 02.06.1984	Nürnberg 2
179	Heidelberg	28.09.1969 – 31.05.1986	Nürnberg 2	190	Heidelberg	07.08.1958 – 26.10.1959	Heidelberg
180	Heidelberg	28.09.1969 – 04.11.1985	z		Heidelberg	28.09.1969 – 02.06.1984	Nürnberg 2
181	Heidelberg	28.09.1969 – 31.05.1986	Nürnberg 2	191	Heidelberg	28.09.1969 – 02.06.1984	Nürnberg 2
182	Heidelberg	28.09.1969 – 31.05.1986	Nürnberg 2		z	07.05.1974 – 31.05.1974	
183	Nürnberg Rbf	30.05.1958 – 28.07.1958	Heidelberg	192	Heidelberg	28.09.1969 – 02.06.1984	Nürnberg 2
184	Nürnberg Rbf	31.05.1958 – 10.11.1958 [1]	Heidelberg	193	Heidelberg	28.09.1969 – 31.05.1984	Nürnberg 2
	Heidelberg	28.09.1969 – 01.06.1985	Nürnberg 2	194	Heidelberg	28.09.1969 – 02.06.1984	Nürnberg 2
185	Nürnberg Rbf	01.06.1958 – 30.07.1959 [2]	Heidelberg	195	Heidelberg	28.09.1969 – 17.05.1983 [4]	Nürnberg 2
	Heidelberg	28.09.1969 – 01.06.1985	Nürnberg 2	196	Heidelberg	28.09.1969 – 28.05.1983	Nürnberg Rbf

1) AW-Aufenthalt ab 05.11.1958 2) AW-Aufenthalt ab 27.07.1959 3) AW-Aufenthalt ab 03.12.1958 4) AW Freimann ab 18.05.1983

der zerlegte. Noch im Juni 1981 war sie zur Personalschulung in Dillenburg gewesen, ohne dass es jedoch in der Folgezeit zu einem planmäßigen Einsatz von Mannheimer 194 auf der Ruhr-Sieg-Strecke gekommen wäre.

Der Winterfahrplanabschnitt 1982/83 war der letzte, in dem noch relativ umfangreiche Planeinsätze existierten. Im Hauptplan liefen 13 Lokomotiven, zwei taten wie gewohnt vom Bw Haltingen aus Dienst und im Sonderverkehr lief eine 194. Interessante Wendepunkte waren u. a. Sontra, von Bebra aus mit Üg 69712/09 (an Di – Fr) bedient, und Worms mit Ng 63022 von Mannheim aus an Samstagen.

Stark rückläufig sollte sich der Planbedarf ab Sommerfahrplan 1983 entwickeln.

▽ **Bild 267** • Besigheim mit seinen Weinbergen, den alten Stellwerken und Formsignalen war viele Jahre ein gern aufgesuchter Ort zum Fotografieren vor allem von Altbau-Elektrolokomotiven. Am 25. April 1981 durchfährt **194 195** mit Dg 53641 den Bahnhof. Unmittelbar nach Außerbetriebnahme der Stellwerke Ende 1995 wurde der Bahnhof zu einem Haltepunkt ohne Weichen oder Gleisanschlüsse zurückgebaut. Die Aufnahme entstand aus dem südlichen Stellwerk heraus. Aufnahme: Georg Wagner

◁ **Bild 268**
Der Abschnitt Flieden – Fulda ist ein „Flaschenhals" auf der Frankfurter Zweigstrecke der Nord-Süd-Strecke. Zwischen Kerzell und Neuhof führt **194 125** am 23. Mai 1981 den Dg 53745 von Bebra nach Mannheim Rbf. Der im Bild noch sichtbare Gegenzug Dg 53748 ist mit 194 583 bespannt.

Aufnahme:
Joachim Seyferth

◁ **Bild 269**
Badisches Eisenbahnflair bot Mosbach. Am 11. April 1981 verlässt **194 185** mit ihrem Nahverkehrszug N 7354 (Osterburken – Heidelberg) den Bahnhof. Das gesamte Bahnhofsensemble ist seit 2002 verschwunden und dem Ausbau der Bundesstraße 27 gewichen. Im Jahr 1997 eröffnete die DB einen neuen Haltepunkt 300 m nördlich.

Aufnahme:
Dieter Kempf/
Eisenbahnstiftung

◁ **Bild 270**
194 161 hat am 26. November 1982 in Sontra einen Wagen zurück nach Bebra zu befördern. Es handelt sich um einen im Winterfahrplan 1982/83 nur an Freitagen bespannten Nahgüterzug als Füllleistung einer in Bebra stehenden Wende-E 94.

Aufnahme:
André Sinn

Bild 271 △
In Bietigheim wird die Enz mit einem beeindruckenden Viadukt überquert. **194 184** befährt das Bauwerk am 19. Mai 1983 in Richtung Kornwestheim.

Aufnahme: Henning Folz

Bild 272 ▷
194 189 beim ehemaligen Block Ohl zwischen Steinau (Straße) und Schlüchtern am 30. September 1982 auf dem Weg nach Bebra. Im Hintergrund steht die erhaltene Ruine des ehemaligen Steinauer Basaltwerkes. Heute führt die Bundesautobahn 66 mit einer Brücke direkt über dieses Motiv.

Aufnahme: Joachim Seyferth

Bild 273 ▷
Im Rahmen baubedingter Umleitungsverkehre kamen E 94 Ende Oktober 1984 auf der durch E 94 planmäßig nicht befahrenen Strecke Pforzheim – Karlsruhe zum Einsatz. **194 184** bei Wilferdingen-Singen am 27. Oktober 1984.

Aufnahme: Thomas Waidelich

◁ **Bild 274**
Die Gäubahn verläuft über weite Abschnitte nur eingleisig. **194 180** ist am 21. Juli 1984 mit Ng 63382 nach Kornwestheim bei Rietheim zu sehen. Kilometerstein und Kilometertafel am Fahrleitungsmast stehen an der selben Stelle.

Aufnahme: Georg Wagner

Er sank um vier Maschinen auf 10 + 2 Lokomotiven. Die Begründung lag in dem Beschluss der Zentralen Transportleitung, die 194-Unterhaltung in Mannheim auslaufen zu lassen und die Maschinen gruppenweise – beginnend mit den höchsten Nummern – zum Bw Nürnberg 2 umzubeheimaten. Als erste verließen daher Ende Mai 1983 die 194 195 und 194 196 das Bw. Entsprechend gingen die gefahrenen Leistungen zurück. München wurde nicht mehr angefahren, östlichster Wendepunkt war jetzt Ulm. Im Norden waren wieder Bebra und Bad Hersfeld Endstation, die Langläufe nach Nürnberg mit Dg 53667 Mannheim Rbf – Nürnberg Rbf bzw. Dg 54184 Nürnberg Rbf – Frankfurt Hgbf existierten weiterhin. Das übrige Einsatzgebiet blieb fast unverändert.

Zum Sommerfahrplan 1984 setzte sich der Bestandsabbau fort, als 194 189–194 zum Bw Nürnberg 2 wechselten. Folglich reduzierten sich die Planeinsätze auf 7 + 2 Lokomotiven. Sie konzentrierten sich weitgehend auf die Strecken von Mannheim nach Ulm und nach Singen. Darüber hinaus gab es viele Leistungen im Stuttgarter Stadtgebiet, die sie von der Baureihe 193 übernahmen (die letzten vier 193 waren Ende Mai 1984 ausgeschieden). Bebra erreichten Mannheimer 194 nur noch einmal samstags, dafür fanden sich ehemalige Mannheimer 194-Leistungen verstärkt in Nürnberger 194-Plänen wieder.

Den letzten Umlauf erstellte die BD Karlsruhe für den Jahresfahrplan 1985/86. Er sah Einsätze für nur noch 3 + 2 Maschinen vor. Hierfür standen acht 194 zur Verfügung, nachdem 194 184–187 abgegeben worden waren. Nächster Abgang war 194 180, die am 31. Oktober 1985 bei einer Flankenfahrt in Kornwestheim Rbf beschädigt und am 5. November 1985 z-gestellt wurde.

Mit der Umbeheimatung von 194 045, 125, 160, 161, 178, 179, 181 und 182 am 1. Juni 1986 nach Nürnberg verließen die letzten 194 das Bw Mannheim. Allerdings galt dies für 194 179 nur noch auf dem Papier: Sie war wegen einer Entgleisung in Basel SBB Rbf am 14. März 1986 ins AW Freimann gekommen und seither dort auf dem Lokfriedhof abgestellt. Angesichts des bestehenden 194-Überhanges unterließ die DB eine Reparatur und stellte die Lok am 1. Oktober 1986 auf z. Nichtsdestoweniger forderte die DB von den SBB Schadenersatz in Höhe von exakt kalkulierten 280.886,03 DM.

Durch die Aufgabe der 194-Unterhaltung in Mannheim endete zum Sommerfahrplan 1986 auch der Einsatz der beiden 194 in Basel. Ersatz kam hier in Form der Baureihe 150. Das Ausscheiden der 194 konnte das Bw Mannheim kompensieren. Als Ausgleich wanderte im Juni bzw. September 1986 der gesamte Ellokbestand des Bw Offenburg (Baureihen 139, 140, 141) geschlossen nach Mannheim. Außerdem kamen ab 1987 Lokomotiven der Baureihen 140 aus Osnabrück und Frankfurt/Main 1. Das Bw Mannheim baute die DB zu einer Großdienststelle für Güterzugelloks aus.

▽ **Bild 275** • Der zwischen Schlüchtern und Hanau gelegene Haltepunkt Niedermittlau besaß am 23. August 1985 noch eine Bahnsteigüberdachung aus Holz. **194 179** mit ihrem kurzen Ng 61733 von Bebra nach Frankfurt (Main) Hgbf hat Durchfahrt. Heute stehen hier Wartehäuschen aus Beton und eine Schallschutzwand.

Aufnahme: Jörg Fiedler

Bild 276 ▷
Die Kurven bei Ölbronn an der Strecke Bretten – Mühlacker waren gern besuchte Fotomotive. **194 187** führt Dg 53633 von Mannheim nach Kornwestheim am 8. Januar 1985.

Bild 277 ▷
Eine einzigartige Lokomotive unter den Mannheimer E 94 war die seit Januar 1976 in Ozeanblau-elfenbein lackierte **194 178**. Am 20. April 1985 bespannt sie TEEM 44340 von Singen nach Kornwestheim, hier bei Sulz am Neckar.

Aufnahmen (2): Werner Schimmeyer

Bild 278 ▷
194 179 fährt am 3. August 1985 mit Dg 61215 aus Kornwestheim über die Stahlbrücke der Verbindungskurve Abzweig Ulm Hbf Nord – Ulm Rbf in Kürze in Ulm Rbf ein.

Aufnahme: Rudolf Vyzina

BD/ED/BD München

Bw Freilassing

Obwohl die erste E 94, die E 94 001, bei ihrer Anlieferung mit der Bw-Angabe „Freilassing“ versehen war (wie auch E 94 003), war sie nie in diesem Bw stationiert. Aufgrund kurzfristig geänderter Planungen nahm sie beim Bw Innsbruck ihren Dienst auf.

Erst im Jahr 1943 erhielt das Bw Freilassing eigene E 94. Vom Bw München Ost kam am 22. Dezember 1943 die E 94 067 in den Bestand. Im Jahr 1944 folgten von Februar bis Oktober mehrere E 94 als Neulieferung in Gestalt der E 94 119, 120, 151, 152, 155 sowie E 94 072 und 075 aus München Ost, sodass der E 94-Bestand am Jahresende 1944 acht E 94 umfasste. Im Januar 1945 kam noch E 94 071 hinzu, die bereits seit 20. Januar 1945 zur Ausbesserung hier weilte (das Bw Freilassing leistete zu jener Zeit dem teilweise beschädigten RAW München-Freimann Ausbesserungshilfe). Die Freilassinger E 94 verkehrten vorwiegend auf der Strecke München – Salzburg.

Als der Zweite Weltkrieg in dieser Gegend am 4. Mai 1945 endete, waren von neun E 94 in Freilassing drei schwer beschädigt: Die schon seit 14. März 1945 abgestellte E 94 119, außerdem E 94 120 und E 94 152 (außer Dienst seit 25. März 1945), beide ebenfalls nach einem Luftangriff. Sie kamen erst nach der Instandsetzung bei Krauss-Maffei wieder in Betrieb: E 94 119 am 25. Juni 1946, E 94 120 am 22. September 1945 und E 94 152 am 6. März 1946.

Am 6. Juni 1945 konnte der elektrische Betrieb zwischen München und Freilassing wieder aufgenommen werden. Entsprechend dem zurückgegangenen Verkehr nach Kriegsende fiel der Planbedarf an E 94 geringer aus. Der Umlauf vom Sommer 1946 umfasste nur zwei Tage und beinhaltete lediglich acht Güterzüge zwischen Freilassing und München-Ludwigsfeld bzw. München-Trudering (Tagesleistung: im Durchschnitt 546 km pro Lokomotive). Die geringe Ausnutzung führte bis Ende 1946 zur Abgabe von drei Lokomotiven: E 94 067, 071 und 075 kamen zum Bw München Ost.

Im Sommerfahrplan 1947 setzte das Bw Freilassing wieder mehr – nun fünf – E 94 planmäßig ein. Einsatzschwerpunkt waren Durchgangs-Güterzüge (Dg) zwischen Salzburg und München-Trudering. Im Winterfahrplan 1947/48 waren es 6+3 Lokomotiven. Im Sechstagesumlauf bespannten sie diese jetzt zwischen Freilassing und Trudering bzw. München-Ludwigsfeld. Der Dreitagesumlauf beinhaltete Dg zwischen Salzburg und Trudering bzw. Ludwigsfeld. Hochwertigste Leistung war der Orient-Express L6 zwischen Salzburg und München Hbf, den E 94 nur in diesem Fahrplanabschnitt zogen.

Im Sommer 1948 gab es einen Viertagesumlauf für Dg zwischen Freilassing und Trudering/München Ost Rbf sowie einen Plantag für den Schleppdienst Freilassing – Salzburg. Ab dem Winterfahrplan 1948/49 hatte das Bw Freilassing keine eigenen E 94-Umläufe mehr. Damit war das vorläufige Ende der E 94-Beheimatung in Freilassing absehbar. Anfang 1949 gab die Direktion München die Beheimatung der E 94 an der östlichen Peripherie Bayerns auf, obwohl zuvor kurzfristig noch einzelne Zugänge zu verzeichnen waren. Nach den Umstationierungen im Jahr 1948 verblieb nur noch E 94 072, die am 1. März 1949 nach Treuchtlingen wechselte.

Zwar erhielt das Bw Freilassing ab Ende 1949 einige E 94 aus Rosenheim, doch dauerte diese Episode nur ein knappes halbes Jahr. Zurückzuführen war diese Maßnahme in erster Linie auf das knappe Werkstattpersonal im Bw Rosenheim. Dort standen damals nur acht Kräfte für die Wartung von 26 elektrischen Triebfahrzeugen zur Verfügung. Die kurzzeitige Umstationierung zum Bw Freilassing mit seinen höheren Werkstattkapazitäten kam für die betroffenen Elloks einer Kur gleich. Eingesetzt waren diese E 94 im Rosenheimer Umläufen. Auch führte das Bw Freilassing zu jener Zeit erneut größere Untersuchungen durch, um das AW München-Freimann zu entlasten. So befand sich vom 13. Februar bis 15. März 1950 die Treuchtlinger E 94 072 zu einer E 2 beim Bw Freilassing.

Mit der Abgabe von E 94 024 am 12. Mai 1950 verschwand die E 94 für die nächsten 24 Jahre aus den Bestandslisten. In dieser Zeit war die Hilfe der Freilassinger Werk-

▽ **Bild 279** • Sechstägiger Lokomotivumlauf für das Bw Freilassing aus dem Winterfahrplan 1947/48. ABBILDUNG: RBD MÜNCHEN, SAMMLUNG HEINZ SKRZYPNIK

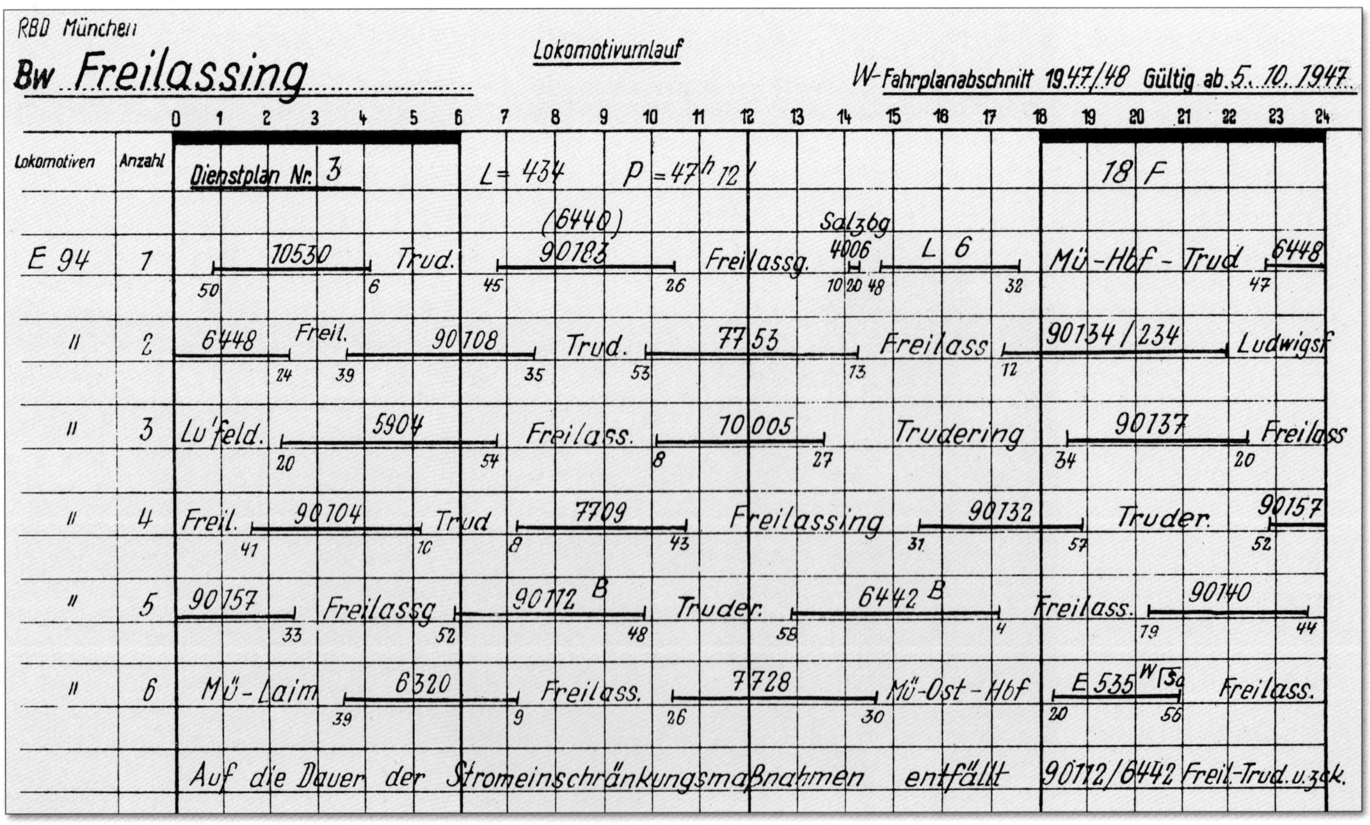

statt jedoch weiterhin gefragt. Im Frühjahr 1963 und Winter 1964 war es z. B. für die Wartung der in diesen Zeiträumen leihweise bei der ÖBB, Zfl. Salzburg, eingesetzten sechs bzw. acht DB-E 94 zuständig.

Gründe der Arbeitsplatzerhaltung waren es, die ab dem Jahr 1974 wieder zu einer nennenswerten Stationierung von E 94 (jetzt 194) in Freilassing führten. Zum Sommerfahrplan 1974 sollte die Baureihe 118 beim Bw Würzburg zusammengefasst werden, mit der Konsequenz, dass Freilassing seine 19 Lokomotiven der Baureihe 118 abzutreten hatte. Um die Folgen für die Beschäftigten abzufedern, entschloss sich die DB, zum 26. Mai 1974 neun 194 aus Augsburg abzuziehen und beim Bw Freilassing zu beheimaten. Dabei handelte es sich um 194 086, 087, 107, 111, 112, 117, 118, 124 und 159. Ein Jahr später kamen noch 194 041, 043 und 044 hinzu. Da letztere zwei bereits eine Zugbahnfunk (ZBF)-Ausrüstung besaßen, tauschte sie die BD München am 1. Dezember 1975 gegen 194 158 und 194 183 des Bw Ingolstadt, wo Bedarf für 194 mit ZBF bestand.

Für die zwölf Maschinen bestand im Sommer 1976 ein achttägiger Umlauf (durchschnittlich 462 km/Tag), ferner benötigte das Bw Freilassing drei Sonderlokomotiven. Das Einsatzspektrum umfasste im Wesentlichen die Strecken von München nach Salzburg bzw. zum Brenner. Als es 1977 zu den ersten z-Stellungen von 144.5 kam und für deren fünftägigen Umlauf ab Mitte Juli 1977 keine Reserve mehr verfügbar war, sprangen oft 194 ein und übernahmen Leistungen der 144.5 nach Salzburg und Berchtesgaden. Ab dem Winterfahrplan 1977/78 waren die ehemaligen 144.5-Güterzugleistungen auf der Strecke nach Berchtesgaden dann in den 194-Umlauf (9 + 1 + 1 Tage) integriert.

△ **Bild 280** • Zur Entlastung der Hauptstrecke gab es planmäßig Güterzüge über die gerne auch als Umleiterstrecke genutzte Strecke Holzkirchen – Bad Aibling – Rosenheim durch das Mangfalltal. Hier kommt **194 183** am 7. Juni 1976 bei Kreuzstraße entgegen. AUFNAHME: BME

Bemerkbar machte sich 1979 die fortgeschrittene Indienststellung neuer 1044 durch die ÖBB. Diese liefen ab dem Winterfahrplan 1979/80 verstärkt auf der Brennerstrecke und verdrängten hier die Freilassinger 194 aus einer Reihe von Diensten. Folglich konnte deren Umlauf um drei Tage auf sieben gekürzt werden. Vier 194 (194 086, 087, 158, 159) waren entbehrlich geworden und kamen am 1. Oktober 1979 zum Bw Ingolstadt. Im Zuge dieser Umstrukturierung entfielen auch mehrere im Raum Augsburg erbrachte Leistungen während des Sommerfahrplans (10 Loks à ø 510 km/Tag) sowie Sg 51956 Donauwörth – Würzburg und Dg 55343 Würzburg – München-Laim. Letzterer dürfte der weiteste Langlauf gewesen sein, den Freilassinger 194 gefahren haben.

▽ **Bild 281** • Blick in die Ellok-Werkstatt des Bw Freilassing am 24. Juli 1979. An **194 107** und **194 117** wird gearbeitet. AUFNAHME: FRANK LÜDECKE

△ **Bild 282** • In Langkampfen bei Kirchbichl überquert **194 087** mit ihrem Güterzug von Brenner nach München Ost Rbf am 19. Juni 1976 den Inn.

▽ **Bild 283** • Zu den Stammstrecken Freilassinger E 94 zählte auch Freilassing – Berchtesgaden. Wegen Lokmangel half am 27. Mai 1980 die Nürnberger **194 132** im Umlauf aus. Sie wechselte drei Tage später nach Ingolstadt. Die Übergabe 66983 ist hier bei Winkl zu sehen, im Hintergrund die „Schlafende Hexe". AUFN. (2): CLAUS-JÜRGEN SCHULZE

Bild 284 ▷
194 107 befindet sich am 21. Mai 1978 bei Oberaudorf auf dem Weg nach Kufstein am südlichen Einfahrsignal. Der Berg im Hintergrund ist der Wildbarren.

Aufnahmen (3): Claus-Jürgen Schulze

Bild 285 ▷
Der Einschnitt am Kolumbusplatz in München beim ehemaligen Block Nockherberg war zu Zeiten konsequenten Freischnitts ein jahrzehntelang gerne aufgesuchtes Fotomotiv. Am 9. Mai 1981 zieht **194 041** den Sgk 42111 des kombinierten Ladungsverkehrs auf dem Weg nach Salzburg.

Bild 286 ▽
Bei Weisham zwischen Bernau und Prien am Chiemsee eröffnet sich ein schöner Blick auf die Berge sowie auf **194 117**, die am 31. Mai 1981 den Dg 44854 (Brenner – München-Laim Rbf) am Haken hat.

△ **Bild 287 • 194 159** durchfährt am 15. März 1979 Großhesselohe Staatsbahnhof mit Dg 44884, den sie zuvor durch das Mangfalltal befördert hat. Nachdem Umbau von Großhesselohe Isartalbahnhof zum S-Bahnhof wurde der Staatsbahnhof Großhesselohe 1981 stillgelegt und die Bahnsteige, die Bahnsteigdächer sowie die Gleise – bis auf zwei – später restlos beseitigt. Das Bahnhofsgebäude blieb teilweise erhalten. AUFNAHME: RUDOLF VYZINA

Bw Freilassing

E 94 014	Rosenheim	11.06.1948	–	01.08.1948	Rosenheim
024	Rosenheim	20.01.1950	–	11.05.1950	Regensburg
041	Augsburg	01.06.1975	–	28.05.1983	Ingolstadt
043	Augsburg	01.06.1975	–	30.11.1975	Ingolstadt
044	Augsburg	01.06.1975	–	30.11.1975	Ingolstadt
048	Rosenheim	11.06.1948	–	01.08.1948	Rosenheim
053	Rosenheim	15.02.1950	–	10.03.1950	München Ost
062	Rosenheim	11.06.1948	–	01.08.1948	Rosenheim
067	München Ost	22.12.1943	–	13.08.1945	München Ost
071	München Ost	23.01.1945	–	06.11.1946	München Ost
072	München Ost	11.09.1944	–	01.10.1948	Rosenheim
	Rosenheim	18.10.1948	–	28.02.1949	Treuchtlingen
075	München Ost	23.11.1944	–	12.10.1946	München Ost
084	München Ost	07.11.1946	–	01.10.1948	Rosenheim
086	Augsburg	26.05.1974	–	30.09.1979	Ingolstadt
087	Augsburg	26.05.1974	–	30.09.1979	Ingolstadt
107	Augsburg	26.05.1974	–	28.05.1983	Ingolstadt
111	Augsburg	26.05.1974	–	31.05.1983 1)	Ingolstadt
112	Augsburg	26.05.1974	–	28.05.1983	Ingolstadt
117	Augsburg	26.05.1974	–	28.05.1983	Ingolstadt
118	Augsburg	26.05.1974	–	30.05.1983	Ingolstadt
119	Neulieferung	29.02.1944	–	01.10.1948	Rosenheim
120	Neulieferung	27.05.1944	–	01.10.1948	Rosenheim
124	Augsburg	26.05.1974	–	28.04.1983	z
	z	29.04.1983	–	28.05.1983	Ingolstadt
128	Nürnberg Rbf	15.03.1975	–	28.05.1983	Ingolstadt
138	Rosenheim	01.1950	–	03.1950	München Ost
151	Neulieferung	26.05.1944	–	14.10.1948	Rosenheim
152	Neulieferung	15.07.1944	–	15.10.1948	Rosenheim
155	Neulieferung	20.10.1944	–	24.10.1948	Rosenheim
	Rosenheim	19.02.1950	–	25.02.1950	Rosenheim
158	Rosenheim	21.12.1949	–	10.03.1950	München Ost
	Ingolstadt	13.11.1975	–	30.09.1979	Ingolstadt
159	Augsburg	01.06.1974	–	29.09.1979	Ingolstadt
183	Ingolstadt	02.12.1975	–	28.05.1983	Ingolstadt

1) AW Freimann 29.05. – 31.05.1983.

In den folgenden Jahren änderte sich am Einsatzumfang nichts Wesentliches mehr. Der Hauptumlauf umfasste stets sieben Tage. Saisonal verkehrten ein bis zwei Sonderlokomotiven zusätzlich. Dagegen kamen 1981 als Wendepunkte noch Garmisch und Regensburg hinzu, ansonsten fuhren Freilassinger 194 wie gewohnt zumeist auf der Stammstrecke Salzburg – München (über Grafing, gelegentlich auch über Holzkirchen).

Im Zuge von Rationalisierungsmaßnahmen plante die DB seit Beginn der achtziger Jahre alle 194 der BD München beim Bw Ingolstadt zu konzentrieren. So endete am 28. Mai 1983 die E 94-Unterhaltung beim Bw Freilassing, und die verbliebenen 194 041, 107, 111, 112, 117, 118, 124, 128 und 183 wechselten nach Ingolstadt. Da zum selben Zeitpunkt auch die letzten 144.5 ausschieden, war das Bw Freilassing seitdem nur noch für die Unterhaltung von DB-Straßenfahrzeugen, Kleinlokomotiven und Wagen zuständig. Die zuletzt erbrachten Leistungen der 194 gingen auf Schwesterlokomotiven des Bw Ingolstadt sowie auf Lokomotiven der Baureihe 140 über, die ab 29. Mai 1983 erstmals beim Bw München 1 stationiert waren.

Im heute denkmalgeschützten Ellokschuppen befindet sich seit 2. September 2006 die Lokwelt Freilassing, eine Außenstelle des Deutschen Museums München. Unter den Exponaten befindet sich seit 2013 die 254 052-4 (ex E 94 052) im Zustand der Deutschen Reichsbahn der DDR.

Bild 288 ▷
Im Sommerfahrplan 1982 oblag Freilassinger E 94 die Bespannung des Schotterzuges Eschenlohe – Weilheim. **194 128** hat am 26. August 1982 mit Ng 65616 lediglich einen Schotterwagen zu befördern, eine leichte Aufgabe für die schwere Güterzuglokomotive. Rechts ragt die Zugspitze auf.

Aufnahme (bei Ohlstadt): Claus-Jürgen Schulze

Bild 289 ▷
Bei Axdorf kurz vor Traunstein kommt am 9. März 1983 die Freilassinger **194 041** mit einem Dg nach Salzburg entgegen. Den Zug konnte man bereits auf drei Kilometer Entfernung nahen hören.

Aufnahme: Jürgen Hörstel

Bild 290 ▷
194 118 bringt am 20. September 1982 den Nahverkehrszug N 5512 von Berchtesgaden nach Freilassing, aufgenommen bei Bischofswiesen.

Aufnahme: Rudolf Vyzina

Bw Ingolstadt

Zum Sommerfahrplan 1960 erfolgte mit Aufnahme des elektrischen Zugbetriebes zwischen Dachau und Ingolstadt der Anschluss des Bw Ingolstadt an das elektrische Netz. Erste hier beheimatete Ellokbaureihe war die E 41 ab 29. Mai 1960. Zwei Jahre später konnte die weiterführende Strecke nach Treuchtlingen unter Spannung gesetzt werden, was auch Einsätze der E 94 (Bw München Ost) auf dieser Strecke nach sich zog. Ingolstadt hatte sich zu jener Zeit mehr und mehr zu einem wichtigen Standort der mineralölverarbeitenden Industrie mit entsprechenden Güterströmen nach Nord und Süd entwickelt. Dies und die Lage des Bahnbetriebswerks, die zum Fahren aus der Mitte heraus prädestiniert war, veranlasste die DB, zum Winterfahrplan 1965/66 eine E 94-Gruppe beim Bw Ingolstadt einzurichten – dem letzten DB-Bw, das diese Baureihe erhielt und bis zuletzt einsetzte.

Die sechsachsigen Maschinen wurden hier für die schweren Ölzüge dringend benötigt, denn bei einer solchen Fracht hatte eine E 40 mitunter Schwierigkeiten. Seither war die Bespannung von Kesselwagen-Ganzzügen (Gag) charakteristisch für die Ingolstädter E 94, vor allem auf der Strecke nach München. Für weiteres Frachtaufkommen sorgten außerdem die Audi-Werke in Ingolstadt, sodass eine E 94 vor einem Autozug ebenfalls regelmäßig zu sehen war.

Erste Vertreter waren ab 27. September 1965 die E 94 035, 036, 053, 054, 071, 072, 092, 120, 121 und 151 vom Bw Rosenheim, wo gleichzeitig die E 94-Unterhaltung endete. Seither wuchs der Bestand weiter. Zu den genannten zehn Maschinen kamen noch im selben Herbst E 94 084 nach einem AW-Aufenthalt sowie E 94 055 des Bw München Ost dazu. Ein Jahr später folgten weitere fünf Münchner E 94 (093, 109, 113, 116, 119), danach waren bis 1974 keine Zugänge mehr zu verzeichnen. Nachdem die E 41 zum Sommer 1966 nach München abgegeben worden waren, beheimatete das Bw Ingolstadt in der zweiten Hälfte der sechziger Jahre außerdem die letzten Elloks der Baureihe 175 (von 1968 bis 1972) und ab 1970 der Baureihe 160 (bis 1977).

Für die 16 E 94 (nun 194) bestand im Winter 1970/71 ein 13-tägiger Umlauf mit einem ausgedehnten Einsatzgebiet zwischen Innsbruck, Salzburg, Regensburg und Fürth. Dabei dominierten Leistungen – zumeist Durchgangsgüterzüge (Dg) und Durchgangseilgüterzüge (De) – auf den Strecken München – Salzburg und durch das Altmühltal nach Nürnberg. Sehr bemerkenswert war ein Zugpaar auf der Tauernbahn, mit dem die 194 weitab ihres Heimat-Bw zu sehen waren (3565 Bischofshofen – Villach, 86 Villach – Salzburg).

Das Ende der 194-Beheimatung in München Ost zum Sommerfahrplan 1974 war der nächste Schritt zur Konzentration der 194 der BD München beim Bw Ingolstadt. 30 Lokomotiven dieser Baureihe waren hier nun beheimatet. Als Einsatz-Bw setzte München Ost jedoch bis zum Sommer 1976 zwischen neun und elf Ingolstädter 194 ein. Bereits zwei Jahre zuvor, seit 1972, waren 194 für die Zugleitungsreserve in München-Laim eingeteilt, nachdem die bis dahin verwendeten 175 aus dem Dienst ausschieden.

Die fortschreitende Ausrüstung der Hauptstrecken mit Zugbahnfunk (ZBF) machte zum 1. Dezember 1975 einen Lokomotivtausch notwendig, bei dem die bereits mit ZBF ausgerüsteten 194 043 und 044 des Bw Freilassing gegen 194 158 und 183 des Bw Ingolstadt getauscht wurden. Durch die Ausweitung der Einsätze Ingolstädter 194 auf der Strecke München – Augsburg – Stuttgart, die als eine der ersten Strecken mit ZBF versehen worden war, bestand hier ein erhöhter Bedarf an ZBF-194.

Neue Einsatzgebiete eröffneten Ende der siebziger Jahre die Elektrifizierungen der Strecken Landshut – Plattling (01.09.1976), Ingolstadt – Regensburg (01.10.1978), Ingolstadt – Donauwörth (30.09.1979) und weiter bis Neuoffingen (01.06.1980). Die 194 übernahmen die Hauptlast des Güterverkehrs auf der Donautalbahn Regensburg – Ulm (auch Ölbahn genannt) mit den Raffinerien in Neustadt/Donau und Vohburg. Im Herbst fielen hier jedes Jahr außerdem umfangreiche Zuckerrübentransporte an, denn in Rain (zwischen Donauwörth und Neuburg gelegen) befand sich das Werk der Südzucker AG. Bis Ende 1987 wurde hier der Großteil der Rübenkampagne auf der Schiene abgewickelt, was den 194 stets zusätzliche Transportaufgaben bescherte.

Der erste ausmusterungsbedingte Abgang einer 194 des Bw Ingolstadt erfolgte im Jahr 1978. Es traf 194 047, die nach einer Entgleisung wegen der großen Schäden nicht mehr ausgebessert, sondern am 1. September 1978 z-gestellt und am 30. November 1978 ausgemustert wurde – und das, obwohl sie erst ein Jahr zuvor eine Hauptuntersuchung erhalten hatte.

Mit der Stationierung von 194 beim Bw Freilassing ab dem Sommer 1974 hatten diese die Hauptarbeit auf der Strecke München – Salzburg bzw. Brenner übernommen. Da gleichzeitig der Einsatzumfang der Augsburger 194 eingeschränkt worden war, übernahmen die Ingolstädter 194 nun verstärkt Leistungen im Nordwesten Bayerns. So liefen sie z. B. im Jahr 1976 vor Güterzügen zwischen München Ost und Aschaffenburg durch. Bereits seit mindestens 1973 benötigte das Bw Ingolstadt eine Zusatzlokomotive u. a. zur Beförderung von Kesselwagen zwischen Aßling (Obb.) und Ingolstadt an bestimmten Verkehrstagen. Auch waren die schweren Schotterzüge des Hartsteinwerkes „Werdenfels“ in Eschenlohe auf 194 des Bw Ingolstadt übergegangen. Der Planbedarf

▽ **Bild 291** • Standortblatt aus dem Betriebsbuch der E 94 047. ABBILDUNG: DB, SAMMLUNG FRANK LÜDECKE

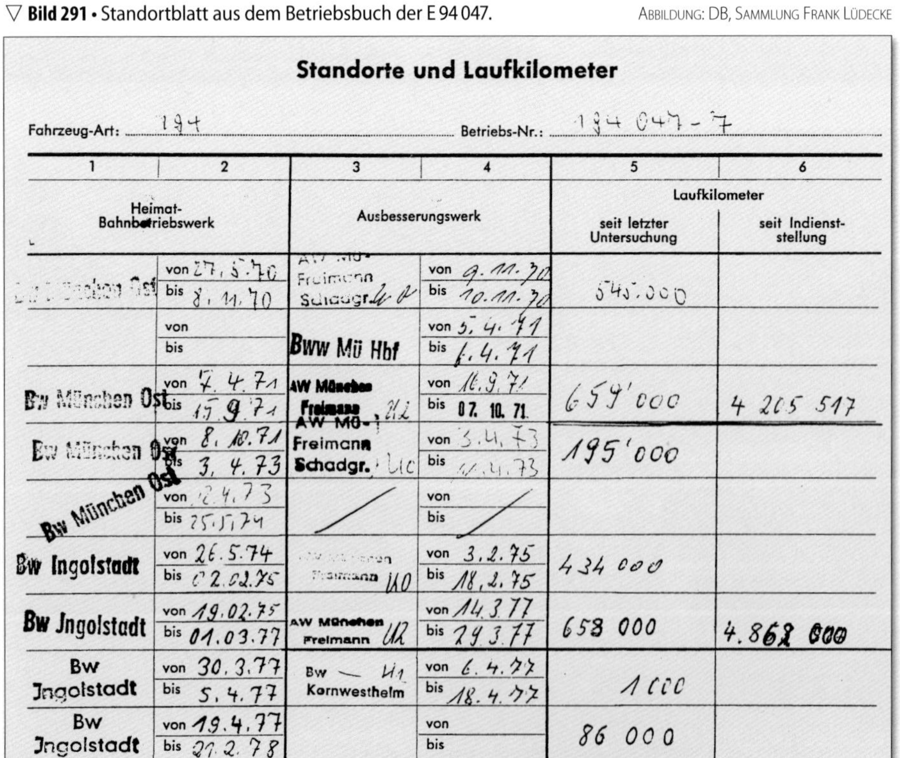

Standorte und Laufkilometer

Fahrzeug-Art: 194 Betriebs-Nr.: 194 047-7

1 Heimat-Bahnbetriebswerk	2	3 Ausbesserungswerk	4	5 Laufkilometer seit letzter Untersuchung	6 Laufkilometer seit Indienststellung
Bw München Ost	von 27.5.70 bis 8.11.70	AW München Freimann Schadgr. L0	von 9.11.70 bis 10.11.70	545.000	
	von bis	Bww Mü Hbf	von 5.4.71 bis 6.4.71		
Bw München Ost	von 7.4.71 bis 15.9.71	AW München Freimann U2	von 16.9.71 bis 07.10.71	659'000	4 205 517
Bw München Ost	von 8.10.71 bis 3.4.73	AW Mü-Freimann Schadgr. L0	von 3.4.73 bis 11.4.73	195'000	
Bw München Ost	von 12.4.73 bis 25.5.74		von bis		
Bw Ingolstadt	von 26.5.74 bis 02.02.75	AW München Freimann U0	von 3.2.75 bis 18.2.75	434 000	
Bw Jngolstadt	von 19.02.75 bis 01.03.77	AW München Freimann U2	von 14.3.77 bis 29.3.77	658 000	4.862 000
Bw Jngolstadt	von 30.3.77 bis 5.4.77	Bw Kornwestheim U1	von 6.4.77 bis 18.4.77	1000	
Bw Jngolstadt	von 19.4.77 bis 21.2.78		von bis	86 000	

Bild 292 ▷
E 94 072 verlässt den Bahnhof München-Allach am 11. Mai 1968.

Aufnahme: Claus-Jürgen Schulze

Bild 293 ▷
Mit einem gemischten Güterzug poltert **194 122** über die Braunauer Brücke bei München Süd auf dem Weg nach München Ost. Die Isar floss ruhig an jenem 24. März 1978.

Aufnahme: Andreas Braun

Bild 294 ▷
Zur Probebelastung einer neuen Spannbetonbrücke über die Ständlerstraße in München-Giesing im Jahr 1978 mussten drei E 94 herhalten. **194 054**, **194 122** und **194 124** haben Aufstellung genommen.

Aufnahme: BD München, Sammlung Armin Franzke

betrug in der zweiten Hälfte der siebziger Jahre stets 20 bis 23 Maschinen. In den letzten zehn Einsatzjahren entwickelte sich der Betrieb mit Ingolstädter 194 wie folgt:

Winterfahrplan 1979/80

Die beim Bw Freilassing überzähligen 194 086, 087, 158 und 159 wurden zum 1. Oktober 1979 nach Ingolstadt umbeheimatet und der Umlauf infolgedessen um fünf Tage auf insgesamt 28 Plantage erhöht. Leistungen erbrachten sie u. a. bis Mittenwald, Mannheim, Aschaffenburg, Regensburg, Salzburg und verstärkt zwischen Augsburg, Donauwörth und Nürnberg.

Sommer 1980

Nachdem die Strecke Regensburg – Ulm seit 1. Juni 1980 durchgehend mit elektrischen Lokomotiven befahrbar war, entstand beim Bw Ingolstadt ein Mehrbedarf an 194. Diesen deckte die Umbeheimatung von 194 132, 133 und 137 aus Nürnberg Rbf ab. Da das letzte Teilstück bereits ab 25. April 1980 unter Spannung stand, erbrachten hier 194 bereits vor dem Planwechsel Sonderleistungen.

Sommer 1981

Eine der Haupteinsatzstrecken war München – Brenner, hier bespannten sie auch D 1481 zwischen Innsbruck und Brenner als Vorspann. Im Westen war Ulm, im Norden Aschaffenburg und im Osten Salzburg Wendepunkt. Die Einsätze nach Garmisch gingen auf 194 des Bw Freilassing über.

Winter 1981/82

Mit dem Zugpaar Dg 53630/605 erreichten Ingolstädter 194 wieder Mannheim Rbf (über Kornwestheim). Die interessantesten Langläufe waren zwei Zugpaare zwischen München und Aschaffenburg (Dg 53104/107/113 und 59844), Lg 49824 Brenner – Regensburg Ost und der genannte Dg 53605 Mannheim – München Ost.

Helmut Gröber, damals Mitarbeiter der Werkstatt des Bw Ingolstadt, versah im Jahr 1982 die meisten 194 mit Namen. Sie waren an der seitlichen Wartungsklappe innen angeschrieben. Bekannt sind:

194 022 „Bettina“
194 035 „Marion“
194 036 „Brigitte“
194 041 „Pauline“
194 043 „Carola“
194 044 „Jutta“
194 048 „Renate“
194 053 „Manuela“
194 054 „Hannelore“
194 055 „Hildegard“
194 070 „Angelika“
194 071 „Maria“
194 072 „Claudia“
194 084 „Christa“
194 085 „Beate“
194 086 „Magda“
194 087 „Ingrid“
194 092 „Gisela“
194 093 „Karin“
194 107 „Simone“
194 109 „Klara“
194 111 „Ruth“
194 112 „Sabine“
194 113 „Katharina“
194 116 „Gabi“
194 117 „Metka“
194 118 „Elisabeth“
194 119 „Erika“
194 120 „Roswitha“
194 121 „Anita“
194 122 „Susi“
194 124 „Julia“
194 126 „Emma“

▽ **Bild 295** • Umlaufplan des Bw Ingolstadt aus der frühen Zeit vom Sommerfahrplan 1966. Laufplanabkürzungen: Au – Augsburg; Dt – Donauwörth; Fl – Freilassing; Ih – Ingolstadt Hbf; In – Ingolstadt Nord; Ku – Kufstein; Ml – München-Laim Rbf; Mop – München Ost Pbf; Mor – München Ost Rbf; Ms – München Süd; Nr – Nürnberg Rbf; Ro – Rosenheim; Sz – Salzburg; Tl – Treuchtlingen; Tru – München-Trudering; Wü – Würzburg Hbf; Wü – Würzburg Rbf. Abbildung: BD München, Sammlung Heinz Skrzypnik

Bild 296 ▷
194 047 überquert das Innviadukt in Rosenheim am 3. August 1974 auf dem Weg nach Salzburg.

Aufnahme: Claus-Jürgen Schulze

Bild 297 ▷
Im Winterfahrplan 1979/80 war das Zugpaar N 5426/Üg 67677 von Garmisch nach Griesen und zurück eine Planleistung der E 94 des Bw Ingolstadt an Samstagen. Der werktags verkehrende Nahverkehrszug diente der Schülerbeförderung und führte bei Bedarf Güterwagen nach/von Griesen und Obergrainau mit. Für das Erreichen des Fotostandpunktes war das Durchschreiten der sehr kalten Loisach unabdingbare Voraussetzung. **194 131** bringt N 5426 am 10. Mai 1980 von Garmisch nach Griesen.

Aufnahme: Bertold Brandt

Bild 298 ▷
194 072 zählte einst zu den ersten E 94 des Bw Ingolstadt. Am 5. September 1979 ist sie mit dem Kesselwagenzug Gag 54367 in Rednitzhembach auf dem Weg von Nürnberg Rbf nach Ingolstadt Hbf. Heute prägen Schallschutzwände und höher gelegte Bahnsteige des für den S-Bahnverkehr völlig umgebauten Haltepunktes das Bild.

Aufnahme: Dietrich Bothe

△ **Bild 299** • Entlang der Schmalenseehöhe zwischen Klais und Mittenwald zieht **194 113** am 5. August 1979 ihren Nahverkehrszug N 4690 nach Garmisch. Im Hintergrund erhebt sich das Karwendelmassiv. An dieser Stelle stand E 94 001 bei Ihrem Premierenfoto im Mai 1940.

▽ **Bild 300** • Der verschneite Bahnhof Kufstein am 30. Januar 1981 mit den abfahrbereiten **194 120** und **194 044** nach München. Noch stehen das alte Empfangsgebäude und die alten Bahnsteige. Die ÖBB ließen ab 1980 den Personenbahnhof neu errichten und die alten Gebäude abreißen. Aufnahmen (2): Claus-Jürgen Schulze

△ **Bild 301** • Viele Bahnbilder entstanden an diesem Motiv in Heigenbrücken im Spessart. **194 092** hat am 14. Mai 1982 mit Dg 53107 (Aschaffenburg Gbf – München Ost Rbf) die Spessartrampe hinter sich gelassen und strebt Gemünden entgegen. Dieser Streckenabschnitt existiert heute nicht mehr. Etwa 200 m im Rücken des Fotografen kommen heute die Gleise der im Jahr 2017 in Betrieb genommenen Tunnel ans Licht. AUFNAHMEN (2): GEORG WAGNER

▽ **Bild 302** • Von einer Straßenbrücke in der fränkischen Dreiflüssestadt Gemünden fällt dieser Blick auf die Bogenbrücke über die Fränkische Saale mit **194 071**, die am 14. Mai 1982 den Leergüterzug Lg 59844 im Langlauf München-Laim Rbf – Aschaffenburg Gbf zieht. Am Berghang steht die Ruine der Scherenburg, in der Mitte die Pfarrkirche St. Peter und Paul sowie rechts davon der Hexenturm und hinten der Eulenturm. Beide sind historische Wehrtürme der ehemaligen Stadtbefestigung.

◁ **Bild 303**
194 092 befährt am 16. Mai 1984 mit dem umgeleiteten Ng 64656 München-Laim Rbf – Dingolfing das Verbindungsgleis von der Salzburger Strecke zum Münchner Nordring und hat aus Trudering kommend das Einfahrsignal von München-Daglfing erreicht. Oben ist eine 290 im Abdrückdienst auf dem Ausziehgleis des Ablaufbergs im Rangierbahnhof München Ost beschäftigt.

Aufnahme: Rudolf Vyzina

◁ **Bild 304**
Mit Dg 53603 (Mannheim Rbf – München Ost Rbf) erreicht **194 183** am 14. Juli 1984 Augsburg-Oberhausen. Im Hintergrund ist der Containerbahnhof und der Teleskop-Gasbehälter zu erkennen.

Aufnahme: Klaus-J. Ratzinger

◁ **Bild 305**
Kesselwagenzüge zwischen den im Raum Ingolstadt ansässigen Raffinerien und dem Tanklager München-Milbertshofen waren Stammleistungen der Ingolstädter E 94. Bei Fahlenbach kommt **194 071** am 3. Juli 1984 auf dem Weg nach München mit Gag 58385 um die Kurve. Wie bei solchen Zügen üblich, ist nur der vordere Stromabnehmer angelegt.

Aufnahme: BME

194 128 „Iris“
194 131 „Angela“
194 132 „Regina“
194 133 „Nicole“
194 137 „Margit“
194 138 „Luise“
194 151 „Ramona“
194 152 „Monika“
194 155 „Anneliese“
194 157 „Heidi“
194 158 „Sofie“
194 159 „Irmgard“
194 183 „Marianne“

Sommer 1983

Durch die Übernahme des kompletten Freilassinger 194-Bestandes gingen auch deren Leistungen auf das Bw Ingolstadt über. Der Planbedarf stieg um sechs 194 auf 32, der Bestand auf 45 Lokomotiven. Netto verloren die 194 jedoch einen Plantag, weil der ehemalige Freilassinger Umlauf sieben Tage umfasste. Aufgegeben wurden die Einsätze nach Aschaffenburg und Garmisch, ausgeweitet jene nach Mannheim. Mit dem Zugpaar 54050/057 erreichten sie neuerdings Mainz-Bischofsheim. Konkurrenz erfuhren die Ingolstädter 194 nun durch die neu beim Bw München 1 stationierten Lokomotiven der Baureihe 140.

Zu den am 29. Mai 1983 umstationierten neun 194 gehörte auch die wegen eines Trafoschadens am 29. April 1983 z-gestellte 194 124. Im Rahmen einer sieben Monate währenden U 2.8-Auslaufuntersuchung reparierte das AW Freimann den Schaden, am 1. Dezember 1983 nahm sie ihren Dienst beim Bw Ingolstadt auf.

△ **Bild 306 • 194 152** in Bruchsal am 28. September 1984. Sie zieht Dg 53641 von Mannheim Rbf bis München Ost Rbf. Diese über Jahre bespannten Leistungen waren der weiteste Langlauf der E 94 vom Bw Ingolstadt. Den Hintergrund bildet die von Balthasar Neumann errichtete und im Jahr 1746 fertiggestellte Barockkirche St. Peter. AUFNAHME: MICHAEL WAIDELICH

Winter 1983/84

Während der Fahrplanperiode mussten 194 116 (am 1. Januar 1984) und 194 035 (am 1. April 1984) z-gestellt werden. Einer Ausbesserung der reparaturbedürftigen Maschinen stimmte der Zentrale Werkstättendienst der DB (ZW) nicht mehr zu. Damit war das Bw Ingolstadt nach fast sechs Jahren wieder von Abstellungen betroffen. Im Frühjahr 1984 verfügte die DB die Außerdienststellung von weiteren zehn 194 bis Jahresende, auch im Hinblick auf die sich verschärfende Ersatzteilproblematik.

Am 1. Februar 1984 bespannte 194 044 den ersten „Güterzug ohne nennenswerten Grenzaufenthalt („GONG“), den Sgk 44863 von München Ost nach Trento, zwischen München und Brenner, wobei es in Kufstein nur einen Halt von drei Minuten gab. Die Einführung dieser Zuggattung, deren Aufenthalt in den Grenzbahnhöfen nur noch maximal fünf Minuten dauern sollte, hatten DB, ÖBB und SBB am 24. November 1983 beschlossen, um den Eisenbahngüterverkehr zwischen ihren Ländern zu beschleunigen.

Sommer 1984

Vom Bw Augsburg übernahm das Bw Ingolstadt den Schiebedienst auf der Geislinger Steige. Außerdem gab es eine Ausweitung des Einsatzes in der BD Stuttgart, wo Ingolstädter 194 erstmals Tuttlingen anfuhren.

Auffällig war die Zunahme an untergeordneten Leistungen im Raum Kornwestheim und Ulm/Geislingen, während nach Würzburg keine Einsätze mehr erfolgten. Als nächste Lokomotive wurde 194 113 am 17. Juli 1984 z-gestellt.

Winter 1984/85

Überraschend kamen die 194 wieder ins Werdenfelser Land: In einem zweitägigen Zusatzumlauf waren u. a. der Eilzug 3680 Garmisch – Reutte, Ng 77453 Reutte – Mittenwald und ein Leervorspann vor einer IC-Leergarnitur Mittenwald – Garmisch enthalten. Außerdem ging der Schotterzug Eschenlohe – München Ost erneut auf 194 über, den seit Sommer 1983 eine 140 des Bw München 1 gefahren hatte. Damit erhöhte sich der Planbedarf auf insgesamt 33 Lokomotiven, ein letzter Höhepunkt beim Bw Ingolstadt.

Seit 1. Januar 1985 verkehrten erstmals „GONG“-Züge über Salzburg. Daher gingen vier 194-Leistungen München – Salzburg auf ÖBB-1044 über, die diese Züge im grenzüberschreitenden Durchlauf nun bis Villach/Jesenice beförderten.

Bis zum Jahresende 1984 schieden noch 194 131 und 159 (z 5. Dezember 1984) gemäß der bereits genannten Verfügung, wonach bis Jahresende 1984 zehn 194 abzustellen sind, aus dem Dienst. Aus 194 159 trennte das AW Freimann einen Führerstand ab, um ihn (nach der Aufarbeitung) auf der DB-Leistungsschau anlässlich der 150-Jahrfeier der Deutschen Eisenbahnen in Nürnberg zu präsentieren. Im Januar 1985 folgte wegen Erreichens des Laufkilometergrenz-

◁ **Bild 307**
Im Außerfern waren DB-E 94 in ihrer Einsatzzeit immer wieder anzutreffen.
194 120 bringt am 1. Dezember 1984 den aus Innsbruck kommenden Eilzug E 680 von Garmisch nach Reutte in Tirol. Das Zugspitzmassiv bildet die Kulisse zwischen Ehrwald und Lermoos.

Aufnahme:
Claus-Jürgen Schulze

◁ **Bild 308**
194 107 mit dem aus nur einem Silberling bestehenden Schülerzug N 5247 (Geislingen – Ulm) in der Geislinger Steige am 16. März 1985.

Aufnahme:
Peter Rappold

◁ **Bild 309**
194 157 kommt am 25. Juli 1985 auf der Riesbahn beim Haltepunkt Hoppingen mit Ng 63828 von Augsburg Rbf daher. Ziel ist Nördlingen. Dieser Nahgüterzug führte in der Regel auch einen Silberling mit, der am nächsten Tag für eine Nahverkehrsleistung benötigt wurde.

Aufnahme:
Rudolf Vyzina

△ **Bild 310 • 194 112** hat am 24. Juni 1985 mit N 4103 aus Günzburg ihr Ziel Ingolstadt Hbf fast erreicht und im Stadtgebiet von Ingolstadt den Betriebsbahnhof (Bbf) Haunwöhr bereits durchfahren. Rechts neben der Lokomotive steht das Einfahrsignal (nebst Ausfahrvorsignal) des Bbf aus Richtung Hbf. Die Donautalbahn Richtung Westen führt seit 1995 südlich des Hbf parallel zur Paartalbahn nach Weichering, sodass die durch das Stadtgebiet führende Trasse mitsamt dem Bbf Haunwöhr stillgelegt und überbaut werden konnte. AUFNAHME: RUDOLF VYZINA

wertes noch 194 120 ihren Schwestern auf den Lokfriedhof des AW Freimann.

Sommer 1985

Der Planbedarf ging um drei Tage auf 30 zurück. Entfallen waren die Leistungen auf der Außerfern- und Mittenwaldbahn, nach Tuttlingen und Mainz-Bischofsheim. Von Mannheim aus bespannten sie neuerdings Nahgüterzüge bis Ludwigshafen-Oggersheim und Neustadt (Weinstr), Würzburg erreichten sie erneut.

Für die Beförderung von Bedarfszügen erhielten drei Dienststellen während des Sommerfahrplans Dispolokomotiven der Baureihe 194 zugeteilt: Das Bw München 4 (Ost) drei Maschinen für die Bahnhöfe München Ost Pbf und Rbf bzw. München Süd, der Stützpunkt Landshut eine 194 für den Programmverkehr für BMW Dingolfing und das Bw Freilassing ebenfalls eine 194 für den Grenzübergang Salzburg.

Wegen eines Brandschadens musterte die DB die 194 111 am 30. September 1985 ohne z-Stellung aus.

Winter 1985/86

Was bereits seit Beginn der achtziger Jahre immer wieder geplant war, vollzog die DB jetzt mitten in der Fahrplanperiode: Die Zusammenfassung aller 194 der BD München beim Bw Ingolstadt. Zum 1. Februar 1986 übernahm das Bw Ingolstadt die letzten 13 Lokomotiven des Bw Augsburg sowie deren Umlauf. Damit stieg der Planeinsatz kurzzeitig – bis Ende der Fahrplanperiode – auf 34 Lokomotiven der Baureihe 194, bei einem Bestand von 50 Maschinen. Das war rund die Hälfte des gesamten DB-Bestandes (zu diesem Zeitpunkt 101 Maschinen). 194 157 befand sich nach einer Entgleisung seit 8. April im AW Freimann.

Sommer 1986

Trotz des hohen Bestandes fiel der Umlaufplan um zwei Tage kürzer aus. Grund für die Einschränkung der 194-Leistungen war die Erhöhung der Höchstgeschwindigkeit für Frachtenzüge (Dg) in verschiedenen Relationen auf 90 km/h ab dem 1. Juni 1986. Zahlreiche auf diesen Verbindungen bislang mit 194 bespannte Dg übernahmen nun 140 oder 150. So gingen alle Leistungen zwischen Mannheim und München auf 150 über, Kornwestheim war jetzt nordwestlichster Wendepunkt.

Da sich im Herbst 1986 die Anlieferung der neuen Serien-120 anbahnte (sie begann im Januar 1987), erhielten die 194er – auch angesichts des deutlich zutage getretenen Überbestandes – so gut wie keine Bedarfsausbesserungen mehr und mussten beim Auftreten von Schäden abgestellt werden. Betroffen waren hiervon unmittelbar 194 157 (z 01.08.86) und weitere vier Maschinen, die im Verlauf des Sommers 1986 ins AW Freimann rollten (194 072, 081, 119 und 152).

Winter 1986/87

Zwar konnte der Einsatzumfang vorläufig gehalten werden (ab November gingen die Zugleitungsreserven in München-Laim und Ost auf 140 des Bw München 1 über), die Außerdienststellungen nahmen jedoch drastisch zu. Bis zum Jahresende trennte sich das Bw Ingolstadt von zehn Maschinen: Im Oktober von 194 012, 039, 151 sowie den bereits genannten 194 072, 081, 119 und 152 durch z-Stellung, im Dezember 1986 von 194 086 und 156 ebenfalls durch z-Stellung und 194 128 durch Ausmusterung. Davon hatten 194 039 und 194 086 Fristablauf, alle anderen waren defekt. Mit 194 012 schied die älteste DB-194 aus. Der Bestand sank auf 40 Lokomotiven und entsprach damit dem Bedarf.

Am 16. Januar 1987 erhielt das Bw Ingolstadt erstmals fünf Nürnberger 194 leihweise zugeteilt, die dort überzählig waren und nun im Ingolstädter Umlauf fuhren. Diese Leihlokhilfe – sie schwankte in der Folgezeit zwischen fünf und zehn Maschinen – blieb bis zum Ende des 194-Einsatzes bestehen. Das galt auch für die planmäßigen Auslandseinsätze der Ingolstädter 194, z. B. bis zum Brenner, sodass nun häufig Nürnberger 194.5 in Österreich auftauchten, wo sie planmäßig nie eingesetzt waren.

Im Frühjahr 1987 konnten weitere zehn zum Teil schadhafte Lokomotiven außer Dienst gestellt werden: Im März 194 085 und 087, im Mai 194 048, 051, 071, 073, 108, 109 und 155 (zumeist ohne z-Stellung ausgemustert) und am 1. Juni 194 038.

Sommer 1987

Nachdem die Planeinsätze beim Bw Nürnberg 2 auf ein Minimum schrumpften, war die Baureihe 194 nur noch vom Bw Ingolstadt aus in nennenswertem Umfang eingesetzt. Hier gab es 27 Plantage, fünf weniger als bisher. Das Einsatzgebiet blieb weitgehend unverändert. Würzburg entfiel

◁ **Bild 311**
Mit Dg 53633 aus Mannheim Rbf fährt **194 053** am 7. September 1985 in Kürze in Ulm Rbf ein. Sie befindet sich unmittelbar hinter dem Abzweig von der Hauptstrecke Stuttgart – Ulm Hbf.

Aufnahme:
Rudolf Vyzina

◁ **Bild 312**
194 018 rollt am 25. Januar 1987 mit dem Leerwagenzug Lg 49830 vom Brenner kommend in Kürze durch die Haltestelle Gries auf dem Weg nach München Ost Rbf. Damals herrschte auf der Brennerbahn noch Linksverkehr.

Aufnahme:
Rudolf Vyzina

◁ **Bild 313**
Ein Besuch am Münchner Nordring: **194 018** verlässt den Güterbahnhof München-Ludwigsfeld am 29. Dezember 1987 mit Gag 58380 (München-Milbertshofen – Ingolstadt Hbf). Der Güterbahnhof entstand von 1940 bis 1943 als Baugüterbahnhof für die geplante Umgestaltung der Münchner Bahnanlagen. Im Zuge des Baus des Rangierbahnhofes München Nord wurde München-Ludwigsfeld im Herbst 1991 stillgelegt, die verbliebenen Reste abgebrochen und von den Bahnanlagen des neuen Rangierbahnhofes weitgehend überbaut.

Aufnahme:
Claus-Jürgen Schulze

△ **Bild 314** • Die Wiese hinter der Kirche von Weichs ermöglicht einen schönen Blick Richtung Zugspitze. **194 093** hat am 25. Juli 1986 den Schotterzug Ng 67644 von Eschenlohe nach Weilheim zu befördern, aufgenommen zwischen Ohlstadt und Hechendorf im Murnauer Moos. Heute stehen hier, wie auf dem gesamten Abschnitt Tutzing – Mittenwald, hellgraue Fahrleitungsmasten aus Beton. Aufnahme: Claus-Jürgen Schulze

▽ **Bild 315** • Stelldichein dreier E 94 im Bahnhof Geislingen (Steige) am 22. September 1987. Die vom Bw Ingolstadt disponierten Schiebelokomotiven **194 024** und **194 053** warten auf neue Einsätze. Zwischen beiden hindurch fährt die Nürnberger **194 186** mit Dg 54685 (Kornwestheim Rbf – Augsburg Hbf) und dem „Straßen-Adler" auf dem ersten Waggon. Es schiebt die nicht sichtbare 194 041. Aufnahme: Frank Türpitz

◁ **Bild 316**
194 080 bei Oberaudorf am 16. Februar 1988 mit Dg 46856 von Kufstein nach München-Laim Rbf. Dahinter das Karmeliten-Kloster Reisach mit dem Turm der Kirche St. Theresia.

Aufnahme: Claus-Jürgen Schulze

◁ **Bild 317**
194 124 passiert die zwischen Ostermünchen und Großkarolinenfeld gelegene Blockstelle Hilperting am 16. April 1988 mit Ng 46885 nach Kufstein. Die fotogene Blockstelle ging im Jahr 2000 im Zuge der Inbetriebnahme des elektronischen Stellwerks in Grafing außer Betrieb. Die Signale wurden abgebaut, das Blockwärterhaus blieb als Wohngebäude erhalten.

Aufnahme: Brian Rampp

als Wendepunkt, dafür waren nun aus den ehemaligen Nürnberger Umläufen Züge bis Passau dabei. Am Ende der Fahrplanperiode, zum 27. September 1987, wechselten vier schadhafte 194 (022, 084, 122, 183) sowie 194 132 wegen Fristablauf in den z-Bestand. Davon waren 194 022 und 194 183 bereits seit Juli 1987 nicht mehr in Betrieb.

Winter 1987/88

Infolge der Abgänge sank der Planbedarf auf 22 Maschinen. Ausgeglichen wurde dies innerhalb der BD München durch eine Aufstockung des 140-Bestandes beim Bw München 1 um acht Lokomotiven (140 048–055 aus Mannheim).

Beendet war mit Beginn des Winterfahrplans de facto der 194-Schiebedienst auf der Geislinger Steige. Zwar war noch Montagnachmittag eine 194 als dritte Schublok vorgesehen, tatsächlich hatten aber 140 (Bw München 1) diese Aufgabe übernommen und die 194 kam so gut wie gar nicht zum Einsatz.. Einen Einsatzschwerpunkt bildete zum letzten Mal die Zuckerrübenkampagne im Herbst. Reisezüge wurden nicht mehr bespannt. Lediglich im Münchner Abstelldienst machten sich die 194 noch vereinzelt nützlich.

Der Bestand an 25 betriebsfähigen 194 (ohne die Nürnberger Leihlokomotiven) sank bis zum Jahresende weiter. Im Oktober schieden wegen Trafoschäden 194 044 und 194 138 aus.

Im selben Monat verfügte die DB eine Bestandsreduzierung auf 17 Lokomotiven der Baureihe 194 beim Bw Ingolstadt (und 13 des Bw Nürnberg 2) bis Mitte Dezember. Anfang Dezember folgten 194 118 und 194 121 auf das Abstellgleis.

Schließlich wurden am 18. Dezember 1987 die betriebsfähigen 194 041, 053, 107 und 117 ohne z-Stellung ausgemustert, um den Sollbestand zu erreichen. Bereits Ende September kamen 194 038 und 194 132 zur Hinterstellung ins AW Karlsruhe, wo die DB betriebsfähige 194 für einen möglichen Verkauf sammelte.

Die schleppende Abnahme der neuen 120 ermöglichte den 194 eine letzte Frist bis zum Ende des Winterfahrplans. Von einer vorgezogenen Außerdienststellung zum Jahresende 1987 sah die DB ab. Folgende 194 waren zu diesem Zeitpunkt beim Bw Ingolstadt beheimatet:

194	018	036	042	043	054
	055	070	080	091	092
	093	112	124	126	133
	137	158			

Außerdem waren leihweise aus Nürnberg verfügbar:

194	024	145	184	191	192
	195	562	567	574	581

Bild 318 ▷
Die letzten beiden E 94-Leistungen bei der DB erbrachten 194 112 und 194 158 am 29. Mai 1988 zeitgleich. Hier ist **194 112** mit dem um mehrere Stunden verspäteten TEEM 40814 von Brenner nach München Süd bei Fischbach (Inn) auf dem Weg nach München.

Aufnahme: Brian Rampp

Bild 319 ▷
Nachdem **194 158** am Morgen des 29. Mai 1988 mit dem Leergüterzug Lg 49892 von Hall in Tirol nach Regensburg Ost gefahren war, kehrte sie von dort am Nachmittag mit Dg 54863 nach München Ost Rbf zurück, hier aufgenommen bei Ergoldsbach. Es war die letzte Fahrt einer E 94 im Plandienst bei der Deutschen Bundesbahn.

Aufnahme: Martin Hahmann

Mit Wirkung vom 8. Januar 1988 wurde der Umlauf um einen Tag gekürzt, wobei der Schiebedienst in Geislingen formal endgültig entfiel (der letzte Schubeinsatz mit 194 574 fand außerplanmäßig am 3. Mai 1988 statt). Da der Planeinsatz in Nürnberg zum selben Datum endete, war dies der letzte Umlauf für DB-194 überhaupt. Er galt bis Ende Mai 1988 – dem avisierten Ende des 194-Einsatzes – und wurde bis Ende April weitgehend eingehalten. Erst in den letzten Wochen vor dem Fahrplanwechsel war er mehr und mehr von anderen Elloks durchsetzt.

Als Ersatz für die 194 sollte das Bw München 1 die Mannheimer 140 056–067 erhalten.

Da 194 055 und 092 seit Februar „z" standen bzw. 194 036, 043, 093, 124 und 126 sowie die Leihlokomotiven 194 024, 075, 195, 567 und 581 seit Anfang Mai nicht mehr einsatzfähig waren (ihre offizielle z-Stellung erfolgte teilweise erst später), standen in den letzten Wochen noch zehn Ingolstädter und acht Nürnberger 194 für den Plandienst zur Verfügung.

Mit folgenden Maschinen ging der 194-Einsatz bei der DB in seine letzte Runde:

194	018	042	054	070	080
	091	112	133	137	
	158	(alle Bw Ingolstadt)			

und leihweise vom Bw Nürnberg 2 (Rbf):

194	145	184	185	191	192
	193	562	574		

Schon seit 1984 war für die Disposition der Einsätze nicht mehr das Bw Ingolstadt, sondern die Betriebsleitung Lokdienst in der BD München zuständig.

Mit zunehmender Unregelmäßigkeit des Einsatzes häuften sich dort die Anrufe von Externen, die konkrete Informationen etwa der Art *„Hat der 67646 morgen eine Vierundneunziger?"* begehrten.

Dankenswerterweise fanden sich immer wieder geduldige Kollegen, die durch eine Computerabfrage die ersehnte Auskunft gaben und dadurch vielen 194-Freunden ermöglichten, letzte Einsatzfotos anzufertigen.

Am Wochenende 28./29. Mai 1988 war die Zeit des Abschieds gekommen und viele Fotografen säumten die von München ausgehenden Strecken, wo die 194er ihre letzten Fahrten absolvierten.

Waren am Freitag, den 27. Mai, noch acht Lokomotiven vor Zügen im Einsatz, reduzierte sich dieser am Samstag auf fünf und schließlich am Sonntag, den 29. Mai (erster Tag des Sommerfahrplans 1988), auf zwei Maschinen.

Die letzten Fahrten der vom Bw Ingolstadt eingesetzten 194 im Überblick:

Freitag, 27. Mai 1988

- 194 042 Gag 70388 Ingolstadt Nord – Vohburg BP, Lz 87676 Vohburg BP – Ingolstadt Hbf
- 194 070 Dg 54685 Kornwestheim Rbf – Augsburg (stand am 28. Mai 1988 im Schuppen)
- 194 080 Ng 65488 Rosenheim – München Ost Rbf
- 194 133 Gag 58378 München-Milbertshofen – Ingolstadt Hbf
- 194 137 Dg 54615 Ulm Rbf – München Ost Rbf

Die Leihlokomotiven vom Bw Nürnberg 2 bespannten letztmals folgende Leistungen:

- 194 185 Dg 46816 Salzburg – München Süd (anschl. Lz 87425 München Süd – München Ost, Ankunft 02:58 Uhr am 28. Mai)
- 194 193 Vorspann vor 194 133 am Gag 58378 München-Milbertshofen – Ingolstadt Hbf
- 194 574 Gag 79826 Ingolstadt Nord – Ingolstadt Hbf

Samstag, 28. Mai 1988

- 194 018 Dg 54959 Ulm Rbf – Augsburg (an 22:43 Uhr; die letzte E 94, die ins Bw Augsburg kam)
- 194 054 Dg 44882 Kufstein – München-Laim Rbf, Ng 65015 München-Laim Rbf – München Ost Rbf
- 194 091 Ng 63085 Regensburg Hbf – Landshut, Lz 86531 Landshut – München-Laim Rbf (mit 151 022 und 194 158), Lz 87505 München-Laim Rbf – München Ost Rbf (mit 194 158)
- 194 137 Lg 49822 Kufstein – Regensburg Ost, Lz 86426 Regensburg Ost – Regensburg Hbf, Lz 85079 Regensburg Hbf – München Ost Rbf (geschleppt)

Die Leihlokomotive 194 184 vom Bw Nürnberg 2 erbrachte folgende Leistungen:

- 194 184 Gag 68653 Ingolstadt Hbf – Neustadt (Donau), Lz 87624 Neustadt (Donau) – Ingolstadt Hbf

Das Datum der Überführung der 194 018 und 194 070 von Augsburg über München nach Ingolstadt wie auch das Datum der Überführung der 194 091 von München nach Ingolstadt ist nicht bekannt. Vermutlich fuhren 194 018 und 194 070 in der Nacht vom 28. auf 29. Mai als Lokzug von Augsburg nach München, nahmen dort 194 091 mit und fuhren weiter nach Ingolstadt.

Sonntag, 29. Mai 1988

- 194 112:
  TEEM 40814 Brenner – München Süd
  Lz München Süd – München Ost Rbf
- 194 158:
  Lg 49892 Hall i.T. – Regensburg Ost
  Dg 54863 Regensburg Ost – Mü Ost Rbf

Beide Lokomotiven erbrachten hierbei ihre Leistungen zeitgleich. Da jedoch 194 158 gegen 15 Uhr als letzte ihren Stromabnehmer im Bw München Ost senkte, darf sie als letzte planmäßig eingesetzte E 94 der Deutschen Bundesbahn gelten.
Ihre letzten Züge fuhren die Maschinen teilweise nicht mehr im Vollbesitz ihrer Kräfte. So waren von den sechs Fahrmotoren bei 194 018, 054, 137, 145 und 185 je einer, bei 194 574 sogar zwei wegen Defekt abgeschaltet.

In der Nacht vom 30. auf 31. Mai wurden im Bw München Ost gesammelten 194 054, 080, 112, 137, 158 und 185 nach Ingolstadt überführt und abgestellt. Die Nürnberger Leihlokomotiven (194 145, 184, 185, 193, 574) ließ das Bw Ingolstadt wegen Platzmangel gleich nach Nürnberg Rbf abfahren.

In den z-Lokbestand wechselten am 30. Mai die 194 112 und 194 158 als letzte. Mit der Ausmusterung aller Maschinen am 28. Juni 1988 war, mit Ausnahme der DB-Museumslokomotiven, die Geschichte der Baureihe E 94 bei der DB, wie auch die Ellokunterhaltung beim Bw Ingolstadt, beendet.

Die am 15. Mai 1987 ausgemusterte 194 071 diente von September 1987 bis 9. Februar 1989 als stationärer Kompressor in Ingolstadt Nord zum Vorbremsen von Güterzügen.

Da das Bw Ingolstadt seine Gleise nicht mit ausgemusterten Lokomotiven vollgestellt haben wollte, galt es die 194er baldmöglichst abzufahren. Schon im Februar 1988 ging 194 073 an das Bw Heilbronn zur Zerlegung. Im März 1988 rollten in zwei Lokzügen elf Maschinen ab: Am 3. März die 194 044, 109, 117, 118, 121, 122 und 138 zur „Bouser Schrotthandel GmbH" nach Bous/ Saar und am 10. März die 194 041, 053, 084 und 107 zwecks Verschrottung zum AW Bremen. Ebenfalls nach Bremen gelangten am 24. Juni 1988 die 194 054, 137 und 158.

Im Juli 1988 wurden die ausgemusterten Ingolstädter 194 036, 042, 043, 093, 112, 124 und 133 dem BZA München zugeteilt und von Ingolstadt in die Versuchsanstalt in München-Freimann überführt. Vier davon dienten von 26. bis 30. September 1988 als Ballastlokomotiven für Leistungsmessfahrten mit der Baureihe 120 im Frankenwald. Anschließend verkaufte die DB die Lokomotiven im Sommer 1989, zusammen mit den noch in München-Freimann Gbf abgestellten 194 024, 183, 566 und 567, an die Firma Layritz. Da eine Zerlegung in Penzberg wegen Platzmangel nicht möglich war, erfolgte vom 4. bis zum 12. Januar 1990 die Überführung der ab Oktober/November 1989 im Bw Rosenheim hinterstellten elf 194 zur Verschrottung nach Montello-Gorlago (Italien).

Endstation Schrottplatz hieß es auch für fünf 194, die das Bw Ingolstadt am 13. Oktober 1988 verließen. Hiervon erhielt die Firma Dück Schrott KG in München-Pasing die 194 018, 070 und 126 sowie die Firma Trapp in Ebenhausen-Werk (nahe dem früheren Bf. Reichertshofen) die 194 055 und 092. Im April 1989 kam 194 071 nach Nürnberg zur Firma Ammon zur Zerlegung. 194 080 erwarb die DGEG als Museumslokomotive. Als letzte verließ 194 091 am 23. März 1992 das Bw Ingolstadt. Sie kam zur Verschrottung zur Firma Dück nach München-Pasing.

Laufplanübersicht Bw Ingolstadt

Fahrplanperiode	Planbedarf	gesamt	Ø Laufkm/Tag
Winter 1973/74	9 + 1	10	434/168
Sommer 1976	18 + 3	21	491/n. bek.
Winter 1976/77	18 + 1 + 1	20	487/195/218
Winter 1977/78	19 + 1 + 1 + 1	22	n. bek.
Sommer 1978	19 + 1 + 2	22	484/578/168
Winter 1978/79	20 + 1 + 2	23	463/n. bek./168
Sommer 1979	20 + 1 + 2	23	533/354/168
Winter 1979/80	23 + 1 + 2 + 2	28	526/294/188/768
Sommer 1980	23 + 1 + 2	26	524/177/168
Winter 1980/81	23 + 1 + 2	26	n. bek.
Sommer 1981	22 + 1 + 2	25	508/n. bek.
Winter 1981/82	22 + 1 + 2	25	540/239/168
Sommer 1982	24 + 1	25	n. bek.
Winter 1982/83	24 + 1	25	536/238
Sommer 1983	30 + 1 + 1	32	535/n. bek.
Winter 1983/84	31 + 1	32	529/n. bek.
Sommer 1984	30 + 1	31	515/374
Winter 1984/85	29 + 1 + 1 + 2	33	502/n. bek.
So/Wi 1985/86	25 + 3 + 1 + 1	30	557/168/168/112
So/Wi 1986/87	30 + 2	32	489/137
Sommer 1987	27	27	473
Winter 1987/88	22	22	494
ab 8. Januar 1988	21	21	n. bek.

△ **Bild 320** • Die Brennerstrecke war 48 Jahre lang planmäßiges Einsatzgebiet der E 94 deutscher Staatsbahnen und damit vom ersten bis zum letzten Tag. Hier rollt eine 194 am 7. November 1987 mit Lg 49828 bei St. Jodok die Rampe hinunter. AUFNAHME: BERTOLD BRANDT

Bw Ingolstadt

E 94 012	Augsburg	01.02.1986 – 15.10.1986	z
018	Augsburg	01.02.1986 – 29.05.1988	z
022	Augsburg	01.02.1986 – 27.09.1987	z
035	Rosenheim	27.09.1965 – 01.04.1984	z
036	Rosenheim	27.09.1965 – 29.04.1988	z
	z	29.12.1984 – 29.12.1984	
038	Augsburg	01.02.1986 – 01.06.1987	z
039	Augsburg	01.02.1986 – 23.10.1986	z
041	Freilassing	29.05.1983 – 18.12.1987	Ausmusterung
042	Augsburg	01.02.1986 – 29.05.1988	z
043	Freilassing	01.12.1975 – 29.05.1988	z
044	Freilassing	01.12.1975 – 28.10.1987	z
047	München Ost	26.05.1974 – 01.09.1978	z
048	München Ost	26.05.1974 – 15.05.1987	Ausmusterung
051	Augsburg	01.02.1986 – 15.05.1987	Ausmusterung
053	Rosenheim	27.09.1965 – 18.12.1987	Ausmusterung
054	Rosenheim	27.09.1965 – 29.05.1988	z
055	München Ost	04.11.1965 – 19.02.1988	z
070	Augsburg	01.02.1986 – 29.05.1988	z
071	Rosenheim	27.09.1965 – 15.05.1987	Ausmusterung
072	Rosenheim	27.09.1965 – 15.10.1986	z
073	Augsburg	01.02.1986 – 15.05.1987	Ausmusterung
080	Augsburg	01.02.1986 – 29.05.1988	z
081	Augsburg	01.02.1986 – 15.10.1986	z
084	Rosenheim	22.10.1965 – 27.09.1987	z
085	Augsburg	01.06.1975 – 05.03.1987	Ausmusterung
086	Freilassing	01.10.1979 – 13.12.1986	z
087	Freilassing	01.10.1979 – 05.03.1987	Ausmusterung
091	Augsburg	01.02.1986 – 29.05.1988	z
092	Rosenheim	27.09.1965 – 19.02.1988	z
093	München Ost	25.09.1966 – 29.04.1988	z
107	Freilassing	29.05.1983 – 18.12.1987	Ausmusterung
108	Augsburg	01.02.1986 – 15.05.1987	Ausmusterung
E 94 109	München Ost	25.09.1966 – 15.05.1987	z
111	Freilassing	01.06.1983 – 30.09.1985	Ausmusterung
112	Freilassing	29.05.1983 – 30.05.1988	z
113	München Ost	25.09.1966 – 17.07.1984	z
116	München Ost	25.09.1966 – 01.01.1984	z
117	Freilassing	29.05.1983 – 18.12.1987	Ausmusterung
118	Freilassing	31.05.1983 – 03.12.1987	z
119	München Ost	25.09.1966 – 15.10.1986	z
120	Rosenheim	27.09.1965 – 30.05.1985	z
121	Rosenheim	27.09.1965 – 03.12.1987	z
122	München Ost	26.05.1974 – 27.09.1987	z
124	Freilassing	29.05.1983 – 29.05.1988	z
	z	01.07.1983 – 30.11.1983	
126	München Ost	26.05.1974 – 29.05.1988	z
128	Freilassing	29.05.1983 – 15.12.1986	Ausmusterung
	z	30.03.1985 – 07.04.1985	
131	Freilassing	26.05.1974 – 05.12.1984	z
132	Nürnberg Rbf	01.06.1980 – 27.09.1987	z
133	Nürnberg Rbf	01.06.1980 – 29.05.1988	z
137	Nürnberg Rbf	01.06.1980 – 29.05.1988	z
138	München Ost	26.05.1974 – 28.10.1987	z
151	Rosenheim	27.09.1965 – 25.05.1968	München Ost
	München Ost	26.05.1974 – 29.10.1986	z
152	München Ost	26.05.1974 – 15.10.1986	z
155	München Ost	26.05.1974 – 15.05.1987	Ausmusterung
156	München Ost	26.05.1974 – 10.12.1986	z
157	München Ost	26.05.1974 – 01.08.1986	z
158	München Ost	26.05.1974 – 12.11.1975	Freilassing
	Freilassing	01.10.1979 – 30.05.1988	z
159	Freilassing	30.09.1979 – 05.12.1984	z
183	München Ost	26.05.1974 – 01.12.1975	Freilassing
	Freilassing	29.05.1983 – 28.09.1987	z

Bilder aus der Werkstatt des Bw Ingolstadt

△ **Bild 321** • Fristarbeiten an **194 109** am 9. Mai 1986. Die Wartungstüren sind geöffnet. AUFNAHME: DIETER SPILLNER

△ **Bild 322** • Abheben der Vorbauhaube bei **194 156** im März 1983.

△ **Bild 323** • Einbau eines neuen Luftbehälters für **194 156** im März 1983. In den Vorbauten ging es schmutzig zu. Rechts ist ein Fahrmotorlüfter zu sehen.

▽ **Bild 324** • Fahrmotortausch bei **194 116** im April 1983. Am Kran hängt ein kompletter Fahrmotor mit Radsatz. Ebenfalls zu sehen ist das Abbauen der Zahnräder-Abdeckung. Dazu wird der Motor ein wenig angehoben, um die Kästen unten heraus zu ziehen. Dies sind die ersten Arbeiten bei einem Motorentausch.

▽ **Bild 325** • Vor **194 131** mit der heruntergelassenen Wartungsklappe und dem Namen „Angela". AUFNAHMEN (4): HELMUT GRÖBER

Bild 326 ▷
Gruppenbild der damaligen Mannschaft der E-Lok-Halle vor **194 054** im März 1983.

Bild 327 ▷
Auf der Innenseite der seitlichen Wartungsklappe von **194 133** ist am 6. April 1988 der Name „Nicole" zu lesen.

AUFNAHME:
MARKUS GIGL

Bild 328 ▷
Im März 1983 finden an **194 111** Wartungsarbeiten statt.

AUFNAHMEN (2):
HELMUT GRÖBER

Bw München Hbf

Bw München Hbf			
E 94 137	Neulieferung	08.07.1946 – 09.07.1946	München-Ost

Wie dem Betriebsbuch zu entnehmen ist, war E 94 137 nach ihrer Abnahme 1946 für einen Tag beim Bw München Hbf. Sie gehörte zu den als „Fertigbaulokomotiven" bezeichneten E 94, die erst nach Kriegsende ausgeliefert wurden. Da das Bw München Hbf für die Unterhaltung von E 94 normalerweise nicht zuständig war, handelt es sich nur um eine buchmäßige Beheimatung anlässlich ihrer Inbetriebsetzung. Ab 10. Juli 1946 gehörte E 94 137 zum Bw München Ost. Im Lauf ihrer 48-jährigen Dienstzeit in Süddeutschland waren E 94 als Wendelokomotiven jedoch ständige Gäste im Bw München Hbf.

Bw München Ost

Das traditionelle Münchner Güterzuglok-Bw erhielt seine erste E 94 im August 1942 in Gestalt der fabrikneuen E 94 067. Ihr folgten bis Jahresende vier weitere neue E 94 (071, 072, 075, 076). In den Jahren 1943/44 baute die RBD München den Bestand aus, wobei die genannten Maschinen bis Mitte 1945 von zusätzlichen Neuliefe-

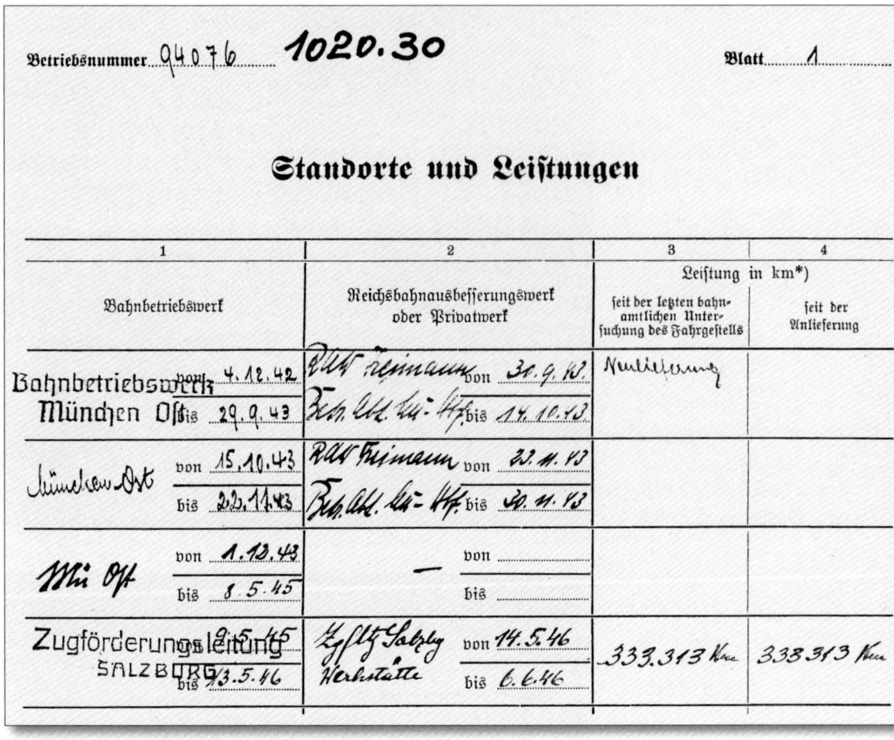
Betriebsnummer 94076 1020.30 Blatt 1

Standorte und Leistungen

1	2	3	4
Bahnbetriebswerk	Reichsbahnausbesserungswerk oder Privatwerk	Leistung in km*) seit der letzten bahnamtlichen Untersuchung des Fahrgestells	seit der Anlieferung
Bahnbetriebswerk München Ost von 4.12.42 bis 29.9.43	von 30.9.43 bis 14.10.43	Neulieferung	
von 15.10.43 bis 22.11.43	von 22.11.43 bis 30.11.43		
Mü Ost von 1.12.43 bis 8.5.45	–		
Zugförderungsleitung Salzburg von 9.5.45 bis 13.5.46	von 14.5.46 bis 6.6.46	333.313 km	333.313 km

△ **Bild 329** • Standortblatt aus dem Betriebsbuch der E 94 076. ABBILDUNG: SAMMLUNG FRANK LÜDECKE

▽ **Bild 330** • Umlaufplan für 6 + 2 E 94 des Bw München Ost aus dem Sommerfahrplan 1962. Laufplanabkürzungen: Au – Augsburg Rbf; Gai – Gaimersheim; Gb – Grafing Bf; Fl – Freilassing; Ih – Ingolstadt Hbf; In – Ingolstadt Nord; Ko – Kirchseeon; Ku – Kufstein; Lv – Leervorspann; Mh – München Hbf; Ml – München-Laim Rbf; Mop – München Ost Pbf; Mor – München Ost Rbf; Ms – München Süd; Nr – Nürnberg Rbf; Ro – Rosenheim; Rr – Regensburg Rbf; Sz – Salzburg; Tl – Treuchtlingen; Tru – München Trudering; Ur – Ulm Rbf. ABBILDUNG: BD MÜNCHEN, SAMMLUNG HEINZ SKRZYPNIK

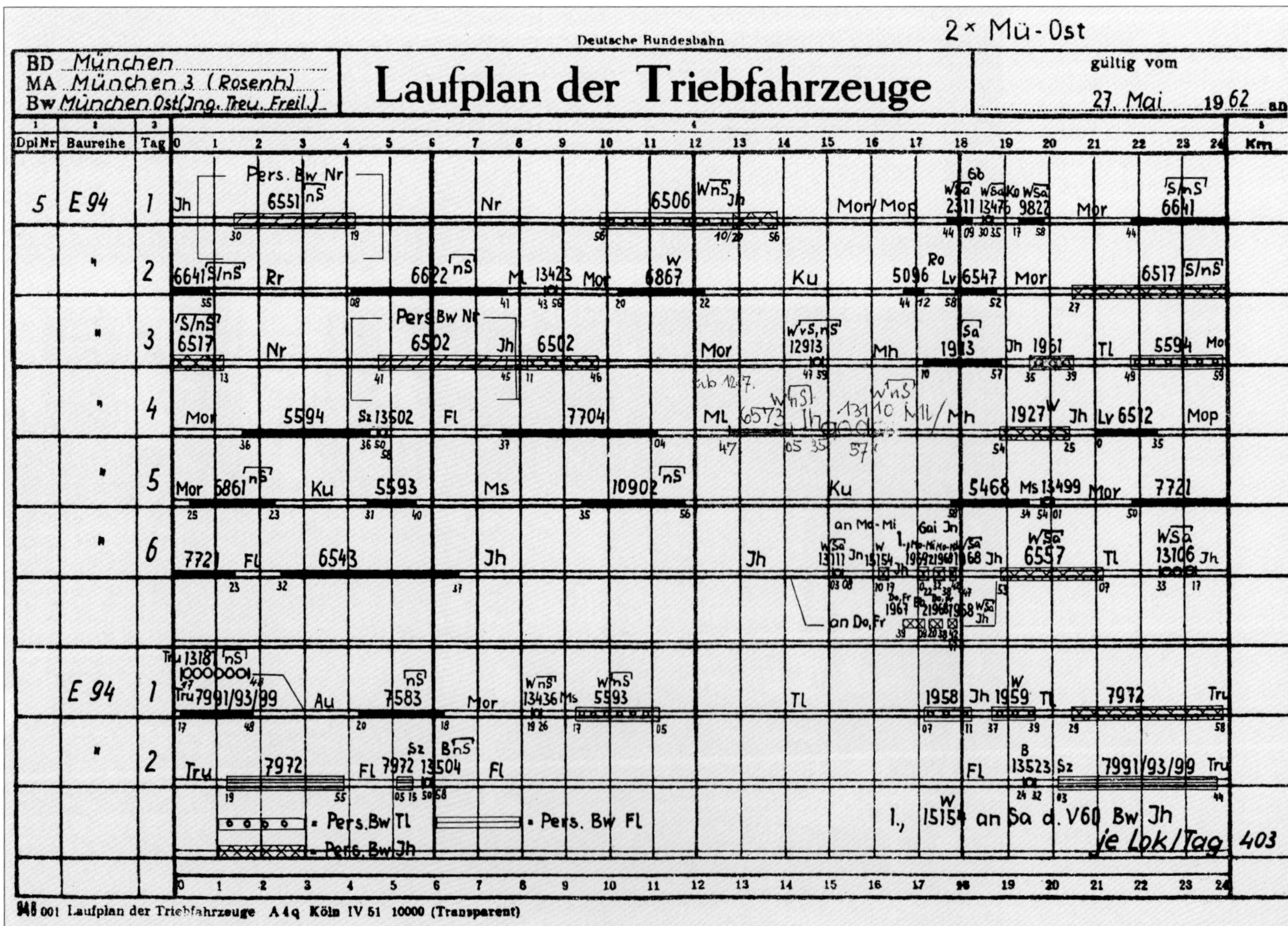
Deutsche Bundesbahn 2× Mü-Ost

BD München
MA München 3 (Rosenh.)
Bw München Ost (Ing. Treu. Freil.)

Laufplan der Triebfahrzeuge

gültig vom 27. Mai 1962 ab

Dpl Nr | Baureihe | Tag | Km

Laufplan der Triebfahrzeuge A 4q Köln IV 51 10000 (Transparent)

△ **Bild 331 • E 94 155** überquert im Mai 1956 die Salzachbrücke und erreicht in Kürze Salzburg Hbf. AUFNAHME: CARL BELLINGRODT/EISENBAHNSTIFTUNG

rungen abgelöst worden sind. Im März 1943 bestand ein Planbedarf von sechs E 94. Ende 1944 war mit zehn E 94 der höchste Bestand der Kriegszeit erreicht. Bis dahin waren mit Ausnahme von E 94 131 nur fabrikneue E 94 zum Bw München Ost gekommen.

Einsätze erfolgten zu dieser Zeit mit schweren Durchgangsgüterzügen (Dg) hauptsächlich in der Relation Augsburg – München – Salzburg. Auch in Langläufen z. B. bis Attnang- Puchheim waren sie eingesetzt. Den Brennerverkehr besorgten die E 94 des Bw Innsbruck und für die Regensburger Strecke reichten in der Regel die E 91 des Bw Landshut aus.

Zum Zeitpunkt der Kapitulation sind fünf E 94 als beschädigt nachgewiesen. E 94 084 war seit 9. April 1945 nach einem Fliegerschaden nicht mehr in Betrieb und kam im September 1945 zu Krauss-Maffei (E3 21.09.1945 – 11.10.1946). E 94 158 wies mehrere Einschüsse in den Vorbauten auf, die im Rahmen einer E0 bei Krauss-Maffei beseitigt wurden (13.06. – 23.09.1946). Die seit Februar 1945 an das Bw Pressig-Rothenkirchen ausgeliehenen E 94 113, 131 und 133 wurden dort gegen Kriegsende schwer beschädigt und kehrten erst in den Jahren 1947/48 zum Bw München Ost zurück. Zuvor mussten sie ebenfalls von Krauss-Maffei instandgesetzt werden:

E 94	113	E 3 03.03.1946 – 24.10.1947
	131	E 3 03.03.1946 – 07.08.1947
	133	E 3 03.03.1946 – 09.04.1948

Aus dem Bestand gestrichen werden musste am 9. Mai 1945 (dem Tag des Kriegsendes) die E 94 076 durch ihre Umbeheimatung nach Salzburg.

Die noch vor Kriegsende angelieferte, aber erst am 24. Mai 1945 abgenommene E 94 159 kam am Tag darauf in den Einsatzbestand beim Bw München Ost. Ihr Einsatz währte jedoch nicht lange, denn am 16. Juli 1945 wurde sie bei einem Unfall in der Nähe von Aßling/Obb. schwer beschädigt und musste monatelang ins RAW München-Freimann.

Aus der unmittelbaren Nachkriegszeit, dem Sommerfahrplan 1946, sind zwei E 94-Umläufe bekannt. Dienstplan Nr. 7 mit vier Tagen und durchschnittlich 433 km pro Tag sah ausschließlich Leistungen zwischen München und Freilassing vor, während acht E 94 des Dienstplanes 12 nur auf der Strecke München – Augsburg verkehrten. Für diese Aufgaben standen lediglich E 94 067, 084 (ab 12.10.1946), 075 (ab 13. Oktober 1946), 092, 093, 109, 116, 137 (ab 8. Juli 1946), 156, 157, 158 (ab 24. September 1946) und 159 zur Verfügung. Da diese E 94 nicht ausreichten, um die Planbedarfe abzudecken, müssen zu dieser Zeit andere Elloks in den Umläufen mitgelaufen sein. In den folgenden Fahrplanperioden fuhren die E 94 neben den Stammleistungen auch Züge nach Kufstein und Regensburg.

Durch weitere Zugänge (Umbeheimatungen, Neulieferung, reparierte Schadlokomotiven) wuchs der Bestand bis Ende 1948 auf achtzehn E 94 an und erreichte damit seinen Höchststand in diesem Bw. Zu ihnen gehörte auch die 1945 in Pressig-Rothenkirchen schwer beschädigte und von 3. März 1946 bis 3. März 1948 bei Krauss-Maffei im Rahmen einer E 3 wiederhergestellte E 94 053. Sie war während dieser Zeit in den Karteien der RBD München und Nürnberg hin- und her beheimatet worden. Im September 1946 kam sie laut St 10a zur RBD München (Bw München Ost), später durch Verfügung der GDW München zur RBD Nürnberg (Bw Nürnberg Rbf) zurück und war zuletzt bis Februar 1948 z-gestellt.

Mit Einsetzen der wirtschaftlichen Gesundung nach der Währungsreform stiegen auch die Leistungen der E 94 an, was sich auf die Einsätze der Münchner E 94 positiv auswirken sollte. Der E 94-Bestand reduzierte sich bis Ende 1949 zwar auf zehn Lokomotiven. Wie aus dem neuntägigen Umlauf des Sommers 1949 ersichtlich ist, hatte sich das Einsatzgebiet vor allem auf die verkehrsreiche Relation München – Neu-Ulm verlagert. Mit jeweils einem Zugpaar erreichten sie außerdem Eschenlohe, Freilassing und Regensburg.

Ihre Blütezeit hatten die E 94 des Bw München Ost in den fünfziger Jahren, was sich in kilometerintensiven Laufplänen widerspiegelte. So stieg die durchschnittliche Tageskilometerleistung im Fahrplan 1951/1952 auf 560 km, was auf sechs durchgehende Güterzugbespannungen zwischen München und Nürnberg zurückzuführen

△ **Bild 332 • E 94 093** vor Dg 6502 (Nürnberg Rbf – München Ost Rbf) beim Zwischenhalt in Treuchtlingen am 16. April 1964. AUFNAHMEN (2): HELGE HUFSCHLÄGER

war. Seither nahmen die E 94-Umläufe des Bw München Ost in der Rangliste der höchsten spezifischen planmäßigen Güterzugleistungen von DB-Elloks Spitzenplätze ein. Im Sommer 1955 belegte der viertägige Umlauf mit durchschnittlich 617 km pro Tag und Lok sogar den ersten Platz. In einem weiteren eintägigen Plan erreichten sie 603 km pro Tag. Diese Leistungen spielten sich auf den Strecken Bamberg – Nürnberg– Augsburg – München sowie München – Salzburg ab, wobei besonders der Langlauf vor Dg 6176 Bamberg– München-Laim über 257 km zu erwähnen ist. Für den Umlauf standen E 94 072, 093, 109, 116, 199, 138, 152, 155 und 157 zur Verfügung. Wegen der anhaltenden Knappheit an leistungsfähigen Güterzuglokomotiven war eine möglichst intensive Ausnutzung der E 94 das Gebot der Stunde.

Diese Zahlen muten heute, wo Lokomotiv-Langläufe von München bis Hamburg oder Tageskilometerleistungen von über 1.000 km selbstverständlich sind, als gering an. Sie waren jedoch damals in der Zeit des Wirtschaftswunders ein großer Fortschritt und wurden zurecht als besondere Leistung des Betriebsdienstes herausgestellt, der es angesichts von heute längst nicht mehr existenten Beschränkungen vermochte, kilometerintensive Laufpläne aufzustellen.

Als ab dem Sommerfahrplan 1956 wieder E 94 in Treuchtlingen stationiert waren und einige dieser Langläufe aus den Münchener Plänen ausgekoppelt werden konnten, reduzierten sich die Leistungen.

▽ **Bild 333 • E 94 138** mit Eilzug E 3751 (Ingolstadt – München Hbf) bei Dachau am 24. Mai 1966.

Mit durchschnittlich 561 km belegten die vier Planlokomotiven des Bw München Ost dennoch den 2. Platz. Nach der Rückkehr der drei nach Treuchtlingen abgegebenen E 94 072, 152 und 157 bis Juli 1958 wurden deren Leistungen wieder Bestandteil der Umläufe des Bw München Ost.

Die Aufnahme des elektrischen Betriebes von Dachau nach Ingolstadt am 29. Mai 1960 und weiter bis Treuchtlingen (27. Mai 1962) hatte eine Erweiterung des Einsatzgebietes zur Folge.

Nun tauchten E 94 des Bw München Ost häufig in Ingolstadt auf, was auch in den beiden Umläufen aus dem Sommer 1963 (3 + 5 Tage) zu ersehen war. Die seit Sommer 1959 gefahrenen Langläufe Freilassing – Nürnberg (341 km) waren allerdings bis Ingolstadt zurückgenommen worden. Haupteinsatzstrecken waren die von München ausgehenden Linien nach Salzburg und Kufstein. Zu den bemerkenswertesten Bespannungen dieser Fahrplanperiode zählten die Reisezüge E 1923/27 München Hbf – Ingolstadt, E 1961 Ingolstadt – Treuchtlingen sowie als Langläufe die Dg 6543 Freilassing – Ingolstadt, Dg 7972 Ingolstadt – Salzburg und Dg 7991 Salzburg – Augsburg. Hierfür war der E 94-Bestand bis Ende 1963 auf 14 Lokomotiven aufgestockt worden. Zugegangen waren auch einige der stärkeren E 94^2 (282–285), die bis 1965 in München Ost beheimatet waren.

Wegen der Olympischen Spiele 1964 in Innsbruck und dem daraus resultierenden höheren Lokbedarf suchten die ÖBB um Lokleihhilfe bei der DB nach. Die DB be-

Bild 334 ▷ Schwere Lokomotive für tragfähige Brücke: Mit **E 94 119** führte die BD München im Jahr 1959 Brückenbelastungsproben bei Weßling auf der Strecke München – Herrsching durch.

Aufnahme: BD München, Sammlung Brian Rampp

stimmte neben fünf Rosenheimer E 94 die Münchner E 94 109, 116, 119, 155 und 158 als Leihlokomotiven. Sie kamen am 25. Januar 1964 zur Zfl. Salzburg und setzten dort Elloks frei, die nach Innsbruck wechselten. Bis 11. Februar 1964 kehrten die Leihlokomotiven wieder zurück.

Im Zuge der Einführung und schrittweisen Ausdehnung des grenzüberschreitenden Lokomotivdurchlaufs zwischen DB und ÖBB eröffneten sich ab Mitte der sechziger Jahre neue Einsatzmöglichkeiten. Planmäßig liefen die E 94 des Bw München Ost nun teilweise von München nach Innsbruck oder Brenner durch. Nur außerplanmäßig war allerdings die Bespannung des Güterzugpaares G 876/894 durch E 94 156 bis Schwarzach-St. Veit am 5. Dezember 1966.

Die Umläufe der siebziger Jahre wiesen stets einen Planbedarf von zehn E 94 aus. Nachdem die BD München die Einsätze der E 94 beim Bw Ingolstadt immer weiter ausgedehnt hatte, blieben den Münchner Schwestern bis zum Schluss die Strecken nach Salzburg und Brenner als letztes Haupteinsatzgebiet. Hier erreichten sie im Winter 1973/74 durchschnittlich 469 km pro Tag. Ansonsten kamen sie nur noch bis Augsburg, Garmisch und Geltendorf.

Nach Ablauf der Fahrplanperiode am 25. Mai 1974 endete die Stationierungsgeschichte der E 94 beim Bw München Ost. Der gesamte Bestand wechselte zum Bw Ingolstadt (194 047, 048, 122, 126, 131, 138, 151, 152, 155, 156, 157, 158, 183). Die Einsätze auf den gewohnten Strecken blieben jedoch fast unverändert, da diese nun auf eben Ingolstädter und, ab Sommer 1974 wieder, in Freilassing beheimatete 194 übergegangen waren. Vorübergehend diente das Bw München Ost bis Ende Mai 1976 als Einsatz-Bw für 194 des Bw Ingolstadt. Im Jahresfahrplan 1974/75 waren es elf, zuletzt neun Maschinen.

Als letzte Vertreter der E-Traktion blieben nach dem Abzug der 194 noch vier 191 und zwei 485 im Bestand des Bw München Ost. Deren Ausmusterung erfolgte bis Ende 1975. Die Lokomotivunterhaltung endete am 1. August 1977 mit der Abgabe aller Rangier-Diesellokomotiven der Baureihe 290 an das Bw München Hbf. Danach diente das Bw München Ost bzw. Bw München 4 – wie es seit 1982 bezeichnet wurde – als Einsatzstelle des Bw München 1 (Hbf).

Die DB legte das Bw München Ost im Jahr 1992 still, nachdem der Rangierbahnhof München Nord mit seiner Werkstatt in Betrieb ging. Das Areal übernahm die Stadt München. Noch vorhandene Gebäude und Hallen ließ sie in den Jahren 2011 und 2012 abreißen.

Heute stehen hier mehrstöckige Wohngebäude. Westlich davon existieren Gleisanlagen weiterhin und sind zum Biotop geworden.

Die Stadt eröffnete den Landschaftspark im Jahr 2019. Unter Bäumen und Büschen finden sich neben Gleisen und Weichen auch noch die Drehscheibe als letzte Relikte eines bedeutenden Bahnbetriebswerkes.

▽ **Bild 335 • E 94 116** steht im Jahr 1963 abfahrbereit in München Hbf vor dem Eilzug E 1963 nach Ingolstadt Hbf. Die Bremsprobe ist noch nicht abgeschlossen. Aufnahme: Habdank, Sammlung Michael Freitag

△ **Bild 336 • E 94 156** im Einschnitt bei Hattenhofen am 6. August 1966 mit einem Kieszug Richtung Augsburg. AUFNAHME: DR. GÜNTHER SCHEINGRABER/EK-VERLAG

▽ **Bild 337 • 194 157** bei Aßling (Obb) mit einem Dg auf dem Weg nach München am 25. Juni 1972. AUFNAHME: CLAUS-JÜRGEN SCHULZE

Bild 338 ▷
Südlichster Wendepunkt der Bundesbahn-E 94 war Villach. Damit kamen E 94 des Bw München Ost einige Jahre auf der Tauernbahn zum Einsatz. **194 152** hat am 8. August 1970 auf dem Weg nach Süden Mallnitz erreicht. Am Zugschluss fährt eine 1042 der ÖBB.

Aufnahme:
Bernd Melcher,
Sammlung Georg Dollwet

Bild 339 ▷
Mit ihrem Dg Richtung Rosenheim unterfährt **194 155** am 14. Juli 1972 die Autobahnbrücke bei Bergen (Obb).

Aufnahme:
Ludwig Rotthowe,
Stiftung Eisenbahnmuseum Bochum

Bild 340 ▷
194 048 verlässt Weilheim (Obb) am 15. Juli 1972 mit einem Eilzug Richtung Garmisch. Lokomotive, Waggons, Flügelsignale und die Bahnsteigdächer aus Holz sind hier heute längst Geschichte.

Aufnahme:
Bernd Melcher,
Sammlung Georg Dollwet

△ **Bild 341 • 194 047** ist am 19. Juli 1973 bei Ostermünchen unterwegs. Fünf Jahre später wird sie als zweite E 94 der DB ausgemustert. AUFNAHME: MARTIN RUF

Bw München Ost

E 94 024	Rosenheim	11.01.1947 – 27.11.1949	Rosenheim
047	Kornwestheim	27.05.1964 – 29.05.1965	Kornwestheim
	Aschaffenburg	27.05.1967 – 25.05.1974	Ingolstadt
048	Augsburg	28.05.1972 – 25.05.1974	Ingolstadt
053	Pressig-R.	z – 01.10.1946	Nürnberg Rbf
	Nürnberg Rbf	03.03.1948 – 27.11.1949	Rosenheim
	Freilassing	11.03.1950 – 12.05.1950	Nürnberg Rbf
055	Kornwestheim	29.05.1965 – 03.11.1965	Ingolstadt
067	Neulieferung	14.08.1942 – 21.12.1943	Freilassing
	Freilassing	14.08.1945 – 27.11.1949	Rosenheim
	Rosenheim	06.03.1950 – 11.05.1950	Regensburg
071	Neulieferung	16.10.1942 – 22.01.1945	Freilassing
	Freilassing	07.11.1946 – 11.05.1950	Rosenheim
072	Neulieferung	21.10.1942 – 10.09.1944	Freilassing
	Rosenheim	15.08.1954 – 02.06.1956	Treuchtlingen
	Treuchtlingen	30.07.1957 – 25.05.1962	Rosenheim
075	Neulieferung	03.12.1942 – 22.11.1944	Freilassing
	Freilassing	13.10.1946 – 11.05.1950	Regensburg
076	Neulieferung	04.12.1942 – 08.05.1945	Salzburg
084	Neulieferung	30.03.1943 – 06.11.1946	Freilassing
092	Neulieferung	17.04.1943 – 11.05.1950	Rosenheim
	Kornwestheim	04.08.1962 – 16.08.1962	Rosenheim
093	Neulieferung	08.05.1943 – 24.09.1966	Ingolstadt
109	Rosenheim	15.08.1945 – 27.10.1955	Rosenheim
	Rosenheim	11.12.1955 – 24.09.1966	Ingolstadt
113	Neulieferung	09.11.1943 – 05.05.1950	Nürnberg Rbf
	Kornwestheim	15.06.1965 – 24.09.1966	Ingolstadt
116	Neulieferung	07.01.1944 – 24.05.1966	Ingolstadt
119	Rosenheim	01.08.1954 – 24.09.1966	Ingolstadt
122	Kornwestheim	26.06.1965 – 25.05.1974	Ingolstadt
126	Kornwestheim	10.06.1965 – 25.05.1974	Ingolstadt
131	Salzburg	08.08.1944 – 12.05.1950	Nürnberg Rbf
	Aschaffenburg	24.06.1968 – 25.05.1974	Ingolstadt
E 94 133	Neulieferung	25.08.1944 – 11.01.1950 [1]	Nürnberg Rbf
137	München Hbf	10.07.1946 – 15.05.1953	Nürnberg Rbf
138	Neulieferung	25.02.1947 – 11.1949	Rosenheim
	Freilassing	03.1950 – 25.05.1974	Ingolstadt
141	Neulieferung	20.12.1952 – 30.07.1954	Rosenheim
151	Ingolstadt	26.05.1968 – 25.05.1974	Ingolstadt
152	Rosenheim	20.05.1951 – 02.06.1956	Treuchtlingen
	Treuchtlingen	15.07.1958 – 25.05.1974	Ingolstadt
155	Rosenheim	23.05.1953 – 25.05.1974	Ingolstadt
156	Neulieferung	01.11.1944 – 01.03.1949	Treuchtlingen
	Treuchtlingen	16.05.1949 – 31.05.1949	Treuchtlingen
	Treuchtlingen	06.03.1950 – 31.12.1952	Rosenheim
	Rosenheim	30.09.1963 – 25.05.1974	Ingolstadt
157	Neulieferung	26.01.1945 – 01.03.1949	Treuchtlingen
	Treuchtlingen	05.03.1950 – 02.06.1956	Treuchtlingen
	Treuchtlingen	15.07.1958 – 25.05.1974	Ingolstadt
158	Neulieferung	07.01.1945 – 27.11.1949	Rosenheim
	Freilassing	11.03.1950 – 16.05.1955	Heidelberg
	Heidelberg	08.02.1956 – 10.02.1956	Rosenheim
	Rosenheim	30.09.1963 – 25.05.1974	Ingolstadt
159	Neulieferung	25.05.1945 – 29.05.1953 [2]	Nürnberg Rbf
	Nürnberg Rbf	16.08.1954 – 23.09.1954 [3]	Nürnberg Rbf
182	Regensburg	29.05.1960 – 07.01.1962	Augsburg
183	Kornwestheim	27.05.1967 – 25.05.1974	Ingolstadt
263	Rosenheim	27.05.1964 – 28.05.1965	Aschaffenburg
270	Neulieferung	17.07.1954 – 15.08.1954	Rosenheim
282	Aschaffenburg	29.12.1961 – 03.06.1965	Aschaffenburg
283	Aschaffenburg	06.01.1962 – 11.06.1965	Aschaffenburg
284	Rosenheim	27.09.1963 – 15.06.1965	Aschaffenburg
285	Aschaffenburg	28.05.1960 – 30.06.1965	Aschaffenburg

1) ab 12.01.1950 AW Freimann
2) ab 28.04.1953 AW Freimann
3) ab 14.09.1954 AW Freimann

Bw Rosenheim

Die auf der Strecke nach Attnang-Puchheim im Güterverkehr eingesetzten E 93 des Bw Rosenheim erhielten ab Dezember 1941 Unterstützung in Form der neu in Rosenheim beheimateten E 94 012 und E 94 013. Durch die Zuführung weiterer E 94 und – damit verbunden – die Zunahme der Lokomotivdurchläufe zwischen Rosenheim und Attnang-Puchheim befanden sich dann zum Winterfahrplan 1942/43 sechs Planlokomotiven im Einsatz. Der Dienst konzentrierte sich auf die Strecke Rosenheim – Attnang-Puchheim (hier endete der Fahrdraht auf der Westbahn), wobei die kriegswichtigen Kohle- und Erztransporte zu den Stahlwerken Linz vorherrschten. Darüber hinaus hatte die Strecke für den Nachschub zur südlichen Ostfront große Bedeutung. Als interessantes Detail fiel der Leervorspann vor D 38 zwischen Attnang und Rosenheim auf. Die Zuteilung leistungsfähigerer E 94 ermöglichte bis Mai 1942 sukzessive die Abgabe der E 93 14, 15, 16 und 17 an das Bw Kornwestheim.

In der Folgezeit gehörte auch die für den Verkehr mit Italien relevante Zufuhrstrecke Rosenheim – Wörgl – Innsbruck zu ihrem Einsatzgebiet. Der Kohleverkehr nach Italien endete am 9. September 1943 nach der Kapitulation Italiens. Das Bw Rosenheim verfügte Ende 1943 über 15 E 94:

E 94	013	014	015	023	024
	060	061	062	063	064
	094	095	109	114	115

Im Jahr 1944 kam E 94 152 fabrikneu hinzu, dafür gab Rosenheim wenig später E 94 114 und 115 nach Saalfeld (Saale) ab. Mit fortlaufender Dauer des Krieges liefen die Rosenheimer E 94 immer unregelmäßiger und wurden häufig an andere Bahnbetriebswerke verliehen. Die sich zuspitzenden Ereignisse am Kriegsende hatten darüber hinaus unmittelbaren Einfluss auf ihre Einsatzbereitschaft. Folgende Einzelschicksale belegen dies:

E 94 015 erlitt am 19. Juli 1944 im Bw Innsbruck (Betriebsteil Hbf) leichte Fliegerschäden. Dagegen wurde die in der Nähe abgestellte Innsbrucker E 94 068 völlig zerstört. Die Innsbrucker Werkleitung veranlasste zu Kriegsende einen Nummerntausch, in dessen Folge E 94 015 offiziell als irreparabel beschädigt deklariert und von der DR-West am 18. Juli 1945 ausgemustert wurde. Bis 1951 dienten die Reste der ex E 94 068 in Innsbruck als Ersatzteilspender.

- E 94 023 erlitt im April 1945 Schäden durch Tieffliegerbeschuss.
- E 94 060 erlitt beim Luftangriff auf Rosenheim am 18. April 1945 schwere Schäden im Bw.
- E 94 061, leihweise Saalfelden, wurde im Januar 1945 in Wörgl durch Bomben beschädigt und verblieb hier bis Kriegsende. Sichtungen zufolge war sie kurzzeitig auch in Kundl abgestellt.
- E 94 064 erlitt am 19./20. April 1945 im Bahnhof Wörgl Bombenschäden und blieb dort abgestellt.
- E 94 094, leihweise Bw Innsbruck, verblieb in Innsbruck.
- E 94 095 kam wegen schwerer Beschädigungen im Dezember 1944 zwecks Reparatur zur AEG nach Hennigsdorf (bei Berlin) und nach erfolgter Reparatur im April 1945 zum Bw Salzburg.

Das Bw Rosenheim selbst wurde bei dem Luftangriff am 18. April 1945 fast völlig zerstört und musste bis 1950 neu aufgebaut werden.

Die zum Zeitpunkt der Kapitulation in Österreich befindlichen E 94 015, 061, 064, 094 und 095 kehrten nicht zum Bw Rosenheim zurück. Damit umfasste der Bestand nur noch acht Maschinen (davon zwei beschädigt), welche für den langsam wieder anlaufenden Zugbetrieb ausreichten. Im Osten war jetzt ohnehin Salzburg Endstation. Nach der Wiedergründung Österreichs musste an der Grenze umgespannt werden. Die militärisch bedingten Transporte Richtung Linz existierten nicht mehr, womit die wichtigsten Leistungen der Rosenheimer E 94 entfallen waren. Im Süden erfolgte der Lokwechsel nun in Kiefersfelden, später fand er wegen der dort beengten Platzverhältnisse in Kufstein statt.

Entsprechend eingeschränkt fielen die Einsätze in der direkten Nachkriegszeit aus. Im Sommer 1946 bestand für die vier einsatzfähigen E 94 (013, 014, 024, und 063) lediglich ein dreitägiger Umlauf fast ausschließlich zwischen München-Trudering

▽ **Bild 342** • Standortblatt aus dem Betriebsbuch der E 94 092. Abbildung: Sammlung Frank Lüdecke

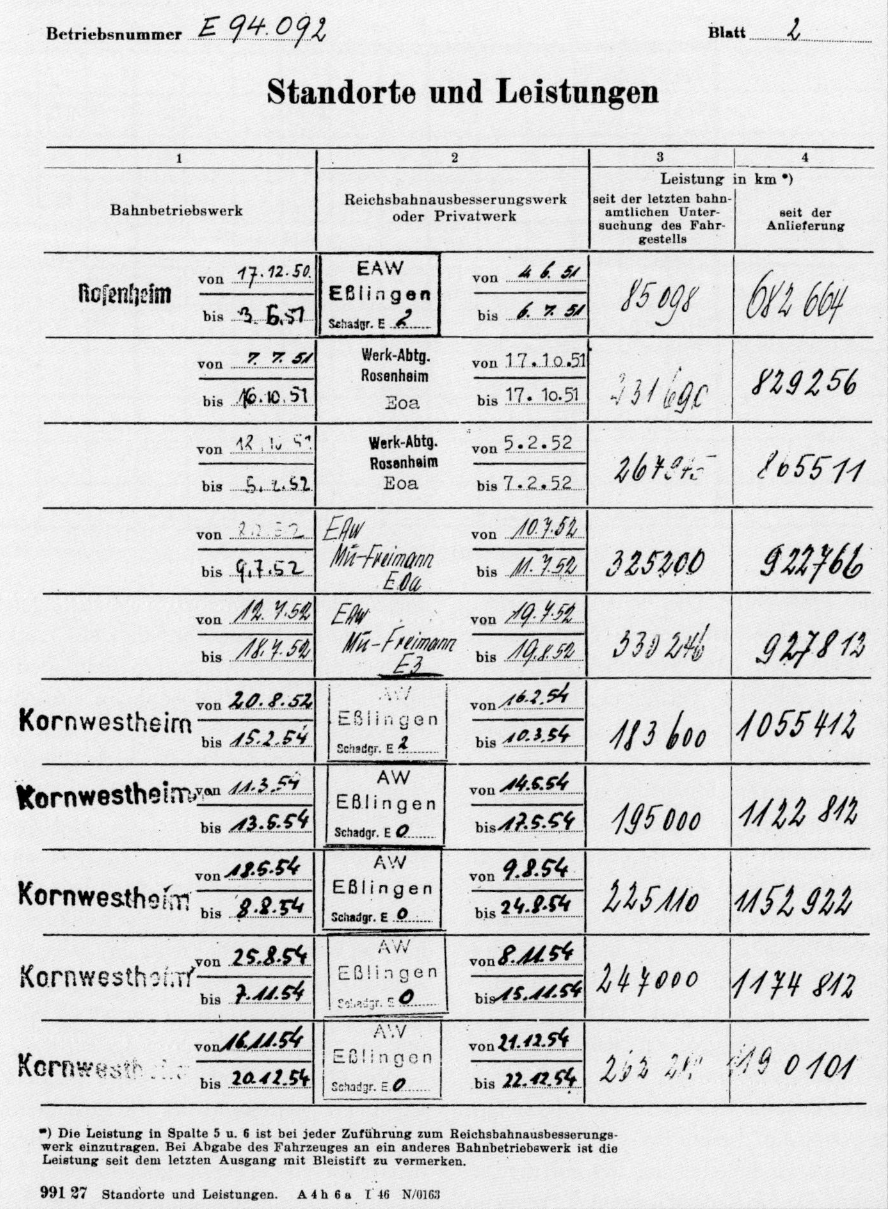

Betriebsnummer E 94.092 Blatt 2

Standorte und Leistungen

1 Bahnbetriebswerk		2 Reichsbahnausbesserungswerk oder Privatwerk		3 Leistung in km *) seit der letzten bahnamtlichen Untersuchung des Fahrgestells	4 seit der Anlieferung
Rosenheim	von 17.12.50 bis 3.6.51	EAW Eßlingen Schadgr. E 2	von 4.6.51 bis 6.7.51	85 098	682 664
	von 7.7.51 bis 16.10.51	Werk-Abtg. Rosenheim Eoa	von 17.10.51 bis 17.10.51	331 690	829256
	von 18.10.51 bis 5.2.52	Werk-Abtg. Rosenheim Eoa	von 5.2.52 bis 7.2.52	267 [illegible]	865511
	von [illegible] bis 9.7.52	EAW Mü-Freimann Eoa	von 10.7.52 bis 11.7.52	325200	922766
	von 12.7.52 bis 18.7.52	EAW Mü-Freimann E3	von 19.7.52 bis 19.8.52	330 246	927812
Kornwestheim	von 20.8.52 bis 15.2.54	AW Eßlingen Schadgr. E 2	von 16.2.54 bis 10.3.54	183 600	1055412
Kornwestheim	von 11.3.54 bis 13.5.54	AW Eßlingen Schadgr. E 0	von 14.5.54 bis 17.5.54	195 000	1122 812
Kornwestheim	von 18.5.54 bis 8.8.54	AW Eßlingen Schadgr. E 0	von 9.8.54 bis 24.8.54	225110	1152 922
Kornwestheim	von 25.8.54 bis 7.11.54	AW Eßlingen Schadgr. E 0	von 8.11.54 bis 15.11.54	247000	1174 812
Kornwestheim	von 16.11.54 bis 20.12.54	AW Eßlingen Schadgr. E 0	von 21.12.54 bis 22.12.54	[illegible]	[illegible] 90101

*) Die Leistung in Spalte 5 u. 6 ist bei jeder Zuführung zum Reichsbahnausbesserungswerk einzutragen. Bei Abgabe des Fahrzeuges an ein anderes Bahnbetriebswerk ist die Leistung seit dem letzten Ausgang mit Bleistift zu vermerken.

991 27 Standorte und Leistungen. A 4 h 6 a I 46 N/0163

△ **Bild 343 •** Eine E 94 als Vorspann vor einer Dampflokomotive der Baureihe 58[7] im Jahr 1942 in Oberhofen auf der Fahrt nach Rosenheim. Durchgehende Bespannungen bis/ab Attnang-Puchheim waren in den Kriegsjahren für Rosenheimer E 94 die Regel. AUFNAHME: CHRISTOPH LIEBEN, ARCHIV HELMUT GRIEBL

△ **Bild 344 • E 94 060** in den Trümmern des Lokschuppens im Bw Rosenheim nach dem Luftangriff am 18. April 1945. Bahnhof und Bahnbetriebswerk wurden dabei fast vollständig zerstört. AUFNAHME: RBD MÜNCHEN, SAMMLUNG BRIAN RAMPP

▽ **Bild 345 •** Umlaufplan für sechs E 94 des Bw Rosenheim für den Winterfahrplan 1942/43. ABBILDUNG: SAMMLUNG HANS-JÜRGEN WENZEL

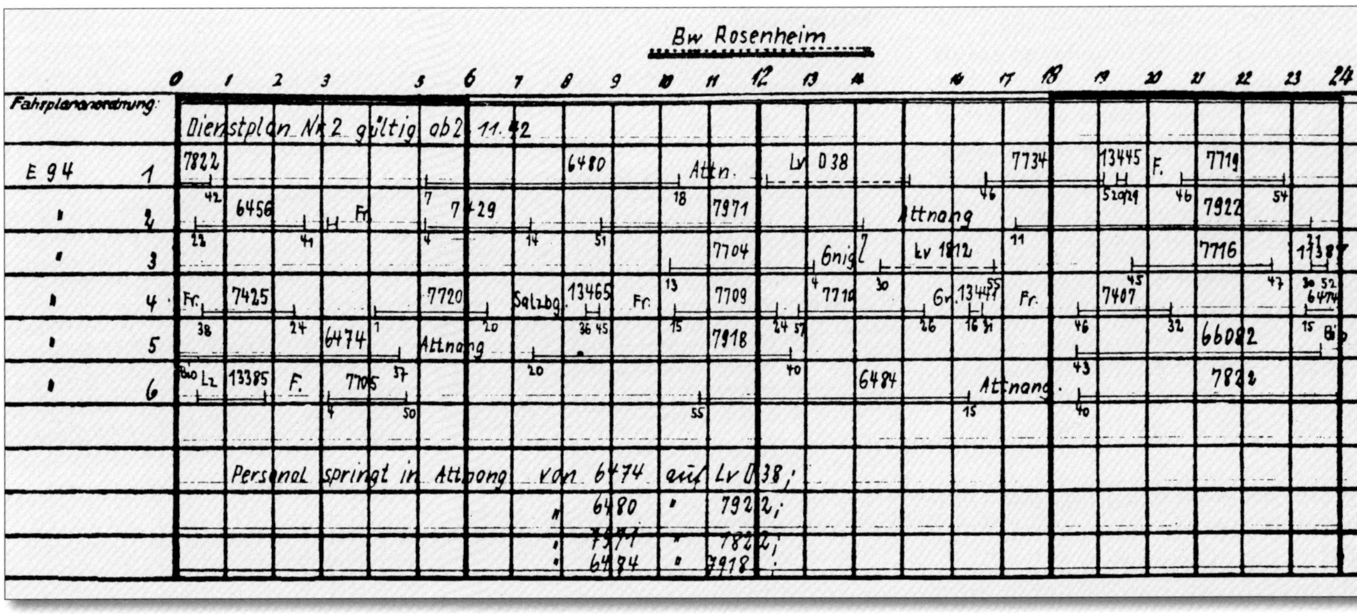

und Freilassing. Die Schadlokomotiven setzte Krauss-Maffei bis 1947 instand. Sie standen dem Bw Rosenheim anschließend wieder zur Verfügung: E 94 023 ab 23. August 1946 und 060 ab dem 1. Februar 1947.

Ein weiterer Umlauf ist aus dem Sommerfahrplan 1949 bekannt. 5 + 1 Lokomotiven fuhren auf den Strecken München Ost – Freilassing sowie Rosenheim – Kufstein (durchschnittlich 499 km pro Tag), wobei Rosenheimer E 94 auch drei Reisezüge bespannten: P 1889/94 Rosenheim – Kufstein u. z. (tgl.) und P 1814 Rosenheim – München Hbf (So). Zu dieser Zeit besaß das Bw Rosenheim 13 E 94, am Jahresende waren es sogar 16 Maschinen – der höchste Bestand in diesem Bw.

An dieser Stelle sei eine Besonderheit erwähnt. Da die Kapazität des AW Freimann wegen der Kriegsschäden nicht ausreichte, errichtete die Generaldirektion des Werkstättenwesens in den Jahren 1949/50 die „Betriebsabteilung II Rosenheim" des AW Freimann. Dieses Werk, unweit vom Bf. Kolbermoor an der Strecke nach Holzkirchen gelegen, führte von 10. Oktober 1950 bis 31. Dezember 1952 Bedarfs- und Zwischenuntersuchungen auch an E 94 aus. Als sich das AW Freimann nach Ende der Dampflokunterhaltung auf die Ellokunterhaltung konzentrierte, stellte das Werk Rosenheim nach nur zwei Jahren den Betrieb ein. Die Halle existierte im Jahr 2026 noch und beherbergt ein Speditionsgewerbe.

Während der fünfziger Jahre pendelte sich der E 94-Bestand des Bw Rosenheim auf sieben bis acht E 94 ein, bei einem Planbedarf von vier bis sechs Lokomotiven. Im Sommer 1955 waren beispielsweise fünf Lokomotiven im Umlauf gebunden (durchschnittlich 484 km/Tag). Das Einsatzgebiet war mit den Wendepunkten München, Kufstein und Rosenheim abgesteckt, was in der Gepflogenheit begründet lag, dass auf den E 94 des Bw Rosenheim nur Rosenheimer Personale Dienst taten. Vermehrt standen auch Bespannungen zwischen Rosenheim und Kufstein sowie im Reiseverkehr (sechs Züge) auf dem Plan.

Werkstattmäßig bestanden seit dieser Zeit enge Verbindungen zum Bw Freilassing. Da das Bw Rosenheim nicht genug Fachkräfte besaß, half die Ellokwerkstatt des Bw Freilassing bei der Unterhaltung der Rosenheimer E-Lokomotiven aus. Das betraf vor allem im Bw anfallende größere Reparaturarbeiten.

Der Rosenheimer E 94-Bestand bekam bis Mitte der fünfziger Jahre eine neue

Bild 346 ▷
E 94 013 hat mit ihrem Dg nach München am 12. September 1949 die Talbrücke Bergen unterquert. Das 364 m lange und maximal 37 m hohe Bauwerk wurde im Rahmen des Autobahnbaus München – Salzburg in den Jahren 1936 bis 1938 errichtet und in den Jahren 2010 bis 2014 durch eine neue Brücke ersetzt. Die linke Wartungsklappe der Lokomotive ist zu Lüftungszwecken offen – ein Verfahren, das im Fahrbetrieb vor allem die ÖBB anwendeten.

Aufnahme: Carl Bellingrodt, Sammlung Brian Rampp

Zusammensetzung. Am Stichtag 1. Juli 1955 waren hier beheimatet:

E 94 071 084 120 141 151 156 270

Mit E 94 141 und E 94 270 befanden sich seit Juli/August 1954 zwei Versuchslokomotiven mit Hochspannungssteuerung (E 94H) im Bestand, um im regulären Betriebseinsatz Vergleiche zwischen der BBC-Bauart (E 94 141) und SSW-Bauart (E 94 270) anstellen zu können. Diese Erprobung war für die Entwicklung der Neubaulokomotiven von großer Bedeutung. Neben Einsätzen im Plandienst standen beide E 94 des öfteren dem BZA München für Versuchszwecke zur Verfügung. So befand sich E 94 270 z. B. vom 6. bis 7. Juni 1955 im Unterwerk München-Pasing.

Am 3. März 1956 erfolgte ein Tausch mit dem Bw Kornwestheim (E 94 271 gegen E 94 270). Die Testreihen endeten im April 1958 und die beiden E 94^{H} wechselten zum Bw Nürnberg Rbf. Zu dieser Zeit war die Serienbeschaffung neuer Elloks bereits in vollem Gange.

Am Anfang der sechziger Jahre traten umfangreiche Veränderungen im Einsatzgebiet ein, denn auf der elektrifizierten Strecke Dachau – Ingolstadt (29. Mai 1960) und weiter bis Treuchtlingen (27. Mai 1962) sollten E 94 verkehren. Damit waren jetzt durchgehende Bespannungen zwischen München und Nürnberg über Ingolstadt möglich (was sehr zur Entlastung der Verbindung über Augsburg beitrug). Deren Realisierung ging zwangsläufig einher mit der Abkehr von dem Verfahren, Elloks eines Bw nur mit eigenem Personal zu besetzen.

Am Beispiel der Rosenheimer E 94-Umläufe aus dem Sommer 1963 ist dies ersichtlich: Die Lokomotiven wurden von Lokführern fünf verschiedener Bahnbetriebswerke gefahren. Der sechstägige Plan konnte mit mehreren interessanten Langläufen aufwarten, wie z. B. Dg 6545, der zwischen Freilassing und Nürnberg Rbf durchgehend eine Rosenheimer E 94 vorgespannt hatte. Andere Langläufe waren Dg 6176 Fürth – München Ost sowie sechs Dg zwischen München und Nürnberg. Vier Güterzüge standen noch auf der Strecke München – Salzburg im Plan. Ein zweiter, fünftägiger Umlauf beinhaltete Güterzüge auf den Strecken München –

▽ **Bild 347 • E 94 072** hat im Jahr 1951 mit einem Personenzug aus Rosenheim den Münchner Hbf erreicht. Die alte Bahnhofshalle ist abgetragen. Aufnahme: Sammlung Andreas Weigand

△ **Bild 348 • E 94 120** überholt E 44 508 am 10. August 1956 in Endorf (Obb). Sie zieht gut gefüllte Selbstentladewagen Erz IIId (Bauart OOtz 41 bzw. Fad 155) aus dem Ruhrgebiet für das Stahlwerk in Linz/Donau (Österreich). Hinter der Lokomotive läuft ein Güterzug-Begleitwagen. Die Versorgung mit Erz aus Deutschland war nach 1945 entscheidend für den Wiederaufbau der Stahlindustrie in Linz. AUFNAHME: CARL BELLINGRODT, SAMMLUNG BRIAN RAMPP

Kufstein/Salzburg, P 1802 Rosenheim – München und zwei Dg-Paare München – Nürnberg durch das Altmühltal.

Für die Einhaltung dieser Pläne sorgten 13 Maschinen, nämlich:

E 94	035	036	053	054	071
	072	084	092	120	151
	156	158	284		

Wie die Planauswertung zeigt, hatte sich der Einsatzschwerpunkt nach Norden verschoben. Es wurde ferner deutlich, wie sich Ingolstadt als neuer Stützpunkt anbot. So war es nicht verwunderlich, dass entsprechende Überlegungen wenig später realisiert werden sollten.

Zu Beginn des Winterfahrplans 1963/64 ging der Bestand durch die Abgabe von E 94 156, 158 und 284 an das Bw München Ost auf zehn E 94 zurück. Fünf Maschinen wurden ab 25. Januar 1964 für rund zwei Wochen an die ÖBB (Zfl.Salzburg) verliehen, wo sie Engpässe vermeiden halfen, die durch die Abgabe Salzburger Lokomotiven nach Innsbruck wegen der Winterolympiade entstanden wären. Dabei handelte es sich um die Lokomotiven E 94 035, 053, 084, 092 und 120.

Im Sommerfahrplan 1965 stellte das Bw Rosenheim seinen letzten Umlaufplan für die E 94 auf. Er beinhaltete neben dem seit fünf Jahren gefahrenen Dg 6545 Freilassing – Nürnberg Rbf (341 km) den längsten Langlauf einer Rosenheimer E 94: TEEM 5594 Würzburg – Salzburg über eine Distanz von 425 km.

Der Beschluss, beim Bw Ingolstadt die E 94-Unterhaltung aufzunehmen, bedeutete das Ende für die E 94-Beheimatung in Rosenheim. Mit Ablauf des Sommerfahrplans 1965 wechselte der gesamte Bestand zum Bw Ingolstadt.

Die Ellokunterhaltung in Rosenheim endete am 29. Mai 1983 mit der Aufgabe der E 44-Unterhaltung. 1989 beheimatete das Bw nur noch Kleinlokomotiven, am 1. Dezember 1989 löste die BD München das Bw Rosenheim auf. Seither sind die Gebäude dem Verfall preisgegeben und die Vegetation eroberte sich das Gelände zurück.

▽ **Bild 349** • Rosenheimer E 94 kamen planmäßig bis Nürnberg. **E 94 151** mit Dg 6506 (Nürnberg Rbf – München Ost Rbf) bei Röhrmoos am 13. Juni 1964. AUFNAHME: HELGE HUFSCHLÄGER

Bild 350 ▷
E 94 120 zieht am 13. Juli 1962 einen Dg mit zahlreichen mit Holz beladenen Wagen bei Traunstein vor dem Abzweig Hufschlag.

Aufnahme: BD München, Sammlung Brian Rampp

Bild 351 ▷
Frühling im Alpenvorland: **E 94 053** nahe der Blockstelle Westerndorf zwischen Rosenheim und Großkarolinenfeld am 25. Mai 1958.

Aufnahme: Helmut Röth/Eisenbahnstiftung

Bild 352 ▷
E 94 072 mit einem Güterzug aus Italien bei Fischbach (Inn) zwischen Kufstein und Rosenheim am 6. April 1965. Im Zugverband laufen zahlreiche F-Wagen der Italienischen Staatsbahn (FS) mit Spitzdach. Gebaut zwischen 1936 und 1947, dienten sie vor allem dem Obst- und Gemüsetransport von Italien nach Deutschland.

Aufnahme: Heinz Hangarter/Eisenbahnstiftung

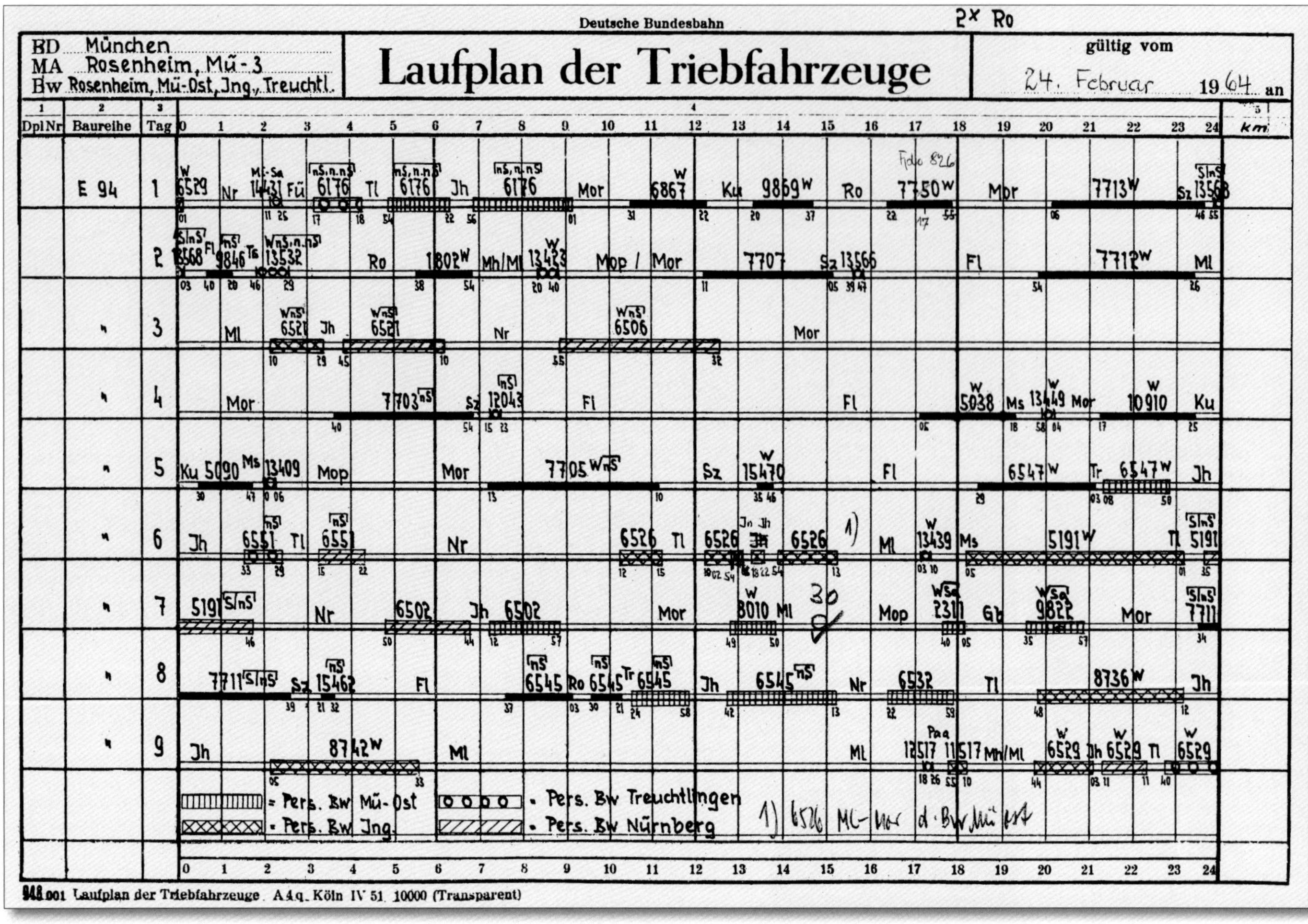

△ **Bild 353 •** Umlaufplan für neun E 94 des Bw Rosenheim aus dem Winterfahrplan 1963/64. Er beinhaltete zahlreiche Leistungen auf der Strecke München – Ingolstadt – Treuchtlingen weitab vom Heimat-Bw. Laufplanabkürzungen: FL – Freilassing; Fü – Fürth; Gb – Grafing Bf; Ih – Ingolstadt Hbf; Ku – Kufstein; Mh – München Hbf; Ml – München-Laim Rbf; Mop – München Ost Pbf; Mor – München Ost Rbf; Ms – München Süd; Nr – Nürnberg Rbf; Ro – Rosenheim; Sz – Salzburg; TL – Treuchtlingen; Tr – München-Trudering; Ts – Traunstein. Abbildung: BD München, Sammlung Heinz Skrzypnik

Bw Rosenheim

E 94 012	Pressig-R.	18.12.1941 – 03.11.1942	Innsbruck
013	Pressig-R.	06.12.1941 – 11.05.1950	Regensburg
014	Salzburg	17.03.1942 – 10.06.1948	Freilassing
	Freilassing	02.08.1948 – 11.05.1950	Regensburg
015	Salzburg	19.04.1942 – 19.07.1944	z
022	Innsbruck	31.03.1942 – 20.04.1942	Wg.-Dittersbach
023	Probstzella	04.02.1942 – 11.05.1950	Regensburg
024	Probstzella	22.01.1942 – 10.01.1947	München Ost
	München Ost	28.11.1949 – 20.01.1950	Freilassing
025	Probstzella	18.03.1942 – 30.03.1942	Innsbruck
035	Kornwestheim	26.05.1962 – 26.09.1965	Ingolstadt
036	Kornwestheim	26.05.1962 – 26.09.1965	Ingolstadt
048	Treuchtlingen	1947 – 10.06.1948	Freilassing
	Treuchtlingen	02.08.1948 – 12.05.1950	Nürnberg Rbf
053	München Ost	28.11.1949 – 14.02.1950	Freilassing
	Nürnberg Rbf	09.04.1958 – 26.09.1965	Ingolstadt
054	Nürnberg Rbf	20.04.1958 – 26.09.1965	Ingolstadt
060	Neulieferung	04.05.1942 – 27.06.1950	Regensburg
061	Neulieferung	14.05.1942 – 19.04.1945	Salzburg
062	Neulieferung	29.05.1942 – 10.06.1948	Freilassing
	Freilassing	02.08.1948 – 13.05.1950	Regensburg
063	Neulieferung	18.06.1942 – 06.07.1950	Regensburg
064	Neulieferung	06.07.1942 – 19.04.1945	Innsbruck
067	München Ost	28.11.1949 – 05.03.1950	München Ost
071	München Ost	12.05.1950 – 26.09.1965	Ingolstadt
072	Freilassing	02.10.1948 – 17.10.1948	Freilassing
	Treuchtlingen	16.03.1950 – 14.08.1954	München Ost
	München Ost	26.05.1962 – 26.09.1965	Ingolstadt
E 94 084	Freilassing	02.10.1948 – 20.09.1965 1)	Ingolstadt
092	München Ost	12.05.1950 – 19.08.1952 2)	Kornwestheim
	München Ost	17.08.1962 – 26.09.1965	Ingolstadt
094	Neulieferung	12.06.1943 – 15.04.1945	Innsbruck
095	Neulieferung	20.05.1943 – 15.04.1945	Salzburg
109	Neulieferung	23.10.1943 – 14.08.1945	München Ost
	München Ost	28.10.1955 – 10.12.1955	München Ost
114	Neulieferung	03.12.1943 – 11.1944	Saalfeld
115	Neulieferung	13.12.1943 – 08.12.1944	Saalfeld
119	Freilassing	02.10.1948 – 31.07.1954	München Ost
120	Freilassing	02.10.1948 – 26.04.1949	Treuchtlingen
	Treuchtlingen	05.03.1950 – 26.09.1965	Ingolstadt
121	Kornwestheim	27.05.1965 – 26.09.1965	Ingolstadt
138	München Ost	11.1949 – 01.1950	Freilassing
141	München Ost	31.07.1954 – 08.04.1958	Nürnberg Rbf
151	Freilassing	15.10.1948 – 14.07.1956	Nürnberg Rbf
	Nürnberg Rbf	11.01.1957 – 26.09.1965	Ingolstadt
152	Freilassing	26.10.1948 – 19.05.1951	München Ost
155	Freilassing	25.10.1948 – 18.02.1950	Freilassing
	Freilassing	26.02.1950 – 22.05.1953	München Ost
156	München Ost	01.01.1953 – 29.09.1963	München Ost
158	München Ost	28.11.1949 – 20.12.1949	Freilassing
	München Ost	11.01.1956 – 29.09.1963	München Ost
263	Aschaffenburg	07.02.1964 – 26.05.1964	München Ost
270	München Ost	16.08.1954 – 02.02.1956	Kornwestheim
271	Kornwestheim	07.01.1956 – 19.04.1958	Nürnberg Rbf
284	Aschaffenburg	27.10.1960 – 26.09.1963 3)	München Ost
285	Neulieferung	14.07.1956 – 10.01.1957	Nürnberg Rbf

1) AW Freimann ab 21.09.1965 2) AW Freimann ab 19.07.1952 3) AW Freimann ab 21.09.1957

△ **Bild 354** • Mit einem gemischten Güterzug ist **E 94 120** am 22. April 1965 bei Großkarolinenfeld unterwegs. In Kürze wird sie Rosenheim erreichen.
Aufnahme: Heinz Hangarter/Eisenbahnstiftung

Bw Treuchtlingen

Nur vorübergehenden Charakter hatte beim Bw Treuchtlingen die Beheimatung von E 94. Meist diente es als Personal-Bw für E 94 des Bw München Ost und besetzte die Lokomotiven zwischen Treuchtlingen und Nürnberg. Eigene E 94 besaß das Bw Treuchtlingen nur dreimal für kurze Zeit.

Im September 1946 wurde E 94 048 aus Pressig-Rothenkirchen zugeteilt, jedoch schon im Februar 1947 zum Bw Rosenheim weitergereicht.

Im Frühjahr 1949 erschienen vier E 94 (072, 120, 156, 157), denen ebenfalls kein allzu langer Verbleib vergönnt war. Im Februar/März 1950 kehrten sie nach München Ost bzw. Rosenheim zurück. Für diese Maschinen bestand im Sommerfahrplan 1949 ein dreitägiger Umlauf mit durchschnittlich 358 km pro Tag. Die Einsätze erfolgten vor Güterzügen von Treuchtlingen nach Augsburg (4), Fürth (2) und München Ost Rbf (4).

Zum Sommerfahrplan 1956 wurde Treuchtlingen zum dritten und letzten Mal Heimat-Bw für E 94, denn am 3. Juni 1956 traten E 94 072, 152 und 157 ihren Dienst an. Aus den Sommerfahrplänen 1956 und 1957 sind Umläufe für jeweils zwei E 94 mit einem Tageskilometerschnitt von 516 bzw. 526 km bekannt. Die wichtigsten Leistungen waren Langläufe mit Dg 6517 München Ost – Nürnberg Rbf und Dg 6176 Bamberg – München-Laim. Im Juli 1957 (E 94 072) und Juli 1958 (E 94 152, 157) erhielt das Bw München Ost diese E 94 zurück. Damit verließen die letzten E 94 das Bw Treuchtlingen.

Zu Zeiten der E 94-Beheimatung in Treuchtlingen war es eine Aufgabe des Bw, für die umzuspannenden Züge aus/nach Ingolstadt bzw. Würzburg die Lokomotiven zu stellen und die Wendeloks zu warten. Nach Elektrifizierung dieser Strecken (Ingolstadt war ab 27. Mai 1962, Würzburg ab 31. Mai 1965 unter Fahrdraht von Treuchtlingen aus zu erreichen) endete die Dampflokunterhaltung, da die Züge jetzt mit einer E-Lokomotive durchlaufen konnten.

Um die Werkstatt vorübergehend weiter zu beschäftigen, unterhielt das Bw Treuchtlingen bis 25. Mai 1968 als letzte Elloks die Baureihe E 75. Mit deren Abgabe nach Ingolstadt wurde das Bw Treuchtlingen am 26. Mai 1968 aufgelöst und in eine Außenstelle des Bw Ingolstadt umgewandelt. Die großen Rundschuppen verschwanden in den Jahren 1967 und 1972.

Heute sind die einst umfangreichen Anlagen des Bw Treuchtlingen fast vollständig beseitigt.

Bw Treuchtlingen

E 94 048	Pressig-Rothenkirchen	30.09.1946	–	12.02.1947	Rosenheim
072	Freilassing	01.03.1949	–	15.03.1950 [1)]	Rosenheim
	München Ost	03.06.1956	–	29.07.1957	München Ost
120	Rosenheim	24.04.1949	–	04.03.1950	Rosenheim
152	München Ost	03.06.1956	–	14.07.1958	München Ost
156	München Ost	02.03.1949	–	15.05.1949	München Ost
	München Ost	01.06.1949	–	05.03.1950	München Ost
157	München Ost	02.03.1949	–	04.03.1950	München Ost
	München Ost	03.06.1956	–	14.07.1958	München Ost

1) ab 13.02.1950 Bw Freilassing zur E 2-Untersuchung

RBD/ED/BD Nürnberg

Bw Aschaffenburg

Mit der Aufnahme des planmäßigen elektrischen Zugbetriebs zwischen Veitshöchheim (Würzburg Rbf) und Aschaffenburg am 26. September 1957 hielt die Elektrotraktion erstmals Einzug beim Bw Aschaffenburg. Dadurch konnte der Betrieb vom Maingebiet nach Bayern über die Spessartrampe zwischen Laufach und Heigenbrücken beschleunigt und die Durchlassfähigkeit der Strecke Nürnberg – Würzburg – Aschaffenburg (– Frankfurt) insgesamt wesentlich erhöht werden.

Für den umfangreichen Schiebebetrieb waren in der Bw-Außenstelle Laufach bis dahin sechs Dampflokomotiven der Baureihe 94^5 und vier der Baureihe 95 einsatzbereit. Zur Beendigung dieses aufwändigen Dienstes (im Hinterstell-Schuppen in Laufach konnten zudem nur geringfügige Reparaturen vorgenommen werden) erhielt das Bw Aschaffenburg am 9. bzw. 13. September 1957 in Form von E 50 012 und E 50 014 seine ersten Elloks, welche schon am 14. September, als die Strecke um 0:00 Uhr unter Spannung gesetzt wurde, den Dienst auf der Rampe aufnahmen. Daraufhin konnten u. a. die letzten 95er der DB abgestellt und die Außenstelle Laufach geschlossen werden.

Im Frühjahr 1958 erschien erstmals die Baureihe E 94 in Aschaffenburg, um zusammen mit der Baureihe E 50 den schweren Güterzugdienst, vorrangig auf der Strecke Aschaffenburg – Würzburg – Nürnberg, sowie den Schiebedienst Laufach – Heigenbrücken von der E 50 zu übernehmen. Der Einsatz von E 94 im schweren Güterzug- sowie im Schiebedienst auf der Spessartrampe war von der DRB im Zuge der 1940 geplanten Nachkriegs-Elektrifizierungen bereits perspektivisch geplant gewesen.

Zeitgleich mit Aufnahme des planmäßigen E 94-Einsatzes beim Bw Aschaffenburg ab Sommerfahrplan 1958 standen Elloks in so ausreichender Zahl zur Verfügung, dass auf o. g. Strecke für die Elektrotraktion bemessene Fahrzeiten in Kraft treten und die Fahrplanlasten abschnittsweise auf 1.600 t gesteigert werden konnten. Zuvor mussten wegen des Ellokmangels viele Züge noch mit Dampflokomotiven bespannt und die Dampflokfahrzeiten beibehalten werden.

Als erste E 94 traf am 25. April 1958 die E 94 285 in Aschaffenburg ein, der kurz darauf E 94 279 folgte. Bis Anfang Juni 1958 war der Bestand auf 17 Maschinen angewachsen, darunter befanden sich die letzten sechs E 94 des Bw Würzburg. Zu dieser Zeit war bereits die Absicht klar, die E 94-Unterhaltung in der BD Nürnberg aus Rationalisierungsgründen auf ein Betriebswerk zu konzentrieren. Nach und nach stationierte die BD Nürnberg dann in den Jahren 1958 bis 1961 alle noch in Nürnberg Rbf beheimateten $E 94^2$ sowie E 94 141 und E 94 142 mit Hochspannungssteuerung zum Bw Aschaffenburg um, wogegen die E 50-Unterhaltung aufgegeben wurde. Die Einsätze der Lokomotiven fanden zu dieser Zeit nach wie vor hauptsächlich auf der Strecke Aschaffenburg – Nürnberg statt. Einen für damalige Verhältnisse beachtlichen Langlauf über 302 km erbrachten drei mit E 94 bespannte Güterzüge zwischen Aschaffenburg und Regensburg im Fahrplanjahr 1964/65.

Die durchgehende Elektrifizierung der Dill- bzw. Ruhr-Sieg-Strecke Frankfurt/Hanau – Gießen – Dillenburg – Hagen am 14. Mai 1965 eröffnete der E 94 ein völlig neues Einsatzgebiet und brachte auf Jahre hinaus die längsten Durchläufe mit sich, die je von E 94 gefahren wurden. Der planmäßige Einsatz Aschaffenburger $E 94^2$ (mit einem der Baureihe E 50 vergleichbaren Betriebsprogramm) zwischen Aschaffenburg und Hagen-Vorhalle ab Sommerfahrplan 1965 erlaubte außerdem den Einsatz eines Teils ursprünglich hierfür vorgesehener E 50 auf den Strecken Bruchsal – Ulm sowie Karlsruhe – Kornwestheim. Dies ermöglichte eine Erhöhung der planmäßigen Güterzuglasten in der Verkehrsrelation Gremberg – Süddeutschland. Der sich hieraus ergebende Mehrbedarf an E 94 beim Bw Aschaffenburg wurde durch die Zuweisung weiterer zehn Maschinen in den Mo-

▽ **Bild 355** • Schiebedienste auf der Spessartrampe waren fast 30 Jahre eine Stammleistung. **E 94 264** schiebt im Mai 1962 einen Güterzug nach, aufgenommen am Block Eisenwerk. Hinter der Nummerntafel, die sie als Schiebelok 1 ausweist, ist auf dem Vorbau die Topfantenne für den Schiebefunk zu sehen.

Aufnahme: Karl-Ernst Maedel/Eisenbahnstiftung

naten Mai bis August 1965 gedeckt, darunter E 94 263 und E 94 282–285 vom Bw München Ost, sodass jetzt alle 24 E 94^2 in Aschaffenburg versammelt waren. Mit E 94 047 und E 94 131–133 kamen erstmals vor 1945 gebaute E 94 hierher.

Ab Sommerfahrplan 1966 standen infolge weiterer E 50-Neuzugänge beim Bw Hagen-Eckesey Elloks in so ausreichender Zahl zur Verfügung, dass die Güterzugfahrzeiten auf der Ruhr-Sieg-Strecke statt für Dampftraktion nun für elektrische Traktion berechnet werden konnten. Für schwere Dg/Gag und Gdg-Züge mit Lasten über 1.600 t kamen E 50 und E 94 zum Zuge, während E 40 die übrigen Dg-Züge bespannten.

Von 1965 bis 1968 stellten die mit E 94^2 bespannten Dg 6170 und Dg 6176 zwischen Hagen-Vorhalle und München Ost Rbf (642 km) nicht nur die längsten E 94-Langläufe aller Zeiten dar, sondern standen auch von allen Ellok-Langläufen der DB im Güterzugdienst an erster Stelle. Ein viertägiger E 94^2-Umlauf des Sommerfahrplans 1968, in dem diese Leistungen u. a. enthalten waren, wies den bemerkenswerten Durchschnittswert von 744 km pro Tag auf. Im Zuge dieser Einsätze war es keine Seltenheit, dass E 94 außerplanmäßig weiter ins Ruhrgebiet hineinfuhren. So wurden sie 1971 vereinzelt in Hamm, Münster und Wuppertal gesehen.

Trotz dieser herausragenden Leistungen blieben jedoch bayerische Strecken das Haupteinsatzgebiet, wie die Laufpläne des Winterfahrplanes 1970/71 verdeutlichen. Von 32 Maschinen liefen insgesamt 25 im Plandienst. Dabei bewältigten die E 94^0 zum Beispiel den Güterzug- und Schiebedienst im Frankenwald auf der Strecke Lichtenfels – Probstzella (lange Zeit eine Domäne der E 94), kamen aber auch bis München Ost und Mainz-Bischofsheim. Drei der vier E 94^H (H: Hochspannungssteuerung) liefen zwischen Aschaffenburg und Nürnberg, während 14 E 94^2, außer auf der Ruhr-Sieg-Strecke, bis Freilassing (Rückleistung mit Dg 6547 nach Aschaffenburg), Frankfurt und Regensburg (Langlauf mit Dg 56295 zurück nach Siegen Ost) fuhren. Zwei E 94^2 schließlich waren für den Schiebedienst im Spessart eingeteilt. Deren schwerste Aufgabe war der Nachschub des Doppel-Großraumzuges 9234 (4.000 t), der seit Ende September 1970 von Kamen nach Nürnberg Rbf mit zwei E 50 (einer davon als Zwischenlok in der Zugmitte) verkehrte und zwischen Laufach und Heigenbrücken den Einsatz gleich zweier Schiebelokomotiven erforderte. Später dienten zwei 151 in Doppeltraktion als Zuglokomotiven dieses Zuges.

△ **Bild 356 •** Am 6. September 1960 steht **E 94 276** in Aschaffenburg Hbf mit ihrem Personenzug abfahrbereit nach Heigenbrücken. Aufnahme: Hans Schmidt, Sammlung Hans-Jürgen Wenzel

▽ **Bild 357 • 194 285** bringt am 15. März 1969 einen voll beladenen Kohlenzug aus dem Ruhrgebiet nach Bayern. Soeben hat sie aus Hagen-Vorhalle kommend in Altena die Lennebrücke überquert und wird gleich in den Hünengraben-Tunnel einfahren. Aufnahme: Dr. Rolf Löttgers

◁ **Bild 358**
E 94 280 ist am 25. Juli 1965 in Altena (Westf) auf dem Weg in Richtung Siegen, aufgenommen an der Lennewiese kurz vor der Einfahrt in den Buchholzer Tunnel. Auf dem ersten Wagen ist ein Dampflokkessel geladen.

Aufnahme:
Dr. Rolf Löttgers

◁ **Bild 359**
E 94 262 hat im August 1965 bei Erbstadt an der Strecke Hanau – Friedberg neue Panzer von Krauss-Maffei zu befördern. Dahinter läuft ein Dieseltriebwagen im Zugverband.

Aufnahme:
W. Kohlmeier/
Eisenbahnstiftung

◁ **Bild 360**
E 94 271 wartet im September 1968 in Laufach auf ihre Weiterfahrt. Auch sie fährt an diesem Tag im Dienst der Landesverteidigung.

Aufnahme:
Juergen Hagemann,
Sammlung Robin Garn

△ **Bild 361 • 194 276** mit einem gemischten Durchgangsgüterzug in Garbenheim bei Wetzlar am 26. Juli 1968.
AUFNAHME: PETER LÖSEL

Nachdem zum 1. Januar 1968 die Baureihe E 94 in 194 umgezeichnet wurde, erfolgte mit HVB-Verfügung vom 28. Dezember 1970 die Umzeichnung aller 194.2 sowie der 194 141 und 142 in die Baureihe 194.5. Grund war die Erhöhung der Höchstgeschwindigkeit dieser mit den leistungsstärkeren WBM 487-Fahrmotoren ausgerüsteten 194 auf 100 km/h. Zuvor war ein seit 21. Juli 1969 anberaumter Versuchsbetrieb mit 194 272–281 erfolgreich abgeschlossen worden, wobei die Lokomotiven in 150-Laufplänen mitliefen.

In dieser Zeit der größten Ausdehnung des Einsatzgebietes der Baureihe E 94 bei der DB (September 1969 bis 1972) verfügte das Bw Aschaffenburg stets über 32 Lokomotiven und damit über die zahlen- und leistungsmäßig stärkste E 94-Gruppe aller Bahnbetriebswerke.

Die seitens der DB fortgeführten Rationalisierungsmaßnahmen bei der Triebfahrzeugunterhaltung sollten dem jedoch bald ein Ende bereiten. Gemäß einem Beschluss, alle sechsachsigen Güterzugelloks der BD Nürnberg beim Bw Nürnberg Rbf zusammenzufassen, wurde der Aschaffenburger E 94-Bestand ab Winterfahrplan 1972/73 in fünf Stufen bis 1975 abgebaut. Außerdem hatte die DB beschlossen, im Laufe des Winterfahrplanes 1973/74 einen sogenannten Richtungsbetrieb für Elloks im schweren Güterzugdienst einzuführen. Demnach sollte das Bw Hagen-Eckesey

▽ **Bild 362 • E 94 266** durchfährt am 10. April 1968 mit einem langen Güterzug den Bahnhof Altenhundem auf dem Weg von Hagen-Vorhalle nach Süden und nimmt gleich die Steigung nach Welschen Ennest in Angriff. Noch existieren die Anlagen des Bahnbetriebswerks aus der Dampflokzeit. Das neue Dr-Stellwerk ist im Rohbau fertiggestellt.
AUFNAHME: HORST DAHMS/EISENBAHNSTIFTUNG

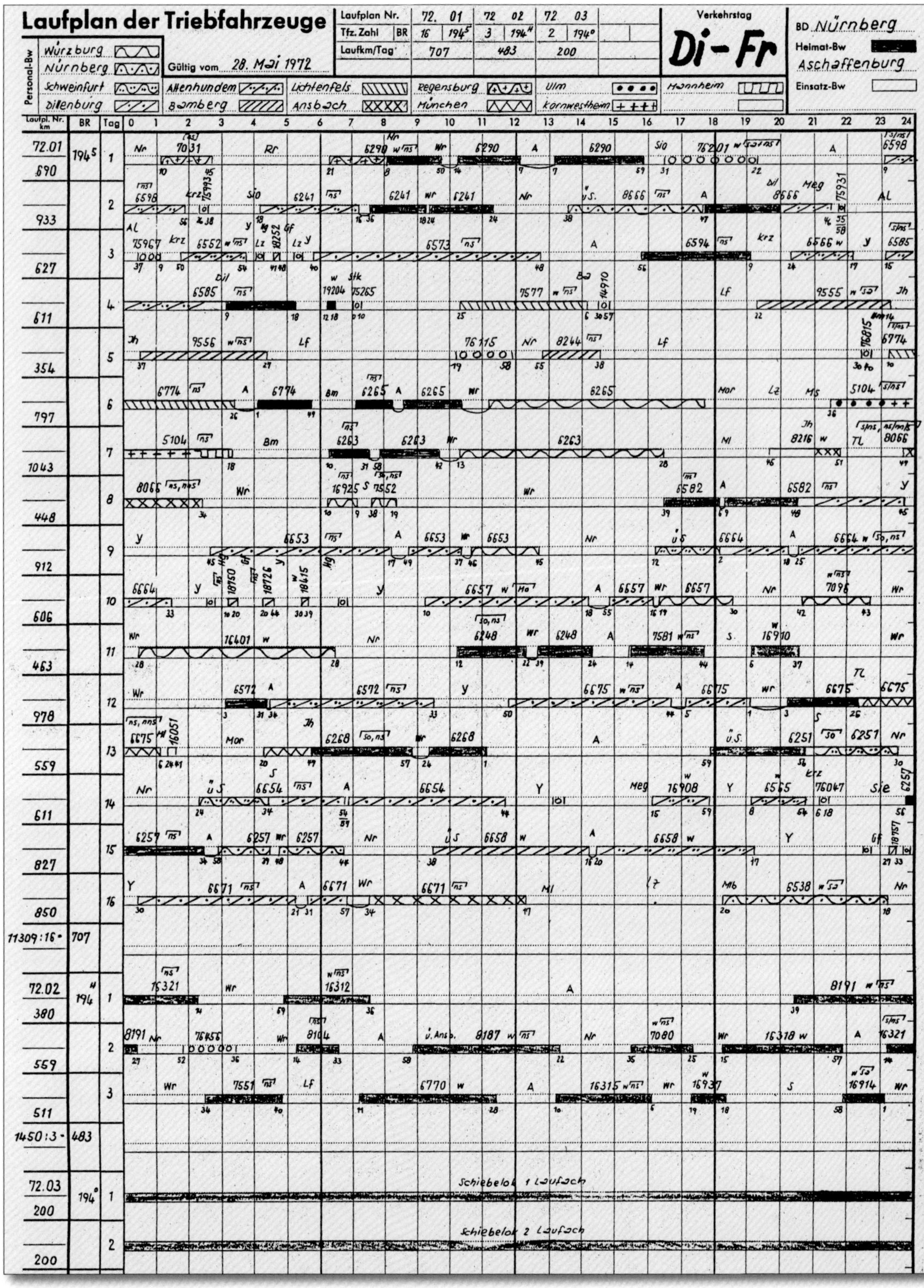

◁ **Bild 363**
Im Sommerfahrplan 1972 waren insgesamt 26 Aschaffenburger 194 im Planeinsatz, verteilt auf vier Umläufe. Der große Plan mit 16 Tagen beinhaltete einige Langläufe über die Ruhr-Sieg-Strecke von/bis Hagen-Vorhalle.

Laufplanabkürzungen:
A – Aschaffenburg;
Al – Altenhundem;
Ba – Bamberg;
Bm – Mainz-Bischofsheim;
Dil – Dillenburg;
Gf – Hagen Gbf;
Hg – Hagen Hbf;
Hei – Heigenbrücken;
Jh – Ingolstadt Hbf;
Krz – Kreuztal;
Lv – Leervorspann;
Meg – Lennestadt-Meggen;
Ml – München-Laim Rbf;
Mlb – Langenbach;
Mor – München Ost Rbf;
Ms – München Süd;
Nr – Nürnberg Rbf;
Rr – Regensburg Rbf;
S – Schweinfurt Hbf;
Sie – Siegen;
Sig – Siegen;
SiO – Siegen Ost;
Stk – Stockstadt/Main;
Tl – Treuchtlingen;
Vs – Vorspann;
Wr – Würzburg Rbf;
Y – Hagen-Vorhalle.

Abbildungen (2):
BD Nürnberg,
Sammlung Klaus Hopf

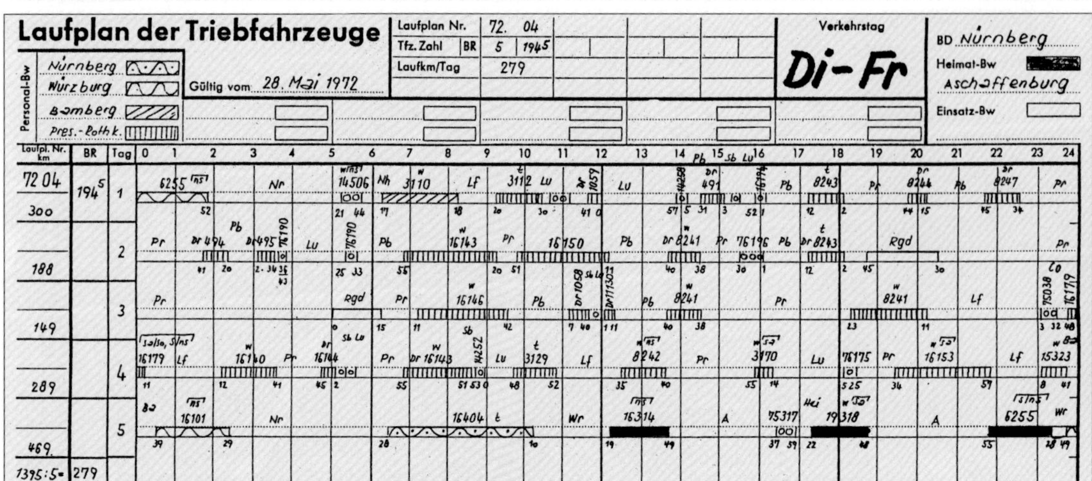

◁ **Bild 364**
Der fünftägige Umlauf war im Frankenwald angesiedelt und beinhaltete hauptsächlich Leistungen in der Relation Lichtenfels – Probstzella im Grenzverkehr mit der DDR. Dazu zählten auch einige Schiebeleistungen an Schnellzügen. Co – Coburg; Dr – Druck (Nachschiebeleistung); Lf – Lichtenfels; Lu – Ludwigsstadt; Nh – Nürnberg Hbf; Pb – Probstzella; Pr- Pressig-Rothenkirchen; Sb – Steinbach am Wald.

△ **Bild 365 • 194 574** im Bahnhof Wetzlar am Stellwerk Wof am 6. Juli 1973 auf dem Weg Richtung Dillenburg. Hinter der Lokomotive laufen drei Interfrigo-Kühlwagen.

AUFNAHME: PETER LÖSEL

Bw Aschaffenburg

E 94 047	Kornwestheim	06.08.1965 – 26.05.1967	München Ost	E 94 282	Würzburg	28.05.1958 – 28.12.1961	München Ost
131	Kornwestheim	27.07.1965 – 23.06.1968	München Ost		München Ost	04.06.1965 – 28.12.1970	Umzeichnung in 194 582
132	Kornwestheim	04.07.1965 – 30.09.1972	Nürnberg Rbf	283	Würzburg	10.05.1958 – 05.01.1962	München Ost
133	Kornwestheim	06.08.1965 – 30.09.1972	Nürnberg Rbf		München Ost	12.06.1965 – 28.12.1970	Umzeichnung in 194 583
137	Augsburg	28.09.1969 – 30.09.1972	Nürnberg Rbf	284	Würzburg	07.05.1958 – 26.10.1960	Rosenheim
139	Augsburg	28.09.1969 – 30.09.1972	Nürnberg Rbf		München Ost	16.06.1965 – 28.12.1970	Umzeichnung in 194 584
140	Kornwestheim	16.07.1965 – 30.09.1972	Nürnberg Rbf	285	Würzburg	25.04.1958 – 27.05.1960	München Ost
141	Nürnberg Rbf	31.08.1960 – 28.12.1970	Umzeichnung in 194 541		München Ost	01.07.1965 – 28.12.1970	Umzeichnung in 194 585
142	Nürnberg Rbf	20.08.1960 – 28.12.1970	Umzeichnung in 194 542	194 541	Umzeichnung	28.12.1970 – 31.05.1975	Nürnberg Rbf
145	Augsburg	28.09.1969 – 30.09.1972	Nürnberg Rbf	542	Umzeichnung	28.12.1970 – 31.05.1975	Nürnberg Rbf
262	Nürnberg Rbf	25.05.1958 – 14.10.1958	Pressig-Rothenkirchen	562	Umzeichnung	28.12.1970 – 30.09.1972	Nürnberg Rbf
	Nürnberg Rbf	28.10.1960 – 27.02.1964	Kornwestheim	563	Umzeichnung	28.12.1970 – 02.06.1973	Nürnberg Rbf
	Kornwestheim	16.10.1964 – 28.12.1970	Umzeichnung in 194 562	564	Umzeichnung	28.12.1970 – 29.09.1973	Nürnberg Rbf
263	Nürnberg Rbf	24.05.1958 – 06.02.1964	Rosenheim	565	Umzeichnung	28.12.1970 – 29.09.1973	Nürnberg Rbf
	München Ost	29.05.1965 – 28.12.1970	Umzeichnung in 194 563	566	Umzeichnung	28.12.1970 – 29.09.1973	Nürnberg Rbf
264	Nürnberg Rbf	05.06.1958 – 28.12.1970	Umzeichnung in 194 564	567	Umzeichnung	28.12.1970 – 29.09.1973	Nürnberg Rbf
265	Nürnberg Rbf	07.06.1958 – 28.12.1970	Umzeichnung in 194 565	568	Umzeichnung	28.12.1970 – 29.09.1973	Nürnberg Rbf
266	Nürnberg Rbf	22.05.1058 – 28.12.1970	Umzeichnung in 194 566	569	Umzeichnung	28.12.1970 – 29.09.1973	Nürnberg Rbf
267	Nürnberg Rbf	23.05.1958 – 28.12.1970	Umzeichnung in 194 567	570	Umzeichnung	28.12.1970 – 31.05.1975	Nürnberg Rbf
268	Nürnberg Rbf	20.05.1958 – 28.12.1970	Umzeichnung in 194 568	571	Umzeichnung	28.12.1970 – 31.05.1975	Nürnberg Rbf
269	Nürnberg Rbf	29.05.1958 – 28.12.1970	Umzeichnung in 194 569	572	Umzeichnung	28.12.1970 – 25.05.1974	Nürnberg Rbf
270	Nürnberg Rbf	26.10.1959 – 28.12.1970	Umzeichnung in 194 570	573	Umzeichnung	28.12.1970 – 25.05.1974	Nürnberg Rbf
271	Nürnberg Rbf	26.10.1959 – 28.12.1970	Umzeichnung in 194 571	574	Umzeichnung	28.12.1970 – 25.05.1974	Nürnberg Rbf
272	Nürnberg Rbf	07.06.1958 – 27.05.1959	Nürnberg Rbf	575	Umzeichnung	28.12.1970 – 04.09.1974	Nürnberg Rbf
	Nürnberg Rbf	27.10.1960 – 28.12.1970	Umzeichnung in 194 572	576	Umzeichnung	28.12.1970 – 28.09.1974	Nürnberg Rbf
273	Nürnberg Rbf	05.07.1958 – 27.05.1959	Nürnberg Rbf	577	Umzeichnung	28.12.1970 – 28.09.1974	Nürnberg Rbf
	Nürnberg Rbf	29.12.1961 – 28.12.1970	Umzeichnung in 194 573	578	Umzeichnung	28.12.1970 – 31.05.1975	Nürnberg Rbf
274	Nürnberg Rbf	03.12.1961 – 28.12.1970	Umzeichnung in 194 574	579	Umzeichnung	28.12.1970 – 31.05.1975	Nürnberg Rbf
275	Nürnberg Rbf	11.08.1960 – 28.12.1970	Umzeichnung in 194 575	580	Umzeichnung	28.12.1970 – 31.05.1975	Nürnberg Rbf
276	Nürnberg Rbf	11.08.1960 – 28.12.1970	Umzeichnung in 194 576	581	Umzeichnung	28.12.1970 – 31.05.1975	Nürnberg Rbf
277	Nürnberg Rbf	10.09.1958 – 28.12.1970	Umzeichnung in 194 577	582	Umzeichnung	28.12.1970 – 31.05.1975	Nürnberg Rbf
278	Nürnberg Rbf	21.05.1958 – 28.12.1970	Umzeichnung in 194 578	583	Umzeichnung	28.12.1970 – 31.05.1975	Nürnberg Rbf
279	Nürnberg Rbf	30.04.1958 – 28.12.1970	Umzeichnung in 194 579	584	Umzeichnung	28.12.1970 – 31.05.1975	Nürnberg Rbf
280	Würzburg	03.06.1958 – 28.12.1970	Umzeichnung in 194 580	585	Umzeichnung	28.12.1970 – 31.05.1975	Nürnberg Rbf
281	Würzburg	09.05.1958 – 28.12.1970	Umzeichnung in 194 581				

◁ **Bild 366**
E 94 im Ruhrgebiet: **194 268** hat am 23. September 1969 in Hagen-Hengstey mit Dg 6658 den Zielbahnhof Hagen-Vorhalle bald erreicht. Die Lokomotive war seit Nürnberg Rbf und damit zehn Stunden am Zug.

Aufnahme:
Helmut Schambach,
Sammlung Ulrich Budde

◁ **Bild 367**
Aschaffenburger E 94 übernahmen jahrelang den schweren Güterzug- und Schiebedienst auf der Frankenwaldbahn. Aus Probstzella kommend passiert **194 283** am 17. Juli 1970 gleich die innerdeutsche Grenze am Falkenstein. Die früheren Gebäude der Blockstelle stehen - wie der Grenzpfahl eindeutig ausweist - noch auf DDR-Gebiet und werden einige Jahre später abgerissen.

Aufnahme:
Dieter Klahr,
Sammlung Tim Meier

◁ **Bild 368**
Nachmittagsruhe für **194 140** am 15. Juni 1970 im Bw Dillenburg.

Aufnahme:
Dieter Junker/
Eisenbahnstiftung

mit seinen 150 für die Relation Hagen – Süddeutschland zuständig sein. Für die Aschaffenburger 194 brachte dies erhebliche Leistungseinbußen.

Als erste gingen am 30. September 1972 sieben 194 nach Nürnberg, darunter alle 194⁰. Mit der Umbeheimatung der letzten zwölf Maschinen (194 541, 542, 570, 571, 578–585) zum 1. Juni 1975 endete die Ellokunterhaltung beim Bw Aschaffenburg. Damit gehörten auch die Einsätze auf der Ruhr-Sieg-Strecke der Vergangenheit an.

Weiter in der Obhut Aschaffenburger Personale sollten aber noch zwölf Jahre lang die beiden 194⁵ (nun des Bw Nürnberg Rbf) bleiben, welche den Schiebedienst Laufach – Heigenbrücken bewältigten.

Nach der Übernahme des Schiebedienstes am 25. September 1987 durch Nürnberger 150 verschwanden die letzten E 94 aus dem nordwestlichsten Eck Bayerns.

Die BD Nürnberg löste das Bw Aschaffenburg am 1. Juni 1986 auf und wandelte es in eine Bw-Außenstelle des Bw Würzburg 1 um. Im Jahr 2004 erfolgte der Abriss der Gebäude zugunsten einer neuen Straße. Ein Ringlokschuppen mit Verwaltungsgebäude blieb erhalten.

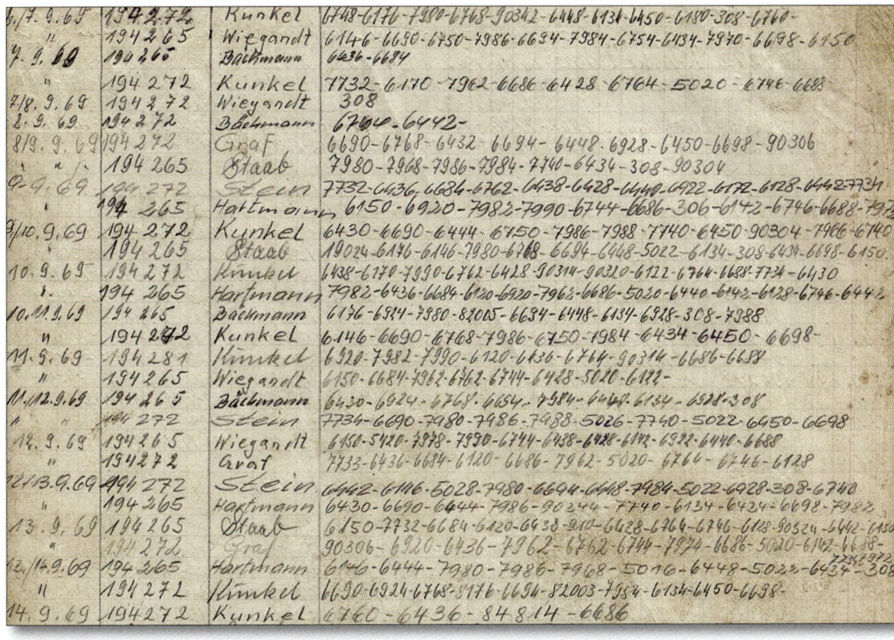

△ **Bild 369** • Auszug aus dem Schiebebuch vom September 1969 der in Laufach vorgehaltenen Schiebelokomotiven mit Angabe des Datums, der Loknummern, Lokführer und nachgeschobenen Züge. Abb.: Slg. Klaus Hopf

Bw Bamberg

Während der Kriegsjahre 1939 bis 1945 war Bamberg eine bedeutende Garnisonstadt und Standort eines Hauptverpflegungs- sowie Munitionsnachschublagers der Wehrmacht. Für Eisenbahner und Lokomotiven des Bw Bamberg bedeutete dies die Bewältigung umfangreicher Transportaufgaben. Für diese Leistungen waren die seit 1939 hier beheimateten E 44 oft zu schwach. Daher erhielt das Bw Bamberg für kurze Zeit E 94 für Sonderleistungen zugeteilt – meist waren es schwere Militärzüge in Richtung Saalfeld. Um Stillstandzeiten zu vermeiden, erfolgten darüberhinaus gelegentlich Einsätze im E 44-Umlauf.

Gestützt auf Angaben aus den Betriebsbüchern ist für zwei E 94 eine Beheimatung während des Krieges beim Bw Bamberg nachgewiesen: Am 27. September 1941 kam E 94 008 aus Pressig-Rothenkirchen. Sie leistete im Oktober 1941 9.011 km an 29 Betriebstagen. Schon am 10. November 1941 wechselte sie zum Bw Schwarzach-St. Veit, das sie ab 13. November 1941 im Bestand führte.

Im Februar 1942 erschien, ebenfalls aus Pressig-Rothenkirchen, E 94 053. Ihr war ebenfalls nur eine kurze Beheimatung in Bamberg beschert. Nach einem schweren Unfall am 12. März 1942 kam sie ins RAW Freimann, das die Lok erst am 17. März 1944 wieder verlassen sollte.

Vermutlich waren während des Krieges immer wieder leihweise E 94 dem Bw Bamberg für o. g. Transporte zugewiesen. Das auch die Beheimatung der E 94 008 und 053 von vornherein nur Gastspielcharakter haben sollte, lässt sich zumindest für E 94 053 aus einem Lichtbild der Unfalllokomotive im RAW München-Freimann schließen, auf dem sie noch die Beschilderung „Pressig-Rothenkirchen" trägt.

Am 5. Oktober 1945 erhielt das Bw Bamberg erneut E 94 aus Pressig-Rothenkirchen (E 94 045, 047, 051), die dort mangels adäquater Einsatzmöglichkeit (Zonengrenze) überzählig geworden waren. Zudem war die Werkstatt des Bw Pressig-Rothenkirchen völlig zerstört, was sich erschwerend auf die Lokomotivunterhaltung auswirkte. E 94 047 erreichte beim Bw Bamberg zu jener Zeit eine durchschnittliche Laufleistung von rund 5.000 km im Monat. Sie kam am 24. Januar 1946 zur E 3-Untersuchung ins RAW Freimann (durchgeführt vom 13. März bis zum 23. Mai 1947) und gelangte anschließend zum Bw Kornwestheim. Von E 94 045 und E 94 051 trennte sich das Bw Bamberg im September bzw. August 1946.

Letztmals ist in den Jahren 1956/57 die Beheimatung von drei E 94 (132, 133, 137) nachgewiesen. Sie gingen Ende September 1957, nach zum Teil ebenfalls nur sehr kurzer Verweildauer, in den Bestand des Bw Nürnberg Rbf über. In Bamberg dienten sie der Beförderung schwerer Bedarfszüge, hatten also keinen eigenen Umlaufplan.

Während ihrer Zugehörigkeit zum Bw Bamberg waren alle nach Kriegsende hier beheimateten E 94 auf ihrer Stammstrecke Nürnberg – Lichtenfels – Pressig-Rothenkirchen eingesetzt.

In amtlichen Unterlagen des Bw Bamberg finden sich später lediglich noch Einträge von leihweise beheimateten E 94 im Juli 1958. E 94 140 (ab 08.07.), E 94 276 (ab 16.07.) und E 94 277 (ab 18.07.) kehrten jedoch nach wenigen Tagen in ihre Heimat-Betriebswerke zurück.

Seit 1. August 1978 war das Bw eine Personaleinsatzstelle ohne eigene Triebfahrzeuge. An diesem Tag endete die Triebfahrzeug-Unterhaltung mit Abgabe der verbliebenen V 60, Kleinlokomotiven und Turmwagen. Bamberger Lokführer fuhren jedoch bis fast zum Ende der E 94-Zeit bei der DB auf diesen Lokomotiven, so z. B. noch 1987 bedarfsweise Ölzüge von Ingolstadt nach Bamberg. Das Bw Bamberg ist seit 1. März 1984 geschlossen. Die Lokschuppen und einige Gebäude waren im Jahr 2025 mit Bäumen durchwachsene Ruinen.

Bw Bamberg

E 94 008	Pressig-Rothenkirchen	27.09.1941	–	10.11.1941	Schwarzach-St. Veit
045	Pressig-Rothenkirchen	05.10.1945	–	19.09.1946	Nürnberg Rbf
047	Pressig-Rothenkirchen	05.10.1945	–	23.01.1946	Kornwestheim
051	Pressig-Rothenkirchen	05.10.1945	–	21.11.1946 [1]	Nürnberg Rbf
053	Pressig-Rothenkirchen	08.02.1942	–	17.03.1944	Pressig-Rothenkirchen
132	Pressig-Rothenkirchen	18.11.1956	–	24.09.1957	Nürnberg Rbf
133	Nürnberg Rbf	10.08.1957	–	22.09.1957	Nürnberg Rbf
137	Nürnberg Rbf	30.04.1957	–	22.09.1957	Nürnberg Rbf

1) AW Freimann ab 28.08.1946

Bw Nürnberg Rbf

Das im Jahr 1903 als „Königliche Betriebswerkstätte Nürnberg Rangierbahnhof“ in Betrieb genommene Bw Nürnberg Rbf ist bis heute ein wichtiger Knotenpunkt bei der Bespannung von Güterzügen. Seine Bedeutung erwächst aus derjenigen des Rangierbahnhofs (Rbf) als verkehrlich und betrieblich wichtigste Drehscheibe des Güterverkehrs im nordbayerischen Raum. Der Rbf war viele Jahre lang nach Leistungsfähigkeit, Wagenaufkommen und räumlicher Ausdehnung der größte einseitige Rangierbahnhof der DB und der größte Gefällerangierbahnhof Europas. Eine wichtige Rolle sollte die E 94 in diesem Groß-Bw jedoch erst nach Kriegsende spielen.

Beim Bw Pressig-Rothenkirchen, bis 1945 einziges E 94-Bw der RBD Nürnberg, waren die E 94 durch die Unterbrechung jeglichen Bahnverkehrs an der Zonengrenze bei Falkenstein ihrer Daseinsberechtigung weitgehend beraubt. Für die wenigen, jedoch dringend benötigten E 94 boten sich in der RBD Nürnberg bessere Einsatzmöglichkeiten an. Ausschlaggebend für eine Beheimatung von E 94 beim Bw Nürnberg Rbf sollte vor allem die 1950 erfolgte Aufnahme des elektrischen Betriebes auf der Strecke Nürnberg – Regensburg als erste Etappe der Verkehrsschlagader Frankfurt – Würzburg – Nürnberg – Passau sein.

In der zweiten Hälfte der fünfziger Jahre sowie ab 1973 war das Bw Nürnberg Rbf das DB-Bw mit der größten E 94-Gruppe. Zeitweise hatte die DB mehr als ein Drittel ihres gesamten E 94-Bestandes hier versammelt, Mitte des Jahres 1986 sogar die Hälfte (50 Maschinen).

Erste E 94 waren E 94 049 und E 94 050, die im Januar bzw. März 1946 aus Pressig-Rothenkirchen erschienen. Binnen eines Jahres folgten noch die Bamberger E 94 045 und E 94 051 sowie die reparierten Kriegsschadlokomotiven E 94 026, 091 und 132. Eingesetzt waren sie auf den elektrifizierten Strecken in Richtung Augsburg und Bamberg. Bis Juli 1948 wurde der E 94-Bestand beim Bw Nürnberg Rbf allerdings vollständig abgebaut und dafür jener der E 44 aufgestockt. Bis März 1948 befand sich buchmäßig E 94 053 im Bestand. Die beim Bw Pressig-Rothenkirchen beschädigte Lokomotive wurde während ihrer Aufarbeitung bei Krauss-Maffei zeitweise bei der RBD Nürnberg (Bw Nürnberg Rbf) als z-Lok geführt.

Waren die genannten Stationierungen der späten vierziger Jahre eher als Übergangslösung anzusehen, sollte der Einsatz von E 94 durch das Bw Nürnberg Rbf nach der Elektrifizierung der Strecke Nürnberg – Regensburg ab 1950 zur Notwendigkeit werden. Mit ihnen und ihren Regensburger Schwestern konnten hier nun 1.200 Tonnen schwere Güterzüge mit einer Geschwindigkeit von 55 km/h gefahren werden. Als am 15. Mai 1950 der elektrische Betrieb aufgenommen wurde, standen hierfür dem Bw Nürnberg Rbf E 94 045, 047, 048, 053, 113 und 131 bis 133 zur Verfügung. Im Januar 1951 kam noch die fabrikneue E 94 160 hinzu. Die Einsätze dieser Lokomotiven erstreckten sich ab 18. Mai 1952 auch auf die Führung 1.600 t schwerer Güterzüge zwischen Bamberg und Nürnberg, die zum Sommerfahrplan 1952 neu eingelegt wurden. Hierfür erhielt das Bw zusätzlich E 94 140. Die durchschnittliche planmäßige Laufleistung der Nürnberger E 94 betrug in dieser Fahrplanperiode 488 km pro Tag.

Die ab Sommerfahrplan 1953 vermehrte Führung dieser 1.600 t-Züge bedingte einen Mehrbedarf von drei E 94, den die BD Nürnberg u. a. durch die Umbeheimatung der E 94 137 und E 94 159 im Mai 1953 aus München Ost abdeckte. Die tägliche Laufleistung stieg auf durchschnittlich 500 km.

Erhöhter E 94-Bedarf beim Bw Kornwestheim wegen der Ausweitung des elektrischen Streckennetzes bis Bruchsal führte von Mai bis Juli 1954 zur Abgabe von sechs E 94, darunter fast alle der Zuteilung von 1950. Dies war möglich durch die im Februar 1954 begonnene Anlieferung von neu gebauten E 94 an das Bw Nürnberg Rbf. Als erste konnten im Februar 1954 die E 94 179 und E 94 268 in Dienst gestellt werden, bis zum Ende des Sommerfahrplans 1954 folgten E 94 180–186, 262–265, 269, 272, 275 und 276. Diese Lokomotiven gingen wegen der Aufnahme des elektrischen Betriebes zwischen Nürnberg und Würzburg am 2. Oktober 1954 dem Bw Nürnberg Rbf ver-

▽ **Bild 370** • Standortblatt aus dem Betriebsbuch der E 94 277. ABBILDUNG: DB, SAMMLUNG FRANK LÜDECKE

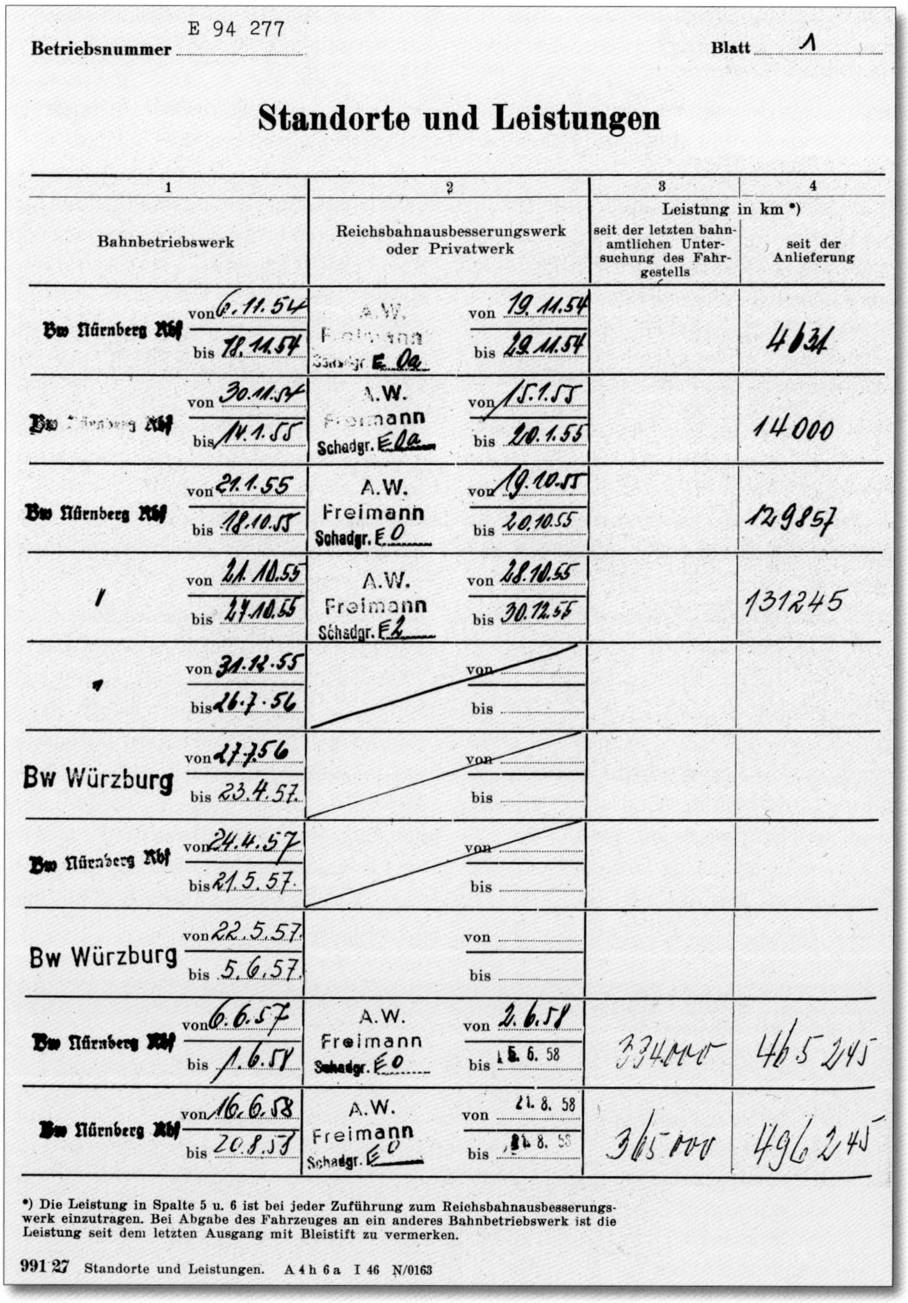
Betriebsnummer E 94 277 Blatt 1

Standorte und Leistungen

1	2	3	4
Bahnbetriebswerk	Reichsbahnausbesserungswerk oder Privatwerk	Leistung in km *) seit der letzten bahnamtlichen Untersuchung des Fahrgestells	seit der Anlieferung
Bw Nürnberg Rbf von 6.11.54 bis 18.11.54	A.W. Freimann Schadgr. E 0a von 19.11.54 bis 29.11.54		4634
Bw Nürnberg Rbf von 30.11.54 bis 14.1.55	A.W. Freimann Schadgr. E 0a von 15.1.55 bis 20.1.55		14000
Bw Nürnberg Rbf von 21.1.55 bis 18.10.55	A.W. Freimann Schadgr. E 0 von 19.10.55 bis 20.10.55		129857
〃 von 21.10.55 bis 27.10.55	A.W. Freimann Schadgr. E 2 von 28.10.55 bis 30.12.55		131245
〃 von 31.12.55 bis 26.7.56	von bis		
Bw Würzburg von 27.7.56 bis 23.4.57	von bis		
Bw Nürnberg Rbf von 24.4.57 bis 21.5.57	von bis		
Bw Würzburg von 22.5.57 bis 5.6.57	von bis		
Bw Nürnberg Rbf von 6.6.57 bis 1.6.58	A.W. Freimann Schadgr. E 0 von 2.6.58 bis 15.6.58	334000	465245
Bw Nürnberg Rbf von 16.6.58 bis 20.8.58	A.W. Freimann Schadgr. E 0 von 21.8.58 bis 31.8.58	365000	496245

*) Die Leistung in Spalte 5 u. 6 ist bei jeder Zuführung zum Reichsbahnausbesserungswerk einzutragen. Bei Abgabe des Fahrzeuges an ein anderes Bahnbetriebswerk ist die Leistung seit dem letzten Ausgang mit Bleistift zu vermerken.

991 27 Standorte und Leistungen. A 4 h 6 a I 46 N/0163

△ **Bild 371** • Eine unerkannt gebliebene E 94 überquert am 28. April 1955 mit E 683 in Kitzingen den Main. Die E 94 bespannt den Eilzug außerplanmäßig zwischen Nürnberg Hbf und Würzburg Hbf. AUFNAHME: CARL BELLINGRODT, SAMMLUNG BRIAN RAMPP

einbarungsgemäß zu. Die DB hatte sie eigens für den Einsatz auf der Strecke (Frankfurt–) Aschaffenburg – Nürnberg – Passau in Auftrag gegeben.

Außerdem ergänzten im Herbst die von der DR an die DB verkauften E 94 042, 046 und 054, die Neubaulokomotiven E 94 187 und E 94 277 sowie die Kornwestheimer E 94 133 den Bestand. Am 29. September 1954 bespannte E 94 272 versuchsweise den ersten Güterzug (Dg 6013) mit einer Last von 1.480 t zwischen Nürnberg und Würzburg. Drei Tage später konnte der Planbetrieb unter Fahrdraht beginnen. Den Umfang der E 94-Einsätze weitete die BD Nürnberg deutlich aus. Im Vergleich zu dem achttägigen Umlauf des Sommers (Schnitt 453 km/Tag) standen Ende 1954 schon 16 E 94 im Planeinsatz beim Bw Nürnberg Rbf (8+8 Tage mit durchschnittlich 454 bzw. 524 km/Tag). Dennoch reichten sie noch nicht aus, um alle vorgesehenen Züge elektrisch zu fahren. Die Einsätze spielten sich auf den Strecken Regensburg – Nürnberg – Würzburg, Nürnberg – Bamberg und Nürnberg – Treuchtlingen – Augsburg ab, wobei der Einsatzschwerpunkt natürlich auf erstgenannter Strecke lag. Reisezüge bespannten sie zwischen Nürnberg und Bamberg (1), Pleinfeld (1), Treuchtlingen (2) und Würzburg (2).

Weitere Zugänge in den folgenden Jahren (1955: E 94 178, 188, 278, 279; 1956: E 94 280–284) hatten noch umfangreichere Einsatzpläne zur Folge. So waren ab Sommer 1955 in den beiden Umläufen (9 + 9 Tage mit durchschnittlich 560 bzw. 540 km/Tag) erstmals Langläufe zwischen Bamberg und München-Laim (262 km) sowie Würzburg und München Ost (306 km) enthalten. Den Höhepunkt des Nürnberger E 94-Einsatzes in den fünfziger Jahren stellte der Winterfahrplan 1957/58 mit 22 Planlokomotiven bei einem Gesamtbestand von 28 E 94 dar. Seit Beginn der Fahrplanperiode konnte unter Fahrdraht bis Aschaffenburg gefahren werden. Die vier Dienstpläne sahen den Einsatz von zwölf E 94^2 und zehn E 94^0 vor. Interessante E 94^2-Leistungen waren E 589 Nürnberg – Bamberg sowie die Güterzuglangläufe Dg 6166 Würzburg – München Ost, Dg 6180 Aschaffenburg – Augsburg und Lg 10115 München-Laim – Aschaffenburg. Das Hinzufügen des östlichen Wendepunktes Regensburg Ost steckte das Einsatzgebiet schnell ab. Auffällig war, dass keine Leistungen von E 94 nördlich von Bamberg existierten. Der Bestand am Jahresende 1957:

E 94	053	054	132	133	137
	140	178–187	264–269	272–277	

▽ **Bild 372** • Im Oktober 1955 war der Studentenzirkel der Hochschule „Friedrich List" aus Dresden mit Prof. Kurz zu Besuch im Grenzbahnhof Probstzella, um sich elektrischen Betrieb anzusehen. Von starker Grenzsicherung war damals noch nichts zu erkennen. Die Nürnberger **E 94 137** begegnet der Probstzellaer 95 004. AUFNAHME: KARLHEINZ BRUST, SAMMLUNG ROBIN GARN

Bereits während des Jahres 1957 war der Bestand durch Tauschaktivitäten mit dem Bw Würzburg in Bewegung geraten und die ersten Exemplare der Neubauellok E 50 nahmen ihren Dienst bei der BD Nürnberg auf. Zahlreiche E 94^0 hatten das Bw Nürnberg Rbf verlassen. Das deutete auf Veränderungen hin, die sich in dem Beschluss konkretisierten, alle E 94 der BD Nürnberg in den nächsten Jahren beim Bw Aschaffenburg zusammenzufassen. Zwar waren im Frühjahr noch Zugänge zu verzeichnen: Die vier E 94 mit Hochspannungssteuerung (E 94 141, 142, 270, 271), welche nach dem Ende der Komponentenerprobung für die neuen Einheitselloks nun erstmals bei einem Bw vereint waren, und vier Würzburger E 94. Der Exodus nahm jedoch ab April 1958 unweigerlich seinen Lauf. Der Bestand alter E 94 wurde aufgelöst, die Nachbau-E 94^0 um

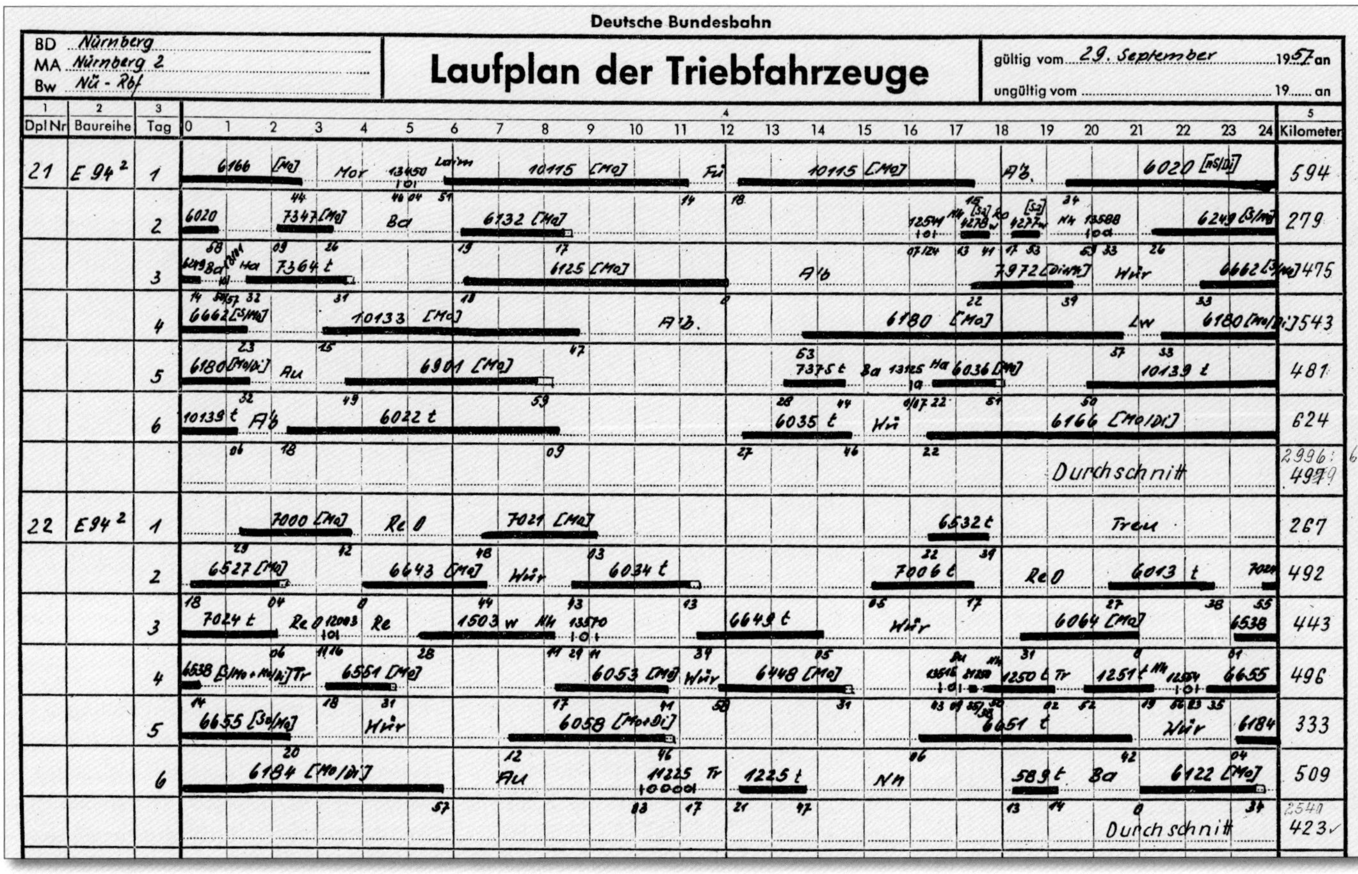

△ **Bilder 373 und 374** • Im Winterfahrplan 1957/58 hatte das Bw Nürnberg Rbf insgesamt 22 E 94 im Planeinsatz – zehn E 94^0 und zwölf E 94^2. Die Ausweitung des elektrischen Betriebes bis Aschaffenburg ermöglichte mehrere Langläufe. Laufplanabkürzungen: A'b – Aschaffenburg; Au – Augsburg; Ba – Bamberg; Du – Nürnberg-Dutzendteich; Fü – Fürth Hbf; Ha – Hallstadt bei Bamberg; Ki – Kitzingen; Lw – Nürnberg-Langwasser; ML – München-Laim Rbf; Mor – München Ost Rbf; Na – Neustadt/Aisch; Neum – Neumarkt/Opf.; Nh – Nürnberg Hbf; Nür – Nürnberg Rbf; Re – Regensburg Hbf; ReO – Regensburg Ost; Ro – Roth; Tr – Treuchtlingen; Wü – Würzburg Hbf; Wür – Würzburg Rbf. ▽

Abbildungen (2): BD Nürnberg, Sammlung Brian Rampp

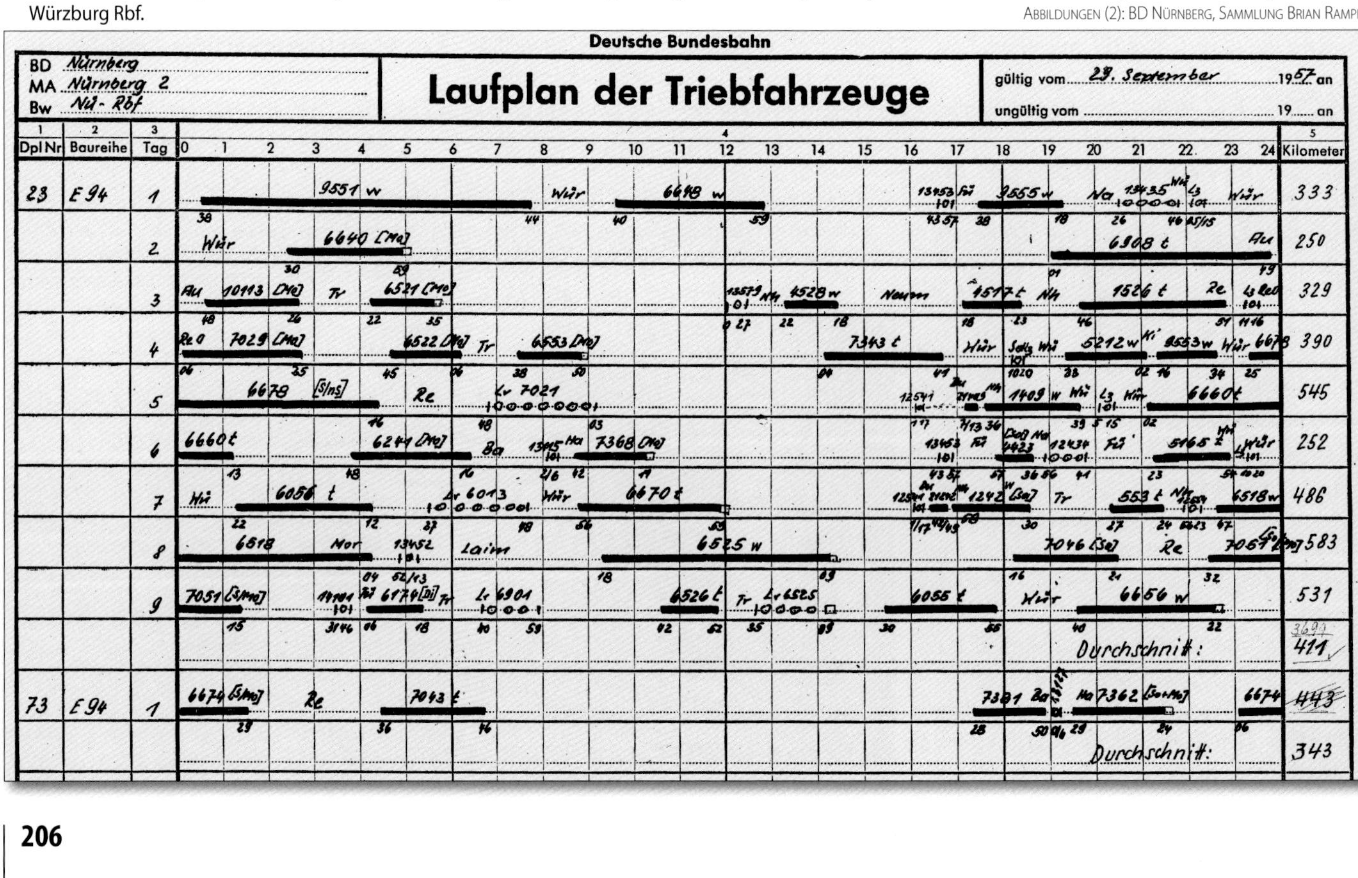

sechs und die E 94² um 13 Lokomotiven reduziert. Gleichzeitig erfolgte beim Bw Nürnberg Rbf ein verstärkter Einsatz von E 50. Ab dem Sommerfahrplan 1958 waren E 50 001–009 in einem achttägigen Umlauf erstmals im Planeinsatz zu sehen. Der Langlauf von München Ost nach Würzburg blieb den E 94 allerdings noch erhalten. Damit belegten sie in der DB-Langlaufstatistik immerhin den dritten Platz. Der E 94-Bestand Ende 1958 reflektiert den Rückgang:

E 94 141 142 178–181 270 271 274–276 (11 Lokomotiven)

Der vorläufig letzte E 94-Umlauf des Bw Nürnberg Rbf stammte aus dem Sommerfahrplan 1960 und sah für die verbliebenen sieben E 94 vier Plantage vor (Schnitt: 506 km/Tag). Hierfür standen jedoch ab August 1960 noch E 94 272–274 zur Verfügung. Als letzte ging am 28. Dezember 1961 die E 94 273 in den Bestand des Bw Aschaffenburg über.

Von Januar 1962 bis September 1972 waren keine E 94 beim Bw Nürnberg Rbf stationiert. Ihre Nachfolge hatten E 50 angetreten.

Nachdem die Baureihe E 44 im Jahr 1964 zum Bw Nürnberg Hbf und alle E 50 im Jahr 1966 nach Würzburg kamen, sahen die nächsten Jahre das Bw Nürnberg Rbf vornehmlich in seiner traditionellen Rolle als Dampflokomotiv-Bw (typische Baureihen waren die 44, 50, 54.15, 86 und 98). Mit dem sich abzeichnenden Ende der Dampftraktion stellte sich die Frage nach der künftigen Auslastung der Werkstatt. Während Dienststellen wie Aschaffenburg oder Bamberg stetig verkleinert (und schließlich aufgelöst) wurden, stand der Erhalt des Bw Nürnberg Rbf aufgrund seiner Bedeutung nicht zur Disposition. So entschloss sich die BD Nürnberg Anfang der siebziger Jahre, hier sämtliche schweren elektrischen Güterzuglokomotiven des Direktionsbezirks zu konzentrieren, d. h. alle mittlerweile zur Baureihe 194 umgezeichneten Aschaffenburger und Regensburger E 94 sowie alle E 50 (150) des Bw Würzburg. Hinzu kam, dass ab Dezember 1973 die Auslieferung der neuen Baureihe 151 für das Bw Nürnberg Rbf anlaufen sollte.

Zusammen mit 150 045–054 trafen zu Beginn des Winterfahrplans 1972/73 die 194 132, 133, 137, 139, 140, 145, 159 und 562 (ex 262) vom Bw Aschaffenburg als erste in Nürnberg ein. Zum Jahreswechsel endete dafür die Stationierung der Baureihe 86. In weiteren fünf Schritten baute die BD Nürnberg den 194-Bestand bis Mitte 1975 auf 43 Maschinen aus.

Es kamen:

- zum Sommerfahrplan 1973 sechs 194 vom Bw Regensburg und 194 563 vom Bw Aschaffenburg (gleichzeitig endete die Unterhaltung der Baureihe 50 (neu 050–053);
- zum Winterfahrplan 1973/74 die letzten acht 194 aus Regensburg sowie 194 564–569 aus Aschaffenburg;
- zum Sommerfahrplan 1974 die 194 572–574 aus Aschaffenburg;
- zum Winterfahrplan 1974/75 die 194 575–577 aus Aschaffenburg;
- und schließlich zum Sommerfahrplan 1975 die letzten zwölf Aschaffenburger 194 (541, 542, 570, 571, 578–585).

Wenig später (im Juli 1975) wechselten die letzten Exemplare der Baureihe 044 in den z-Lokbestand über, womit das Bw Nürnberg Rbf dampffrei war.

Zum Einsatzgebiet der 194 gehörte u. a. die ab 1. Mai 1972 elektrisch befahrene Strecke Ansbach – Nürnberg, wo Nürnberger 194 an die Stelle der Baureihe 44 traten. Entsprechend mit der Ausweitung des Bestandes und der Umlaufpläne wuchs das Einsatzgebiet. Vor allem die Strecken Nordbayerns und des südöstlichen Hessens befuhren Nürnberger 194 regelmäßig.

Dies galt auch für die bis Mitte der siebziger Jahre neu elektrifizierten Strecken Bamberg – Waigolshausen – Gemünden (26. September 1971), Waigolshausen – Würzburg (1. Mai 1972), Würzburg – Osterburken (28. Mai 1975) und Coburg – Neustadt b. Coburg (15. Dezember 1975). Die vier vom Bw Aschaffenburg übernommenen 194 mit Hochspannungssteuerung erhielten einen eigenen Umlauf (vier Tage), der Einsätze fast ausschließlich zwischen Bamberg/Lichtenfels und Probstzella vorsah. Bis zu ihrem Einsatzende waren sie Stammgäste im Frankenwald. Ihre Hauptaufgabe war stets die Beförderung der Güterzüge nach und von der DDR über die zweiseitige Rampe Pressig-Rothenkirchen – Steinbach am Wald – Probstzella, welche wegen Grenzlastüberschreitung zumeist mit je einer 194 an der Zugspitze und dem Zugschluss bespannt waren. Ferner betätigten sie sich bis zum Ende des Winterfahrplans 1976/77 auch als Schiebelokomotiven an den Berliner Schnellzügen D 302/D 303. Der Einsatz von Neubaulokomotiven der Baureihe 151 vor diesen D-Zügen beendete den Schnellzug-Schiebedienst zwischen Pressig-Rothenkirchen und Probstzella.

Ab Sommerfahrplan 1976 kamen Nürnberger 194 auch auf die seit 25. Mai elektrifizierte Strecke Landshut – Plattling mit dem BMW-Anschluss in Dingolfing. Für die 43 Maschinen bestanden vier Umläufe für insgesamt 32 Planlokomotiven. Sehr kilometerintensiv gestalteten sich die beiden je 13-tägigen Umläufe der 194.0 bzw. 194.5 mit durchschnittlichen Laufleistungen von 700 bzw. 724 km täglich. Das Einsatzgebiet reichte u. a. bis Frankfurt, Fulda, München und Passau. Eine Nürnberger Besonderheit war auch die Bespannung zahlreicher Eil- und Personenzüge mit den 100 km/h schnellen 194.5.

Noch während dieser Fahrplanperiode hatte das Bw Nürnberg Rbf seinen ersten Abgang zu verzeichnen. Am 9. August 1976 brannte 194 140 zwischen Gunzenhausen und Ansbach teilweise aus. Kurz hinter Gunzenhausen hatte sich das Unheil dem Personal durch einen Knall aus dem Maschinenraum angekündigt. Die Lokmannschaft brachte sich in Sicherheit, nachdem sie eine Schnellbremsung auf freier Strecke eingeleitet hatte. Die Feuerwehr bekämpfte das Feuer eine Stunde lang mit zwei Tanklöschzügen und Pulverlöschern. Die Strecke blieb zwei Stunden gesperrt. 194 140 kam ins AW Freimann, das sich nach Begutachtung der schweren Schäden zur z-Stellung entschied. Diese erfolgte am 10. August 1976. Die Lokomotive wurde sie am 28. Oktober 1976 ausgemustert und, nachdem das AW Freimann brauchbare Teile ausgebaut hatte, noch im selben Monat zerlegt.

Die Ausrüstung von 194 mit Zugbahnfunk (ZBF) war inzwischen soweit fortgeschritten, dass die BD Nürnberg für den Winterfahrplan 1976/77 einen eigenen achttägigen Plan für 194.5 mit ZBF aufstellen konnte. Nachdem alle Maschinen entsprechend ausgestattet waren, konnte ab 1977 auf diese Differenzierung wieder verzichtet werden. Ein schlechtes Omen schien der ab Winterfahrplan 1977/78 gültige Mischplan für dreizehn 194.0 und 151 zu sein. Ab 5. März 1978 sogar auf 14 Tage ausgeweitet, sollte diese Plangestaltung jedoch nur für diesen Fahrplanabschnitt Bestand haben. Danach gab es wieder reine 194-Umläufe, was aber keine Garantie war, auch immer eine 194 anzutreffen. Den Planeinsatz handhabte das Bw Nürnberg Rbf erfahrungsgemäß großzügig. So war die strikte Trennung von 194.0 und 194.5 in den Hauptplänen de facto nicht gegeben. Es liefen 194.0 in 194.5-Plänen mit und umgekehrt. Zuweilen waren es auch Lokomotiven der Baureihen 150/151.

Die Phase des umfangreichsten Einsatzes von 194 beim Bw Nürnberg Rbf begann mit dem Winterfahrplan 1978/79, als das Bw drei Fahrplanperioden lang jeweils 35 Planlokomotiven benötigte. Stellvertretend war der Umlauf aus dem Sommer 1979. Wendepunkte waren Ansbach, München Ost, Dingolfing, Passau, Coburg, Probstzella, Bebra, Lauda, Frankfurt Hgbf und Mannheim. Reduziert wurden die

△ **Bild 375 • 194 541** durchfährt am 4. November 1978 mit Dg 45839 aus Probstzella den Bahnhof Förtschendorf. Die Modernisierung des Bahnhofs ist im Gange. Noch stehen das Stellwerk und die Formsignale, die Bahnsteige sind niedrig. Aufnahme: BME

Einsätze im Großraum Frankfurt. Nur im Winter 1977/78 verkehrte ein Dg-Paar (53101/53118) von Mainz-Bischofsheim nach München Ost und zurück.

Bereits seit 1. Oktober 1978 war die „Ölbahn“ Ingolstadt – Regensburg elektrifiziert (diesen Namen erhielt sie wegen der zahlreichen Raffinerien entlang der Strecke). Einen beträchtlichen Teil der Leistungen erbrachten daraufhin Nürnberger 194 (zusammen mit den 194 aus Ingolstadt). Vor allem galt dies für Öl-Ganzzüge und den Reisezugverkehr, wo Wagenzüge mit 194.5 an die Stelle von Schienenbussen traten. Außer im Plandienst waren Nürnberger 194 laufend im Sonderdienst beschäftigt, der sie gelegentlich weitab ihres regulären Einsatzbereiches brachte. So lagen aus den Jahren 1978 bis 1982 Sichtungen aus Laatzen, Lehrte, Seelze, Köln und Koblenz vor (meist 194.5). Ein wichtiger Sondereinsatz ergab sich jeden Herbst im Zuckerrübenverkehr. Hierfür existierten besondere Laufpläne, zuletzt – im Herbst 1987 – umfasste dieser vier Plantage.

Ende der siebziger Jahre deuteten erste Anzeichen auf einen langsamen Niedergang hin: Der Zentrale Werkstättendienst der DB (ZW) erließ 1979 eine Verfügung, wonach von der Serie abweichende 194 keine größeren Ausbesserungen mehr erhalten sollten. Betroffen waren hiervon 194 139 (die mit sechs früheren AEG-Versuchsmotoren EKB 685 lief) sowie die vier Lokomotiven mit Hochspannungssteuerung (194 541, 542, 570, 571). Als erste traf es 194 139, deren Untersuchungsfrist am 8. Juli 1979 ablief. Die fällige Hauptuntersuchung wurde nicht mehr genehmigt, die Lokomotive am 1. September 1979 z-gestellt und anschließend bis zu ihrer Zerlegung im Sommer 1983 im AW Freimann als Ersatzteilspender verwendet.

Nächste Abstellkandidaten waren die Lokomotiven 194 570 (z 01.02.1980) und 542 (z 29.03.1980). Während erstere schadhaft abgestellt werden musste, lief bei letzterer die Sechsjahresfrist ab. Da die DB einer möglichen Verlängerung um ein Jahr nicht stattgab, musste die betriebsfähige Maschine am 29. März 1980 aus dem Dienst genommen werden. Sie diente fortan im Bw Nürnberg Rbf ihrer BBC-Schwester 194 541 als Ersatzteilspender. Von Februar bis April 1981 erfolgte die Verschrottung der 194 542 bei der Firma Deumu in Nürnberg.

194 570 kam trotz zweimaliger Rückkehr in den Einsatz- und erneuter Rückkehr in den z-Bestand nicht mehr in Fahrt. Ende November 1980 wurde ihre SSW-Schwester 194 571 schadhaft und am 1. Dezember z-gestellt. Die Entscheidung, welche der beiden mit Teilen der anderen weiterfahren soll, fiel zugunsten der 194 571 aus. Obwohl sie fast um zwei Jahre kürzere Fristen als 194 570 hatte, erschien ihre Reparatur doch weniger aufwändig. Folglich wurde die ursprünglich zur Reaktivierung ausersehene 194 570 am 1. Januar 1981 endgültig z-gestellt und am 29. Januar 1981 ausgemustert, während 194 571 am 1. Januar 1981 in den Einsatzbestand zurückkehrte. 194 541 erhielt nach ihrem Fristablauf am 7. April 1981 sogar eine U2 und verließ das AW Freimann mit Untersuchungsdatum 15. Mai 1981.

Am 1. Juni 1980 erfolgte die Umstellung der Strecke Neuoffingen – Donauwörth auf elektrischen Betrieb. Da neben dem Bw Nürnberg Rbf vor allem das Bw Ingolstadt für die Bespannung von Güterzügen auf der nun von Regensburg bis Ulm durchgehend elektrifizierten Strecke zuständig sein sollte, entstand dort ein Lokmangel, den die DB durch die Umbeheimatung der Nürnberger 194 132, 133 und 137 nach Ingolstadt behob. Damit war der Betriebspark um fünf Maschinen gesunken, was eine Kürzung des Planeinsatzes ab dem Sommerfahrplan 1980 nach sich zog. Die Pläne für die 194.0, 194.5 und 194.H verloren je einen Plantag.

Unverändert blieb der Schiebelokeinsatz auf der Rampe Laufach – Heigenbrücken. Den Betrieb mit den seit 1958 vom Bw Aschaffenburg gestellten 194 führte später das Bw Nürnberg Rbf fort (bis 1987), wobei Aschaffenburg als Personaleinsatz-Bw amtierte. Für diesen Dienst hatte das Bw Nürnberg Rbf ab Mitte der siebziger Jahre 194 576 und 194 579–585 mit einer separaten Zugschlussleuchte versehen. Aus diesen acht 194 rekrutierten sich dann stets die beiden Schiebelokomotiven im Spessart.

▽ **Bild 376 •** Mit einem Güterzug aus Probstzella erreicht **194 024** am 23. Juli 1976 den Grenzzaun am Falkenstein. In den Büschen verborgene Grenztruppen der DDR werden den Zug genau im Blick gehabt haben. Links steht noch ein Fahrleitungsmast, der zum einst zweiten Streckengleis gehörte. Es wurde von der DR-Ost im Jahr 1946 abgebaut. Aufnahme: Bernd Backhaus, Sammlung Zeno Pillmann

△ **Bild 377** • Am späten Nachmittag des 7. August 1976 poltert **194 570** mit Dg 45849 aus Probstzella über die Trogenbachbrücke in Ludwigsstadt. Sie wird den Zug bis Pressig-Rothenkirchen bespannen. Das 200 m lange Bauwerk, erbaut 1883 bis 1885, ist eine Kombination aus Steinbogen- und Balkenbrücke und der größte Kunstbau der Frankenwaldbahn. Aufnahme: Claus-Jürgen Schulze

Die Einsätze der übrigen 194 gestalteten sich im Sommer 1980 folgendermaßen: Das Einsatzgebiet der 16 Planlokomotiven der Baureihe 194.0 war unter anderem durch die Wendepunkte Bebra, Neustadt (Weinstr.) und Passau abgesteckt. Erstmals fanden sich auch Leistungen nach Probstzella im 194.0-Umlauf, nachdem der Plan für die 194.H nur noch drei Tage umfasste. Dafür waren erneut einige Bespannungen im Frankfurter Raum entfallen. Der Dienstplan für elf 194.5 führte diese noch bis Ingolstadt, München, Passau, Regensburg und Würzburg.

Zu jener Zeit beheimatete das Bw Nürnberg Rbf neben 39 Lokomotiven der Baureihe 194 zusätzlich 58 Lokomotiven der Baureihe 150 und 76 der Baureihe 151. Letztere hatten sich zunächst nicht zur Konkurrenz der 194 entwickelt, da sie vornehmlich im Langlauf zwischen Süd- und Norddeutschland verkehrten. Aktionsradius und Einsatzumfang der Nürnberger 194 wurden durch die 151 Ende der siebziger/Anfang der achtziger Jahre kaum beeinflusst.

Dies sollte sich jedoch mittelfristig ändern. 1980 waren beim Bw Nürnberg Rbf die Prototypen einer neuen Lokomotivgeneration in Erprobung gegangen: Die Drehstromlokomotiven der Baureihe 120 (001–005). Ihre Serienbeschaffung sollte zuerst die Baureihe 194 ersetzen, begann aber erst 1987. Im Sommerfahrplan 1981 erhielten die 120 erstmals einen dreitägigen Umlauf, worauf der Laufplan der 194.0 um drei Tage auf sieben Tage gekürzt wurde. Ebenfalls um einen Tag gekürzt präsentierten sich die Pläne der 194.5 und 194.H, letzteres wegen der Ausmusterung der 194 570. Damit war der Planeinsatz binnen eines Jahres um zehn auf 25 Lokomotiven der Baureihe 194 gesunken.

Der Einsatzumfang der Nürnberger 194 schwankte in den achtziger Jahren. Im Folgenden wird auf die wichtigsten Veränderungen bzw. interessantesten Leistungen in der letzten Einsatzdekade kurz eingegangen.

Winter 1981/82

194.0 verkehrten mit TEEM 41331 (Mo) von München Süd bis Bebra. 194.5 liefen an Di – Fr bis Bingerbrück und Mainz (Zugleistungen: Frankfurt Hgbf Ne 62238

▽ **Bild 378** • **194 562** passiert am 14. Juli 1982 das Wohnhaus des ehemaligen Blocks Hain auf der Spessartrampe Laufach – Heigenbrücken. Aufnahme: Joachim Seyferth

△ **Bild 379 •** Die Strecke Ingolstadt – Treuchtlingen durch das Altmühltal gehörte zu den regelmäßigen Einsatzstrecken der E 94 bei der DB. Am 29. März 1980 hat **194 568** mit Dg 57366 die Brücke über die Altmühl in Dollnstein überquert. AUFNAHME: GEORG WAGNER

▽ **Bild 380 • 194 572** hat am 9. Mai 1979 den Dg 53383 (Bebra Rbf – Würzburg Rbf) zu befördern, hier zwischen Jossa und Obersinn auf dem Viadukt über die Sinn. Sie hat soeben die Landesgrenze Hessen – Bayern überquert. AUFNAHME: ANDRÉ SINN

▽ **Bild 381 •** Bei Etterzhausen schlängelt sich **194 026** mit Dg 61433 (Nürnberg Rbf – Passau Rbf) am 30. August 1983 durch die felsige Juralandschaft mit tiefen Einschnitten. AUFNAHME: HENNING FOLZ

△ **Bild 382 • 194 577** überquert mit Dg 61435 (Würzburg Rbf – Regensburg Hbf) die Aurachtalbrücke bei Emskirchen am 21. Februar 1982. Im November 2016 ging hier eine neue Spannbetonbrücke in Betrieb. Die alte Brücke verschwand zwischen August und Oktober 2017. AUFNAHME: RUDOLF VYZINA

– Mainz – Lz Bingerbrück – Ne 62255 – Mainz – Ne 62241 – Frankfurt Hgbf). N 6725 Lichtenfels – Bamberg verkehrte an Mo-Fr mit Zuglokomotive Baureihe 118 und Vorspann 194.5.

Am 2. April 1982 prallte die als Lz fahrende 194 577 im Bahnhof Neustadt (Donau) auf einen Kesselwagenzug auf und brannte vollkommen aus. Am 13. April wurde sie z-gestellt.

Sommer und Winter 1982/83

Neben den zwei Plantagen für 194 541 und 194 571 erbrachten 194.0 eineinhalb Plantage auf der Frankenwaldbahn. 194.5 erreichten von Würzburg aus Lauda und liefen außerdem bis Mannheim Rbf und Kornwestheim Rbf. Das Bw Nürnberg Rbf wurde in Bw Nürnberg 2 umbenannt.

Sommer 1983

Rückgang des Planbedarfs auf 21 Maschinen, das waren acht Lokomotiven weniger. 194.5 erbrachten neuerdings zahlreiche

▽ **Bild 383** • Anlässlich der Feierlichkeiten „140 Jahre Direktion Hannover" absolvierte **194 569** am 13. März 1983 Sonderfahrten rund um Hannover, mit Traditionswagen der Braunschweiger Verkehrsfreunde. Die aus Nürnberg überführte Lokomotive steht am 11. März 1983 vor dem Stellwerk Sof in Seelze Rbf. AUFNAHME: JÜRGEN HÖRSTEL

◁ **Bild 384**
Im Winterfahrplan 1982/83 gab es morgens eine planmäßige Vorspannleistung einer Nürnberger 194 vor einer Würzburger 144 am Nahverkehrszug N 7015 von Coburg nach Lichtenfels. **194 049** ist am 3. März 1983 gemeinsam mit 144 117 bei Schney im Einsatz.

◁ **Bild 385**
Nach der Elektrifizierung der Donautalbahn Regensburg – Ingolstadt kamen E 94 vor Nahverkehrszügen zum Einsatz.
Am 5. März 1983 ist **194 572** bei Regensburg-Prüfening mit N 4188 unterwegs nach Ingolstadt Hbf.

Aufnahme:
Rudolf Vyzina

◁ **Bild 386**
Zu den E 94-Einsatzstrecken zählte auch Ansbach – Nürnberg. Am 27. April 1984 ist **194 194** mit Dg 54133 (Ansbach – Regensburg Hbf) bei Wicklesgreuth auf dem Weg Richtung Nürnberg.

Aufnahmen (2):
Jörg Fiedler

△ **Bild 387** • Auf der Nord-Süd-Strecke zwischen Jossa und Schlüchtern befindet sich der Bahnhof Sterbfritz. Ein Bürgerbegehren, den Ort umzubenennen, scheiterte im Oktober 1958. **194 580** ist am 3. Juni 1983 mit Lg 59912 auf dem Weg nach Neuhof bei Fulda. AUFNAHME: FRANK LÜDECKE

Übergabedienste im Stuttgarter Stadtgebiet und kamen von Kornwestheim aus bis Rottweil. Die schrittweise Auflösung des Mannheimer 194-Bestandes begann mit der Umbeheimatung der 194 195 und 194 196 nach Nürnberg.

Winter 1983/84

Verdoppelung des 194.0-Einsatzes durch Übernahme von 120- und 194.5-Leistungen (z. B. bis Bebra). Letztere weiteten dafür ihre Einsätze in der BD Stuttgart aus: Leistungen bis Heilbronn, Lauda, Neckarelz, Osterburken und weiterhin nach Rottweil. Insgesamt waren fünf Plantage in der BD Stuttgart angesiedelt. Aus dem Kornwestheimer 193-Umlauf des Sommers übernahmen Nürnberger 194 zwei Plantage komplett.

Am 15. November 1983 wurden 194 032, 050 und 571 z-gestellt. Letztere hatte am 3. November 1983 Fristablauf. Sie erbrachte ihre letzten Einsätze auf der Frankenwaldbahn am 28. Oktober und fuhr dann mit eigener Kraft ins AW Freimann. Letzte 194 mit Hochspannungssteuerung war damit 194 541.

Sommer und Winter 1984/85

Durch den Zugang von 194 189 bis 194 194 des Bw Mannheim gingen einige der Mannheimer Leistungen, insbesondere im Raum Mannheim/Ludwigshafen und Frankfurt, auf das Bw Nürnberg 2 über. 194.0 erreichten wieder Neustadt/Weinstr. und liefen verstärkt Bebra an. Für 194 541 erstellte die BD Nürnberg einen eintägigen Umlauf, die zweite Lokomotive im Frankenwald war jetzt eine 151. Lediglich vom 5. November 1984 bis 28. März 1985 wurde die 151 wegen geplantem Ausfall des D-Zugpaares 402/403 Nürnberg – Leipzig durch eine 194.5 vertreten.

Wegen schadhafter Fahrmotoren und Erreichen des Laufkilometer-Grenzwertes stand 194 023 seit 1. März 1985 auf z.

Sommer 1985

Nach der Aufnahme des elektrischen Betriebes zwischen Ansbach und Goldshöfe am 14. Mai 1985 zogen 194 des Bw Nürnberg 2 seit Planwechsel alle Dg in der Relation Nürnberg – Crailsheim – Kornwestheim/Stuttgart. Außerdem übernahm das Bw Nürnberg 2 zusammen mit 194 184–187 des Bw Mannheim von dort vier Plantage, u. a. mit allen Leistungen auf der Gäubahn bis Singen. Dadurch stieg der Planbedarf der 194.0 um acht auf 24 Tage. Insgesamt waren in dieser Periode 35 Lokomotiven der Baureihe 194 in Umläufen gebunden. Dies war in Nürnberg zuletzt von 1978 bis 1980 der Fall.

194 541 musste wegen Fahrmotorschäden z-gestellt werden und stand seit Juli 1985 im AW Freimann. Damit war die letzte 194.H ausgeschieden. Die bei einem Auffahrunfall schwer beschädigte 194 014 musste am 20. September 1985 ebenfalls z-gestellt werden. Außerdem schied am 1. September 1985 die 194 062 aus. Die Lokomotiven wurden sogleich im AW Freimann ihrer noch intakten Motoren entledigt und verhalfen so mehreren Schwestern zu weiteren Einsätzen. Obwohl keine 194.H mehr verfügbar war, wurde der eintägige Umlauf auf der Frankenwaldbahn beibehalten. Ansonsten benötigte das Bw Nürnberg 2 vier 194 weniger als im Sommer.

Sommer 1986

Nach der Umbeheimatung der letzten Mannheimer 194 (045, 125, 160, 161, 178, 179, 181, 182) war am 1. Juni 1986 mit 50 Maschinen die Hälfte des gesamten 194-Bestands der DB beim Bw Nürnberg 2 versammelt. Planmäßig wurden jedoch nur 31 Lokomotiven benötigt. Infolge der Heraufsetzung der Höchstgeschwindigkeit für Durchgangsgüterzüge auf 100 km/h verringerte sich das Einsatzgebiet: Würzburg war nun nördlichster, Mannheim westlichster Wendepunkt. Die ehemaligen Leistungen in der BD Frankfurt (z. B. nach Bebra) gingen größtenteils auf 140 über. Im Frankenwald wurden nur noch zwei Zugpaare nach Probstzella gefahren, die in den 194.0-Umlauf integriert

△ **Bild 388 • 194 023** ist am 17. Mai 1983 mit Dg 53682 bei Gundelsheim auf dem Weg von Kornwestheim Rbf nach Mannheim Rbf. Den Hintergrund bildet das Schloss Horneck, eine ehemalige Burg des Deutschen Ordens aus dem 13. Jahrhundert. Das Gebäude erhielt seine heutige Gestalt in den Jahren 1720 bis 1724.
AUFNAHME: DIETER KEMPF/EISENBAHNSTIFTUNG

waren. Haupteinsatzgebiet waren die Strecken Kornwestheim – Nürnberg und Würzburg – Passau. Weiterhin erreichten sie München und Singen. Der Schiebebetrieb im Spessart blieb – abgesehen vom Rückgang der täglichen Laufleistung um 40 km auf 160 km – bei zwei Planlokomotiven.

Der Bestand am 1. Juni 1986:

194	013	024	026	045	049
	060	063	067	075	125
	145	160	161	178	179
	181	182	184–187	189–196	562–569
	572–576		578–585		

Damit war die einzige 194 in Ozeanblau-Elfenbein jetzt in Nürnberg stationiert, was ihr bei den Franken die Bezeichnung „Blaue Mauritius" einbrachte. Die ebenfalls umbeheimatete 194 179 führte das Bw Nürnberg 2 nur buchmäßig. Nach einer Entgleisung in Basel SBB stand sie seit 27. März 1986 im AW Freimann und kehrte nicht mehr in den Betrieb zurück.

▽ **Bild 389** • Eine E 94 im S-Bahn-Tunnel: Zur Eröffnung der S-Bahn-Strecke Frankfurt (Main)-Hauptwache – Frankfurt (Main)-Konstablerwache gab es einen Fernsehbericht der „Hessenschau". Dem Anlass entsprechend wartete die DB am 26. April 1983 mit einem besonderen Filmstar auf: Zusammen mit einem Wagen von der Historischen Eisenbahn Frankfurt kam die Nürnberger **194 014** in der unterirdisch gelegenen Frankfurter S-Bahn-Station Konstablerwache zum Zuge. Noch während der Sendung fuhr die 194 dann ab – der Tatzlagerantrieb war im Film deutlich zu hören.
AUFNAHME: ERNST ANDREAS WEIGERT

Winter 1986/87

Trotz Rückgang des Planbedarfs auf 30 Lokomotiven blieb das Einsatzgebiet unverändert. Der Anfang vom Ende deutete sich im Herbst 1986 an: Angesichts des Überhanges (Bestand: 50, Planbedarf: 30) und einer neuen Verfügung, nach der so gut wie keine Bedarfsausbesserungen an den 194 mehr ausgeführt werden dürfen, mussten fünf 194 z-gestellt werden. Betroffen waren 194 026, 049, 179, 566 und 568.

Am 7. Januar 1987 kürzte die BD Nürnberg den Plan der 194.0 um vier Tage, ab 16. Januar befanden sich erstmals fünf Nürnberger 194 leihweise beim Bw Ingolstadt, um dort die Lücken zu füllen, welche durch die beschleunigte Abstellung von 194 entstanden. Die Leihlokomotiven erhielten ihre Fristarbeiten weiter im Bw Nürnberg 2 und wurden bei Bedarf getauscht.

Mit 120 103 wurde am 17. Januar 1987 die erste Serien-120 der DB übergeben.

△ **Bild 390** • Die Güterzüge zwischen Pressig-Rothenkirchen und Probstzella waren in der achtziger Jahren Aufgabe der Baureihen 194 und 151. Am 9. August 1983 bespannt **194 571** den Dg 45842, hier im Teuschnitzer Forst zwischen Förtschendorf und Steinbach am Wald.

Beabsichtigt war, dass die 60 Neubaulokomotiven die Baureihe 194 bis Ende 1987 vollständig ersetzen.

Wegen eines prognostizierten Lokomotivengpasses im Sommer 1987 traten die Schweizerischen Bundesbahnen (SBB) an die DB mit der Bitte um Leihlokhilfe heran. Außer mit 140 157 führten die SBB in der Zeit vom 23. Februar bis 6. März 1987 in der Schweiz erfolgreich Versuchsfahrten mit 194 580 durch. Daraufhin entschlossen sich die SBB, für die Dauer des Sommerfahrplans 1987 acht 194.5 anzumieten.

Die DB übergab die Lokomotiven im März (194 563), April (194 576) und Mai (194 564, 565, 574, 575, 580). Die DB war erfreut, mit dieser Maßnahme noch Einnahmen zu erzielen zu können, denn ein nennenswerter Einsatz von 194 beim Bw Nürnberg 2 war ab dem Sommerfahrplan nicht mehr vorgesehen.

Aus Gründen der Bedarfsanpassung gingen daher bis zum Ende der Fahrplanperiode weitere Maschinen außer Dienst. Neben den schadhaften 194 067, 125 und 569 traf es per Verfügung der ZZT (Zentrale Zentralstelle Technik) außerdem 194 196, 572 und 582 sowie die als DB-Museumslokomotive vorgesehene 194 579. Als wenig

Bild 391 ▷ Durch das Altmühltal bei Hagenacker zieht **194 567** den Dg 55343 (Würzburg Rbf – München Laim Rbf) am 10. August 1983 gen Ingolstadt.

Aufnahmen (2): Bertold Brandt

△ **Bild 392** • Eine unerkannt gebliebene 194 fährt am 7. September 1983 mit Lg 49306 von Passau nach Regensburg Ost bei Hausbach an der Donau entlang. Rechts sehen wir die Pfarrkirche St. Magdalena. Aufnahme: Michael Waidelich

▽ **Bild 393** • Nach der Elektrifizierung der Strecke Crailsheim – Goldshöfe verkehrten hier auch E 94. Am Ufer der Jagst und vor der Kulisse der Kirche St. Vitus in Jagstzell unterbricht **194 186** mit Dg 54132 (Regensburg Rbf – Kornwestheim Rbf) am 30. August 1985 kurz die Stille. Aufnahme: Rudolf Vyzina

△ **Bild 394** • Ein gern aufgesuchter Fotopunkt war der Felstortunnel, auch Felsentor genannt, bei Etterzhausen. Mit einer Länge von 16 Metern war er Deutschlands kürzester Eisenbahntunnel. **194 060** rollt am 2. Juni 1984 mit Dg 61459 (Nürnberg Rbf – Regensburg Rbf) den Hang des Naabtals entlang hinunter zur Donaubrücke bei Mariaort. Das Naturbauwerk Felstortunnel ließ die DB am 31. Mai 2010 mit 1,7 t Dynamit sprengen. Aufnahme: Rudolf Vyzina

später 194 578 einen Trafoschaden erlitt, genehmigte die ZZT die Reaktivierung der 194 582.

Sommer 1987

Trotz der stockenden 120-Ablieferung – als erste nahm das AW Freimann 120 103 und 120 110 erst im August endgültig ab – gelang es durch Straffung der Einsatzpläne von 140/150/151 bzw. deren besserer Ausnutzung, aber auch durch Rückgang der Transportmengen, den Planbedarf an 194 beim Bw Nürnberg 2 drastisch zu reduzieren. Von den zuletzt noch 26 Plantagen blieben nur noch vier übrig.

Ein zweitägiger Umlauf sah Einsätze auf den Strecken Nürnberg – Passau, Regensburg – München und Plattling – Landshut vor, die allerdings zumeist 150/151 erbrachten. Das galt auch für den letzten planmäßig mit 194 bespannten Reisezug N 4351 Dingolfing – Landshut (Leervorspann vor Baureihe 141 an Mo – Do). Ein zweiter Plan beschäftigte letztmals zwei 194.5 im Schiebedienst Laufach – Heigenbrücken. Der Großteil der 194 fuhr „wild" (d. h. ohne Laufplan, je nach Bedarf). Neun bis zwölf Nürnberger 194 liefen leihweise beim Bw Ingolstadt. Damit waren die Planeinsätze der 194 bis Mannheim, auf der Gäubahn und im Frankenwald seit Ende Mai 1987 vorbei.

Für diese wenigen Dienste standen noch 30 Lokomotiven zur Verfügung:

194	013	024	045	060	063
	075	145	160	161	178
	181	184	185	186	187
	189	190	191	192	193
	194	195	562	573	578
	581–585				

(die unterstrichenen waren Anfang August 1987 beim Bw Ingolstadt).

Um den Bestand dem tatsächlichen Bedarf anzupassen und weil durch die Anlieferung der Baureihe 120 kein hoher Reservebestand mehr nötig war, erfolgte am Ende des Sommerfahrplanes ein Kahlschlag, dem am 27. September 1987 achtzehn Maschinen zum Opfer fielen. Bereits zuvor waren wegen Schäden 194 060, 194 und 578 ausgeschieden. Die betriebsfähig abgestellten Maschinen (194 013, 045, 063, 161, 178, 181, 182, 186, 187, 189, 190, 575, 583–585) wurden in zwei Lokzügen am 27. und 29. September zur Ausbesserungswerkstätte (AWst) Karlsruhe überführt. Darunter befand sich auch die vorzeitig aus der Schweiz zurückgekehrte 194 575. Am 16. Oktober folgten 194 160 und 572. Grund dieser Aktion war ein seitens des Liechtensteiner Handelsunternehmens Jelka bekundetes Interesse am Erwerb einer größeren Stückzahl von 194, welche es verschiedenen Bahnverwaltungen zum Kauf anbieten wollte.

Da sich der Lokengpass bei den SBB nicht so gravierend wie erwartet herausstellte, kehrten Ende Juni als erste 194 574 und 575 zum Bw Nürnberg 2 zurück. Ihnen folgten im Juli 194 580, im September 194 565, 567 und 576 und schließlich Ende Oktober 194 563 und 564. Damit war das Gastspiel in der Schweiz vereinbarungsgemäß zu Ende. Für 194 563, 564 bzw. 565 und 576 waren es die letzten Einsätze. Sie kamen beim Bw Nürnberg 2 nicht mehr in Fahrt, sondern am 5. November bzw. Ende September 1987 direkt von Haltingen aus zur Hinterstellung in die AWst Karlsruhe.

Zwei Tage früher als geplant musste der 194-Schiebelokeinsatz auf der Rampe Laufach – Heigenbrücken im Spessart eingestellt werden. Die kommunalen Behörden waren auf die Kontamination des Erdreiches am Wartegleis der Schiebeloks in Laufach aufmerksam geworden, die durch jahrelang herabtropfendes Getriebeöl der 194 verursacht worden war. Als die Verschmutzung eine so große Konzentration erreicht hatte, drohte das Landratsamt die DB in Regress zu nehmen.

Daraufhin entschied sich die BD Nürnberg, die 194 sofort abzuziehen: Am

◁ **Bild 395**
Die Strecke Regensburg – Nürnberg hat auch bei Laaber landschaftlich schöne Fotostellen zu bieten. Am 2. September 1985 bespannt **194 565** den Dg 61460 von Regensburg Hbf nach Nürnberg Rbf.

Aufnahme: Axel Herud

◁ **Bild 396**
Betreten und Fotografieren verboten, hieß es im Grenzübergangs-(GüSt) Bereich des Bahnhofs Probstzella bis November 1989. Und doch gelangen mit Sondergenehmigung einige wenige, umso wertvollere Fotos. **194 194** ist am 23. September 1985 als Lz 85794 gekommen und wird sich in einer Stunde und nach umfangreichen Kontrollen als Schublokomotive an Dg 45849 nach Pressig-Rothenkirchen setzen.

Aufnahme: Thomas Frister

◁ **Bild 397**
Nahgüterzug-Einsatz für **194 581** mit Ng 63383 auf der Strecke Stuttgart – Weil der Stadt. Am 21. Juli 1987 fährt sie unterhalb Schloss Höfingen vorbei.

Aufnahme: Charly Kissel

Bild 398 ▷
Ein letztes Einsatzhoch für die E 94 des Bw Nürnberg Rbf war im Herbst 1987 der Zuckerrübenverkehr. Am 5. November 1987 schiebt **194 193** einen voll beladenen Zuckerrübenzug in das Werk der Südzucker AG in Rain am Lech.

Bild 399 ▷
Nürnberger 194 fuhren seit Januar 1987 leihweise beim Bw Ingolstadt und damit in deren 194-Umläufen mit. **194 195** zieht am 16. April 1988 den Nahgüterzug Ng 64731 (Kornwestheim Rbf – Crailsheim) durch Lorch (Württ) auf der Remstalbahn.

Aufnahmen (2): Martin Hahmann

Bild 400 ▷
194 562 lief ebenfalls im Ingolstädter Umlauf, als sie am 19. April 1988 mit dem Nahgüterzug Ng 69107 die Donaubrücke zwischen Ingolstadt Nord und Ingolstadt Hbf überquerte. Heute verziert eine Schallschutzwand die Brücke.

Aufnahme: Jürgen Prem

Bw Nürnberg Rbf

E 94 013	Regensburg	30.09.1973 – 27.09.1987	z
014	Regensburg	30.09.1973 – 20.09.1985	z
023	Regensburg	30.09.1973 – 01.03.1985	z
024	Regensburg	30.09.1973 – 01.05.1988	z
026	Pressig-Rothenkirchen	27.09.1946 – 25.02.1948	Regensburg
	Regensburg	30.09.1973 – 01.11.1986	z
032	Regensburg	30.09.1973 – 15.11.1983	z
042	DR-Ost	24.09.1954 – 11.06.1957	Kornwestheim
045	Bamberg	20.09.1946 – 16.09.1947	Pressig-R.
	Pressig-Rothenkirchen	16.05.1950 – 16.05.1954	Kornwestheim
	Mannheim	01.06.1986 – 27.09.1987	z
046	DR-Ost	05.09.1954 – 30.05.1957	Pressig-R.
	Pressig-Rothenkirchen	14.04.1958 – 15.04.1958	Kornwestheim
047	Kornwestheim	12.05.1950 – 15.05.1954	Kornwestheim
048	Rosenheim	13.05.1950 – 17.07.1957	Heidelberg
049	Pressig-Rothenkirchen	25.01.1946 – 29.11.1947	Regensburg
	Regensburg	30.09.1973 – 01.10.1986	z
050	Pressig-Rothenkirchen	29.03.1946 – 20.11.1947	Regensburg
	Regensburg	30.09.1973 – 01.08.1984	z
	z	15.11.1983 – 30.06.1984	
051	Bamberg	22.11.1946 – 06.12.1946	Augsburg
053	München Ost	z – 03.1948	München Ost
	München Ost	13.05.1950 – 28.07.1954	Kornwestheim
	Kornwestheim	26.09.1957 – 08.04.1958	Rosenheim
054	DR-Ost	16.11.1954 – 18.07.1957	Pressig-R.
	Pressig-Rothenkirchen	12.12.1957 – 31.12.1957	Pressig-R.
	Pressig-Rothenkirchen	16.04.1958 – 19.04.1958	Rosenheim
060	Regensburg	03.06.1973 – 01.08.1987	z
062	Regensburg	03.06.1973 – 01.09.1985	z
063	Regensburg	03.06.1973 – 26.09.1987	z
067	Regensburg	03.06.1973 – 25.03.1987	z
075	Regensburg	03.06.1973 – 02.05.1988	z
091	Pressig-Rothenkirchen	03.01.1947 – 16.07.1948	Augsburg
113	München Ost	06.05.1950 – 17.05.1954	Kornwestheim
125	Mannheim	01.06.1986 – 15.02.1987	z
128	Regensburg	03.06.1973 – 14.03.1975	Freilassing
131	München Ost	13.05.1950 – 20.05.1954	Kornwestheim
132	Pressig-Rothenkirchen	18.07.1946 – 17.08.1948 [3]	Pressig-R.
	Pressig-Rothenkirchen	26.04.1950 – 07.04.1956	Pressig-R.
	Bamberg	25.09.1957 – 10.04.1958	Kornwestheim
	Aschaffenburg	01.10.1972 – 30.05.1980	Ingolstadt
133	München Ost	15.05.1950 – 07.07.1954	Kornwestheim
	Kornwestheim	01.10.1954 – 08.03.1954 [4]	Pressig-R.
	Pressig-Rothenkirchen	27.07.1956 – 09.08.1957	Bamberg
	Bamberg	23.09.1957 – 15.04.1958	Pressig-R.
	Aschaffenburg	01.10.1972 – 30.05.1980	Ingolstadt
137	München Ost	16.05.1953 – 21.03.1956	Pressig.-R.
	Pressig-Rothenkirchen	11.01.1957 – 29.04.1957	Bamberg
	Bamberg	23.09.1957 – 15.04.1958	Pressig-R.
	Aschaffenburg	01.10.1972 – 31.05.1980	Ingolstadt
139	Aschaffenburg	01.10.1972 – 01.09.1979	z
140	Regensburg	16.05.1952 – 23.05.1958	Pressig-R.
	Aschaffenburg	01.10.1972 – 10.08.1976	z
141	Rosenheim	09.04.1958 – 30.08.1960	Aschaffenburg
142	Kornwestheim	11.04.1958 – 19.08.1960	Aschaffenburg
145	Aschaffenburg	01.10.1972 – 29.05.1988	z
151	Rosenheim	15.07.1956 – 30.11.1956	Würzburg
	Würzburg	04.12.1956 – 10.01.1957	Rosenheim
159	München Ost	30.05.1953 – 15.08.1954	München Ost
	München Ost	24.09.1954 – 09.01.1956	Augsburg
	Aschaffenburg	01.10.1972 – 25.11.1973	Augsburg
160	Neulieferung	21.01.1951 – 23.07.1954	Kornwestheim
	Mannheim	01.06.1986 – 27.09.1987	z
161	Mannheim	01.06.1986 – 27.09.1987	z
178	Neulieferung	19.04.1955 – 01.10.1959	Kornwestheim
	Mannheim	01.06.1986 – 27.09.1987	z
E 94 179	Neulieferung	20.02.1954 – 14.10.1959	Kornwestheim
	Mannheim	01.06.1986 – 01.10.1986	z
180	Neulieferung	12.03.1954 – 30.05.1959	Regensburg
181	Neulieferung	08.05.1954 – 30.05.1959	Regensburg
	Mannheim	01.06.1986 – 27.09.1987	z
182	Neulieferung	25.09.1954 – 27.10.1958	Pressig-R.
	Mannheim	01.06.1986 – 27.09.1987	z
183	Neulieferung	25.06.1954 – 29.05.1958	Mannheim
184	Neulieferung	02.08.1954 – 30.05.1958	Mannheim
	Mannheim	02.06.1985 – 29.05.1988	z
185	Neulieferung	18.08.1954 – 31.05.1958	Mannheim
	Mannheim	02.06.1985 – 29.05.1988	z
186	Neulieferung	07.10.1954 – 27.06.1958	Mannheim
	Mannheim	02.06.1985 – 27.09.1987	z
187	Neulieferung	18.11.1954 – 09.06.1958	Mannheim
	Mannheim	02.06.1985 – 27.09.1987	z
188	Neulieferung	12.02.1955 – 22.12.1957	Mannheim
189	Mannheim	03.06.1984 – 27.09.1987	z
190	Mannheim	03.06.1984 – 27.09.1987	z
191	Mannheim	03.06.1984 – 29.05.1988	z
192	Mannheim	03.06.1984 – 29.05.1988	z
193	Mannheim	01.06.1984 – 29.05.1988	z
194	Mannheim	03.06.1984 – 02.09.1987	z
195	Mannheim	16.06.1983 [1] – 10.05.1988	z
196	Mannheim	29.05.1983 – 31.05.1987	z
262	Neulieferung	12.08.1954 – 01.10.1954	Würzburg
	Würzburg	22.01.1958 – 25.05.1958	Aschaffenburg
	Pressig-Rothenkirchen	16.06.1960 – 27.10.1960	Aschaffenburg
263	Neulieferung	28.08.1954 – 02.10.1954	Würzburg
	Würzburg	10.02.1958 – 23.05.1958	Aschaffenburg
264	Neulieferung	25.09.1954 – 30.09.1954	Würzburg
	Würzburg	21.12.1957 – 04.06.1958	Aschaffenburg
265	Neulieferung	02.10.1954 – 04.07.1956	Würzburg
	Würzburg	13.08.1957 – 16.09.1957	Würzburg
	Würzburg	28.11.1957 – 06.06.1958	Aschaffenburg
266	Würzburg	13.08.1957 – 21.05.1958	Aschaffenburg
267	Würzburg	09.08.1957 – 22.05.1958	Aschaffenburg
268	Neulieferung	25.02.1954 – 15.07.1956	Würzburg
	Würzburg	01.08.1957 – 19.05.1958	Aschaffenburg
269	Neulieferung	23.05.1954 – 28.05.1958	Aschaffenburg
270	Kornwestheim	16.04.1958 – 25.10.1959	Aschaffenburg
271	Rosenheim	20.04.1958 – 25.10.1959	Aschaffenburg
272	Neulieferung	03.07.1954 – 02.10.1954	Würzburg
	Würzburg	28.07.1957 – 06.06.1958	Aschaffenburg
	Aschaffenburg	28.05.1959 – 26.10.1960	Aschaffenburg
273	Würzburg	26.07.1957 – 04.07.1958	Aschaffenburg
	Aschaffenburg	28.05.1959 – 28.12.1961	Aschaffenburg
274	Würzburg	10.07.1957 – 02.12.1961	Aschaffenburg
275	Neulieferung	27.07.1954 – 02.10.1954	Würzburg
	Würzburg	02.07.1957 – 10.08.1960	Aschaffenburg
276	Neulieferung	30.09.1954 – 01.10.1954	Würzburg
	Würzburg	13.06.1957 – 10.08.1960	Aschaffenburg
277	Neulieferung	06.11.1954 – 26.07.1956	Würzburg
	Würzburg	24.04.1957 – 21.05.1957	Würzburg
	Würzburg	06.06.1957 – 09.09.1958	Aschaffenburg
278	Neulieferung	22.11.1955 – 23.09.1957	Würzburg
	Würzburg	13.02.1958 – 20.05.1958	Aschaffenburg
279	Neulieferung	23.12.1955 – 22.09.1957	Würzburg
	Würzburg	07.03.1958 – 29.04.1958	Aschaffenburg
280	Neulieferung	21.01.1956 – 26.09.1957	Würzburg
281	Neulieferung	04.03.1956 – 18.09.1957	Würzburg
282	Neulieferung	20.03.1956 – 26.09.1957	Würzburg
283	Neulieferung	21.04.1956 – 26.09.1957	Würzburg
284	Neulieferung	03.06.1956 – 26.09.1957	Würzburg
285	Rosenheim	11.01.1957 – 28.09.1957	Würzburg

Fortsetzung Bw Nürnberg Rbf

194 541	Aschaffenburg	01.06.1975 – 20.09.1985	z	194 572	Aschaffenburg	26.05.1974 – 31.05.1987	z
542	Aschaffenburg	01.06.1975 – 29.03.1980	z	573	Aschaffenburg	26.05.1974 – 20.11.1987	z
562	Aschaffenburg	01.10.1972 – 29.05.1988	z	574	Aschaffenburg	26.05.1974 – 29.05.1988	z
563	Aschaffenburg	03.06.1973 – 24.10.1987	z	575	Aschaffenburg	05.09.1974 – 27.09.1987	z
564	Aschaffenburg	30.09.1973 – 24.10.1987	z	576	Aschaffenburg	29.09.1974 – 01.11.1987	z
	z	27.09.1987 – 11.10.1987		577	Aschaffenburg	29.09.1974 – 13.04.1982	z
565	Aschaffenburg	30.09.1973 – 27.09.1987	z	578	Aschaffenburg	01.06.1975 – 05.06.1987	z
566	Aschaffenburg	30.09.1973 – 17.11.1986	z	579	Aschaffenburg	01.06.1975 – 09.05.1987	z
567	Aschaffenburg	30.09.1973 – 19.05.1988	z	580	Aschaffenburg	01.06.1975 – 17.12.1987	z
568	Aschaffenburg	30.09.1973[2] – 01.10.1986	z	581	Aschaffenburg	01.06.1975 – 05.05.1988	z
569	Aschaffenburg	30.09.1973 – 26.02.1987	z	582	Aschaffenburg	01.06.1975 – 30.10.1987	ausgemustert
570	Aschaffenburg	01.06.1975 – 01.01.1981			z	31.05.1987 – 04.06.1987	
	z	01.02.1980 u.07.11.1980		583	Aschaffenburg	01.06.1975 – 27.09.1987	z
571	Aschaffenburg	01.06.1975 – 15.11.1983	z	584	Aschaffenburg	01.06.1975 – 27.09.1987	z
	z	01.12.1980 – 31.12.1980		585	Aschaffenburg	01.06.1975 – 27.09.1987	z

1) AW Freimann 18.05. – 15.06.1983 2) AW Freimann 04.09. – 12.10.1973 3) AW Freimann 31.05. – 15.08.1948 4) AW Freimann 15.02. – 07.03.1955

24. September 1987 wurde 194 584 und in der Nacht vom 24. auf 25. September 194 585 durch je eine 150 ersetzt.

Winter 1987/88

Der letzte Umlauf für die 194 des Bw Nürnberg 2 umfasste drei Tage auf denselben Strecken wie im Sommerfahrplan. Der Plan wurde jedoch nur unregelmäßig eingehalten. Oft verkehrten 150/151. Dagegen waren in einem viertägigen, bis 19. Dezember 1987 gültigen Umlauf des Zuckerrüben-Programmverkehrs weitgehend 194 zu sehen. Mit Auslaufen der Rübenernte Anfang Dezember ging der Planeinsatz der 194 beim Bw Nürnberg 2 zu Ende. Den dreitägigen Regelplan ließ das Bw am 8. Januar 1988 auf. Zu dieser Zeit befanden sich zehn 194 leihweise in Ingolstadt. Lediglich drei 194 standen in Nürnberg für Bedarfsleistungen bereit. Einen dieser Bedarfszüge bespannte 194 195 am 3. Februar 1988. Es handelte sich um den letzten Langlauf einer 194 mit Sg 43189 von Mainz-Bischofsheim über Würzburg – Treuchtlingen – München Ost nach Salzburg.

Bis zum Jahresende 1987 hatte sich der Bestand um weitere fünf Maschinen verringert. Außer 194 563 und 576 schieden noch 194 573, 580 (Verkauf an die „Historische Eisenbahn“ in Frankfurt) und 582 aus. Am 18. Dezember 1987 musterte die DB 23 Nürnberger 194 aus und erreichte damit den avisierten Bestand von 13 Maschinen.

Als ab Anfang Mai 1988 der Ingolstädter Plandienst zunehmend von Lokomotiven der Baureihe 140 durchsetzt war, konnten noch vor Planwechsel die nicht mehr benötigten 194 024, 075, 195, 567 und 581 z-gestellt werden.

Mit Ablauf des Winterfahrplans 1987/88 endete die Geschichte der E 94 beim Bw Nürnberg 2. Anlässlich der Feierlichkeiten zur Betriebseröffnung der Neubaustrecke Würzburg – Fulda am 27. und 28. Mai 1988 waren 194 192 und 194 562 noch auf Lokausstellungen in Würzburg bzw. Fulda zu sehen. Letztere fuhr in einem Lokzug am 27. Mai von Würzburg nach Fulda und am 29. Mai wieder zurück nach Würzburg. Sie verblieb dort und trat später von Würzburg aus ihre letzte Reise zur Verschrottung in Mülheim (Ruhr) an.

Die letzten Einsätze Nürnberger 194 erfolgten am 28. Mai 1988 im Ingolstädter Plan:

- 194 184:
  Gag 68653 Ingolstadt Hbf – Neustadt (Donau),
  Lz 87624 Neustadt (Donau) – Ingolstadt Hbf als letzte Planfahrt einer Nürnberger E 94
- 194 185:
  Lz 87425 München Süd – München Ost

Einen Tag später kam die z-Stellung von 194 145, 184, 185, 191, 192, 193, 562 und 574. Ihre Ausmusterungen datiert vom 28. Juni 1988. Alle waren zuletzt leihweise beim Bw Ingolstadt.

Während 194 581 am 24. Juli als Ersatzteilspender für die Museums-194 579 nach Kornwestheim überführt wurde, verließen die letzten 194 das Bw Nürnberg 2 am 14. September. Ziel der 194 075 war die Firma Ammon in Nürnberg sowie der 194 145, 184, 185, 191, 193, 195 und 574 die Firma Jost in Mülheim-Speldorf, wo sie im Herbst 1988 der Verschrottung anheim fielen.

Die designierte Museumslokomotive 194 192 des Bayerischen Eisenbahnmuseums (BEM) blieb bis zu ihrer Überführung nach Nördlingen im Bw Nürnberg 2 (Rbf) abgestellt.

Laufplanübersicht Bw Nürnberg Rbf

Fahrplanabschnitt	194.0	194.5	194.H	gesamt	Ø Laufkm/Tag
Sommer 1976	13	13 + 2	4	32	700/724/200/k. A.
Winter 1976/77	13	8 + 2	4	27	556/526/200/336
Winter 1977/78	13/14	13 + 2	4	32	565/k. A.
Sommer 1978	13	12 + 2	4	31	606/606/200/233
Winter 1978/79	14	15 + 2	4	35	k. A.
Sommer 1979	16	13 + 2	4	35	571/486/200/278
Winter 1979/80	17	12 + 2	4	35	555/526/200/278
Sommer 1980	16	11 + 2	3	32	512/493/200/246
Winter 1980/81	10	15 + 2	3	30	439/557/200/303
Sommer 1981	7	14 + 2	2	25	456/532/200/269
Winter 1981/82	7	13 + 2	2	24	456/517/200/303
Sommer 1982	9	12 + 2	2	25	415/600/200/311
Winter 1982/83	9	16 + 2	2	29	401/571/200/311
Sommer 1983	5	12 + 2	2	21	474/554/200/273
Winter 1983/84	10	12 + 2	2	26	k. A.
Sommer 1984	16	8 + 2	1	27	583/540/200/208
Winter 1984/85	16	8 + 2	1	27	593/540/200/208
Sommer 1985	24	8 + 2	1	35	591/550/200/208
Winter 1985/86	19	9 + 2	1	31	604/561/200/208
Sommer 1986	17	12 + 2	–	31	559/560/160/–
Winter 1986/87	16	12 + 2	–	30	576/615/160/–
Sommer 1987	2	2	–	4	k. A./160/–
Winter 1987/88	3	–	–	3	315/–/–

Die E 94 des Bw Nürnberg Rbf im Schiebedienst auf der Frankenwaldrampe Pressig-Rothenkirchen – Probstzella

△ **Bild 401** • Nach dem die Baureihe E 91 Ende Mai 1967 das Bw Pressig-Rothenkirchen verlassen hatte, übernahm die E 94 die Mehrzahl der Nachschiebeleistungen. 20 Jahre lang war die E 94 D I E Schiebelokomotive im Frankenwald. **194 132** hat im März 1974 den Schnellzug D 302 (München Hbf – Berlin Stadtbahn) ab Pressig nachgeschoben und bleibt bis Probstzella fest gekuppelt im Zugverband. Hier ist der Zug auf der Trogenbachbrücke in Ludwigsstadt zu sehen. Aufnahme: Joachim Kraus, Slg. Dietrich Bothe

▽ **Bild 402** • Bei schlüpfrigen Schienen ist Schubunterstützung umso mehr erforderlich – da kommt eine kräftige Lokomotive mehr als gelegen. **194 571** schiebt den Schnellzug D 302 am 19. September 1976 zwischen Pressig-Rothenkirchen und Förtschendorf nach. Die Fahrleitung über dem früher vorhandenen hinteren Gleis dient noch als Speiseleitung. Der Schiebedienst an Schnellzügen endete am 21. Mai 1977. Danach übernahm die Baureihe 151 das Berliner Schnellzugpaar D 302/D 303 allein. Aufnahme: Ulrich Budde

Bild 403 ▷
Güterzüge zwischen Probstzella und Pressig-Rothenkirchen waren in den siebziger Jahren häufig mit je einer E 94 als Zug- und Schiebelokomotive bespannt. Hier ein Nachschuss auf **194 542** mit Dg 45839 bei Förtschendorf im November 1978.

Aufnahme: BME

Bild 404 ▷
Kontrolle des Dg 45841, der am 27. Januar 1981 in der Grenzübergangsstelle im Bahnhof Probstzella steht. Zuglokomotive ist eine Nürnberger 194, Schiebelokomotive **194 562**. Rechts ein Zöllner der DDR, links ein Offizier der Grenztruppen.

Aufnahme: Sammlung Willi Weiss

Bild 405 ▷
Der Autor durfte mit seinen Freunden in den achtziger Jahren in der sehr gastfreundlichen Bahnhofsmission Ludwigsstadt übernachten, um den Altbau-Elloks ganz nahe zu sein. Am Morgen des 2. August 1983 mussten Brian Rampp und Bernd Mühlstraßer ihr Frühstück nur kurz unterbrechen, um **194 013** als Schublokomotive am Dg 45841 zu verewigen.

Aufnahme: Brian Rampp

Die E 94 des Bw Nürnberg Rbf im Schiebedienst auf der Spessartrampe Laufach – Heigenbrücken

△ **Bild 406** • Neben Geislinger Steige und Frankenwald war die Spessartrampe Laufach – Heigenbrücken die dritte Steigungsstrecke bei der DB mit jahrzehntelangem E 94-Schiebebetrieb. Von 1958 bis 1987 waren sie hier eingesetzt. Am 15. Juli 1982 machen sich **194 582** und **194 583** an der Lokführerbude in Laufach an die Arbeit.

▽ **Bild 407** • Der Klassiker aller Motive auf der Rampe: Oberhalb der ehemaligen Blockstelle Hain bot sich ein weitläufiger Blick in den Spessart und auf Züge in ganzer Länge. **194 582** ist am 23. Mai 1980 als Schiebelokomotive im Einsatz. Aufnahmen (2): Georg Wagner

Bild 408 ▷
Planmäßig zwei E 94 als Schiebelokomotiven erforderte der 4.000 t schwere Erzzug von Moers nach Linz (Österreich), den zwei 151 zogen. Am 4. Juni 1982 übernahmen **194 582** und **194 585** diese Aufgabe, gemächlich bergan schiebend bei Hain.

Bild 409 ▷
Des Försters Platz auf einem Hochsitz bot einen Blick auf die Steigungsstrecke und das Gelände der ehemaligen Blockstelle Hain im Hintergrund. **194 583** ist am 14. Juli 1983 im Schubeinsatz, der ab einer Zuglast von 1.070 t erfolgte.

Bild 410 ▷
Nach getaner Arbeit rollt die Schiebelokomotive **194 580** als Lz zurück nach Laufach und zügig vorbei am Wohnhaus der früheren Blockstelle Hain.

Aufnahmen (3): Joachim Seyferth

◁ **Bild 411**
194 583 hat am 15. Juli 1982 Schiebedienst, hier aufgenommen zwischen Hain und dem Schwarzkopftunnel. Die Spessartrampe hatte eine maximale Neigung von 22 ‰.

Aufnahme: Georg Wagner

◁ **Bild 412**
Während der nachgeschobene Güterzug am 27. September 1986 im Schwarzkopftunnel verschwindet, hat **194 585** den Schiebedienst beendet und rollt bis zum Tunnelsignal aus. Das rechts abzweigende Wartegleis wurde von den Schiebelokomotiven nur bei hoher Zugfolge benutzt. Das Wärtergebäude in Heigenbrücken West war bereits seit Jahren unbesetzt und diente bis zu seinem Abbruch als Aufenthaltsraum.

▽ **Bild 413** • Blick vom Schwarzkopftunnel am 9. Mai 1987 auf den Bahnhofsteil Heigenbrücken West und einen nachgeschobenen Kohlezug. Die sieben Kilometer lange Strecke Laufach – Heigenbrücken wurde am 15. Juni 2017 stillgelegt und durch eine Neubaustrecke mit max. 12,5 ‰ Neigung ersetzt.

◁ **Bild 414**
194 583 lässt sich am 9. September 1982 in Heigenbrücken West von ihrem Güterzug zurückfallen, wird in Kürze auf das talwärts führende Gleis umsetzen und nach Laufach zurückkehren. Mit diesem Bild verabschieden wir uns von der alten Spessartrampe. Gleise und Fahrleitungen sind seit 2018 bis auf kurze Ausnahmen, die Erinnerungszwecken dienen, abgebaut.

Aufnahmen (3): Joachim Seyferth

Bw Pressig-Rothenkirchen

Nachdem der elektrische Betrieb auf der Strecke Nürnberg – Saalfeld (Saale) am 15. Mai 1939 aufgenommen war, dauerte es noch über ein Jahr, bis die leistungsfähigen Güterzuglokomotiven der Baureihe E 94 zur Verfügung standen. Bis dahin musste der Schiebedienst auf den Rampen des Frankenwaldes (Pressig-Rothenkirchen – Steinbach am Wald bzw. Probstzella – Steinbach am Wald) weiterhin von Dampflokomotiven der Baureihen 95 und 96 bewältigt werden. Die Vorzüge des elektrischen Zugbetriebes – kürzere Fahrzeiten, höhere Geschwindigkeit und Lasten – konnten damit noch nicht ausgenutzt werden.

Nachdem zunächst das Bw Innsbruck im Mai 1940 die ersten sechs neuen E 94 erhalten hatte, kam im Oktober 1940 das Bw Pressig-Rothenkirchen als zweites Bw der Reichsbahn an die Reihe. Schließlich war – noch zu Friedenszeiten – die E 94 eigens für den Güterverkehr u. a. auf der Strecke über den Frankenwald entwickelt worden. Die Strecke München – Nürnberg – Probstzella – Leipzig – Berlin gehörte zu den wichtigsten Magistralen im DRB-Netz, war entsprechend dicht belegt und bedurfte insbesondere über die beiden Rampen einer nachhaltigen Erhöhung ihrer Durchlassfähigkeit.

Bereits im Jahr 1935 und noch drei Jahre bevor Österreich an das Deutsche Reich angeschlossen werden sollte, hatte die DRB der E 94 eine wichtige Rolle für die zu elektrifizierende Strecke Nürnberg – Halle (Saale) zugedacht. Die Mehrzahl der neuen Lokomotiven sollte hier zum Einsatz kommen. Ein Laufplan-Entwurf des Bw Pressig-Rothenkirchen aus dem Jahr 1935 sah fünf Plantage vor, der ausschließlich Nachschubleistungen für Güter- und Reisezüge beinhaltete. Vorgesehen war, dass die Schiebe-E 94 im Reisezugverkehr sowohl von Pressig-Rothenkirchen als auch von Probstzella aus am Brechpunkt in Steinbach am Wald während der Fahrt vom Zug absetzen und Lz zurück- bzw. weiterfahren sollte. Dafür wäre die Keller'sche Kupplung erforderlich gewesen, die im technischen Teil beschrieben ist. Dagegen sollten sie bei den Güterzügen über die beidseitige Frankenwaldrampe durchgehend am Zug bleiben. Nach dem Anschluss Österreichs änderte die DRB im Jahr 1940 die geplante Zuteilung von E 94 auf die verschiedenen Bahnbetriebswerke.

Die erste für das Bw Pressig-Rothenkirchen bestimmte E 94, die E 94 012, diente zunächst dem RZA München vom 24. September bis zum 9. Oktober 1940 zu Leistungsmessfahrten. Im Betriebsbuch ist ab dem 22. Oktober 1940 die Beheimatung in Pressig-Rothenkirchen nachgewiesen. Mit ihr begann am selben Tag der elektrische Schiebebetrieb im Frankenwald. Bis Ende November 1940 folgten mit E 94 013 bis E 94 016 vier weitere Maschinen.

Nachdem in den folgenden Monaten die ebenfalls an der Frankenwaldbahn gelegenen Bahnbetriebswerke Probstzella (E 94 020, 021, 023 vom Januar bis März 1941) und Saalfeld (E 94 024–026 von April bis Mai 1941) mit neuen E 94 bedacht worden waren, kam das Bw Pressig-Rothenkirchen wieder zum Zuge: Bis Ende 1941 erweiterten die fabrikneuen E 94 007–011 sowie E 94 027–028 den Bestand, der nun auf elf Lokomotiven angewachsen war. Die Dampf-Schiebelokomotiven konnten damit völlig ersetzt werden. Bis Mitte Oktober 1941 verließen die Dampflokomotiven 95 004 und 95 011 sowie 96 018, 019, 020, 022 und 023 das Bw Pressig-Rothenkirchen. Als Reserve blieben lediglich 95 008 und 031 (bis Dezember 1945) sowie 96 021 (bis 1943) zurück, um bei Bedarf einzuspringen.

Als technische Neuerung für den nun mit Elloks durchgeführten Schiebedienst im Frankenwald ist die Hochfrequenz-Signalübertragung (HF) zu nennen. Die Lokführer der elektrischen Zug- und Schiebelokomotiven sollten sich mit über die Fahrleitung übermittelte Zeichensignale verständigen, um schwere Güterzüge auf Steigungsstrecken störungsfrei in Gang zu bringen. Ursprünglich sollten E 94 026–042 diese Ausrüstung erhalten und den Bw Pressig-Rothenkirchen, Probstzella und Saalfeld (Saale) zur Erprobung zugeteilt werden. Während E 94 026 beim Bw Saalfeld in Betrieb ging, kamen die für HF vorbereiteten E 94 027 und E 94 028 zum Bw Pressig-Rothenkirchen – alle drei aufgrund von Lieferverzögerun-

▽ **Bild 415** • Entwurf für einen E 94-Umlauf des Bw Pressig-Rothenkirchen vom 6. September 1935. Laufplanabkürzungen: Dr – Drucklok; Pb – Probstzella; Stb – Steinbach am Wald.

Abbildung: DRB, Sammlung Klaus Hopf

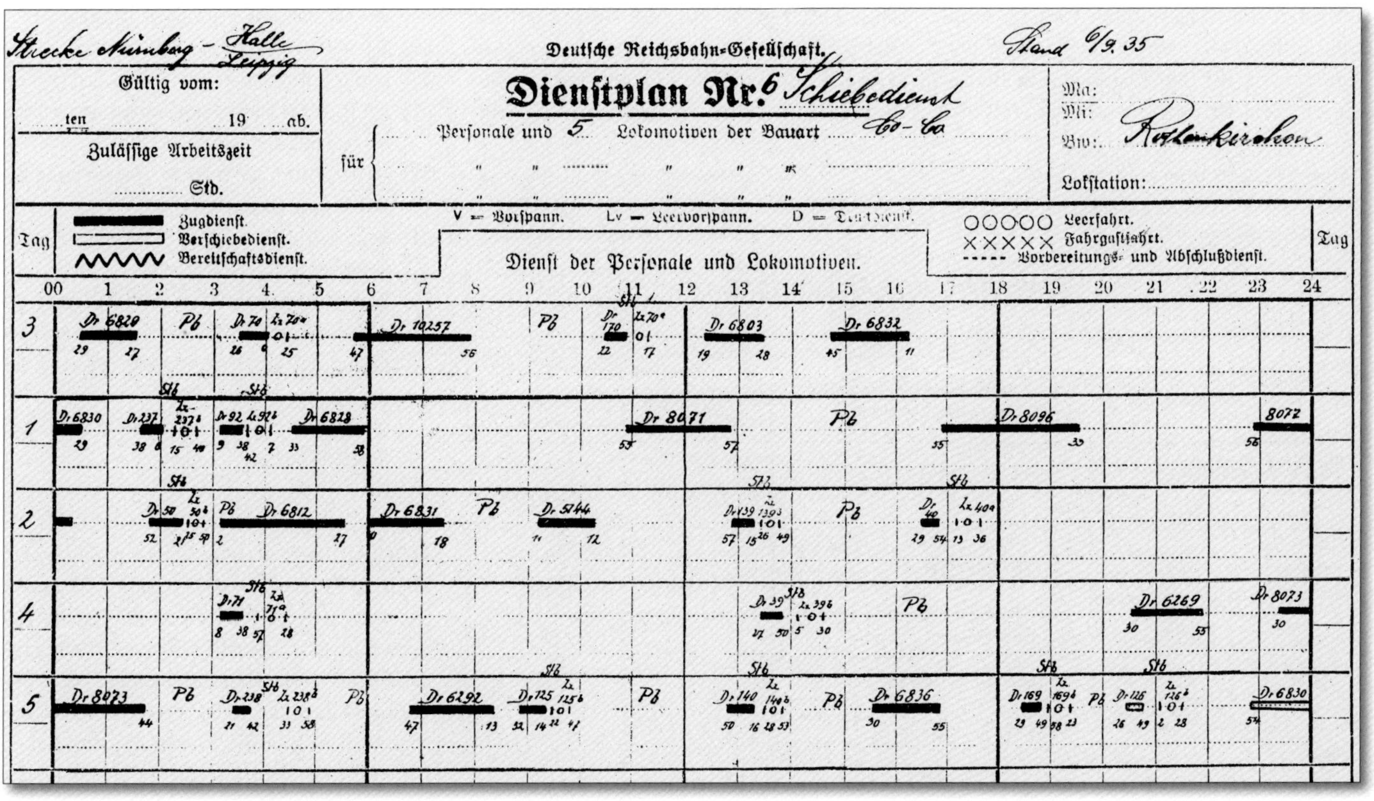

△ **Bild 416** • Heftiger Schneefall suchte Ludwigsstadt am 15. November 1941 heim. **E 94 015** ist an der Nordausfahrt im Bahnhof abgestellt. Aufnahme: RBD Nürnberg, Sammlung DB Museum Nürnberg

gen des Sublieferanten jedoch noch ohne die HF-Einrichtung. Da E 94 028 ursprünglich für die RBD Breslau vorgesehen war, gab Pressig-Rothenkirchen E 94 016 nach Waldenburg-Dittersbach ab.

Anstelle der E 94 029–042 lieferte AEG nun E 94 045–058 vorbereitet für elektrische Hochfrequenz-Signalübertragung aus. E 94 045–053 kamen bis zum Jahresende 1941 zum Bw Pressig-Rothenkirchen und E 94 054–058 zum Bw Probstzella. Da E 94 045–053 ursprünglich für den Alpenverkehr vorgesehen waren, gab das Bw Pressig-Rothenkirchen im Gegenzug E 94 007, 008 (nach sechswöchigen Intermezzo in Bamberg), 009–015, 027 und 028 an die Bw Innsbruck (2), Rosenheim (2), Salzburg (3) und Schwarzach-St. Veit (4) ab.

Die Hochfrequenz-Signalübertragung erhielten die ausgewählten E 94 im Laufe des Jahres 1942, am 20. September 1942 konnten sie für den Plandienst in Betrieb genommen werden. Zusammen mit den fünf E 94 des Bw Probstzella (Saalfeld hatte seine E 94 im Dezember 1941 wieder abgegeben) bestritten die Pressig-Rothenkirchener E 94 vor allem den Schiebedienst auf der Frankenwaldbahn Pressig-Rothenkirchen – Probstzella.

Die zumeist von E 44 aus Süden herangebrachten Güterzüge erhielten in Pressig-Rothenkirchen je eine E 94 an Zugspitze und -schluss und wurden auf diese Weise über die Frankenwaldrampe befördert. Auch zahlreiche Eil- und Schnellzüge schoben Pressig-Rothenkirchener E 94 nach. Darüber hinaus bespannten sie einzelne Güterzüge Richtung Lichtenfels.

Vom Krieg blieb das Bw Pressig-Rothenkirchen mit seinen Strecken bis Anfang 1945 weitgehend verschont. Erst im Frühjahr 1945 setzten in verstärktem Umfang Luftangriffe ein, die besonders die Bahnanlagen zum Ziel hatten. Am 9. April 1945 griffen Jagdbomber den Bahnhof und das Bahnbetriebswerk Pressig-Rothenkirchen an. Eine Bombe traf das Ölmagazin, worauf der Rundschuppen in Flammen geriet. Die Explosion warf Lokomotiven aus den Gleisen, schleuderte Trümmer in den Ort Pressig und setzte Lokomotiven in Brand. Ein zweiter Angriff am nächsten Tag vollendete das Werk. Danach waren der Bahnhof zum größten Teil und das Bw vollständig zerstört. Was noch an fahrfähigen Lokomotiven übrig blieb, machten Tiefflieger durch Bordwaffenbeschuss zum größten Teil betriebsuntauglich. Nachdem am 12./13. April die meisten Eisenbahnbrücken der Frankenwaldbahn von der Wehrmacht gesprengt worden waren, musste der Zugbetrieb eingestellt werden. Am 18./19. April besetzte die 3. US-Armee, von Probstzella aus kommend, das Gebiet.

Als nach Inkrafttreten des Waffenstillstandes Bilanz gezogen wurde, zeigte sich der E 94-Bestand des Bw Pressig-Rothenkirchen als schwer in Mitleidenschaft gezogen. Von sechzehn E 94 war keine einsatzfähig. Es bot sich folgendes Bild:

E 94

- 026 Bombenschaden am 09./10.04.1945 in Pressig-Rothenkirchen; abgestellt im Bf.
- 041 Fliegerschaden am 09./10.04.1945 in Pressig-Rothenkirchen; abgestellt im Bf.
- 045 Leichte Schäden, konnte im Bw repariert werden.
- 046 Kehrte von einer Fahrt in Richtung Norden nicht zurück. Am 10.04.1945 auf Bf Eichicht abgestellt. Verblieb bei der RBD Erfurt.
- 047 Leichte Schäden, konnte im Bw repariert werden.
- 048 Beschussschaden im April in Küps. Am 2. August 1945 abgestellt in Pressig-Rothenkirchen.
- 049 Fliegerschaden im Februar 1945; seit März 1945 im RAW München-Freimann zur Reparatur.
- 050 Seit 14.03.1945 zur E 3 im RAW Freimann.
- 051 Leichte Schäden, konnte im Bw repariert werden.
- 052 Am 10.04.1945 in Probstzella abgestellt, verblieb bei der RBD Erfurt.
- 053 Fliegerschaden am 09./10.04.1945 in Pressig-Rothenkirchen; abgestellt im Bw.
- 091 Beschussschäden am 09./10.04.1945 in Pressig-Rothenkirchen; abgestellt im Bw.
- 113 Nach Fliegerschaden zum RAW Freimann geschickt, von dort zur AEG Hennigsdorf zwecks Reparatur auf den Weg gebracht. Während der Überführung im April 1945 im Bw Pressig-Rothenkirchen durch Bomben erneut beschädigt; abgestellt im Bf.

Infolge der Lokausfälle hatte die DRB im Februar 1945 neben E 94 113 leihweise auch E 94 131–133 in Pressig-Rothenkirchen stationiert. Sie waren alle wegen Fliegerschäden im April 1945 nicht mehr einsatzfähig. Den Schadlokbestand des Bw ergänzte ferner die in Probstzella beheimatete E 94 128, die beschädigt im Bahnhof Ludwigsstadt stand (Betriebsbuch-

▽ **Bild 417** • Stationierungsblatt für E 94 053. Abbildung: Sammlung Wolfgang Bleiweis

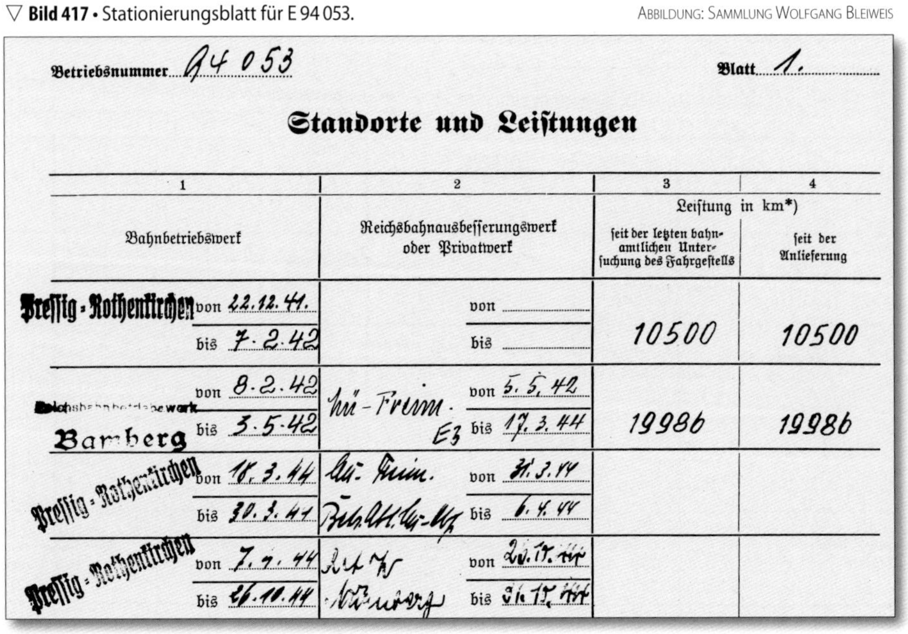

Betriebsnummer 94 053 Blatt 1.

Standorte und Leistungen

1	2	3	4
Bahnbetriebswerk	Reichsbahnausbesserungswerk oder Privatwerk	Leistung in km*) seit der letzten bahnamtlichen Untersuchung des Fahrgestells	seit der Anlieferung
Pressig-Rothenkirchen von 22.12.41. bis 7.2.42	von … bis …	10500	10500
Reichsbahnbetriebswerk Bamberg von 8.2.42 bis 3.5.42	Mü-Freim. E3 von 5.5.42 bis 17.3.44	19986	19986
Pressig-Rothenkirchen von 18.3.44 bis 30.3.44	Mü-Freim. [illegible] von 31.3.44 bis 6.4.44		
Pressig-Rothenkirchen von 7.7.44 bis 26.10.44	[illegible] von 26.10.44 bis 31.12.44		

Bild 418 ▷
E 94 052 passiert im Juni 1942 den Weiler Falkenstein mit einem Güterzug aus Probstzella kommend. Soeben hat sie die Landesgrenze zwischen Thüringen und Bayern überquert. Von 1945 bis 1990 wird zwischen dem Gasthaus Falkenstein und der Blockstelle im Hintergrund der „Eiserne Vorhang" sein und Deutschland in zwei Staaten sowie Europa in zwei Blöcke teilen.

Aufnahme: RBD Erfurt, Sammlung Brian Rampp

Angabe: *„Lok kommt von RBD Linz und war kurze Zeit im Bw Probstzella abgestellt"*). Sie wurde nicht zurückgegeben, sondern dem Bw Pressig-Rothenkirchen zugeteilt. Gleiches geschah übrigens mit der Leihlokomotive E 94 132 vom Bw Salzburg, die in Bayern verblieb.

Die Besatzungszonen in Deutschland hatten für das Bw Pressig-Rothenkirchen gravierende Auswirkungen. Anfang Juli 1945 zogen sich die US-Truppen vereinbarungsgemäß aus Thüringen zurück und überließen der Sowjetarmee die Besetzung dieses Gebietes. Unverzüglich unterbrach die sowjetische Besatzungsmacht den Zugverkehr am Falkenstein, dort wo die Demarkationslinie nahe dem Bf Probstzella die Strecke schnitt. Damit verlor die Frankenwaldbahn ihre Bedeutung als Hauptabfuhrstrecke von Süd- nach Mitteldeutschland und das Bw Pressig-Rothenkirchen seine Hauptaufgabe. Wann mit einer Wiederaufnahme des Verkehrs nach Probstzella zu rechnen war, konnte damals nicht vorhergesehen werden. Sie erfolgte im Dampfbetrieb erst im Mai 1949 für den Güter- und im September 1949 für den Reiseverkehr.

Außerdem ließ die sowjetische Besatzungsmacht per Befehl Nr. 95 ab April 1946 sämtliche Fahrleitungsanlagen auf ihrem Gebiet demontieren, womit von Nürnberg aus ohnehin nur noch bis Falkenstein elektrisch gefahren werden konnte.

In Anbetracht dessen ließ sich die Beheimatung der damals stärksten und modernsten Ellok nicht mehr vertreten. Die E 94 sollten daher zu Dienststellen umgesetzt werden, wo sie sinnvoller einzusetzen waren. Die schwerer beschädigten Maschinen blieben in Pressig-Rothenkirchen bis zur Aufnahme ins Ausbesserungswerk abgestellt. Als erste kamen am 5. Oktober 1945 die nur leicht beschädigten und im Bw reparierten E 94 045, 047 und 051 zum Bw Bamberg, da ab August wieder von Bamberg bis München elektrisch gefahren werden konnte.

Nachdem Brücken und Fahrleitungsanlagen repariert und die Energieversorgung sichergestellt worden war, ging auch der elektrische Abschnitt von Bamberg bis Falkenstein im November 1945 in Betrieb. Zu diesem Zeitpunkt standen dem Bw Pressig-Rothenkirchen nur die im Bw instandgesetzten E 94 091 und E 94 128 zur Verfügung.

Hinzu kamen im Dezember 1945 die im RAW Freimann ausgebesserten E 94 048 und E 94 049.

Die abgestellten Schadlokomotiven, welche nicht im Bw reaktiviert werden konnten und teilweise als Ersatzteilspender dienten, kamen mit Ausnahme von E 94 026 (zum privaten AW bei MAN in Augsburg) bis Anfang März 1946 zu Krauss-Maffei nach München-Allach, um dort repariert zu werden. Sie kehrten nicht mehr in den Frankenwald zurück. Hierbei handelte es sich um E 94 041, 053, 113 und 131–133. Ebenfalls nicht zurück kamen die auf dem Gebiet der Sowjetischen Zone stehengebliebenen E 94 046 und E 94 052. Sie wurden aus dem Bestand des Bw Pressig-Rothenkirchen gestrichen, da sie nur noch buchmäßig geführt worden waren. Mit Vorgang Obl United States Zones in Frankfurt vom 21. Mai 1946 wurden der Gbl-Süd zufolge fünf E 94 an „fremde Zonen" – hier die sowjetische Zone – abgegeben: E 94 042, 082, 096 sowie die genannten E 94 046 und 052. Derartige Verfügungen stellten einen offiziellen Schlussakt dar, da die Lokomotiven schon seit einem Jahr nicht mehr greifbar waren.
Die betriebsfähigen Maschinen verließen das Bw Pressig-Rothenkirchen im Jahr 1946: E 94 049 ging im Januar zum Bw Nürnberg Rbf, E 94 048 fand im September in Treuchtlingen eine neue Heimat, E 94 050 wechselte unmittelbar nach ihrem AW-Aufenthalt im März zum Bw Nürnberg Rbf und E 94 091 rollte im Oktober 1946 zwecks Hauptuntersuchung zu MAN nach Augsburg ab. E 94 128 soll am 23. November 1946 zum Bw Nürnberg Rbf gewechselt sein. Ein Beleg im Betriebsbuch fehlt jedoch hierzu.

Die Leihlokomotiven aus München Ost (E 94 131 und 133) und Salzburg (E 94 132) ordnete die DR-West erst bei der Bestandsaufnahme unmittelbar nach Kriegsende der RBD Nürnberg zu. Am 2. August standen sie zusammen mit E 94 041 im Bahnhof Pressig-Rothenkirchen auf einem Abstellgleis. Laut „Statistischem Nachweis St 10a" vom September 1946, zu einem Zeitpunkt, als die betroffenen Maschinen bei Krauss-Maffei waren, wechselten sie am 30. September 1946 von der RBD Nürnberg zur RBD München – mit der Absicht, diese E 94 nach Beendigung der Reparaturarbeiten dem Bw München Ost zu überlassen.

E 94 053, ebenfalls im September 1946 der RBD München zugeordnet, teilte die GDW München wieder der RBD Nürnberg (Bw Nürnberg Rbf) zu. Dort war sie

◁ **Bild 419**
Am 28. Mai 1960 rollt **E 94 262** mit einem Güterzug an der Bundesbahn-Blockstelle Falkenstein vorbei und wird unmittelbar danach die Grenze zur DDR überqueren.

AUFNAHME: HELMUT RÖTH/ EISENBAHNSTIFTUNG

▽ **Bild 420** • Buchfahrplan-Auszug für den Durchgangsgüterzug Dg 6802 auf der Frankenwaldbahn, gültig ab dem 3. Juli 1944 bis auf weiteres. Zwischen Probstzella und Pressig-Rothenkirchen wird er von je einer E 94 als Zug- und Schiebelokomotive gefahren. Ab Pressig-Rothenkirchen genügt dann eine E 44.

ABBILDUNG.: SAMMLUNG WOLFGANG BLEIWEIS

Dg 6802 (5,1)

Tempelhof Vbf—Saalfeld (Saale)—**Probstzella—Nürnberg Rbf**

Höchstgeschwindigkeit 55 km/h
Probstzella—Pressig-Rothenkirchen 2 E 94
Pressig-Rothenkirchen—Nürnberg Rbf E 44

Maßgebende Bremshundertstel
Probstzella—Pressig-Rothenkirchen **36**
Pressig-Rothenkirchen—Nürnberg Rbf **24**

Mindestbremshundertstel
Probstzella—Pressig-Rothenkirchen **36**
Pressig-Rothenkirchen—Nürnberg Rbf **22**

Last 1200 t [1])

1	2	3	4	5	6	7	8	9	10	11
		Tempelhof Vbf			2^{11}					
		Saalfeld (Saale) . . .			10^{37}					
		● **Probstzella** . . .	**11 11**	+ (15)	**11 26**					
1,7		● Bk Falkenstein . .	—	—	**29**	3,3	2,2			
2,4		● Bk Lauenstein Hp .	—	—	**32**	2,9	2,7			
3,0		● **Ludwigsstadt** . . .	—	—	**36**	4,0	3,3			
3,4		● Bk Leinenmühle . .	—	—	**41**	4,9	3,9	47,8		
2,8		● Steinbach a Wald .	—	—	**46**	4,7	3,6	37,2		
2,4		Bk Bastelsmühle .	—	—	**52**	5,5	4,1			
2,0		Bk Kohlmühle . .	—	—	**56**	4,2	3,3			
2,0	35	Förtschendorf . . .	—	—	**12 01**	4,6	3,6			
3,0		Bk Hessenmühle . .	—	—	**08**	6,6	5,2			
2,9		**Pressig-Rothenkirchen**	**12 15**	18+	**33**	7,1	5,3			
3,0		Bk Neuker-roth . .	—	—	**38**	5,4	3,6			
2,5		**Stockheim** (Oberfr). .	—	—	**41**	3,3	2,8			
3,4		Gundelsdorf	—	—	**45**	4,4	3,8			
4,8		**Kronach**	—	—	**51**	6,2	5,3	38,9		
2,7		Neuses (b Kronach) .	—	—	**55**	3,5	3,1	32,6		
3,6		Küps	—	—	**13 00**	4,6	4,0			
1,9		Bk Oberlangenst Hp	—	—	**02**	2,4	2,1			
3.7		● Redwitz (Rodach).	—	—	**07**	4,7	4,1			
5		**Hochstadt-Marktzeuln**	—	—	**13 11**	4,4	3,8			

[1]) Bei Bespannung mit Ellok darf von Probstzella bis Pressig-Rothenkirchen und von Bamberg bis Nürnberg Rbf der 5%ige Lastzuschlag nach A 2g der Vorbemerkungen nicht genommen werden.

bis Februar 1948 z-gestellt. Nach ihrer E 3-Untersuchung kam sie am 4. März 1948 beim Bw München Ost in Fahrt.

In den darauffolgenden 14 Jahren sollte das Bw Pressig-Rothenkirchen nur noch einige wenige E 94 besitzen, und zwar in den Jahren 1947–1950 und 1955–1960. Im September 1947 kam E 94 045 in den Bestand, die ab August 1948 Gesellschaft von E 94 132 erhielt. Für diese beiden Maschinen ist ein zweitägiger Umlauf aus dem Winter 1948/49 bekannt, mit 225 bzw. 214 km pro Tag. An Einsätzen waren Güterzüge zwischen Pressig und Lichtenfels (4), Pressig und Ludwigsstadt (4) sowie die Personenzüge 1163 Pressig – Lauenstein, 1170 Lauenstein – Kronach und 1165 Kronach – Pressig zu fahren. Die verminderte Bedeutung des Bw wird deutlich angesichts der Tatsache, dass neben diesen beiden E 94 nur noch zwei E 44, eine 98 sowie eine 57^{10} als Bereitschaftslokomotive planmäßig benötigt wurden. Im April/Mai 1950 kehrten E 94 045 und E 94 132 zum Bw Nürnberg Rbf zurück. Noch bevor ab 12. Juni 1950 wieder elektrisch bis Probstzella gefahren werden konnte, hatten E 91 ihre Nachfolge angetreten.

Zum letzten Mal waren E 94 ab 1955 im Frankenwald beheimatet. Am 8. März 1955 tauchte als erste E 94 133 auf, in der zweiten Jahreshälfte gelegentlich von Leih-E 94 aus Nürnberg unterstützt.

In der Folgezeit schwankte der Bestand meist zwischen ein und zwei Maschinen, von April bis Juli 1956 betrug er kurzzeitig drei E 94. Als letzte verließ E 94 262, seit Mai 1959 als einzige hier stationiert, am 16. Juni 1960 das Bw Pressig-Rothenkirchen in Richtung Nürnberg. Für diese Einzelstücke bestanden von 1955 bis 1960

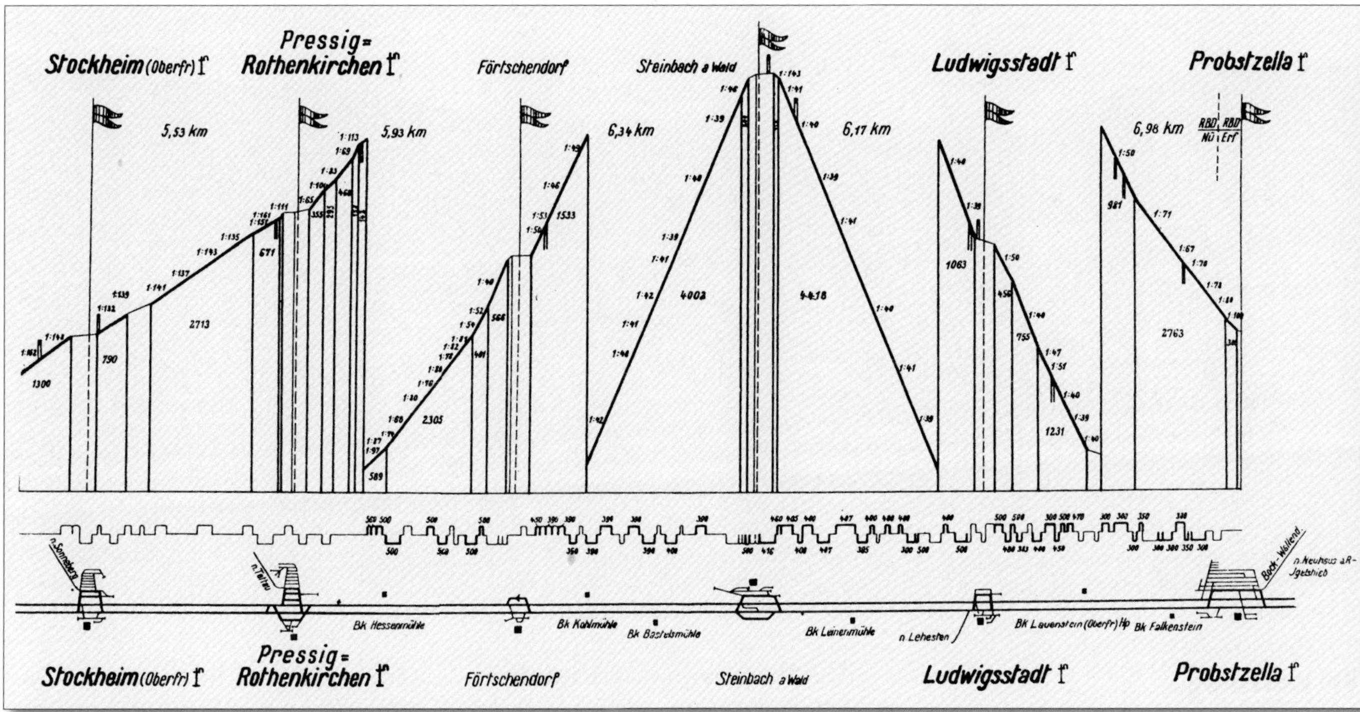

△ **Bild 421** • Höhenprofil der beidseitigen Rampen der Frankenwaldbahn. Sie erforderten den Einsatz starker Lokomotiven. ABBILDUNG: RBD NÜRNBERG, SAMMLUNG WOLFGANG BLEIWEIS

keine Umlaufpläne. Sie liefen in E 91-Plänen mit, die Schiebe-, Güterzug- und Reisezugleistungen auf der Frankenwaldbahn vorsahen.

Das Bw Pressig-Rothenkirchen löste die BD Nürnberg am 1. September 1968 auf, nachdem zuletzt nur noch Kleinlokomotiven hier beheimatet waren.

Der nach 1945 nur noch zur Hälfte verbliebene und zuletzt als Lagerhaus genutzte Lokschuppen brach im Winter 1981 teilweise in sich zusammen. Die BD Nürnberg ließ ihn kurz darauf abreißen.

Nach dem Ende des E 91-Einsatzes zum Sommerfahrplan 1967 kehrte die Baureihe E 94 – nun von anderen Bw gestellt – auf die Frankenwaldbahn zurück. Zunächst erbrachten Aschaffenburger E 94 die Güterzug- und Schiebeleistungen. Als ab Juli 1975 sämtliche E 94 der BD Nürnberg beim Bw Nürnberg Rbf zusammengezogen waren, liefen planmäßig die Maschinen mit Hochspannungssteuerung (194 541, 542, 570 und 571) von Pressig-Rothenkirchen aus auf der Strecke Lichtenfels – Probstzella und bis Neustadt/b. Coburg. Dank ihrer Leistungsfähigkeit bespannten sie auf der Frankenwaldbahn gelegentlich auch Touristik- oder Reisebürosonderzüge, weil sie in der Lage waren, noch 820 t auf 25 ‰ ohne Schubhilfe über die Rampen zu befördern. Gleichzeitig ersetzten sie die hier im Güterverkehr noch teilweise verwendeten 140 und 194.0. Die 194.H wurden hier bis zu ihrer Ausmusterung (1980–1985) abgefahren.

Die letzten E 94-Planeinsätze auf der Frankenwaldbahn endeten mit Ablauf des Winterfahrplans 1986/87.

Bw Pressig-Rothenkirchen

E 94 007	Neulieferung	09.05.1941 – 11.1941	Schwarzach-St. Veit	E 94 052	Neulieferung	18.12.1941 – 09.04.1945	Probstzella
008	Neulieferung	25.04.1941 – 26.09.1941	Bamberg	053	Neulieferung	22.12.1941 – 07.02.1942	Bamberg
009	Neulieferung	28.05.1941 – 27.09.1941	Schwarzach-St. Veit		Bamberg	18.03.1944 – 30.09.1946	München Ost
010	Neulieferung	24.06.1941 – 09.1941	Schwarzach-St. Veit	054	Nürnberg Rbf	19.07.1957 – 11.12.1957	Nürnberg Rbf
011	Neulieferung	30.07.1941 – 30.08.1941	Salzburg		Nürnberg Rbf	01.01.1958 – 15.04.1958	Nürnberg Rbf
012	Neulieferung	22.10.1940 – 24.12.1941	Rosenheim	059	Wg.-Dittersbach	02.1940 – 03.1944	Wg.-Dittersbach
013	Neulieferung	24.10.1940 – 05.12.1941	Rosenheim	077	Salzburg	07.1944 – 22.08.1944	Salzburg
014	Neulieferung	05.11.1940 – 24.12.1941	Salzburg	091	Neulieferung	19.04.1943 – 02.01.1947	Nürnberg Rbf
015	Neulieferung	22.11.1940 – 24.12.1941	Salzburg	128	Probstzella	05.1945 – 18.11.1947	Regensburg
016	Neulieferung	27.11.1940 – 07.1941	Wg.-Dittersbach	132	Nürnberg Rbf	16.08.1948 – 25.04.1950	Nürnberg Rbf
026	Innsbruck	28.08.1942 – 26.09.1946	Nürnberg Rbf			08.04.1956 – 17.11.1956	Bamberg
027	Neulieferung	13.06.1941 – 05.12.1941	Innsbruck	133	Nürnberg Rbf	08.03.1955 – 26.07.1956	Nürnberg Rbf
028	Neulieferung	11.07.1941 – 05.12.1941	Innsbruck			16.04.1958 – 21.05.1958	Kornwestheim
041	Regensburg	17.12.1942 – 02.04.1943	Salzburg	137	Nürnberg Rbf	22.03.1956 – 10.01.1957	Nürnberg Rbf
	Salzburg	29.03.1945 – 20.10.1946	Augsburg		Nürnberg Rbf	16.04.1958 – 23.05.1958	Augsburg
045	Neulieferung	28.08.1941 – 04.10.1945	Bamberg	140	Nürnberg Rbf	24.05.1958 – 22.12.1958 [1]	Kornwestheim
	Nürnberg Rbf	17.09.1947 – 15.05.1950	Nürnberg Rbf	182	Nürnberg Rbf	28.10.1958 – 29.05.1959	Regensburg
046	Neulieferung	13.09.1941 – 09.04.1945	Probstzella	262	Aschaffenburg	15.10.1958 – 15.06.1960	Nürnberg Rbf
	Nürnberg Rbf	31.05.1957 – 10.04.1958	Nürnberg Rbf				
047	Neulieferung	25.09.1941 – 04.10.1945	Bamberg	leihweise:			
048	Neulieferung	06.12.1941 – 29.09.1946	Treuchtlingen	E 94 113	von München Ost	02.1945 – 30.09.1946	
049	Neulieferung	23.10.1941 – 24.01.1946	Nürnberg Rbf	131	von München Ost	02.1945 – 30.09.1946	
050	Neulieferung	05.12.1941 – 28.03.1946	Nürnberg Rbf	132	von Salzburg	02.1945 – 17.07.1946	
051	Neulieferung	05.12.1941 – 04.10.1945	Bamberg	133	von München-Ost	02.1945 – 30.09.1946	

1) AW Freimann 29.10.1958 – 22.12.1958

△ **Bild 422 • E 94 267** rollt am 7. Mai 1957 im Spessart mit einem langen Güterzug die Strecke Partenstein – Laufach hinab. AUFNAHME: CARL BELLINGRODT, SAMMLUNG ZENO PILLMANN

Bw Würzburg

Als ab 2. Oktober 1954 der planmäßige elektrische Zugbetrieb zwischen Nürnberg und Veitshöchheim (an der nördlichen Ausfahrt des Würzburger Rbf) aufgenommen werden konnte, begann im Bw Würzburg der Einzug der E-Traktion. Für die Beförderung schwerer Güterzüge auf dieser Strecke erhielt das Bw Würzburg bereits am 1. Oktober 1954 seine erste E 94 zugeteilt (E 94 264). In rascher Folge wuchs der Bestand bis Ende Oktober auf sieben Maschinen an, die alle mit Ausnahme der E 94 273 (Neulieferung) vom Bw Nürnberg Rbf kamen. Bis Mitte Februar 1955 trafen drei weitere neue E 94 (266, 267, 274) ein.

Die E 94.2 waren eigens für den Einsatz auf der Strecke (Passau –) Nürnberg – Würzburg (– Frankfurt) beschafft worden. Sie übernahmen hier die Dienste der Dampflok-Baureihe 44 des Bw Würzburg sowie die erstmals im Fahrplanjahr 1952/53 eingeführten 1.600-t-Züge.

Trotz mehrerer Zu- und Abgänge in den Jahren 1956/57 von und nach Nürnberg hielt sich der Bestand bei rund zehn E 94. In den Zeitraum 1954 bis 1958 fiel auch die gleichzeitige Beheimatung der stärksten Dampflokbaureihe (45) und stärksten Ellokbaureihen (E 94, E 50) bei einem Bw der DB.

Die E 94 verkehrten zu dieser Zeit im Dg- sowie Reisezugverkehr zwischen Nürnberg und Würzburg. Ein Wechsel deutete sich im April 1957 an, als die Serienlieferung der neuen E 50 begann und das Bw Würzburg fabrikneu E 50 001–004 zur Erprobung erhielt. Diese liefen sogleich im E 94-Plan und sollten die Vorhut in der späteren E 50-Hochburg Würzburg bilden. Infolge weiterer Lieferungen erstellte die BD Nürnberg zum Sommerfahrplan 1957 einen E 50/E 94-Mischplan, der am Ende nur noch von E 50 gefahren worden sein dürfte. Während dieser Fahrplanperiode sank der E 94-Bestand auf drei Maschinen, dafür waren am 15. August 1957 bereits dreizehn E 50 in Würzburg beheimatet.

Durch die Aufnahme des elektrischen Betriebes zwischen Veitshöchheim und Aschaffenburg zum Winterfahrplan 1957/58 und dem hieraus resultierenden höheren Lokbedarf erfolgte beim Bw Würzburg eine Aufstockung des E 94-Bestandes. Im September 1957 kamen E 94 278–285 aus Nürnberg, um mit den E 50 den Verkehr auf der wichtigen Strecke Nürnberg – Aschaffenburg zu beschleunigen und die bis dahin verwendeten Dampflokomotiven zu ersetzen. Ende 1957 verfügte das Bw Würzburg über elf E 94 und damit über seinen höchsten Bestand dieser Reihe. Dennoch war es nur eine Übergangszeit bis genügend E 50 vorhanden waren.
Mit dem Ende der E 94-Beheimatung in Würzburg ging zugleich die Einrichtung einer großen E 94-Gruppe in Aschaffenburg einher. Im ersten Quartal 1958 kamen zunächst vier E 94 nach Nürnberg Rbf, bevor im zweiten Quartal 1958 die übrigen E 94 nach Aschaffenburg gingen. Als letzte wurde E 94 280 am 2. Juni 1958 umbeheimatet.

Die Ellokunterhaltung endete beim Bw Würzburg am 31. Juli 1984 mit der Ausmusterung der letzten 118 und 144. Danach war das Bw Würzburg ein reines Diesel-Bw.

Bw Würzburg

E 94 151	Nürnberg Rbf	01.12.1956	–	03.12.1956	Nürnberg Rbf
262	Nürnberg Rbf	02.10.1954	–	21.01.1958	Nürnberg Rbf
263	Nürnberg Rbf	03.10.1954	–	09.02.1958	Nürnberg Rbf
264	Nürnberg Rbf	01.10.1954	–	20.12.1957	Nürnberg Rbf
265	Nürnberg Rbf	05.07.1956	–	12.08.1957	Nürnberg Rbf
	Nürnberg Rbf	17.09.1957	–	27.11.1957 [1)]	Nürnberg Rbf
266	Neulieferung	04.11.1954	–	12.08.1957	Nürnberg Rbf
267	Neulieferung	13.02.1955	–	08.08.1957	Nürnberg Rbf
268	Nürnberg Rbf	16.07.1956	–	30.07.1957	Nürnberg Rbf
272	Nürnberg Rbf	03.10.1954	–	27.07.1957	Nürnberg Rbf
273	Neulieferung	22.10.1954	–	25.07.1957	Nürnberg Rbf
274	Neulieferung	16.12.1954	–	09.07.1957	Nürnberg Rbf
275	Nürnberg Rbf	03.10.1954	–	01.07.1957	Nürnberg Rbf
276	Nürnberg Rbf	02.10.1954	–	12.06.1957	Nürnberg Rbf
277	Nürnberg Rbf	27.07.1956	–	23.04.1957	Nürnberg Rbf
	Nürnberg Rbf	22.05.1957	–	05.06.1957	Nürnberg Rbf
278	Nürnberg Rbf	24.09.1957	–	12.02.1958	Nürnberg Rbf
279	Nürnberg Rbf	23.09.1957	–	06.03.1958	Nürnberg Rbf
280	Nürnberg Rbf	27.09.1957	–	02.06.1958	Aschaffenburg
281	Nürnberg Rbf	19.09.1957	–	08.05.1958	Aschaffenburg
282	Nürnberg Rbf	27.09.1957	–	27.05.1958	Aschaffenburg
283	Nürnberg Rbf	27.09.1957	–	09.05.1958	Aschaffenburg
284	Nürnberg Rbf	27.09.1957	–	06.05.1958	Aschaffenburg
285	Nürnberg Rbf	29.09.1957	–	24.04.1958	Aschaffenburg

1) AW Freimann ab 23.11.1957

△ **Bild 423** • Eine wichtige Aufgabe der Würzburger E 94 war der schwere Güterverkehr auf der seit Oktober 1954 elektrifizierten Strecke Nürnberg – Würzburg. Am 19. Mai 1955 zieht **E 94 275** einen Dg bei Rottendorf Richtung Nürnberg. Die DB verbaute zwischen Nürnberg und Würzburg Fahrleitungsmasten aus Schleuderbeton, was damals eine Ausnahme darstellte. AUFNAHME: CARL BELLINGRODT, SAMMLUNG BRIAN RAMPP

▽ **Bild 424** • Umlaufplan für fünf E 94 aus dem Sommerfahrplan 1955. Laufplanabkürzungen: Du – Nürnberg-Dutzendteich; Ki – Kitzingen; Lv – Leervorspann; Neu – Neustadt (Aisch); Nh – Nürnberg Hbf; Nr – Nürnberg Rbf; Ve – Veitshöchheim; Wür – Würzburg Hbf; WüR – Würzburg Rbf; Zell – Würzburg-Zell. ABB.: BD NÜRNBERG, SLG. KLAUS HOPF

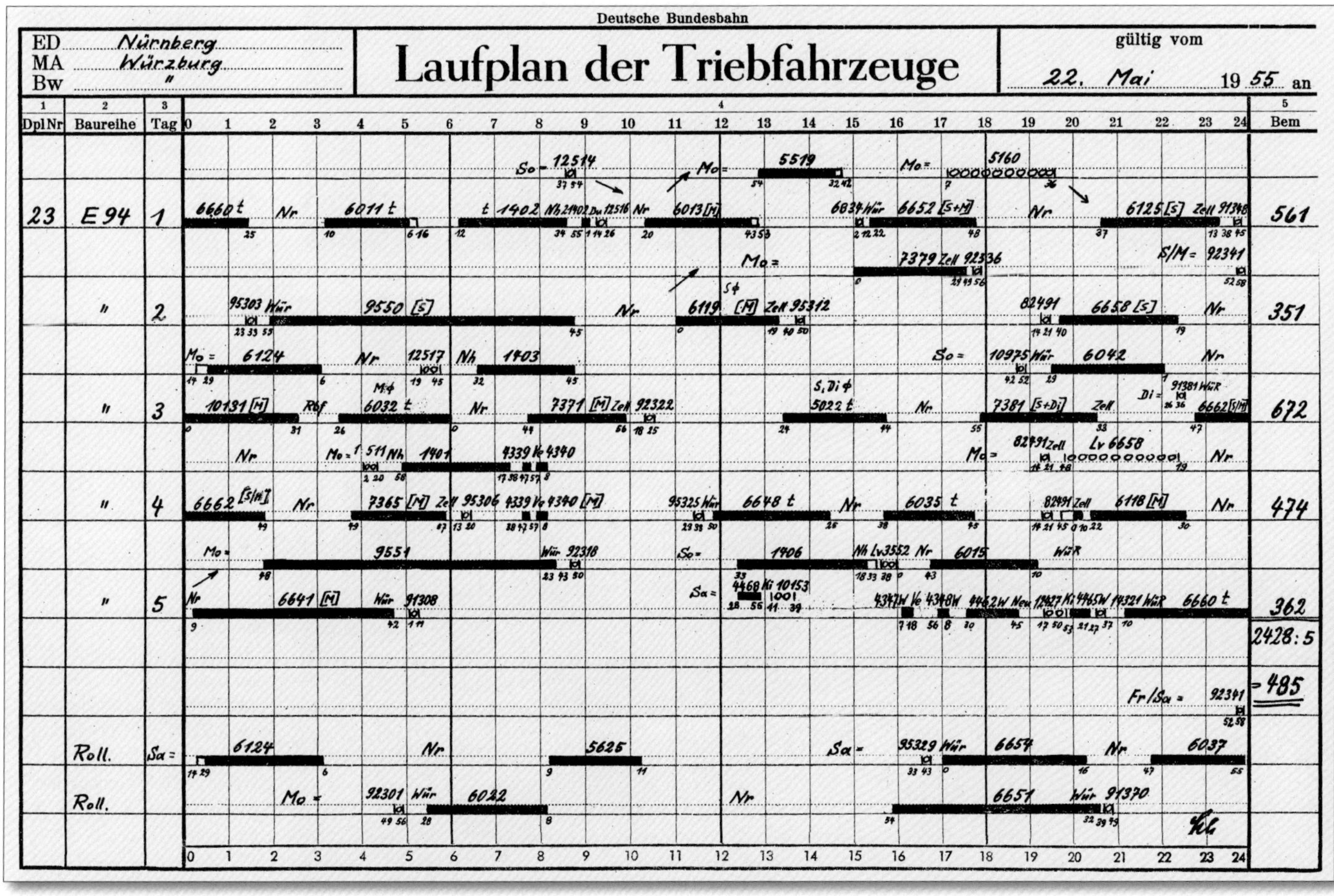

Bild 425
Einzelne E 94-Bespannungen waren Reisezüge auf der Strecke Nürnberg – Würzburg.
Im Jahr 1955 steht **E 94 272** mit P 4462 nach Neustadt (Aisch) abfahrbereit in Würzburg Hbf.

Aufnahme:
Archiv Bayerisches Eisenbahnmuseum

Bild 426
Hier ist **E 94 273** im Jahr 1956 bei Nürnberg-Neusündersbühl mit einem sehenswerten Personenzug bestehend aus Abteilwagen, Donnerbüchsen und Umbauwagen unterwegs.

Aufnahme:
Reinhard Todt/
Eisenbahnstiftung

Bild 427
E 94 272 hat am 22. April 1957 den Eilzug E 589 nach Bamberg zu befördern, hier abfahrbereit in Nürnberg Hbf. Die Würzburger E 94 läuft an diesem Tag im Umlauf des Bw Nürnberg Rbf.

Aufnahme:
Josef Seng,
Sammlung Andreas Knipping

RBD/ED/BD Regensburg

Bw Regensburg

In den Kriegsjahren waren 1942 für kurze Zeit E 94 037, 040 und 041 im Bw Regensburg beheimatet. Sie verkehrten auf der Strecke Regensburg – Landshut – München. Im Zuge einer Typenbereinigung erfolgte ein Austausch gegen E 91 aus Kornwestheim. Diese reichten für die Strecke München – Regensburg aus, während die E 94 auf Steigungsstrecken dringender gefragt waren. Am 16. Dezember 1942 endete die knapp viermonatige Zeit beim Bw Regensburg mit Abgabe der E 94 041 nach Pressig-Rothenkirchen. Eine größere Bedeutung sollte die E 94 hier erst nach dem Krieg erlangen.

Im November 1947 erfolgte mit Zuteilung der E 94 049, 050 und 128 ein erster Schritt zum Aufbau einer neuen E 94-Gruppe. Im Februar 1948 folgte E 94 032, die nach ihrer Überholung bei Krauss-Maffei direkt zum Bw Regensburg kam. Zum Einsatz gelangten diese Lokomotiven auf der Strecke nach Landshut und München.

Am 15. Mai 1950 konnte der elektrische Zugbetrieb zwischen Nürnberg und Regensburg aufgenommen werden, der ersten nach dem Krieg neu elektrifizierten Fernstrecke. Dies hatte unmittelbar Auswirkung auf den E 94-Bestand des Bw Regensburg, der sich durch Zuweisung von sieben Lokomotiven im Mai sowie zwei weiterer im Juni und Juli 1950 auf 14 Einheiten erhöhte. Dies geschah vor allem auf Kosten des Bw Rosenheim, das sechs Maschinen abzugeben hatte.

Die Elektrifizierung der o. g. Strecke war die erste Etappe auf der Verbindung Frank-

Betriebsnummer 94050 Blatt 1

Standorte und Leistungen

1		2		3	4
Bahnbetriebswerk		Reichsbahnausbesserungswerk oder Privatwerk		Leistung in km*) seit der letzten bahnamtlichen Untersuchung des Fahrgestells	seit der Anlieferung
Pressig-Rothenkirchen	von 5.12.41 bis 15.10.44	RAW Nürnbg.	von 10.10.44 bis 18.10.44	289081	289081
Pressig-Rothenkirchen	von 19.10.44 bis 12.3.45	Mü-Freim. E3	von 14.3.46 bis 28.3.46	321 828 ~~312 828~~	321828 ~~312 828~~ 1. E3
Bw. Nürnberg Rbf.	von 29.3.46 bis 13.5.46	R.A.W. Mü.-Freimann Werkabtl. M.A.N. Augsburg	von 16.5.46 bis 31.5.46	10 973	332 801 ~~323 801~~
Bw Nürnberg Rbf	von 1.6.46 bis 20.11.47		von bis		
Regensburg	von 21.11.47 bis 29.6.48	MAN Augsburg E2	von 30.6.48 bis 16.8.48	197466	510294
Regensburg	von 17.8.48 bis 18.4.49	RAW Mü-Freimann E0b	von 19.4.49 bis 20.4.49	235536	557364
Regensburg	von 20.4.49 bis 29.1.50	EAW Mü-Freimann E3	von 30.1.50 bis 15.3.50	306457	628285 2. E3
Regensburg	von 16.3.50 bis 2.1.51		von bis		
	von bis	Werk-Abtg. Rosenheim E00	von 3.1.51 bis 4.1.51	98170	726455
Regensburg	von 5.1.51 bis 9.12.51	Werk-Abtg. Rosenheim E 2	von 10.12.51 bis 12.1.52	214293	842578

13.1.52

*) Die Leistung in Spalte 5 und 6 ist bei jeder Zuführung zum Reichsbahnausbesserungswerk einzutragen. Bei Abgabe des Fahrzeuges an ein anderes Bahnbetriebswerk ist die Leistung seit dem letzten Ausgang mit Bleistift zu vermerken.

991 27 Standorte und Leistungen. A 4 h 6 a 4000 München IX 40 Mühlthaler

△ **Bild 428** • Standortblatt aus dem Betriebsbuch der E 94 050. ABBILDUNG: DB, SAMMLUNG WOLFGANG BLEIWEIS

Bild 429 ▷ **E 94 075** überquert am 25. September 1954 mit Personenzug P 1534 die Eisenbahnbrücke über die Schwarze Laber bei Beratzhausen. Die 180 m lange Brücke ist mit einer Höhe von 42 m die vierthöchste Eisenbahnbrücke in Bayern. Zwischen 1991 und 1992 ersetzte die DB die 120 Jahre alten Gitterträger aus Eisen durch drei neue Streben-Fachwerkträger aus Stahl.

AUFNAHME: CARL BELLINGRODT, SAMMLUNG BRIAN RAMPP

△ **Bild 430 • E 94 128** ist am 25. August 1951 in München Hbf abfahrbereit mit einem Personenzug nach Landshut – Regensburg. Aufnahme: Dr. Günther Scheingraber/EK-Verlag

furt – Regensburg – Passau (– Wien), welche die kürzeste Verbindung zwischen den Ländern am Rhein und Österreich bzw. Ungarn herstellte und zu den wichtigsten Hauptstrecken der DB gehörte.

Die Wahl fiel auf den Abschnitt Nürnberg – Regensburg, weil hier kein Bau neuer Unter- oder Kraftwerke erforderlich war und die Endpunkte der Strecke bereits unter Fahrdraht lagen. Sonst wäre das Unternehmen nicht so schnell finanzierbar gewesen. Die Genehmigung zur Elektrifizierung erfolgte – noch vor der Währungsreform – im April 1948. Der wirtschaftliche Erfolg dieses Vorhabens lag in der Einsparung von 110.000 t Kohle pro Jahr. Das war für die damalige Zeit der Kohleknappheit ein äußerst wichtiges Ergebnis.

Zusammen mit den E 94 des Bw Nürnberg Rbf übernahmen die Regensburger E 94 den schweren Güterverkehr auf dieser Strecke und ersetzten die bis dahin verwendeten Dampflokomotiven (vor allem der Baureihen 44 und 50).

Am Stichtag 1. August 1950 umfasste der Bestand:

▽ **Bild 431 • E 94 023** im Einschnitt bei Deining mit P 1519 am 26. September 1954.
Aufnahme: Carl Bellingrodt, Sammlung Zeno Pillmann

E 94	013	014	023	024	026
	032	049	050	060	062
	063	067	075	128.	

Sie sollten in den nächsten 23 Jahren den Stamm der Regensburger E 94 bilden. Den in den Jahren 1951 und 1959 hinzugekommenen E 94 war nur eine kurze Verweildauer beschert.

Bis zum Sommer 1959 wurden von den vierzehn E 94 in der Regel neun planmäßig benötigt. Wie bereits erwähnt, erfolgten die Einsätze vornehmlich im Dg-Verkehr nach und von Nürnberg, darüber hinaus fuhren sie auch bis Landshut und München. Im Winter 1956/57 waren dies auf erstgenannter Strecke 22 Züge, auf letzterer acht bzw. sechs Leistungen.

Eine Erweiterung des Einsatzgebietes brachte die Aufnahme des elektrischen Zugbetriebs von Regensburg nach Passau am 1. Juni 1959. Daraufhin erhöhten sich die Zahl der planmäßig eingesetzten E 94 auf zehn (mit durchschnittlich 503 km pro Lok und Tag) und der Bestand durch Zuweisung von E 94 180–182 kurzzeitig auf 17 Lokomotiven. Nachdem sich abzeichnete, dass der ursprüngliche E 94-Bestand für die Bewältigung des Plan- und Sonderverkehrs ausreichen würde, verließen E 94 180–182 das Bw Regensburg bis März 1960 wieder. Im Güterverkehr zwischen Regensburg und Passau lösten Regensburger E 94 sowie neu zugeteilte E 40 die bis dahin dominierende Baureihe 50 ab, während den Personenverkehr E 18, E 44 und E 52 (Bw Regensburg) bestritten. In den

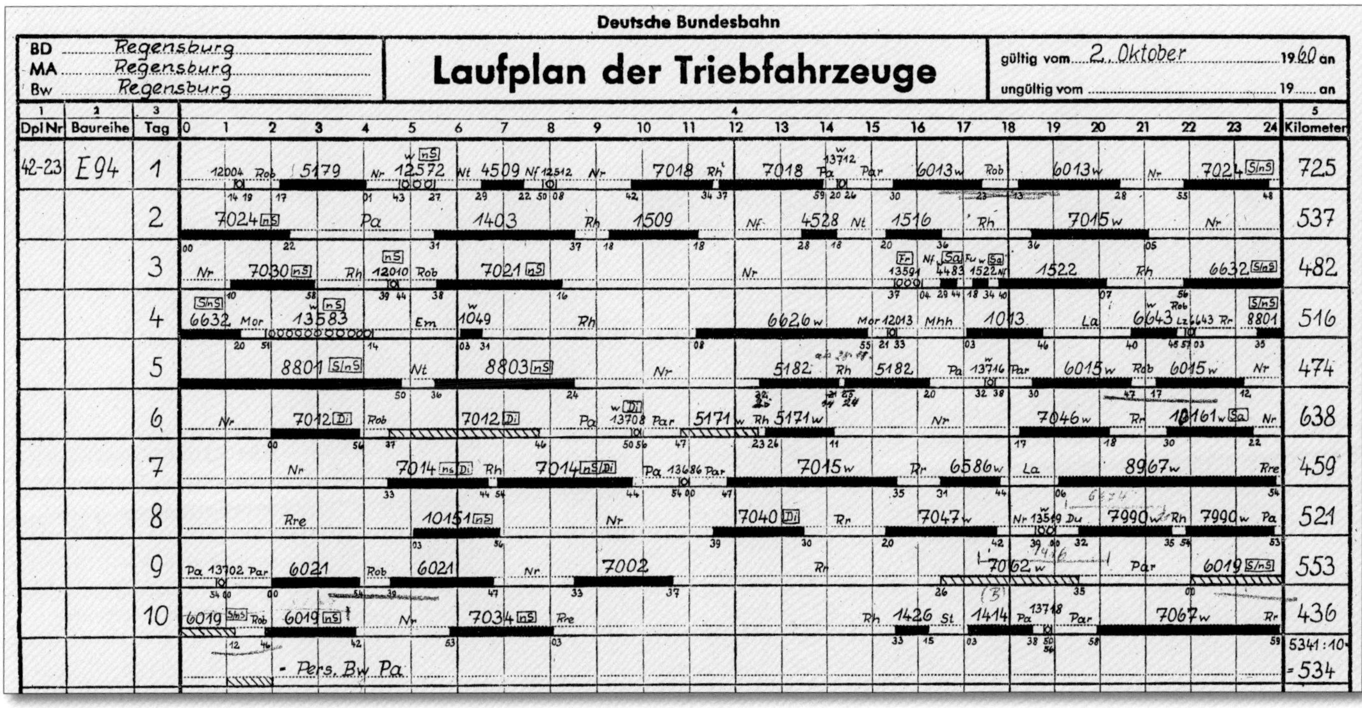

△ **Bild 432 •** Umlaufplan für zehn E 94 des Bw Regensburg vom Winterfahrplan 1960/61. Laufplanabkürzungen: Du – Nürnberg-Dutzendteich; Em – Eggmühl; La – Landshut; Mhh – München Hbf; Mor – München Ost Rbf; Nf – Nürnberg Hbf; Nr – Nürnberg Rbf; Nt – Neumarkt (Opf); Pa – Passau Hbf; Par – Passau Rbf; Rh – Regensburg Hbf; Rob – Regensburg Ost; Rr – Regensburg Rbf; Rre – Regensburg Rbf Einfahrt; St – Straubing. ABBILDUNG: BD REGENSBURG, SAMMLUNG WOLFGANG BLEIWEIS

Umläufen der E 94 waren nun verstärkt durchgehende Bespannungen zwischen Nürnberg und Passau „aus der Mitte" heraus zu fahren, was sich in höheren Tageskilometerleistungen niederschlug – im Sommer 1962 z.B. im Schnitt 586 km. Nachdem die ÖBB ihrerseits die über Passau weiterführende Strecke nach Linz und Wien elektrifizierte, kam es infolge entsprechender Vereinbarungen zwischen DB und ÖBB zu grenzüberschreitenden Bespannungen, an denen auch die Regensburger E 94 teilhatten. Bereits im Sommer 1965 sollen sie bis Linz gekommen sein.

Die Umläufe der Jahre 1966 bis 1968 beinhalteten jedoch keine derartigen Leistungen mehr. Erst ab dem Jahresfahrplan 1969/70 gelangten E 94 im nennenswerten Umfang wieder bis Linz.

Zwei E 94 liefen vor folgenden Güterzügen:

- 3372 Passau-Wels, Lz 8538 Wels-Linz
- 3375 Linz-Passau
  sowie
- 3368 Passau-Wels, Lz 8552 Wels-Linz
- 3369 Linz-Passau

Der Grund für diese Bespannungen lag im defizitären Laufleistungskonto seitens der DB. Grenzüberschreitende Langläufe existierten vor allem im Schnellzugverkehr. Hier blieben ÖBB-1042er von Wien West bis Frankfurt/M. am Zug.
Als Ausgleich für diese sowie einige 1042-Zwischenleistungen auf der Strecke Passau – Regensburg kam es zu Einsätzen von DB-194 nach Linz, die bis zum Ende der E 94-Beheimatung in Regensburg erhalten blieben. Im Winterfahrplan 1969/70 gelangten Regensburger E 94 sogar über die Tauernbahn bis Villach. In westlicher Richtung erreichten sie im Sommer 1972 Würzburg Rbf.

Mit dem Ende der BD Regensburg, seit 1973 in Etappen eingeleitet, kam auch das Ende der Ellokunterhaltung beim Bw Regensburg. In zwei Gruppen wechselten die E 94 nach Nürnberg Rbf: Die ersten sechs zum Sommerfahrplan 1973, die verbliebenen acht (194 013, 014, 023, 024, 026, 032, 049, 050) folgten zu Beginn des Winterfahrplans desselben Jahres. Die Rest-Bundesbahndirektion Regensburg löste die DB zum 1. Juni 1976 auf. Ausgewählte Laufpläne der E 94 des Bw Regensburg:

Fahrplan	Planbedarf	Ø km/Tag
Sommer 1954	9	404
Sommer 1958	9	462
Sommer 1959	10	503
Sommer 1960	10	558
Sommer 1961	10	532
Sommer 1962	10	586
Winter 1967/68	9	481
Sommer 1968	9	534
Sommer 1972	10	555

Bw Regensburg

E 94 013	Rosenheim	12.05.1950	–	29.09.1973	Nürnberg Rbf
014	Rosenheim	12.05.1950	–	29.09.1973	Nürnberg Rbf
023	Rosenheim	12.05.1950	–	29.09.1973	Nürnberg Rbf
024	Freilassing	12.05.1950	–	29.09.1973	Nürnberg Rbf
026	Nürnberg Rbf	26.02.1948	–	29.09.1973	Nürnberg Rbf
032	PAW Krauss-Maffei	19.11.1948	–	29.09.1973	Nürnberg Rbf
037	Neulieferung	20.06.1942	–	30.10.1942	Schwarzach-St. Veit
040	Neulieferung	08.1942	–	10.11.1942	RBD München
041	Neulieferung	26.10.1942	–	16.12.1942	Pressig-Rothenkirchen
049	Nürnberg Rbf	30.11.1947	–	29.09.1973	Nürnberg Rbf
050	Nürnberg Rbf	21.11.1947	–	29.09.1973	Nürnberg Rbf
060	Rosenheim	28.06.1950	–	02.06.1973	Nürnberg Rbf
062	Rosenheim	14.05.1950	–	02.06.1973	Nürnberg Rbf
063	Rosenheim	07.07.1950	–	02.06.1973	Nürnberg Rbf
067	München Ost	12.05.1950	–	02.06.1973	Nürnberg Rbf
075	München Ost	12.05.1950	–	02.06.1973	Nürnberg Rbf
128	Pressig-Rothenkirchen	19.11.1947	–	02.06.1973	Nürnberg Rbf
140	Neulieferung	21.09.1951	–	15.05.1952	Nürnberg Rbf
180	Nürnberg Rbf	31.05.1959	–	16.09.1959	Kornwestheim
181	Nürnberg Rbf	31.05.1959	–	22.11.1959	Kornwestheim
182	Pressig-Rothenkirchen	30.05.1959	–	28.05.1960	München Ost

◁ **Bild 433**
E 94 062 ist am 7. August 1960 mit Dg 7018 aus Nürnberg Rbf in Passau Hbf angekommen und setzt vom Zug ab. Sie wird anschließend Lz nach Passau Rbf fahren und Dg 6013 zurück nach Nürnberg Rbf bespannen.

Aufnahme: Ulrich Montfort

◁ **Bild 434**
E 94 023 hat sich im Jahr 1964 in Nürnberg Hbf vor N 4514 gesetzt und ist nun abfahrbereit nach Neumarkt (Oberpfalz).

Aufnahme:
Friedrich Pietsch,
Sammlung Brian Rampp

◁ **Bild 435**
194 014 durcheilt den Bahnhof Neumarkt (Oberpfalz) am 5. August 1970 in Richtung Regensburg mit einem gemischten Durchgangsgüterzug (Dg). Hinter den Güterwagen links erstreckt sich heute ein Gewerbegebiet.

Aufnahme:
Georg Wagner

RBD/ED/BD Stuttgart

Bw Kornwestheim

Ende April 1942 traf E 94 035 als erste im Bw Kornwestheim ein. Ihr folgte am 20. Mai 1942 die E 94 036. Nach Abschluss der Personalschulungen kamen im Sommer noch E 94 038 und E 94 039 hinzu.

Die neuen Lokomotiven sollten den Güterzugdienst auf der Strecke Ulm – Stuttgart über die Geislinger Steige, welche eine Gradiente von 22,5 ‰ aufweist, beschleunigen und eine Erhöhung der Zuglasten ermöglichen. Gegenüber der E 93, die auf der Strecke 750 t befördern konnte, vermochte die E 94 960 t (mit Schub 1.530 t) zu schleppen. Da jede Lokomotive von ihrem eigenen Stammpersonal gefahren wurde, erfolgte zu dieser Zeit meist ein Lokwechsel in Ulm.

Durch die Beheimatung der E 94 in Kornwestheim konnten die schwächeren E 93 zum Teil freigesetzt und an andere Bw abgegeben werden. So wechselten im Mai 1942 vier E 93 (01–04) zum Bw Geislingen, wo sie die im Schiebedienst zwischen Geislingen West und Amstetten verwendeten E 91 ablösten. Der Einsatz der E 93 im Schiebedienst trug zu einer weiteren Leistungssteigerung auf der Geislinger Steige bei.

Im Jahr 1943 erweiterte sich der Kornwestheimer E 94-Bestand um neun Maschinen: Im April 1943 kamen die bei der RBD Breslau entbehrlich gewordenen E 94 022 und E 94 070, bevor das Bw Kornwestheim ab Mai 1943 aus Neulieferung E 94 085–087 sowie E 94 121–124 erhielt. Ihnen folgten Anfang 1944 noch E 94 125 und 126, womit die E 94-Zuteilung an die RBD Stuttgart einen vorläufigen Abschluss fand. Kurzzeitig befand sich buchmäßig Ende Februar/Anfang März 1944 die schlesische E 94 016 im Bestand. Sie war bei der RBD Breslau zeitweilig nicht einsetzbar, weil wegen eines Turbinenschadens im Kraftwerk Mittelsteine der elektrische Zugbetrieb in Schlesien vorübergehend zurückgefahren werden musste.

Die 14 E 94 des Bw Kornwestheim erbrachten wie vorgesehen einen Großteil ihrer Leistungen auf der Strecke Kornwestheim – Ulm – München, jetzt auch in den neu eingeführten Langläufen. Auf der Hauptstrecke nach Ulm – München gewannen die E 94 im Verlauf des Krieges besonders für den Nachschubverkehr der Wehrmacht an Bedeutung. Darüber hinaus liefen Kornwestheimer E 94 seit Einführung von Langläufen ab 1. April 1943 von Kornwestheim bis in die Ostmark hinein durch.

Mit den E 94-Neulieferungen ging ein weiterer Abbau des E 93-Bestandes einher. Bis auf vier E 93, die bis Anfang 1945 in Kornwestheim blieben, wechselten acht E 93 zum Bw Ulm, das sich bis Anfang der fünfziger Jahre zu einer Hochburg für die E 93 entwickelte.

Trotz umfangreicher Zerstörungen der Bahnanlagen konnte der elektrische Betrieb bis kurz vor Kriegsende aufrechterhalten werden. U. a. bei einem Angriff der 8. US Air Force am 23. Februar 1945 wurde das Bw schwer beschädigt und viele Unterlagen, inkl. Betriebsbücher, vernichtet. Aufgrund von Luftangriffen waren Mitte Mai 1945 fünf E 94 (022, 036, 038, 070, 087) nicht einsatzfähig. Beispielsweise war E 94 070 seit 11. Oktober 1944 abgestellt und kam erst nach einer E 4-Vollaufarbeitung im RAW Esslingen (14. Juni – 5. Dezember 1947) wieder in Fahrt. E 94 126 erlitt am 2. April 1945 im Bahnhof Geislingen (Steige) Beschussschäden durch Tiefflieger und fiel ebenfalls aus. Bis Ende 1947 konnten alle beschädigten Kornwestheimer E 94 repariert werden und wieder ihren Dienst aufnehmen.Die E 94 war in der Folgezeit vor allen Zuggattungen zu sehen, da jede einsatzfähige Lokomotive gebraucht wurde.

Ende der vierziger Jahre ging die DB dazu über, bei den auf der Strecke Kornwestheim – München durchlaufenden Güterzügen auf den Lokwechsel in Ulm zu verzichten und diese „aus der Mitte heraus" mit E 93/E 94 der Bahnbetriebswerke Ulm bzw. Neu-Ulm auf dem gesamten Laufweg zu befördern.

Die Notwendigkeit, die Güterzuglasten und -geschwindigkeiten auf dieser wichtigen West-Ost-Verbindung zu steigern, erforderte eine Ablösung der teilweise in diesen Langläufen verwendeten E 93. So kam es im Jahr 1951 zu einem Loktausch zwi-

▽ **Bild 436** • Standortblatt aus dem Betriebsbuch der E 94 142. ABBILDUNG: DB, SAMMLUNG WOLFGANG BLEIWEIS

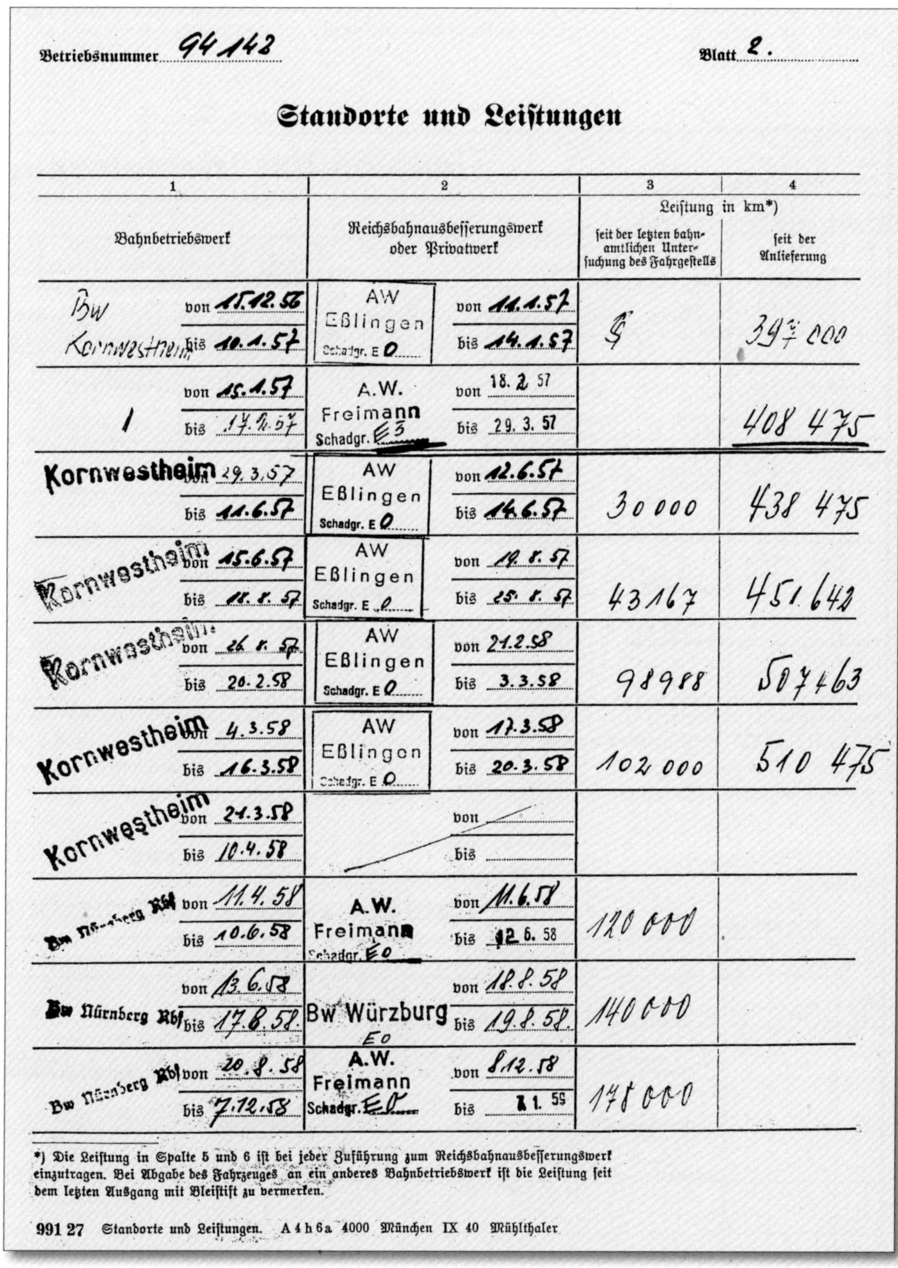

Betriebsnummer 94 142 Blatt 2.

Standorte und Leistungen

1	2	3	4
Bahnbetriebswerk	Reichsbahnausbesserungswerk oder Privatwerk	Leistung in km*) seit der letzten bahnamtlichen Untersuchung des Fahrgestells	Leistung in km*) seit der Anlieferung
Bw Kornwestheim von 15.12.56 bis 10.1.57	AW Eßlingen Schadgr. E 0 von 11.1.57 bis 14.1.57	§	397 000
〃 von 15.1.57 bis 17.2.57	A.W. Freimann Schadgr. E3 von 18.2.57 bis 29.3.57		408 475
Kornwestheim von 29.3.57 bis 11.6.57	AW Eßlingen Schadgr. E 0 von 12.6.57 bis 14.6.57	30 000	438 475
Kornwestheim von 15.6.57 bis 18.8.57	AW Eßlingen Schadgr. E 0 von 19.8.57 bis 25.8.57	43 167	451 642
Kornwestheim von 26.8.57 bis 20.2.58	AW Eßlingen Schadgr. E 0 von 21.2.58 bis 3.3.58	98 988	507 463
Kornwestheim von 4.3.58 bis 16.3.58	AW Eßlingen Schadgr. E 0 von 17.3.58 bis 20.3.58	102 000	510 475
Kornwestheim von 21.3.58 bis 10.4.58	von bis		
Bw Nürnberg Rbf von 11.4.58 bis 10.6.58	A.W. Freimann Schadgr. E0 von 11.6.58 bis 12.6.58	120 000	
Bw Nürnberg Rbf von 13.6.58 bis 17.8.58	Bw Würzburg E0 von 18.8.58 bis 19.8.58	140 000	
Bw Nürnberg Rbf von 20.8.58 bis 7.12.58	A.W. Freimann Schadgr. E0 von 8.12.58 bis 1.1.59	178 000	

*) Die Leistung in Spalte 5 und 6 ist bei jeder Zuführung zum Reichsbahnausbesserungswerk einzutragen. Bei Abgabe des Fahrzeuges an ein anderes Bahnbetriebswerk ist die Leistung seit dem letzten Ausgang mit Bleistift zu vermerken.

991 27 Standorte und Leistungen. A 4 h 6 a 4000 München IX 40 Mühlthaler

△ **Bild 437** • Mit einem klassischen Güterzug der fünfziger Jahre ist **E 94 092** am 23. März 1958 in Heidelberg-Kirchheim zu sehen. Es handelt sich um Dg 6662 von Heidelberg Rbf nach Kornwestheim Rbf. Aufnahme: Helmut Röth/Eisenbahnstiftung

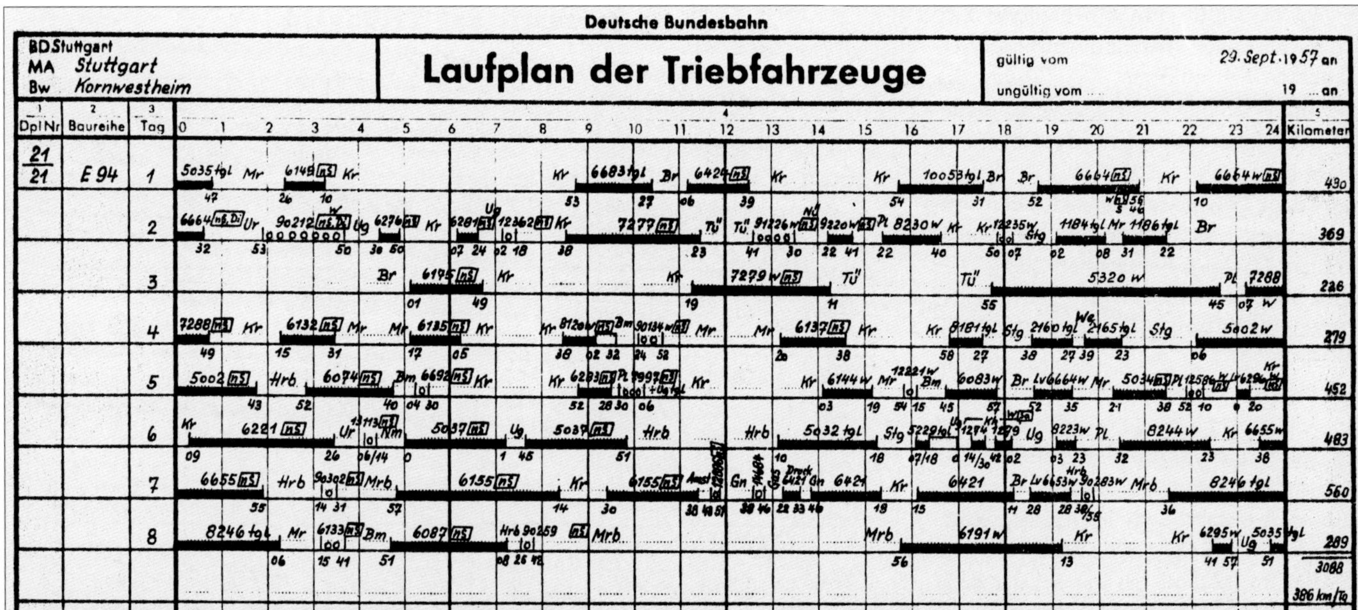

△ **Bilder 438 und 439** • Umlaufpläne für 8 + 4 E 94 des Bw Kornwestheim vom Winterfahrplan 1957/58. Laufplanabkürzungen: Amst – Amstetten; Bm – Bietigheim; Br – Bretten; Gn – Geislingen (Steige); Hb – Heidelberg Hbf; Hrb – Heidelberg Rbf; Kr – Kornwestheim Rbf; Mor – München Ost Rbf; Mr – Mühlacker; Mrb – Mannheim Rbf; Nü – Nürtingen; PL – Plochingen; Stg – Stuttgart Hbf; Tü – Tübingen; Ug – Stuttgart-Untertürkheim Gbf; Ur – Ulm Rbf; V – Vorspann; We – Weil d. Stadt. ▽
Abbildungen (2): BD Stuttgart, Sammlung Klaus Hopf

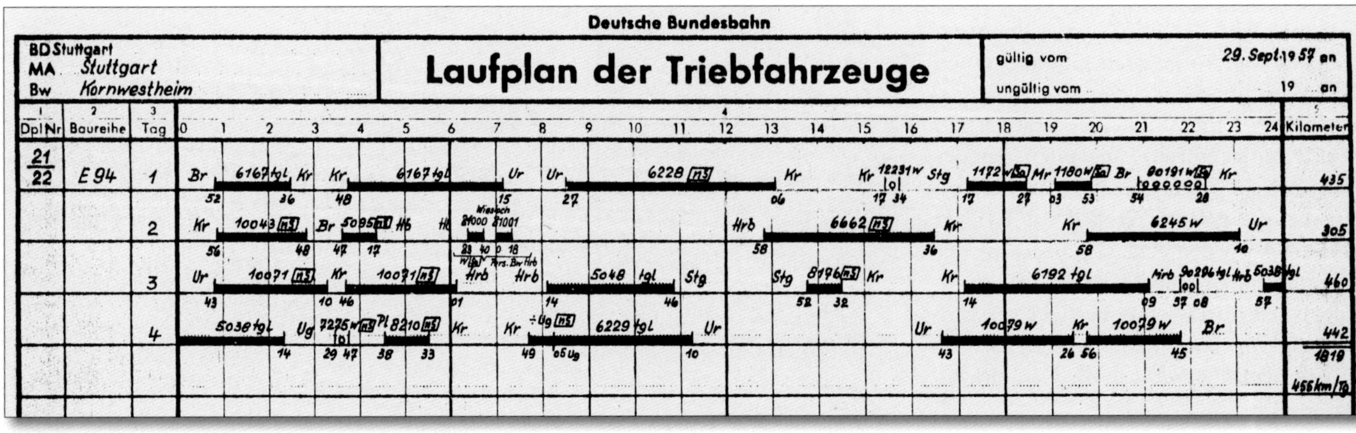

Bild 440 ▷
E 94 036 überquert das Viadukt in Stuttgart-Münster am 1. Juni 1957. Das 855 m lange Bauwerk über den Neckar befindet sich auf der Stuttgarter Güterumgehungsbahn Stuttgart-Untertürkheim – Kornwestheim. Die 11,5 km lange Strecke – auch als Schusterbahn oder Salamanderbahn bezeichnet – dient der Umfahrung des Stuttgarter Kopfbahnhofs.

Aufnahme: Kurt Eckert, Sammlung Robin Garn

Bild 441 ▷
E 94 045 verlässt im Juli 1957 den Bahnhof Stuttgart-Obertürkheim in Richtung Kornwestheim und hat gerade die Otto-Hirsch-Brücken unterfahren. Sie befördert den Nahgüterzug Ng 8230 von Plochingen nach Kornwestheim.

Aufnahme: Gerhard Gress, Sammlung Helmut Griebl

Bild 442 ▷
Ausfahrt zwei Flügel: **E 94 131** und **E 94 055** (beide vom Bw Kornwestheim) verlassen den Bahnhof Esslingen am Neckar am 20. April 1958 in Richtung Ulm.

Aufnahme: Carl Bellingrodt, Sammlung Brian Rampp

◁ **Bild 443**
E 94 161 wurde im Mai 1959 vor dem Schnarrenbergtunnel von Kornwestheim kommend – Richtung Stuttgart-Untertürkheim fahrend – aufgenommen. Sie zieht den samstäglichen P 1247, der Mitarbeiter der Firma Salamander nach Hause bringt.

Aufnahme: Jürgen Hagemann, Sammlung Robin Garn

schen den Bahnbetriebswerken Ulm und Kornwestheim, wobei neun E 93 gegen zehn E 94 getauscht wurden. Bereits ein Jahr zuvor waren E 94 022 und E 94 070 für diese Langläufe an das Bw Neu-Ulm gegangen. Infolge dieser Maßnahmen sank der E 94-Bestand auf eine einzige Maschine – E 94 036 – ab, die ab Sommerfahrplan 1951 im E 93-Plan mitlief.

Mit der Aufnahme des elektrischen Betriebes am 18. Mai 1952 bis Mühlacker ergaben sich für E 94 036 neue Einsatzmöglichkeiten. 16 Durchgangsgüterzüge (Dg) mit 1.500 t der Relation Mainz – Bischofsheim – Kornwestheim erhielten zwischen Mühlacker und Kornwestheim eine Vorspannlokomotive der Baureihe E 93/E 94 vor der Dampf-Zuglokomotive der Baureihe 44, wobei der tägliche Bedarf bei drei Vorspannlokomotiven lag (zwei E 94, wovon eine das Bw Ulm stellte, und eine E 93). Schon im August 1952 erhielt das Bw Kornwestheim zwei weitere E 94 (092, 161) für diese Dienste zugeteilt, sodass die oben genannten Vorspannleistungen jetzt ausschließlich von Kornwestheimer E 94 gefahren werden konnten. Die Einsätze brachten eine wesentliche Entlastung des Bahnhofs Mühlacker mit sich, der mit umfangreichen Umspanntätigkeiten (sowohl Züge aus/in Richtung Karlsruhe als auch Heidelberg) bis an die Grenze seiner Kapazität ausgelastet war und den flüssigen Verkehr auf der dicht befahrenen Strecke zu behindern drohte. Bis zu Beginn des Sommerfahrplanes 1954 änderte sich hieran wenig. Die drei E 94 liefen im Vorspanndienst (Sommer 1953: 14 Züge, Winter 1953/54: 16 Züge), während die E 93 zu-

▽ **Bild 444 • E 94 132** passiert am 5. September 1959 den Bahnhof Lauffen am Neckar. Links steht 99 704 abfahrbereit nach Leonbronn. Die Schmalspurstrecke baute die DB in den Jahren 1964/65 auf Normalspur um. Im Jahr 1995 wurde die Verbindung stillgelegt. Aufnahme: Hans-Reinhard Ehlers, Sammlung Joachim Hund

Bild 445 ▷
E 94 133 bespannt am 10. Mai 1960 den Dg 7265 von Kornwestheim Rbf bis München Ost Rbf. Soeben hat sie Ulm Hbf hinter sich gelassen.

meist die in Mühlacker umzuspannenden Güterzüge übernahmen.

Seit 23. Mai 1954 konnte der Abschnitt Mühlacker – Bruchsal elektrisch befahren werden, sodass ab sofort alle Güterzüge zwischen Kornwestheim und Bruchsal eine Ellok erhielten und der aufwändige Dampfbetrieb auf der Brettener Rampe beendet werden konnte. Somit ließen sich drei Vorspann-E 94 und sechs Schiebelokomotiven der Baureihen 50 und 57 (zwischen Bruchsal und Maulbronn West) einsparen. Die 16 Dg mit mehr als 1.500 t wurden bereits vor Bruchsal auf 1.300 t geleichtert, sodass auch sie ohne Vorspann von E 93/94 befördert werden konnten. Hierfür entstand ein Netto-Mehrbedarf von sechs E 94, der durch die Umbeheimatung von sechs E 94 des Bw Nürnberg Rbf nach Kornwestheim (E 94 045, 047, 113, 131 im Mai sowie E 94 133 und 160 im Juli 1954) gedeckt wurde. Hinzu kam am 10. Juni 1954 die E 94 055, welche von der DR gekauft und im AW Freimann einer Hauptuntersuchung E 4 unterzogen worden war. Dafür kehrte E 94 133 im September 1954 nach Nürnberg zurück.

Schrittweise dehnte sich das Einsatzgebiet der Kornwestheimer E 94 in den nächsten Jahren weiter aus. Ab Sommerfahrplan 1955 war Heidelberg unter Fahrdraht und damit für die E 94 erreichbar. Der Mehrbedarf konnte durch eine Steigerung der täglichen Laufleistung gedeckt werden. Von den neun E 94 des Bw Kornwestheim liefen planmäßig acht in einem Umlauf mit durchschnittlich 485 km pro Tag.

Im Jahr 1955 erschienen die ersten E 94 mit Hochspannungssteuerung beim Bw Kornwestheim. Am 13. April 1955 kam die Ulmer E 94 142. Die E 94 271 aus Neulieferung war von Mai 1955 bis Januar 1956 in Kornwestheim beheimatet. Am 17. März 1956 erschien E 94 270 als dritte E 94^H. Sie blieb mit E 94 142 bis April 1958. Beide wechselten anschließend zum Bw Nürnberg Rbf.

Die Aufnahme des elektrischen Zugbetriebes bis Mannheim zum Sommerfahrplan 1956 ermöglichte den Einsatz Kornwestheimer E 94 vor Langläufen Mannheim Rbf – München Ost Rbf über 376 km. Das war in den Jahresfahrplänen 1956/57 und 1957/58 der längste Durchlauf einer Ellok vor einem Güterzug bei der Bundesbahn. Entsprechend dem größeren Bedarf für diese Leistungen erhöhte sich der Kornwestheimer E 94-Bestand bis Ende 1957 auf 14 Maschinen, wovon im Winterfahrplan 1957/58 zwölf E 94 planmäßig in zwei Um-

Bild 446 ▷
E 94 179 mit einem gemischten Durchgangsgüterzug am 15. September 1962 in Mühlacker.

Aufnahmen (2): Helmut Röth/ Eisenbahnstiftung

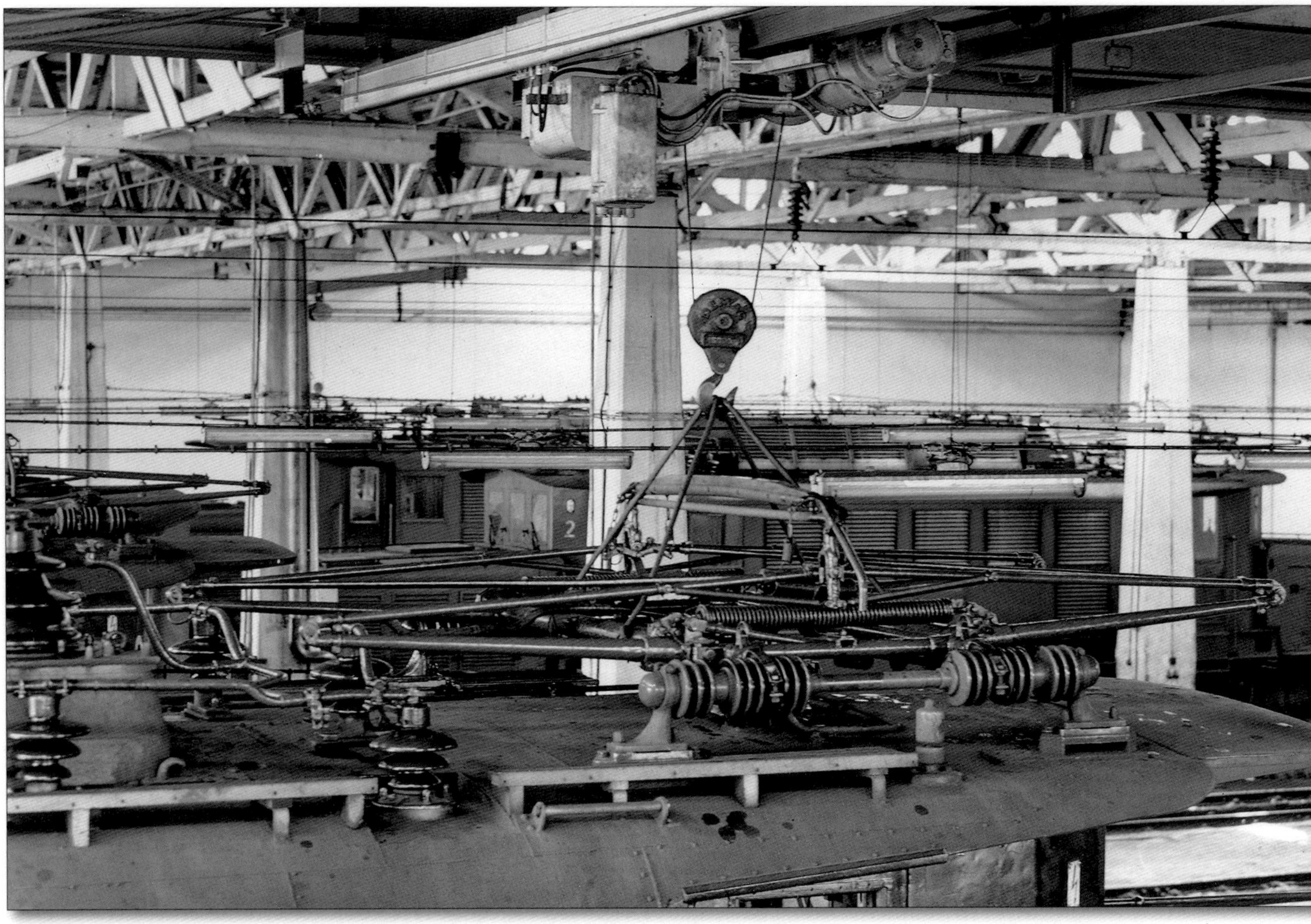

△ **Bild 447** • Das Bw Kornwestheim war viele Jahre lang eine Hochburg der E 94. Hier ein Blick in die Lokhalle mit zahlreichen E 94 im Jahr 1961. Bei einer Lokomotive wird gerade der Stromabnehmer abgehoben.
Aufnahme: BD Stuttgart, Sammlung Gerhard Rieger

läufen (8 + 4 Tage) liefen. Allerdings war hier Neu-Ulm im Osten bereits Endstation. Weitere Endpunkte des Einsatzgebietes waren Tübingen, Weil der Stadt, Heidelberg und Mannheim.

Während der achttägige Umlauf (durchschnittlich 386 km/Tag) hauptsächlich Güterzüge Kornwestheim – Bruchsal/Mühlacker/ Mannheim enthielt, wurde im viertägigen Plan (im Schnitt 455 km/Tag) meist zwischen Ulm und Kornwestheim gefahren.

Der Sommerfahrplan 1958 brachte Kornwestheimer E 94 erstmals auf die seit 1. Juni 1958 elektrisch befahrene Strecke Mühlacker – Karlsruhe, was umfangreiche Leistungsverlagerungen in den Umlaufplänen der E 93 und E 94 nach sich zog. So traten die E 94 mehrere Güterzüge zwischen Mühlacker und Kornwestheim sowie alle Leistungen auf der Tübinger Strecke an E 93 ab, um E 94 für die Karlsruher Strecke freizubekommen. Der E 94-Bestand war nach wie vor knapp (die Auslieferung neuer E 50 lief erst seit einem Jahr und sie kamen zuerst zur BD Nürnberg), sodass die Mehrleistungen der E 94 nur durch straffere und kilometerintensi-

◁ **Bild 448**
E 94 183 vor einem Güterzug Richtung Geislingen bei Jungingen oberhalb von Ulm am 15. April 1964.

Aufnahme: Ulrich Montfort

vere Laufpläne zu Verwirklichen waren. Dementsprechend lag der Planbedarf im Sommer 1958 bei nur 13 Lokomotiven, die in drei Umläufen liefen (6 + 6 + 1 Tage mit durchschnittlich 408/538/344 km täglich).

Diese Einsätze blieben im Winter 1958/59 fast unverändert. Hinzu kam lediglich ein fünftägiger Umlauf für die E 94 des Einsatz-Bw Ulm, das zum Winterfahrplan 1958/59 den planmäßigen Einsatz von E 94 aufgab und nur noch als Einsatz-Bw für Kornwestheimer E 94 diente, ohne dass sich an ihren angestammten Langläufen Kornwestheim – Neu-Ulm – München etwas änderte.

Die Konzentration der E 94-Beheimatung in der BD Stuttgart beim Bw Kornwestheim ergab sich als Konsequenz fortschreitender Rationalisierungsbemühungen im Bereich der Ellokunterhaltung. Folglich gingen schon im Frühjahr 1958 die Ulmer E 94 039, 046 und 132, im September 1958 die E 94 086 und 087 und im Dezember die E 94 038 und 140 zu. Der Ulmer Restbestand (E 94 085, 121, 122) folgte in den Jahren 1959 bis 1961. Mit der Elektrifizierung der Strecke Bietigheim-Bissingen – Heilbronn zum 1. Juni 1959 erweiterte sich das Einsatzgebiet abermals. Der höhere Bedarf bewirkte im Herbst 1959 den Zugang von vier E 94 (178–181). Aus dem Sommer 1960 sind zwei Umläufe für zusammen 18 Lokomotiven bekannt (zwölf E 94 mit 645 km, sechs E 94 mit 504 km pro Tag), die Langläufe von Bruchsal, Heidelberg und Mannheim nach München enthielten. In der Zeit von März 1961 bis Mai 1962 hatte das Bw Kornwestheim mit 28 Lokomotiven den höchsten E 94-Bestand seiner Geschichte und war gleichzeitig das größte E 94-Bw der DB. Der Bestand am 6. Mai 1962:

E 94	035	036	038	039	042
	045	046	047	048	055
	085	086	087	092	113
	121	122	126	131	132
	133	140	160	161	178
	179	180	181		

Doch von nun an begann ihr Stern zu sinken. Am 21. Januar 1962 erschien mit E 50 055 die erste Neubau-Güterzuglok als Vorbote einer in den nächsten Jahren immer größer werdenden E 50-Flotte. Die neuen Lokomotiven sollten die E 94 in Kornwestheim von nun an sukzessive ersetzen.

Der Grund für die E 50-Beheimatung in Kornwestheim lag zunächst in der Absicht, ab Sommerfahrplan 1962 schwere Güterzüge mit einer Last von 1.750 t ohne vorherige Leichterung mit einer Schublokomotive über die Geislinger Steige zu führen. Während die E 94 in der Lage war, auf der Strecke Stuttgart – Ulm eine Zuglast bis zu 960 t (mit Schub: 1.530 t) zu nehmen, vermochte die E 50 maximal 1.180 t (mit Schub: 1.750 t) zu schleppen. Der Einsatz der E 50 ermöglichte somit eine Steigerung der Zuglasten und führte zu einer nachhaltigen Umstrukturierung der Ellok-Einsätze beim Bw Kornwestheim. Zunächst übernahmen die durch E 50 freigesetzten E 94 immer mehr E 93-Leistungen, vor allem deren Langläufe und sonstigen hochwertigen Güterzüge. Mit E 50 oder E 94 bespannt, konnten jetzt nahezu alle Dg, die über Kornwestheim Rbf liefen, mit 80 km/h gefahren werden.

△ **Bild 449 • E 94 182** hat Einfahrt in Bruchsal und passiert am 30. September 1967 das markante Stellwerk. Es war von 1961 bis 2004 in Betrieb. Aufnahme: Dr. Rolf Löttgers

Ein weiterer Grund für die Zuweisung von E 50 war die Elektrifizierung der Strecke Waiblingen – Schorndorf und die Übernahme der Güterzugleistungen Stuttgart-Untertürkheim – Schorndorf zum Sommerfahrplan 1962. Im Vorgriff darauf erhielt das Bw Kornwestheim vom Bw Nürnberg Rbf von Januar bis März 1962 neben E 50 055 auch E 50 056 bis E 50 060. Da nun in Kornwestheim E 94 überzählig waren, erhielten E 94 038, 039, 042 und 085 im April/Mai 1962 eine mit Seilzug betriebene Überwurfkupplung und Schiebefunk eingebaut. Ab dem 27. Mai 1962 konnte somit anstelle der dritten in Geislingen im Schiebedienst verwendeten E 93 eine E 94 eingesetzt werden. Außerdem gab Kornwestheim E 94 035 und 036 am 26. Mai 1962 nach Rosenheim ab.

Mit der Zuweisung der E 50 entwickelte sich der E 94-Bestand und damit der Leistungsumfang rückläufig. In den Jahren 1962 bis 1965, in denen das Bw Kornwestheim insgesamt 23 E 50 erhielt, wurden 14 E 94 abgegeben. Beispielhaft war die Entwicklung im Jahr 1965, als praktisch zeitgleich mit jeder E 50-Neuzuteilung eine E 94 verschwand.

Der Sommerfahrplan 1965 sah noch zwei Umläufe für je acht E 94 vor (durchschnittlich 640 bzw. 601 km/Tag), die nach wie vor die bekannten Langläufe Heidelberg/Mannheim – München Ost enthielten. Allerdings konnten sie infolge der E 94-Abgaben während der Fahrplanperiode nicht mehr vollständig eingehalten werden (Bestand am 15. August 1965: 15 Lokomotiven), sodass Maschinen der Baureihe E 50 in den Plänen mitliefen.

Nach zweieinhalb Jahren weitgehender Stabilität war Anfang 1969 das Ende der E 94-Unterhaltung beim Bw Kornwestheim eingeläutet. Monatsweise wanderten ab Januar 1969 nach und nach E 94 nach Augsburg und Heidelberg ab, bis nur noch die vier für den Geislinger Schiebebetrieb eingerichteten Maschinen übrigbleiben. Als letzte wechselten am 26. September 1969 die E 94 038, 039, 042 und 085 nach Augsburg. Sie blieben aber im Schiebedienst auf der Geislinger Steige weiter im Einsatz. Mittlerweile hatte das Bw Kornwestheim weitere E 50 in so großer Zahl erhalten, dass auf die E 94 ganz verzichtet werden konnte.

Auch nach Aufgabe der E 94-Unterhaltung waren E 94 regelmäßige Gäste vor und in der großen E-Lokhalle des Bw Kornwestheim. Denn bis zum Schluss, im Mai 1988, wurde der große Rangierbahnhof von 194 anderer Bahnbetriebswerke angefahren.

Die Ellok-Beheimatung endete am 3. Juni 1984 mit der Außerdienststellung der letzten vier 193. Danach war das Bw

△ **Bild 450** • Zwei Kornwestheimer E 94 durcheilen am 23. Mai 1959 als Lokzug den Bahnhof Stuttgart-Feuerbach. Aufnahme: Dieter Hauss, Sammlung Wolfgang Löckel

Kornwestheim bis Dezember 1997 ein reines Diesel-Bw und vor allem für die Unterhaltung der Stuttgarter Rangierlokomotiven zuständig.

In Gestalt der DB-Museumslokomotive E 94 279, ab Mai 1987 von der BSW-Gruppe Kornwestheim zusammen mit E 93 07 betreut, blieb ein betriebsfähiges Exemplar dieser Güterzuglokomotive in diesem traditionsreichen Bw der Nachwelt erhalten. Dazu kam der Ersatzteilspender 194 581. Beide E 94 waren bis 12. Oktober 2022 im Bw Kornwestheim zuhause. In der folgenden Nacht erfolgte ihre Überführung zuerst nach Nürnberg (Aussetzen der 194 581 für das DB-Museum). Für E 94 279 ging es danach weiter nach Koblenz-Lützel zur Außenstelle des DB Museums. Damit beherbergte der Kornwestheimer Lokomotivschuppen 80 Jahre lang E 94-Lokomotiven – ein Rekord.

Bw Kornwestheim

E 94 016	Waldenburg-Dittersbach	02.1944 – 03.1944	Wg.-Dittersbach
022	Waldenburg-Dittersbach	21.04.1943 – 12.05.1950	Neu-Ulm
035	Neulieferung	29.04.1942 – 12.07.1951	Ulm
	Ulm	19.03.1955 – 21.05.1955	Heidelberg
	Heidelberg	16.03.1956 – 25.05.1962	Rosenheim
036	Neulieferung	20.05.1942 – 25.05.1962	Rosenheim
038	Neulieferung	10.07.1942 – 22.05.1951	Ulm
	Ulm	21.03.1955 – 17.12.1955	Ulm
	Ulm	19.12.1958 – 26.09.1969	Augsburg
039	Neulieferung	07.08.1942 – 16.05.1951	Ulm
	Ulm	20.03.1958 – 26.09.1969	Augsburg
042	Nürnberg Rbf	12.06.1957 – 26.09.1969	Augsburg
045	Nürnberg Rbf	17.05.1954 – 30.01.1969	Heidelberg
046	Nürnberg Rbf	16.04.1958 – 07.02.1969	Heidelberg
047	Bamberg	24.01.1946 – 11.05.1950	Nürnberg Rbf
	Nürnberg Rbf	17.05.1954 – 26.05.1964	München Ost
	München Ost	30.05.1965 – 05.08.1965	Aschaffenburg
048	Heidelberg	23.01.1958 – 10.03.1969	Heidelberg
053	Nürnberg Rbf	29.07.1957 – 25.09.1957	Nürnberg Rbf
055	DR-Ost	10.06.1954 – 28.05.1965	München Ost
070	Schlauroth	17.04.1943 – 12.05.1950	Neu-Ulm
085	Neulieferung	07.05.1943 – 12.03.1951	Ulm
	Ulm	28.09.1958 – 26.09.1969	Augsburg
086	Neulieferung	04.06.1943 – 21.06.1951 [1]	Ulm
	Ulm	28.09.1958 – 27.12.1963	Augsburg
087	Neulieferung	09.07.1943 – 21.03.1951	Ulm
	Ulm	28.09.1958 – 15.12.1963	Augsburg
092	Rosenheim	20.08.1952 – 03.08.1962	München Ost

E 94 113	Nürnberg Rbf	18.05.1954 – 14.06.1965	München Ost
121	Neulieferung	21.10.1943 – 13.03.1951	Ulm
	Ulm	24.08.1960 – 26.05.1965	Rosenheim
122	Neulieferung	10.11.1943 – 21.03.1951 [2]	Ulm
	Ulm	28.02.1961 – 25.06.1965	München Ost
124	Neulieferung	17.12.1943 – 19.03.1951	Ulm
125	Neulieferung	14.01.1944 – 17.03.1951	Ulm
126	Neulieferung	02.02.1944 – 15.03.1951	Ulm
	Heidelberg	05.07.1956 – 09.06.1965	München Ost
131	Nürnberg Rbf	21.05.1954 – 26.07.1965	Aschaffenburg
132	Nürnberg Rbf	11.04.1958 – 03.07.1965	Aschaffenburg
133	Nürnberg Rbf	08.07.1954 – 30.09.1954	Nürnberg Rbf
	Pressig-Rothenkirchen	22.05.1958 – 05.08.1965	Aschaffenburg
140	Pressig-Rothenkirchen	23.12.1958 – 15.07.1965	Aschaffenburg
142	Ulm	23.04.1955 – 10.04.1958	Nürnberg Rbf
160	Nürnberg Rbf	24.07.1954 – 17.04.1969	Augsburg
161	Neulieferung	08.08.1952 – 21.03.1969	Heidelberg
178	Nürnberg Rbf	02.10.1959 – 31.05.1969	Heidelberg
179	Nürnberg Rbf	15.10.1959 – 30.05.1969	Heidelberg
180	Regensburg	17.09.1959 – 17.07.1969	Heidelberg
181	Regensburg	23.11.1959 – 10.04.1969	Augsburg
	Augsburg	03.05.1969 – 23.07.1969	Heidelberg
182	Augsburg	16.12.1963 – 30.07.1969	Heidelberg
183	Augsburg	29.12.1963 – 26.05.1967	München Ost
262	Aschaffenburg	28.02.1964 – 15.10.1964	Aschaffenburg
270	Rosenheim	17.03.1956 – 15.04.1958	Nürnberg Rbf
271	Neulieferung	05.1955 – 06.01.1956 [3]	Rosenheim

1) AW Esslingen ab 19.05.1951 2) AW Esslingen ab 07.02.1951 3) 1. – 5. Mai 1955 lt. Werkkarte und Verwendungsnachweis Bw Ulm, AW Freimann ab 31.12.1955

△ **Bild 451** • Eine der Anfang der fünfziger Jahre üblichen Vorspannleistungen zwischen Kornwestheim und Mühlacker ist auf diesem Bild zu sehen, das mit der Enzbrücke in Bietigheim entstand. **E 94 121** vom Bw Ulm unterstützt 44 1030 (Bw Kornwestheim) am 25. Juni 1952 vor einem 1.500 t schweren Güterzug.

Aufnahme: Carl Bellingrodt, Sammlung Brian Rampp

Bw Ulm

Nur ein leihweises, dreimonatiges Gastspiel gab E 94 070 des Bw Kornwestheim vom 8. Februar bis zum 3. Mai 1948. Sie diente der Überbrückung eines kurzfristigen Triebfahrzeug-Engpasses, da sich E 93 05 vom 21. Februar bis 29. April 1948 zu einer E 4 im AW Freimann befand und schwere Güterzuglokomotiven in jenen Jahren sehr knapp waren.

Ab März 1951 baute die BD Stuttgart eine E 94-Gruppe beim Bw Ulm auf, um die schwächeren und langsameren E 93 zu ersetzen. Das gewachsene Verkehrsaufkommen zwischen München und Stuttgart machte eine weitere Erhöhung der Zuglasten und Beschleunigung von Güterzügen notwendig. Dies führte im Jahr 1951 zu einem Loktausch zwischen Ulm und Kornwestheim im Verhältnis 1:1 von E 93 zu E 94 und zur Aufgabe der E 93-Unterhaltung in Ulm.

Zugleich reduzierte die BD Stuttgart die E 94-Beheimatung in Kornwestheim auf ein Minimum. Der Bestandsaufbau von E 94 zu Lasten der E 93 entwickelte sich wie folgt:

März 1951

+ 6 E 94 (085, 087, 121, 122, 124, 126)
– 5 E 93 (06, 08, 09, 10, 11, 13)

Mai 1951

+ 3 E 94 (038, 039, 125)
– 4 E 93 (07, 12, 15, 16)

Juni 1951

+ 1 E 94 (086)
– 1 E 93 (17)

Juli 1951

+ 1 E 94 (035)

Bild 452 ▷
E 94 039 verlässt im Jahr 1956 Stuttgart Hbf mit einem Personenzug nach Ulm. Links steht ein ET 56 nach Tübingen. Die neuen, später verglasten Bahnsteigdächer sind im Entstehen.

Aufnahme: BD Stuttgart, Sammlung Brian Rampp

△ **Bild 453** • Eine Ulmer E 94 im Schnellzugdienst: **E 94 039** zieht D 408 am 27. Juli 1952 vor Urspring in Richtung Ulm. Auf der Bundesstraße fährt parallel ein Mercedes-Benz-Bus Typ Lo 2500, gebaut in den Jahren 1932 bis 1940. Aufnahme: Carl Bellingrodt, Sammlung Brian Rampp

▽ **Bild 454** • Standortblatt aus dem Betriebsbuch der E 94 085. Abbildung: Sammlung Frank Lüdecke

Betriebsnummer 94 085 Blatt 2

Standorte und Leistungen

1	2	3	4
Bahnbetriebswerk	Reichsbahnausbesserungswerk oder Privatwerk	Leistung in km *) seit der letzten bahnamtlichen Untersuchung des Fahrgestells	seit der Anlieferung
Kornwestheim von 11.2.50 bis 26.2.51	EAW Eßlingen Schadgr. E 0 von 27.2.51 bis 2.3.51	220 313	616 652
Kornwestheim von 3.3.51 bis 12.3.51	von bis		
Bahnbetriebswerk Ulm von 13.3.51. bis 27.3.51.	EAW Eßlingen Schadgr. E 0 von 28.3.51 bis 30.3.51	225 162	621 561
Ulm von 31.3.51. bis 17.9.51.	EAW Eßlingen Schadgr. E 0 von 18.9.51 bis 21.9.51	297 033	693 372
von 22.9.51 bis 24.9.51	EAW Mü-Freimann E 3 von 25.9.51 bis 26.10.51	301 092	697 431
Ulm von 27.10.51 bis 24.2.52	EAW Eßlingen Schadgr. E 0 von 25.2.52 bis 4.3.52	51457	748938
Ulm von 5.3.52 bis 5.5.52.	EAW Eßlingen Schadgr. E 0 von 6.5.52 bis 16.5.52	75628	773109
Ulm von 17.5.52 bis 28.12.52	EAW Eßlingen Schadgr. E 0 von 29.12.52 bis 9.1.63	178396	875827
Ulm von 10.1.53 bis 21.1.53	EAW Eßlingen Schadgr. E 0 von 22.1.53 bis 29.1.53	184596	882027
Ulm von 30.1.53 bis 16.2.53	EAW Eßlingen Schadgr. E 0 von 17.2.53 bis 24.2.53	189912	887343

*) Die Leistung in Spalte 5 u. 6 ist bei jeder Zuführung zum Reichsbahnausbesserungswerk einzutragen. Bei Abgabe des Fahrzeuges an ein anderes Bahnbetriebswerk ist die Leistung seit dem letzten Ausgang mit Bleistift zu vermerken.

991 27 Standorte und Leistungen. A 4 h 6 a I 46 N/0163

Als letzte E 93 verließ E 93 05 am 1. Januar 1952 das Bw Ulm und kam zum Bw Geislingen.

Zusammen mit den Neu-Ulmer E 94 beförderten die Ulmer E 94 hauptsächlich durchlaufende Güterzüge zwischen München und Kornwestheim „aus der Mitte heraus“ und brachten es dabei auf beachtliche Kilometerwerte, die in den fünfziger Jahren zu den höchsten spezifischen dienstplanmäßigen Laufleistungen im Güterzugdienst der DB gehörten.

Im Winterfahrplan 1951/52 stellten beide Bw für 28 ohne Lokwechsel zwischen München und Kornwestheim verkehrende Güterzüge eine E 94 als Zuglokomotive (insgesamt liefen hier 32 Güterzüge), auf der Geislinger Steige unterstützt durch eine Schub-E 93 des Bw Geislingen. Dabei wurde ein Tageskilometerschnitt von 556 erreicht. Mit der Aufnahme des elektrischen Betriebs nach Mühlacker zum Sommerfahrplan 1952 kam es auch zu Durchläufen bis dorthin, ebenso, als unter Fahrdraht ab 23. Mai 1954 bis Bruchsal gefahren wurde.

Im Jahr 1953 stieg der Bestand auf zwölf E 94 an, den höchsten in Ulm. Im März 1953 kam mit E 94 142 die einzige neugelieferte E 94 hierher. Sie besaß eine BBC-Hochspannungssteuerung, die vor einem geplanten Einbau in die Neubaulokomotiven zuerst in der E 94 eingehend erprobt werden sollte und bei den Einsätzen in Ulmer Laufplänen über die Geislinger Steige auch unter erschwerten Bedingungen gut getestet werden konnte. Im Jahresfahrplan 1954/55 erfolgte der weiteste Durchlauf zwischen Bruchsal und München Ost (328 km), wenngleich der Schwerpunkt weiterhin auf der Relation München – Kornwestheim lag.

Die Eröffnung des elektrischen Zugbetriebes zwischen Bruchsal und Heidelberg am 22. Mai 1955 brachte einschneidende Bestandsveränderungen für die Ulmer E 94 mit sich. Infolge erhöhten Lokbedarfs beim Bw Kornwestheim und der Einrichtung einer E 94-Gruppe beim Bw Heidelberg reduzierte die DB den Ulmer Bestand um mehr als die Hälfte. Im März 1955 mussten drei E 94 nach Kornwestheim und im Mai 1955 vier E 94 nach Heidelberg abgetreten werden. In Ulm verblieben damit nur noch fünf E 94, die in einem fünftägigen Umlauf (vorher acht Tage) fuhren. Der weiteste Langlauf erfolgte vor Güterzügen zwischen Heidelberg und München (360 km).

Für die Planlokomotiven besaß das Bw keine Instandhaltungsreserve mehr, sodass bei Ausfall einer Ulmer E 94 das Bw Kornwestheim eine Ersatzlokomotive stellen musste. Diesen unbefriedigenden Zustand beseitigte die DB Ende 1955/Anfang 1956 durch die Rückkehr der E 94 038 und E 94 085.

Die hohen spezifischen Leistungen der Ulmer E 94 zeigt folgende Tabelle:

Fahrplan	Planbedarf	Ø km/Tag	Platz
Sommer 1953	8	555	2
Sommer 1954	8	551	2
Sommer 1955	5	606	2
Sommer 1956	5	608	1
Sommer 1957	5	614	1

Fortgesetzte Rationalisierungsbestrebungen der DB im Werkstättendienst ließen die E 94-Beheimatung in Ulm immer unwirtschaftlicher werden. Ab 1958 zog die BD Stuttgart ihre schweren Güterzugelloks beim Bw Kornwestheim zusammen. Der im März 1958 abgegebenen E 94 039 folgten im September 1958 die E 94 085–087 sowie im Dezember die E 94 038. Als letzte E 94 verschwanden im Jahr 1960 die E 94 121 bzw. 1961 die E 94 122 aus den Bestandslisten des Bw Ulm, das für eine Übergangszeit noch als Einsatz-Bw E 94 aus Kornwestheim einsetzte. So liefen im Winter 1958/59 weiterhin fünf Lokomotiven mit durchschnittlich 540 km pro Tag.

Abschließend ist anzumerken, dass das Bw Ulm aus zwei Betriebsteilen bestand. Während das Dampf- bzw. spätere Diesel-Bw am Rangierbahnhof an der Strecke nach Sigmaringen lag, befand sich das Ellok-Bw bis zum Abriss im Jahr 2014 im Gleisdreieck nördlich des Hauptbahnhofes.

Die E-Lok-Unterhaltung in Ulm endete mit der Abgabe der letzten E 44 im Jahr 1962. In dem sechsständigen Lokschuppen waren E 94 noch im Mai 1988 ein gewohntes Bild, denn bis an das Ende ihrer Tage bei der DB ist die Baureihe E 94 ihrer Stammstrecke München – Kornwestheim, für die sie einst auch beschafft worden war, treu geblieben.

△ **Bild 455 • E 94 126** verlässt Bruchsal am 28. April 1957 mit dem Personenzug P 1126, gebildet aus Umbau-Dreiachsern und alten Abteilwagen, auf dem Weg nach Stuttgart. Aufnahme: Helmut Röth/Eisenbahnstiftung

Bw Ulm

E 94 035	Kornwestheim	13.07.1951	–	18.03.1955	Kornwestheim
038	Kornwestheim	23.01.1951	–	20.03.1955	Kornwestheim
	Kornwestheim	18.12.1955	–	18.12.1958	Kornwestheim
039	Kornwestheim	17.05.1951	–	19.03.1958	Kornwestheim
085	Kornwestheim	13.03.1951	–	21.05.1955	Heidelberg
	Heidelberg	13.01.1956	–	31.01.1956 1)	Heidelberg
	Heidelberg	01.03.1956	–	27.09.1958	Kornwestheim
086	Kornwestheim	22.06.1951	–	27.09.1958	Kornwestheim
087	Kornwestheim	22.03.1951	–	27.09.1958	Kornwestheim
121	Kornwestheim	14.03.1951	–	23.08.1960	Kornwestheim
122	Kornwestheim	22.03.1951	–	27.02.1961 2)	Kornwestheim
124	Kornwestheim	20.03.1951	–	21.05.1955	Heidelberg
125	Kornwestheim	18.05.1951	–	20.05.1955	Heidelberg
126	Kornwestheim	16.03.1951	–	26.05.1955	Heidelberg
142	Neulieferung	28.03.1953	–	22.04.1955 3)	Kornwestheim

1) AW Freimann ab 19.01.1956 2) AW-Aufenthalt ab 21.02.1961 3) AW-Aufenthalt ab 04.03.1955

▽ **Bild 456 •** Umlaufplan für fünf E 94 des Bw Ulm für den Winterfahrplan 1958/59. Laufplanabkürzungen: Kr – Kornwestheim Rbf; ML – München-Laim; Mor – München Ost Rbf; Ms – München Süd; Nm – Neu-Ulm; Ug – Stuttgart-Untertürkheim Gbf; Ur – Ulm Rbf. Abbildung: BD Stuttgart, Sammlung Ki aus Hopf

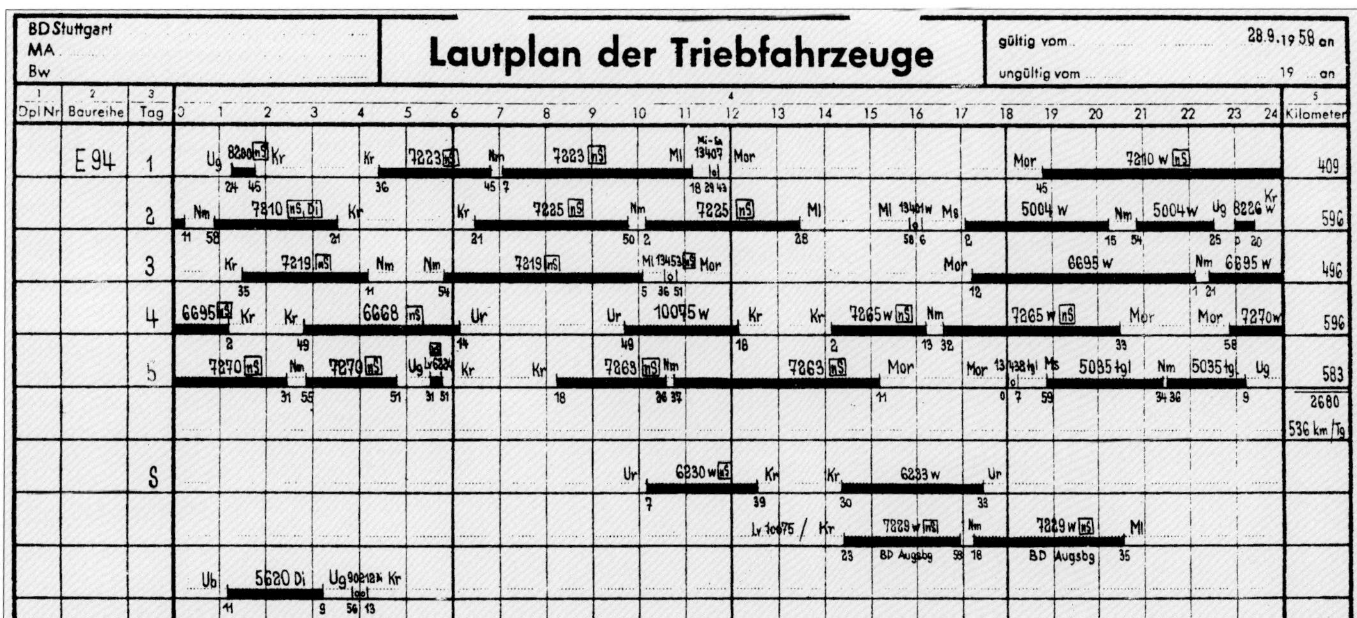

Unterhaltung im Ausbesserungswerk

Zuständige Werke

Wie alle Triebfahrzeuge mussten auch die E 94 nach bestimmten, durch Zeit- oder Kilometerfristen festgelegten Abständen das Ausbesserungswerk aufsuchen. Für die Unterhaltung der E 94 waren entsprechend ihrer regionalen Verteilung drei Ausbesserungswerke zuständig. Während alle Maschinen in Schlesien (RBD Breslau) in der Regel vom RAW Lauban betreut worden sind (hier wurden auch vereinzelt Abnahmen vorgenommen), kümmerte sich in Mitteldeutschland das RAW Dessau um die Wiederherstellung der Betriebstauglichkeit der dort stationierten E 94.

In Süddeutschland fiel diese Aufgabe dem (R)AW München-Freimann zu. Bis Kriegsende befanden sich auch die österreichischen E 94 im Unterhaltungsbestand, danach war die Hauptwerkstätte Linz für die E 94 in Österreich zuständig.

Von 1940 bis 1988 war das AW Freimann das zentrale (und ab 1. Juli 1965 alleinige) Ausbesserungswerk für die süddeutschen bzw. DB-E 94. Die Mehrzahl von ihnen absolvierte hier ihre Abnahme, welche bis Anfang der fünfziger Jahre in der Betriebsabteilung I (gegenüber dem Bw München Hbf) vorgenommen wurde. In den Kriegsjahren, als die Kapazitäten in München infolge von Kriegsbeschädigung oder Überlastung nicht ausreichten, führten das in Innsbruck West eingerichtete RAW Innsbruck bzw. dessen Betriebsabteilung (im Bw) Bludenz verschiedene Instandhaltungsarbeiten durch – teilweise unter freiem Himmel. Man wollte die Lokomotiven für den Betrieb – z. B. am Brenner – schnellstmöglichst wieder verfügbar haben und ihnen die zeitaufwändigen Überführungen und Wartezeiten in den RAW ersparen.

Mit Arbeiten geringeren Umfanges betraute die DRB das RAW Nürnberg. Ausbesserungshilfe für schlesische, süddeutsche und österreichische E 94 leistete auch das RAW Dessau. Durch Kriegseinwirkung schwer beschädigte Lokomotiven kamen bis April 1945 zum Hersteller AEG in Hennigsdorf bzw. zu den SSW nach Berlin.

Nach Kriegsende beschränkten sich die Reparaturmöglichkeiten für die süddeutschen E 94 ausschließlich auf süddeutsche Werkstätten. Kapazitätsmäßig war der Werkstattdienst in den Bw und AW jedoch stark eingeschränkt: Die Werke waren durch Luftangriffe teilweise so zerstört (die E-Abteilung AW Freimann z. B. bis auf 42 %), dass nicht einmal der laufende Anfall von Unterhaltungsarbeiten erledigt werden konnte. Dies betraf Gebäude, maschinelle Anlagen, Ausrüstungen und Lagerbestände. Der Verlust an Stoffen, Werkzeugen und Geräten musste größtenteils durch Selbstanfertigung wieder ausgeglichen werden. Ebenso war es notwendig, einen Teil der u. a. für die E 94 benötigten Ersatzteile selbst herzustellen, weil Lieferungen von den einschlägigen - Firmen nur schwer zu erhalten waren. Die verfügbare Belegschaft litt an Unterernährung, Wohnungsnot, schwindender Kaufkraft des Geldes sowie am Mangel an Arbeitskleidung und Reinigungsmitteln.

Unter diesen schlechten Bedingungen versuchte der Werkstättendienst nun die Einsatzbereitschaft und Instandsetzung

▽ **Bild 457** • Die Lokrichthalle 24 des AW München-Freimann am 14. September 1961 mit einer kleinen Parade hier ausgebesserter Fahrzeuge. Auf den Gleisen stehen E 40 077, E 63 03, **E 94 262**, E 44 002, eine E 91 und eine E 41 sowie ein Culemeyer-Straßenroller. Ende 1995 stillgelegt, beherbergt die Halle seit 2021 die „Motorworld München" und im hinteren Bereich einen Baumarkt. Aufnahme: Werkfoto AW München-Freimann, Sammlung DB Museum Nürnberg

△ **Bild 458** • Blick in die Werkabteilung Rosenheim des Ausbesserungswerkes Freimann im Herbst 1950. Hier in der Nähe von Kolbermoor fanden von Oktober 1950 bis Dezember 1952 Ellok-Instandsetzungsarbeiten zur Entlastung des AW München-Freimann statt. In der Halle stehen **E 94 044** (Bw Neu-Ulm), zwei E 32 und eine E 44. Das regional als „Deutschmann-Halle" bekannte Gebäude beherbergt heute einen Speditionsbetrieb. Aufnahme: BD München, Sammlung Brian Rampp

der E 94 sicherzustellen. Zunächst beschränkte er sich darauf, die wenigen noch betriebsfähigen E 94 am Laufen zu halten und bevorzugt Lokomotiven mit leichten Schäden zu reparieren, um dem Betrieb schnellstmöglich wieder Triebfahrzeuge zuzuführen. Obwohl zunächst nur Fahrzeuge in Arbeit genommen wurden, die mit geringen Stoffaufwand aufzuarbeiten waren, mussten die Werke immer wieder zu zeitraubenden Behelfsmaßnahmen greifen. Ein weiteres einschränkendes Momentum war die zögernde Haltung der Besatzungsmächte, was den dringend notwendigen Wiederaufbau der Ausbesse-

Bild 459 ▷ Hochspannungsprüfung an **E 94 131** am 2. August 1952 im AW München- Freimann vor der Ellok-Richthalle 14.

Aufnahme: Werkfoto AW München-Freimann, Slg. DB Museum Nürnberg

◁ **Bild 460**
Zwei Arbeiter des AW München-Freimann sind am 6. Februar 1957 mit dem Ständer einer E 94 beschäftigt.

Aufnahme:
Werkfoto AW München-Freimann,
Sammlung Karl Polifka

◁ **Bild 461**
Nach ihrem schweren Unfall in Hanau übernahm das AW Bremen die Instandsetzung des Fahrzeugteils der **194 125**. Der Lokkasten entstand teilweise und die beiden Vorbauten komplett neu. Die Stirnfenster waren jetzt abgerundet, die Führerraumtüren waren jene von den DB-Einheitselloks. Hier der Arbeitsstand am 4. Juni 1974.

Aufnahme:
Norbert Lippek

◁ **Bild 462**
Ebenfalls nach Bremen gelangte die Unfall-Lokomotive **194 188**. Das Komplettieren des Fahrzeugteils sowie des elektrischen Teils erfolgte im AW Freimann. Am 2. März 1975 legt die unfertige Lokomotive auf ihrer Rücküberführung einen Zwischenhalt im München-Laim Rbf ein.

Aufnahme:
Andreas Braun

Bild 463 ▷
Blick in den Maschinenraum der **194 183** anlässlich ihrer Hauptuntersuchung am 5. Januar 1978 im AW München-Freimann. Zu sehen sind u. a. der Lüftersatz für den Transformator und der Feinregler.

Aufnahme: Rudolf Vyzina

Bild 464 ▷
Im November 1982 erhielt **194 042** im AW München-Freimann ihre letzte Hauptuntersuchung in Form einer Auslaufuntersuchung U 2.8. Die Drehgestelle sind aufgearbeitet, der Lokkasten wird eingehoben.

Aufnahme: BD München, Sammlung Brian Rampp

Bild 465 ▷
194 067 kehrt nach Vollendung der U 2.8-Auslaufuntersuchung am 13. Oktober 1982 von ihrer Probefahrt nach Landshut zurück. An der Einfahrt zum Ausbesserungswerk passiert sie das Stellwerk „Bahnhof AW Freimann".

Aufnahme: Rudolf Vyzina

rungswerke anging. Anfangs gaben sie nur 25 % des zerstörten Bauvolumens zum Aufbau frei.

Hilfreich für das RAW München-Freimann war der Zugang qualifizierter Fachkräfte aus dem RAW Lauban. Vor Kriegsende und der anrückenden Sowjetarmee aus Schlesien geflohen, fanden Laubaner Mitarbeitende im RAW München-Freimann eine neue Arbeit. Sie arbeiteten hier an E 18, E 44 und E 94, die sie schon aus ihrer schlesischen Heimat kannten.

Private Ausbesserungswerke (PAW)

Da das RAW München-Freimann erst zu Beginn der fünfziger Jahre wieder voll leistungsfähig und seine für Hauptuntersuchungen genutzte Betriebsabteilung 1 an der Landsberger Straße nach der Zerstörung wieder aufgebaut war, sorgten in den ersten Nachkriegsjahren die als „Private Ausbesserungswerke“ (PAW) herangezogenen Lokomotivbaufirmen dafür, durch Kriegs- oder Unfalleinwirkungen schwerbeschädigte Triebfahrzeuge wieder zum Fahren zu bringen.

Unmittelbar nach Kriegsende beauftragte die Geschäftsführende Direktion für das Werkstättenwesen in München die Firma Krauss-Maffei, Reparaturarbeiten an kriegs- und unfallbeschädigten elektrischen Lokomotiven zu übernehmen. Noch im Mai 1945 stellte Krauss-Maffei im Werk München-Allach zwei Hallen zu Verfügung (Hallen 73 und 74). Nachdem die in diesen Hallen durchgeführten Schlepper-Reparaturen für die US-Army verlagert werden konnten, begann das Verlegen von Gleisen und der Bau von Arbeitsgruben.

Diese Arbeiten waren im August 1945 vollendet und es standen nun – auf sehr beengtem Raum – sieben Stände und vier Arbeitsgruben zur Verfügung. Erschwerend war, dass es keine Achssenke und nur einen 20-t-Kran gab. Somit musste bei den Ausbesserungsarbeiten immer improvisiert werden, da ganze Lokomotiven mit dem Kran nicht angehoben werden konnten. An Arbeitskräften für den E-Teil stellte Siemens-Schuckert (SSW) im Schnitt 30 bis 35 Mitarbeiter zur Verfügung, von AEG und BBC waren es jeweils durchschnittlich 20 bis 24 Mitarbeiter. Von 1945 bis 1952 hat das PAW Krauss-Maffei insgesamt 328 Elloks untersucht, ausgebessert oder fertig gebaut:

- 211 Elloks normal unterhalten
- 77 z-gestellte, weil kriegs- oder unfallbeschädige Elloks wieder aufgebaut (E 04, E 16, E 17, E 18, E 19, E 32, E 44, E 52, E 60, E 63, E 75, E 91, E 93, E 94, E 244 sowie drei Fahrleitungs-Untersuchungswagen) und
- 16 Elloks fertiggebaut (E 44 und E 94).

Zusätzlich überwachte das PAW Krauss-Maffei die von Oktober 1945 bis Dezember 1946 laufende Ausbesserung von 74 Elloks bei MAN in Augsburg sowie die in den Jahren 1948 bis 1949 laufende Wiederherstellung elektrischer Trieb- und Steuerwagen bei WMD in Donauwörth.

An E 94 wurden Krauss-Maffei von 1945 bis 1950 insgesamt 17 Lokomotiven wieder hergestellt. Hinzu kamen bei MAN sechs E 94, deren Ausbesserung das PAW Krauss-Maffei überwachte. Bei den letzten drei Fertigbaulokomotiven E 94 141, 142 und 161 entstand bei Krauss-Maffei nur noch der mechanische Teil, während die elektrische Ausrüstung durch Arbeitskräfte von AEG, BBC und SSW im AW Freimann eingebaut wurde.

Im Juli 1952 endeten die Ausbesserungsarbeiten bei Krauss-Maffei, nachdem das AW Freimann die Ellok-Unterhaltung wieder ausschließlich aufnehmen konnte. Danach konnte sich Krauss-Maffei vollumfänglich dem Neubau von Elektrolokomotiven widmen – wie etwa der Baureihe E 10 und den E 94-Nachbauten.

Von privaten Ausbesserungswerken (PAW) aufgearbeitete E 94

Krauss-Maffei, München-Allach			
Kriegsschadlokomotiven:			
E 94 023	Bw Rosenheim	E 3	27.03.1946 – 22.08.1946
032	Salzburg	E 3	13.03.1948 – 19.11.1948
041	Pressig-Rothenkirchen	E 2	10.12.1945 – 18.02.1946
043	Augsburg	E 4	22.03.1946 – 04.07.1950
053	Pressig-Rothenkirchen	E 3	03.03.1946 – 03.03.1948
060	Regensburg	E 3	10.04.1946 – 31.01.1947
084	München Ost	E 3	21.09.1945 – 11.10.1946
108	Augsburg	E 3	22.03.1946 – 06.12.1946
113	München Ost	E 3	03.03.1946 – 24.10.1947
119	Freilassing		– 25.06.1946
120	Freilassing	E 2	21.09.1945 – 28.11.1946
131	München Ost, lw. Pressig-Rothenkirchen	E 3	03.03.1946 – 07.08.1947
132	Salzburg	E 3	03.03.1946 – 17.07.1946
	(lw. Pressig-R., verblieb bei der DR-West)		
133	München Ost, lw. Pressig-Rothenkirchen	E 3	03.03.1946 – 09.04.1948
152	Rosenheim	E 0	21.09.1945 – 06.03.1946
158	München Ost	E 0	13.06.1946 – 23.09.1946
sowie drei Unfalllokomotiven:			
E 94 132 (1948), 158 (1949) und 159 (1945).			
Erstere beide waren nach ihrer Großreparatur 1946 erneut bei Krauss-Maffei, um schwere Schäden zu beheben.			
MAN Augsburg			
E 94 026	Pressig-Rothenkirchen	E 2	01.06.1946 – 26.09.1946
091	Pressig-Rothenkirchen	E 2	16.10.1946 – 02.01.1947
107	Augsburg	E 2	29.04.1946 – 11.06.1946
112	Augsburg	E 2	11.10.1945 – 31.01.1946
117	Augsburg	E 2	17.06.1946 – 17.08.1946
118	Augsburg	E2	15.01.1946 – 15.02.1946

Weitere Ausbesserungsstätten

Zur Entlastung des Ausbesserungswerkes München-Freimann errichtete die Geschäftsführende Direktion für das Werkstättenwesen außerdem in den Jahren 1949–1950 in der Nähe von Kolbermoor an der Strecke Rosenheim – Holzkirchen die **Werkabteilung Rosenheim des EAW Freimann,** in internen Unterlagen auch als Betriebsabteilung II oder „Sana“ bezeichnet. Am 10. Oktober 1950 begann der Teilbetrieb mit E 0-Ausbesserungen, ab Januar 1951 war die Werkabteilung auch für E 2-Ausbesserungen bereit und fertiggestellt. Zahlreiche E 94 (z. B. aus Augsburg, Regensburg und Rosenheim) erhielten hier in den Jahren 1951/52 Bedarfs- und Zwischenuntersuchungen der Schadgruppen E 0 bis E 2.

Durch den Bau der Werkabteilung Rosenheim konnte sich die „Betriebsabteilung I München Hbf des AW Freimann“ allein der Ausbesserung elektrischer Triebwagen widmen. Allerdings war der Werkabteilung Rosenheim nur ein kurzes Dasein beschieden: Am 31. Dezember 1952 legte die DB das Werk still, denn nach Ende der Dampflokunterhaltung in Freimann war es möglich, die Ellokausbesserung in Freimann in die bisher für die Dampflokausbesserung genutzte große Halle 24 zu verlegen.

Bild 466 ▷ Am 27. Mai 1979 befand sich die Mannheimer **194 160** zur Hauptuntersuchung im AW München-Freimann. Sie war einst die letzte von AEG in Hennigsdorf gebaute E 94.

AUFNAHME: BRIAN RAMPP

Von 1942 bis 1965 war außerdem das **AW Esslingen** an der E 94-Ausbesserung beteiligt. Es führte bis 1. August 1954 Bedarfs- und Zwischenausbesserungen, danach bis zu seiner Schließung am 1. Juli 1965 noch Bedarfsausbesserungen (E 0) vorrangig an Elloks der BD Stuttgart durch. Vereinzelt halfen außerdem die Bahnbetriebswerke bei der Unterhaltung aus, wie beispielsweise das Bw Freilassing in den fünfziger Jahren mit E 2-Zwischenuntersuchungen.

Drei 194 mit schweren Unfallschäden schickte die DB in den siebziger Jahren zum **AW Bremen**, um dort im mechanischen Teil repariert zu werden. Dies waren 194 042 (13.05.1972–1976), 125 (02.74–01.07.1974) und 188 (28.09.1974–27.02.1975). Außerdem zählte die Freiburger 145 158 zu diesem Kreis.

Hauptuntersuchung

Nun soll der Ablauf einer Hauptuntersuchung im AW Freimann anhand der wichtigsten Schritte betrachtet werden.

Nach der Zuführung der Maschine wurde zunächst eine Schadenvoraufnahme hinsichtlich mechanischer Beschädigungen und Mängel durchgeführt. Dies betraf insbesondere Bauteile, die nicht planmäßig getauscht wurden.

Im Anschluss an die Voraufnahme erhielt die Maschine im Prüffeld eine Eingangsuntersuchung der elektrischen Ausrüstung, ebenfalls hinsichtlich etwaiger Schäden oder Mängel. Nach Festlegung des vorläufigen Arbeitsumfanges anhand der vorliegenden Befunde wurde die Lokomotive für den Teileausbau bereitgestellt. Dieser begann mit dem Abnehmen der Vorbauhauben und dem Abheben des Lokkastens von den Drehgestellen. Anschließend wurden die Teile gründlich gereinigt.

Um Stillstandszeiten und Belegung der Arbeitsstände so kurz wie möglich zu halten, wurde so weit wie möglich auf den Tausch von Teilen zurückgegriffen.

So wurden bei Hauptuntersuchungen an den E 94 jedes Mal z. B. Drehgestelle, Radsätze und Fahrmotoren getauscht, da deren Verschleiß erfahrungsgemäß größer war als der des Fahrzeugaufbaus und die Aufarbeitung mehr Zeit in Anspruch nahm. Ebenso wurden weitere Hauptbau- und andere Teile im AW-Lager bereits in aufgearbeitetem Zustand vorgehalten (zum Beispiel Stromabnehmer, Hauptschalter, Lüfter).

Das Ergebnis war, dass von der ins Werk gekommenen E 94 eigentlich nur der leere Lokomotivkasten blieb. Fast sein ganzer Inhalt sowie die Vorbauten waren ihre eigenen Wege gegangen und kamen vielleicht nie oder nur rein zufällig wieder mit diesem Lokomotivkasten zusammen.

In verschiedenen Abteilungen wurden nun die Bauteile untersucht, vermessen, geprüft, ausgebessert oder getauscht. Besondere Aufmerksamkeit wurde dabei der Bremseinrichtung gewidmet.

Ebenso wurde die gesamte elektrische Ausrüstung einer gründlichen Revision unterzogen und der Lokaufbau instandgesetzt (z. B. Beseitigung von Korrosions- und Lackschäden). Handelte es sich um eine Hauptuntersuchung mit Neulackierung, wurde der alte Lack komplett entfernt. Nach den Blech- und Spachtelarbeiten wurde der Lackaufbau grundiert und anschließend in der Lackiererei die neue Farbe aufgetragen.

Waren alle Teile wieder eingebaut, werden der Lokkasten auf die bereitgestellten Drehgestelle aufgesetzt und die nötigen Verbindungen hergestellt. Die E 94 war nun wieder komplett. Nach Abschluss der Endmontage und der Anstricharbeiten kam sie zur Funktionsprüfung. Hier erfolgte das elektrische Durchschalten der Lokomotive. Des weiteren wurde die Werkabnahme (Kontrolle der ordnungsgemäßen und vollständigen Durchführung aller Arbeiten), Brems- und Indusi-Prüfung sowie das Verwiegen der Lok (d. h. das Einstellen der Radlasten) vorgenommen.

Zu guter Letzt kam die E 94 zur Ausgangsprüfung in das Prüffeld, um Einstellung und Wirkungsweise der Aggregate, eventuelle Fehler und das richtige Zusammenspiel der maschinellen Einrichtungen festzustellen. Anschließend wurde im Werksgelände eine erste Probefahrt durchgeführt, um einen letzten Aufschluss über die Funktions- und Fahrtüchtigkeit zu erhalten.

Durch einen Abnahmelokführer – der nicht dem AW angehörte – wurde zwecks Feststellung der Betriebssicherheit eine Abnahmeprobefahrt durchgeführt. Diese fand mit E 94 oft nach Landshut statt. Hierbei wurden u. a. die Sicherheitseinrichtungen wie Sifa, Indusi und Bremse, die Radsatzlagererwärmung sowie die Dichtigkeit der Getriebeschutzkästen einer letzten Prüfung unterzogen. Etwaige Mängel mussten anschließend im AW beseitigt werden, bevor ein Lokführer des Heimat-Bw die frisch untersuchte und mit neuem Revisionsdatum versehene E 94 abholen konnte.

Eine derartige Hauptuntersuchung dauerte bei einer E 94 ca. drei bis vier Wo-

△ **Bild 467** • Ausgediente Altbau-Elloks fanden sich auf dem Lokfriedhof hinter der Halle 24 wieder. **194 139** war voll betriebsfähig, als sie am 1. September 1979 nach Fristablauf z-gestellt werden musste. Am 18. November 1979 ist sie in Gesellschaft einer 104, 119 002, mehrerer 117 und 160 sowie 152 027. Auf der Fläche befinden sich seit den neunziger Jahren Bürogebäude der BMW AG. Der Automobilhersteller hat auch andere große Flächen des früheren Ausbesserungswerkes erworben und bebaut.
Aufnahme: Wolfgang Schumacher

chen. Eine E 40 oder E 50 war dagegen nur eine knappe Woche für eine Hauptuntersuchung im Werk.

Unterhaltungsrichtlinien

Die Eisenbahn-Bau- und Betriebsordnung (EBO) schrieb bis 1957 eine Hauptuntersuchung (E 3) alle sechs Jahre vor. Spätestens nach drei Jahren hatte eine Zwischenuntersuchung (E 2) zu erfolgen, sofern keine Abstelltage anrechenbar waren. Bei neuen Lokomotiven war eine zweite E 2 nach sechs Jahren möglich.

Oft waren vorgezogene E 2-Untersuchungen erforderlich, wenn z. B. die Radreifen ihr Grenzmaß erreichten. Diese konnten damals auch in den Betriebswerken durchgeführt werden, da viele zu jener Zeit noch eigene Lagergießereien besaßen.

Ab 1957 war nicht nur die Betriebsdauer, sondern auch der Verschleiß maßgeblich für eine Hauptuntersuchung (HU). Dem trug die EBO mit der Einführung von Laufkilometergrenzwerten Rechnung, die bei den E 94 600.000 km + 10 % betrugen. Eine HU war dann bei Erreichen dieses Wertes oder der Zeitfrist von sechs Jahren vorzunehmen.

Voll im Unterhaltungsbestand befand sich die E 94 bei der DB bis 1977. Dann traten ab Juni 1977 erste Einschränkungen in Kraft. Den Auslauf der gesamten Baureihe prognostizierte die DB bis 1990. Hauptuntersuchungen mit Anstricherneuerung (nun als U 3 bezeichnet) gab es generell nicht mehr, Bedarfsausbesserungen (U 0) bei größeren Schäden bedurften der Zustimmung des Zentralen Werkstättendienstes (ZW). Die fünf E 94 der Sonderbauart (194 139 mit EKB 685-Motoren sowie 194 541, 542, 570 und 571 mit Hochspannungssteuerung) waren beschleunigt auszumustern.

Weitere Einschränkungen galten ab 1. Juli 1982. Die „alten“ 194 012–161 durften nur noch eine Auslaufuntersuchung (U 2.8) erhalten. Dies war die letzte Hauptuntersuchung vor der Ausmusterung. U 0 mit hohem Kostenaufwand waren ZW-zustimmungspflichtig, es durften keine Sonderarbeiten mehr ausgeführt werden. Die Stoffbeschaffung hatte vorsichtig zu erfolgen und Hauptbauteile durften für sie überhaupt nicht mehr beschafft werden (diese gewann das AW Freimann in der Folgezeit aus bereits ausgemusterten 194). U 0 mit hohen Kosten und Vollaufarbeitung bedurften nun auch bei den Nachbau-E 94 der Zustimmung der ZW, Hauptuntersuchungen der Schadgruppe U 2 (d. h. ohne Neulackierung) waren jedoch noch möglich. Letzte U 3-untersuchte 194 war somit 194 574 bereits am 23. Dezember 1976, erste Maschine mit U 2.8 die 194 124 am 6. August 1982.

Im Frühjahr 1984 verfügte die DB die Abstellung von zehn 194 zwecks Ersatzteilgewinnung bis zum Jahresende. Die Ersatzteilversorgung begann insbesondere bei Hauptbauteilen, wie z. B. den Fahrmotoren, problematisch zu werden.

Ab Juni 1984 machte die DB die weitere Unterhaltung der Nachbau-E 94 von der Auftragserteilung für die neue Baureihe 120 abhängig. Als diese im Oktober 1984 erfolgte, erhielten auch diese 194 nur noch U 2.8.

Mit Verfügung vom 5. Februar 1985 schied die Baureihe 194 endgültig aus dem Unterhaltungsbestand aus. Hauptuntersuchungen (U 2, U 2.8) genehmigte die DB nicht mehr. Letzte derart ausgebesserte Lokomotive war am 18. Dezember 1984 die 194 580. Bedarfsausbesserungen waren bei größeren Schäden generell zustimmungsbedürftig seitens der ZW. Waren die Radreifen bis auf 30 mm abgefahren, hatte die z-Stellung zu erfolgen. Um den vorhandenen Lokpark noch maximal ausnutzen zu können, hob die DB jedoch den Laufkilometergrenzwert auf. Dadurch erreichten manche 194 in ihrem letzten Erhaltungsabschnitt noch recht hohe Kilometerleistungen, wie z. B. 194 196 (830.000 km) oder 194 084 (804.068 km).

Nachdem Ende 1986 die Auslieferung der Serien-120 vor der Tür stand, verfuhr die DB bei U 0-Untersuchungen äußerst restriktiv und genehmigte so gut wie keine Bedarfsausbesserungen mehr. Dadurch mussten viele 194 schon bei relativ geringen Schäden abgestellt werden. Der Bestand dezimierte sich durch diese Art der Bedarfsanpassung folglich sehr schnell von selbst.

DB-E 94 als stationäre Energie- und Druckluftspender

Einsätze als stationäre Anlagen sind bei der DB von zwei E 94 bekannt.

Anlässlich einer Sondersendung der ARD zum Thema „150 Jahre Deutsche Eisenbahnen“ stellte das Bw Nürnberg 2 für drei Tage 194 563 als Energiespender im Hauptbahnhof Fürth zur Verfügung, dem Hauptschauplatz der Sendung.

Die am 14. Mai 1985 ausgestrahlte Live-Sendung hatte mehrere Schalten von Fürth nach Nürnberg zur Ausstellung im Tafelwerk und in einen fahrenden Zug. Durch die Sendung führte die Fernsehmoderatorin Petra Schürmann.

Gaststars der Sendung waren u. a. Udo Lindenberg, der historische Adlerzug und ein VT 11.

Teil der Jubiläums-Sendung war auch die Quizsendung „Alles oder nichts“ mit Quizmaster Max Schautzer.

Die Endrunde fand auf dem Hausbahnsteig von Fürth Hbf statt. Diese bildete den Abschluss der einzigartigen Sendung – an der eine E 94 ihren Anteil hatte. Für die am 15. Mai 1987 ausgemusterte 194 071 fand sich ein vorübergehendes Betätigungsfeld – sie diente von September 1987 bis zum 9. Februar 1989 als stationärer Kompressor im Bahnhof Ingolstadt Nord zum Vorbremsen von Güterzügen.

Anschließend erfolgte die Verschrottung der Lokomotive bei der Firma Ammon in Nürnberg Süd.

Bild 468 ▷
Fürth Hbf war am Abend des 14. Mai 1985 Schauplatz der ARD-Jubiläumssendung „150 Jahre Deutsche Eisenbahnen“. **194 563** unterstützte die Stromversorgung, die Leitung zwischen Lokomotive und Fahrleitung ist gut zu sehen. Am Nachmittag fanden Proben mit dem Nachbau des „Adler" statt.

Aufnahme: Frank Türpitz

Bild 469 ▷
194 071 als Druckluftspender am 20. Mai 1988 im Bahnhof Ingolstadt Nord.

Aufnahme: Brian Rampp

Unfälle mit der E 94 in Süddeutschland

In diesem Abschnitt soll – ohne Anspruch auf Vollständigkeit – über Unfälle mit E 94-Beteiligung im süddeutschen Raum berichtet werden. Die meisten Schäden entstanden durch Entgleisungen, Brände oder Kollisionen mit anderen Triebfahrzeugen (Aufstöße).

E 94 053

Die erste bekannte E 94 mit einem größeren Unfallschaden war E 94 053 (Bw Bamberg). Nach dreimonatiger Dienstzeit hatte sie am 12. März 1942 einen Auffahrunfall und kam am 5. Mai 1942 schwer beschädigt in das RAW München-Freimann. Für die Instandsetzung derartig umfangreicher Schäden bei dieser neuen Lokomotivbaureihe im Rahmen einer Hauptuntersuchung hatte das RAW so kurz nach Beginn der Serienlieferung noch keine Voraussetzungen. Die E 94 053 blieb daraufhin im RAW als Ersatzteilspender, bis der Hersteller aus der laufenden Produktion zwei Drehgestelle mit Motoren und Radsätzen bereitstellen konnte. Auch ein neuer Haupttransformator mit Aluminiumwicklungen kam zum Einbau. Am 18. März 1944 verließ die Lokomotive das RAW München-Freimann. Den ursprünglichen Haupttransformator mit Kupferwicklungen hatte eine andere E 94 bekommen.

E 94 159

Der schlimmste Unfall mit Beteiligung einer E 94 ereignete sich am Abend des 16. Juli 1945 bei Oberelkofen zwischen Aßling (Obb) und Grafing. 1.200 zur Entlassung vorgesehene deutsche Kriegsgefangene aus dem Rheinland und Westfalen sollten in 30 gedeckten Güterwagen (besetzt mit je 40 Mann) in die Heimat gebracht werden. Sie kamen aus dem Lager Bad Aibling und hatten im Bf Heufeld den Zug bestiegen. In Rosenheim übernahm eine E 75 den Zug, um ihn nach München zu bringen. Die Lokomotive war mir dem schweren Zug überfordert. Aufgrund stark schwankender Fahrleitungsspannung setzte ihr Hauptschalter aus, sodass der Gefangenentransport zwischen Aßling und Oberelkofen auf freier Strecke in einer leichten Steigung liegen blieb. Die beginnende Basa-Telefonie zwischen dem Fahrdienstleiter in Grafing und dem Fahrdienstleiter in Oberelkofen missverstand der mithörende Fahrdienstleiter in Aßling dahingehend, dass Grafing den Gefangenentransport angenommen hat. Er verzichtete darauf, die Rückmeldung aus Oberelkofen abzuwarten, und gab die Strecke für einen nachfolgenden, mit der fabrikneuen E 94 159 bespannten und 50 Sherman-Panzern beladenen US-Militärzug frei. Dieser fuhr um 21:40 Uhr bei Streckenkilometer 43,2 von hinten auf den Gefangenentransport auf, zerschmetterte sechs hölzerne Waggons und schob sie ineinander. 106 Todesopfer waren zu beklagen. Acht Wagen des Panzertransports entgleisten, fünf Panzer stürzten die Böschung hinab. Noch heute erinnert ein an der Unfallstelle errichtetes Votivbild an das schwerste Zugunglück in Deutschland zwischen 1945 und 1998. E 94 159 kam nach ihrer Instandsetzung am 21. September 1945 wieder in Dienst.

▽ **Bild 470 • E 94 053** steht am 2. Juni 1942 schwer beschädigt im RAW München-Freimann. Nach nur dreimonatiger Dienstzeit hatte sie am 12. März 1942 einen Auffahrunfall. Erst zwei Jahre danach kehrte die Lokomotive in den Betrieb zurück. Aufnahme: Werkfoto RAW München-Freimann, Sammlung Michael Freitag

E 94 092

In der Nacht zum 24. März 1949 hatte im Bahnhof Olching ein 1.150 t schwerer, aus 22 Waggons bestehender Güterzug von München-Trudering nach Ulm, der mit E 94 092 des Bw München Ost bespannt war, einen schweren Unfall. Der Zug geriet wegen Signalverwechslung auf das Schutzgleis und durchbrach den Prellbock. Anschließend stürzte die Lokomotive geradewegs in den Mühlbach und riss noch mehrere Güterwagen mit. E 94 092 wurde schwer beschädigt und ein Bahnbediensteter leicht verletzt.

Nach der Bergung der Fahrzeuge kam E 94 092, in drei Teile zerlegt, am 31. März 1949 ins AW Freimann. Im Rahmen einer E 4-Vollaufarbeitung, die bis 3. September 1949 dauerte, mussten u. a. das vordere

Jesus! † Maria! † Josef!

†

Zum frommen Gedenken
an den Obergefreiten

Walter Florath

Inhaber des K.-V.-Kreuzes 2. Kl. mit Schwertern

Der liebe Verstorbene wurde am 26. Mai 1906 in Plettenberg geboren. Nach 7jähriger überaus glücklicher Ehe, kam er auf dem Wege aus der Kriegsgefangenschaft bei einem Eisenbahnunglück ums Leben. Es war ihm nicht vergönnt, seine Lieben und seine teure Heimat wieder zusehen.

Seine letzte Ruhestätte ist in Oberölkofen (Oberbayern) mit 95 Kameraden.

Süßestes Herz Jesu, sei ihm nicht Richter, sondern Seligmacher.

Mein Jesus Barmherzigkeit!

△ **Bild 471 •** Zum Innehalten und Gedenken an Walter Florath, stellvertretend für alle, die bei dem Eisenbahnunglück in Oberelkofen auf tragische Weise ums Leben kamen. Abbildung: Sammlung Brian Rampp

△ **Bild 472 •** Das schwerste Zugunglück in Deutschland zwischen 1945 und 1998 ereignete sich am 16. Juli 1945 bei Oberelkofen, als **E 94 159** mit einem Panzerzug auf einen Gefangenentransport auffuhr. Zu sehen sind erste Bergungsarbeiten am folgenden Tag. Aufnahme: Sammlung Brian Rampp

▽ **Bild 473 • E 94 092** geriet am 24. März 1949 in Olching wegen Signalverwechslung auf das Schutzgleis, durchbrach den Prellbock und stürzte in den Mühlbach. Am Tag nach dem Unfall hatten sich zahlreiche Schaulustige eingefunden. Die Bergung war schwierig und dauerte fast eine Woche. Dabei musste die Lokomotive in drei Teilen aus dem Bach gehoben werden. Aufnahme: Wilhelm Pichler, Sammlung Helmut Griebl

△ **Bild 474 • Am 1. November 1955 prallte E 94 043** mit einem voll beladenen Kokszug im Bahnhof Neu-Ulm auf einen anfahrenden Güterzug. Ursache war ein Versagen der Bremsen. Die E 94 043 erlitt schwere Schäden. Die Reparatur im AW München-Freimann dauerte bis April 1956. AUFNAHME: BD AUGSBURG, SAMMLUNG BRIAN RAMPP

Drehgestell, der gesamte Vorbau mit seinen Einrichtungen sowie das Führerhaus erneuert und alle Achsen getauscht werden. Da die Motoren mehrere Tage im Wasser lagen, ohne dass diese dadurch stark beschädigt wurden, unternahm das AW Freimann danach erstmals den Versuch, verschmutzte Motorkomponenten mit Wasser anstelle mit Waschbenzin und Pinsel zu reinigen. Anschließend wurden die Bauteile in einem Vakuum-Ofen getrocknet. Eine neue Wicklung der Motoren war nicht nötig. Später wendete das AW Freimann dieses Verfahren auch bei anderen Elloks in Ausbesserung an.

E 94 043

Am 1. November 1955 sorgte E 94 043 (Bw Augsburg) für Schlagzeilen. Um 3:15 Uhr war ein von ihr bespannter, 1.200 t schwerer Güterzug mit beladenen Großraum-Kokswagen im Bahnhof Neu-Ulm auf einen im Anfahren begriffenen Güterzug aufgefahren. Unglückursache war ein Versagen der Luftdruckbremse. Dadurch konnte der Lokführer der E 94 043 seinen Zug auf der abschüssigen Strecke Beimerstetten – Ulm nicht mehr abbremsen. Er fuhr mit ca. 120 km/h durch den Bahnhof Ulm, über die Donaubrücke und anschließend in den Bahnhof Neu-Ulm ein. Dort fuhr der entlaufene Zug auf einen auf dem gleichen Gleis in gleicher Richtung fahrenden Güterzug Richtung Augsburg auf, der am Schluss einige Zirkuswagen eingereiht hatte. Durch die Wucht des Aufpralls wurden diese zertrümmert. Die schweren Kokswaggons entgleisten, türmten sich übereinander und schütteten ihren Inhalt auf die Gleisanlagen. E 94 043 sprang (wie insgesamt 35 Waggons) aus den Gleisen,

▽ **Bild 475 • E 94 042** erlitt im März 1964 einen schweren Auffahrunfall im Bahnhof Gingen (Fils). Hier wird die Lokomotive lauffähig gemacht. Eine E 93 überführte die Lokomotive zunächst ins Bw Kornwestheim. AUFNAHME: WOLFGANG JAHN/EISENBAHNSTIFTUNG

△ **Bild 476** • Die ausgebrannte **194 577** steht am 15. April 1982 im AW München-Freimann. Am 29. Juli 1982 wird sie ausgemustert. So wie auf diesem Bild muss man sich das Aussehen der im Zweiten Weltkrieg verbrannten E 94 vorstellen. Hinter ihr steht 182 011, rechts 191 100. AUFNAHME: BERND MÜHLSTRASSER

drehte sich um 90 Grad und rutschte eine Böschung hinab. Das Fahrgestell eines Güterwagens kam auf ihrem Dach zu liegen. Die Bahnanlagen boten auf 250 bis 300 m das Bild eines Trümmerfeldes. Das Unglück forderte zwei Tote und acht Verletzte in den Zirkuswagen. E 94 043 hatte u. a. an Vorbauten und Drehgestellen Totalschaden. Die Reparatur erfolgte im AW Freimann bis April 1956.

E 94 269

E 94 269 fuhr in der Nacht zum 28. Oktober 1957 mit ihrem Zug in Maisach auf einen Güterzug auf, der dort wegen eines Schadwagens zum Stehen kam. Dabei entgleiste die E 94 und es kam auch ein Bahnwärterhaus zu Schaden. Es gab insgesamt drei Verletzte. Die schwer beschädigte Unfalllokomotive rückte danach ins AW Freimann ein.

194 042

Während des Rangierdienstes mit Ng 16289 überfuhr 194 042 (Bw Augsburg) am 7. März 1973 im Bahnhof Beimerstetten einen Prellbock, kippte den Bahndamm hinunter und blieb auf dem Dach liegen. Die Bergung der Lokomotive erfolgte mit Hilfe zweier Autokrane und eines Tiefladers. Nachdem der Reparaturtrupp in Beimerstetten die Lauffähigkeit wiederhergestellt hatte, kam die schwer beschädigte 194 042 in das AW Freimann. Dort erwog man zunächst ihre Ausmusterung. Das AW Bremen war bereit, die Lokomotive wieder aufzuarbeiten. Am 13. Mai 1975 wurde sie dorthin überführt. Nach Reparatur des mechanischen Teils kehrte 194 042 nach München zurück, wo das AW Freimann den elektrischen Teil instand setzte. Am 17. Oktober 1976 nahm sie den aktiven Dienst wieder auf. Wie 194 125 war sie seitdem mit gummigefassten Stirnfenstern ausgerüstet.

194 092

Weil der Lokführer ein Haltesignal übersehen hatte, geriet 194 092 (Bw Ingolstadt) am 12. Juli 1975 in Starnberg mit ihrem Schotterzug aus Eschenlohe auf das Gegengleis in Richtung München. Nach fünf Kilometern Fahrt – die Lokomotive besaß noch keinen Zugbahnfunk, so dass der Lokführer nicht gewarnt werden konnte – kam es im Haltepunkt Mühlthal (Obb) zu einem Frontalzusammenstoß mit einer S-Bahn (420 531). Es war dem glücklichen Umstand, dass die S-Bahn gerade stand, und der Geistesgegenwart des S-Bahnführers zu verdanken, dass der Unfall für die Fahrgäste glimpflich verlief: Er setzte den S-Bahnzug zurück, als er die 194 auf seinem Gleis um die Kurve auf sich zu fahren sah, und warnte die Insassen im ersten Wagen. 194 092 wurde im Rahmen einer U 0.9 bis 25. November 1975 wieder repariert.

194 125

194 125 (Bw Mannheim) erlitt am 18. Januar 1971 einen schweren Unfall. Sie hatte in Hanau Rbf einen Güterzug nach Bebra übernommen, als im Bahnhof Hanau Nord ein Kohlezug entgegenkam. Durch einen Achsschenkelbruch kippte ein beladener Waggon des Kohlezuges direkt vor 194 125. Sie entgleiste nach der Kollision, riss sich von ihrem Zug, drehte sich um 180 Grad über mehrere Bahnhofsgleise und gleiste sich dann fünf Gleise weiter mit fünf Achsen wieder selbst auf. Der Lokführer kam leicht verletzt davon, der Zugbegleiter schwer verletzt ins Krankenhaus.

Die schwer beschädigte 194 125 ging nach einer E 0-Unfallausbesserung in den Ausbesserungswerken Bremen und München-Freimann, die von Februar 1974 bis 4. Juli 1975 dauerte, wieder in Betrieb. Sie war seither mit gummigefassten Stirn- und Seitenfenstern sowie neuen Führerraumtüren versehen.

194 577

Zu einem spektakulären Unfall kam es am 1. April 1982 im Bahnhof Neustadt/ Donau, in den 194 577 (Bw Nürnberg Rbf) verwickelt war. Die Lz fahrende 194 sollte an diesem Abend einen Kesselwagenzug übernehmen und bis Nürnberg bringen. Wegen einer Fehleinschätzung des Bremsweges durch den Lokführeranwärter kam die Lok nicht rechtzeitig zum Stehen und prallte auf den mit Superbenzin beladenen Zug. Dabei explodierte der erste Kesselwagen und weitere schlugen leck. Der Lokfahrschüler und sein Ausbilder konnten sich durch einen Sprung von der Lokomotive vor den sich entzündenden Flammen retten. Das auslaufende Benzin ergoss sich in die Kanalisation und brachte die ganze Stadt in Gefahr.

Nach Sperrung der Strecke waren bis zu acht Turmtriebwagen im Einsatz. Ihre Mannschaften benötigten 26 Stunden, um die durch die Hitze erheblich beschädigte Fahrleitung zu reparieren.

Die restlos ausgebrannte 194 577 kam zunächst ins Bw Ingolstadt zum Ausbau von z. B. Indusi- und ZBF-Ersatzteilen. Anschließend wurde sie zur Ausmusterung ins AW Freimann überstellt.

Weitere bekannte Unfälle mit E 94

194 014
Aufstoß im Mai 1983 mit rund 20 km/h. Die Lok kommt am 29. Mai 1983 ins AW Freimann und wird außer Dienst gestellt.

E 94 039
Am 9. April 1954 gerät die im Bw Ulm Hbf abgestellte Lok in Bewegung und rollt der gerade mit ca. 10 km/h einfahrenden E 94 087 in die Flanke.

194 041
Am 7. Februar 1973 wird Dg 7256 um 1:23 Uhr im Bahnhof Plochingen angehalten. Auf der Zuglokomotive 194 041 brennt wegen Funkenfluges der Fahrmotor 6. Der Brand wird mit Feuerlöschern gelöscht.

E 94 054
Aufstoß im Bw München Ost am 13. Februar 1961.

194 055
Durch mangelhafte Fahrwegprüfung am 14. Juli 1982 Aufstoß mit ca. 40 km/h auf abgestellte Güterwagen im Bahnhof Planegg. Die Reparatur erfolgt im Rahmen einer U 2.8 bis 17. August 1982. Einbau eines Drehgestells und Vorbaus einer ausgemusterten 194.

194 062
Brand am 5. Juni 1980 bei Baiersdorf, muss von der Feuerwehr gelöscht werden.

194 071
Brennt im November 1973 teilweise aus. Die U 3 dauert 1 ½ Jahre, vom 1. November 1973 bis 11. März 1975.

194 075
In der Nacht vom 12. auf 13. Juni 1968 Aufprall mit über 35 km/h auf Schotterwagen in Regensburg Hbf, die Lok fängt dabei Feuer und brennt teilweise aus.

E 94 081
Am 15. Februar 1955 Aufstoß mit E 44 145 in Augsburg Hbf.

194 107
Unfall am 13. Januar 1982 bei Niederviehbach. Beseitigung der Schäden im Rahmen einer U 2 bis 17. Februar 1982.

194 108
Am 29. März 1980 bricht im unbesetzten Führerstand während eines Aufenthaltes in Amstetten ein Feuer aus, das vom Lokführer eines überholenden IC bemerkt wird. Die Feuerwehr löscht den Brand.

E 94 116
Am 9. Januar 1956 Aufstoß mit E 52 14 im Bahnhof München Ost.

194 117
Kollidiert am 10. November 1984 mit Ng 77453 zwischen Klais und Schmalenseehöhe mit einem Pkw. Dieser hatte den Bahnübergang ohne Halt zu überfahren versucht. Beide Insassen des Pkw kamen ums Leben. Zufällig in der Nähe des Bahnüberganges anwesende Fotografen konnten später mit ihrer Zeugenaussage versichern, dass der Lokomotivführer vor dem Bahnübergang vorschriftsgemäß gepfiffen hatte.

E 94 119
Aufprall auf einen mit brennbarer Flüssigkeit beladenen Handkarren am 21. November 1955 im Bf. Olching.

E 94 124
Am 8. April 1947 schwerer Aufstoß im E-Lokschuppen in Kornwestheim.

E 94 124
Ende August 1954 entgleist die Lokomotive infolge einer Flankenfahrt bei Maulbronn und stürzt um. Beide Seitenwände sowie der Dachaufbau werden schwer beschädigt. Ab 2. September 1954 wird sie im Rahmen einer E 0 im AW Esslingen wieder instandgesetzt. Acht Monate später hat sie die Ehre, den ersten elektrisch be-

◁ **Bild 477**
194 151 überfuhr im Jahr 1974 an der Ostseite des Bahnhofs München-Pasing einen Prellbock und entgleiste vollständig. Die Bergung gestaltete sich aufwändig.

AUFNAHME: ANDREAS BRAUN

Bild 478 ▷ Der beschädigte Vorbau der **194 055** steht am 30. Juli 1982 auf dem Lokfriedhof im AW München-Freimann zur Verschrottung bereit. Daneben ein ausgemusterter Schneepflug, hervorgegangen aus der früheren E 36 02.

AUFNAHME: BRIAN RAMPP

spannten Zug von Bruchsal nach Heidelberg zu ziehen. Bundespräsident Heuss überzeugt sich persönlich vom hervorragenden Zustand der Lokomotive.

E 94 128
Am 5. Januar 1953 rammt die beim Bw Regensburg beheimatete Lokomotive beim Schrankenposten 46 zwischen den Bahnhöfen Batzhausen und Seubersdorf ein mit Langholz beladenes, unbespanntes Schlittenfuhrwerk.

194 140
Während der Fahrt fängt die Lokomotive am 9. Juni 1976 zwischen Ansbach und Gunzenhausen Feuer, das von der Feuerwehr gelöscht wird. Anschließend wird sie ausgemustert.

E 94 141
Flankenfahrt im Bahnhof Kufstein am 6. Oktober 1954.

E 94 151
Flankenfahrt im Bahnhof Kufstein mit einer Rangierabteilung (15 km/h) am 12. September 1955.

E 94 156
Im Mai 1957 Zusammenstoß mit einem im Gleis stehenden Langholzwagen bei einer Geschwindigkeit von 50 km/h.

E 94 158
Flankenfahrt mit einer Lz (15 km/h) am 16. September 1954 im Bahnhof Freilassing.

E 94 159
In Nürnberg Rbf fährt am 29. August 1952 die 44 128 mit ca. 15 km/h auf die stehende E 94 auf.

194 179
Entgleisung in Basel SBB Rbf am 14. März 1986. Am 27. März trifft sie im AW Freimann ein. Die DB stellt den SBB für die Reparatur 281.000 DM in Rechnung, die SBB ist jedoch nur bereit, 140.000 DM zu vergüten. Die DB nimmt das Angebot an und mustert die Lokomotive aus.

E 94 180
Am 4. April 1956 Flankenfahrt mit einem Triebwagen im Bahnhof Fischbach.

194 180
Flankenfahrt mit 150 097 am 31. Oktober 1985 in Kornwestheim Rbf. Die schwer beschädigte 194 wird daraufhin ausgemustert.

194 188
Nach einem Brandschaden im Oktober 1973 ist die Lokomotive über zwei Jahre in Reparatur (U 3.9 23.10.1973 – 23.01.1976). Die Arbeiten am mechanischen Teil führt das AW Bremen aus.

194 188
Im Frühjahr 1982 schwerer Aufstoß mit Flankenfahrt, wobei ein Vorbau schwer beschädigt wird. Die Lokomotive wird daraufhin ausgemustert.

194 194
Beim Aufrüsten entsteht am 1. September 1987 im Bw München 1 ein Transformator- und Schaltwerksbrand. Nachdem die Feuerwehr das Feuer gelöscht hat, kommt die Lokomotive ins AW Freimann und wird außer Dienst gestellt.

E 94 268
Am 22. Dezember 1956 Aufstoß in Würzburg mit E 94 188.

E 94 272
Am 18. Februar 1955 Beschädigung durch die überstehende Ladung eines Gegenzuges vor dem Einfahrtsignal in Langenfeld.

E 94 277
Am 26. Oktober 1955 schwere Flankenfahrtschäden durch einen entgegenkommenden Om-Wagen (mit Achsbruch) bei einer Geschwindigkeit von ca. 60 km/h. Die Reparatur erfolgt bis 30. Dezember 1955 im Rahmen einer E 2. Dabei wird gleich die Endabnahme durchgeführt.

194 574
Am 8. Februar 1973 wird Sg 5104 im Bf Karlsdorf (Strecke Bruchsal – Graben-Neudorf) wegen einem Brand auf der Zuglokomotive angehalten. Zum Löschen rückt die örtliche Feuerwehr an. Brandursache ist das Entzünden eines ölhaltigen Schmutznestes am hinteren Querträger des Drehgestells nach einem Überschlag am Fahrmotor 3 durch ein defektes Kabel.

Eine unbekannte 194 hatte 1972 an der Bahnhofsausfahrt in Arnstein eine Flankenfahrt, weil der letzte Wagen eines im Nebengleis stehenden Güterzuges in den Fahrweg hinein ragte. Die am Vorbau schwer beschädigte Lokomotive wurde im Bw Schweinfurt notdürftig wieder fahrbereit gemacht und zur Reparatur ins AW München-Freimann überführt.

Außerdienststellung

Letzte Betr.-Nr.	Bw	letzte HU	Abstellanlass	z-Stellung	Ausmusterung
194 012-1	Ing	U 2.0 MF 16.02.1979	Brand	15.10.1986	15.12.1986
013-9	Nü 2	U 2.8 MF 29.09.1982	Verfügung	27.09.1987	18.12.1987
014-7	Nü 2	U 2.8 MF 29.08.1983	Aufstoß	20.09.1985	30.11.1985
018-8	Ing	U 2.8 MF 03.11.1982	Verfügung	29.05.1988	28.06.1988
022-0	Ing	U 2.0 MF 25.02.1980	Motorschaden (FM 5)	27.09.1987	30.10.1987
023-8	Nü 2	U 2.0 MF 11.09.1978	Laufleistungsgrenze	01.03.1985	30.06.1985
024-6	Nü 2	U 2.8 MF 30.12.1983	n. bek.	01.05.1988	28.06.1988
026-1	Nü 2	U 2.0 MF 16.08.1979	Kabelbrand	01.11.1986	15.12.1986
032-9	Nü 2	U 2.0 MF 23.06.1977	Korrosion und Verfügung	15.11.1983	29.02.1984
035-2	Ing	U 2.0 MF 23.06.1978	Aufstoß	01.04.1984	31.08.1984
036-0	Ing	U 2.8 MF 28.11.1983	Zwei Motorschäden	29.05.1988	28.06.1988
038-6	Ing	U 2.0 MF 15.06.1979	Verfügung	01.06.1987	30.10.1987
039-4	Ing	U 2.0 MF 23.10.1978	Fristablauf	23.10.1986	15.12.1986
041-0	Ing	U 2.0 MF 21.10.1980	Verfügung	–	18.12.1987
042-8	Ing	U 2.8 MF 30.11.1982	Verfügung	29.05.1988	28.06.1988
043-6	Ing	U 2.8 MF 21.10.1983	Verfügung	29.05.1988	28.06.1988
044-4	Ing	U 2.8 MF 08.08.1983	Trafoschaden	28.10.1987	30.10.1987
045-1	Nü 2	U 2.8 MF 31.01.1983	Verfügung	27.09.1987	18.12.1987
046-9	Aug	U 2.0 MF 30.12.1976	Brand im Vorbau	19.02.1982	30.11.1982
047-7	Ing	U 2.0 MF 29.03.1977	Entgleisung	01.09.1978	30.11.1978
048-5	Ing	U 2.8 MF 13.04.1983	lose Radreifen (TR 1,4)	–	15.05.1987
049-3	Nü 2	U 2.8 MF 09.03.1984	Entgleisung	01.10.1986	15.12.1986
050-1	Nü 2	U 2.0 MF 22.04.1977	Allgemeinzustand schlecht	01.08.1984	30.09.1984
051-9	Ing	U 2.0 MF 07.01.1980	Stoßpufferfeder gebrochen	–	15.05.1987
053-5	Ing	U 2.0 MF 30.11.1981	Verfügung	–	18.12.1987
054-3	Ing	U 2.8 MF 29.03.1984	Verfügung	29.05.1988	28.06.1988
055-0	Ing	U 2.8 MF 17.08.1982	Trafo- und Schaltwerkschaden	19.02.1988	28.06.1988
060-0	Nü 2	U 2.8 MF 28.03.1983	Hauptschalter defekt	01.08.1987	31.10.1987
062-6	Nü 2	U 2.0 MF 11.07.1978	Radreifen abgefahren	01.09.1985	30.11.1985
063-4	Nü 2	U 2.0 MF 10.02.1981	Verfügung	26.09.1987	18.12.1987
067-5	Nü 2	U 2.8 MF 13.10.1982	Trafoschaden	25.03.1987	15.05.1987
070-9	Ing	U 2.8 MF 25.05.1983	Verfügung	29.05.1988	28.06.1988
071-7	Ing	U 2.9 MF 22.01.1981	Radreifen schadhaft	–	15.05.1987
072-5	Ing	U 2.8 MF 16.07.1980	Drehzapfen schadhaft	15.10.1986	15.12.1986
073-3	Ing	U 2.9 MF 26.09.1980	Stoßpuffer gebrochen	–	15.05.1987
075-8	Nü 2	U 2.8 MF 15.12.1983	n. bek.	02.05.1988	28.06.1988
080-8	Ing	U 2.8 MF 29.12.1982	Verfügung	29.05.1988	28.06.1988
081-6	Ing	U 2.0 MF 10.04.1979	Entgleisung (TR 4-6)	15.10.1986	15.12.1986
084-0	Ing	U 2.0 MF 12.11.1979	Verfügung	27.09.1987	18.12.1987
085-7	Ing	U 2.0 MF 31.08.1979	Zahnkranz TR 6 ausgebrochen	–	05.03.1987
086-5	Ing	U 2.0 MF 13.12.1978	Fristablauf	13.12.1986	15.12.1986
087-3	Ing	U 2.0 MF 28.03.1979	Trafo-Einführisolator defekt	–	05.03.1987
091-5	Ing	U 2.8 MF 16.01.1984	Verfügung	29.05.1988	28.06.1988
092-3	Ing	U 2.8 MF 27.01.1984	Feinregler schadhaft	19.02.1988	28.06.1988
093-1	Ing	U 2.8 WF 15.05.1984	Trafoschaden	29.04.1988	28.06.1988
107-9	Ing	U 2.9 MF 17.02.1982	Verfügung	–	18.12.1987
108-7	Ing	U 2.8 MF 05.06.1984	Entgleisung (TR 1-3)	–	15.05.1987
109-5	Ing	U 2.0 MF 15.05.1979	Fristablauf	15.05.1987	30.10.1987
111-1	Ing	U 2.0 MF 24.06.1982	Brand (Maschinenraum, Füst)	–	30.09.1985
112-9	Ing	U 2.8 MF 03.03.1983	Verfügung	30.05.1988	28.06.1988
113-7	Ing	U 2.0 MF 20.04.1978	Trafoschaden	17.07.1984	31.08.1984
116-0	Ing	U 2.0 MF 29.05.1978	Laufleistungsgrenze	01.01.1984	31.08.1984
117-8	Ing	U 2.9 MF 06.05.1982	Verfügung	–	18.12.1987
118-6	Ing	U 2.0 MF 05.08.1982	Überschlag im Schaltwerk	03.12.1987	18.12.1987
119-4	Ing	U 2.0 MF 12.06.1979	Trafoschaden	15.10.1986	15.12.1986
120-2	Ing	U 2.9 MF 15.11.1978	Laufkilometergrenze	30.05.1985	30.06.1985
121-0	Ing	U 2.8 MF 09.09.1983	Trafo- und Hauptschalter defekt	03.12.1987	18.12.1987
122-8	Ing	U 2.0 MF 27.11.1979	Verfügung	27.09.1987	18.12.1987
124-4	Ing	U 2.8 MF 06.08.1982	n. bek.	29.05.1988	28.06.1988
125-1	Nü 2	U 2.0 MF 27.05.1980	Achsausgleich ausgeschlagen	15.02.1987	15.05.1987
126-9	Ing	U 2.8 MF 22.09.1983	n. bek.	29.05.1988	28.06.1988

Letzte Betr.-Nr.	Bw	letzte HU	Abstellanlass	z-Stellung	Ausmusterung
194 128-5	Ing	U 2.0 MF 27.02.1979	TR 1 Tragfedersattel gebrochen	–	15.12.1986
131-9	Ing	U 2.0 MF 03.10.1978	Verfügung	05.12.1984	31.12.1984
132-7	Ing	U 2.0 MF 05.10.1979	Fristablauf und Verfügung	27.09.1987	18.12.1987
133-5	Ing	U 2.8 MF 15.09.1982	Verfügung	29.05.1988	28.06.1988
137-6	Ing	U 2.0 MF 06.04.1981	Verfügung	29.05.1988	28.06.1988
138-4	Ing	U 2.0 MF 01.06.1982	n. bek.	28.10.1987	18.12.1987
139-2	NüR	U 2.0 MF 09.07.1971	Fristablauf und Verfügung	01.09.1979	31.01.1980
140-0	NüR	U 2.0 MF 27.08.1971	Brand (Maschinenraum und Füst)	10.08.1976	28.10.1976
145-9	Nü 2	U 2.8 MF 12.07.1983	Verfügung	29.05.1988	28.06.1988
151-7	Ing	U 2.0 MF 05.01.1979	lose Radreifen TR 4	02.10.1986	15.12.1986
152-5	Ing	U 2.0 MF 25.01.1980	Aufstoß	15.10.1986	15.12.1986
155-8	Ing	U 2.0 MF 16.12.1980	Kabelbrand	–	15.05.1987
156-6	Ing	U 2.0 MF 03.07.1979	Entgleisung und Flankenfahrt	10.12.1986	15.12.1986
157-4	Ing	U 2.0 MF 04.11.1981	Entgleisung aller Achsen	01.08.1986	15.12.1986
158-2	Ing	U 2.0 MF 07.04.1982	Verfügung	30.05.1988	28.06.1988
159-0	Ing	U 2.0 MF 02.08.1978	Laufleistungsgrenze und Verfügung	05.12.1984	31.12.1984
160-8	Nü 2	U 2.0 MF 19.03.1982	Verfügung	27.09.1987	18.12.1987
161-6	Nü 2	U 2.0 MF 11.11.1981	Verfügung	27.09.1987	18.12.1987
178-0	Nü 2	U 2.0 MF 12.11.1980	Verfügung	27.09.1987	18.12.1987
179-8	Nü 2	U 2.0 MF 14.01.1983	Entgleisung TR 1-4	01.10.1986	15.12.1986
180-6	Man	U 2.9 MF 18.12.1981	Flankenfahrt	05.11.1985	18.12.1985
181-4	Nü 2	U 2.0 MF 05.06.1981	Verfügung	27.09.1987	18.12.1987
182-2	Nü 2	U 2.0 MF 19.01.1981	Verfügung	27.09.1987	18.12.1987
183-0	Ing	U 2.0 MF 26.07.1983	Fahrmotor 6 defekt	28.09.1987	30.10.1987
184-8	Nü 2	U 2.0 MF 15.02.1984	Verfügung	29.05.1988	28.06.1988
185-5	Nü 2	U 2.8 MF 13.08.1984	Verfügung	29.05.1988	28.06.1988
186-3	Nü 2	U 2.0 MF 15.02.1983	Verfügung	27.09.1987	18.12.1987
187-1	Nü 2	U 2.0 MF 12.09.1980	Verfügung	27.09.1987	18.12.1987
188-9	Man	U 2.0 MF 03.03.1981	Aufstoß und Flankenfahrt	–	29.07.1982
189-7	Nü 2	U 2.0 MF 01.09.1982	Verfügung	27.09.1987	18.12.1987
190-5	Nü 2	U 2.0 MF 14.03.1983	Verfügung	27.09.1987	18.12.1987
191-3	Nü 2	U 2.0 MF 10.10.1983	Verfügung	29.05.1988	28.06.1988
192-1	Nü 2	U 2.8 MF 16.11.1984	Verfügung	29.05.1988	28.06.1988
193-9	Nü 2	U 2.8 MF 07.11.1983	Verfügung	29.05.1988	28.06.1988
194-7	Nü 2	U 2.0 MF 27.04.1983	Trafo- und Schaltwerkbrand	02.09.1987	30.10.1987
195-4	Nü 2	U 2.0 MF 15.06.1983	n. bek.	10.05.1988	28.06.1988
196-2	Nü 2	U 2.0 MF 23.07.1979	Verfügung	31.05.1987	31.10.1987
541-9	Nü 2	U 2.0 MF 15.05.1981	Fahrmotorschäden	20.09.1985	30.11.1985
542-7	NüR	U 2.0 MF 29.03.1974	Fristablauf und Verfügung	29.03.1980	27.11.1980
562-5	Nü 2	U 2.0 MF 03.02.1982	Verfügung	29.05.1988	28.06.1988
563-3	Nü 2	U 2.9 MF 11 06.1981	Verfügung	24.10.1987	18.12.1987
564-1	Nü 2	U 2.0 MF 15.07.1981	Verfügung	24.10.1987	18.12.1987
565-8	Nü 2	U 2.0 MF 14.03.1980	Verfügung	27.09.1987	18.12.1987
566-6	Nü 2	U 2.0 MF 25.10.1979	Aufstoß	17.11.1986	15.12.1986
567-4	Nü 2	U 2.9 MF 18.09.1984	Hauptschalter defekt	19.05.1988	28.06.1988
568-2	Nü 2	U 2.0 MF 02.05.1979	Schlingern ab 60 km/h	01.10.1986	15.12.1986
569-0	Nü 2	U 2.0 MF 13.12.1982	Aufstoß mit 25 km/h	26.02.1987	15.05.1987
570-8	NüR	U 2.0 MF 06.06.1977	Trafoschaden	01.01.1981	29.01.1981
571-6	Nü 2	U 2.0 MF 03.11.1975	Fristablauf	15.11.1983	30.09.1984
572-4	Nü 2	U 2.0 MF 14.02.1980	Verfügung	31.05.1987	30.10.1987
573-2	Nü 2	U 2.0 MF 09.05.1983	n. bek.	20.11.1987	18.12.1987
574-0	Nü 2	U 2.0 MF 18.11.1982	Verfügung	29.05.1988	28.06.1988
575-7	Nü 2	U 2.0 MF 23.04.1980	Verfügung	27.09.1987	18.12.1987
576-5	Nü 2	U 2.0 MF 04.08.1980	Verfügung	01.11.1987	18.12.1987
577-3	NüR	U 2.0 MF 13.10.1979	Brand (komplett)	13.04.1982	29.07.1982
578-1	Nü 2	U 2.9 MF 27.06.1983	Trafoschaden	05.06.1987	18.12.1987
579-9	Nü 2	U 2.8 MF 16.07.1984	Verfügung	09.05.1987	15.05.1987
580-7	Nü 2	U 2.8 MF 18.12.1984	Verkauf	17.12.1987	18.12.1987
581-5	Nü 2	U 2.8 MF 19.04.1984	Verfügung	05.05.1988	28.06.1988
582-3	Nü 2	U 2.0 MF 20.12.1979	Verfügung	–	30.10.1987
583-1	Nü 2	U 2.0 MF 02.07.1980	Verfügung	27.09.1987	18.12.1987
584-9	Nü 2	U 2.0 MF 13.08.1981	Verfügung	27.09.1987	18.12.1987
585-6	Nü 2	U 2.0 MF 28.09.1981	Verfügung	27.09.1987	18.12.1987

Verwendete Abkürzungen und Begriffe:

Füst: Führerstand/Führerraum

FM: Fahrmotor

TR: Treibradsatz

Laufleistungsgrenze: Lok hatte den Laufkilometergrenzwert (660.000 km) erreicht

Verfügung: Lok schied infolge Triebfahrzeug-Bedarfsanpassung aus (i. d. R. in betriebsfähigem Zustand).

Verkäufe, Verkaufsversuche, Verschrottung

Die Mehrzahl ihrer 194 verkaufte die DB über das BZA Minden in den Jahren 1987 bis 1989 an private Schrotthändler zum Zweck der Zerlegung. Nach einer öffentlichen Ausschreibung wurden die Lokomotiven meistbietend abgegeben, wobei die DB einen Schrottpreis von 40 Pfennig pro Kilogramm zu Grunde legte. Somit kostete eine E 94 rund 45.000 DM. Inwieweit Mengenrabatte gewährt worden sind, ist nicht bekannt. Die Verwertungsbetriebe verpflichteten sich übrigens, die Lokomotiven tatsächlich zu zerlegen und nicht weiter zu verkaufen.

Die Verwerter von DB-E 94 waren die Firmen Dück (München) mit zwölf Einheiten (plus zwölf im Auftrag der DB im AW Freimann zerlegte 194), Jost (Mülheim/Ruhr) mit 17, Bouser Schrotthandel (Bous/Saar) mit 13, Bötzel (Witten, Betriebsstätte Blankenstein/Ruhr) mit sieben, Metallurgische Gesellschaft (Völklingen) und Ammon (Nürnberg) mit je fünf, Trapp (Baar-Ebenhausen) mit zwei Lokomotiven sowie Deumu (Nürnberg) mit einer Lokomotive. Die Firma Layritz erwarb elf Maschinen und veräußerte sie zur Verschrottung an das Stahlwerk Valferro in Italien weiter. Darüber hinaus zerlegte die Firma Layritz 16 Lokomotiven im Auftrag der DB im AW Freimann. Die 194 045, 063, 187, 189, 575, 583 und 585 hatte zunächst die Firma Bötzel erworben. Am 16. Oktober 1988 standen sie in Blankenstein/Ruhr. Da sich die Firma jedoch auf die Verschrottung von Güterwagen konzentrieren wollte, gingen die Lokomotiven weiter an die Firma Jost in Mülheim (Ruhr). Die Überführung dorthin erfolgte Ende Februar 1989 in zwei Lokzügen, jeweils bespannt mit einer Diesellokomotive der Baureihe 216 an Zugspitze und -schluss.

Zu jener Zeit zogen die Schrottplätze unzählige Eisenbahnfreunde an, die sich Souvenirs der E 94 sichern wollten. Dabei spielten sich für Außenstehende nicht immer nachvollziehbare Szenen ab. Das Treiben fand sogar bundesweit Beachtung in der Tagespresse. Im Brennpunkt des Geschehens stand dabei u. a. die Firma Bötzel in Blankenstein/Ruhr, deren Betriebsleiter einiges berichten konnte. Hier einige Beispiele:

„Die Bahn-Freaks begehren alles, was an die Loks erinnert. Aus allen Himmelsrich-

◁ **Bild 479**
Am 10. Januar 1988 standen bei der Firma Bötzel in Blankenstein (Ruhr) sieben E 94 zur Verschrottung bereit. Es waren **194 155, 086, 087, 048, 067, 039** und **026**.

Aufnahme: Andreas Kupferschmidt

◁ **Bild 480**
Auf dem Weg zum Verwerter in Bous an der Saar haben **194 060, 569, 125, 196, 573** und **578** als Dsts 83884 am 21. November 1987 den Bahnhof Worms passiert. Es zieht eine 151. Die an der Pufferbohle stark beschädigte 194 578 läuft am Zugschluss.

Aufnahme: Andreas Rossel, Sammlung Joachim Gutjahr

tungen, sogar aus Holland, Belgien und Frankreich, kamen sie und fielen über die ausgemusterten 194 her. Nicht nur Typen- und Warnschilder oder Achslagerdeckel fanden ihre Liebhaber. Selbst den grobkörnigen Bremssand hat ein Wuppertaler Fan im Rucksack davongeschleppt, um damit seine Modellbahnanlage zu verzieren. Ein anderer Lokspäher schleifte eine 110 Kilo schwere Führerstandtür zu seinem Auto (und zerriss sich beim Einladen auch noch die Polster der Rückbank). Unbekannte haben sogar einen kompletten, tonnenschweren Radsatz mitgenommen. ‚Wie, ist uns ein Rätsel', wunderte er sich in Blankenstein. Handlichere Gegenstände wie die Schriftstücke für Lokführer – vom Buchfahrplan bis zur Störungsliste – verschwanden als erste."

In Erwartung der Kunden bauten die Firmen Bötzel und Dück vor der Zerlegung bei den meisten 194 die seitlichen Klappen mit der Betriebsnummern und dem Schriftzug Deutsche Bundesbahn bzw. dem DB-Logo aus und verkauften diese an Interessenten.

Für Aufmerksamkeit sorgte im Jahr 1987 ein geplanter Verkauf von E 94 an die Liechtensteiner Firma Jelka Establishment. Die Firma beabsichtigte als Zwischenhändler aufzutreten und die Lokomotiven geeigneten Bahnverwaltungen anzubieten. In Frage kamen die mit 16 2/3 Hz elektrifizierten Bahnen Norwegens, Österreichs, Schwedens und der Schweiz. Letztere hatten im Sommerfahrplan 1987 acht 194.5 von der DB angemietet, worauf Jelka an gewisse Marktchancen glaubte.

Mit Verfügung vom 4. Februar 1987 erteilte die Hauptverwaltung der DB der Firma Jelka eine zunächst bis 30. Juni 1987 befristete Kaufoption über 40 bis 50 Lokomotiven der Baureihe 194. Am 3. April 1987 kam es schließlich zur Vertragsunterzeichnung, worin der Verkauf aller noch im Dienst befindlichen 194 (73 Stück), 15 abgestellter (aber kompletter) Maschinen sowie des Restbestandes an Hauptbau- und Ersatzteilen inklusive der Betriebsbücher vereinbart wurde. Im Jahr 1987 sollten mindestens 40 Lokomotiven abgegeben werden, der Rest (48) 1988 folgen, nachdem seitens der DB zugesichert worden war, alle 194 bis spätestens Ende September 1988 auszumustern. Die DB veranlasste daraufhin die Sammlung der in Frage kommenden 194 in der Ausbesserungswerkstätte (AWst) Karlsruhe, wo es Abstellmöglichkeiten gab. Dort trafen Ende September 1987 die ersten Lokzüge mit betriebsfähig abgestellten 194 ein:

28. September 1987

194 013	045	161	178	181
182	187	190	575	584.

29. September 1987

194 063	189	583	585.

Im Oktober 1987 folgten noch die Ingolstädter 194 038 und 132, die Nürnberger 194 160 und 572 sowie als letzte 194 563, 564, 565 und 576 aus der Schweiz. Damit waren 22 Maschinen hier abgestellt.

Weitere Zuführungen erfolgten nicht mehr, denn der Verkauf kam nicht zustande. Die angesprochenen Bahnverwaltun-

Bild 481 ▷
Die Verschrottung der **194 108** begann im AW München-Freimann am 28. Oktober 1987. Rechts neben ihr sind die Reste der einst stolzen Schnellzug-Ellok 119 002 sowie der **194 568** aufgetürmt.

Aufnahme: Brian Rampp

Bild 482 ▷
In der Ausbesserungswerkstätte Karlsruhe ließ das BZA Minden verkaufsfähige E 94 sammeln, wie hier am 16. Januar 1988 zu sehen ist. Der geplante Verkauf an die Firma Jelka kam nicht zustande. Folglich endeten die Lokomotiven später auf Schrottplätzen.

Aufnahme: Martin Hahmann

◁ **Bild 483**
Als einzige E 94 ließ die DB **194 073** im Bw Heilbronn zerlegen. Die Arbeiten fanden im Lokschuppen statt. Am 19. Juni 1988 war schon einiges abgeräumt. Der Transformator steht noch.

Aufnahme: Jürgen Prem

◁ **Bild 484**
Bei der Firma Ammon in Nürnberg fanden fünf E 94 ihr Ende. Am 6. September 1988 ist **194 190** an der Reihe. Im Maschinenraum ist der Feinregler zu sehen.

Aufnahme: Jürgen Prem

◁ **Bild 485**
Bereits stark gerupft zeigt sich die ozeanblau-beige **194 178** am 29. August 1988 bei der Firma Dück in München-Pasing. Der Greifer des Baggers ist bei der Arbeit.

Aufnahme: Walter Neubert, Sammlung Markus Gigl

△ **Bild 486** • Zwölf E 94 gelangten zur Verschrottung nach München-Pasing zur Firma Dück. Aufschweissarbeiten am Lokomotivkasten der **194 565** erfolgen am 18. August 1988.

△ **Bild 487** • 17 E 94 kamen zur Firma Jost in Mülheim (Ruhr). Reste einer E 94 am 4. November 1988 inmitten von Schrott. AUFNAHME: PETER KRÜCKELS

△ **Bild 488** • **194 018** ist am 31. Oktober 1988 bei der Firma Dück in Arbeit. Der erste Radsatz des Vorbaus ist freigelegt, das Dach mit Stromabnehmer und Druckgasschalter befindet sich noch auf dem Torso. AUFNAHMEN (2): MARKUS GIGL

gen zeigten kein Interesse an den fast 50 Jahre alten Lokomotiven. Die in Karlsruhe hinterstellten 194 gab die DB schließlich an Schrotthändler ab.

Ein Versuch seitens der DB blieb ebenfalls erfolglos, 20 Maschinen an die Österreichischen Bundesbahnen (ÖBB) zu verkaufen, die noch die Reihe 1020 im Einsatz hatten. Ende 1987 unterbreitete die DB ein Angebot über 1 Mio. österreichische Schilling (rund 70.000 €) pro aufgearbeitete Lokomotive. Gegen einen Ankauf sprachen u. a. der Preis und das hohe Alter der Lokomotiven, aber auch das Interesse der österreichischen Lokomotivindustrie, weiter Neubau-Aufträge zu erhalten. Außerdem hatten die ÖBB 1986 mit der Ausmusterung der modernisierten 1020 begonnen. Stattdessen gaben die ÖBB im Frühjahr 1988 eine Anschlusslieferung über 16 Lokomotiven der Reihe 1044 (117, 201–215) in Auftrag, um den künftigen Bedarf an leistungsfähigen E-Lokomotiven zu decken.

Nach Italien zur Verschrottung gelangten elf E 94, welche die Firma Layritz erworben hatte (194 024, 036, 042, 043, 093, 112, 124, 133, 183, 566 und 567). Nachdem die geplante Zerlegung in Penzberg wegen Platzproblemen nicht zustande kam, veräußerte Layritz die Lokomotiven an das Stahlwerk Valferro in Montello-Gorlago an der Strecke Brescia – Bergamo. Hierfür ließ die Firma Layritz die Lokomotiven Ende Oktober 1989 von der Versuchsanstalt Freimann zum Bw Rosenheim überführen und auf angemieteten Gleisen abstellen. Die Lokomotiven wurden über mehrere Tage in Losen von ein bis zwei Stück den frisch untersuchten Elloks aus dem AW Freimann mitgegeben, von München-Laim weiter nach München Ost geschleppt und dort in planmäßige Güterzüge nach Rosenheim eingereiht.

Wegen der geringeren Fahrzeugumgrenzung der Italienischen Staatsbahn (4.300 mm bei der FS gegenüber 4.650 mm bei der DB über Schienenoberkante) verweigerte die Italienische Staatsbahn am Brenner den Weitertransport der ersten beiden Schrott-194. Die Lokomotiven kehrten nach Rosenheim zurück. Dort ließ die Firma Layritz in der früheren Ellokhalle an allen 194 die Dachaufbauten entfernen. Anschließend kamen die elf Schrott-194 nach Innsbruck, wo sie den Jahreswechsel 1989/90 im Frachtenbahnhof verbrachten. In der Zeit vom 4. bis zum 12. Januar 1990 erfolgte dann die Überstellung der Lokomotiven, eingereiht in verschiedene Güterzüge, nach Montello-Gorlago. Sie rollten dabei über die Brennerstrecke, für deren Nordrampe die E 94 einst beschafft worden waren.

Die Verschrottungsdaten der DB-E 94 können der folgenden Tabelle entnommen werden. Insgesamt gingen von den 124 DB-Lokomotiven 117 Einheiten den Weg allen alten Eisens. In eigener Regie zerlegte die Bundesbahn E 94 im AW Bremen (6), AW Freimann (7) und Bw Heilbronn (1), was meist als Arbeitsbeschaffungsmaßnahme diente.

Als letzte wurden 194 186 und 194 582 auf dem Gelände der stillgelegten AWst Offenburg zerlegt. Nach dem Abbau der dortigen Gleisanlagen war es nicht mehr möglich, die Lokomotiven abzutransportieren. Ein Verwerter verschrottete sie daher im Jahr 1996 vor Ort.

Als Museumslokomotiven konnten veräußert werden: 194 051 an die Stadt Singen, 194 080 an die DGEG in Bochum-Dahlhausen, 194 158 über den Schrott-

◁ **Bild 489**
Nachdem die Karosserie entlang des Rahmens aufgeschweißt worden ist, begannen Bagger, zuerst Teile des Lokomotivkastens und dann die Aggregate heraus zu reißen. Am 18. August 1988 ist **194 565** bei der Firma Dück in München-Pasing an der Reihe. Die schon fehlende, mittlere Wartungsklappe mit der Betriebsnummer konnte der Verfasser dieser Zeilen erwerben.

Aufnahme:
Markus Gigl

◁ **Bild 490**
Das AW Bremen erhielt sieben E 94 zur Zerlegung, von ihnen blieb 194 158 jedoch erhalten. Bei **194 054** und **194 137** haben am 12. Oktober 1988 die Arbeiten begonnen.

Aufnahme:
Norbert Lippek

◁ **Bild 491**
Zerlegung der **194 573** am 19. Januar 1989 in Bous (Saar). Dreizehn E 94 gingen hier den Weg des alten Eisens.

Aufnahme:
Jürgen Prem

△ **Bild 492** • In Innsbruck Güterbahnhof sind am 29. Dezember 1989 fünf DB-E 94 zur Überführung nach Italien bereitgestellt: **194 043, 093, 566, 183** und **112**. Die Dachaufbauten hat die Firma Layritz vorher in Rosenheim entfernen lassen und die mittleren Wartungsklappen mit den Betriebsnummern haben bereits anderweitige Abnehmer gefunden. 1020 009 wird hingegen noch vier Jahre in Betrieb sein. AUFNAHME: DR. HELMUT PETROVITSCH

▽ **Bild 493** • Auf dem Weg nach Montello Gorlago in Italien befinden sich **194 183** und **194 112**, hier eingereiht in einen Güterzug am 9. Januar 1990 zwischen Gossensaß und Sterzing auf der Brenner-Südrampe. AUFNAHME: JÜRGEN PREM

händler Heeren Evert in Leer (Ostfriesland) an Barbara Pirch, 194 192 an das Bayerische Eisenbahnmuseum in Nördlingen und 194 580 an die Historische Eisenbahn in Frankfurt. Teuer (für die Käufer) war hier, dass die DB einen Preis über dem Schrottwert plus Überführungskosten (ca. 20 DM/km) aufrief.

Der Erfolg war jedoch nicht immer beschieden. So war einer Raffinerie in Vohburg, die an der Aufstellung einer E 94 Interesse hatte, der Schrottpreis zu hoch. Die DB behielt 194 579 als Museumslokomotive sowie 194 581 als deren Ersatzteilspender.

Übersicht: Verschrottung der DB-E 94

Lok-Nr.	Firma oder AW/Zerlegeort	Zerlegedatum	Lok-Nr.	Firma oder AW/Zerlegeort	Zerlegedatum
194 012-1	Layritz/AW Freimann	24.07.1987	194 128-5	Dück/AW Freimann	08. – 09.12.1987
013-9	Jost/Mülheim-Speldorf	08.1988	131-9	Layritz/AW Freimann	03.07.1987
014-7	Layritz/AW Freimann	08.07.1987	132-7	Metallurgische Gesellschaft/Völklingen	08.1988
018-8	Dück/München-Pasing	31.10.1988	133-5	Valferro/Montello-Gorlago (Italien)	01.1990
022-0	Dück/München-Pasing	21. – 23.12.1988	137-6	AW Bremen	10.1988
023-8	Layritz/AW Freimann	13.07.1987	138-4	Bouser Schrotthandel/Bous (Saar)	11./12.1988
024-6	Valferro/Montello-Gorlago (Italien)	01.1990	139-2	AW Freimann	10. – 20.10.1983
026-1	Bötzel/Blankenstein (Ruhr)	01./02.1988	140-0	AW Freimann	11. – 18.10.1976
032-9	Layritz/AW Freimann	02. – 03.06.1988	145-9	Jost/Mülheim-Speldorf	1989
035-2	Layritz/AW Freimann	01. – 02.06.1988	151-7	Dück/AW Freimann	16. – 23.12.1987
036-0	Valferro/Montello-Gorlago (Italien)	01.1990	152-5	Dück/AW Freimann	15. – 16.10.1987
038-6	Metallurg. Gesellschaft/Völklingen	09.1988	155-8	Bötzel/Blankenstein (Ruhr)	02./03.1988
039-4	Bötzel/Blankenstein (Ruhr)	02./03.1988	156-6	Dück/AW Freimann	10. – 15.12.1987
041-0	AW Bremen	10.1988	157-4	Dück/AW Freimann	13. – 19.11.1987
042-8	Valferro/Montello-Gorlago (Italien)	01.1990	159-0	Layritz/AW Freimann	04.06.1987
043-6	Valferro/Montello-Gorlago (Italien)	01.1990	160-8	Metallurgische Gesellschaft/Völklingen	10.1988
044-4	Bouser Schrotthandel/Bous (Saar)	11.1988	161-6	Dück/München-Pasing	09.1988
045-1	Jost/Mülheim-Speldorf	03./04.1989	178-0	Dück/München-Pasing	29. – 30.08.1988
046-9	AW Freimann	24.10. – 25.11.1983	179-8	Dück/AW Freimann	09. – 12.10.1987
047-7	AW Freimann	16.10. – 27.11.1978	180-6	Layritz/AW Freimann	30.06. – 01.07.1987
048-5	Bötzel/Blankenstein (Ruhr)	02./03.1988	181-4	Dück/München-Pasing	09.1988
049-3	Dück/AW Freimann	02. – 03.12.1987	182-2	Ammon/Nürnberg Süd	08.1988
050-1	Layritz/AW Freimann	19. – 21.05.1987	183-0	Valferro/Montello-Gorlago (Italien)	01.1990
053-5	AW Bremen	09./10.1988	184-8	Jost/Mülheim-Speldorf	1989
054-3	AW Bremen	10.1988	185-5	Jost/Mülheim-Speldorf	1989
055-0	Trapp/Baar-Ebenhausen	02./03.1989	186-3	AWSt Offenburg	1996
060-0	Bouser Schrotthandel/Bous (Saar)	12.1987	187-1	Jost/Mülheim-Speldorf	03./04.1989
062-6	Layritz/AW Freimann	15.07.1987	188-9	AW Freimann	28.11. – 30.12.1983
063-4	Jost/Mülheim-Speldorf	03.1989	189-7	Jost/Mülheim-Speldorf	03./04.1989
067-5	Bötzel/Blankenstein (Ruhr)	02./03.1988	190-5	Ammon/Nürnberg Süd	09.1988
070-9	Dück/München-Pasing	11.1988	191-3	Jost/Mülheim-Speldorf	1989
071-7	Ammon/Nürnberg Süd	04.1989	193-9	Jost/Mülheim-Speldorf	1989
072-5	Dück/AW Freimann	26. – 27.11.1988	194-7	Dück/München-Pasing	09. – 10.01.1989
073-3	Bw Heilbronn	04.1988 – 09.1989	195-4	Jost/Mülheim-Speldorf	1989
075-8	Ammon/Nürnberg Süd	24. – 28.10.1988	196-2	Bouser Schrotthandel/Bous (Saar)	11./12.1988
081-6	Dück/AW Freimann	08.10.1987	541-9	Layritz/AW Freimann	09.07.1987
084-0	AW Bremen	07.1988	542-7	Deumu/Nürnberg	02. – 04.1981
085-7	Dück/AW Freimann	02. – 03.11.1987	562-5	Jost/Mülheim-Speldorf	08.1989
086-5	Bötzel/Blankenstein (Ruhr)	02./03.1988	563-3	Dück/München-Pasing	23.08.1988
087-3	Bötzel/Blankenstein (Ruhr)	02./03.1988	564-1	Metallurg. Gesellschaft/Völklingen	08.1988
091-5	Dück/München-Pasing	05.1992	565-8	Dück/München-Pasing	18. – 19.08.1988
092-3	Trapp/Baar-Ebenhausen	2./3.1989	566-6	Valferro/Montello-Gorlago (Italien)	01.1990
093-1	Valferro/Montello-Gorlago (Italien)	01.1990	567-4	Valferro/Montello-Gorlago (Italien)	01.1990
107-9	AW Bremen	04./05.1988	568-2	Dück/AW Freimann	22. – 26.10.1987
108-7	Dück/AW Freimann	28. – 30.10.1987	569-0	Bouser Schrotthandel/Bous (Saar)	23.11. – 01.12.1987
109-5	Bouser Schrotthandel/Bous (Saar)	11./12.1988	570-8	AW Freimann	22.11.1982 – 28.06.1983
111-1	Layritz/AW Freimann	14.07.1987	571-6	Layritz/AW Freimann	04.06. – 29.06.1987
112-9	Valferro/Montello-Gorlago (Italien)	01.1990	572-4	Metallurgische Gesellschaft/Völklingen	09.1988
113-7	Layritz/AW Freimann	07.07.1987	573-2	Bouser Schrotthandel/Bous (Saar)	17. – 20.01.1989
116-0	Layritz/AW Freimann	21.05. – 01.06.1987	574-0	Jost/Mülheim-Speldorf	1989
117-8	Bouser Schrotthandel/Bous (Saar)	09.1988	575-7	Jost/Mülheim-Speldorf	08.1989
118-6	Bouser Schrotthandel/Bous (Saar)	07. – 09.1988	576-5	Jost/Mülheim-Speldorf	08.1988
119-4	Dück/AW Freimann	20. – 22.10.1987	577-3	AW Freimann	12.10. – 28.12.1983
120-2	Layritz/AW Freimann	02.07.1987	578-1	Bouser Schrotthandel/Bous (Saar)	11./12.1988
121-0	Bouser Schrotthandel/Bous (Saar)	11./12.1988	582-3	AWSt Offenburg	1996
122-8	Bouser Schrotthandel/Bous (Saar)	03./04.1988	583-1	Jost/Mülheim-Speldorf	03./04.1989
124-4	Valferro/Montello-Gorlago (Italien)	08. – 10.01.1990	584-9	Ammon/Nürnberg Süd	08.1988
125-1	Bouser Schrotthandel/Bous (Saar)	01./02.1988	585-6	Jost/Mülheim-Speldorf	03.1989
126-9	Dück/München-Pasing	19. – 20.12.1988			

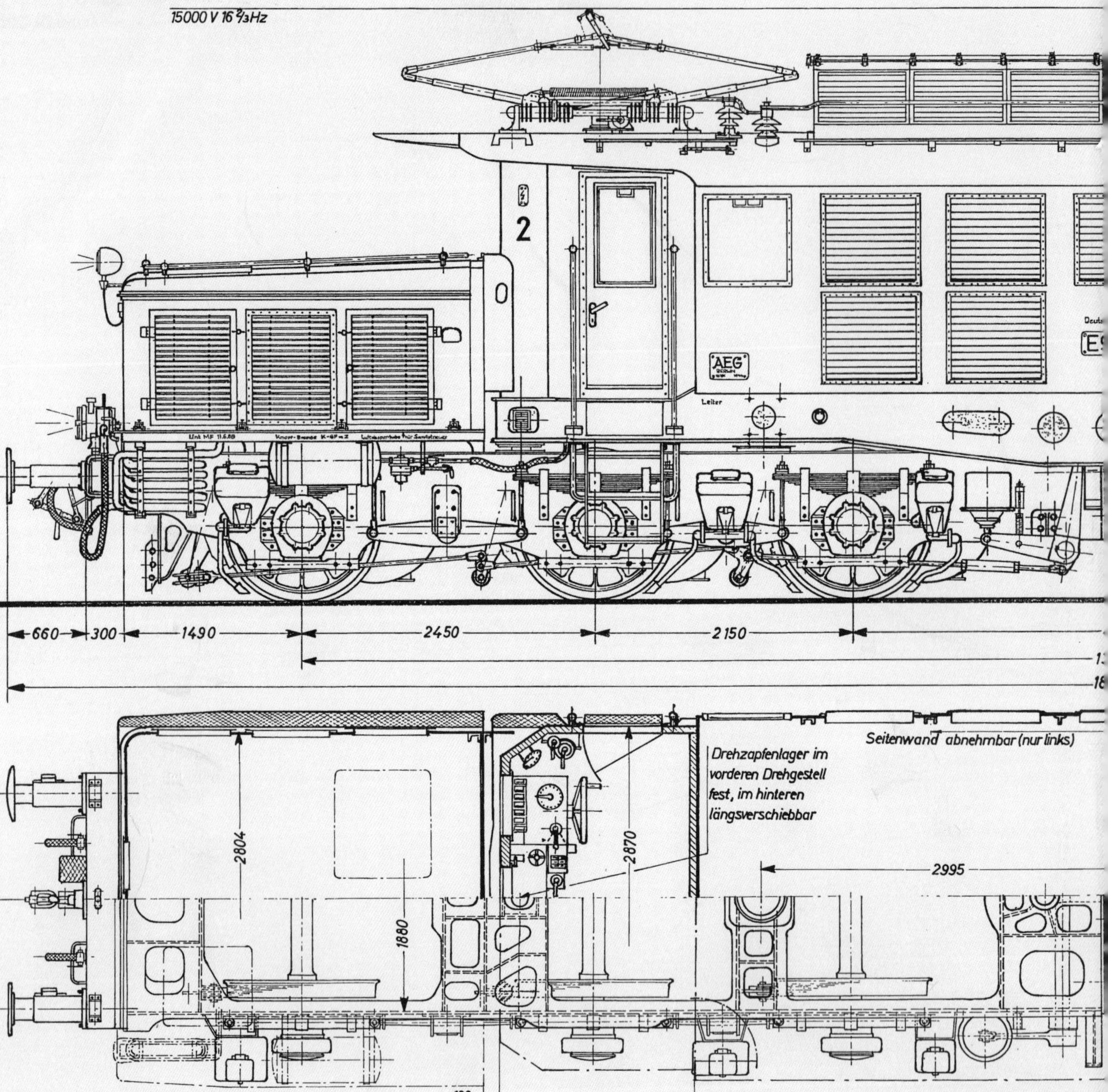
15000 V 16 2/3 Hz
2
AEG
Leiter
660
300
1490
2450
2150
2804
1880
2870
2995
130
1608
Drehzapfenlager im vorderen Drehgestell fest, im hinteren längsverschiebbar
Seitenwand abnehmbar (nur links)